住房城乡建设部土建类学科专业"十三五"规划教材

 高等学校建筑环境与能源应用工程专业规划教材

建筑用制冷技术

张吉礼　马良栋　马志先　编著

中国建筑工业出版社

图书在版编目（CIP）数据

建筑用制冷技术/张吉礼，马良栋，马志先编著. ——
北京：中国建筑工业出版社，2019.6
住房城乡建设部土建类学科专业"十三五"规划教
材　高等学校建筑环境与能源应用工程专业规划教材
ISBN 978-7-112-23225-3

Ⅰ. ①建… Ⅱ. ①张… ②马… ③马… Ⅲ. ①建
筑-空气调节-制冷技术-高等学校-教材　Ⅳ.①TU831.6

中国版本图书馆 CIP 数据核字（2019）第 018229 号

责任编辑：张文胜　姚荣华
责任校对：党　蕾

住房城乡建设部土建类学科专业"十三五"规划教材
高等学校建筑环境与能源应用工程专业规划教材
建筑用制冷技术
张吉礼　马良栋　马志先　编著
*
中国建筑工业出版社出版、发行（北京海淀三里河路 9 号）
各地新华书店、建筑书店经销
霸州市顺浩图文科技发展有限公司制版
北京京华铭诚工贸有限公司印刷
*
开本：787×1092 毫米　1/16　印张：34 字数：826 千字
2019 年 6 月第一版　2019 年 6 月第一次印刷
定价：**65.00** 元
ISBN 978-7-112-23225-3
(33308)
版权所有　翻印必究
如有印装质量问题，可寄本社退换
（邮政编码 100037）

序　言

　　"建筑用制冷技术"是建筑环境与能源应用工程专业的主要专业课之一。制冷技术在国民经济中的应用很广泛，涉及工业、农业、商业、国防、医疗卫生等多个领域，要求制冷的温度从几开尔文到20多摄氏度。制冷作为建筑空调的冷源，它与空调的发展形影相随，互相促进。中华人民共和国成立之前，只有个别城市（如上海市）的一些高档建筑、影剧院设有空调，其所用的空调、制冷设备都是国外产品。中华人民共和国成立后，我国有了自己的空调制冷设备的制造企业，但早期大多是仿制产品。国民经济的发展和人民生活水平的提高促进了空调制冷产业的发展。尤其在改革开放后，我国的经济开始转型，并快速发展，为空调制冷提供了广阔的市场。空调制冷从中华人民共和国成立初期主要为工业服务转向主要为民用服务，空调制冷设备已走进了各类公共建筑和千家万户。从而促进了空调制冷产业的发展壮大。我国现在已成全球最大的空调制冷设备的生产国和消费市场，也涌现了许多著名企业与名牌产品。我国空调制冷技术的飞速发展为《建筑用制冷技术》教材的编写提供了丰富的素材。

　　教材的作者已从事制冷课的教学近二十年，形成了独具特色的教学模式，并把"建筑用制冷技术"课程打造成"辽宁省精品资源共享课"。在此基础上编著了《建筑用制冷技术》教材。该教材系统地阐述了制冷基本概念与原理；详尽地介绍了各种制冷设备的构造、工作原理、性能、设计计算，以及制冷剂系统和冷源系统的组成与自动控制；扼要地介绍了空调冷源工程的经济性分析和制冷机组的实验方法。教材内容丰富，理论联系实际，反映了空调制冷技术当前的新进展和新技术。本书不仅是建筑环境与能源应用工程专业学生系统学习建筑用制冷技术的教材，还是一本可供从事空调制冷技术工作的工程技术人员用的参考书。

哈尔滨工业大学

陆亚俊

2019 年 5 月 11 日

前　　言

制冷设备及系统是现代建筑实现室内环境舒适、健康和节能调控的必备系统。2000年以来，随着我国建筑产业的快速发展、建筑环境质量和节能环保要求的不断提高，大型公共建筑以及超高、高大建筑如雨后春笋建设发展，极大地带动了我国空调制冷产业的发展。一方面，建筑冷源中的制冷机组由20世纪占市场主流地位的活塞式，逐步被螺杆式和离心式等类型的制冷机组所替代，且单台容量也越来越大，制冷压缩机、蒸发器、冷凝器、制冷剂、控制系统等方面的技术也发生了根本性变化，机组的制冷性能和冷源工程质量均得到大幅度提高。另一方面，网络与智能控制技术的发展及其在建筑领域中的应用，不仅极大地提高了冷源设备及系统的自动化、智能化和网络化水平，而且为制冷设备及系统能够满足整个建筑环境舒适、健康和节能调控要求，提供了技术保障和平台基础。

制冷与供冷技术是全国建筑环境与能源应用工程专业（简称建环专业）本科生必须掌握的一门专业课，在上述新的时代背景下，作为建环专业的本科生，不仅要扎实掌握制冷技术的基本概念、基本原理、基本方法及基本的工程应用技术等，而且要及时了解该领域最新的研究成果和技术进步情况，以敏锐客观的开放性和创新性思维来学习、思考、创新和实践建筑中的制冷与供冷问题，不断提高自身的学习能力、思维能力、创新能力和工程实践能力，以主动适应新时代行业发展对跨学科、高层次专门人才的新需求。为此，建环专业制冷课程的目标定位、教学目的、教学内容、教材资料、教学模式、实验实践、考核方式、质量评价等都需要面向我国建环专业人才培养的新需求而主动变革。作为制冷课程的知识、方法、技术和能力培养载体的教材，更应该与时俱进，在系统地承传制冷与供冷技术的经典理论体系、基本原理和方法的基础上，及时引入空调制冷及相关领域的最新成果，进一步完善建环专业制冷课程的内容体系，使之更适于教师教学和学生学习，适于社会进步和行业发展对该类教材的新要求。

本教材就是在上述背景下，根据笔者近二十年的建环专业制冷课程教学工作感悟和积累，面向社会进步和行业发展对建环专业人才培养的新需求，充分吸收我国建环专业现在普遍使用的同类教材优点，结合国外特别是美国该类课程教材特点、我国制冷专业本科生教材特色以及互联网时代对教师授课质量和教学模式的新要求撰写的，具体章节内容如下。

第1章　绪论。本章旨在强化学生对建筑与制冷之间关系的认识。主要介绍了建筑的供冷需求、人工制冷的发展简史、实现制冷的基本途径、建筑空调制冷系统的基本形式和常用的制冷设备及制冷在其他领域的应用。

第2章　制冷剂的种类与性质。本章旨在强化学生对制冷剂热力性质和迁移特性计算方法的学习。首先介绍了制冷剂的种类、制冷剂发展过程、环境影响与制冷剂替代；其次，重点介绍制冷剂热力性质计算方法，包括状态方程、压力方程、密度方程、比热容方程、潜热方程等，重点介绍制冷剂的动力黏度和导热系数计算方程；最后，介绍了制冷剂的物理化学性质。

第3章　蒸汽压缩式制冷循环的演变与特性。本章旨在强化学生对最大制冷系数探索进程及有效提升途径的认知。首先介绍了蒸汽压缩式制冷系统的基本构成及制冷系数的概念；其次介绍了人类对制冷系数最大化探索的进程，从卡诺循环的提出，到逆卡诺制冷循环、湿蒸汽区的逆卡诺循环、蒸汽压缩式制冷饱和循环及其热功计算等；再介绍提高饱和循环性能的有效途径，包括饱和循环与逆卡诺循环的差异、节流损失、过热损失，及提高饱和循环性能的有效途径——节流前过冷、回热循环、多级压缩循环和复叠式循环（本书将复叠式循环作为提高循环性能的途径之一来介绍）；最后介绍蒸汽压缩式制冷实际循环以及循环内部损失的熵分析法和㶲分析法。

第4章　蒸汽压缩式制冷压缩机。本章旨在强化学生对各类制冷压缩机的基本结构、种类、工作过程、效率、制冷量、功率以及调节特性的学习。首先介绍了往复式制冷压缩机的结构与种类、制冷量和功率；其次介绍了螺杆式制冷压缩机的结构与特征、制冷量与功率及能量调节；再介绍离心式制冷压缩机的结构与特点、能量损失与轴功率、特性与调节等；最后介绍了滚动转子式制冷压缩机和涡旋式制冷压缩机的结构与工作过程、种类及特点、制冷量与功率以及能量调节等。

第5章　制冷系统的冷凝器与蒸发器。本章旨在强化学生对冷凝器和蒸发器设计计算方法的学习，这也是众多同类教材中最为缺失的部分。本章按照统一的思路和方法，先后介绍了冷凝器和蒸发器的种类与特点、共性设计计算方法、常用冷凝器和蒸发器设计计算案例，常用冷凝器包括卧式冷凝器、空冷冷凝器、板式冷凝器和蒸发式冷凝器，常用蒸发器包括干式蒸发器、满液式蒸发器、冷却空气蒸发器和板式蒸发器。

第6章　制冷剂管路系统及功能部件与设备。本章旨在强化学生对制冷剂管路系统和节流机构的学习。首先介绍制冷剂管路系统的基本构成、典型制冷剂管路系统工艺流程；其次，重点介绍了常用节流机构的工作原理和特性，包括手动节流阀、浮球膨胀阀、热力膨胀阀、电子膨胀阀和毛细管；再介绍了制冷剂管路系统中的安全保护和功能调节等关键部件，以及气液分离、润滑油处理和不凝性气体处理等；最后，介绍了制冷剂管路系统的管路设计及防护等。

第7章　制冷系统的安全保护与自动控制。本章旨在强化学生对制冷系统关键部件及系统整体的机械式控制（或电气控制）和计算机自动控制的学习。首先在介绍了制冷系统的运行安全自动保护的基础上，系统地介绍了蒸发器、压缩机和冷凝器的自动控制与调节；其次，介绍了典型制冷系统的运行控制，包括小型商用制冷系统、直膨式空调制冷系统、螺杆式冷水机组、热泵式空调器和 VRV 空调系统的自动控制；最后，介绍了制冷系统的故障分析与对策。

第8章　溴化锂吸收式制冷。本章旨在强化学生对溴化锂吸收式制冷原理及机组自动控制的学习。首先介绍了吸收式制冷原理及溴化锂水溶液的性质；其次，介绍了单效和双效溴化锂吸收式制冷机的原理、结构特点、热力计算及性能影响因素等；再次，介绍了直燃型溴化锂吸收式冷热水机组；最后介绍了溴化锂吸收式制冷机组的自动控制。

第9章　建筑冷源工程。本章旨在强化学生对建筑冷源工程的设计、监控及冷源系统经济性分析方法的学习，同时通过制冷系统性能测试方法和实践教学案例的介绍，旨在加强实践教学、提高学生实践能力。首先介绍了载冷剂种类及输送系统形式；其次介绍了建筑冷源系统的设计方法和经济性分析方法，介绍了建筑冷源系统监测控制系统设计方法；最后介绍了制冷机组与制冷系统性能测试原理、方法及实践教学案例。

本教材的内容体系具有以下特色：

（1）注重制冷技术所涉及的相关基础问题的介绍和推演，有利于夯实学生的专业基础，便于学生知识结构的"上挂下联"。

（2）注重制冷技术所涉及的基本概念、基本原理、基本方法及基本工程应用技术的介绍，有利于帮助学生夯实基础、练好基本功。

（3）注重制冷技术涉及的科技发展前沿问题的介绍。教材多数章节安排了相关内容的发展概述，重点阐述国内的发展概况、研究现状分析及当前的研究重点和发展方向，有助于学生了解该领域的国内外最新研究与应用进展，增强学生的自信心。

（4）注重教材理论内容与工程实际应用的结合。本教材主要面向建筑环境与能源应用工程专业的本科生，教材在多数章节都介绍了建筑冷源系统形式、系统设计及监测与控制等方面的内容，以培养学生的建筑制冷系统工程设计、运行调控和管理能力。

（5）注重实验教学与课后习题的训练。第9章的实验教学有利于培养学生实验设计、实验操作和实验分析的实验创新能力，有利于学生加强对课堂理论教学内容的理解；同时，教材收集和设计了成套的课后习题，特别是引进了国外同类教材的习题，有利于考查学生对所学内容的掌握程度，加强对所学内容的理解和巩固。

1999年6月，哈尔滨建筑大学建筑热能工程系空调教研室，刚刚留校的我从马最良教授手中接过一厚本沉甸甸、泛了黄、破了边的《空调用制冷技术》手写稿教案；从那时到现在，一晃就是20年。2008年9月我计划编写《建筑用制冷技术》教材，从那时到现在，一晃就是10年。过去的20年，我始终坚守那神圣而又深受同学们喜爱的三尺制冷课讲台，践行一个大学教员教书育人的基本职责。通过努力，我们把该门课程已打造成"辽宁省精品资源共享课"，并形成了独具特色的教学方式、教材、实验及考核方式；本教材也成为"住房城乡建设部土建类学科专业'十三五'规划教材"和"高等学校建筑环境与能源应用工程专业规划教材"。值此教材完稿之际，我谨代表参编作者，向给了我和我们先进的大学教学理念、教学方法、特别是大学教师教学精神的哈尔滨工业大学陆亚俊教授、孙德兴教授和马最良教授表示衷心的感谢。向全国建筑环境与能源应用工程教育指导委员会给予的大力支持表示衷心的感谢；向中国建筑工业出版社的辛勤付出和热情帮助表示衷心的感谢；向大连理工大学教务处和建设工程学部的大力支持表示衷心的感谢。向历届在教学过程中给以默契配合而又辛苦努力的哈尔滨工业大学和大连理工大学建环专业的同学们表示衷心的感谢，你们是我们编写此教材的最大动力！向曾经参与本书编写，特别是在最后成稿过程中做了大量工作的任体秀、曲振楠、梁云、张继谊、赵楠等研究生同学表示衷心的感谢！

本教材由大连理工大学张吉礼任主编，负责本教材的整体构思、编写组织、统稿工作。本教材的第1章～第4章、第5章的第5.1～5.2节和第5.4节、第7章由张吉礼负责编写，第8章和第9章的第9.1～9.4节由马良栋负责编写，第5章的第5.3节、第5.5节和第5.6节、第6章和第9章的第9.5～9.6节由马志先编写。

由于作者水平有限，书中不妥和不足之处在所难免，恳请读者和同行不吝赐教。

作　者

2018年11月18日于大连

目　　录

第1章 绪 论

1.1 建筑的供冷需求

1.1.1 空调冷负荷

建筑作为人类休养生息的基本场所,通过围护结构、空气渗透及专用系统,时刻与室外环境进行着物质和能量的交换,构建了可以满足人们生产、生活、工作和学习要求的建筑室内环境。在此过程中,某一时刻由建筑内外热源进入室内环境的热量总和构成了建筑的得热量,为了维持一定的室内温湿度设定值而在某时刻需要从室内除去的热量构成了建筑的冷负荷。此外,为保证室内空气卫生要求,需要从室外引入一定量的新风,此部分新风在夏季也会形成新风冷负荷。

上述建筑冷负荷和新风冷负荷就成了建筑夏季供冷的最直接需求——空调冷负荷。另外,内部发热量较大的大型建筑在冬季和过渡季节,也可能有供冷需求,比如,具有大面积内区的大型商业建筑、程控交换机房和网络服务器机房建筑等。图1-1给出了空调冷负荷构成,明晰了建筑供冷需求的原因。

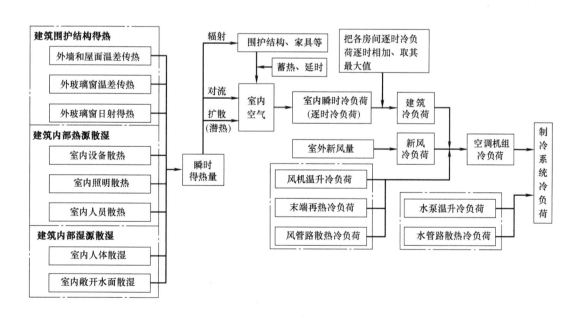

图 1-1 建筑空调冷负荷及其供冷需求[1]

1.1.2 制冷的概念

建筑的供冷需求自古至今历史悠久。人类居所(原始时期还称不上建筑)的避暑降温

1

始于建筑被动式的通风、遮阳、隔热等措施，在距今两千多年的吐鲁番交河故城，古车师人在房屋侧壁上开凿了通风口与旁边的水井相通，利用深井水蒸发冷却产生的凉气来防暑降温（见图1-2）。我国《艺文志》记载，秦国"以水晶为柱拱，内实以冰"建造了五宫殿，并"遇夏开放"，这可谓我国最早的主动式"空调房间"。中世纪古西班牙摩尔王在其宫殿中采用了溪水蒸发冷却降温技术。上述用于室内降温的深井水、溪水和冰均来自自然界，称为天然冷源。此外，室外冷空气、雪、海水等也可以作为天然冷源用于室内降温。

(a) 房屋　　　　　　　　　　　　　(b) 水井

图1-2　交河故城的房屋及隔壁水井

在实际应用中，天然冷源受地理位置、季节和环保等条件的限制，不便获得低于环境温度、特别是低于0℃的温度，因此，天然冷源的应用受到很大限制。于是，人们开始了探索人工制冷的途径。

制冷就是将某一空间（或物体）内多余的热量移送到周围环境，从而冷却该空间，并保持其温度在所要求的范围之内。制冷应包括两个过程：一是将空间冷却，如将冰箱冷藏室温度从20℃冷却到5℃；二是使该空间温度保持下去。

根据制冷温度的不同，人工制冷技术分为普通制冷、深度制冷、低温制冷和超低温制冷，其温度范围见表1-1。在民用建筑领域，舒适性空调房间全年温度范围为18～28℃（相对湿度不超过65%）；在食品冷冻冷藏领域，低于-17.8℃以下为低温冷冻，温度在1.6～7.2℃之间称为中温冷藏。可见，舒适性空调温度和食品冷冻冷藏温度，都属于普通制冷的范围。

人工制冷分类及温度范围　　　　　　　　　　表1-1

分　　类	温　度　范　围
普通制冷	120K(-153℃)以上
深度制冷	20～120K(-253～-153℃)
低温制冷	0.3～20K(-272.7～-253℃)
超低温制冷	0.3K(-272.7℃)以下

根据实现制冷的途径不同，人工制冷又分为相变制冷、气体绝热膨胀制冷、温差电制冷、热声制冷等。在民用建筑领域，空气调节所要求的制冷常用途径是相变制冷，而工程中常用的相变制冷方法主要有蒸汽压缩式制冷和溴化锂吸收式制冷。

1.1.3 人工制冷的发展

人工制冷技术是随着工业革命开始的。1755 年爱丁堡的化学家库仑（Willian Cullen）利用乙醚蒸发实现了水的结冰过程，他的学生布拉克（Black）从本质上解释了融化和汽化现象，提出了潜热的概念，发明了冰量热器，标志着人工制冷技术的开始[2]。

1834 年在伦敦工作的美国发明家波尔金斯（Jacob Perkins）在英国申请了乙醚在封闭系统中膨胀制冷的英国专利[2]，这是蒸气压缩式制冷机的雏形。1851 年戈里（John Gorrie）采用压缩空气制冰获得了美国第一个制冷机专利。1860 年詹姆斯·哈里森（James Harrision）在澳大利亚制造出了第一套制冰装置，用于啤酒厂生产过程。1872 年美国波义尔（Boyler）发明了氨压缩机，1874 年德国林德（Linde）发明了第一台氨压缩式制冷机，于 1881 年在伦敦建成世界上第一个冷库。1904 年纽约的斯托克交易所建成了制冷量为 1582kW 的空调系统，标志着现代人工制冷技术真正用于建筑的空调工程中。1920 年欧美的歌剧院和电影院等建筑开始使用成套的空调系统。20 世纪二三十年代，空调系统开始在上海的影剧院使用，1960 年人民大会堂安装了 5 台上海合众冷气机厂生产的离心式制冷机。至此，人工制冷越来越多地应用于各类建筑的空调工程中。历经近 100 年的发展，我国已经成为空调制冷产业强国和应用大国。

1.2 实现制冷的基本途径

1.2.1 相变制冷

物质在固、液、气三态之间发生相变过程中会吸收或放出相变潜热，相变制冷就是利用某些物质在相变过程中的相变吸热效应实现制冷的方法；相变制冷有溶解、汽化、升华三种类型。

1. 溶解制冷

物质在由固态转化为液态的溶解过程中要从环境中吸收溶解热，溶解制冷即利用固体溶解吸热效应来实现制冷的方法。如，冰的溶解热为 334.9kJ/kg，标准大气压下其溶解温度为 0℃，可以用冰溶解来实现制冷，见图 1-3[3]。溶解制冷效应的条件是溶解温度要低于被冷却空间的温度。

2. 汽化制冷

汽化制冷是利用物质由液态转化为气态过

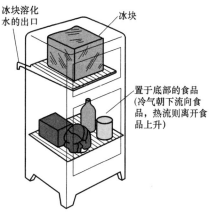

图 1-3 冰溶解实现制冷[3]

程中的吸热效应来实现制冷的方法。如，NH_3 在 1atm 下的汽化潜热为 1370kJ/kg，沸点为 -33.4℃，因此，可利用 NH_3 汽化来制冷，见图 1-4[4]。空调工程中应用最广的蒸气压缩式制冷和溴化锂吸收式制冷都是利用制冷剂的汽化制冷效应来实现制冷的。

3. 升华制冷

物质在由固态直接转化为气态的升华过程中要吸收升华潜热，如，干冰（CO_2）在 1atm 下的升华潜热为 573.6kJ/kg。目前，干冰升华主要用来实现人工降雨和医疗等过程。

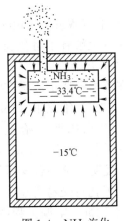

图 1-4 NH_3 汽化
实现制冷[4]

1.2.2 气体绝热膨胀制冷

一定状态的气体通过节流阀或膨胀机进行绝热变化时,气体的温度会降低,利用该过程来实现制冷的方法叫做气体绝热膨胀制冷。值得指出的是,并非所有的气体通过节流阀时都能实现制冷。对于理想气体,其焓值仅是温度的函数,理想气体通过节流阀时不具有制冷效应;对于实际气体,焓值是压力和温度的函数,通过节流阀时温度将发生变化,这一现象称为焦耳—汤姆逊效应。但实际气体通过节流阀后降温与否,与气体种类和初始状态有关,空气、氧、氮、二氧化碳等大多数气体在常温下通过节流阀后温度会降低,具有制冷效应;图 1-5 所示的气体涡流制冷就是实际气体(通常是空气,也可以是二氧化碳、氨等)通过涡流管时,一部分气体通过节流孔板降温形成冷气流(可用于制冷),另一部分气体形成热气流。气体通过膨胀机绝热膨胀时,对外输出膨胀功温度将会降低,实现制冷过程。气体绝热膨胀制冷可用于气体液化、飞机机舱空调(见图 1-6)等。

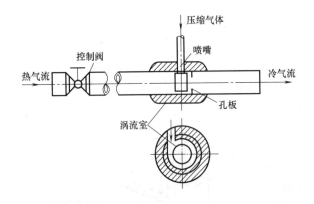

图 1-5 气体涡流制冷原理图

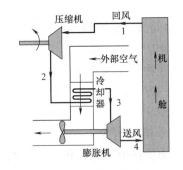

图 1-6 飞机机舱制冷原理图

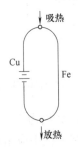

图 1-7 帕尔帖效应原理图

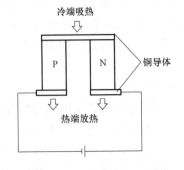

图 1-8 半导体制冷原理图[4]

1.2.3 温差电制冷

1834 年法国科学家珀尔帖发现,两种不同的金属组成闭合电路接通电源后,一个结点吸热,另一个结点放热,这种现象称为珀尔帖效应(见图1-7),它是温差电制冷的基础。实际应用中,采用半导体替代金属丝,即半导体温差电制冷(见图1-8[4])。在实用上,美国研制了31kW的电制冷空调器,在潜艇上获得成功应用。目前,温差电制冷也广泛应用于电子设备的冷却降温过程。

1.2.4 热声制冷

1777年Byron Higgins在实验中发现,将氢气火焰放在两端开口的垂直管道内会发出声音;吹玻璃的工人在作业时也发现,当一个热玻璃球连接一根中空玻璃管时,管子的尖端会发出声音,上述现象称为热声效应。热声效应是热能与声能的相互转换,热声效应有两种类型:一是热能转换为声能,利用该原理即可开发热声发动机;二是声能转换为热能,利用该原理即可开发热声制冷机。

热声制冷是根据热声效应原理,将热能经过热声发动机转换为声功,由声功驱动热声制冷机,实现制冷过程,如图1-9所示。

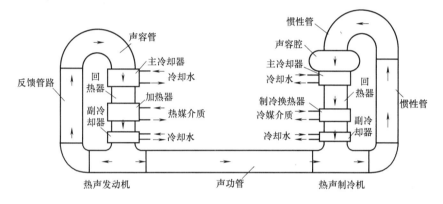

图1-9 热声制冷机原理图

1.3 空调制冷系统的基本形式

建筑有民用建筑和工业建筑之分,而民用建筑又分为居住建筑和公共建筑(见图1-10)。居住建筑和办公类公共建筑的空调冷负荷比例较小,围护结构冷负荷比例相对较

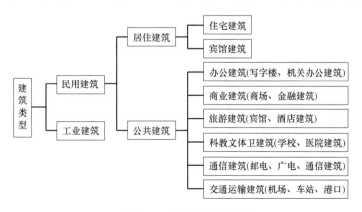

图1-10 建筑的基本类型

大；而公共建筑、特是大型公共建筑，室内冷负荷较大，围护结构冷负荷较小。可见，不同类型的建筑，其供冷需求差异较大，这就决定了不同类型建筑的空调供冷系统形式将有所不同。

1.3.1　居住建筑的空调制冷系统

居住建筑各房间温度要求独立控制调节性较强，图 1-11 所示的分体式空调器、窗式空调器、变制冷剂流量（Variable Refrigerant Volume，VRV）空调系统是居住建筑中常用的空调设备（系统）。该类空调设备（系统）由室内机和室外机构成，通过室内机的风机循环，向房间供应冷空气，实现对室内空气的降温除湿，同时将室内余热源源不断地通过室外机排到室外。该类空调设备（系统）可以实现各房间温湿度的独立调节，满足不同房间的供冷需求。

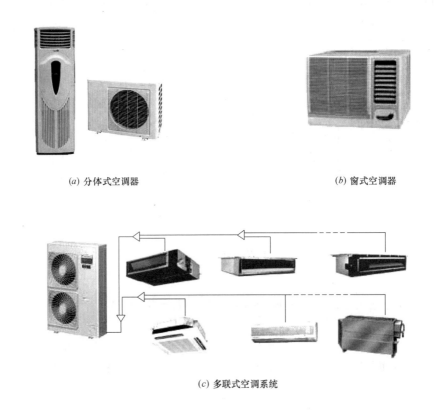

(a) 分体式空调器　　　　　　　　　　　　　　　　(b) 窗式空调器

(c) 多联式空调系统

图 1-11　居住建筑中的供冷系统形式

1.3.2　公共建筑的空调制冷系统

1. 制冷设备

绝大部分公共建筑都采用冷水机组来为建筑提供 7～12℃空调用冷冻水。冷水机组有蒸汽压缩式冷水机组和溴化锂吸收式制冷机组两种，前者主要有活塞式、螺杆式、离心式和涡旋式四种，图 1-12 为蒸气压缩式冷水机组，该类机组消耗电能、依靠机械能驱动实现制冷。后者主要有蒸汽型、热水型和直燃型溴化锂吸收式冷水机组。

图 1-13 为溴化锂吸收式冷水机组。蒸汽型溴化锂吸收式冷水机组使用蒸汽作为驱动

热源，热水型溴化锂吸收式冷水机组以热水为驱动热源，直燃型溴化锂吸收式冷水机组以油、气等燃料为驱动能源。直燃型溴化锂吸收式冷水机组不仅能够提供冷水，而且可以提供供暖及卫生热水。溴化锂吸收式冷水机组在电力紧张地区应用较为广泛，特别适于废热资源丰富的场所。

(a) 活塞式冷水机组

(b) 涡旋式风冷冷水机组

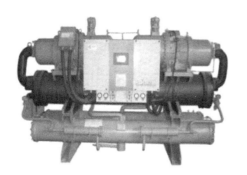

(c) 螺杆式制冷机组

(d) 离心式制冷机组

图 1-12 电制冷蒸汽压缩式冷水机组

(a) 蒸气型溴化锂吸收式冷水机组

(b) 直燃型溴化锂吸收式冷水机组

图 1-13 溴化锂吸收式冷水机组

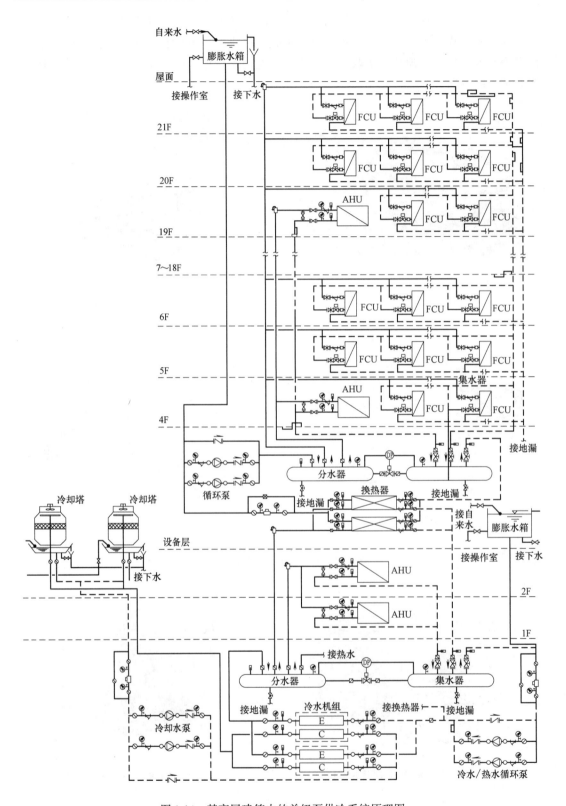

图 1-14 某高层建筑中的单级泵供冷系统原理图

2. 供冷系统的形式

常规的空调供冷系统基本包括冷水机组、冷水泵[①]、供回水管路、末端供冷设备、冷却水泵、冷却塔等。20世纪90年代以来，还出现了地源热泵供冷系统、污水源热泵供冷系统、海水源热泵供冷系统，但从其冷水供应形式看，仍然是热泵机组、冷水泵、供回水管路和末端供冷设备，与冷却塔系统不同的是，其他类型的冷却设备（如室外地埋管系统、污水取水换热系统和海水取水换热系统）替代了冷却塔系统。图 1-14 为某高层建筑中的供冷系统原理图，其中，冷水机组、换热器、循环泵等冷热源设备安装在建筑的地下室；夏季冷水循环泵向建筑各楼层的空调机组和风机盘管供应冷水，冬季向房间供应热水。建筑中的供冷系统形式也常常根据建筑高度、功能分区、内部空间布局来灵活设计。具体内容将在第9章中介绍。

1.4 制冷在其他领域的应用

除了建筑领域的舒适性空调外，电工电子、仪器仪表、精密量具、精密机床、半导体、纺织、印刷、计算机机房、服务器机房等生产车间和工作过程的环境温湿度控制都需要精密空调系统，实现其温湿度和洁净度的控制，精密空调离不开制冷技术。

在食品行业，从食品的生产到销售的各个环节，为了保证食品不腐烂变质，需要冷加工设备、冷冻库、冷藏库、冷藏车、冷藏船、铁路机械冷藏车、冷藏销售柜台等，而这些环节都离不开制冷技术。

在土木水利工程领域，建造堤坝、码头、隧道时，对于含水量较大的泥沙，可以采用制冷的办法在施工段周围建造冻土围墙，有效防止水分渗入，保障工程安全进行。在浇筑混凝土时，混凝土固化过程将释放大量反应热，为了避免发生热膨胀和产生应力，可以用制冷的办法预先将水泥砂浆在混合前冷却降温，及时除去混凝土固化过程反应热。

在军工领域，如在高寒地区应用的汽车、坦克、发动机、大炮等武器的性能需要做环境模拟试验，火箭、航天器也需在模拟高空或太空的低温条件下进行试验，模拟试验环境的构建都离不开制冷技术。

在体育运动领域，人工冰场、室内滑雪场都离不开制冷技术。

在医疗卫生领域，如血浆、疫苗及某些特殊药品的低温保存、器官组织的冷藏、低温麻醉、低温切片、低温手术、低温治疗、高烧伤患者的冷敷降温等，都离不开制冷技术。

在现代农业中，浸种、育苗、微生物除虫、低温储粮、种子的低温储存和冻干法长期保存等，都要应用到制冷技术。

总之，社会发展到今天，从日常的衣食住行到各类工程应用，再到尖端的科学技术，都离不开制冷技术。

本 章 习 题

1.1 试分析我国不同气候区、不同类型的建筑的供冷需求有何差异？可通过哪些途径能满足它们

---

① 根据现行国家标准，《供暖通风与空气调节术语标准》GB/T 50155，本书将习惯用法中的"冷冻泵"统称为"冷水泵"，将习惯用法中的"冷冻水"统称为"冷水"。

的供冷需求？

1.2　建筑得热量、建筑冷负荷、建筑除热量、空调机组冷负荷、制冷系统冷负荷这些概念有何区别？

1.3　气体绝热膨胀制冷常用于飞机机舱空调系统，分析其制冷原理和工作过程。

1.4　我国北方严寒和寒冷地区冬季"盛产"冰雪，能否将这些冰雪封存起来到夏季用于建筑供冷空调？若可以，需要考虑哪些问题？

1.5　人们都知道将一台空调器安装在房间里，开启空调器后室内温度会降低。那么，同样将一台冰箱放在该房间里，冰箱运行后打开冰箱门，房间温度会降低吗？

1.6　你对本门课程的作用有何认识？你期待通过本门课程学到什么？

本章参考文献

［1］陆亚俊，马最良，邹平华. 暖通空调（第二版）. 北京：中国建筑工业出版社，2007.

［2］郑贤德. 制冷原理与装置. 北京：机械工业出版社. 2007.

［3］［美］William C. Whitman，William M. Johnsom，John A. Tomczyk 著. 制冷与空气调节技术. 寿明道（译）. 北京：电子工业出版社，2008.

［4］陆亚俊，马最良，姚杨. 空调工程中的制冷技术. 哈尔滨：哈尔滨工程大学出版社，1997.

第 2 章 制冷剂的种类与性质

制冷剂是在制冷系统中实现制冷循环的工作流体，也称为工质。本章将首先介绍制冷剂的种类、制冷剂发展过程、环境影响与制冷剂替代；其次，重点介绍制冷剂热力性质计算方法，包括状态方程、压力方程、密度方程、比热容方程、潜热方程等，重点介绍制冷剂的动力黏度和导热系数计算方程；最后，介绍制冷剂的物理化学性质。

2.1 制冷剂的种类与替代

自然界中有适宜的压力和温度，并满足一定条件可作为制冷剂的物质有几十种，但总体上分为三大类[1~5]，即烷烃基制冷剂、烯烃基制冷剂和无机化合物制冷剂。

2.1.1 烷烃基制冷剂

烷烃基制冷剂包括烷烃化合物、卤代烃及其混合物三种。烷烃即饱和碳氢化合物，如甲烷、乙烷、丙烷等。卤代烃是烷烃中的氢原子被氟、氯、溴三种中的一种或多种原子所取代而生产的化合物，其中氢原子可有可无。由两种或多种卤代烃（也可以是烷烃）按照一定的比例混合后所构成的混合物，在满足一定条件后也可以作为制冷剂，称为混合工质，混合工质包括共沸点混合物和非共沸点混合物两种。

1. 单一物质制冷剂编号与分类

烷烃化合物的分子通式为 C_mH_{2m+2}，卤代烃的分子通式为 $C_mH_nF_xCl_yBr_z$，其中

$$n+x+y+z=2m+2 \tag{2-1}$$

卤代烃也称为氟利昂（Freon），是美国杜邦公司的商标名称。国际上统一使用"Refrigerants"的首字母"R"和一组数字或字母表示制冷剂的编号，数字或字母根据制冷剂的分子组成按一定的规则编写。

卤代烃的编号为 $R_{(m-1)(n+1)(x)}B_{(z)}$，其中，每个括号是一个数字，该数字为零时，R 或 B 可省去不写；B 为溴原子，z 表示溴原子个数。部分卤代烃制冷剂编号见表 2-1。

部分卤代烃制冷剂编号 表 2-1

类别	名称	分子式	m、n、x、y、z 的值	编号
CFCs 类	三氯一氟甲烷	$CFCl_3$	$m=1, n=0, x=1, y=3$	R11
	二氯二氟甲烷	CF_2Cl_2	$m=1, n=0, x=2, y=2$	R12
	三氯三氟乙烷	CCl_2FCClF_2	$m=2, n=0, x=3, y=3$	R113
	二氯四氟乙烷	$CClF_2CClF_2$	$m=2, n=0, x=4, y=2$	R114
	一氯五氟乙烷	$CClF_2CF_3$	$m=2, n=0, x=5, y=1$	R115
HCFCs 类	一氯二氟甲烷	CHF_2Cl	$m=1, n=1, x=2, y=1$	R22
	二氯三氟乙烷	$C_2HF_3Cl_2$	$m=2, n=1, x=3, y=2$	R123
	一氯四氟乙烷	$C_2HF_3Cl_2$	$m=2, n=1, x=3, y=2$	R124
	一氯二氟乙烷	$C_2HF_3Cl_2$	$m=2, n=1, x=3, y=2$	R142b

类别	名称	分子式	m、n、x、y、z 的值	编号
HFCs 类	二氟甲烷	CH_2F_2	$m=1,n=2,x=2,y=0$	R32
	三氟甲烷	CHF_3	$m=1,n=1,x=3,y=0$	R23
	三氟一溴甲烷	CF_3Br	$m=1,n=0,x=3,y=0,z=1$	R12B1
	二氟乙烷	CH_3CHF_2	$m=2,n=4,x=2,y=0$	R152a
	三氟乙烷	CH_3CF_3	$m=2,n=3,x=3,y=0$	R143a
	四氟乙烷	$C_2H_2F_4$	$m=2,n=2,x=4,y=0$	R134a
	五氟乙烷	CHF_2CF_3	$m=2,n=1,x=5,y=0$	R125
	五氟丙烷	$C_3H_3F_5$	$m=3,n=3,x=5,y=0$	R245ca
HCs 类	甲烷	CH_4	$m=1,n=4,x=0$	R50
	乙烷	C_2H_6	$m=2,n=6,x=0$	R170
	丙烷	C_3H_8	$m=3,n=8,x=0$	R290

根据分子中是否含有氯原子和氢原子，卤代烃又可分为以下四种类型：

(1) CFCs (Chlorofluorocarbons)：氯氟烃类制冷剂，它们的分子中只有氯、氟、碳原子，不含氢原子，如 R11、R12、R113、R114、R115 等，见表 2-1。

(2) HCFCs (Hydrochlorofluorocarbons)：氢氯氟烃类制冷剂，分子中除了氯、氟、碳原子外，还有氢原子，如 R22、R123、R124、R142b 等，见表 2-1。

(3) HFCs (Hydrofluorocarbons)：氢氟烃类制冷剂，分子中没有氯原子，而有氢原子、氟原子、溴原子和碳原子，如 R125、R134a、R23、R32、R125、R143a 等，见表 2-1。

(4) HCs (Hydrocarbons)：碳氢化合物类制冷剂，分子中只有氢原子和碳原子，如 R50（甲烷）、R170（乙烷）、R290（丙烷）等，见表 2-1。

烷烃的甲烷（CH_4）、乙烷（C_2H_6）和丙烷（C_3H_8）制冷剂的编号法则同卤代烃，分别为 R50（甲烷）、R170（乙烷）、R290（丙烷），其他烷烃按 600 序号依次编号。

2. 混合工质编号与分类

按照混合后是否有相同的沸点，混合工质又分为共沸点混合物和非共沸点混合物。由两种或多种物质（目前主要是卤代烃，也可以是烷烃）按照一定比例混合在一起的混合物，在一定压力下处于平衡状态的液相和气相组分相同，且保持恒定相同的沸点，这样的混合物叫做共沸点混合物。否则，为非共沸点混合物。

共沸点混合物制冷剂的表示方法采用组分制冷剂编号加质量百分比表示，如 R22/R12（75/25）。共沸点混合物制冷剂的编号按 500 序号依次编码，即 R5(N)，其中 N 表示该制冷剂命名的先后顺序号，从 00 开始。如最早命名的共沸点混合物制冷剂写作 R500，以后命名的此类制冷剂按先后次序分别用 R501、R502、…、R507 表示。表 2-2 列出了目前使用的几种共沸点混合物制冷剂。

共沸点混合物制冷剂有以下特点。

(1) 共沸点混合物的蒸发温度一般比其单组分的蒸发温度低。

(2) 在一定的蒸发温度下，共沸点混合物的单位容积制冷量比其单组分制冷剂的大。

(3) 共沸点混合物的化学稳定性较其单组分制冷剂好。

(4) 在全封闭和半封闭压缩机中，采用共沸点混合物制冷剂可使电动机得到更好的冷却。试验表明，采用 R502 的电动机温升比 R22 降低 10～20℃[2]。

目前使用的共沸点混合物制冷剂　　　　　　　　　　　表 2-2

编号	组分	组成	分子量	沸点(℃)	共沸温度(℃)	各组分沸点(℃)
R500	R12/152a	73.8/26.2	99.3	−33.5	0	−29.8/−25
R501	R22/12	84.5/15.5	93.1	−41.5	−41	−40.8/−29.8
R502	R22/115	48.8/51.2	111.6	−45.4	19	−40.8/−38
R503	R23/13	40.1/59.9	87.6	−88	88	−82.2/−81.5
R504	R32/115	48.2/51.8	79.2	−59.2	17	−51.2/−38
R505	R12/31	78.0/22.0	103.5	−30	115	−29.8/−9.8
R506	R31/114	55.1/44.9	93.7	−12.5	18	−9.8/3.5
R507	R125/143a	50.0/50.0	98.9	−46.7	—	−48.8/−47.7

　　由于上述特点，在一定条件下，采用共沸点混合物制冷剂的制冷系统能耗更低。如，在蒸发温度为−60～−30℃范围内，R502 的能耗较 R22 低；而在蒸发温度−10～＋10℃范围内，其能耗较 R22 高[2]。因此，R502 通常用在低温冷藏冷冻中，而 R22 用在空调中。

　　非共沸点混合物制冷剂没有相同的沸点。图 2-1 表示了非共沸点混合物制冷剂的温度—浓度（T-ξ）图，溶液在一定的压力下被加热时，首先到达饱和液体点 A；此状态称为泡点，其温度称为泡点温度。若再加热则到达点 B，即进入两相区，这时，溶液分为饱和液体（点 B_1）和饱和蒸气（点 B_g）两部分，其浓度分别为 ξ_{b1} 和 ξ_{bg}。继续加热到点 C 时，溶液全部蒸发，成为饱和蒸气；此状态称为露点，其温度称为露点温度。露点温度和泡点温度之差称为温度滑移（Temperature glide）。在露点时，混合物若再被加热则进入过热状态。可见，非共沸点混合物制冷剂在

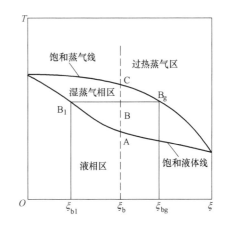

图 2-1　非共沸点混合物的 T-ξ 图

定压相变时其温度将发生变化，定压蒸发时温度从泡点温度变化到露点温度，定压凝结则相反。非共沸点混合物制冷剂的这一特性被广泛用在变温热源的温差匹配场合，实现近似的洛伦兹循环，以达到节能的目的。

　　非共沸点混合物制冷剂的编号从 400 开始，即 R4(N)，N 同样表示该制冷剂命名的先后顺序号，从 00 开始。若构成非共沸点混合物的纯物质种类相同，但成分不同，则在编号后加上大写英文字母以示区别，如最早命名的非共沸点混合物记作 R400，以后命名的按先后次序分别用 R401、R402……、R407A、R407B、R407C 等。目前应用较多的非共沸点混合物制冷剂见表 2-3。

目前使用的非共沸点混合物制冷剂　　　　　　　　　　表 2-3

编号	组分	组成	泡点温度(℃)	露点温度(℃)	ODP	GWP (CO₂=1)	主要应用
R401A	R22/152a/124	53/13/34	−33.8	−28.9	0.03	1025	替代 R12
R401B	R22/152a/124	61/11/28	−35.5	−30.7	0.04	1120	替代 R12
R402A	R22/290/125	38/2/60	−49.2	−47.6	0.02	2650	替代 R502
R402B	R22/290/125	60/2/38	−47.4	−46.1	0.03	2250	替代 R502

续表

编号	组分	组成	泡点温度 （℃）	露点温度 （℃）	ODP	GWP （CO$_2$＝1）	主要应用
R403A	R22/218/290	74/20/6	−48	—	0.037	2170	替代 R502
R403B	R22/218/290	55/39/6	−50.2	−49	0.028	2790	替代 R502
R404A	R125/143a/134a	44/4/52	−46.5	−46	0	3520	替代 R502
R407A	R32/125/134a	20/40/40	−45.8	−39.2	0	1960	替代 R502
R407B	R32/125/134a	10/70/20	−47.4	−43	0	2680	替代 R502
R407C	R32/125/134a	30/10/60	−43.4	−36.1	0	1600	替代 R22
R408A	R22/143a	45/55	−44.5	−44	0.03	2740	替代 R502
R410A	R32/125	50/50	−52.5	−52.3	0	2020	替代 R22

注：表中泡点和露点温度是指压力为标准大气压（101.325kPa）时的饱和温度。

2.1.2　烯烃基制冷剂

烯烃是不饱和碳氢化合物中的一类，有乙烯（C_2H_4）、丙烯（C_3H_6）。烯烃中的氢原子被卤素（氟、氯、溴）原子取代后生成的化合物称为卤代烯，如二氯乙烯（$C_2H_2Cl_2$）是乙烯中的两个氢原子被氯原子取代后生成的化合物。

烯烃及卤代烯的编号用 4 位数表示，第一位数为 1，其余 3 位数同卤代烃的编号法则，如，C_2H_4 的标号为 R1150，$C_2H_2Cl_2$ 的编号为 R1130。

2.1.3　无机化合物制冷剂

无机化合物制冷剂有 NH_3、CO_2 和 H_2O 等，其编号从 700 开始，即 R7(M)，其中，M 为该无机化合物的分子量，如 NH_3、CO_2、H_2O 的分子量分别为 17、18 和 44，其编号分别为 R717、R718 和 R744。

上述三类制冷剂的标准符号表示方法见附录 1。

2.1.4　不同压力水平的制冷剂分类

饱和状态下制冷剂的压力与温度有着一一对应的关系，图 2-2 为各种制冷剂的饱和温度与压力的对应关系。从图可知，在同一温度下，有的制冷剂压力高、有的压力低。通常用标准蒸发温度来区分不同制冷剂压力水平的高低，即在标准大气压（101.3kPa）下的

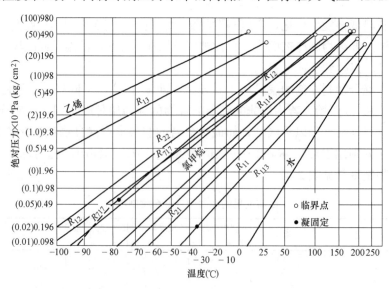

图 2-2　制冷剂饱和温度与压力的关系图[1]

蒸发温度（又称为沸点）称为标准蒸发温度。在给定的蒸发温度和冷凝温度下，制冷剂的标准蒸发温度越低，则蒸发压力和冷凝压力越高；反之，标准蒸发温度越高，则蒸发压力和冷凝压力就越低，表 2-4 给出了相关制冷剂的标准蒸发温度。按照标准蒸发温度的高低，制冷剂通常可分为高温制冷剂、中温制冷剂和低温制冷剂，表 2-5 给出了制冷剂的分类。

常用制冷剂的标准蒸发温度　　　　　　　　　　　　　　　　表 2-4

制冷剂	R744	R22	R12	R717	R134a	R123	R30	R718
标准蒸发温度(℃)	−78.5	−40.8	−29.8	−33.4	−26.2	27.9	40.7	100

不同压力水平的制冷剂分类　　　　　　　　　　　　　　　　表 2-5

类别	标准蒸发温度 （℃）	代表性制冷剂	30℃时的冷凝压力 （kPa）	备　注
高温制冷剂 （低压制冷剂）	>0℃	R11、R113、R114、R123、R30、R718 等	≤300	适用于热泵，特别是高温热泵系统
中温制冷剂 （中压制冷剂）	−60～0℃	R117、R12、R22、R502、R717、R134a 等	300～2000	适用于民用空调制冷系统
低温制冷剂 （高压制冷剂）	≤−60℃	R13、R14、R23、R744、R503、甲烷、乙烯 等		适用于多级循环和复叠式循环

在选择制冷剂时，一般希望其压力水平适中，蒸发压力应稍大于大气压，而冷凝压力不要太高，一般不宜超过 2MPa。因为蒸发压力低于大气压时，空气容易渗入系统，导致换热器传热能力下降、排汽压力升高、压缩机功耗增加等；冷凝压力太高时，则要求设备的承压能力高，设备的造价增加，制冷剂泄漏的可能性增大。

2.1.5　制冷剂的替代

1. 制冷剂的演变进程

乙醚是最早使用的制冷剂，其在标准大气压下的沸点为 34.5℃，但乙醚易燃、易爆。后来，查尔斯·泰勒（Charles Teller）采用二甲基乙醚作制冷剂，其沸点为 −23.6℃。

SO_2 和 CO_2 在历史上曾经是比较重要的制冷剂。1866 年威德·豪森（Wind Hausen）提出使用 CO_2 作为制冷剂。CO_2 的特点是压力特别高，如常温下冷凝压力高达 8MPa，致使制冷机极为笨重；但 CO_2 无毒、安全，曾用在船用冷藏制冷系统中，历史达 50 年之久，直到 1955 年才被氟利昂制冷剂所取代。1870 年卡特·林德（Cart Linde）使用 NH_3 作为制冷剂，并用于大型制冷机中。1874 年拉乌尔·皮克特（Raul Pictel）使用 SO_2 作为制冷剂，SO_2 沸点为 −10℃，毒性大，作为制冷剂使用长达 60 年之久，后来逐渐被淘汰。1930 年汤姆斯·米杰里（Thomas Midgley）首次提出采用卤代烃作为制冷剂，并一直使用至今。

2. 制冷剂对臭氧层的破坏作用

臭氧（O_3）是存在于大气平流层（占 90%）和对流层（占 10%）的一种气体，臭氧层使地球避免了来自太阳的有害紫外线辐射，对人类健康必不可少。1974 年美国加利福尼亚大学的莫利纳（M. J. Milina）和罗兰（F. S. Rowland）教授指出，卤代烃释放的氯原子会破坏平流层的臭氧分子，1 个氯原子可以破坏多达 10 万个臭氧分子[4]，且 CFCs 对大气臭氧层的破坏性最大，这就是著名的 CFCs 问题。为此，联合国环保组织于 1987

年在加拿大蒙特利尔市召开会议，共同签署了《关于消耗大气臭氧层物质的蒙特利尔议定书》。对 CFCs 类制冷剂，规定发达国家从 1996 年 1 月 1 日起完全停止使用，发展中国家 2010 年停止使用。对 HCFCs 类制冷剂，规定发达国家 2020 年完全停用，发展中国家 2040 年完全停用。我国政府于 1992 年正式宣布加入修订后的《蒙特利尔议定书》，并于 1993 年批准了《中国消耗大气臭氧层物质逐步淘汰国家方案》。

氟利昂类制冷剂对大气臭氧层的消耗用臭氧消耗潜在指标（Ozone Depletion Potential，ODP）来描述，以 R11 为基准值，规定为 1.0，其他制冷剂的 ODP 值见表 2-6。

一些制冷剂的 ODP 值和 GWP 值　　　　　　表 2-6

制冷剂	ODP	GWP	制冷剂	ODP	GWP	制冷剂	ODP	GWP
R11	1	3500	R124	0.022	350	R290	0	0
R12	1	7100	R125	0	2940	R500	0.75	6300
R22	0.055	1600	R134a	0	875	R502	0.23	9300
R23	0	未知	R142b	0.065	1470	R600a	0	0
R32	0	650	R143a	0	2660	R717	0	0
123	0.02	70	152a	0	105	718	0	0

3. 制冷剂的温室效应

氟利昂类制冷剂不仅破坏大气臭氧层，而且还有温室效应。对流层和平流层中的各种气体（包括氟利昂、二氧化碳、水蒸气及其化合物等）会吸收和反射来自地球的红外辐射，阻止红外辐射逸出大气层，形成温室效应。温室效应用全球变暖潜能指标（Global Warming Potential，GWP）来描述，规定以 CO_2 为基准，其值为 1.0（也可以 R11 为基准，用 HGWP 表示，规定 R11 的 HGWP 为 1.0，即 HGWP 值是 GWP 的 3500 倍）。常用制冷剂的 ODP 值和 GWP 值见表 2-6，其中某制冷剂的 ODP 值和 GWP 值越大，对环境的破坏作用越大，应尽早禁用。

根据表 2-6 所示的 ODP 和 GWP 值大小，可以画出各制冷剂对环境影响的潜在能力分布图，如图 2-3 所示，为选择环保类制冷剂提供参考。

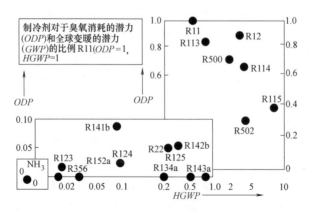

图 2-3　常用制冷剂环境影响潜在能力分布图[2]

4. 制冷剂的替代

从 20 世纪 80 年代后期开始，世界各国就一直在寻找新的制冷剂。表 2-7 给出了 R11、R12、R22 和 R502 在欧洲的应用领域及其可能替代制冷剂（横线之下为替代制冷剂）。

CFCs 和 HCFCs 制冷剂应用领域及其替代制冷剂 表 2-7

汽车空调	冰箱冰柜	窗式空调器	家用空调器和热泵	商业制冷与空调	大型中央空调
CFC12					CFC11
HFC134a	HFC134a HC600a				HFC245ca HFC245fa HCFC123
			HCFC22		
			HFC134a R407C R410A/B HC290		
				R502	
				R404A R507 R407A/B	
天然制冷剂（氨、碳氢化合物、二氧化碳）					

R11 主要用于离心式冷水机组，其过渡替代制冷剂为 R123，但目前许多企业已改用 R134a。在家用冰箱和汽车空调中，R134a 为 R12 的替代制冷剂。R22 是广泛用于制冷和家用空调中的制冷剂，美国供热、制冷与空调工程师协会（ASHRAE）推荐了 4 种替代制冷剂，即 R134a、R407C、R410A 和 R410B，其中，R134a 替代 R22 时，需要对制冷系统重新设计。非共沸点混合物 R407C 是与 R22 最相近的混合制冷剂，替代后对制冷系统的改动最小，但其有较大的温度滑移（可达 5～7℃）。

2.2 制冷剂的热力性质计算方法

制冷剂的热力性质包括温度、密度、压力、比热容、潜热、内能、比焓和比熵等。在制冷系统设计和计算机仿真计算过程中，常常需要用到制冷剂热力性质计算模型，包括状态方程、饱和蒸气压力方程、饱和液体密度方程、理想气体比热容方程、汽化潜热方程、气体比热容方程和饱和液体比热容方程，以及根据这些方程推得的比焓和比熵方程。本节将简要叙述制冷剂上述热力性质计算方法。

2.2.1 制冷剂热力性质参数模型

可根据实验数据，采用最小二乘法得到不同制冷剂的热力性质参数计算模型。下面以 R134a 为主，介绍制冷剂热力性质参数计算模型[5,6]。

1. 索阿夫-瑞里奇-邝模型

1972 年神原贤和渡部康一等人提出了 Soave-Redlich-Kwong（SRK）方程，即：

$$p=\frac{RT}{v-b}-\frac{A_c\alpha(T)}{v(v+b)} \tag{2-2}$$

式中　p——气体压力，kPa；

　　　R——气体常数，kJ/(kg·K)；

　　　T——热力学温度，K；

　　　υ——气体比容，m³/kg；

　α 和 b——系数，$\alpha(T)=1+(1-T_r)\left(m+\dfrac{n}{T_r}\right)$；

　　　T_r——对比态温度，$T_r=\dfrac{T}{T_c}$，下角标 c 表示制冷剂临界状态参数；m 和 n 为系数

$b=0.08664RT_cP_c$；

$A_c=0.4248975\dfrac{R^2T_c^2}{P_c}$。

SRK 方程对计算烃类制冷剂的两相 p、υ、T 参数具有很高的计算精度，方程中的 m 和 n 可根据实验数据辨识得到，即很容易将式（2-2）变成关于 m、n 的二元方程。

根据 R134a 的 p、υ、T 实验数据，采用最小二乘法可得 $m=2.89$，$n=-1.04$，$R=0.0814880$，于是便得到了 R134a 的 SPK 方程。经验证，在 0～140℃ 范围内，R134a 的状态方程压力计算值与试验值的最大相对误差为 1.99%，可满足工程应用精度要求。

2. 饱和蒸气压力

R134a 的饱和蒸气压力模型为：

$$\ln p_s=a+\frac{b}{T}+cT+dT^2+e(f-T)/T\ln(f-T) \tag{2-3}$$

式中，$a=24.8033988$，$b=-0.3980408e4$，$c=-0.02405332$，$d=0.2245211\times10^{-4}$，$e=0.1995548$，$f=0.3748473\times10^{-3}$。上式在 -50～90℃ 内压力计算值与实验值的最大相对误差不超过 0.98%。

3. 饱和液体密度

R134a 的饱和液体密度模型为：

$$\frac{\rho_L}{\rho_c}=1+d_1\tau^\beta+d_2\tau^{\frac{2}{3}}+d_3\tau+d_4\tau^{\frac{4}{3}} \tag{2-4}$$

式中　ρ_L——饱和液体密度，kg/m³；

　　　ρ_c——临界密度，kg/m³；

　　　$\beta=0.355$；

　　　$\tau=1-\dfrac{T}{T_c}$。

$d_1=1.9480814$，$d_2=0.9979377$，$d_3=-0.9976786$，$d_4=0.89433743$，在 -50～90℃ 范围内式（2-4）的最大相对误差不超过 1.7%。

4. 气体比热容

R134a 的理想气体比热容为：

$$\frac{c_p^0}{R}=c_0+c_1T_r+c_2T_r^2+c_3T_r^3 \tag{2-5}$$

式中，$c_0=0.15942904$，$c_1=14.9821657$，$c_2=-4.0893116$，$c_4=0.395134576$。

定温条件下，气体定容比热容计算式为：

$$c_v = c_p^0 - R - A_c T \alpha''(T) \ln \frac{v}{v+b} \tag{2-6}$$

式中　$\alpha''(T)$——饱和蒸气的温度函数，由式（2-2）中的 $\alpha(T)$ 计算；

A_c 和 b 的计算同式（2-2）。

气体定压比热容为：

$$c_p = c_v + T\left(\frac{R}{v-b} - \frac{A_c \alpha'(T)}{v(v+b)}\right)\left(\frac{Rv(v+b) - A_c \alpha'(T)(v-b)}{p(3v^2 - b^2) - RT(2v+b) + A_c \alpha(T)}\right)_v \tag{2-7}$$

式中，$\alpha'(T) = -\dfrac{m}{T_r} - \dfrac{T_r n}{T^2}$，$T_r$ 的意义同式（2-2）。

5. 饱和液体比热容

文献［7］给出了饱和液体比热容计算式：

$$c = c_p^0 + \Delta c \tag{2-8}$$

式中　c——液体比热容，kJ/(kg·K)。

当液体接近饱和时，Δc 可由 Bondi 方程[7]得到：

$$\frac{\Delta c}{R} = 2.56 + 0.436\frac{1}{1-T_r} + w\left[2.91 + 4.38\frac{(1-T_r)^{\frac{1}{3}}}{T_r} + 0.296\frac{1}{1-T_r}\right] \tag{2-9}$$

式中　w——偏心因子，$w = \dfrac{3}{7}\dfrac{\frac{T_0}{T_c}}{1-\frac{T_0}{T_c}}\lg\dfrac{p_c}{p_0} - 1$；

T_0——标准大气压力下的饱和温度，K；

p_0——标准大气压力，kPa。

6. 汽化潜热

汽化潜热可通过克劳修斯-克拉贝龙（Clausius-Clapegron）方程求得：

$$\gamma = T(v' - v'')\frac{dp_s}{dT} \tag{2-10}$$

式中　γ——汽化潜热，kJ/kg；

v'、v''——分别为饱和液体与饱和气体比容，m³/kg。

7. 气体和液体比焓

比焓的微分方程式为：

$$dh = c_p dT + \left[v - T\left(\frac{\partial v}{\partial T}\right)_p\right]dp \tag{2-11}$$

再根据式（2-2），即可得到气体比焓的计算公式：

$$h'' = \int_{T_0}^{T} c_p^0 dT - \frac{a - a'T}{b}\ln\frac{v+b}{v} + RT\ln\frac{v}{v_0} - pv_0 + pv + h_0 \tag{2-12}$$

式中　h''——饱和气体比焓，kJ/kg；

$a = A_c \alpha(T)$；

$a' = -A_c\left[(1-T_r)n\dfrac{T_c}{T^2} + \left(\dfrac{m}{T_c} + \dfrac{n}{T}\right)\right]$；

h_0——根据基准点焓值确定的积分常数，kJ/kg；

b、A_c、m、n 同式（2-2）。

根据式（2-12）和式（2-10），可得饱和液体比焓，即：

$$h' = h'' - \gamma \tag{2-13}$$

式中　h'——饱和液体比焓，kJ/kg；

　　　γ 由式（2-10）求得。

8. 气体和液体比熵

比熵的微分方程式为：

$$ds = c_p \frac{dT}{T} - \left(\frac{\partial v}{\partial T}\right)_p dp \tag{2-14}$$

再根据式（2-2）和式（2-14），可得气体比熵的一般表达式为：

$$s'' = \int_{T_0}^{T} \frac{c_p^0}{T} dT - R\ln\frac{p}{p_0} - R\ln\frac{v-b}{v} - \frac{a}{b}\ln\frac{v+b}{v} - RT\ln\frac{v}{v_0} + s_0 \tag{2-15}$$

式中　s''——饱和气体比熵，kJ/(kg·K)；

　　　s_0——根据基准点熵值确定的积分常数，kJ/(kg·K)；

　　　a、b 同式（2-12）。

根据式（2-15）和式（2-10），可得饱和液体比熵表达式为：

$$s' = s'' - \frac{\gamma}{T} \tag{2-16}$$

式中　s'——饱和液体比熵，kJ/(kg·K)。

2.2.2　制冷剂热力性质图表

在制冷系统设计时，为了简便计算制冷剂热力学性质参数，可根据上述公式制成热力学性质图和表。常用的表有制冷剂饱和液体和蒸气热力性质表、过热蒸气热力性质表。

1. 制冷剂热力性质图

制冷剂的热力性质图有 T-s 图和 lg$p$-h 图，前者用于定性地分析制冷剂在循环中的状态变化过程，后者用于制冷系统的热工计算。

在 T-s 图和 lg$p$-h 图上，饱和液体线（干度 $x=1$）和饱和汽体线将整个平面分为三个区，即过冷液体区、湿蒸气区和干蒸气区，图中有等干度线（$x=$const）、等压线（$p=$const）、等温度线（$T=$const）、等比焓线（$h=$const）、等比熵线（$s=$const）、等比容线（$v=$const），各等值线变化趋势分别见图 2-4 和图 2-5，其中等比容线向下方向为数值增大方向。

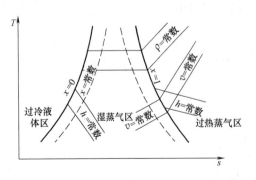

图 2-4　制冷剂的 T-s 图

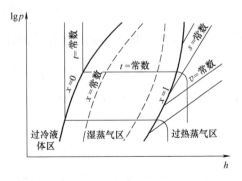

图 2-5　制冷剂的 lg$p$-h 图

在 $\lg p\text{-}h$ 图的过热蒸气区，绝大部分制冷剂的等比熵线都不会再经过湿蒸气区，但也有部分制冷剂的等比熵线会再次经过湿蒸气区，前者称为 A 型制冷剂（其 $\lg p\text{-}h$ 图见图 2-5），后者称为 B 型制冷剂（其 $\lg p\text{-}h$ 图见图 2-6），B 型制冷剂在压缩过程中存在湿压缩的危险较大，必须采取必要的措施，以避免湿压缩。

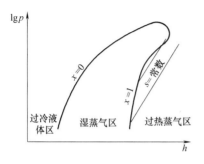

图 2-6 B 型制冷剂的 $\lg p\text{-}h$ 图

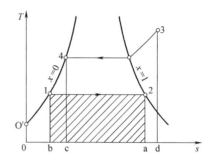

图 2-7 $T\text{-}s$ 图上状态变化过程

$T\text{-}s$ 图除了可用于定性分析制冷剂在循环中的状态变化过程之外，还可以定性描述制冷剂在状态变化过程中的吸热、放热和比焓的大小。如图 2-7 所示，过程 1→2 为吸热过程，$\Delta s > 0$，吸热量可用面积表示为 S_{12ab1}。过程 3→4 为放热过程，$\Delta s < 0$，放热量为面积 S_{34cd3}。为表示任意一点（如点 3）的比焓大小，可以假设以 O' 为基点，构建 $O' \to 4 \to 3$ 的等压加热过程，则加热量为面积 $S_{O'43dOO'}$；在等压过程中，加热量等于过程变化前后的焓增，即 $h_3 - h_{O'}$，设 $h_{O'} = 0$，则有 $h_3 = S_{O'43dOO'}$。这种采用面积来描述 $T\text{-}s$ 图上任意一点比焓的方法，在以后的制冷循环过程分析中非常有用。

制冷剂 R22、R123、R134a、R717、R407c 和 R410a 的 $\lg p\text{-}h$ 图分别见附录 2～附录 7。

2. 制冷剂热力性质表

附录 8 给出了常用制冷剂的基本热力性质参数。饱和状态下 R22、R123、R134a 和 R717 的热力性质表分别见附录 9～附录 12，过热状态下 R22、R123、R134a 和 R717 的热力性质表分别见附录 13～附录 16。

在使用热力性质图表时，应注意以下问题：一是比焓和比熵等参数的基准值选取问题，不同的图表由于基准值选取不同，使同一温度和压力下的焓、熵值不同。二是单位是否统一的问题，对于单位不一致的图表，最好不要混用。

2.3 制冷剂的迁移特性计算方法

制冷系统的设计计算还需要制冷剂在不同状态下的黏度、导热系数等迁移性质参数，本节以 R123 和 R134a 为例，介绍其迁移性质数学模型[6]。

2.3.1 动力黏度方程

1. 饱和气体动力黏度

R123 和 R134a 的饱和气体动力黏度采用多项式拟合公式为：

$$\mu_v = a_{\mu v,0} + a_{\mu v,1} t + a_{\mu v,2} t^2 \tag{2-17}$$

式中　μ_v——饱和气体动力黏度，10^{-6}Pa·s；

　　　t——温度，℃；

　　　$a_{\mu v,0}$、$a_{\mu v,1}$、$a_{\mu v,2}$、$a_{\mu v,3}$ 和 $a_{\mu v,4}$——常系数，见表 2-8。

R123 和 R134a 饱和气体动力黏度方程系数　　　　表 2-8

工质	$a_{\mu v,0}$	$a_{\mu v,1}$	$a_{\mu v,2}$
R134a	11.281380	0.043208120	7.7983683×10^{-5}
R123	10.233286	0.035504365	1.3571429×10^{-5}

常压下气体黏度可认为是温度的单值函数。若制冷剂的压力不高，可按常压处理。若压力较高或是液相，则应在常压下气体黏度方程的基础上再考虑压力的影响。过热气体动力黏度是温度和压力的函数，但在 0.01～1MPa 低压范围，气体动力黏度几乎与压力无关，是温度的单值函数[8]；当压力超过此范围时，需要考虑压力的影响。

2. 饱和液体动力黏度

液相黏度的计算目前仍是半经验性的，本书采用实验数据的纯经验拟合方法[6]。

R123 和 R134a 的饱和液体动力黏度按下式进行函数拟合：

$$\ln\mu_L = a_{\mu L,0} + a_{\mu L,1}\frac{1}{T} + a_{\mu L,2}T + a_{\mu L,3}T^2 \qquad (2\text{-}18)$$

式中　　　　　　　　μ_L——饱和液体动力黏度，10^{-3}Pa·s；

　　$a_{\mu L,0}$、$a_{\mu L,1}$、$a_{\mu L,2}$ 和 $a_{\mu L,3}$——常系数，拟合结果见表 2-9。

R123 和 R134a 饱和液体动力黏度方程系数　　　　表 2-9

工质	$a_{\mu L,0}$	$a_{\mu L,1}$	$a_{\mu L,2}$	$a_{\mu L,3}$
R134a	-2.1624829	502.60010	-0.00087043775	$-1.0000500 \times 10^{-5}$
R123	-8.7303473	1536.1857	0.01196131500	$-1.0000073 \times 10^{-5}$

R123 在 -50～130℃ 范围内、R134a 在 -50～90℃ 温度范围内，上述气体和液体的黏度方程计算结果与实验数据相比较，最大相对误差不超过 1.95%[6]，满足工程应用要求。

2.3.2　导热系数方程

在 0.1～1MPa 压力下，气体的导热系数几乎与压力无关，只是温度的单值函数；液体的导热系数主要受温度影响，此压力范围内受压力影响很小。

1. 饱和气体导热系数

R123 和 R134a 的饱和气体导热系数采用多项式拟合，即：

$$\lambda_v = a_{\lambda v,0} + a_{\lambda v,1}t + a_{\lambda v,2}t^2 \qquad (2\text{-}19)$$

式中　λ_v——饱和气体导热系数，W/(m·K)；

　　　t——温度，℃；

　　$a_{\lambda v,0}$、$a_{\lambda v,1}$、$a_{\lambda v,2}$ 和 $a_{\lambda v,3}$——常系数，结果见表 2-10。

R123 和 R134a 饱和气体导热系数方程系数表　　　　表 2-10

工质	$a_{\lambda v,0}$	$a_{\lambda v,1}$	$a_{\lambda v,2}$
R134a	0.010858643	1.1178811×10^{-4}	$-2.3142800 \times 10^{-7}$
R123	0.008416181	0.4733330×10^{-4}	3.3603900×10^{-8}

过热气体导热系数是温度和压力的函数，但在 $0.01\sim1$MPa 低压下，气体导热系数几乎与压力无关，只是温度的单值函数[8]。因此，低压力范围内 R123 和 R134a 的过热气体导热系数仍按式（2-19）计算。

2. 饱和液体导热系数

饱和液体导热系数也采用多项式进行拟合，即：

$$\lambda_L = a_{\lambda L,0} + a_{\lambda L,1}t + a_{\lambda L,2}t^2 \qquad (2\text{-}20)$$

式中　　　　　　　λ_L——饱和液体导热系数，$W/(m \cdot K)$；

　$a_{\lambda L,0}$、$a_{\lambda L,1}$、$a_{\lambda L,2}$——常系数，拟合结果见表 2-11。

R123 和 R134a 饱和液体导热系数方程系数表　　　　　表 2-11

工质	$a_{\lambda L,0}$	$a_{\lambda L,1}$	$a_{\lambda L,2}$
R134a	0.095084939	-0.00051333750	3.2528001×10^{-7}
R123	0.094262520	-0.00023873030	-7.3139401×10^{-6}

R123 在 $-50\sim130$℃范围内、R134a 在 $-50\sim90$℃范围内，其导热系数拟合方程计算结果的最大相对误差为 1.95%[6]。

2.4　制冷剂的物理化学性质

在选用制冷剂时，除了考虑热力性质和迁移性质外，还要考虑制冷剂的物理化学性质，例如毒性、燃烧性、爆炸性、与金属材料的作用、与润滑油的作用、环境的友好性等。

2.4.1　安全性与热稳定性

制冷剂的毒性、燃烧性和爆炸性都是评价其安全性的重要指标，各国都规定了最低安全程度的标准，如 ANSI/ASHRAE15-1992 等。

1. 毒性

美国工业与环境卫生专家大会用 TLVs（Threshold Limit Values）指标作为制冷剂毒性标准，美国杜邦公司用 AEL（Allowable Exposure Limit）指标作为毒性标准，反映了制冷剂毒性的大小；若指标超过 1000，则可认为制冷剂无毒。表 2-12 给出了常用制冷剂 TLVs 值或 AEL 值。

制冷剂的毒性指标　　　　　表 2-12

制冷剂编号	TLVs 或 AEL	制冷剂编号	TLVs 或 AEL	制冷剂编号	TLVs 或 AEL	制冷剂编号	TLVs 或 AEL
R11	1000	R123	10	R143a	1000	R600a	1000
R12	1000	R124	500	R152a	1000	R717	25
R22	1000	R125	1000	R290	1000	R718	5000
R23	1000	R134a	1000	R500	1000	R744	4000
R32	1000	R142b	1000	R502	1000		

另外，尽管有些氟利昂制冷剂的毒性较低，但在高温或火焰作用下可能会分解出极毒

的光气，这在使用时要特别注意。

2. 燃烧性和爆炸性

易燃的制冷剂在空气中的含量达到一定范围时，遇明火就会爆炸。因此，应尽量避免使用易燃和易爆炸的制冷剂。万一必须使用时，必须要有防火防爆安全措施。易燃制冷剂的爆炸特性见表 2-13，其中，None 表示不燃烧，na 表示未知，爆炸极限表示在空气中发生燃烧或爆炸的体积百分比，下限值越小，表示越易燃；下限值相同，则范围越宽越易燃。

制冷剂的易燃易爆特性　　　　　　　　　　　　　表 2-13

制冷剂	爆炸极限 体积分数 （%）	制冷剂	爆炸极限 体积分数 （%）	制冷剂	爆炸极限 体积分数 （%）	制冷剂	爆炸极限 体积分数 （%）
R11	None	R123	None	R143a	6.0～na	R502	None
R12	None	R124	None	R152a	3.9～16.9	R600a	1.8～8.4
R22	None	R125	None	R290	2.3～7.3	R717	16.0～25.0
R23	None	R134a	None	R500	None	R718	None
R32	14～31	R142b	6.7～14.9				

3. 安全分类

国际标准 ISO 5149-93 和美国标准 ANSI/ASHRAE34-92 对制冷剂划分了 6 个安全等级，见表 2-14，表 2-15 给出了一些制冷剂的安全分类。

ASHRAE34-1992 以毒性和可燃性为界限的安全分类　　　表 2-14

毒性 可燃性		TLVs 值确定或一定的系数,制冷剂体积分数≥4×10⁻⁴	TLVs 值确定或一定的系数,制冷剂体积分数<4×10⁻⁴
无火焰传播	不 燃	A1	B1
制冷剂 LFL＞0.1kg/m³， 燃烧热＜19000kJ/kg	低度可燃性	A2	B2
制冷剂 LFL≤0.1kg/m³， 燃烧热≥19000kJ/kg	高度可燃性	A3	B3
		低毒性	高毒性

注：LFL 为燃烧下限，即在指定的实验条件下，能够在制冷剂和空气组成的均匀混合物中传播火焰的制冷剂最小浓度（单位为 kg/m³）。

一些制冷剂的安全分类　　　　　　　　　　　　表 2-15

制冷剂	安全分类	制冷剂	安全分类	制冷剂	安全分类	制冷剂	安全分类
R11	A1	R123	B1	R143a	A2	R502	A1
R12	A1	R124	A1	R152a	A2	R600a	A3
R22	A1	R125	A1	R290	A3	R717	B2
R23	A1	R134a	A1	R500	A1	R718	A1
R32	A2	R142b	A2				

4. 热稳定性

通常，制冷剂因受热而发生化学分解的温度远高于其工作温度，因此在正常运转条件下制冷剂是不会发生分解的。但在温度较高又有油、钢铁、铜存在时，长时间使用会发生变质甚至热解。如，当温度超过 250℃时，氨就会分解成氮和氢；R12 在与铁、铜等金属接触时，在 410～430℃时会分解，并生成氢、氟和极毒的光气。R22 在与铁相接触时，550℃开始分解。

2.4.2 对其他物质的物化作用

1. 对材料的作用

正常情况下，卤素化合物制冷剂与大多数常用金属材料不发生反应。但在某种情况下，一些材料将会和制冷剂发生反应，如水解反应、分解反应等。制冷剂与金属材料接触时发生分解反应从弱到强的次序是，铬镍铁耐热合金、不锈钢、镍、紫铜、铝、青铜、锌、银。

有水分存在时，氟利昂水解成酸性物质，对金属有腐蚀作用。氟利昂与润滑油的混合物能够水解铜，当制冷剂与铜或铜合金部件接触时，铜便溶解；当和钢或铸铁部件接触时，被溶解的铜离子又会析出，并沉淀在钢铁部件上，形成一层铜膜，这就是所谓的"镀铜"现象。这种现象对制冷机的运行极为不利，因此，制冷系统中应尽量避免有水分的存在。

氨制冷系统不适合用黄铜、紫铜和其他铜合金，因为有水分时要引起腐蚀。但磷青铜与氨不发生反应。

橡胶与氟利昂相接触时，会发生溶解；而对塑料等高分子化合物则会起"膨润"作用（变软、膨胀和起泡），在制冷系统中要选用特殊的橡胶或塑料。

碳氢化合物制冷剂对金属无腐蚀作用。

2. 与润滑油的互溶性

在大多数制冷系统里，制冷剂与润滑油相互接触。各种制冷剂与润滑油之间的溶解程度不同，有的完全互溶，有的几乎不溶解，有的是部分溶解。若制冷剂与油不相溶解，则可以从冷凝器或贮液器中将油分离出来，避免将油带入蒸发器中，降低传热效果。制冷剂与油溶解会使润滑油变稀，影响润滑作用，且油会被带入蒸发器中，影响到传热效果。

不同的制冷剂对润滑油的要求不同[4]。润滑油有动物油、植物油和矿物油三类，其中，唯有矿物油适合用于制冷系统。矿物油又包括烷属烃、环烷烃和芳香烃三种，其中环烷烃在制冷系统中应用最多。多年来，制冷系统采用合成油的效果也很好，合成油包括烷基苯、乙二醇（如聚二醇）和酯类三种。多元醇酯（POE）是一种普遍使用的酯类润滑油，但比矿物油更容易吸收大气中的水分。HCFC 类制冷剂多采用烷基苯类润滑油，HFC 类制冷剂非常适合采用酯类润滑油。R134a 必须采用合成多元醇酯（POE）或聚二醇（PAG）润滑油，不能与有机矿物油配合使用。新型制冷剂 R407C、R410A、R404A、R507 应使用 POE 润滑油。

3. 与水的溶解性

不同制冷剂溶解水的能力不同。氨可以无限溶解于水，水溶液的冰点比纯水的低，因此，制冷系统不会引起结冰而堵塞管道通路，但会引起金属材料的腐蚀。氟利昂很难与水溶解，烃类制冷剂也难于溶解于水。制冷剂中水的含量超过溶解度百分数时就会有纯水存在，当温度降到 0℃以下时，水就会结成冰，堵塞节流阀或毛细管，形成"冰塞"，使制冷系统不能正常工作。表 2-16 给出水在一些制冷剂中的溶解度。

水在制冷剂中的溶解度（25℃） 表 2-16

制冷剂	溶解度(%)	制冷剂	溶解度(%)	制冷剂	溶解度(%)	制冷剂	溶解度(%)
R11	0.0098	R32	0.12	R134a	0.11	R290	—
R12	0.01	R123	0.08	R142b	0.05	R500	0.05
R22	0.13	R124	0.07	R143a	0.08	R502	0.06
R23	0.15	R125	0.07	R152a	0.17	R600a	—

另外，制冷系统中不允许有游离的水存在，否则制冷剂会发生水解，生成酸性产物，腐蚀金属材料。

本章习题

2.1 常用制冷剂有哪些？它们的特点是什么？

2.2 试写出制冷剂 R115、R32 和 R123 的化学式。

2.3 试写出制冷剂 CH_4、CHF_3、$C_2H_3ClF_2$、H_2O、CO_2 的编号。

2.4 混合制冷剂有什么特点？与单一制冷剂有什么不同？

2.5 氟利昂类制冷剂的含水量为什么要严格控制？

2.6 制冷装置中选择润滑油有什么要求？

2.7 何谓标准蒸发温度？冷凝压力、蒸发压力与标准蒸发温度有何关系？

2.8 选择制冷剂时，希望标准蒸发温度高一点好，还是低一点好？为什么？

2.9 制冷剂与润滑油的互溶性对制冷系统的工作有何影响？

2.10 什么制冷剂是与润滑油有限溶解？

2.11 何谓"冰塞"？如何防止？哪些制冷剂可能产生"冰塞"现象？

2.12 何谓"镀铜"现象？

2.13 试比较常用制冷剂的毒性、燃烧爆炸性。

2.14 氨和氟利昂对哪些材料有强烈腐蚀性？

2.15 为什么国际上提出对 R11、R12、R113 等制冷剂限制使用？试讨论制冷剂破坏臭氧层问题和制冷剂替代问题。

2.16 CFC 类制冷剂为什么对环境会有影响？CFC 类淘汰期限在何时？

本章参考文献

[1] 陆亚俊，马最良，姚杨. 空调工程中的制冷技术. 哈尔滨：哈尔滨工程大学出版社，1997.

[2] 郑贤德. 制冷原理与装置. 北京：机械工业出版社. 2007.

[3] 彦启森，石文星，田长青. 空气调节用制冷技术（第三版）. 北京：中国建筑工业出版社，2006.

[4] [美] William C. Whitman，William M. Johnsom，John A. Tomczyk 著. 制冷与空气调节技术. 寿明道（译）. 北京：电子工业出版社，2008.

[5] 蒋能照，吴兆林，翁文兵. 新制冷工质热力性质表和图. 上海：上海交通大学出版社，1992.

[6] 张吉礼. 离心式多级压缩水—水高温热泵技术研究. 江苏双良空调设备股份有限公司企业博士后工作站出站报告，2006.

[7] 邱信立，廉乐明，李力能. 工程热力学. 北京：中国建筑工业出版社，1992.

[8] Assael M J，Dalaouti N K，Gialou K E. Viscosity and Thermal Conductivity of Methane，Ethane and Propane Halogenated Refrigerants. Fluid Phase Equilibria，2000，174：203-211.

第 3 章　蒸气压缩式制冷循环的演变与特性

本章以蒸汽压缩式制冷循环关键知识点为载体，强化学生对最大制冷系数探索进程及有效途径的学习。首先介绍蒸汽压缩式制冷系统的基本构成及制冷系数的概念；其次，介绍人类对制冷系数最大化探索的进程，从卡诺循环的提出，到逆卡诺制冷循环、湿蒸气区的逆卡诺循环、蒸气压缩式制冷饱和循环及其热功计算等；再介绍提高饱和循环性能的有效途径，包括饱和循环与逆卡诺循环的差异、节流损失、过热损失、及提高饱和循环性能的有效途径——节流前过冷、回热循环、多级压缩循环和复叠式循环（本书将多级压缩循环和复叠式循环作为提高循环性能的途径来介绍）；最后，介绍蒸气压缩式制冷实际循环以及循环内部损失的熵分析法和㶲分析法。

3.1　蒸气压缩式制冷系统的基本构成

3.1.1　制冷系统的四大部件

蒸气压缩式制冷系统包括蒸发器、压缩机、冷凝器和节流机构四大基本部件，用管路将其连接在一起，就构成制冷系统，如图 3-1 所示。

1. 蒸发器

蒸发器是制冷系统中真正产生制冷效应的部件。制冷剂在蒸发器内吸收外界热量而汽化，降低被冷却空间的温度，实现制冷。蒸发器内制冷剂的汽化过程是一个等压沸腾过程。蒸发器内制冷剂沸腾时的压力称为蒸发压力，用 p_e 表示，单位为 kPa；相对应的饱和温度（沸点）称为蒸发温度，用 t_e 表示，单位为℃。

2. 压缩机

压缩机是蒸气压缩式制冷系统的核心部件，其作用首先是从蒸发器中吸出制冷剂蒸气，以维持蒸发器内一定的蒸发压力和蒸发温度。其次，压缩机将吸入的蒸气进行压

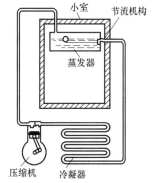

图 3-1　蒸气压缩式制冷
系统的基本构成[1]

缩，提高压力和温度，为在高温高压下冷凝制冷剂创造条件，使制冷剂得以循环使用。第三，压缩机为在制冷系统中输送制冷剂提供动力。最后，压缩机在制冷循环过程还提升了热能的品位。宏观上，图 3-1 所示的制冷系统把一定数量的热能从低温的小室内环境输送到高温的冷凝器所处的环境中，如同水泵将水从低位处"泵"到高位处一样。因此，从这个角度讲，制冷系统在用于供热目的时称为热泵（Heat pump）系统，蒸气压缩式制冷系统也称为蒸气压缩式热泵系统。

吸气压力和排气压力是压缩机的两个关键性参数，分别是压缩机吸气口和排气口处的制冷剂蒸气压力。

3. 冷凝器

冷凝器是制冷系统另一个关键换热部件，来自压缩机的制冷剂蒸气在其中被冷却、凝结释放出热量，这些热量由空气或水等冷却介质带走；在热泵系统中，此部分冷凝热可以用来供热。冷凝器中的冷凝过程是等压过程，冷凝过程的制冷剂压力称为冷凝压力，用 p_c 表示，单位为 kPa；对应的饱和温度称为冷凝温度，用 t_c 表示，单位为℃。

4. 节流机构

节流机构可以是自动或手动的节流阀（或称膨胀阀）或毛细管，其作用一是节流降压，即使高压（冷凝压力）液体转变为低压（蒸发压力）液体，为制冷剂在低压低温下汽化创造条件；二是调节蒸发器的供液量，以实现整个制冷系统的能量调节。

5. 蒸发压力影响因素

在制冷系统中，蒸发压力是重要的性能参数，直接影响着制冷系统蒸发温度的稳定性和制冷量的大小，因此，分析影响蒸发压力的因素非常重要。

首先，压缩机的吸气能力影响蒸发压力，吸气能力越高，蒸发压力越低；反之，蒸发压力升高。其次，蒸发器的传热能力影响蒸发压力，传热能力越高，蒸发器的换热量就越大，制冷剂在蒸发器中的汽化速率就越高，蒸发压力也越高；反之，蒸发压力就越低。最后，节流机构的供液能力影响蒸发压力，供液能力越高，更多的制冷剂蒸气进入蒸发器，使得蒸发压力升高；反之，蒸发压力就越低。

需要说明的是，压缩机的吸气能力、蒸发器的传热能力和节流机构的供液能力三者之间又互相影响，因此，蒸发压力和蒸发温度是诸多因素共同作用下自平衡的结果，任一因素的变化都将使蒸发器在新的蒸发压力和蒸发温度下工作。

3.1.2　制冷量与制冷系数

1. 制冷量

制冷量是指制冷系统的蒸发器在单位时间内从被冷却物体或空间中提取的热量，用 $\dot{Q}_e$ 表示，单位为 W 或 kW；工程制单位中，单位为 kcal/h，英制单位为 Btu/h。上述三种单位的换算关系为：

$$1W=0.86kcal/h \qquad 1kW=860kcal/h$$
$$1W=3.412Btu/h \qquad 1Btu/h=2.252kcal/h$$

冷吨也是工程中制冷量的常用单位。1 冷吨（1RT）是指 0℃的水在 24h 内凝固成 0℃的冰所放出的热量。由于各国"吨"的单位不同，所以 1 冷吨所表示的制冷量大小也不一样。美国采用英制单位，1t=2000 磅；日本采用公制单位，1t=1000kg。于是，有：

$$1USRT=3517W=3024.6\ kcal/h=12000Btu/h$$
$$1JPRT=3861W=3320\ kcal/h=13173.7Btu/h$$

制冷剂在制冷系统中循环的质量流量，用 $\dot{m}_R$ 表示，单位为 kg/s。单位质量制冷剂流量的制冷量称为单位质量制冷量，简称单位制冷量，用 q_e 表示，单位为 J/kg 或 kJ/kg，且

$$\dot{Q}_e=\dot{m}_R q_e \tag{3-1}$$

式中，q_e 反映了某种制冷剂自身的性质，q_e 越大，产生相同的制冷量所需的质量流量就越小，蒸发器和压缩机也越小，显然这种工质越好。

单位质量制冷量还可用下式计算：

$$q_e = \gamma(1 - x_e) \tag{3-2}$$

式中　γ——蒸发器中制冷剂所处状态下的汽化潜热，J/kg；

　　　x_e——节流后的制冷剂进入蒸发器时的干度。

可见，制冷剂的汽化潜热越大、节流后形成的蒸气越少（x_e 越小），则 q_e 就可能越大。

2. 制冷系数

制冷系统要产生一定的制冷量必须消耗外界的能量，用制冷系数来衡量制冷系统的能量消耗，其定义为：

$$\varepsilon = \frac{\dot{Q}_e}{\dot{W}} \tag{3-3}$$

式中，ε 是无因次量，表示每消耗 1kW 的能量可获得 ε kW 的制冷量，即表示制冷系统的制冷量是消耗功率的倍数。制冷系数又称制冷系统的性能系数，常用 COP（Coefficient of Performance）来表示。$\dot{W}$ 为制冷系统消耗的功率，单位为 W 或 kW。制冷系统的 $\dot{W}$ 通常是指压缩机消耗的功率，而压缩机消耗的功率可以是压缩机的理论消耗功率、压缩机的轴功率、驱动压缩机电动机的输入功率；另外，$\dot{W}$ 还可以是整个制冷系统所消耗的总功率，即包括压缩机功率及制冷系统自身的风机和水泵等所消耗的功率。因此，同一个制冷系统的制冷系数 ε 可以有不同的值。本书如无特殊说明，制冷系数中的功率是指压缩机消耗的输入功率。

工程单位制中，$\varepsilon = \dfrac{\dot{Q}_e}{860 \dot{W}}$，于是，工程单位制中常用的单位功率制冷量为：

$$K = \frac{\dot{Q}_e}{\dot{W}} = 0.86\varepsilon \tag{3-4}$$

式中，$\dot{Q}_e$ 的单位为 kcal/h，$\dot{W}$ 的单位为 W。

英制单位中，常用单位冷吨马力（Unit refrigeration ton horsepower，HPT）来衡量制冷机的性能，即

$$HPT = \frac{4.716}{\varepsilon} \tag{3-5}$$

3.2　制冷系数最大化的探索

对于图 3-1 所示的蒸气压缩式制冷系统，很容易由式（3-3）计算其制冷系数 ε。但针对这样一个基本的制冷系统，人们也自然会提出以下问题。

（1）采用什么样的循环方式该制冷系统能够实现以最小的功率消耗、获得最大的制冷量？即该制冷系统是否"存在"最大的制冷系数 ε_{max}？

（2）实际应用中是否能够实现最大制冷系数 ε_{max}？若实现不了，又如何提高实际的制冷系数，即实现制冷系数的最大化？

（3）最大制冷系数 ε_{max} 的实现是否与所用的制冷剂有关？采用不同制冷剂的制冷系统，在实现制冷系数最大化时是否有区别？

事实上，制冷技术的发展历程，就是人们不断采用新理论、新技术追求制冷系数最大化的过程。本章将围绕这一问题，从卡诺循环诞生的背景讲起，逐步介绍人们是如何通过对蒸气压缩式制冷循环的改进来实现制冷系数最大化的。

3.2.1 卡诺循环的诞生

19 世纪初，关于蒸汽机如何把热能转变为机械能的理论并未形成。在对热机缺乏理论认识的情况下，工程师从一台热机上得到的结论，不能应用到另一台热机上，人们亟需解决"热机效率是否有极限""什么样的热机工质是最理想的"这两个重要问题。

法国军事工程师萨迪·卡诺（Sadi. Carnot）（见图 3-2）采用了其他工程师截然不同的研究方法，他分析了蒸汽机的基本结构和工作过程，撇开了蒸汽机具体装置、具体工质及一切次要因素，从研究普遍意义的理想循环入手，得出了关于消耗热能而得到机械功的结论。卡诺指出，热机必须在高温热源和低温热源之间工作，凡是有温差的地方就能产生动力；反之，凡是能消耗这个动力的地方就能形成温差，也就可能破坏热的平衡。卡诺构造了一个工作在加热器（高温热源）与冷凝器（低温热源）之间的理想循环，后来被称为"卡诺循环"（见图 3-3）。

图 3-2　萨迪·卡诺（Sadi Carnot）

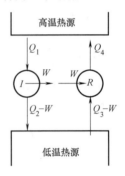

图 3-3　卡诺循环

1824 年萨迪·卡诺在弟弟的协助下出版了著名论著《关于火的动力》，提出了"卡诺热机"和"卡诺循环"的概念，提出了"卡诺原理"，即"卡诺定理"。卡诺指出：

（1）工作在相同高温热源和低温热源之间的一切实际热机，其效率都不会大于这两个热源之间工作的可逆卡诺热机的效率。

（2）理想的可逆卡诺热机的效率有一个极大值，该极大值仅由加热器和冷凝器的温度决定，一切实际热机的效率都低于该极值。

（3）热动力与工质无关，其大小唯一地由两个热源的温度来确定。

卡诺的工作为提高热机效率指明了方向。1834 年法国工程师克拉贝龙（Emile Clapeeron）成为《关于火的动力》的第一个真正读者，并在巴黎理工学院出版的杂志上发表了《论热的动力》一文，用 $P\text{-}V$ 曲线描述了卡诺循环。1844 年英国青年物理学家开尔文（Kelvin）偶然读到克拉贝龙的文章，并在 4 年后发表了《建立在卡诺热动力理论基础上的绝对温标》一文。1859 年德国物理学家克劳修斯（R. Clausius）通过克拉贝龙和开尔文的论文了解到卡诺理论。随着热功当量的发现，热力学第一定律、能量守恒与转化定律、热力学第二定律相继被揭示，卡诺的学术地位慢慢被确立，1878 年他的《关于火的动力》（第二版）和生前遗作被发表，卡诺及其理论受到了物理学界的普遍重视。英国物理学家麦克斯韦（J. C. Maxwell）高度评价卡诺的理论是"一门具有可靠的基础、清楚的概念和明确的边界的科学"。

3.2.2 逆卡诺制冷循环

1. 理论最大制冷系数

图 3-4 为工作在高温热源 T_2 和低温热源 T_1 之间的制冷机，Q_1 为某段时间内制冷机从低温热源吸收的热量，Q_2 为该段时间内制冷机向高温热源放出的热量，W 为该时段外界向制冷机输入的功量。不考虑制冷机内部结构和具体工作过程，若制冷机的起始和终了状态相同，根据热力学第一定律，则该时段内外界与制冷机之间传热量与功量应当满足下式：

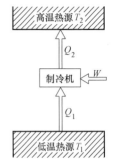

图 3-4 制冷机及
其高低温热源

$$Q_1 + W = Q_2 \tag{3-6}$$

制冷机工作在稳定状态下，设单位时间内的传热量与功量分别为 $\dot{Q}_1$、$\dot{W}$、$\dot{Q}_2$，则有：

$$\dot{Q}_1 + \dot{W} = \dot{Q}_2 \tag{3-7}$$

对于由高温热源、低温热源、制冷机和功源组成的孤立系统，由热力学第二定律得：

$$\Delta S_{is} = \frac{Q_2}{T_2} - \frac{Q_1}{T_1} \geqslant 0 \tag{3-8}$$

将式（3-6）代入式（3-8）得：

$$\frac{Q_1}{W} \leqslant \frac{T_1}{T_2 - T_1} \tag{3-9}$$

式（3-9）左侧即为制冷系数 ε，于是有：

$$\varepsilon \leqslant \frac{T_1}{T_2 - T_1} \tag{3-10}$$

由式（3-10）可知，工作在高温热源 T_2 和低温热源 T_1 之间的制冷机的制冷系数都小于 $\left(\frac{T_1}{T_2 - T_1}\right)$，当制冷机的所有热力过程都是可逆过程（无温差传热、无摩擦流动、无扰动和涡流）时，式（3-10）中的等号成立，即制冷机具有最大的制冷系数：

$$\varepsilon_{max} = \frac{T_1}{T_2 - T_1} \tag{3-11}$$

式中，T_1 和 T_2 的单位为 K。

2. 理论最大制冷系数的实现：逆卡诺循环制冷机

为实现式（3-11）所示的最大制冷系数 ε_{max}，卡诺设计了一个理想的制冷机——逆卡诺循环制冷机，如图 3-5 所示。逆卡诺循环制冷机由绝热压缩机、等温压缩机、绝热膨胀机、等温膨胀机四个部件组成，部件之间用管道连接，制冷剂在四个部件中依次循环。

如图 3-6 所示，逆卡诺循环制冷机的四个工作过程为：

1）1——2 为绝热压缩过程：该过程在绝热压缩机中完成，制冷剂温度由 T_1 升高到 T_2，与外界无热量交换（$\dot{Q}_{1-2} = 0$），外界对制冷剂做功（$\dot{W}_{1-2} > 0$）。

2）2——3 为等温压缩过程：该过程在等温压缩机中完成，制冷剂向高温热源放出热量（$\dot{Q}_2 > 0$），外界对制冷剂做功（$\dot{W}_{2-3} > 0$）。

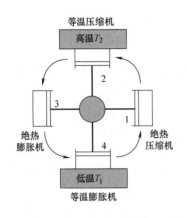

图 3-5　逆卡诺循环制冷机原理图

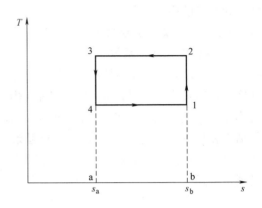

图 3-6　$T\text{-}s$ 图上的逆卡诺循环

3）3 ——→ 4 为绝热膨胀过程：该过程在绝热膨胀机中完成，制冷剂温度由 T_2 降低到 T_1，膨胀时对外做功（$\dot{W}_{3\text{-}4} < 0$），与外界无热量交换（$\dot{Q}_{3\text{-}4} = 0$）。

4）4 ——→ 1 为等温膨胀过程：该过程在等温膨胀机中完成，膨胀时对外做功（$\dot{W}_{4\text{-}1} < 0$），同时从低温热源中吸取热量（$\dot{Q}_1 < 0$）。

制冷剂经历上述过程后恢复到原来状态。在一个循环过程内，设制冷机从低温热源提取的冷量为 Q_1，向高温热源放出的热量为 Q_2，消耗了外界的功量为 W，整个循环所消耗的功应是四个过程功量的代数和。在图 3-6 所示的 $T\text{-}s$ 图上，过程线下的投影面积即为该过程所放出或吸入的热量，则面积 41ba 为每千克制冷剂在过程 4 ——→ 1 中所吸的热量，面积 23ab 为每千克制冷剂在过程 2 ——→ 3 中所放出的热量，于是有：

$$Q_1 = T_1(s_2 - s_1)m \tag{3-12}$$

$$Q_2 = T_2(s_2 - s_1)m \tag{3-13}$$

式中　m——制冷剂质量，kg；

s_1 和 s_2——分别为状态点 3（或 4）和 1（或 2）的比熵，J/(kg·K)。

根据热力学第一定律，每千克制冷剂循环消耗的净功为面积 1234，即：

$$W = (T_2 - T_1)(s_2 - s_1)m \tag{3-14}$$

于是，逆卡诺循环的制冷系数 ε_c 为：

$$\varepsilon_c = \frac{T_1}{T_2 - T_1} \tag{3-15}$$

3. 逆卡诺循环制冷机的特点

上述逆卡诺循环制冷机具有以下特点。

（1）所有过程都是可逆的。一是从低温热源向制冷剂的传热及制冷剂向高温热源的传热都是在无温差条件下进行的；二是所有的压缩、膨胀及制冷剂的流动等过程均是无摩擦、内部无涡流或扰动过程。

（2）所有过程无相变发生。制冷剂在四个循环过程中无相变发生，所有过程都在气相区中进行。

（3）逆卡诺循环的制冷系数 ε_c 只与低温热源和高温热源的温度（T_1，T_2）有关，而与制冷剂种类无关。

（4）在 T_1 和 T_2 之间循环的所有制冷循环中，逆卡诺循环的制冷系数 ε_c 最大。

（5）逆卡诺循环的制冷系数 ε_c 随着 T_1 的升高、T_2 的降低而增加，且 T_1 对制冷系数的影响比 T_2 大。

3.2.3 湿蒸气区的逆卡诺循环

1. 湿蒸气区的逆卡诺循环制冷机

显然，逆卡诺循环制冷机的四个可逆过程在实际中是难以实现的，因此，必须寻求可以在实际中实现的制冷循环及相应的制冷机。

以图 3-5 所示的逆卡诺循环制冷机为参考，对比图 3-1 所示的蒸气压缩式制冷系统可以发现，蒸发器中的汽化过程和冷凝器中的凝结过程都是等压、等温过程。因此，设想用冷凝器和蒸发器分别替代逆卡诺循环制冷机中的等温膨胀机和等温压缩机，并让逆卡诺循环制冷机工作在实际工质的湿蒸气区，由此构建湿蒸气区的逆卡诺循环制冷机，如图 3-7 所示。为保持蒸发过程和冷凝过程为无温差传热过程，假设被冷却介质的温度 T_1 等于制冷剂的蒸发温度 T_e，冷却剂的温度 T_2 等于制冷剂的冷凝温度 T_c。

湿蒸气区的逆卡诺循环制冷机由绝热压缩机、绝热膨胀机、蒸发器和冷凝器组成，该制冷机的循环过程如图 3-8 所示。

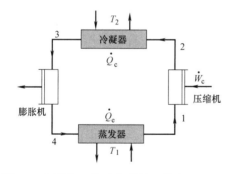

图 3-7　湿蒸气区的逆卡诺循环制冷机原理图

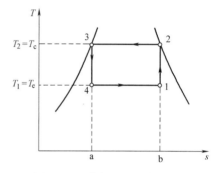

图 3-8　湿蒸气区的逆卡诺循环

（1）1——>2 为绝热压缩过程：该过程在绝热压缩机中完成，制冷剂温度由 $T_e(T_1)$ 升高到 $T_c(T_2)$，压缩机消耗功 $\dot{W}_c$，与外界无热量交换。

（2）2——>3 为等压等温冷凝过程：该过程在冷凝器中完成，制冷剂向冷却剂放出冷凝热 $\dot{Q}_c$（无温差传热），与外界无功量交换。

（3）3——>4 为绝热膨胀过程：该过程在绝热膨胀机中完成，制冷剂温度由 $T_c(T_2)$ 下降到 $T_e(T_1)$，对输出膨胀功 $\dot{W}_e$，与外界无热量交换。

（4）4——>1 为等压等温汽化过程：该过程在蒸发器中完成，制冷剂从被冷却介质中吸取热量 $\dot{Q}_e$（制冷量，无温差传热），与外界无功量交换。

采用与式（3-15）相同的办法，可得到湿蒸气区的逆卡诺循环的制冷系数 $\varepsilon_{c\text{-wet}}$ 为：

$$\varepsilon_{c\text{-wet}} = \frac{T_e}{T_c - T_e} \qquad (3-16)$$

该制冷循环消耗的净功率为：

$$\dot{W}=\dot{W}_\mathrm{c}-\dot{W}_\mathrm{e} \tag{3-17}$$

至此，人们在湿蒸气区似乎找到了逆卡诺循环及逆卡诺循环制冷机的实现方法。

2. 湿蒸气区逆卡诺循环的可行性

尽管湿蒸气区的逆卡诺循环制冷机比气相区的逆卡诺循环制冷机朝实际方向迈进了一步，但该制冷机实现起来仍然存在以下问题：

（1）湿压缩危害性很大。在湿蒸气区进行的压缩过程称为湿压缩。由于液体的不可压缩性，湿压缩可能会引起液击现象，从而损坏压缩机。

（2）蒸发器出口状态点 1 难以控制。尽管汽化过程温度保持不变，但干度却可以变化，而干度又很难检测，因此，状态点 1 难于控制。

（3）膨胀机的尺寸比压缩机小很多，不易制造。由于冷凝器出口状态点 3 是液体，其比容要远远小于蒸气的比容，因此，相同质量流量下就要求膨胀机的气缸要远小于压缩机的气缸，这很难制造。

（4）蒸发器和冷凝器中无温差传热不可行。无温差传热就意味着换热面积要无限大，实际中不可行。实际上，蒸发温度要低于被冷却介质的温度（$T_\mathrm{e}<T_1$），冷凝温度要高于冷却剂的温度（$T_\mathrm{c}>T_2$）。

综上，尽管气相区的逆卡诺循环、湿蒸气区的逆卡诺循环都无实用价值，但是它们具有最大的制冷系数，这为提高蒸气压缩式制冷系统的性能指明了方向。

3.2.4　蒸气压缩式制冷饱和循环

1. 湿蒸气区逆卡诺循环的改进

既然逆卡诺循环制冷机在实际中不可行，就需要针对湿蒸气区逆卡诺循环制冷机存在的问题进行改进，具体做法如下。

（1）改进 1：延长制冷剂在蒸发器中的汽化过程，使制冷剂在蒸发器中完全汽化成饱和蒸气，再进入压缩机。这一改进具有两种效果：一是蒸气被吸入压缩机后，压缩过程从饱和状态开始，然后进入过热蒸气区并一直压缩到冷凝压力，这样，整个压缩过程都处于过热蒸气区的干压缩过程。二是吸入压缩机的蒸气处于饱和状态，而该状态是容易控制的。

（2）改进 2：用膨胀阀（节流阀）替代膨胀机，形成新的以压缩机、冷凝器、膨胀阀和蒸发器为四大基本部件的制冷系统，即图 3-1 所示的蒸气压缩式制冷系统。改进后的蒸气压缩式制冷系统如图 3-9 所示。

2. 蒸气压缩式饱和循环过程

改进后的蒸气压缩式制冷循环（见图 3-10）过程如下。

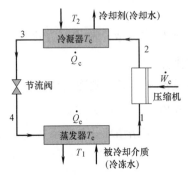

图 3-9　饱和循环蒸气压缩式制冷系统

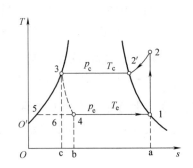

图 3-10　蒸气压缩式制冷饱和循环的 $T\text{-}s$ 图

(1) 1→2 过程：压缩机吸入饱和蒸气后在过热蒸气区的绝热压缩过程。制冷剂蒸气被压缩后，压力从蒸发压力 p_e 升高到冷凝压力 p_c，温度由吸气温度 T_1 升高到排气温度 T_2（$>T_c$）；压缩机消耗的功率为 $\dot{W}_c$，与外界无热量交换。

(2) 2→3 过程：制冷剂过热蒸气在冷凝器中先等压冷却、后等温凝结的过程。制冷剂蒸气放出冷凝热 $\dot{Q}_c$ 后，温度由排气温度 T_2 降到冷凝温度 T_c，与外界无功量交换。

(3) 3→4 过程：制冷剂饱和液体经过膨胀阀的绝热节流过程。该过程中，制冷剂与外界没有功量的交换，热量交换也很小，可认为是绝热过程。节流前后，制冷剂比焓不变（$h_3=h_4$，但不是等焓过程，为此 3-4 画成虚线）。压力由冷凝压力 p_c 降低到蒸发压力 p_e，温度由冷凝温度 T_c 降低到蒸发温度 T_e。

(4) 4→1 过程：制冷剂在蒸发器中的等压等温汽化过程。该过程中，制冷剂从外界吸取热量 $\dot{Q}_e$（制冷量），蒸发压力和蒸发温度不变。

在上述循环中，由于蒸发器和冷凝器出口处的制冷剂都处于饱和状态，因此称为蒸气压缩式制冷饱和循环。蒸气压缩式制冷饱和循环是蒸气压缩式制冷中最基本的循环过程。

3.2.5 饱和循环的热功计算

为计算蒸气压缩式饱和循环中制冷剂与外界的功量与热量交换，上述循环在 $\lg p\text{-}h$ 图上的表示如图 3-11 所示。

1. 蒸发器的制冷量

在蒸发器中，制冷剂从被冷却介质中吸收的热量为制冷量；蒸发器中，制冷剂与外界无功量交换。因此，根据稳定流动能量方程，可得蒸发器的制冷量为：

$$\dot{Q}_e = \dot{m}_R(h_1-h_4) \quad （\text{W 或 kW}） \tag{3-18}$$

式中 $\dot{m}_R$——制冷剂的质量流量，kg/s；

h_1 和 h_4——分别为蒸发器出口和入口处蒸气比焓，J/kg 或 kJ/kg。

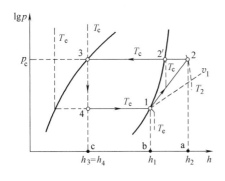
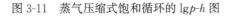

图 3-11 蒸气压缩式饱和循环的 $\lg p\text{-}h$ 图

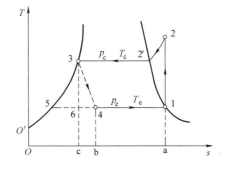

图 3-12 蒸气压缩式饱和循环的 $T\text{-}s$ 图

单位质量制冷量 q_e 的定义式为：

$$q_e = \frac{\dot{Q}_e}{\dot{m}_R} = h_1-h_4 \quad （\text{J/kg 或 kJ/kg}） \tag{3-19}$$

在图 3-12 所示的 $T\text{-}s$ 图上，q_e 为面积 41ab；在图 3-11 所示的 $\lg p\text{-}h$ 图上，q_e 为线段 bc。

单位容积流量制冷剂的制冷量为单位容积制冷量，用 q_v 表示，其定义式为：

$$q_v = \frac{\dot{Q}_e}{\dot{V}_R} \quad (\text{J/m}^3 \text{ 或 kJ/m}^3) \tag{3-20}$$

式中　$\dot{V}_R$——制冷剂蒸气在压缩机吸入口处的容积流量，m^3/s。

之所以取压缩机吸入口处的容积流量，是因为制冷系统在稳定运行时，制冷剂的质量流量处处相等，但比容并不处处相等，因此制冷系统各处的容积流量就不一定相等。由于压缩机吸入口处的容积流量关系到压缩机的尺寸，因此，取压缩机吸入口的容积流量作为计算基准。

制冷剂蒸气在压缩机吸入口处的容积流量称为吸气容积流量，简称容积流量，即：

$$\dot{V}_R = \dot{m}_R v_1 \tag{3-21}$$

式中　v_1——制冷剂蒸气在压缩机吸入口处的比容，称为吸气比容，m^3/kJ。

根据式（3-19）~式（3-21），便有：

$$q_v = \frac{q_e}{v_1} = \frac{h_1 - h_4}{v_1} \tag{3-22}$$

由式（3-20）和式（3-21）可知，要获得相同的制冷量，若制冷剂的单位容积制冷量 q_v 越大（即 v_1 小），则所需的制冷剂容积流量就越小，这样，吸气管路就越细、压缩机的体积也越小。反之，所需的制冷剂容积流量就越大，吸气管路就越粗，压缩机体积也就越大。对于往复式压缩机和螺杆式压缩机，希望采用单位容积制冷量较大的制冷剂，以减小压缩机的体积；而对于离心式压缩机，为了防止压缩机尺寸过小（机械损失相对增加），有时特意采用单位容积制冷量小的制冷剂。

2. 冷凝器的制热量

制冷剂蒸气在冷凝器中向外界冷却介质放出的热量即为冷凝器的制热量，简称冷凝热量或冷凝器的热负荷，也是热泵系统的制热量。根据稳定流动能量方程，有：

$$\dot{Q}_c = \dot{m}_R(h_2 - h_3) \quad (\text{W 或 kW}) \tag{3-23}$$

式中　h_2 和 h_3——分别为冷凝器入口和出口处制冷剂的比焓，J/kg 或 kJ/kg。

式（3-23）除以制冷剂质量流量，可得单位质量冷凝热量，即：

$$q_c = \frac{\dot{Q}_c}{\dot{m}_R} = h_2 - h_3 \quad (\text{J/kg 或 kJ/kg}) \tag{3-24}$$

在图 3-12 所示的 $T\text{-}s$ 图上，q_c 为过程 2—3 下的面积 23ca。

3. 压缩机消耗的功率

设压缩机的压缩过程为绝热压缩过程，则压缩机与外界无热量交换。根据稳定流动能量方程，压缩机消耗的功率为：

$$\dot{W} = \dot{m}_R(h_2 - h_1) \quad (\text{W 或 kW}) \tag{3-25}$$

式（3-25）除以制冷剂的质量流量，可得压缩机的单位压缩功，即：

$$w = \frac{\dot{W}}{\dot{m}_R} = h_2 - h_1 \quad (\text{J/kg 或 kJ/kg}) \tag{3-26}$$

在图 3-12 所示的 $T\text{-}s$ 图上，w 可以认为是面积 12350'0a 和面积 1450'0a 之差，即面积 123541。又由于 q_c 为面积 23ca，q_e 为面积 41ab，且 $w = q_c - q_e$，因此，w 也可以用面

积 23ca 与面积 41ab 之差即面积 123cb41 表示。对比面积 123541 和面积 123cb41，可知面积 356 与面积 46cb 相等。

4. 制冷系数

蒸气压缩式制冷饱和循环的制冷系数应为：

$$\varepsilon = \frac{\dot{Q}_e}{\dot{W}} = \frac{q_e}{w} = \frac{h_1 - h_4}{h_2 - h_1} \quad (3-27)$$

对于蒸气压缩式热泵饱和循环，其制热系数 COP_{HP} 为：

$$COP_{HP} = \frac{\dot{Q}_c}{\dot{W}} = \frac{q_c}{w} = \frac{h_2 - h_3}{h_2 - h_1} \quad (3-28)$$

5. 例题

【例 3-1】 设氨蒸气压缩式制冷系统按饱和循环工作，$t_e = -15℃$，$t_c = 30℃$。求单位质量制冷量、单位容积制冷量、单位压缩功和制冷系数。

【解】 将循环表示在 $\lg p\text{-}h$ 图上，如图 3-13 所示。

(1) 从氨的饱和状态下热力性质表上查得：$h_1 = 1363.1 \text{kJ/kg}$，$h_3 = h_4 = 264.787 \text{kJ/kg}$，$v_1 = 0.5068 \text{m}^3/\text{kg}$。从 $\lg p\text{-}h$ 图或氨的过热蒸气热力性质表查得 $h_2 = 1595.84 \text{kJ/kg}$。

(2) 单位质量制冷量 $q_e = 1363.141 - 264.787 = 1098.354 \text{kJ/kg}$。

(3) 单位容积制冷量 $q_v = 1098.354/0.5068 = 2167.15 \text{kJ/m}^3$。

(4) 单位压缩功 $w = 1595.84 - 1363.141 = 232.699 \text{kJ/kg}$。

(5) 制冷系数 $\varepsilon = 1098.354/232.699 = 4.72$

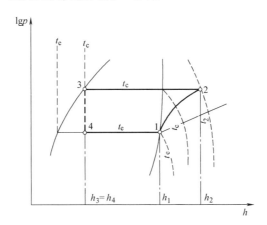

图 3-13 例 3-1 图

【例 3-2】 上例中的制冷系统，若制冷量为 500kW，求制冷剂的质量流量、容积流量、消耗功率和冷凝热量。

【解】 (1) 制冷剂的质量流量 $\dot{m}_R = \dot{Q}_e/q_e = 500/1098.354 = 0.4552 \text{kg/s}$。

(2) 容积流量 $\dot{V}_R = \dot{Q}_e/q_v = m_R v_1 = 0.4552 \times 0.5068 = 0.231 \text{m}^3/\text{s}$。

(3) 消耗功率 $W = \dot{m}_R w = 0.4552 \times 232.699 = 105.88 \text{kW}$。

(4) 冷凝热量 $\dot{Q}_c = \dot{m}_R(h_2 - h_1) = 0.4552(1505.84 - 264.788) = 605.89 \text{kW}$。

也可以根据热力学第一定律求得，即

$$\dot{Q}_c = \dot{Q}_e + \dot{W} = 500 + 105.88 = 605.88 \text{kW}$$

3.3　提高饱和循环性能的有效途径

3.3.1　饱和循环与逆卡诺循环的差异

蒸气压缩式制冷的饱和循环促进了逆卡诺循环走向实际应用，但二者在循环过程上的差别，必然导致饱和循环在制冷性能上与逆卡诺循环存在着较大的差异，"该差异是否可以量化计算"、"存在差异的原因是什么"、"是否有办法进行改进和提高"等问题亟待进一步研究。

为比较饱和循环和逆卡诺循环的差异，设同一制冷系统在相同温区（蒸发温度和冷凝温度分别相等）、相同压缩起点下，分别按照饱和循环和逆卡诺循环工作，其循环过程如图 3-14 所示，1-2-3-4-1 为蒸气压缩式制冷饱和循环，1-2′-3-4′-1 为相同温区的逆卡诺循环，下面分析比较二者在制冷量、功率消耗、制冷系数、循环效率和排气温度上的差异。

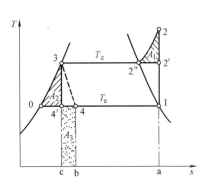

图 3-14　饱和循环与逆卡诺
循环在 $T\text{-}s$ 图上的差异

1. 单位质量制冷量上的差距

由图 3-14 可知，饱和循环的单位质量制冷量 q_e 比逆卡诺循的单位质量制冷量 q_{ec} 减小了面积 A_3，即：

$$\Delta q_e = S_{1ac4'} - S_{1ab4} = A_3 \qquad (3\text{-}29)$$

式中，S 表示面积的符号。单位质量制冷量减少了 A_3 的原因，是由于饱和循环采用节流阀代替了膨胀机，节流过程引起了熵增，产生了 A_3 的制冷量损失。

2. 单位压缩功上的差距

由图 3-14 可知，饱和循环的单位压缩功 w 比逆卡诺循的单位压缩功 w_c 增大了面积 A_1 和 A_2，即：

$$\Delta w = S_{1230} - S_{12'34'} = A_1 + A_2 \qquad (3\text{-}30)$$

导致饱和循环单位压缩功增大了 A_1 和 A_2 的原因有两个：

（1）饱和循环的干压缩过程，一直将蒸气压缩到冷凝压力 p_c（如图 3-14 中的点 2），而逆卡诺循环仅将蒸气压缩到冷凝温度 T_c（如图 3-14 中的点 2′，对应的压力为 $p_{2'}$），显然 $p_c > p_{2'}$，因此，多消耗了能量，即面积 A_1。

（2）饱和循环采用节流阀代替了膨胀机，使原来的膨胀功（面积 $A_2 = h_3 - h_{4'}$）无法回收而增加了净功耗。节流阀代替膨胀机还引起熵增，使制冷量减小了 A_3。

3. 制冷系数上的差距

饱和循环的制冷系数为：

$$\varepsilon = \frac{q_e}{w} = \frac{q_{e,c} - A_3}{w_c + A_1 + A_2} < \varepsilon_c = \frac{q_{e,c}}{w_c} \qquad (3\text{-}31)$$

可见，饱和循环的制冷系数总是小于逆卡诺循环的制冷系数。

4. 饱和循环的循环效率

用循环效率来衡量各种蒸气压缩式制冷的饱和循环接近相同温区逆卡诺循环的程度，其定义为：

$$\eta_R = \frac{\varepsilon}{\varepsilon_c} = \frac{h_1 - h_4}{h_2 - h_1} \frac{T_c - T_e}{T_e} \tag{3-32}$$

式中，η_R 为循环效率，于是有：

$$\eta_R = \frac{1 - (A_3/q_{e,c})}{1 + (A_1 + A_2)/w_c} < 1 \tag{3-33}$$

循环效率 η_R 也称为蒸气压缩式制冷循环的热力完善度，循环效率越大，说明该循环接近逆卡诺循环的程度越大。制冷系数和循环效率都是用来评价制冷系统经济性的指标，但二者意义不同，制冷系数是随着循环的工作温度而变的，因此只能评价相同温度下循环的经济性；而对于在不同温度下工作的制冷循环，可通过循环效率来判断循环的经济性。

5. 排气温度上的差异

由图 3-14 可知，由于饱和循环的干压缩过程一直将蒸汽压缩到冷凝压力 p_c 所对应的排气温度 T_2（如图 3-14 中的点 2），而逆卡诺循环仅压缩冷凝温度 T_c（如图 3-14 中的点 2′），因此，饱和循环的压缩终了温度即排汽温度升高了。排气温度的升高会带来其他不利影响。

3.3.2 饱和循环的节流损失和过热损失

1. 基本定义

由上述分析可知，饱和循环与其相应的逆卡诺循环相比，单位质量制冷量减小了 A_3，单位压缩功增大了 A_1 和 A_2，制冷系数也相应降低。由于饱和循环采用了干压缩并且一直将蒸气压缩到冷凝压力，从而使得功率消耗增加、制冷量和制冷系数下降，把这部分损失称为过热损失，即图 3-14 中的 A_1。由于饱和循环采用节流阀代替膨胀机，从而使得功率消耗增加、制冷量和制冷系数下降，把这部分损失称为节流损失，即图 3-14 中的 A_2 和 A_3。

过热损失和节流损失是蒸气压缩式饱和循环偏离逆卡诺循环的主要原因，为进一步提高饱和循环的制冷性能指明了制冷循环改进的切入点。

2. 节流损失和过热损失影响因素

过热损失 A_1、节流损失（A_2 和 A_3）和排气温度 T_2 与制冷剂的性质（如汽化潜热、液体和蒸气比热等）有关。因此，饱和循环的制冷系数、循环效率都与制冷剂的性质有关。

在图 3-14 所示的 T-s 图上，制冷剂的饱和液体线越平缓（斜率小），则该制冷剂的节流损失（A_2 和 A_3）越大；反之，节流损失越小。制冷剂的饱和蒸气线越平缓（斜率一般是负值，斜率绝对值越小），则过热损失 A_1 越大，排气温度也越高。对于 B 型制冷剂，其压缩过程可能出现在湿蒸气区，则无过热损失。

过热损失、节流损失占单位质量制冷量和单位压缩功的比重很重要。由于单位质量制冷量、单位压缩功与制冷剂的汽化潜热的大小有关，因此，过热损失、节流损失的相对值大小与汽化潜热有关。表 3-1 列出了 R717、R22 和 R134a 三种制冷剂在 $t_e = -15℃$ 和 $t_c = 30℃$ 时的饱和循环的过热损失与节流损失，R717 的过热损失和节流损失的绝对值都比较大，而 R134a 和 R22 过热损失和节流损失的绝对值都比较小。

制冷剂	节流损失			过热损失		排气温度（℃）	制气系数 ε	循环效率 η_R（%）
	A_2 和 A_3 (kJ/kg)	A_2/w (%)	A_3/q_e (%)	A_1 (kJ/kg)	A_1/w (%)			
R717	18.12	9.31	1.62	19.81	10.18	101.8	4.732	82.33
R22	4.96	16.94	2.95	0.73	2.54	53.5	4.662	81.26
R134a	5.30	19.95	3.48	0.77	0.30	36.2	4.603	80.25

表 3-1　R717、R22 和 R134a 在饱和循环中的节流损失和过热损失[1]

　　对每一种制冷剂来说，节流损失与过热损失的比例也不相同。R134a 的节流损失是其过热损失的 69 倍；R22 约为 6 倍；R717 的节流损失略小于过热损失。R717 有较大的过热损失，说明了蒸气经干压缩后的终点状态偏离饱和蒸气线较远，排气温度高达 102℃，大大高于冷凝温度。过热损失很小的 R134a 被压缩后的终点状态接近饱和蒸气线，排气温度接近冷凝温度。

3.3.3　性能提高途径 1：节流前过冷

1. 节流前过冷

　　把节流前的制冷剂饱和液体进一步冷却成过冷液体，叫做节流前过冷。节流前过冷的原因有：一是冷凝器面积可能过大，使制冷剂在冷凝器中冷却、凝结达到饱和液体状态后再进一步被冷却而过冷；二是采用专门的换热器（过冷却器），使从冷凝器出来的饱和液体制冷剂在过冷却器中被进一步过冷。称过冷液体的温度为过冷温度（用 T_{sc} 或 t_{sc} 表示），冷凝温度与过冷温度之差称为过冷度（用 Δt_{sc} 表示，且 $\Delta t_{sc}=t_c-t_{sc}$）。节流前过冷制冷循环、过冷温度和过冷度如图 3-15 和图 3-16 所示，图中 1-2-3-4-1 是饱和循环，1-2-3'-4'-1 是节流前过冷循环。由于过冷却过程是等压过程，因此，过冷后的状态点 3' 应该是 p_c 的等压线与 t_{sc} 的等温线的交点。

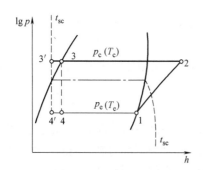

图 3-15　节流前过冷制冷循环的 $\lg p\text{-}h$ 图

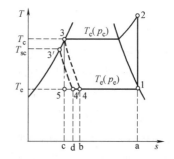

图 3-16　节流前过冷制冷循环的 $T\text{-}s$ 图

　　图 3-17 为设有过冷却器的蒸气压缩式制冷系统。从冷凝器出来的饱和液体经过冷却器过冷，再经膨胀阀节流，然后进入蒸发器。冷却水先进入过冷却器对制冷剂液体进行过冷却，然后再送入冷凝器。

2. 节流前过冷的好处

　　由图 3-15 和图 3-16 可知：

　　(1) 单位质量制冷量增加：$\Delta q_e=h_4-h_{4'}=h_3-h_{3'}$。在 $T\text{-}s$ 图上，Δq_e 为面积 4bd4'。

　　(2) 制冷系数增加：节流前过冷循环的单位压缩功没有变化，而单位质量制冷量增加，因此，节流前过冷循环的制冷系数增大。

（3）单位容积制冷量增大：节流前过冷循环的吸气比容 v_1 没有变化，因此，节流前过冷循环的单位容积制冷量增大。

（4）有利于膨胀阀稳定工作：节流前液体过冷后，降低了膨胀阀前液体汽化的可能性，因此，节流前过冷有利于膨胀阀稳定工作。

（5）减小了制冷系统的节流损失。

节流前过冷一般只在大型系统中增设过冷却器来实现，小型系统可通过加大冷凝器来实现少量的过冷。

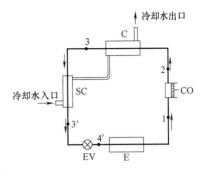

图 3-17 节流前过冷制冷系统

需要说明的是，不同制冷剂的节流前过冷的好处不一样。节流损失较大的制冷剂如 R22 和 R134a，节流前过冷的好处就大。另外，过冷温度 t_{sc} 受冷却水温度的限制，不可能太低。

3.3.4 性能提高途径 2：回热循环

1. 吸气过热

在实际的蒸气压缩式饱和循环中，压缩机吸气口处的制冷剂蒸气并非是饱和蒸气，而是过热蒸气，这种现象称为吸气过热。造成吸气过热的原因：一是由于蒸发器中汽化后的饱和蒸气可能继续吸热而过热；二是由于制冷剂蒸气在压缩机吸气管中可能从环境或专用设备中吸热而过热。

吸气过热在 $\lg p\text{-}h$ 图和 $T\text{-}s$ 图上的表示分别见图 3-18 和图 3-19。过程线 $1'\text{-}2'\text{-}3\text{-}4$ 为无吸气过热的饱和循环，过程线 $1\text{-}2\text{-}3\text{-}4$ 为吸气过热循环。吸气过热是等压过程，在 $\lg p\text{-}h$ 图上，吸气过热过程是在等压线 $4\text{-}1'$ 的延长线上，即线段 $1'\text{-}1$；在 $T\text{-}s$ 图上是曲线段 $1'\text{-}1$。压缩机吸气状态点 1 是 p_e 的等压线和吸气温度 t_1 的等温线的交点。吸气过热的过热度用 Δt_{sh} 表示，且 $\Delta t_{sh}=t_1-t_e$。

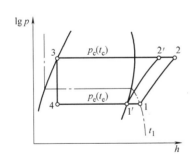

图 3-18 吸气过热制冷循环的 $\lg p\text{-}h$ 图

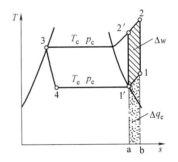

图 3-19 吸气过热制冷循环的 $T\text{-}s$ 图

2. 吸气过热的利与弊

总体上，吸气过热会保证压缩机不会吸入液体，保证了压缩机的安全运行，这对所有的制冷剂都是有利的一面。

若吸气过热发生在蒸发器中，或者发生在置于被冷却空间内的吸气管路中，则吸气过热便可得到有用的制冷量，在这种情况下，吸气过热对制冷系统性能的影响如下：

（1）单位质量制冷量增大：由图 3-18 可知，因吸气过热而使单位质量制冷量增加了 $\Delta q_e=h_1-h_{1'}$；在图 3-19 中，Δq_e 为面积 $ab11'$。

（2）单位压缩功增大：吸气过热还使单位压缩功增加，即 Δw，见图 3-19 中的面积 $122'1'$。

（3）制冷系数是否增大与制冷剂种类有关：因为吸气过热同时导致单位质量制冷量和单位压缩功都增加，因此，制冷系数不一定增大，增大与否与制冷剂种类和性质有关。

（4）单位容积制冷量是否增大与制冷剂种类有关：由于吸气过热使吸气比容 v_1 增加（$v_1 > v_{1'}$），因此，单位容积制冷量则不一定增加，增大与否与制冷剂种类和性质有关。

（5）排气温度升高：吸气过热使得压缩机排气温度升高，过高的排气温度对压缩机运行不利。

应用表明，R134a 和 R502 等制冷剂吸气过热时，制冷系数和单位容积制冷量增加，排气温度虽有增加但并不高，吸气过热有利。R717 和 R22 等制冷剂吸气过热时，制冷系数和单位容积制冷量下降，尤其是 R717 的下降程度很大，且排气温度很高。因此，这类制冷剂不宜吸气过热。此外，R123 制冷剂在高温工况时，饱和循环的压缩终点可能在湿蒸气区，为避免湿压缩，应尽量吸气过热。

当吸气过热产生的无效制冷量时（如吸气管吸收了环境中的热量，而不是吸收被冷却空间的热量，这就产生无效制冷量），这只会使制冷系数和单位容积制冷量下降。所以，不管使用哪种制冷剂，都应对吸气管路进行很好地保温，避免无效过热。因此，对于吸气过热不利的制冷剂，应当避免吸气过热，但为了压缩机的运行安全，一般仍保持吸气有少量的过热度，如氨取 5℃过热度。

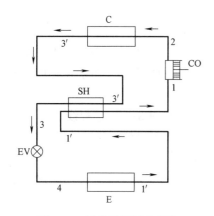

图 3-20　回热循环制冷系统

3. 回热循环制冷系统

实际工程中，为提高制冷系统的性能，对吸气过热有利的制冷剂，可采用专用换热器，使温度较低的吸气与温度较高的节流前液体进行热交换，这样，压缩机吸气既可获得较大的过热度，保证安全运行，节流前饱和液体又释放出热量，实现了过冷却，增加了制冷量。这样的循环称为回热循环，其原理如图 3-20 所示。图中，专用换热器称为回热器，吸气和节流前液体在其中发生热交换，同时实现吸气过热和节流前过冷。

回热循环的 $\lg p$-h 图和 T-s 图分别如图 3-21 和图 3-22 所示。图中，$1'$-1 过程表示吸气过热的过程，$3'$-3 过程表示节流前液体过冷过程。显然，吸气过热所吸收的热量应等于

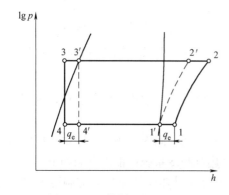

图 3-21　回热循环的 $\lg p$-h 图

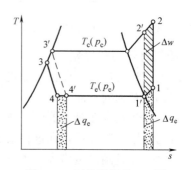

图 3-22　回热循环的 T-s 图

液体过冷所释放出来的热量，则回热循环引起的单位质量制冷量的增量为：

$$\Delta q_e = h_1 - h_{1'} = h_{3'} - h_3 \tag{3-34}$$

在 $\lg p\text{-}h$ 图上，Δq_e 为线段 4-4′ 的长度；在 $T\text{-}s$ 图上，Δq_e 为线段 4-4′ 下面的面积。

回热器的换热量（回热器热负荷）为：

$$\dot{Q}_{SH} = \dot{m}_R (h_{3'} - h_3) = \dot{m}_R (h_1 - h_{1'}) \tag{3-35}$$

回热循环中单位质量制冷量为：

$$q_e = h_{1'} - h_4 \neq h_1 - h_{4'} \tag{3-36}$$

值得注意的是式（3-36）中的不等号，尽管吸气过热与节流前过冷同时发生，但因节流前过冷而增加的制冷量应发生在蒸发器中，而 $h_1 - h_{4'}$ 不是发生在蒸发器中，故而才有上式中的不等号。

显然，回热循环继承了节流前过冷和吸气过热的制冷特性，即单位质量制冷量增加、单位压缩功增加、排气温度增加、吸气比容增加等，制冷系数和单位容积制冷量或增加或减少，这取决于制冷剂的性质。对于具体的制冷剂而言，R134a、R123 和 R502 等制冷剂采用回热循环有利，而 R717 和 R22 采用回热循环不利。应该特别指出的是，R717 绝对不能采用回热循环，不仅因制冷系数和单位容积制冷量降低幅度过大，而且排气温度过高。对于 R22，实用中也可采用回热循环，既保证了压缩机干压缩，又可获得较大的过冷度，使节流前的液体不会汽化，保证了膨胀阀能够稳定工作。

3.3.5 性能提高途径 3：多级压缩循环

本书主要针对民用建筑空调工程所需要的制冷温度，重点从如何降低单级压缩循环的节流损失、过热损失和排气温度的角度来介绍多级压缩制冷循环。对于工业和国防等领域所需要的制冷温度及其多级压缩制冷循环实现方法，这里不做介绍。

1. 多级压缩循环的基本概念

多级压缩循环就是将多台压缩机（或压缩机的多级）串联起来，使每台压缩机（或压缩机的每一级）工作在较小的压力范围内，共同实现较大的压缩比（压缩机排气压力与吸气压力之比称为压缩比，用 π 表示，$\pi = p_2 / p_1$，p_1 和 p_2 分别是压缩机的吸气压力和排气压力）。多级压缩首先对来自蒸发器的低压蒸气进行低压级压缩，压缩到中间压力后再进行高压级压缩，并一直压缩到所要求的排气压力。如图 3-23 所示，1-2 过程为低压级压缩过程，3-4 过程为高压级压缩过程，其中点 2′ 为采用单级压缩且压缩到相同排气压力时的压缩终了点，显然，点 2′ 的温度（排气温度）如大于两级压缩终了温度（点 4 的温度），即多级压缩有利于降低排气温度和过热损失。多级压缩循环常需要中间冷却、中间闪发和多级节流等措施，以降低排气温度、过热损失和节流损失。中间冷却有完全冷却和不完全冷却之分。如图 3-23（a），中间完全冷却是指将低压级压缩机的排气冷却成饱和蒸气，即高压级压缩机吸入的蒸气是中间压力下的饱和蒸气。而中间不完全冷却是同样将低压级压缩机的排气进行冷却，但并未达到饱和蒸气状态，仍是过热蒸气，即高压级压缩机吸入的蒸气是中间压力下的过热蒸气，如图 3-23（b）所示。多级节流首先将制冷剂由冷凝压力节流到中间压力（可以是多个中间压力），然后再由中间压力节流到蒸发压力。

在实际系统中，采用多级压缩循环是十分必要的，首先，某些制冷剂自身性质要求采用多级压缩循环有利于降低节流损失、过热损失和排气温度，如 R22、R123、R407C、R410A 等，这种有着较平缓的饱和液体线和较陡的饱和蒸气线的制冷剂，采用单级压缩

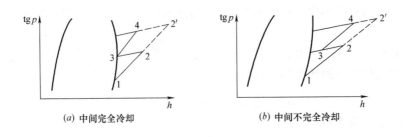

(a) 中间完全冷却　　　　　　　(b) 中间不完全冷却

图 3-23　多级压缩过程示意图

制冷循环时存在较大的节流损失、过热损失和较高的排气温度，而采用多级压缩循环则可以在进一步在降低节流损失的同时，降低过热损失和排气温度。多级压缩循环在民用建筑空调制冷（包括热泵）领域已被诸多企业用于离心式蒸气压缩式制冷机组中，对制冷机组性能的提高效果显著。其次，许多制冷工程要求较低的蒸发温度，以获得较低的制冷温度，这就要求制冷系统具有较大的压缩比，而采用单级压缩制冷循环将无法满足大压缩比的要求。单级压缩制冷循环的压缩比一般不超过 8～10；对于 R717，因其绝热指数较大，通常 π≤8；对于大多数卤代烃，其 π≤10；小型半封闭和全封闭压缩机的压缩比可以达到 13[2]。但当压缩比接近 20 时，往复式压缩机将难以吸气[2]。因此，要获得大压缩比，必须采用多级压缩制冷循环。一般地，两个单级压缩循环复叠可获得 −80～−60℃ 的低温，三个单级压缩循环复叠可获得 −120～−80℃ 的低温[2]。

2. 多级压缩制冷循环的形式

多级压缩制冷循环的形式按照压缩机的级数可分为双级压缩、三级压缩，甚至更多级数，再结合中间冷却是完全冷却还是不完全冷却，就有了多种多级压缩制冷循环形式[3]。

（1）双机双级压缩中间完全冷却循环

图 3-24 是采用两台压缩机和一台中间冷却器的双机双级压缩中间完全冷却循环。压缩机 1 和压缩机 2 分别为低压级和高压级压缩机，中间冷却器降低了低压级压缩机的排气温度，减小了整体循环的过热损失（如图 3-24（b）所示）。但要得到较低的高压级吸气温度，该系统仍然受到中间冷却器中冷却介质温度的限制，同时还要求高压吸气至少为饱和蒸气。因此，该系统在实现中有较大的局限性。这时可采取图 3-25 所示的双级压缩中间

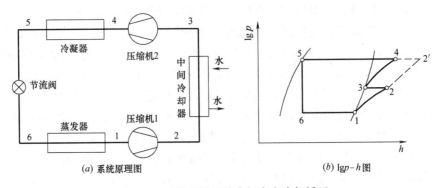

(a) 系统原理图　　　　　　　　　(b) lg p−h 图

图 3-24　双机双级压缩中间完全冷却循环

引射不完全冷却循环系统。

（2）双级压缩中间引射不完全冷却循环

图 3-25 中，小部分制冷剂经节流阀 2 节流后被高压侧压缩机吸入来冷却低压侧压缩机的排气。

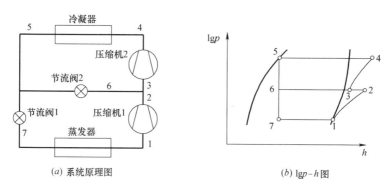

图 3-25　双级压缩中间引射不完全冷却循环

图 3-24 和图 3-25 采用双级压缩减小了过热损失，同样，可以采用过冷却器和多级节流来减小节流损失，对饱和液体线较平缓的制冷剂更应该如此。

（3）双级压缩过冷却器中间引射不完全冷却循环

在图 3-25 的基础上，图 3-26 增加了过冷却器，使小部分制冷剂液体先经过过冷却器，既实现了主循环制冷剂的节流前过冷，又实现了对低压排气的冷却。显然，图 3-26 的制冷量大于图 3-25 的制冷量。

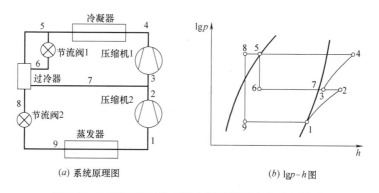

图 3-26　双级压缩过冷却器中间引射不完全冷却循环

（4）双级压缩经济器中间不完全冷却循环

图 3-27 为采用中间经济器实现两级节流的双级压缩制冷循环系统形式，从经济器出来被吸入高压侧的制冷剂为饱和蒸气，饱和蒸气与低压侧压缩机排气混合后为过热蒸气，因此，该循环为不完全中间冷却。

（5）双级压缩经济器中间完全冷却循环

图 3-28 为采用中间经济器实现两级节流的双级压缩完全冷却制冷循环系统形式，即低压级压缩机的排气在经济器内被完全冷却到饱和蒸气状态。

（6）双级压缩盘管式冷却器完全冷却循环

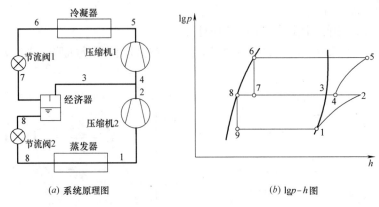

图 3-27　双级压缩经济器中间不完全冷却循环

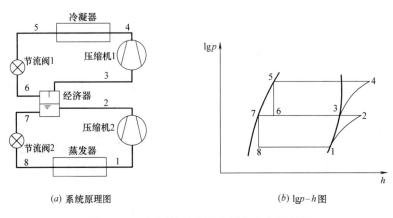

图 3-28　双级压缩经济器中间完全冷却循环

图 3-27 和图 3-28 所示的系统只适用于经济器与蒸发器距离较近的系统，否则从经济器出来的饱和液体在进入节流阀 2 的管路中很容易闪发汽化，影响二级节流阀的工作性能。为避免这一问题，可采用图 3-29 所示的盘管式冷却器来实现二级节流阀前主流液体的节流前过冷。

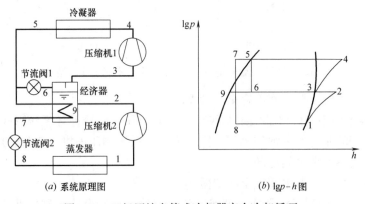

图 3-29　双级压缩盘管式冷却器完全冷却循环

对于上述系统形式，根据制冷剂的性质，由于 B 型工质必须要求吸气过热，于是人们才提出具有不完全中间冷却的图 3-25～图 3-27 所示的系统，因其高压侧蒸气过热而较适合 B 型工质（同时要求低压吸气也过热）；而图 3-28 和图 3-29 所示的系统则较适合 A 型工质。另外，对于吸气过热不利的制冷剂，对于双级压缩循环而言，R717 等制冷剂应采用中间完全冷却循环，而对于可以吸气过热的制冷剂，则可采用中间不完全冷却循环。

从压缩机的台数看，图 3-24、图 3-28 和图 3-29 要求 2 台压缩机，而图 3-25～图 3-27 则可采用一台中间抽气型压缩机，采用中间补气的方式来实现该循环。

（7）三级压缩两级经济器完全冷却循环

对于压缩比要求较高的系统，可采用三级循环形式，如图 3-30 所示。

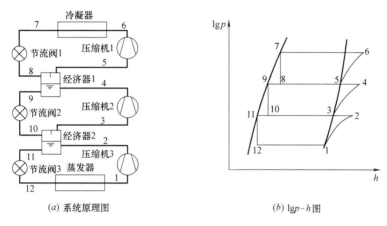

(a) 系统原理图　　　　　　　　　　(b) lg$p$-h图

图 3-30　三级压缩两级气液分离器完全冷却循环

3. 多级压缩制冷循环的热力计算

以图 3-28 所示的双级压缩经济器中间完全冷却循环为例，其热力计算方法如下。

（1）单位质量制冷量：

$$q_e = h_1 - h_8 \tag{3-37}$$

（2）低压级压缩机单位压缩功：

$$w_1 = h_2 - h_1 \tag{3-38}$$

（3）高压级压缩机单位压缩功：

$$w_2 = h_4 - h_3 \tag{3-39}$$

（4）低压级压缩机的质量流量：

$$\dot{m}_1 = \frac{\dot{Q}_e}{q_e} = \frac{\dot{Q}_e}{(h_1 - h_8)} \tag{3-40}$$

（5）高压级压缩机的质量流量。以经济器为对象，建立其热平衡方程，则可得到高压级压缩机的质量流量：

$$\dot{m}_2 = \dot{m}_1 \frac{(h_2 - h_7)}{(h_3 - h_6)} \tag{3-41}$$

（6）低压级压缩机消耗的功率：

$$\dot{W}_1 = \dot{m}_1 (h_2 - h_1) \tag{3-42}$$

（7）高压级压缩机消耗的功率：

$$\dot{W}_2 = \dot{m}_2 (h_4 - h_3) \tag{3-43}$$

（8）冷凝器的冷凝热量：

$$\dot{Q}_c = \dot{m}_2(h_4 - h_5) \tag{3-44}$$

（9）制冷系数为：

$$\varepsilon = \frac{\dot{Q}_e}{\dot{W}_1 + \dot{W}_2} = \frac{\dot{m}_1(h_1 - h_8)}{\dot{m}_1(h_2 - h_1) + \dot{m}_2(h_4 - h_3)} \tag{3-45}$$

由式（3-45）可知，当中间压力发生变化时，h_2、h_3、h_4 和 h_8 都将发生变化，即制冷系数 ε 也在发生变化。但总有一个中间压力使得制冷系数 ε 达到最大值，这个压力称为最佳中间压力。由式（3-46）可以确定最佳中间压力所对应的饱和温度 T_m(K)。

$$T_m = \sqrt{T_c \cdot T_e} \tag{3-46}$$

3.3.6　性能提高途径 4：复叠式循环

复叠式制冷循环由两个单独的单级压缩循环组成，如图 3-31 所示，高温部分采用标准蒸发温度较高的制冷剂，低温部分采用标准蒸发温度较低的制冷剂，用蒸发—冷凝器将两部分联系起来。复叠式系统在低温制冷机中已成功应用，在高温热泵系统中也有应用。理论上讲，复叠式制冷循环与同温度区间的单级压缩循环相比，也可以降低节流损失和过热损失，是实现大温差制冷的有效途径。

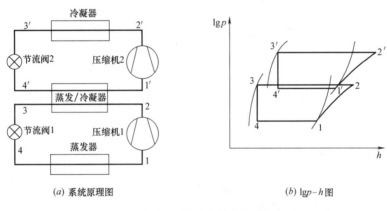

(a) 系统原理图　　　　　　　　(b) lg$p$-h 图

图 3-31　复叠式制冷循环

3.4　蒸气压缩式制冷实际循环特性分析

上述各节在分析蒸气压缩式制冷循环时，没有考虑制冷循环任何损失，所计算的制冷量、功率和制冷系数都是理论值，因此，上述循环都是理论循环。制冷系统在实际运行中，蒸发温度和冷凝温度是不断变化的，制冷剂在管路内部流动时存在着与外界环境的热交换，管路内部和部件内部存在流动阻力，这些问题都影响制冷系统的实际制冷性能。本节将针对单级蒸气压缩式制冷循环，在给定制冷机结构尺寸、转速和制冷剂的条件下，具体分析上述因素对制冷循环运行特性的影响。

3.4.1　工况变化对制冷性能的影响

1. 蒸发温度变化对制冷性能的影响

设冷凝温度 T_c 不变，蒸发温度由 T_e 降低到 T_e'，如图 3-32 所示。其中，1-2-3-4 为饱和循环，1′-2′-3-4′为蒸发温度降低后的饱和循环，可以发现：

（1）单位质量制冷量由 q_e 降低到 q_e'；

（2）吸气比容由 v_1 增大到 v_1'，制冷剂的质量流量 $\dot{m}_R$ 减小，制冷量 $\dot{Q}_e$ 减小；

（3）单位压缩功由 w 增大到 w'，但由于制冷剂质量流量减小，因此，压缩机的功率 $\dot{W}$ 可能增大也可能减小。为进一步分析，把制冷剂蒸气看作理想气体，于是有：

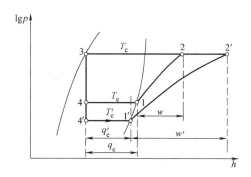

图 3-32 蒸发温度降低对制冷性能的影响

$$\dot{W} = \dot{V}_R \frac{\kappa}{\kappa-1} p_e \left[\left(\frac{p_c}{p_e} \right)^{\frac{\kappa-1}{\kappa}} - 1 \right] \tag{3-47}$$

式中 $\dot{V}_R$——压缩机的容积流量，m^3/s；

κ——制冷剂气体的绝热指数。

由式（3-47）可知，当蒸发压力 $p_e = 0$ 或 p_c 时，$\dot{W} = 0$；因此，当 p_e 在 $[0, p_c]$ 变化时，压缩机的功率必然存在一个最大值。将式（3-47）对 p_e 求偏导，于是有：

$$\frac{\partial \dot{W}}{\partial p_e} = \frac{\dot{V}_R}{\kappa-1} \left[\pi^{\frac{\kappa-1}{\kappa}} - \kappa \right] \tag{3-48}$$

式中，压缩比 $\pi = p_c / p_e$。由式（3-48）可得理论功率的最大值，即：

$$\dot{W}_{max} = \kappa \dot{V}_R p_e \tag{3-49}$$

此时对应的压缩比 $\pi_0 = \kappa^{\frac{\kappa}{\kappa-1}}$。表 3-2 给出了常用制冷剂的绝热指数及功率达到最大值时的压缩比 π_0。

常用制冷剂绝热指数及最大功率下的压缩比 π_0　　　　　　　表 3-2

制冷剂	R11	R12	R22	R123	R134a	R142b	R717	R718
绝热指数 κ	1.17	1.138	1.194	1.33	1.11	1.12	1.31	1.33
压缩比 π_0	2.95	2.90	2.98	3.16	2.82	2.88	3.16	3.16

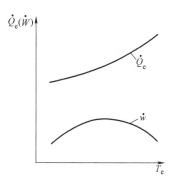

图 3-33 蒸发温度对制冷量和功率的影响

（4）随着蒸发温度的降低，制冷系数必然减小。可见，当冷凝温度不变、蒸发温度降低时，制冷系统的制冷量降低、制冷剂质量流量减小、制冷系数降低，而压缩机的功率是增加还是减小，与变化前后的压缩比有关，对于大多数制冷剂而言，当压缩比大约等于 3 时，压缩机的功率达到最大值。

冷凝温度不变时，制冷量和压缩机功率随蒸发温度而变化的趋势如图 3-33 所示。

2. 冷凝温度变化对制冷性能的影响

设蒸发温度 T_e 不变，冷凝温度由 T_c 升高到 T_c'，如图 3-34 所示。其中，1-2-3-4 为饱和循环，1-2′-3′-4′为冷凝温度升高后的饱和循环，可以发现：

（1）单位质量制冷量由 q_e 降低到 q'_e，制冷剂的质量流量 $\dot{m}_R$ 不变（吸气比容 v_1 不变），制冷量 $\dot{Q}_e$ 减小；

（2）单位压缩功由 w 增大到 w'，制冷剂质量流量不变，因此，压缩机的功率 $\dot{W}$ 增大；

（3）制冷系数减小。

因此，当蒸发温度不变、冷凝温度升高时，同一台压缩机的制冷量将减小、消耗的功率增加、制冷系数降低。图 3-35 给出了制冷量和功率随冷凝温度而变化的趋势图。

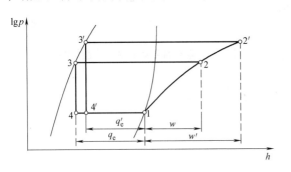

图 3-34　冷凝温度升高对制冷性能的影响　　　图 3-35　冷凝温度对制冷量和功率的影响

3.4.2　实际循环中的传热与流动损失

1. 实际制冷循环系统

上述各节没有考虑制冷剂在管路和部件中的流动阻力损失和与外界无组织传热损失的制冷循环称为理论循环，计算所得的制冷量、功率、制冷系数都是理论值。在实际制冷系统中，制冷剂在管路和各个部件流动的过程，总是存在着流动阻力（摩擦阻力和局部阻力）损失以及与外界的无组织热交换，称为实际循环。因此，实际循环的制冷量、功率和制冷系数均不同于理论值。

在图 3-36 所示的实际循环中，实际部件和制冷剂管路存在的无组织传热和流动阻力，将给制冷系统带来温变、焓变、熵变和压变等影响，最终使实际循环偏离蒸气压缩式饱和循环，使系统的制冷性能不同程度地降低。

2. 实际制冷循环传热与流动损失分析

实际循环中制冷系统各管段和部件的无组织传热和流动阻力特性分析见表 3-3，实际循环过程线如图 3-37 中的 1-2-3-4-5-6-7-8-9-10-11-1 所示，而饱和循环的过程线如图中的

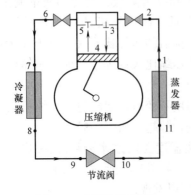

图 3-36　实际制冷系统

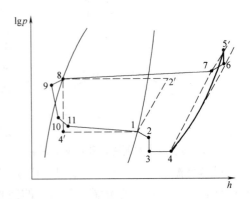

图 3-37　实际制冷循环 $\lg p\text{-}h$ 图

$1\text{-}2'\text{-}8\text{-}4'\text{-}1$ 所示。

实际循环中各管段和部件无组织传热和流动阻力特性分析　　　　表 3-3

序号	名称及编号	无组织传热和流动阻力特性分析
1	吸气管路 1-2	(1)无组织传热分析:管路中制冷剂温度低于环境温度,从环境中吸收热量,产生无效制冷量,导致制冷剂温度升高($T_2 > T_1$)、吸气比容增大($v_2 > v_1$)。实际循环中为避免吸气环路产生无效制冷量,因此,吸气管路需要保温。 (2)流动阻力分析:管路存在着沿程阻力和局部阻力损失,使得制冷剂压力下降,即 $p_2 < p_1$。 (3)终了状态如图 3-37 中的点 2 所示
2	压缩机入口 2-3	(1)无组织传热分析:压缩机入口设有截止阀和吸气阀,二者的作用相当于节流阀,节流前后制冷剂的焓值不变($h_2 = h_3$)。 (2)流动阻力分析:压力降低,即 $p_3 < p_2$。 (3)终了状态如图 3-37 中的点 3 所示
3	压缩机内 3-4	(1)无组织传热分析:3-4 过程为压缩机吸气过程,由于被吸入压缩机的制冷剂蒸气温度低于气缸壁温度,因此,蒸气被加热,温度升高($T_4 > T_3$),熵增加($s_4 > s_3$)。 (2)流动阻力分析:在压缩机 3-4 吸气过程中,蒸气压力保持不变,$p_3 = p_4$。 (3)终了状态如图 3-37 中的点 4 所示
4	压缩机内 4-5	(1)无组织传热分析:4-5 过程为压缩机压缩过程,在压缩开始时,气缸壁温度仍高于制冷剂蒸气温度,因此蒸气继续被加热,温度升高,熵增加;当压缩到一定程度后,蒸气温度开始高于气缸壁温度,蒸气进入放热过程,熵减小。 (2)流动阻力分析:4-5 过程中制冷剂蒸气压力升高,即 $p_5 > p_4$。 (3)终了状态如图 3-37 中的点 5 所示。同时可见,4-5 过程线前半段斜率较小,后半段斜率较大
5	压缩机出口 5-6	(1)无组织传热分析:压缩机出口有排气阀和截止阀,同样相当于节流阀,则 $h_5 = h_6$。 (2)流动阻力分析:压力降低,即 $p_6 < p_5$。 (3)终了状态如图 3-37 中的点 6 所示
6	高压高温液体管路 6-7	(1)无组织传热分析:高温高压制冷剂蒸气向管外放热,温度降低,即 $T_7 < T_6$。该无组织放热可以降低冷凝器热负荷,因此该段管路没有必要保温。 (2)流动阻力分析:压力降低,即 $p_7 < p_6$。 (3)终了状态如图 3-37 中的点 7 所示
7	冷凝器内 7-8	(1)无组织传热分析:制冷剂蒸气先在冷凝器内冷却到饱和蒸气状态,然后再凝结到饱和液体状态,则制冷剂温度降低,即 $T_8 < T_7$。 (2)流动阻力分析:冷凝器内流动阻力使得制冷剂压力下降,即 $p_8 < p_7$。 (3)终了状态如图 3-37 中的点 8 所示。相比之下,冷凝器中冷却凝结过程 7-8 线段的斜率要小于高压液体管路 6-7 线段的斜率
8	高压低温液体管路 8-9	(1)无组织传热分析:饱和状态的制冷剂液体在 8-9 管路中,继续向环境放出热量而过冷,温度降低,即 $T_9 < T_8$。该段管路向环境放热后有利于制冷剂过冷,有利于提高节流阀工作的稳定性,因此,此段管路不需要保温。 (2)流动阻力分析:因管路存在阻力而使得制冷剂压力下降,即 $p_9 < p_8$。 (3)终了状态如图 3-37 中的点 9 所示,制冷剂处于过冷状态
9	节流阀 9-10	(1)无组织传热分析:理论上节流过程时间很短,是绝热过程,但实际上制冷剂在节流阀中也从外界吸收热量,使焓值增加($h_{10} > h_9$)。在实际中节流阀需要保温,不仅避免产生无效制冷量,而且可以提高节流阀工作的稳定性。 (2)流动阻力分析:节流过程压力降低,即 $p_{10} < p_9$。 (3)终了状态如图 3-37 中的点 10 所示,制冷剂由过冷状态进入两相区
10	低压汽液两相管段 10-11	(1)无组织传热分析:经过节流的汽液两相状态制冷剂在 10-11 管段中,从环境中吸收热量(部分液态制冷剂汽化),焓值增加,即 $h_{11} > h_{10}$。此段管路需要保温,以避免产生无效制冷量。 (2)流动阻力分析:因管路阻力而使制冷剂压力下降,即 $p_{11} < p_{10}$。 (3)终了状态如图 3-37 中的点 11 所示

序号	名称及编号	无组织传热和流动阻力特性分析
11	蒸发器内 11-1	(1)无组织传热分析：两相区的制冷剂在蒸发器内吸热汽化直到饱和蒸气状态，焓值增加，即 $h_1 > h_{11}$。由于蒸发器不仅可以从被冷却介质中吸收热量，而且可以从环境中吸收热量而产生无效制冷量，因此，实际中蒸发器需要保温。 (2)流动阻力分析：蒸发器内部流动阻力使得制冷剂压力下降，即 $p_1 < p_{11}$。 (3)终了状态如图 3-37 中的点 1 所示。相比之下，蒸发器中汽化过程 11-1 线段的斜率要小于低压管路 10-11 线段的斜率

可见，实际循环与饱和循环相比，单位质量制冷量减小了，单位压缩功增加了；吸气比容增大了，制冷剂质量流量减小了；制冷量减小，功率增加，制冷系数减小；排气温度升高了。因此，实际的制冷系统应采取扩大管路直径、缩小管段、对管路进行保温等措施，以减小实际循环中无组织传热损失和流动阻力损失。

3.4.3　制冷循环内部损失的熵分析法

上文定性地分析了蒸气压缩式制冷实际循环内部存在的各种不可逆过程及其内部损失，除了定性分析外，工程中还需要定量计算其内部损失的大小及一个实际循环偏离逆卡诺循环的程度。常用的方法除了热力学第一定律分析能量在数量上的损失外，还常用热力学第二定律的熵分析法和㶲分析法，以下两节将简要介绍具体方法。

1. 熵分析法

对于实际中由被冷却介质、制冷机和冷却介质所构成的孤立系统，由于其内部各过程是不可逆过程，因此该孤立系统的熵要增大，即：

$$\Delta S_{sys} = \sum \Delta S_i \geqslant 0 \tag{3-50}$$

式中　ΔS_{sys}——该孤立系统各部件因存在不可逆过程而导致的熵增。

根据热力学原理，不可逆过程将导致循环多消耗一部分附加功率，且该附加功率等于环境温度 T_a 与该不可逆过程所导致的熵增的乘积，即：

$$\Delta \dot{W}_i = T_a \Delta S_i \tag{3-51}$$

式中　ΔS_i——某一不可逆过程所引起的熵增；

　　　$\Delta \dot{W}_i$——该不可逆过程多消耗的功率。

于是，蒸气压缩式制冷循环各个不可逆过程所引起的总的附加功率就等于各个过程附加功率的总和，即：

$$\Delta \dot{W}_{sys} = \sum \Delta \dot{W}_i \tag{3-52}$$

设某一蒸气压缩式制冷循环所对应的逆卡诺循环的功率为 $\dot{W}_c$，则该制冷系统所消耗的功率 $\dot{W}$ 为：

$$\dot{W} = \dot{W}_c + \Delta \dot{W}_{sys} = \dot{W}_c + \sum \Delta \dot{W}_i \tag{3-53}$$

相同工况下式（3-53）的计算结果应与式（3-25）的结果相同。由此根据式（3-32）可得某一蒸气压缩式制冷循环的循环效率为：

$$\eta_R = \frac{\varepsilon}{\varepsilon_c} = \frac{\dot{Q}_e / \dot{W}}{\dot{Q}_e / \dot{W}_c} = \frac{\dot{W}_c}{\dot{W}} = 1 - \sum \beta_i \tag{3-54}$$

式中 $\beta_i = \dfrac{\sum \Delta \dot{W}_i}{\dot{W}}$，为制冷循环中某一不可

逆过程所引起的附加功率占实际循环总功率的百
分比，根据 β_i 可以知道该制冷系统中各个不可
逆过程对整个系统的影响程度，进而为改进系统
的性能提供理论依据。

2. 回热循环附加功率及内部损失的熵分析

图 3-38 为某回热循环原理图，图中 t_{clw1} 和
t_{clw2} 分别为冷却介质的供回温度（单位为℃），
t_{chw1} 和 t_{chw2} 分别为被冷却介质的供回温度（单位
为℃）。图 3-39 和图 3-40 分别为该回热循环的
$\lg p\text{-}h$ 图和 $T\text{-}s$ 图，图中 1-2-3-4-5-0-1 为回热循
环，0-2'-3-3'-0 为对应的饱和循环，1-2s 为绝热
压缩过程；T_{hm} 和 T_{lm} 分别为高温热源（冷却介
质）和低温热源（被冷却介质）的温度（单位为 K），且

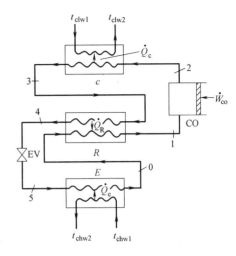

图 3-38　回热循环原理图

$$T_{hm} = 273.15 + \frac{1}{2}(t_{clw1} + t_{clw2}) \tag{3-55}$$

$$T_{lm} = 273.15 + \frac{1}{2}(t_{chw1} + t_{chw2}) \tag{3-56}$$

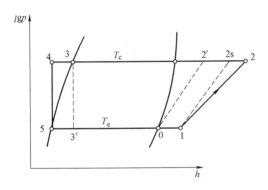

图 3-39　回热循环的 $\lg p\text{-}h$ 图

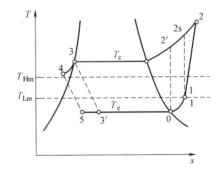

图 3-40　回热循环的 $T\text{-}s$ 图

下面用熵增来计算该回热循环的附加功率。

在制冷系统中，制冷剂经过循环过程之后，其熵值不变，因此，图 3-38 所示的孤立
系统的熵增可根据被冷却介质的熵变和冷却介质的熵变来计算。

被冷却介质（低温热源）的熵变为：

$$\Delta S_e = -\frac{\dot{Q}_e}{T_{lm}} \tag{3-57}$$

式中"－"表示被冷却介质向制冷剂放热。

冷却介质（高温热源，或环境介质）的熵变为：

$$\Delta S_c = \frac{\dot{Q}_c}{T_{hm}} \tag{3-58}$$

则孤立系统的熵增为：

$$\Delta S_{sys} = \Delta S_e + \Delta S_c \tag{3-59}$$

由式（3-51）可得该回热循环的附加功率为：

$$\Delta \dot{W}_{sys} = T_a \Delta S_{sys} = T_{hm} \Delta S_{sys}$$

即：

$$\Delta \dot{W}_{sys} = \dot{Q}_c - \frac{T_{hm}}{T_{lm}} \cdot \dot{Q}_e \tag{3-60}$$

这里环境温度 T_a 即为冷却介质的平均温度 T_{hm}。

附加功率另一计算方法是：根据实际循环的制冷量和功率、逆卡诺循环的制冷系数来计算。在图 3-40 中，各过程因不可逆而引起的能量损失计算方法如下。

（1）压缩过程的能量损失：

$$\Delta \dot{W}_{co} = T_a (s_2 - s_1) \dot{m}_R = T_{hm} (s_2 - s_1) \dot{m}_R \tag{3-61}$$

（2）冷凝过程的能量损失等于高温热源（冷却介质）熵变与工质熵变之差、再与环境温度（冷却介质温度）的乘积，即：

$$\Delta \dot{W}_c = T_a \left[\frac{\dot{Q}_c}{T_a} - (s_3 - s_2) \dot{m}_R \right] = T_{hm} \left[\frac{\dot{Q}_c}{T_{hm}} - (s_2 - s_3) \dot{m}_R \right] \tag{3-62}$$

（3）节流过程的能量损失：

$$\Delta \dot{W}_{exp} = T_a (s_5 - s_4) \dot{m}_R = T_{hm} (s_5 - s_4) \dot{m}_R \tag{3-63}$$

（4）蒸发过程的能量损失等于工质熵变与低温热源（冷却介质）熵变之差、再与环境温度（冷却介质温度）的乘积，即：

$$\Delta \dot{W}_e = T_a \left[(s_0 - s_5) \dot{m}_R - \frac{\dot{Q}_e}{T_a} \right] = T_{hm} \left[(s_0 - s_5) \dot{m}_R - \frac{\dot{Q}_e}{T_{lm}} \right] \tag{3-64}$$

（5）回热过程的能量损失等于高温液态工质熵变与低温气态工质熵变之差、再与环境温度（冷却介质温度）的乘积，即：

$$\Delta \dot{W}_{re} = T_a \left[(s_1 - s_0) - (s_3 - s_4) \right] \dot{m}_R = T_{hm} \left[(s_1 - s_0) - (s_3 - s_4) \right] \dot{m}_R \tag{3-65}$$

于是，将式（3-61）～式（3-65）代入式（3-52），不难计算出该回热循环过程总的附加功率为：$\Delta \dot{W}_{sys} = \dot{Q}_c - \frac{T_{hm}}{T_{lm}} \dot{Q}_e$，结果与式（3-60）相同。

3.4.4　制冷循环内部损失的㶲分析法

1. 制冷循环中常用的㶲的概念

根据热力学第二定律，一种形式的能量由㶲和㶲两部分组成，㶲即可以完全转换为功的部分，㶲则相反。机械能（动能、位能和机械功）和电能原则上可以全部转换为功，因此他们全为㶲。内能和热能既包含㶲、又包含㶲；环境状态下的内能和环境状态下的热能全为㶲。能量中㶲越大，表示它能够转换为有用功（也称为技术功）的部分越大，其品位也越高。制冷工程中常用的㶲如下：

（1）热量（冷量）㶲

按照㶲的定义，热源在温度为 T 时放出的热量 $d\dot{Q}$ 中可转换为有用功的部分称为热量㶲。设 T_a 为环境温度，热源在放热过程中温度由 T_1 时降到 T_2，则热量㶲为：

$$E_Q = \int_{T_2}^{T_1} \left(1 - \frac{T_a}{T}\right) d\dot{Q} \tag{3-66}$$

式中 E_Q——热量㶲，W 或 kW。

由式（3-66）可见，热量㶲是一个过程量。若热源放热是温度保持不变，则：

$$E_Q = \left(1 - \frac{T_a}{T}\right) \dot{Q} \tag{3-67}$$

式（3-67）中，若 $T > T_a$，则 E_Q 和 $\dot{Q}$ 的符号相同，表示从一定的热量 $\dot{Q}$ 中可得到的最大功为 E_Q。若 $T < T_a$，则 E_Q 表示要从低温热源中取出热量 $\dot{Q}$（冷量）所需消耗的最小功，若取制冷剂吸收的热量 $\dot{Q}$ 为正，则 E_Q 的符号即为负，表示制冷机消耗功。若 $T = T_a$，则 $E_Q = 0$，表示环境温度下的热量的㶲为零，没有做功能力。

（2）焓㶲

流动的流体所具有的㶲称为焓㶲，即：

$$E_x = H - H_a - T_a(s - s_a)\dot{m} \tag{3-68}$$

式中 H 和 H_a——分别为流体在流动状态和环境状态下的焓值；

s 和 s_a——分别为流体在流动状态和环境状态下的比熵；

$\dot{m}$——流体的质量流量。

单位质量流体的焓㶲称为比焓㶲，即：

$$e_x = h - h_a - T_a(s - s_a) \tag{3-69}$$

可见，比焓㶲在环境状态确定后是一个状态参数，与经历的过程无关。

（3）㶲效率

㶲效率可用来衡量一个技术过程的热力学完善度，定义式为：

$$\eta_E = \frac{E_{out}}{E_{in}} \tag{3-70}$$

式中 E_{in} 和 E_{out}——分别为外界提供给制冷系统的㶲和系统输出到外界的㶲。

蒸气压缩式制冷系统的㶲效率为：

$$\eta_E = \frac{E_{Q_e}}{W} \tag{3-71}$$

式中 E_{Q_e}——冷量㶲，即低温热源提供给系统的㶲；

W——压缩机所消耗的功。

2. 制冷循环中各过程的㶲分析

下面仍以图 3-38 所示的回热循环来分析各过程㶲损失值的计算方法。该回热循环的 $\lg p$-h 见图 3-39，制冷剂在各状态点的㶲值可由式（3-69）计算，要计算㶲损失值，只要对各个过程列出其㶲平衡方程即可。

（1）压缩过程的㶲损失

在压缩过程（1-2）中，外界向压缩机提供的㶲就是压缩功，即 $w = h_2 - h_1$，因此，压缩过程的㶲平衡方程为：

$$w + e_{x1} = e_{x2} + \Delta e_{xco} \tag{3-72}$$

式中 e_{x1} 和 e_{x2}——分别为压缩机入口和出口的㶲值，kJ/kg。

于是，压缩机的㶲损失为：

$$\Delta e_{xco} = w + e_{x1} - e_{x2} \tag{3-73}$$

如果压缩过程为可逆过程，则 $s_1 = s_2$，于是，$\Delta e_{xco} = 0$。

（2）冷却冷凝过程的㶲损失

冷凝器中的冷却冷凝过程（2-3）是制冷剂向环境（冷却介质）传递热量，环境得到的热量㶲为零，因此，冷却冷凝过程的㶲平衡方程为：

$$e_{x2} = e_{x3} + \Delta e_{xc} \tag{3-74}$$

于是，冷却冷凝过程的㶲损失为：

$$\Delta e_{xc} = e_{x2} - e_{x3} \tag{3-75}$$

（3）回热过程的㶲损失

回热过程（3-4，0-1）是有温差的换热过程，不计回热器与环境的换热量，则该过程的㶲平衡方程为：

$$e_{x3} + e_{x0} = e_{x4} + e_{x1} + \Delta e_{xR} \tag{3-76}$$

于是，回热过程的㶲损失为：

$$\Delta e_{xR} = (e_{x3} - e_{x4}) - (e_{x1} - e_{x0}) \tag{3-77}$$

（4）节流过程的㶲损失

设节流过程（4-5）是绝热过程，则该过程的㶲平衡方程为：

$$e_{x4} = e_{x5} + \Delta e_{xexp} \tag{3-78}$$

于是，节流过程的㶲损失为：

$$\Delta e_{xexp} = e_{x4} - e_{x5} \tag{3-79}$$

（5）蒸发过程的㶲损失

蒸发器中的蒸发过程（5-0）也是有温差的换热过程，制冷剂从低温热源（被冷却介质）中吸收热量，带入系统的热量㶲由式（3-67）得：

$$E_{Q_e} = \left(1 - \frac{T_{Hm}}{T_{Lm}}\right)\dot{Q}_e \tag{3-80}$$

这里，E_{Q_e} 为负值，即制冷剂在蒸发时㶲是减小的，其减小量的绝对值是低温冷源（被冷却介质）所获得的㶲的绝对值，即冷量㶲。

不计蒸发过程制冷剂与环境之间的换热，蒸发过程的㶲平衡方程为：

$$e_{x5} + \frac{E_{Q_e}}{\dot{m}_R} = e_{x0} + \Delta e_{xe} \tag{3-81}$$

于是，蒸发过程的㶲损失为：

$$\Delta e_{xe} = e_{x5} - e_{x0} + \frac{E_{Q_e}}{\dot{m}_R} \tag{3-82}$$

（6）总的㶲损失

回热循环的总的㶲损失为：

$$\Delta e_{xsys} = \Delta e_{xco} + \Delta e_{xc} + \Delta e_{xR} + \Delta e_{xexp} + \Delta e_{xe} \tag{3-83}$$

另外，根据式（3-80）可计算出该循环的㶲效率。

提高压缩机的效率，减小冷凝器、回热器和蒸发器等传热设备的平均传热温差，是减小㶲损失的有效途径。

本 章 习 题

3.1 蒸汽压缩制冷循环系统主要由哪些部件组成? 各有何作用? 制冷剂在制冷循环中起到什么作用?

3.2 制冷剂在冷凝器和蒸发器内的热力状态是如何变化的?

3.3 制冷剂在通过节流机构时压力降低、温度也大幅度下降,可以认为节流过程近似为绝热过程,那么制冷剂降温时的热量到哪里去了?

3.4 单级蒸气压缩式制冷理论循环有哪些假设条件? 简述各个热力过程的特点; 它与实际循环的区别在哪里?

3.5 已知制冷剂 R134a 和下表填入的参数值,请查找 $\lg p\text{-}h$ 图填入未知项。

p(MPa)	t(℃)	h(kJ/kg)	v(m³/kg)	s[kJ/kg·K]	x
0.3	—	—	0.1	—	—
—	−23.3	—	—	—	0.3
—	90	—	—	1.85	—

3.6 试分析压缩机吸气量增大或减小对制冷系统蒸发压力的影响。

3.7 试分析蒸发器传热面积减小对制冷系统蒸发压力的影响。

3.8 逆卡诺循环消耗的功等于绝热压缩和膨胀功之代数和,这种说法对吗?

3.9 逆卡诺循环有何特点?

3.10 如图 3-41 所示的逆卡诺循环。试求绝热压缩 1-2 和等温压缩 2-3 消耗的功,并求制冷系数。

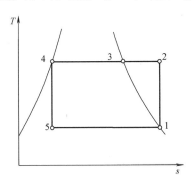

图 3-41 3.10 题图

3.11 饱和循环与逆卡诺循环有哪些差异?

3.12 何谓节流损失与过热损失?

3.13 从相对值而言,R12、R22、R717 三种制冷剂在同一工况下,哪一种制冷剂的节流损失大? 哪一种制冷剂的过热损失大?

3.14 节流前过冷有何益处,如何实现?

3.15 如果过热所吸的热量是有效制冷量,问哪种制冷剂吸气过热有利,哪些制冷剂不利?

3.16 氨可以采用回热循环吗? 为什么?

3.17 试分析实际循环与理论循环的差别。

3.18 试比较同一工况下 R22 和 R717 的单位容积制冷量、压缩终了温度和循环效率。

3.19 为什么要采用双级压缩制冷循环? 双级蒸汽压缩式制冷循环的形式有哪些?

3.20 双级蒸汽压缩式制冷循环要确定的主要工作参数有哪些? 如何确定最佳中间压力?

3.21 在低蒸发温度下,采用单一制冷剂的制冷循环存在哪些问题?

3.22 不完全中间冷却与完全中间冷却有何区别? 它们分别适合什么系统?

第 3 章 蒸气压缩式制冷循环的演变与特性

3.23 一级节流和两级节流有何区别？它们各自适用于什么场合？

3.24 什么是复叠式制冷循环？复叠式制冷循环的特点有哪些？

3.25 双级和复叠式制冷循环有何区别？为什么要采用不同的形式？

3.26 复叠式制冷循环的高温和低温系统的制冷剂一样吗？为什么？

3.27 有三台制冷机载相同制冷剂、相同压缩机、相同转速、相同外界条件下，测得参数如下表。忽略压缩机排汽系数的变化，用 $\lg p\text{-}h$ 图进行分析，哪一台制冷量最大，哪一台最小。

制冷机	冷凝温度 t_k（℃）	过热度 Δt_{sc}（℃）	蒸发温度 t_0（℃）	过热度 Δt_{sh}（℃）
A 机	50	5	10	10
B 机	50	0	5	10
C 机	50	5	5	10

3.28 试分析冷凝温度降低或蒸发温度升高时（其他条件不变），对制冷循环性能的影响。结果对制冷机设计有什么指导意义？

3.29 有一个单级蒸汽压缩式制冷系统，高温热源温度为 35℃，低温热源温度为 −18℃，分别采用 R410、R134a 和 R717 制冷剂，试求其理想循环条件下的制冷系数。

3.30 单级蒸汽压缩式制冷循环用于房间空调器，其工作条件如下：蒸发温度为 5℃，冷凝温度为 45，制冷剂为 R134a，空调房间需要的制冷量是 3.2kW。假定为理论制冷循环，试求：该理论循环的单位质量制冷量、制冷剂质量流量、单位理论功、制冷系数、压缩机消耗的理论功率、制冷系数和冷凝器热负荷。

3.31 逆卡诺循环的高温热源的温度为 40℃，低温热源的温度为 5℃，求制冷系数。

3.32 若逆卡诺循环的高温热源和低温热源的温度均增加 5℃，问制冷系数有何变化？

3.33 逆卡诺循环的高温热源的温度为 40℃，低温热源的温度为 −10℃，系统内的最高、最低压力分别为 6bar 和 1bar。制冷剂被视为理想气体。计算单位质量制冷量、单位质量消耗功和制冷系数。

3.34 一台美国制冷机，铭牌上标明制冷量为 114 冷吨，试换算成 SI 制和工程制单位。

3.35 图 3-42 为焦耳制冷循环在 $T\text{-}s$ 图上的表示，系统从压力为 1bar 的制冷体（低温热源）中取热，排放给压力为 6bar 的周围环境（高温冷源）。制冷剂离开蒸发器的温度为 −10℃，离开冷凝器的温度为 40℃。制冷剂被视为理想气体，比热容为 1.005kJ/（kg·K）。计算单位质量制冷量、单位质量消耗功和制冷系数。

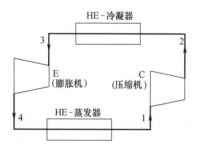 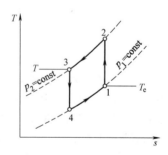

图 3-42 3.35 题图

3.36 设蒸汽压缩式制冷饱和循环的冷凝温度为 30℃、蒸发温度为 −10℃，若采用四种不同制冷剂 R717、R22、R134a 和 R12，试比较它们的单位质量制冷量、单位容积制冷量和单位压缩功。

3.37 R22 制冷机，按饱和循环工作，已知冷凝温度为 40℃，蒸发温度为 5℃，容积流量为 0.1m³/s，求制冷机的制冷量、消耗功率、冷凝热量和制冷系数。

3.38 R22 制冷机，制冷量为 500kW，按饱和循环工作，冷凝温度为 40℃，蒸发温度为 5℃，求质量流量、容积流量、压缩机消耗功率、冷凝热量和制冷系数。

3.39 R134a 制冷机，如图 3-43 所示按饱和循环工作，已知蒸发温度蒸发温度为 −10℃，冷凝温度

冷凝温度为 40℃。计算单位质量制冷量，单位质量消耗功，单位质量冷凝热量和制冷系数。

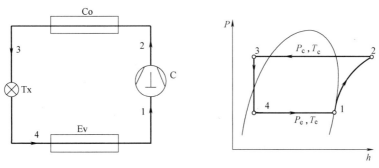

图 3-43　3.39 题图

3.40　氨制冷机，按下述两种工况运行：(1) $t_c = 40℃$，$t_{s \cdot c} = 30℃$，$t_e = 5℃$；(2) $t_c = 30℃$，$t_e = 0℃$；两种工况的压缩机吸气均为饱和蒸气。试比较这两种工况下的单位质量制冷量和制冷系数。

3.41　R134a 制冷机，$t_c = -40℃$，$t_e = 0℃$，$t_{s \cdot c} = 25℃$，蒸发器出口为饱和蒸气，求单位质量制冷量 q_e、单位容积制冷量 q_v 和制冷系数 ε；与饱和循环相比，求每过冷 1℃ 使 q_e、q_v、ε 的增加率。

3.42　同上题条件，若制冷机的容积流量为 $0.12 m^3/s$，求每过冷 1℃ 增加的制冷量。

3.43　制冷剂为 R134a 的制冷机，按节流前过冷的制冷循环工作，如图 3-44 所示，蒸发温度 $t_e = -10℃$，冷凝温度 $t_c = 40℃$。计算单位质量制冷量，单位质量消耗功和制冷系数。

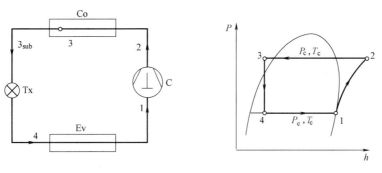

图 3-44　3.43 题图

3.44　R717 制冷系统，运行工况为 $t_c = 30℃$，$t_e = -5℃$，冷凝器、蒸发器出口均为饱和状态，由于吸气管路保温不善，致使压缩机的吸气温度升高到 10℃。试求系统制冷量、压缩机消耗功率和制冷系数增减百分率（设压缩机容积流量不变），并确定压缩机的排汽温度。

3.45　图 3-45 所示的 R134a 制冷系统，采用吸气过热的制冷循环，$t_e = -10℃$，$t_c = 40℃$，过热度

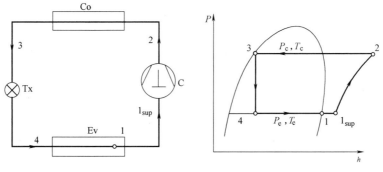

图 3-45　3.45 题图

$\Delta t=5℃$。计算单位质量制冷量，单位质量消耗功和制冷系数。

3.46　R134a 制冷机采用回热循环，如图 3-46 所示，蒸发温度 $t_e=-10℃$，冷凝温度 $t_c=40℃$，过热度 $\Delta t=5℃$。计算单位质量制冷量，单位质量消耗功和制冷系数。

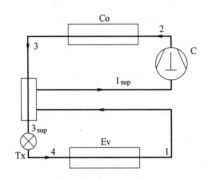 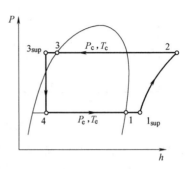

图 3-46　3.46 题图

3.47　R134a 制冷机，采用图 3-46 所示的回热循环，已知 $t_c=40℃$，$t_e=-5℃$，压缩机吸气温度为 15℃，压缩机容积流量为 $0.2m^3/s$，试求制冷机的制冷量、压缩机消耗功率、回热交换器和冷凝器的热负荷、节流前的液体温度。

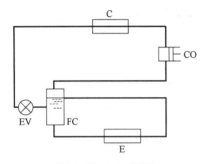

图 3-47　3.49 题图

单位质量冷凝热量和制冷系数。

3.48　同上题条件，与饱和循环相比，求制冷量、制冷系数增减百分率。

3.49　图 3-47 所示的氨制冷系统，其中液体分离器的作用是将气、液分离，保证压缩机吸入饱和蒸汽。设 $t_c=35℃$，$t_e=-15℃$，冷凝器、蒸发器出口均为饱和状态，系统制冷量为 100kW。试求压缩机消耗功率、冷凝热量、蒸发器质量流量和压缩机质量流量。

3.50　现有一使用非共沸制冷剂 R407C 的制冷循环如图 3-48所示，蒸发压力下的露点温度 $t_{de}=-10℃$，冷凝压力下的沸点温度 $t_{bc}=40℃$。计算单位质量制冷量，单位质量消耗功，

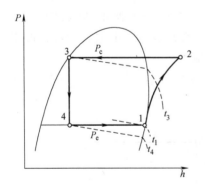 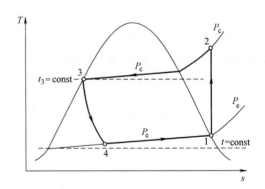

图 3-48　3.50 题图

3.51　超临界蒸汽压缩式制冷循环是利用气体液化后可吸收汽化潜热的特性以达到制冷的目的，它的 T-s 图如图 3-49 所示。现有一采用超临界 CO_2 制冷循环，$t_e=-5℃$，冷凝压力 $p_c=80bar$，过冷温度 $t_3=15℃$。计算单位质量制冷量，单位质量消耗功和制冷系数。

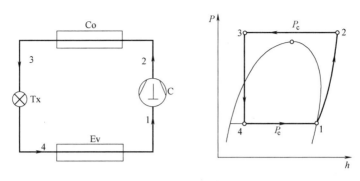

图 3-49　3.51 题图

3.52　图 3-50 所示的氨制冷系统，已知 $t_c=30℃$，$t_e=-15℃$。冷凝器和蒸发器出口及压缩机入口均为饱和状态。部分液体经过冷后的温度为 15℃。问与饱和循环相比，该系统的制冷量及制冷系数增减了多少?

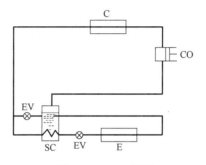

图 3-50　3.52 题图

3.53　R717 制冷机，实施一级节流和水冷式中间冷却器的双级压缩制冷循环，如图 3-51 所示。制冷量 $Q_e=300kW$，蒸发温度 $t_e=-30℃$，冷凝温度 $t_c=35℃$，中间冷却器的水进口温度 $t_{w1}=16℃$。计算单位质量制冷量、质量流量和制冷系数。

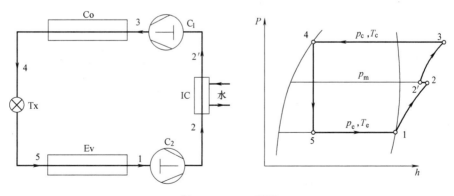

图 3-51　3.53 题图

3.54　R22 制冷系统，已知 $t_c=30℃$，$t_e=-15℃$，蒸发器、冷凝器出口均为饱和状态。若在吸气管上装一个节流阀，使压缩机吸气压力节流到 123.68kPa，并设压缩机的容积流量不变，试求系统制冷量、消耗功率及制冷系数的变化百分率。

3.55　R717 制冷机，采用两级节流不完全中间冷却的双级压缩制冷循环，如图 3-52 所示。制冷量:

$Q_e=300kW$，蒸发温度：$t_e=-30℃$，冷凝温度：$t_c=35℃$。计算单位质量制冷量、各级压缩机的质量流量和压缩机功率以及制冷系数。

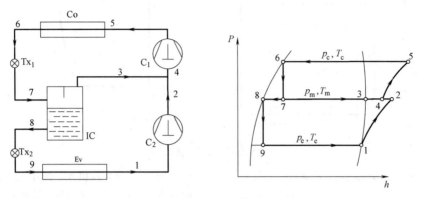

图 3-52　3.55 题图

3.56　同上题条件，实施如图 3-53 所示的两级节流完全中间冷却的双级压缩制冷循环，计算单位质量制冷量、各级压缩机的质量流量和压缩机功率以及制冷系数。

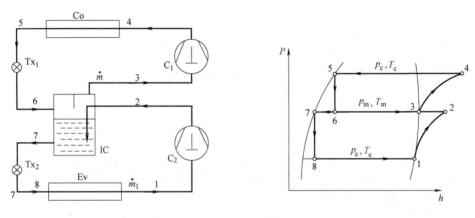

图 3-53　3.56 题图

3.57　如图 3-54 所示的两级节流完全中间冷却的双级压缩制冷循环，在制冷量为 300kW，蒸发温度为 $-30℃$，冷凝温度为 $35℃$ 的条件下，计算单位质量制冷量，各级压缩机的质量流量和压缩机功率，以及制冷系数。

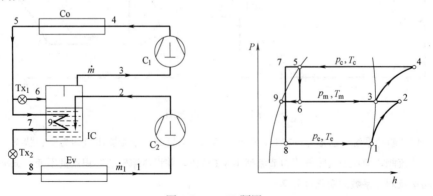

图 3-54　3.57 题图

3.58 如图 3-55 所示的两级节流不完全中间冷却的双级压缩制冷循环，所用的制冷剂为 R134a，在制冷量为 350kW，蒸发温度为 −10℃，冷凝温度为 45℃ 的条件下，计算单位质量制冷量，各级压缩机的质量流量和压缩机功率，以及制冷系数。

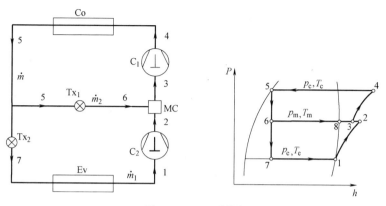

图 3-55　3.58 题图

3.59 如图 3-56 所示的两级节流和蓄热式中间冷却器的双级压缩制冷循环，所用的制冷剂为 R22，在制冷量为 400kW，蒸发温度为 −15℃，冷凝温度为 50℃ 的条件下，计算单位质量制冷量，各级压缩机的质量流量和压缩机功率，以及制冷系数。

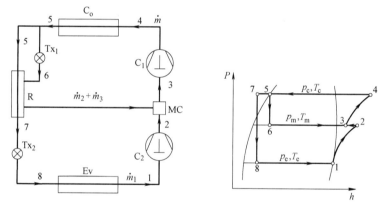

图 3-56　3.59 题图

3.60 R717 制冷机，采用如图 3-57 所示的两级节流双蒸发器完全中间冷却的两级压缩制冷循环。制冷量 $Q_{e1}=150\text{kW}$、$Q_{e2}=150\text{kW}$，蒸发温度 $t_{e1}=-10℃$、$t_{e2}=-30℃$；冷凝温度 $t_c=35℃$。计算质量

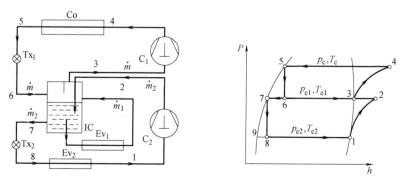

图 3-57　3.60 题图

流量，各级压缩机功率和制冷系数。

3.61　R717 制冷机，制冷量 $Q_{e1}=150$kW，$Q_{e2}=150$kW，蒸发温度 $t_{e1}=-10℃$、$t_{e2}=-30℃$；冷凝温度 $t_c=35℃$，实施如图 3-58 所示的两级节流双蒸发器完全中间冷却的两级压缩制冷循环，计算质量流量，各级压缩机功率和制冷系数。

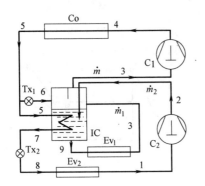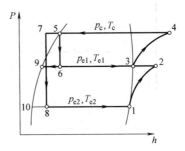

图 3-58　3.61 题图

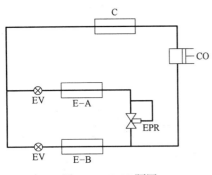

图 3-59　3.62 题图

3.62　如图 3-59 所示的 R22 制冷系统（图中 EPR 为蒸汽压力调节阀），有两组蒸发温度不同的蒸发器，已知 $t_{eA}=0℃$，$t_{eB}=-10℃$，$t_c=30℃$，制冷量分别为 $Q_{eA}=10$kW，$Q_{eB}=20$kW。冷凝器、蒸发器出口均为饱和状态，蒸发器 A 出口的蒸气节流到蒸发器 B 的蒸发压力。求压缩机消耗功率、容积流量、冷凝器负荷和制冷系数。

3.63　如图 3-60 所示的 R404a 的制冷机，采用两级节流双蒸发器的单级压缩制冷循环。制冷量 $Q_{e1}=5$kW，$Q_{e2}=10$kW，蒸发温度（露点）$t_{e1}=-10℃$，$t_{e2}=-30℃$，冷凝温度（沸点）$t_c=35℃$。计算质量流量，压缩机功率和制冷系数。

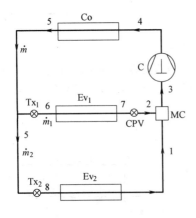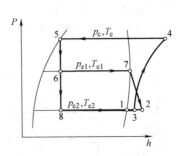

图 3-60　3.63 题图

3.64　已知某 R717 制冷机的制冷量 $Q_{e1}=100$kW，$Q_{e2}=100$kW，$Q_{e3}=200$kW，蒸发温度 $t_{e1}=-10℃$，$t_{e2}=-30℃$，$t_{e3}=-40℃$，冷凝温度 $t_c=35℃$，制冷系统按图 3-61 所示循环工作。计算质量流

量，压缩机功率和制冷系数。

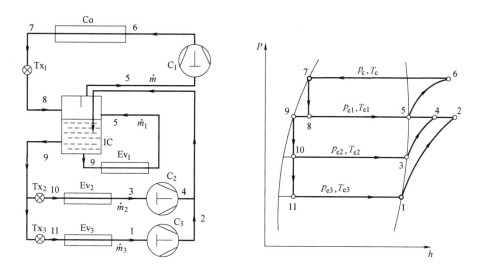

图 3-61   3.64 题图

3.65   同上题条件，在实际系统中，通常在蒸发器 E_2 后面安装一个恒压阀 CPV，如图 3-62 所示。求质量流量，压缩机功率和制冷系数。

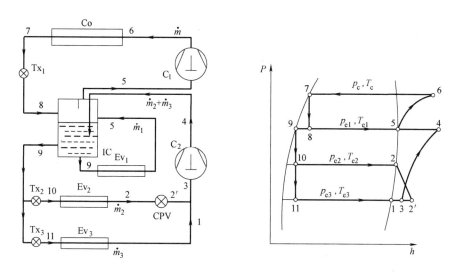

图 3-62   3.65 题图

3.66   如图 3-63 所示的 R717 制冷机，采用三级节流完全中间冷却的三级压缩循环制冷系统。制冷量为 100kW，蒸发温度 $t_e=-70℃$，冷凝温度 $t_c=35℃$。计算单位质量制冷量，质量流量，压缩机功率和制冷系数。

3.67   现有一台 R134a 制冷机，采用复叠式制冷循环，如图 3-64 所示，制冷量为 100kW，低温系统的蒸发温度 $t_{e2}=-70℃$，过热度 $\Delta t=15℃$。高温系统的蒸发温度 $t_{e1}=-25℃$，冷凝温度 $t_{c1}=35℃$，制冷剂 R134a。计算单位质量制冷量，质量流量，压缩机功率和制冷系数。

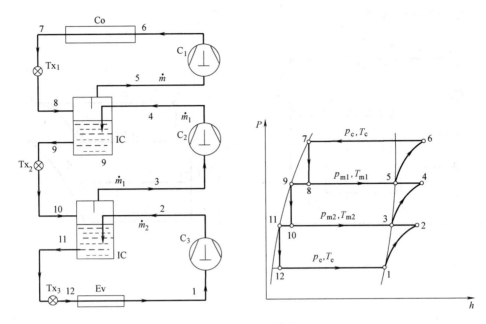

图 3-63　3.66 题图

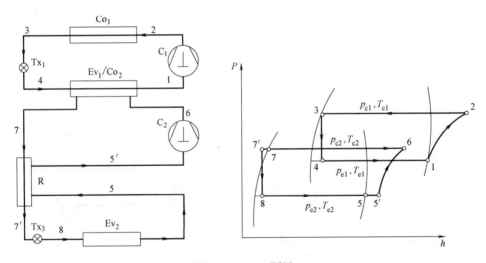

图 3-64　3.67 题图

本章参考文献

［1］　陆亚俊，马最良，姚杨. 空调工程中的制冷技术. 哈尔滨：哈尔滨工程大学出版社，1997.

［2］　郑贤德. 制冷原理与装置. 北京：机械工业出版社，2007.

［3］　张吉礼. 离心式多级压缩水-水高温热泵技术研究. 江苏双良空调设备股份有限公司企业博士后工作站书站报告，2006.

第4章 蒸气压缩式制冷压缩机

制冷压缩机分为容积型和速度型两大类，依靠工作腔容积的变化来实现对制冷剂蒸气压缩的压缩机，称为容积型压缩机，容积型压缩机分为往复式压缩机和回转式压缩机，回转式压缩机又分为螺杆式、滚动转子式、涡旋式和滑片式等类型的压缩机。依靠叶轮的高速旋转来实现对制冷剂蒸气压缩的压缩机称为速度型压缩机，速度型压缩机有离心式压缩机和轴流式压缩机。本章将首先介绍往复式制冷压缩机的结构与种类、制冷量和功率；其次介绍螺杆式制冷压缩机的结构与特征、制冷量与功率及能量调节；再介绍离心式制冷压缩机的结构与特点、能量损失与轴功率、特性与调节等；最后介绍滚动转子式制冷压缩机和涡旋式制冷压缩机的结构与工作过程、种类及特点、制冷量与功率以及能量调节等。

4.1 往复式制冷压缩机的结构与种类

4.1.1 往复式制冷压缩机的结构

图4-1为8FS10开启式压缩机的总体结构图[1]。该压缩机结构包括机体组、气缸套及气阀、活塞和曲轴连杆机构、轴封、润滑系统和能量调节装置。

1. 机体组

图4-1所示的压缩机机体组由机体（机身）、气缸盖、侧盖板、前后轴承盖组成。机体的作用是支承其内部各种运动部件和其他零件以及容纳润滑油。隔板将机体分成两部分，上部为气缸体，下部为曲轴箱。气缸体内隔板上面空间为吸气腔，与吸气管连通。气缸体上部用气缸盖密封，组成排气腔。曲轴箱内有曲轴，下部装有润滑油。隔板的作用一是防止润滑油溅入吸气腔，二是隔板上有均压孔，使曲轴箱内压力与吸气压力保持一致，同时均压孔也是润滑油的回油孔。

2. 气缸套及气阀

图4-2所示的气缸套是压缩机压缩蒸气的工作腔，即气缸，它与活塞、气阀组成一个可变的工作容积。气缸套上部凸缘作为吸气阀座，凸缘上有吸气孔。在气缸套内部，当活塞运动到气缸上止点时，活塞和吸排气阀之间仍有一定空隙，以避免活塞直接碰撞吸排气阀，损坏压缩机，该空隙称为余隙。余隙是往复式压缩机重要标志。

气阀是一个环状阀结构，如图4-2和图4-3所示。吸气阀片受到吸气侧的蒸气压力（向上）、气缸内蒸气压力（向下）、弹簧力（向下）和阀片自重的作用。当阀片下部的吸气压力大于上部的压力时，阀片被顶起，蒸气通过吸气孔进入气缸，气缸吸气。反之，当阀片向下的力大于向上的力时，阀片下落，吸气孔被关闭，气缸停止吸气。排气外阀座和内阀座构成环形排气缝，排气缝上有环形排气阀片。排气阀

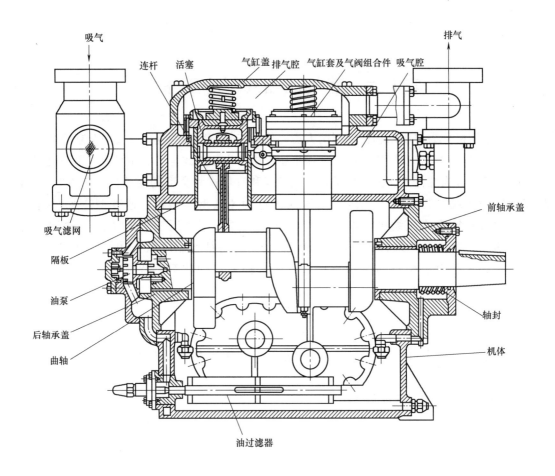

图 4-1 8FS10 开启式压缩机的总体结构图

上部有假盖，当气体进入气缸被压缩后，压力升高，假盖连同排气内阀座一起被顶起，实现排气。

3. 活塞及曲轴连杆机构

活塞结构如图 4-4 所示，活塞上部有活塞环，活塞环分气环（又称密封环）和油环（又称刮油环）。气环（见图 4-5）起密封作用，减少高压蒸汽通过活塞与气缸之间的间隙泄漏。油环（见图 4-6）起刮油作用，刮去气缸上多余的油量，减少润滑油进入制冷剂。气缸上的润滑油在刮油环的作用下返回曲轴箱。活塞的裙部在气缸中起导向作用。裙部上有销座，与连杆相连接。活塞在气缸内往复运动，改变气缸容积，实现吸气、压缩、排气和余隙膨胀四个过程。

图 4-7 为连杆结构图，连杆小头与活塞相连接，连杆大头与曲轴连接，实现将电动机的旋转运动转变为活塞的往复运动。连杆内有油道，以输送润滑油。

图 4-8 为曲轴结构图。曲轴前端与联轴器或皮带轮连接，输送轴功率；曲轴后端与油泵连接，驱动油泵。曲轴内有油道，输送润滑油到前后主轴颈、曲柄销及每个

连杆。

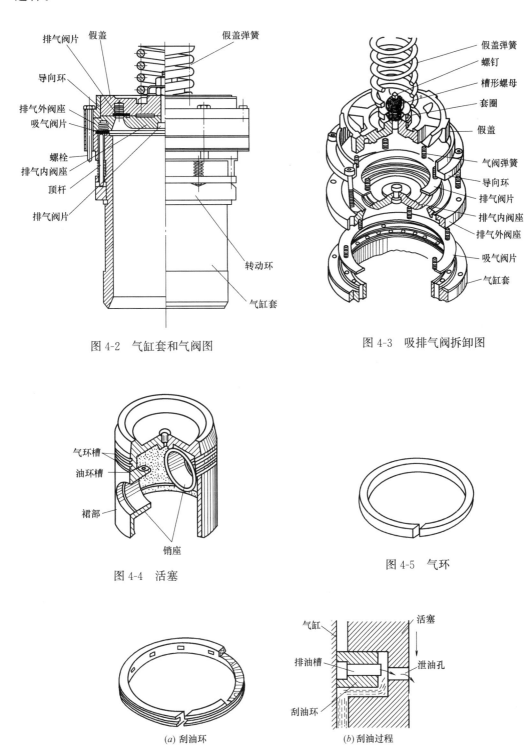

图 4-2　气缸套和气阀图

图 4-3　吸排气阀拆卸图

图 4-4　活塞

图 4-5　气环

(a) 刮油环

(b) 刮油过程

图 4-6　刮油环及刮油过程

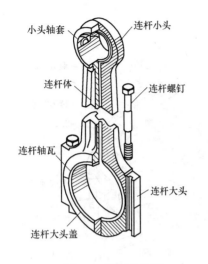

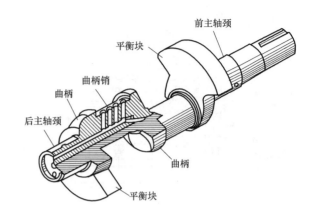

图 4-7　连杆结构图　　　　　　　　　　　　图 4-8　曲轴结构图

4. 润滑系统

润滑油系统的作用：一是使各个摩擦面完全被油膜隔开，减小摩擦，带走摩擦热，减少机件的磨损；二是向能量调节装置提供有压油，实现压缩机的制冷量调节。

图 4-9 为往复式压缩机润滑油系统原理图[1]。曲轴箱中的润滑油经油泵分三路进入压缩机相关部件。一路从曲轴后端进入曲轴油道，润滑后主轴承、连杆大小头轴承；一路直接送到轴封，再进入曲轴油道、润滑轴封、前主轴承及连杆大小头轴承；还有一路为压缩机能量调节装置提供动力，即润滑油经油分配阀控制图 4-10 所示的能量调节装置。

值得注意的是，对于与润滑油溶解的制冷剂，在压缩机停机后，制冷剂会溶解在润滑油中，致使再次启动时油压太低，因此，该类制冷剂的压缩机曲轴箱中应设置电加热器；

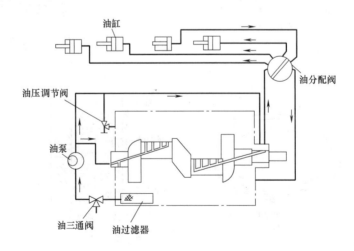

图 4-9　往复式压缩机润滑油系统原理图

在压缩机启动前加热润滑油，以排出溶解在油中的制冷剂。

5. 能量调节装置

制冷压缩机要实现制冷量调节、实现在无负荷或小负荷状态下启动，离不开能量调节装置即排气量调节装置。压缩机排气量调节有四种方法：一是多缸压缩机采用顶杆式调节；二是压缩机变转速调节；三是压缩机采用旁通阀排气旁通调节；四是大型压缩机采用改变余隙容积调节。其中，顶杆式调节方法是往复式压缩机广泛应用的方法。

图 4-10 为顶杆式能量调节装置[1]，由顶杆式执行机构和油分配器构成，其工作原理如下：

（1）根据冷负荷的大小，转动油分配阀的调节手柄（也可自动控制），以控制有压油接通的油缸数。

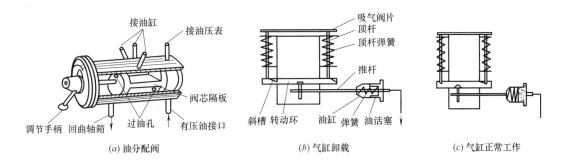

(a) 油分配阀　　　(b) 气缸卸载　　　(c) 气缸正常工作

图 4-10　往复式压缩机顶杆式能量调节机构原理图

（2）当冷负荷减小时，某油缸中的有压油被油分配阀泄压，推杆在油缸弹簧作用下向右移动，顶杆从转动环斜槽中被顶起，使吸气阀片处于常开状态。当活塞压缩时，该气缸内的蒸气将通过吸气阀回到吸气侧，气缸无法排气，压缩机处于卸载状态，但消耗功率。

（3）当冷负荷增大时，油分配阀向油缸内供应有压油，推杆向左移动，落到转动环斜槽中，吸气阀片回落到关闭状态，气缸回复正常压缩蒸气、排气的工作过程。

4.1.2　往复式制冷压缩机的种类

1. 按压缩机的密封程度分类

根据压缩机防制冷剂泄漏方式的不同，制冷压缩机分为开启式、半封闭式和全封闭式三种类型。

（1）开启式压缩机。开启式往复式制冷压缩机结构如图 4-1 所示，这种压缩机的电动机独立于制冷剂系统之外，电动机通过曲轴传动带动压缩机运转。曲轴伸出机体的部位设有轴封，以防止制冷剂泄漏；轴封是开启式压缩机的标志。通常，大型制冷压缩机采用开启式压缩机。

（2）半封闭式压缩机。半封闭式往复式压缩机结构如图 4-11 所示，这种压缩机的电动机和压缩机共用一根主轴，并安装在同一个封闭机体内。半封闭式压缩机没有轴封，压缩机的机体上设有端盖，打开端盖即可维修压缩机内部零部件。中等型号的压缩机一般采用半封闭式压缩机形式。

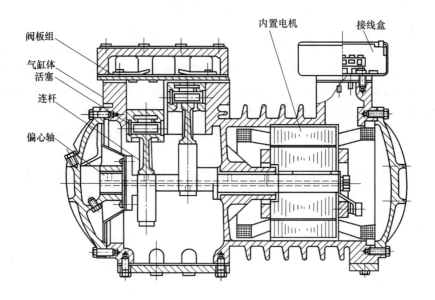

阀板组
气缸体
活塞
连杆
偏心轴
内置电机
接线盒

图 4-11　半封闭式往复式压缩机结构

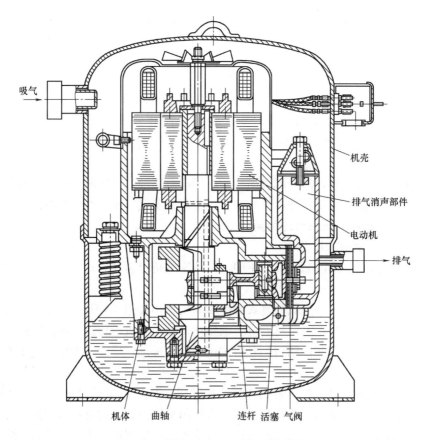

吸气
机壳
排气消声部件
电动机
排气
机体　曲轴　　连杆 活塞 气阀

图 4-12　全封闭式往复式压缩机结构

（3）全封闭式压缩机。全封闭式往复式压缩机结构如图 4-12 所示，这种压缩机也是把电动机和压缩机共用一根主轴、封闭在同一个机体内，但它与半封闭式压缩机的区别在于，压缩机和电动机安装在一个密闭的、不能拆开的薄壁机壳中，机壳由两部分焊接而成。露在机壳外的只有吸排气管、工艺管、电源接线柱和压缩机支架等。全封闭式压缩机一般用于制冷量较小的制冷系统中。

2. 按气缸的布置方式分类

开启式和半封闭式压缩机按气缸轴线布置方式分，有卧式、立式、V 形、W 形、S（扇）形五种，如图 4-13 所示。现代的高速多缸往复式压缩机大多采用 V 形、W 形、S（扇）形布置方式，压缩机结构紧凑，平衡性好，运转平稳。V 形压缩机有 2 缸和 4 缸；W 形压缩机有 3 缸和 6 缸；S 形压缩机有 4 缸和 8 缸。全封闭压缩机的气缸水平布置，有 1~4 缸，布置方式有单列式（1 缸），并列式（2 缸），V 式（2 缸），Y 式（3 缸）和 X 式（4 缸）。

3. 按采用的制冷剂分类

压缩机按制冷剂可分为氨压缩机、氟利昂压缩机、多工质压缩机、二氧化碳压缩机、乙烯压缩机等。由于制冷剂性质不同，一些专用压缩机的结构特点也不同。如氨制冷压缩机的气缸盖设有冷却水套，以降低排气温度。

4. 往复式压缩机的型号表示方法

开启式压缩机型号表示方法如图 4-14 所示。对于半封闭式压缩机，在表示缸径的数字后加 B；对于全封闭式压缩机，在表示缸径的数字后加 Q。如型号 6AW12.5 表示的压缩机是 6 缸开启式氨压缩机，气缸 W 形排列，缸径 125mm。如果是氟利昂类压缩机，则用 F 取代 A。如型号 8FS7B 表示的压缩机是 8 缸氟利昂半封闭式压缩机，气缸扇形排列，缸径 70mm；型号 3FY5Q 表示的压缩机是 3 缸氟利昂全封闭式压缩机，气缸按 Y 形布置，气缸直径 50mm。单缸压缩机在型号中不表示气缸布置形式。

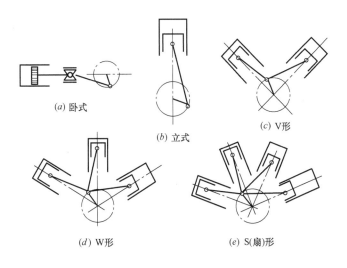

(a) 卧式　　(b) 立式　　(c) V形　　(d) W形　　(e) S(扇)形

图 4-13　气缸的布置方式结构示意图

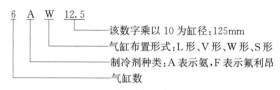

图 4-14　开启式压缩机型号表示方法

4.2　往复式制冷压缩机的制冷量

　　某一工况下，压缩机的制冷量等于由该压缩机组成的制冷系统的制冷量。由本书第
3.3 节可知，制冷系统的制冷量与制冷剂的容积流量、吸气比容及蒸发器进出口的比焓有
关，其中，制冷剂的容积流量又与往复式压缩机的内部结构、工作过程等因素密切相关。
因此，为了便于分析制冷压缩机的制冷量，本节将从分析压缩机的工作过程入手，研究影
响往复式压缩机制冷量的相关因素，逐步给出该类压缩机实际制冷量的计算方法。

4.2.1　往复式压缩机的工作过程

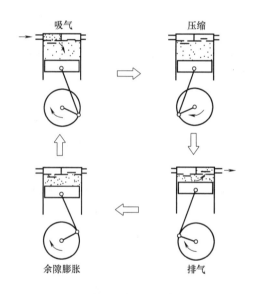

图 4-15　往复式压缩机实际工作过程

　　如图 4-15 所示，往复式制冷压缩
机的工作过程包括压缩、排气、余隙膨
胀和吸气四个过程。压缩过程：活塞由
下止点向上运动，吸、排气阀关闭，蒸
气被压缩，并一直被压缩到排气压力为
止。排气过程：当气缸内压力大于排气
管内压力时，排气阀开启，活塞继续向
上运动，蒸气排出，一直到活塞上止点
为止。余隙膨胀过程：活塞由上止点转
而向下，排气结束时留在余隙内的高压
蒸气一方面阻止吸气阀打开、无法吸
气，另一方面随着活塞的下移而膨胀，
一直膨胀到吸气压力为止。吸气过程：
当气缸内压力低于吸气管内压力时，吸
气阀开启，随着活塞往下运动而吸气，一直吸气到活塞运动到下止点为止。可见往复式压
缩机的实际过程是一个复杂的热力过程。

4.2.2　理想压缩机的制冷量

　　1. 理想压缩机的工作过程

　　为便于问题的简化，假设存在一理想的压缩机，其特点为：一是压缩机无余隙；二是
压缩机的气缸绝对严密、无泄露；三是压缩机的工作过程无摩擦、无能量损失，压缩过程
为等熵过程；四是压缩机的吸、排气阀无阻力。

　　理想压缩机的工作过程如图 4-16 所示，且有：

　　（1）压缩过程 1-2：活塞从下止点往左运动，压力由吸气压力 p_1 升高到排气压力 p_2，

该过程为等熵压缩过程。

（2）排气过程 2-3：活塞继续往左运动，在等压（压力 p_2 等于排气管内压力）下可逆、绝热排气。

（3）吸气过程 4-1：活塞由上止点向右运动，在等压（压力 p_1 等于吸气管内压力）下可逆、绝热吸气，一直到下止点为止。

2. 理想压缩机的理论制冷量

在 p-V 图上，理想压缩机的活塞在一个气缸内从上止点运动到下止点扫描过的容积称为活塞的行程容积，用 V_{sw} 表示，即：

$$V_{SW} = \frac{\pi}{4} D^2 S \qquad (4\text{-}1)$$

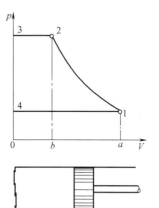

图 4-16　理想压缩机工作过程（图需要细化）

式中　D——气缸直径，m；

　　　S——活塞行程，即活塞从上止点到下止点的距离，m。

单位时间内理想压缩机的活塞在气缸内扫描过的容积称为活塞排量，即：

$$\dot{V}_{SW} = N \cdot Z \cdot V_{SW} \qquad (4\text{-}2)$$

式中　$\dot{V}_{SW}$——压缩机的理论容积流量，或称为活塞容积排气量，m^3/s；

　　　N——压缩机转速，r/s；

　　　Z——压缩机的缸数。

考虑实用中转速的单位常用"r/min"表示，则式（4-2）可写成：

$$\dot{V}_{SW} = \frac{\pi}{240} D^2 \cdot S \cdot n \cdot Z \qquad (4\text{-}3)$$

式中　n——压缩机转速，r/min。

因此，理想压缩机的理论质量流量为：

$$\dot{m}_{R \cdot th} = \frac{\dot{V}_{SW}}{v_1} \qquad (4\text{-}4)$$

式中　$\dot{m}_{R \cdot th}$——压缩机的理论质量流量，kg/s；

　　　v_1——吸气比容，m^3/kg。

于是，理想压缩机的理论制冷量为：

$$\dot{Q}_{e \cdot th} = \dot{m}_{R \cdot th} q_e = \dot{V}_{SW} q_v \qquad (4\text{-}5)$$

式中　$\dot{Q}_{e \cdot th}$——理想压缩机的理论制冷量，W 或 kW。

4.2.3　压缩机排气量影响因素分析

实际压缩机毕竟不同于理想压缩机，因此式（4-4）不能用于计算压缩机的实际排气量。显然，压缩机的实际排气量要小于其理论容积流量即活塞排量。导致实际压缩机的容积流量减小的因素主要有以下几点：

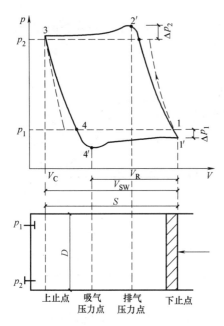

图 4-17　实际压缩机在示功图的工作过程

（1）实际压缩机与理想压缩机的工作过程存在较大差异，这种差异导致实际压缩机的吸气量要小于理想压缩机的吸气量。

第一，实际压缩机有余隙，余隙的存在减小了压缩机的吸气量。当活塞从上止点往回运动时，残留在余隙内的高温高压蒸气将发生膨胀（见图 4-17 中的 3-4-4′过程），且一直膨胀到压力低于吸气压力时才开始吸气。可见，由于余隙的存在，导致实际压缩机吸气的起点不是从上止点开始吸气，使得实际吸气行程明显减小。

第二，实际压缩机的吸、排气过程都有阻力（分别见图 4-17 中的 Δp_1 和 Δp_2），减小了实际压缩机的吸气量。压缩机要实现吸气过程，不仅要求气缸内的压力要低于吸气压力 p_1，而且要克服吸气阀在开启时存在的惯性力以及克服吸气阀上的弹簧力等。因此，当余隙中的蒸气膨胀到点 4 时并不能开始吸气，而从点 4′起开始吸气。同样，要发生排气过程，气体被压缩到点 2（压力 Δp_2）并不能开始排气，只有压缩到点 2′时才能开始排气。上述吸气过程阻力的存在，缩短了压缩机的实际吸气行程（见图 4-17），导致实际吸气量减小。

第三，实际压缩机内压缩和膨胀过程并非等熵过程，也减小了实际压缩机的吸气量。由于蒸气与气缸壁之间的热交换等原因，实际的压缩过程和余隙膨胀过程不是等熵过程，而是多变过程，且二者的多变指数 m 都小于绝热指数 k。多变指数小于绝热指数的结果是缩短了压缩机的实际吸气过程（见图 4-17），导致实际吸气量减小。

（2）实际压缩机的气缸壁对吸入蒸气的加热，导致实际压缩机的吸气量要小于理想压缩机的吸气量。

进入气缸的蒸气温度一般低于气缸壁温度。蒸气进入气缸后被缸壁加热，气体比容增大，致使相同容积下的实际吸入蒸气质量减少；而理想压缩机不存在该问题，且这种蒸气被加热使比容增大的影响在图 4-17 所示的示功图上是无法表示出来的。

（3）实际压缩机存在蒸气从高压侧到低压侧的泄露，这种泄露也将导致实际压缩机的排气要小于理想压缩机的排气量。在压缩机的吸气阀、排气阀以及活塞与气缸之间，都存在着蒸气从高压侧向低压侧的泄漏，导致了压缩机的实际排气量要小于理想压缩机的排气量。

可见，压缩机实际排气量的计算必须要考虑上述影响因素。为此，需要引入容积效率的概念。

4.2.4 实际压缩机的容积效率

1. 容积效率的定义

实际压缩机的容积流量（或质量流量）要小于理想压缩机的活塞排量（或理论质量流量），这种容积流量的减少称为实际压缩机的容积损失（或质量损失）。容积损失是评价实际压缩机性能优劣的重要指标。

压缩机的容积损失可用容积效率 η_v 来衡量，压缩机的容积效率 η_v 等于压缩机的实际排气量（以吸气比容 v_1 计）与其理论容积流量（活塞排量）之比，等于实际质量流量与理论质量流量之比，即：

$$\eta_v = \frac{\dot{V}_R}{\dot{V}_{SW}} = \frac{\dot{m}_R v_1}{\dot{V}_{SW}} \qquad (4\text{-}6)$$

式中 $\dot{m}_R$——压缩机的实际质量流量，kg/s；

         $\dot{V}_R$——压缩机的实际容积流量，m³/s。

式（4-6）中采用实际压缩机的活塞排量来表示实际压缩机的理论容积流量，这样只要能计算出压缩机的容积效率 η_v，即可计算其实际排气量。

2. 指示容积效率

分析图 4-17 所示的实际压缩机工作过程，可以发现，压缩机的一个气缸在一次吸气中实际吸入的蒸气容积为（$V_{1'} - V_{4'}$），而活塞的行程容积为 V_{sw}，于是有：

$$\eta_{vi} = \frac{V_{1'} - V_{4'}}{V_{SW}} \qquad (4\text{-}7)$$

式中 η_{vi}——往复式压缩机的指示容积效率（即示功图上可以反映出来的容积效率），%；
         且 $V_{SW} = V_{1'} - V_3$。

由于压缩机的容积流量是以吸气比容 v_1 为基准来计算的，因此，η_{vi} 也以 v_1 为基准来计算。于是，在图 4-17 中，令 $V_{1'} - V_{4'} \approx V_1 - V_4$（还需要注意的是 $v_{1'} > v_1$），则式（4-7）为：

$$\eta_{vi} = \frac{V_1 - V_4}{V_{SW}} \qquad (4\text{-}8)$$

这样，只要计算出 V_1 和 V_4，即可求出压缩机的指示容积效率。下面予以具体分析。

首先计算 V_1。在图 4-17 中，把过程 1′-1 近似地看成等温过程，则有：

$$p_1 V_1 = (p_1 - \Delta p_1)(V_{sw} + V_c)$$

于是
$$V_1 = \frac{p_1 - \Delta p_1}{p_1}(V_{SW} + V_c) \qquad (4\text{-}9)$$

式中 Δp_1——蒸气通过吸气阀的阻力，kPa；氨压缩机一般为 0.03～0.05 倍的蒸发压力；氟利昂压缩机一般为 0.05～0.1 倍的蒸发压力；

         V_c——气缸的余隙容积，m³。

其次计算 V_4。在图 4-17 中，余隙膨胀过程 3-4 为多变过程，且 $p_3 \approx p_2 + \Delta p_2$，则有：

$$(p_2 + \Delta p_2)V_c^m = p_1 V_4^m$$

于是，
$$V_4 = V_c \left(\frac{p_2 + \Delta p_2}{p_1} \right)^{\frac{1}{m}} \tag{4-10}$$

式中　Δp_2——蒸气通过排气阀的阻力，kPa；氨压缩机一般为 0.05～0.07 倍的冷凝压力；氟利昂压缩机一般为 0.1～0.15 倍的冷凝压力；

m——多变指数，对于氨压缩机一般为 1.10～1.15，对于氟利昂压缩机一般为 1.0～1.5。

最后计算 η_{vi}。将式（4-9）和式（4-10）代入式（4-8），得：

$$\eta_{vi} = \frac{p_1 - \Delta p_1}{p_1} - C \cdot \left[\left(\frac{p_2 + \Delta p_2}{p_1} \right)^{\frac{1}{m}} - \frac{p_1 - \Delta p_1}{p_1} \right] \tag{4-11}$$

式中，$C = \dfrac{V_c}{V_{SW}}$，称为相对余隙。

由式（4-11）及图 4-17 均可看出，指示容积效率随相关因素的变化规律为：

（1）指示容积效率随着余隙容积（相对余隙）的增大而减小，因此，设计压缩机时要尽可能减小相对余隙。目前，中小型往复式压缩机的 $C = 2\%～6\%$，我国系列压缩机为 4%。从图 4-17 可以看出，当余隙容积增大时，余隙膨胀过程线 3-4' 将整体向右移动，在压缩过程线不变的前提下，压缩机实际吸气行程变短，实际吸气量减小，指示容积效率减小。

（2）指示容积效率随着压缩比（$\pi = p_2/p_1$）的增大而减小，当 p_2/p_1 增大到一定值时，指示容积效率趋近零。从图 4-17 可以看出，当压缩比增大时，气缸的实际排气过程线 2'-3 和实际吸气过程线 4'-1' 之间的间距将增大，在压缩起点 1' 和排气终点 3 不变的前提下，压缩机实际排气和吸气行程变短，实际排吸气量减小，指示容积效率减小。

（3）指示容积效率随着吸、排气阀的阻力增大而减小。影响吸、排气阀阻力的因素有吸、排气阀结构、转速、制冷剂物性等。与压缩比增大时一样，在图 4-17 中，当吸、排气阀的阻力增大时，气缸的实际排气过程线 2'-3 和实际吸气过程线 4'-1' 之间的间距将增大，在压缩起点 1' 和排气终点 3 不变的前提下，压缩机实际排气和吸气行程变短，实际排吸气量减小，指示容积效率减小。

（4）多变指数（不仅仅是余隙膨胀过程的多变指数，还包括压缩过程的多变指数）m 越小，指示容积效率就越小。多变指数反映了压缩过程和余隙膨胀过程偏离等熵过程的程度，偏离程度越大，多变指数 m 越小。在余隙膨胀和吸气过程中，气缸壁温度高于吸入蒸气温度，二者温差越大，气缸壁对吸入蒸气的加热作用越大，m 越小；压缩机转速越低，蒸气与气缸的接触时间增加，加热作用越大，m 越小；制冷剂排气温度越高，气缸壁温度也就越高，m 越小；制冷剂导热系数越大，气缸对蒸气的加热作用就越大，m 越小。可见，要提高指示容积效率，应尽量减小余隙膨胀过程蒸气与气缸壁之间的换热，这可采用带水套的气缸来有效降低气缸壁温度，提高指示容积效率。

为便于对式（4-11）的理解和应用，定义压缩机的理论容积比和有效吸气压力比。压缩机的理论容积比为压缩机气缸的总容积与行程容积之比，即：

$$A = \frac{V_{SW} + V_c}{V_{SW}} \tag{4-12}$$

式中 A——压缩机的理论容积比；当气缸结构一定时，压缩机的理论容积比为常数。

压缩机的有效吸气压力比为压缩机吸气过程中气缸内压力与吸气压力之比，即：

$$B = \frac{p_1 - \Delta p_1}{p_1} \tag{4-13}$$

式中 B——压缩机的有效吸气压力比。

将式（4-12）和式（4-13）代入式（4-11），则有：

$$\eta_{vi} = AB - C\left(\pi + \frac{\Delta p_2}{p_1}\right)^{\frac{1}{m}} \tag{4-14}$$

式（4-14）更简捷地描述了压缩机指示容积效率的公式模型。当压缩机的结构一定时，指示容积效率与压缩机的有效吸气压力比、压缩比和多变指数的大小有关，有效吸气压力比越大，指示容积效率越高；压缩比越大，指示容积效率越小；多变指数越大，指示容积效率越大。

指示容积效率是示功图上所能表示出来的容积损失状况，但还有两类影响因素不能在示功图上表示出来：一是吸入蒸气被气缸壁加热的影响；二是蒸气在气缸内外的泄漏影响。

3. 吸气预热对容积效率的影响

从图 4-17 可以看出，气缸中的活塞在一次吸气行程中吸入的蒸气容积为 V_R（考虑了指示容积效率），设吸入蒸气在不受气缸壁加热时的质量为 M_R，温度为 T，比容为 v。若考虑气缸壁对吸入蒸气的加热，吸入蒸气的质量减少到 M_R'，温度为 T'，比容为 v'。由于气缸行程容积不变，因此，吸气预热对吸入蒸气质量的减小程度可用预热系数 λ_p 来衡量，即：

$$\lambda_p = \frac{M_R'}{M_R} = \frac{v}{v'} = \frac{T}{T'} \tag{4-15}$$

由于很难确定蒸气被气缸壁加热后的温度，因此，通常用经验公式来概算。对于开启式往复式压缩机，有：

$$\lambda_p = 1 - \frac{t_2 - t_1}{740} \tag{4-16}$$

式中 t_1 和 t_2——分别为压缩机吸气和排气温度，℃。

对于全封闭压缩机，有：

$$\lambda_p = \frac{T_1}{aT_c + b\Delta t_{sh}} \tag{4-17}$$

式中 T_1——吸气温度，K；

Δt_{sh}——吸气过热度，即 $(T_1 - T_e)$，K；

a——压缩机的温度随冷凝温度变化系数，商用制冷压缩机 $a=1$，家用制冷压缩机 $a=1.15$；

b——容积损失与压缩机对周围空气散热的关系，由图 4-18 确定[1]。

影响预热系数的因素很多。首先，压缩比越大，排气温度越高，预热系数 λ_p 就小。其次，湿蒸气的换热量远远大于干蒸气，因此，当吸入湿蒸气时，容积效率很快降低。另外，压缩机的结构、气缸冷却状态、转速、制冷剂性质等都影响预热系数。

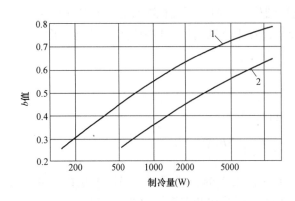

图 4-18　不同制冷量的压缩机 b 值大小
1—压缩机壳体外空气自由流动；
2—压缩机壳体外空气强迫流动

4. 泄漏对容积效率的影响

在压缩机的吸气阀、排气阀以及活塞与气缸之间都存在蒸气从高压侧到低压侧的泄漏。高温高压蒸气泄漏到吸气侧，然后再被压缩，导致排气温度升高，这也会导致容积效率降低。

蒸气在压缩机中从高压侧到低压侧的泄漏有两种：一是静态泄漏，即发生在阀片与阀座之间、活塞与气缸之间等间隙不严密处的蒸气泄漏；二是动态泄漏，即由于吸、排气阀关闭延迟引起的蒸气泄漏。泄漏量与压缩机的制造质量、吸排气压差、气缸上润滑油量、磨损程度、转速等因素有关。泄漏对容积效率的影响可用气密性系数 λ_l 衡量，一般地，$\lambda_l = 0.97 \sim 0.99$。

5. 实际容积效率

综上所示，压缩机的实际容积效率为：

$$\eta_v = \lambda_p \lambda_l \eta_{vi} \tag{4-18}$$

压缩机的实际容积效率应通过实测确定，一般很少应用公式计算。但通过上述分析过程可以看出影响容积效率的因素，指明了提高容积效率的努力方向，也提供了容积效率的概算方法。

影响容积效率的因素可归纳为：

(1) 压缩机运行工况：如压缩比、蒸发压力、吸入蒸气过热度等。

(2) 压缩机结构与质量：如余隙大小、吸排气阀结构与通道面积、压缩机转速、气缸冷却方式、压缩机制造质量、磨损程度等。

(3) 制冷剂性质：如密度、排气温度、导热系数等。

为简化计算，人们利用各种压缩机的实验数据，拟合了比较简便的容积效率计算公式，用于一般压缩机制冷量的估算。

对于高速、多缸压缩机（$n \geqslant 720 \text{r/min}$，$C = 3\% \sim 4\%$），实际容积效率实验公式为：

$$\eta_v = 0.94 - 0.085 \left[\left(\frac{p_2}{p_1} \right)^{\frac{1}{n}} - 1 \right] \tag{4-19}$$

式中，对于氨压缩机，$n = 1.28$；对于 R13 压缩机，$n = 1.13$；对于 R22 压缩机，$n = 1.18$。

对于双级压缩制冷系统，其低压级压缩机的容积效率经验公式为：

$$\eta_v = 0.94 - 0.085 \left[\left(\frac{p_2}{p_1 - 0.1} \right)^{\frac{1}{n}} - 1 \right] \tag{4-20}$$

式中，p_1、p_2 及数值 0.1 的单位是 10^5Pa。

图 4-19 给出了小型全封闭往复式压缩机的容积效率[1]，该图是对几十种小型压缩机实验结果的综合值。

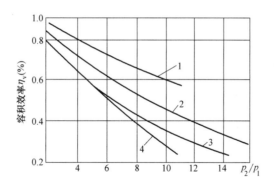

图 4-19　小型全封闭往复式压缩机的容积效率
1—$C=1\%\sim1.5\%$；2—$C=2.5\%\sim4\%$；
3—$C=4\%\sim5\%$；4—$C=5\%\sim8\%$

4.2.5　往复式压缩机的制冷量

知道容积效率后，则压缩机的实际排气量（容积流量）即为：

$$\dot{V}_R=\eta_v\dot{V}_{SW} \tag{4-21}$$

于是，压缩机的制冷量为：

$$\dot{Q}_e=\eta_v\dot{V}_{SW}q_v \tag{4-22}$$

或

$$\dot{Q}_e=\frac{\eta_v\dot{V}_{SW}}{v_1}q_e \tag{4-23}$$

4.3　往复式制冷压缩机的功率

压缩机的功率包括轴功率和配用电动机的功率。实际压缩机存在着能量损失，其功率消耗大于理想压缩机的功率消耗。

4.3.1　往复式压缩机的功率

1. 轴功率与指示功率

电动机传递到压缩机主轴上的功率称为轴功率，用 $\dot{W}_S$ 表示，单位为 W 或 kW。轴功率的作用有以下三种：一是对制冷剂蒸气作功。这部分功率可在示功图上表示出来，也称为指示功率，用 $\dot{W}_i$ 表示。二是克服机件摩擦。这部分功率称为摩擦功率，用 $\dot{W}_f$ 表示。三是驱动油泵。通常，这部分功率不单独计算，而计入 $\dot{W}_f$ 中。于是，往复式制冷压缩机的轴功率为：

$$\dot{W}_S=\dot{W}_i+\dot{W}_f \tag{4-24}$$

通常，可采用机械效率来折算用于克服机件摩擦和驱动油泵的摩擦功率 $\dot{W}_f$，即：

$$\eta_m=\frac{\dot{W}_i}{\dot{W}_S} \tag{4-25}$$

式中　η_m——机械效率，且 $\eta_m=0.85\sim0.95$，即摩擦功率占轴功率的 $0.05\sim0.15$。

于是，只要计算出往复式制冷压缩机的指示功率$\dot{W}_i$，即可由式（4-25）得到轴功率。

2. 绝热功率与指示功率效率

示功图是计算往复式制冷压缩机指示功率的有效途径，但一般很难得到压缩机的示功图资料。为此，只能假设压缩机按照绝热过程工作，再根据制冷剂的热力性质来估算压缩机的指示功率。

设压缩机的压缩过程为绝热过程，则压缩机消耗的功率为：

$$\dot{W}_{ad}=\dot{m}_R(h_2-h_1)_S=\frac{\eta_v \dot{V}_{SW}}{v_1}(h_2-h_1)_s \tag{4-26}$$

式中　$\dot{W}_{ad}$——理论绝热功率，W 或 kW；

　　　$\dot{m}_R$——制冷剂的质量流量，kg/s；

　h_1 和 h_2——分别为压缩机入口比焓和绝热过程蒸气出口比焓，J/kg 或 kJ/kg；

　　　下角标"s"表示绝热过程。

为建立绝热功率和指示功率之间的关系，定义指示功率效率，即：

$$\eta_i=\frac{\dot{W}_{ad}}{\dot{W}_i} \tag{4-27}$$

式中　η_i——指示功率效率，它反映了往复式压缩机在实际工作过程中蒸气通过吸、排气阀时的节流损失、蒸气与气缸壁之间的传热损失、泄漏蒸气再压缩引起的损失等能量损失，即实际压缩机没有按照绝热过程压缩蒸气而多消耗了功率。

显然，式（4-27）是一个概念性的定义式，忽略了诸多能量损失；其好处是当给定了指示功率效率，即可由式（4-27）计算出指示功率，简化了计算。指示功率效率可根据压缩机的实测示功图来确定，也可用如下经验公式来计算。

$$\eta_i=1-0.6\left[1-\left(\frac{p_2}{p_1}\right)^{-0.3}\right] \tag{4-28}$$

影响指示功率效率的因素同样有三类，即压缩机运行工况、压缩机的结构和质量、制冷剂的性能。

于是，由式（4-25）和式（4-27）可得：

$$\dot{W}_S=\frac{\dot{W}_{ad}}{\eta_i \eta_m} \tag{4-29}$$

将式（4-26）代入式（4-29），可得压缩机的轴功率为：

$$\dot{W}_S=\frac{\eta_v \dot{V}_{SW}(h_2-h_1)_s}{\eta_i \eta_m v_1} \tag{4-30}$$

3. 配用电动机的功率

考虑电动机的传动损失和裕量后，则压缩机的配用电动机功率为：

$$\dot{W}=(1.10\sim1.15)\frac{\dot{W}_S}{\eta_d} \tag{4-31}$$

式中　η_d——传动效率，对于直接传动，$\eta_d=1$；对于皮带传动，$\eta_d=0.9\sim0.95$。

4.3.2 往复式压缩机的性能指标

1. 单位轴功率制冷量

单位轴功率制冷量是衡量压缩机能耗性能的重要指标，也称为制冷压缩机的性能系数（Coefficient of Performance，COP），其定义为：

$$COP = \frac{\dot{Q}_e}{\dot{W}_S} \tag{4-32}$$

式中　COP——压缩机的能耗性能系数，kW/kW。

并有：

$$COP = \frac{\eta_i \eta_m q_e}{(h_2 - h_1)_S} = \eta_i \eta_m \varepsilon_{th} \tag{4-33}$$

式中　ε_{th}——理论制冷系数。

由式（4-33）可知，COP 与压缩机的结构形式、制造质量、转速、制冷剂性质、运行工况等有关。在同一工况下，COP 的大小反映了压缩机能耗性能的优劣。因此，COP 是压缩机的重要能耗性能指标之一。

2. 压缩机的能效比

对于全封闭压缩机及其机组，还可用能效比（Energy Efficiency Ratio，EER）来衡量能耗性能，其定义式为：

$$EER = \frac{\dot{Q}_e}{\dot{W}_{in}} \tag{4-34}$$

式中　EER——能效比，kW/kW 或 W/W；

　　　　$\dot{W}_{in}$——配用电动机输入功率，W 或 kW，且

$$\dot{W}_{in} = \frac{\dot{W}_S}{\eta_{mo}} \tag{4-35}$$

式中　η_{mo}——配用电动机的效率，对于全封闭压缩机中的电动机，$\eta_{mo} = 0.65 \sim 0.85$。

于是有：

$$EER = \eta_i \eta_m \eta_{mo} \varepsilon_{th} \tag{4-36}$$

令 $\eta_e = \eta_i \eta_m \eta_{mo}$，称之为压缩机的电能效率，即压缩机的理论绝热功率与电动机输入功率之比，或称为全封闭压缩机组（含电动机）的总效率。

η_e 与压缩机的压缩比、容量大小有关。当全封闭压缩机组的压缩比 $\pi = 3 \sim 6$，名义制冷量 $\dot{Q}_e = 5\text{kW}$ 时，$\eta_e = 0.48 \sim 0.9$；当 $\dot{Q}_e = 0.6 \sim 3\text{kW}$ 时，$\eta_e = 0.45 \sim 0.47$；当 $\dot{Q}_e = 0.2\text{kW}$ 时，$\eta_e = 0.28 \sim 0.3$。可见，相同工况下，全封闭压缩机的制冷量越小，其电能效率越低。

4.3.3 往复式压缩机的工况与特性

1. 压缩机的名义工况

为便于比较不同往复式制冷压缩机的工作性能，我国制定了中小型往复式制冷压缩机的名义工况标准，有机制冷剂压缩机的名义工况见表 4-1，无机制冷剂压缩机的名义工况见表 4-2。有机制冷剂压缩机的使用范围见表 4-3，无机制冷剂压缩机的使用范围见表 4-4。

有机制冷剂压缩机名义工况　　　　　　　　表 4-1

类型	吸入压力饱和温度(℃)	排出压力饱和温度(℃)	吸入温度(℃)	环境温度(℃)
高温	7.2	54.4[①]	18.3	35
	7.2	48.9[②]	18.3	35
中温	−6.7	48.9	18.3	35
低温	−31.7	40.6	18.3	35

① 为高冷凝压力工况。

② 为低冷凝压力工况。

表中工况制冷剂液体的过冷度为 0℃。

无机制冷剂压缩机名义工况　　　　　　　　表 4-2

类型	吸入压力饱和温度(℃)	排出压力饱和温度(℃)	吸入温度(℃)	制冷剂液体温度(℃)	环境温度(℃)
中低温	−15	30	−10	25	32

有机制冷剂压缩机使用范围　　　　　　　　表 4-3

类型	吸入压力饱和温度(℃)	排出压力饱和温度(℃)		压缩比
		高冷凝压力	低冷凝压力	
高温	−15～12.5	25～60	25～50	≤6
中温	−25～0	25～55	25～50	≤16
低温	−40～−12.5	25～50	25～45	≤18

无机制冷剂压缩机使用范围　　　　　　　　表 4-4

类型	吸入压力饱和温度(℃)	排出压力饱和温度(℃)	压缩比
中低温	−30～5	25～45	≤8

通常，压缩机铭牌上标明的制冷量为名义工况下的制冷量。在实际应用时，应用工况与名义工况常常差别很大，要求对制冷量进行换算。在制冷量换算过程中，在转速不变的条件下，往复式压缩机的活塞排量保持不变，于是有如下换算公式：

$$\dot{Q}_{e \cdot a} = \frac{\eta_{v \cdot a} q_{e \cdot a} v_{1 \cdot s}}{\eta_{v \cdot s} q_{e \cdot s} v_{1 \cdot a}} \dot{Q}_{e \cdot s} \qquad (4\text{-}37)$$

$$\dot{Q}_{e \cdot s} = \frac{\eta_{v \cdot s} q_{e \cdot s} v_{1 \cdot a}}{\eta_{v \cdot a} q_{e \cdot a} v_{1 \cdot s}} \dot{Q}_{e \cdot a} \qquad (4\text{-}38)$$

式中，"s"代表压缩机在名义工况下的制冷量及相关参数，"a"代表压缩机在应用工况下的制冷量及相关参数。

2. 往复式制冷压缩机的运行特性

由式（4-23）、式（4-30）和式（4-33）可以看出，对于同一台压缩机，采用同一种制冷剂，其制冷量、轴功率和 COP 随着压缩机的运行工况而变化。

图 4-20 为某型号往复式制冷压缩机的制冷量和轴功率性能曲线图[1]。不难看出，制

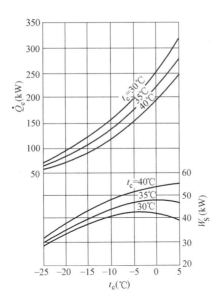

图 4-20 往复式制冷压缩机性能曲线

冷量随着蒸发温度的升高（冷凝温度的降低）而增加；轴功率随着蒸发温度的升高先升高、后降低，在同一蒸发温度下，轴功率随着冷凝温度的升高而增大。

4.4 螺杆式制冷压缩机的结构与特征

螺杆式压缩机是一种回转式的容积式压缩机，其结构简单，易损件少，适于大压力比工况应用，对制冷剂中含有大量的润滑油（通常称为湿行程）不敏感，有良好的能量调节特性，应用广泛。

4.4.1 螺杆式压缩机的构造

1. 压缩机的结构

螺杆式压缩机的构造如图 4-21 所示[1]。螺杆式压缩机的气缸断面为双圆相交形气缸，气缸内装有一对转子——阳转子（或称阳螺杆，主动转子）和阴转子（或称阴螺杆，从动转子），如图 4-22 所示。阳转子有 4 个齿，阴转子有 6 个齿，两个转子互相啮合。当阳转子旋转一周，阴转子旋转 2/3 周，即阳转子的转速比阴转子的转速快 50%。

转子型线的发展从 20 世纪 60 年代中期开始[2]，由图 4-22 所示的对称圆弧型线，发展为图 4-23 所示的单边非对称型线[2]。图 4-24 为 4 种代表性齿形型线[2]，分别是瑞典 Atlas 公司开发的 X 齿形、德国 Kaeser 公司开发的 Sigma 齿形、德国 CHH 公司开发的 CF 齿形和瑞士斯达尔公司开发的 Stals 齿形。

螺杆上的齿槽与气缸壁之间的空间即为压缩机的工作腔。气缸的吸气端设有吸气口，排气端设有排气口。在气缸壁下部有可以前后移动的滑阀（见图 4-25 所示），滑阀上有喷油孔，在运行过程中向转子喷有压油；滑阀可以沿转子长度方向移动，以便控制气缸的有效长度。

在螺杆式压缩机工作过程中，需要将压力油喷射到气缸内的压缩部位，其作用有以下三个方面。

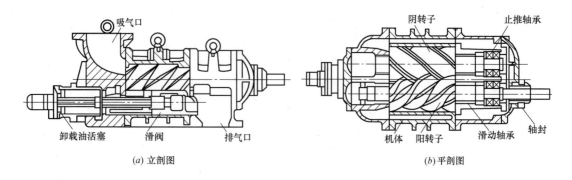

图 4-21　双螺杆式压缩机结构图

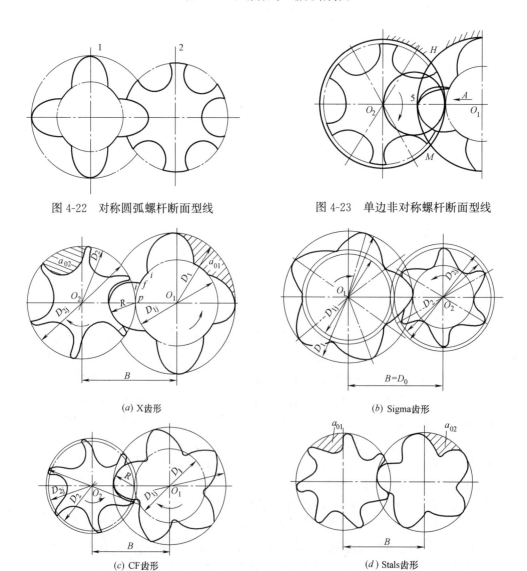

图 4-22　对称圆弧螺杆断面型线　　　　图 4-23　单边非对称螺杆断面型线

图 4-24　代表性螺杆断面齿形

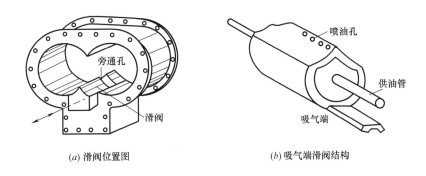

(a) 滑阀位置图   (b) 吸气端滑阀结构

图 4-25　螺杆式压缩机的滑阀

（1）冷却。常温的高压油喷入气缸后，与被压缩的蒸气混合，吸收压缩热，使压缩过程接近等温过程，从而降低了压缩机的排气温度，并可改善容积效率和指示效率。

（2）密封。喷入的压力油在转子及气缸的表面形成一层油膜，减小齿顶与气缸的密封线、转子端面密封线等部位的间隙，减少泄漏。

（3）润滑。喷入的压力油可以对主动转子和从动转子起到有效的润滑作用，降低了啮合噪声，减小磨损。

2. 螺杆式压缩机的经济器系统

在螺杆式压缩机气缸的适当位置增设一个补气口，与经济器相连，组成带经济器的制冷系统，这是螺杆式压缩机的特色。图 4-26 是带经济器的螺杆式压缩机的系统原理图。

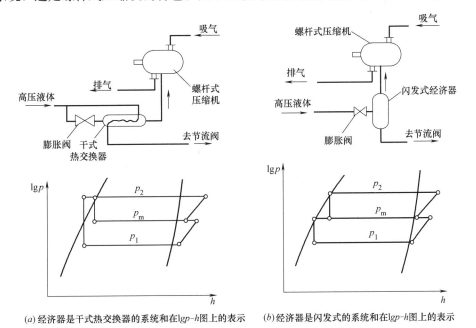

(a) 经济器是干式热交换器的系统和在lgp-h图上的表示   (b) 经济器是闪发式的系统和在lgp-h图上的表示

图 4-26　带有经济器的螺杆压缩机制冷系统

图 4-26（a）中的经济器是干式热交换器。来自冷凝器的液体，一路经膨胀阀进入干式经济器，在中间压力 p_m 下汽化吸热，然后从螺杆式压缩机补气口吸入压缩机。另一路在干式经济器内被过冷却，过冷液体经膨胀阀进入蒸发器汽化吸热，实现制冷。从 lg$p$-h 图上可以看出，低压蒸气压缩到中间压力 p_m 后，被中间补气冷却，然后再压缩到排气压力 p_2，减少了过热损失，实现了一级节流不完全中间冷却的双级压缩循环。

图 4-26（b）的经济器是闪发式容器。来自冷凝器的液体经膨胀阀节流后，进入闪发式经济器中，汽液分离，其中液体部分经二次节流后进入蒸发器；经济器中的蒸气经补气口进入压缩机。从 lg$p$-h 图上可以看出，由冷凝器到蒸发器的液体经过了两次节流，单位制冷量增加了，过热损失也减少了。这种压缩机适宜用于大压缩比的制冷系统和热泵系统，一般地当压缩比大于 2 时，经济器才有效果。

3. 螺杆式压缩机的喷液冷却系统

喷油对螺杆式压缩机具有冷却作用，但也存在冷冻机油需要量大、油的处理与回收过程繁杂、增加设备投资、加大设备体积、不利于设备的小型化和轻量化等问题。于是人们利用螺杆式压缩机对湿压缩不敏感的特点，采用喷液加喷油相结合（不喷油或喷油量过少会影响润滑和密封性能）的方式对转子进行冷却。图 4-27 为螺杆式压缩机喷液冷却原理图[3]，其原理是在螺杆式压缩机某中间孔口位置，将制冷剂（通过控制调节阀来控制喷液量）与润滑油混合后喷入转子中，吸收压缩热并冷却油。喷液不影响压缩机在蒸发压力下的吸气量，但影响功耗。同经济器补气口一样，喷液点的位置也是一个值得优化的问题。喷液口太靠近吸气口，喷液将会在转子闪发而减小吸气量；喷液口太靠近排气口，密封和冷却效果将大大降低。

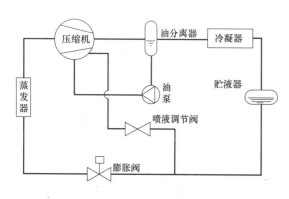

图 4-27　螺杆式压缩机喷液冷却原理图

另外，对于风冷制冷机组，在使用工况较恶劣时，会导致冷凝压力过高、蒸发压力过低，这时排气温度、润滑油温度以及内置电动机温度都会过高，导致保护动作，压缩机停机。为保证压缩机能在工作界限范围内运行，也可采用喷液方式来对压缩机转子进行冷却。图 4-28 为德国比泽尔公司的半封闭螺杆式压缩机的喷液冷却系统[3]，其最高限制温度设定在 80～100℃之间，当排气温度（由传感器 1 来监测）达到限制温度时，立即打开喷液阀 2，液态制冷剂将从喷油口 5 喷入，降低排气温度。

4.4.2　螺杆式压缩机的分类

1. 按螺杆数量分

根据压缩机含有螺杆的个数，螺杆式压缩机分双螺杆和单螺杆两大类。图 4-21 所示为双螺杆压缩机，单螺杆制冷压缩机结构如图 4-29 所示，单螺杆制冷压缩机内只有一个转子和左右对称布置的两个星轮，螺杆转子齿数与相匹配的星轮齿片数之比一般为 6：11。

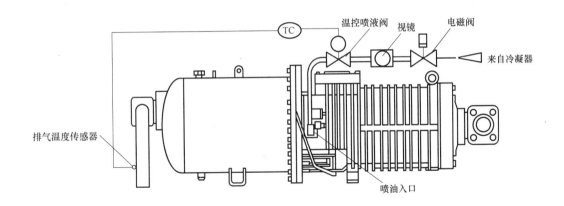

图 4-28　半封闭螺杆式压缩机的喷液冷却系统

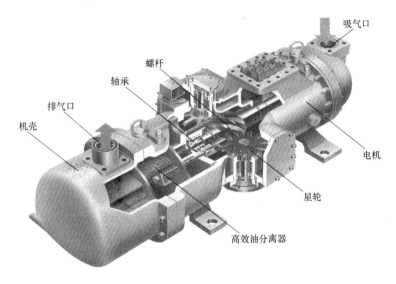

图 4-29　单螺杆压缩机的结构

2. 按密封程度分

按照压缩机密封程度，螺杆压缩机分为开启式、半封闭式和全封闭式三种。开启式螺杆压缩机的电动机与压缩机是两个机体，电动机排出的热量不进入制冷系统。具有相同结构与转速的压缩机，开启式压缩机比封闭式压缩机的性能系数要高，但制冷剂泄漏的可能性也较大。开启式螺杆压缩机一般以压缩机组的形式出售，包括压缩机、电动机、联轴器、油分离器、油冷却器、油泵、油过滤器、吸气过滤器、控制台等。图 4-30 为国产单机开启式螺杆制冷压缩机组结构图[3]。

半封闭螺杆式压缩机的电动机与压缩机装在一个机体内，电动机和压缩机可串联布置，也可并列布置。电动机可利用吸气或制冷剂喷液来冷却，电动机工作可靠。有的半封闭压缩机的机体内还设有高效油分离器，当因排气温度而使油温过高时可喷射制冷剂液体进行冷却，省去了油冷却器；且不设油泵，利用压差供油。半封闭压缩机有用螺栓紧固连接的可拆卸口，以便对机内进行维修。图 4-31 为汉中精机股份公司生产的 RB 系列半封闭螺杆式制冷压缩机结构图[3]，该压缩机内部带有油分离装置，可使用 22、R134a、

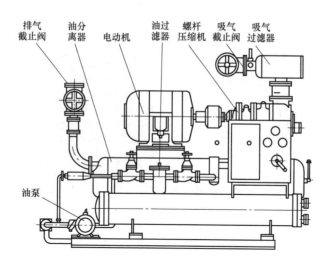

图 4-30　单机开启式螺杆制冷压缩机组结构图

R407C、R404A 等多种制冷剂，图 4-32 和图 4-33 分别为该压缩机采用 R22 和 R134a 时的变工况性能曲线图（过冷温度和过热温度均为 5℃），电源为 50Hz，转速为 2950r/min，排气量为 343m³/h。[3]

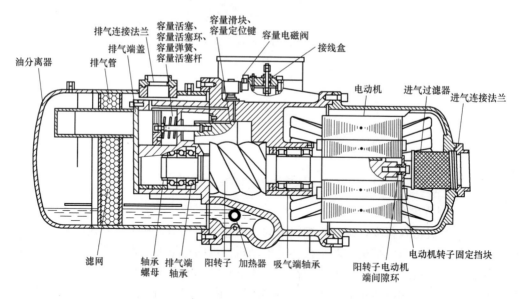

图 4-31　半封闭螺杆式制冷压缩机结构图

全封闭螺杆式压缩机的电动机与压缩机包在一个钢壳内，不能卸开，具有噪声低、振动小、电动机效率高、寿命长等优点。图 4-34 为顿汉-布什公司生产的全封闭螺杆式制冷压缩机。

3. 按喷油量分

如上所述，喷油对螺杆式压缩机具有润滑、密封和冷却作用，但随着转子型线的优化、加工精度的提高、喷液冷却技术的发展，螺杆式压缩机越来越不需要喷大量的润滑油来对转子润滑、密封和冷却。

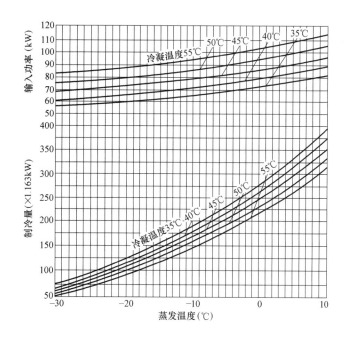

图 4-32 RB15 型压缩机采用 R22 时的运行特性图

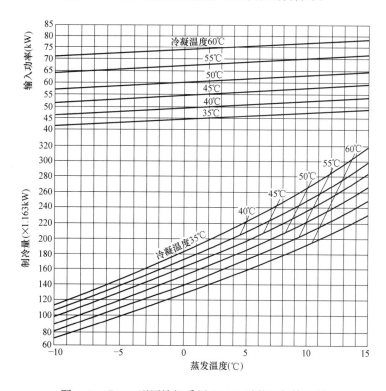

图 4-33 RB15 型压缩机采用 R134a 时的运行特性图

按照喷油量大小来分，螺杆式制冷压缩机可分为喷油、少油和无油三种工作方式。图 4-35 为喷油螺杆式制冷压缩机原理图[3]，喷油容积量是压缩机容积排气量的 1%。该压缩机需要油分离器，通过重力或离心力将油从排气中分离出来。若没有回油装置，则需要将油进一步分离,该方式被绝大多数空调用螺杆式压缩机采用。

少油压缩机喷油量为排气量的 0.03%,该类压缩机需要的润滑油仅为喷油量的 1/40~1/20,可大大节省润滑油系统的成本。少油压缩机的润滑油必须能和制冷剂有高度的溶解性,以便获得很好的回油效果。少油压缩机一般采用喷液来降低其排气温度,图 4-36 为少油螺杆式制冷压缩机系统原理图[3]。该类压缩机一般用在小型空调制冷设备中。

无油螺杆式压缩机采用同步齿轮,得转子无接触运行,因此压缩机的工作腔不需要润滑油。该类压缩机一般用在工艺用制冷机上。

4.4.3　螺杆式压缩机的特点

螺杆式压缩机与往复式压缩机相比有以下优点:

(1) 螺杆式压缩机只有旋转运动,没有往复运动,压缩机的平衡性好,振动小,可以提高压缩机的转速。

(2) 螺杆式压缩的结构简单、紧凑,重量轻,无吸、排气阀,易损件少,可靠性高,检修周期长。

(3) 在低蒸发温度或高压缩比工况下,螺杆式压缩机采用单级压缩仍可正常工作,且有良好的性能。原因是螺杆式压缩机没有余隙,没有吸、排气阀,气缸内有喷油冷却,降低排气温度,这样在高压缩比工况下仍有较高的容积效率。另外,还可以增设经济器来改善压缩机在高压缩比时的性能。

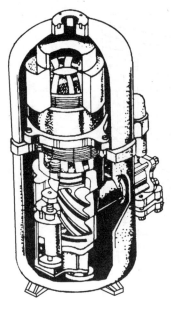

图 4-34　全封闭螺杆式压缩机

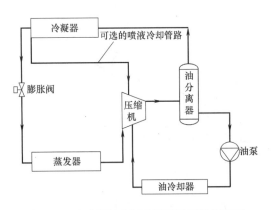

图 4-35　喷油螺杆式制冷压缩机系统原理图

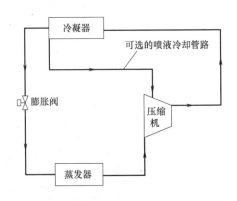

图 4-36　少油螺杆式制冷压缩机系统原理图

(4) 螺杆式压缩机对湿压缩不敏感。利用这一优点,可在压缩过程中喷射液态制冷剂、润滑油或两者混合物,从而有效地将排气温度降到安全范围内。基本方法是:气液两相制冷剂混合物从电动机壳体顶部进入机体,向下流到电动机周围,通过电动机定子上的冷却槽后,一部分制冷剂闪发成气体冷却电动机,然后被压缩机吸入、压缩;另一部分制冷剂液体聚集在电动机壳体底部,通过节流孔板,进入蒸发器。

(5) 螺杆式压缩机的制冷量可以在 10%~100% 范围内无级调节,但在 40% 以上负荷时的调节比较经济。

螺杆压缩机的主要缺点：一是噪声较大；二是由于气体在压缩机内高速流动引起的损失及泄露损失较大，在正常工况下螺杆式压缩机的能耗比往复式压缩机要大一些；三是螺杆式压缩机需要设置一套润滑油分离、冷却、过滤和加压的辅助设备，机组体积大。

4.4.4　螺杆式压缩机的发展

1934 年瑞典皇家理工学院的 A. Lysholm 教授发明了第一台双螺杆式气体压缩机，用于燃气轮机的充气压缩[2]。1955 年喷油螺杆式压缩机开始实用化，从 20 世纪 60 年代起，喷油双螺杆式压缩机开始应用于制冷机组。瑞典 SRM 公司首先发明了双边不对称型线螺杆式压缩机，大大提高了压缩机效率。随着内容积比调节方法和中间抽气经济器的采用，使得当今双螺杆式压缩机的效率超过了往复式压缩机，在大中型制冷和空调工程中迅速得到推广应用，并在大中型压缩机上逐步取代了往复式压缩机。[2]

1960 年法国的 B. Zimmern 发明了单螺杆压缩机，1962 年试制出第一台样机。20 世纪 70 年代初，荷兰格拉索公司生产出第一台单螺杆压缩机，1982 年日本开始生产制冷空调用单螺杆压缩机。目前国外生产单螺杆压缩机的公司有英国 APV 公司、日本大金公司和日本三菱公司。

1975 年上海第一冷冻机厂生产出我国第一台氨喷油双螺杆式压缩机，工作温区为 30℃/−15℃，制冷量为 1050kW[3]。随后，大连冷冻机厂、武汉冷冻机厂、烟台冷冻机厂先后开发出双螺杆制冷压缩机。1986 年武汉冷冻机厂开发了 XBY 齿形的新型单边不对称圆弧齿形，进一步提高了我国螺杆式制冷压缩机的水平。目前，我国自行设计生产螺杆式制冷压缩机的企业主要有上海第一冷冻机厂、大连冷冻机股份有限公司、武汉冷冻机厂、烟台冷冻机厂、上海冷气机厂、重庆嘉陵制冷空调设备公司等。

20 世纪 90 年代，国外企业开始进入我国，合资生产，螺杆式制冷机组创办了中美合资上海一冷—开利空调公司、中日合资烟台荏远空调设备公司、中美合资烟台顿汉布什开空调设备公司、美国约克无锡公司、日本广东惠州公司等。

螺杆式制冷压缩机的发展归功于新齿形的开发、加工精度的提高、高精度滚动轴承的应用、合成冷冻油的应用、经济器和内容积比控制系统的采用等。目前，螺杆式制冷压缩机的 COP 已接近离心式压缩机水平，高于往复式压缩制冷机组，在制冷空调领域得到普遍应用。

4.5　螺杆式制冷压缩机的制冷量与功率

4.5.1　螺杆式制冷压缩机的工作过程

1. 螺杆式压缩机的理论工作过程

螺杆式压缩机的理论工作过程，是指假定压缩在无摩擦、无热交换、无泄漏、无吸排气压力损失的情况下进行吸气、压缩和排气的工作过程，如图 4-37 所示（此图是从压缩机螺杆底部透视的图形）。

（1）吸气过程。当转子的齿槽空间与吸气端座上的吸气孔口相通时，齿槽开始吸气；随着螺杆的旋转，齿槽偏离吸气孔口，齿槽空间吸满蒸气，如图 4-37（a）所示。

（2）压缩过程。齿槽离开吸气孔口时就开始压缩，螺杆继续旋转，两个转子的齿与齿

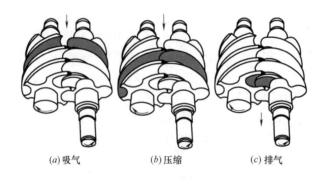

(a) 吸气　　　　　(b) 压缩　　　　　(c) 排气

图 4-37　螺杆式压缩机工作过程示意图

槽相互啮合，由气缸壁、啮合的螺杆和排气端座组成的齿槽容积逐渐变小，而且该容积所在的位置向排气端移动，完成了对蒸气压缩和输送，如图 4-37（<i>b</i>）所示。理想情况下，该过程为等熵过程，实际为多变过程。

（3）排气过程。当这对齿槽空间与端座的排气孔口相通时，压缩终了，开始排气，如图 4-37（<i>c</i>）所示。

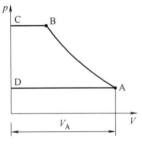

图 4-38　螺杆式压缩机
的理想工作过程

在压缩机内部，每对齿槽空间都经历着吸气、压缩、排气三个过程，即在同一时刻同时存在着吸气、压缩、排气三个过程，不过它们发生在不同的齿槽空间。

图 4-38 为螺杆式压缩机的理想工作过程示功图，其中 DA 为等压吸气过程，AB 为等熵压缩过程，BC 为等压排气过程。在压缩终了时齿槽空间内的压力 p_{SC} 等于排气压力 p_2。

2. 螺杆式压缩机的实际工作过程

（1）内外压力不相等

在螺杆式压缩机实际工作过程中，齿槽空间内气体压缩终了压力常常与排气压力不相等，要么高于排气压力，要么低于排气压力，前者为过压缩，后者为欠压缩。图 4-39 给出了过压缩和欠压缩过程的 p-V 图。图中 V_0 为设计齿间容积，p_1 为吸气压力，p_2 为排气压力，p_{SC} 为齿间容积内压缩终了压力。

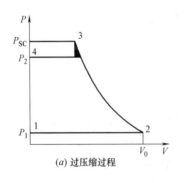 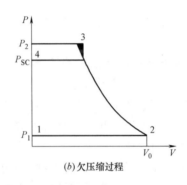

(a) 过压缩过程　　　　　　　　　　(b) 欠压缩过程

图 4-39　内外压力不相等的工作过程

在图 4-39（a）所示的过压缩过程中，当齿间容积与排气孔口相通时，由于压缩终了压力高于排气压力，齿间容积中的气体将迅速进入排气孔口，齿间容积中气体压力突降到排气压力，然后再随着转子转动，齿间容积减小，排出气体。

在图 4-39（b）所示的欠压缩过程中，当齿间容积与排气孔口相通时，由于压缩终了压力低于排气压力，排气管内气体将迅速倒流到齿间容积中，齿间容积中气体压力迅速升高到排气压力，然后再随着齿间容积的减小而将气体排出。

上述螺杆式压缩机压缩终了时内外压力的不相等，势必造成附加能量损失，该部分损失如图 4-39 中的阴影面积所示。同时，内外压力的不相等还会带来强烈的周期性排气噪声。

（2）吸气提前或延迟结束

螺杆式压缩机的实际工作过程因某种原因可能导致吸气提前结束，即实际齿间容积达到设计值 V_0 之前压缩机结束吸气（如达到 V' 位置），这时齿间容积中的气体将继续膨胀到设计容积值 V_0，再从降低了的压力开始压缩过程，如图 4-40（a）所示。

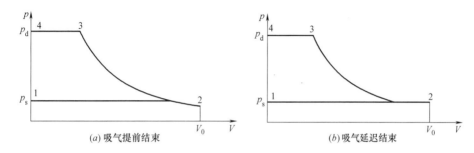

图 4-40 吸气提前或延迟结束的工作过程

（3）具有穿通容积的工作过程

螺杆式压缩机所能达到的最小齿间容积称为穿通容积，相当于往复式压缩机中的余隙容积。当穿通容积不为零时，齿间容积中的气体不能全部排出，这样在排气结束后残余的高压气体将膨胀到一定压力后，齿间容积才能吸入新的气体，如图 4-41所示。显然穿通容积的存在减小了压缩机的吸气量，增加了功耗，降低了运行效率。

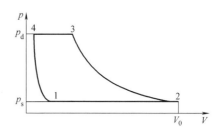

图 4-41 具有穿通容积的工作过程

（4）具有封闭容积的工作过程

在排气之后、齿间容积达到最小值之前，若压缩机已结束排气过程，这时将会形成短暂的排气封闭容积。这样，随着齿间容积的继续减小，该封闭容积内的气体将被压缩到压力远远高于吸气压力的状态，从而增加压缩机的功耗。同时，在随后的吸气过程初期，这部分残留的高压气体将进行膨胀，导致压缩机的实际吸气量降低，如图 4-42（a）所示。

在吸气之前、齿间容积达到最小值之后，若压缩机不能立即吸气，将形成短暂的吸气封闭容积。这样，在齿间容积扩大的初期，该封闭容积内的压力低于吸气压力；当吸气开始后封闭容积内的压力将会突然升高到吸气压力，随后进入正常吸气过程，如图 4-42（b）

所示。吸气封闭容积的存在影响了压缩机正常吸气，增加了功耗。

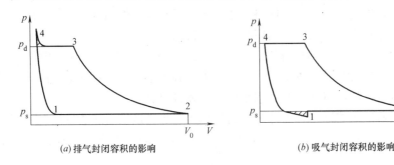

(a) 排气封闭容积的影响　　　(b) 吸气封闭容积的影响

图 4-42　具有封闭容积的工作过程

（5）无内压缩的工作过程

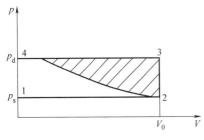

图 4-43　无内压缩的工作过程

在压缩机吸气结束后，压缩机齿间容积内气体的压缩不是由于齿间容积的减小而产生，而是由于齿间容积与排气管联通的瞬间、排气管内高压气体的倒流而实现的，这种压缩过程称为无内压缩过程，如图 4-43 所示。显然，无内压缩时，压缩机能量损失极大。

（6）螺杆式压缩机的实际工作过程

螺杆式压缩机在实际工作过程中，除了可能存在上述内外压力不相等、吸气提前或延迟结束、穿通容积、封闭容积、无内压缩外，还存在吸气节流、气体泄漏、吸气被预热等客观问题。

1）吸气节流。吸气通过螺杆式压缩机吸气孔口时有压力损失，使得吸气比容增大，降低了吸气量。压缩机转速越高，制冷剂流量越大，吸气节流影响越大。

2）气体泄漏。螺杆式压缩机中转子间存在着啮合间隙，转子与气缸内壁、端盖间存在着间隙，间隙处存在一定的泄漏。螺杆式压缩机中的气体泄漏有两种：一种是外泄漏，即已被压缩的高压气体向吸气侧（包括吸气腔和正在吸气的齿间容积）的泄漏；另一种是内泄漏，即处于排气和压缩过程中气体在转子各齿槽之间的泄漏。螺杆式压缩机的泄漏与压缩比、转速、喷油量、喷油温度以及与两转子接触线长度和间隙面积等因素有关。压缩比增大，泄漏增大；转速提高，泄漏增大；螺杆喷油温度越低，黏度越大，密封越好，泄漏越低；喷油量越大，密封越好，泄漏减小。

3）吸气被预热。在螺杆式压缩机中，转子和气缸被压缩后蒸气加热，具有较高的温度。当蒸气被吸入预热而使得吸入蒸气比容增大，实际吸气量减小。

上述问题导致了螺杆式压缩机的实际工作过程不同于图 4-38 所示的理想工作过程。图 4-44 为某种螺杆式压缩机的实测示功图。

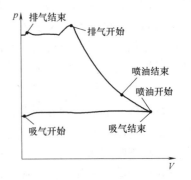

图 4-44　螺杆式压缩机的
实际工作过程

4.5.2 螺杆式压缩机的排气量

同往复式压缩机一样，由式（4-39）可计算螺杆式压缩机的制冷量，为此，需要计算其排气量。

$$\dot{Q}_e = \eta_v \dot{V}_{SC} q_v \tag{4-39}$$

式中　η_v——螺杆式压缩机的容积效率；

　　　$\dot{V}_{SC}$——压缩机的理论排气量，m^3/s；

　　　q_v——单位容积制冷量。

螺杆式压缩机的排气量是指压缩机在单位时间内排出的吸气状态下的气体容积流量。根据螺杆式压缩机的工作过程，转子每分钟所转过的齿间容积总和即为压缩机的理论排气量[2]，即：

$$\dot{V}_{SC} = (z_1 n_1 V_{S1} + z_2 n_2 V_{S2})/60 \tag{4-40}$$

式中　z_1 和 z_2——分别为阳转子和阴转子的齿数；

　　　n_1 和 n_2——分别为阳转子和阴转子的转速，r/min；

　　　V_{S1} 和 V_{S2}——分别为阳转子和阴转子的齿间容积，m^3。

设阳转子和阴转子齿槽在端平面上的面积分别为 a_1 和 a_2，如图 4-24（a）所示，转子有效长度为 L，则阳转子和阴转子的一个齿间容积分别为：

$$\begin{cases} V_{S1} = a_1 L \\ V_{S2} = a_2 L \end{cases} \tag{4-41}$$

又根据齿合原理有：

$$z_1 n_1 = z_2 n_2 \tag{4-42}$$

于是，把式（4-41）和式（4-42）代入式（4-40）得：

$$\dot{V}_{SC} = z_1 n_1 L (a_1 + a_2)/60 \tag{4-43}$$

式（4-43）即为螺杆式压缩机理论容积流量计算公式[2]。

对于螺杆式压缩机，需要引入面积利用系数 C_S 来计算排气量，其定义式为：

$$C_S = \frac{z_1 (a_1 + a_2)}{D_S^2} \tag{4-44}$$

式中　D_S——转子的名义直径或公称直径，m。

面积利用系数 C_S 是一个无量纲数，表征了转子断面充气的有效程度。同一排气量的压缩机，C_S 越大，充气程度越大，压缩机外形相对越小。面积利用系数 C_S 的大小与转子的几何参数有关，特别是齿数和齿形。一般地，齿数增加，C_S 减小。但研究表明，当阳转子齿数由 4 增加到 6、阴转子齿数由 6 增加到 7 时，C_S 基本不变。

转子的扭角系数 C_ϕ 是计算螺杆式压缩机排气量另一需要引入的系数。设阳转子一个齿槽理论充汽容积为 V_0，而实际充气容积为 V_0'，则实际充气容积与理论充气容积之比即为阳转子的扭角系数，即：

$$C_\phi = \frac{V_0'}{V_0} \tag{4-45}$$

引入面积利用系数和扭角系数后，螺杆式压缩机的理论排气量为：

$$\dot{V}_{SC} = C_S C_\phi D_S^2 n_1 L/60 \tag{4-46}$$

式（4-46）表明，在转子直径、长度和转速相同时，面积利用系数和扭角系数是影响压缩机排气量的重要因素，尤其是面积利用系数，它是评价转子齿数比、齿形和转子型线优劣的重要指标。

对于给定的螺杆式制冷压缩机，即可根据式（4-46）计算其理论排气量。

4.5.3　螺杆式压缩机的容积效率与制冷量

螺杆式压缩机的容积效率是指实际排气量与理论排气量之比，即：

$$\eta_v = \frac{\dot{V}_R}{\dot{V}_{SC}} \tag{4-47}$$

式中　$\dot{V}_R$——压缩机的实际排气量，m^3/s。

容积效率是衡量压缩机容积损失的重要指标，它也反映压缩机几何尺寸利用的完善程度。影响螺杆式压缩机容积效率的因素主要有以下几个方面：

（1）吸气节流。吸气通过吸气孔口的压力损失越大，吸气比容越大，容积效率越小。蒸发压力越低，吸气节流对容积效率的影响越大。压缩机转速越高，制冷剂流量越大，吸气节流影响越大，容积效率越小。

（2）压缩机泄露。螺杆式压缩机外泄漏直接影响容积效率，内泄漏只影响压缩机功耗，对容积效率几乎没有影响。

（3）吸气被预热。当蒸气被吸入压缩机后，将被预热而使得吸入蒸气比容增大，实际吸气量减小，容积效率减小。

值得说明的是，螺杆式压缩机的容积效率随压缩比的增大并无明显的下降，这对制冷用尤其是热泵用压缩机而言十分有利。

各种螺杆式压缩机容积效率的变化范围有所差别，通常 $\eta_v = 0.75 \sim 0.95$。

知道螺杆式制冷压缩机的容积效率 η_v 和理论气量 $\dot{V}_R$ 之后，即可由式（4-39）计算螺杆式制冷压缩机的制冷量。

4.5.4　螺杆式压缩机的功率

在分析螺杆式压缩机的功率之前，首先分析压缩机的各类能量损失，然后通过引入指示功率效率和机械效率，给出螺杆式压缩机轴功率的计算方法。

1. 螺杆式压缩机的能量损失

在螺杆式压缩机内部存在着以下 5 类能量损失：一是由于内压力比不等于外压力比而产生的能量损失；二是气体高速流动所产生的能量损失；三是内泄漏引起的能量损失；四是喷油使气体扰动而产生的能量损失；五是吸气被预热而引起的能量损失。下面重点分析由于内压力比不等于外压力比而产生的能量损失。

设螺杆式压缩机的内容积比为：

$$\varphi = \frac{V_{S0}}{V_{SC}} \tag{4-48}$$

式中　V_{S0} 和 V_{SC}——分别为转子在压缩前和压缩后的齿间容积，m^3。

设螺杆式压缩机的内压力比（压缩比）为：

$$\pi_{in} = \frac{P_{SC}}{P_{S0}} \tag{4-49}$$

式中 P_{S0} 和 P_{SC}——分别为一个齿间容积内在压缩前和压缩终了的气体压力，Pa 或 kPa。

由于螺杆式压缩机的内容积比决定了内压力比，且有：

$$\pi_{in} = \varphi^n \tag{4-50}$$

式中 n——压缩指数。

螺杆式压缩机的外压力比为：

$$\pi_{out} = \frac{p_2}{p_1} \tag{4-51}$$

式中 p_1 和 p_2 分别为压缩机的吸气压力和排气压力，Pa 或 kPa。

于是，在相同压缩起点下，即 $P_{S0} = p_1$ 时，有以下三种情况：

(1) 当 $\pi_{in} = \pi_{out}$ 时，$P_{SC} = p_2$，图 4-38 所示的示功图上的面积 abcda 即为压缩机每转一次理论上消耗的功。

(2) 当 $\pi_{in} > \pi_{out}$ 时，$P_{SC} > p_2$，压缩机处于过压缩状态，图 4-39 (a) 上的面积 abcdea 为压缩机每转一次理论上消耗的功；与 $\pi_{in} = \pi_{out}$ 时相比，多消耗了面积为 $b'bcb'$ 的功。这时，压缩机经过从 b 到 c 的等容膨胀过程后，进入从 c 到 d 的排气过程。

(3) 当 $\pi_{in} < \pi_{out}$ 时，$P_{SC} < p_2$，压缩机处于欠压缩状态，图 4-39 (b) 上的面积 abcdea 为压缩机每转一次理论上消耗的功；与 $\pi_{in} = \pi_{out}$ 时相比，多消耗了面积为 $bcb'b$ 的功。这时，压缩机经过从 b 到 c 的等容压缩过程后，进入从 c 到 d 的排气过程。

需要说明的是，在选择螺杆式压缩机时，若无法选到 $\pi_{in} = \pi_{out}$ 的压缩机，宁可选择 π_{in} 稍小于 π_{out} 的压缩机。

2. 螺杆式压缩机的轴功率

螺杆式压缩机的轴功率主要由两部分构成，即：

$$\dot{W}_S = \dot{W}_i + \dot{W}_f$$

式中 $\dot{W}_S$——轴功率，W 或 kW；

$\dot{W}_i$——指示功率，W 或 kW；

$\dot{W}_f$——摩擦功率，W 或 kW。

通常，用指示功率效率 η_i 来衡量压缩机上述能量损失和附加功耗。于是，螺杆式压缩机的指示功率为：

$$\dot{W}_i = \frac{\dot{W}_{ad}}{\eta_i} = \frac{\eta_v \dot{V}_{SC}}{v_1 \eta_i}(h_2 - h_1)_s \tag{4-52}$$

式中 $\dot{W}_{ad}$——压缩机的绝热功率，W 或 kW；

h_1 和 h_2——分别为压缩机入口比焓和出口比焓，J/kg 或 kJ/kg；

式中下角标"s"表示绝热过程。

引入机械效率 η_m（螺杆式制冷压缩机的机械效率通常在 0.95~0.98 之间）来考虑压缩机的摩擦功率 $\dot{W}_f$，于是有：

$$\dot{W}_S = \frac{\dot{W}_i}{\eta_m} = \frac{\dot{W}_{ad}}{\eta_i \eta_m} = \frac{\eta_v \dot{V}_{SC}(h_2 - h_1)_s}{\eta_i \eta_m v_1} \tag{4-53}$$

令 $\eta_{ad} = \eta_i \eta_m$，$\eta_{ad}$ 为螺杆式压缩机的绝热效率，η_{ad} 主要与压缩比（p_2/p_1）有关，在

低压缩比、大排气量时，$\eta_{ad} = 0.82 \sim 0.85$；在高压缩比、中小排气量时，$\eta_{ad}=0.72\sim0.82$。

考虑电动机的传动损失和裕量后，则压缩机的配用电动机功率可以按照式（4-31）计算。

4.6　螺杆式压缩机的能量调节

螺杆式压缩机的能量调节方法有滑阀调节、柱塞阀调节、内容积比调节、转速调节、吸气节流调节等，目前广泛使用的多为滑阀调节和柱塞阀调节。

4.6.1　螺杆式压缩机的滑阀调节

螺杆式压缩机最常用的能量调节方法是在两转子之间设置一个轴向可以移动的滑阀即所谓的滑阀调节，通过滑阀轴向位置的移动来改变螺杆转子有效工作长度，从而达到调节排气量的目的。图 4-45 为滑阀调节负荷的原理图，图 4-45（a）表示全负荷时滑阀的位置，图 4-45（b）为部分负荷时的滑阀位置。

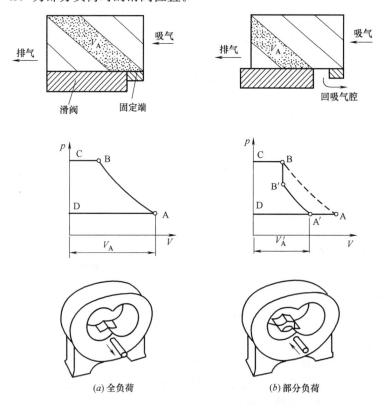

(a) 全负荷　　　　　　　(b) 部分负荷

图 4-45　螺杆压缩机滑阀调节原理图

在全负荷时，滑阀紧贴固定端，齿槽空间 V_{sc} 中的蒸气被压缩后全部排除，过程线为 DABC。在部分负荷下，滑阀向排气端移动一定距离，在滑阀与固定端之间出现通向吸气腔的回流口，被压缩后的部分蒸气由回流口又流回吸气侧，这样只有部分蒸气被压缩、输送到排气端，压缩过程为 DA′B′BC。显然，部分负荷下，螺杆式压缩机的有效压缩程度减小。滑阀位置与排气量之间的关系如图 4-46 所示，其中，实线表示回流口一开启，理论排气量就有一个突降，但在实际运行中实际排气量是按照图中虚线变化的，即排气量是平稳减小的。

滑阀调节几乎可在 $10\%\sim100\%$ 的范围内实现螺杆式压缩机排气量的连续调节，但如图 4-47 所示，功率并不与制冷量成正比例变化，只有制冷量在 50% 以上时，功率与制冷量才成正比例关系，因此，螺杆式压缩机的实际制冷量调节范围一般控制在 $50\%\sim100\%$。

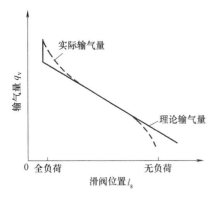

图 4-46　滑阀位置与排气量关系图

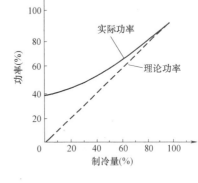

图 4-47　螺杆式压缩机功率与制冷量的关系

图 4-48 给出了滑阀调节驱动机构原理图[3]。在图 4-48（a）中，滑阀同油缸的油活塞相连，由高压油通过由两组电磁阀构成的电磁换向阀推动油活塞，带动滑阀沿轴向左右移动，实现滑阀调节下的压缩机加载和卸载。在图 4-48（b）中，由两个电磁阀来控制油活塞的左右移动，进而带动滑阀沿轴向左右移动，实现滑阀调节下的压缩机加载和卸载。该方式结构简单，调节方便，开利公司的 23XL 螺杆式冷水机组即采用这种方式。

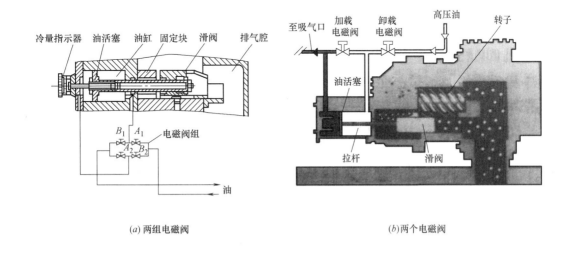

(a) 两组电磁阀　　　　　　　　　　　　(b) 两个电磁阀

图 4-48　滑阀调节机构原理图

图 4-49 给出了 RB 系列半封闭螺杆式压缩机四段式流量控制系统原理图[3]。流量控制系统

有一个流量调节滑阀和一组油活塞组成，利用油活塞推动流量调节滑阀的左右移动，造成部分制冷剂蒸气旁通回到吸气端，减小制冷剂流量，达到部分负荷的调节目的。四段式流量控制系统可实现螺杆式压缩机在25％、50％、75％和100％四个等级上的流量调节。

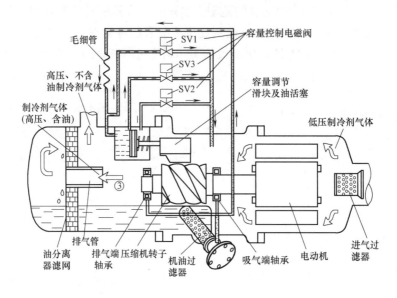

图 4-49　螺杆式压缩机四段式容量控制系统原理图

图 4-50 给出了 RB 系列半封闭螺杆式压缩机连续式流量控制系统原理图[3]。连续式流量控制系统与四段式系统的基本结构相同，但在电磁阀的应用上有所不同。连续式流量控制系统采用一个常闭式和一个常开式电磁阀，由控制器分别对这两个电磁阀进行控制，以控制油缸是进油还是泄油，使油活塞作无段式位移。连续式流量控制系统可以实现螺杆式压缩机流量在25％～100％之间的连续式控制。

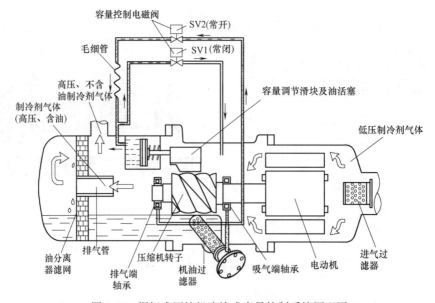

图 4-50　螺杆式压缩机连续式容量控制系统原理图

4.6.2 螺杆式压缩机的柱塞阀调节

目前，螺杆式冷水机组趋向于多机头发展，即一台冷水机组采用多台压缩机。这就要求缩小单台螺杆式压缩机的外形尺寸，特别是轴向长度。这样滑阀调节机构势必增加了压缩机的轴向长度，因此一些厂家开始采用柱塞阀调节机构来代替滑阀调节。

图 4-51 是约克公司所采用的柱塞阀调节结构原理图[2]，在转子底座上，沿轴向的某一位置处，开设一旁通通道，并在阴阳两个转子下各设置一个柱塞阀。当负荷减少时，柱塞阀 1 下落，基元容积内部分制冷剂蒸气就被旁通到吸气口。若负荷继续减少，柱塞阀 2 再下落，更多的气体被旁通到吸气口。柱塞阀的升降是通过电磁阀控制液压泵中润滑油来实现的。

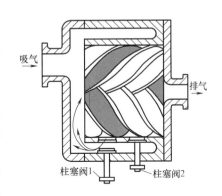

图 4-51　柱塞阀调节结构原理图

柱塞阀调节属于有级调节，图 4-51 中的负荷调节仅有 75% 和 50% 两档，这种调节方法常用在中小型半封闭螺杆式压缩机中。也可以通过多台压缩机联合使用，增加冷水机组的调节级数，以满足实际运行工况的要求。同时，柱塞阀调节简化了螺杆式压缩机结构和制造工艺，减小了压缩机轴向长度和体积，便于多机头安装。

4.6.3 螺杆式压缩机的内容积比调节

螺杆式压缩机压缩终了的齿槽内压力与排气管内压力并不相等，由此导致等容压缩或等容膨胀的额外功耗。为此，就有必要调节内容积比 φ，以实现 $\pi_{in} = \pi_{out}$，使压缩机适于在不同的工况下运行。对螺杆式压缩机来说，内容积比调节有三类，即定内容积比型、内容积比无级调节型和内容积比分级调节型。

1. 定内容积比型

在早期，厂家常根据压缩机常用工况要求，通过更换具有在不同径向上开排气孔口的滑阀或同时更换排气端座的方法，为用户提供不同大小的固定内容积比型的压缩机。但当运行工况变化范围较大时，如夏天制冷、冬天供暖的热泵工况，这种内容积比调节方法就无法满足工况要求，这就要求内容积比可以随工况进行无级自动调节。

2. 内容积比无级调节型

图 4-52 为滑阀无级调节、内容积比无级调节型压缩机结构[2]。图中调节排气量的滑阀 1 与油活塞 7 连在一起，调节内容积比的滑阀 3 与油活塞 4 连在一起，分别在油活塞的驱动下独立地左右移动，分别实现对排气量和内容积比的无级调节。在进行内容积比调节时，设有径向排

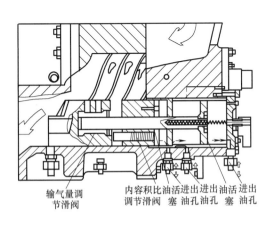

图 4-52　无级调节型内容积比调节机构

输气量调节滑阀　内容积比油活塞进出进出油活塞进出
　　　　　　　　调节滑阀　塞　油孔油孔　塞　油孔

103

气孔口的排气量调节滑阀 1 向左边移动，则排气孔口缩小，此时，内容积比调节滑阀 3 也必须向左移动，紧靠滑阀 1。在进行排气量调节时，滑阀 1 向左移动，滑阀 3 则通过油孔 5 放油，脱离滑阀 1，造成两滑阀有一定的间距。制冷剂气体在两滑阀之间旁通。由上述可知，滑阀 1 的移动可以无级调节排气量和卸载启动，而滑阀 1 和滑阀 3 联动可以实现无级内容积比调节。

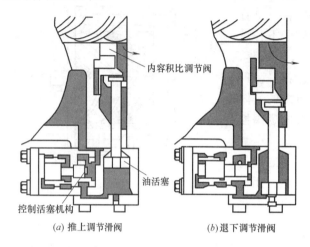

内容积比调节阀

油活塞

控制活塞机构

(a) 推上调节滑阀　　　(b) 退下调节滑阀

图 4-53　两档调节型内容积比调节机构

3. 内容积比分级调节型

图 4-53 为两档调节型内容积比调节机构图[2]。调节系统将内容积比分为高低两档，与滑阀连续调节相比，理论效率有所降低，但系统简单可靠，不受排气量调节影响，两档调节在实际运行中的总效率比滑阀连续调节高。调节装置由控制活塞机构 1、油活塞 2 和内容积比调节滑阀 3 组成，控制活塞机构有通道分别与压缩机高、低压腔相连，并根据工况参数的变化（如压力等）打开或关闭控制油活塞位置的油路。当需要在高容积比工作时，高压油路打开，将内容积比调节滑阀推上，如图 4-53（a）所示，减小排气孔口，将压缩后气体进入排气口的位置往排气端推移，提高内容积比。反之，排掉高压油，使内容积比调节滑阀退下，如图 4-53（b）所示，将压缩后气体进入排气口的位置前移，排气通道位置提前，降低内容积比。

内容积比分级调节方法虽然只能实现有级调节，但对压缩机运行效率的影响很小。图 4-54 是满负荷时采用两档调节型进行内容积比调节的特性曲线，可以看出，采用分级调节内容积比和无级调节内容积比的差别不大。

内容积比调节机构的特点是结构简单、调节可靠，能有效地达到内外压力比一致的效果，在一定程度上满足用户对变工况的运行要求；同时，可以有效提高螺杆式压缩机的运行效率。图 4-55 为固定内容积比和可变内容积比的双螺杆压缩机的效率曲线图[2]，图中虚线为可变内容积比曲线，实线为固定内容积比曲线。可见，首先，在同一压力比下，内容积比越大，压缩机的容积效率和等熵效率就越高；其次，在不同内容积比下的效率曲线中，可变内容积比的效率水平要高于固定内容积比的同类效率水平；另外，当内容积比不变时，压缩机的运行效率随着压力比的增大而减小，其中内容积比越小，减小得越快。

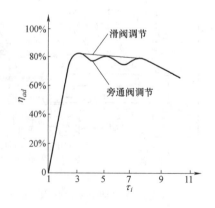

滑阀调节

旁通阀调节

图 4-54　内容积比分级调节和无级调节特性比较

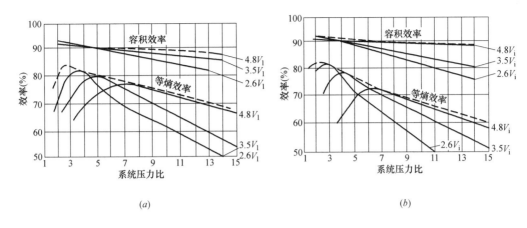

图 4-55　不同内容积比下双螺杆压缩机的效率曲线

(a) R717 效率曲线；(b) R22 效率曲线

4.7　离心式制冷压缩机的结构与特点

离心式制冷压缩机是速度型压缩机，依靠叶轮的高速旋转、扩压器和蜗壳的升压实现对制冷剂蒸气的压缩和输送。目前，离心式制冷压缩机的吸气量为 108～54000m³/h，转速为 1800～3000r/min，吸气压力为 14～700kPa，排气压力小于 2MPa，压缩比在 2～30 之间。离心式制冷压缩机一般用在大容量制冷装置中。

4.7.1　离心式压缩机的结构与工作原理

图 4-56 为单级离心式制冷压缩机结构图[3]，主要由吸气室、进口导叶调节机构、叶轮、扩压器、蜗壳、增速齿轮、电动机、润滑油箱等构成。气体从吸气管进入离心式压缩机后，先后经吸气室、进口导叶、叶轮、扩压器，进入蜗室，最后从排气管排出。对于多级离心式压缩机，在级与级之间还有弯道和回流器，如图 4-57 所示，其中回流器为级间抽气型回流器。

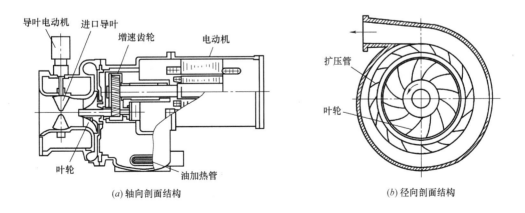

(a) 轴向剖面结构　　　　　　　　　　　　(b) 径向剖面结构

图 4-56　单级离心式制冷压缩机结构图

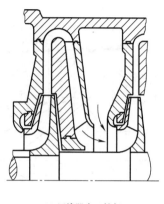 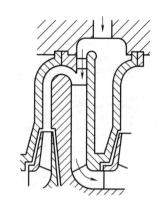

(a) 回流器出口抽气　　　　　　　(b) 回流器入口抽气

图 4-57　多级离心式压缩机的弯道和回流器

离心式制冷压缩机各部件的结构和工作原理如下：

1. 吸气室

吸气室是把气体从进气管或蒸发器引入到叶轮入口的部件，为减少气体的分离和损失，吸气室应做成收敛式结构。图 4-58 为轴向和径向两种常用的吸气室形式[2]。一般地，吸气室的气体进口速度：高压小流量压缩机为 5～15m/s，低、中压压缩机为 15～45m/s。

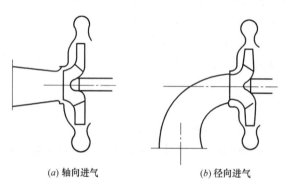

(a) 轴向进气　　　　　　　　　(b) 径向进气

图 4-58　离心式压缩机吸气室形式

图 4-59　进口导叶形式

2. 进口导叶调节机构

为适应空调冷负荷的变化，在离心式压缩机第 1 级叶轮进口处设置进口导叶调节机构，导叶形式如图 4-59 所示，导叶调节机构如图 4-60 所示[2]。其工作原理是：导叶的角度变化改变了气体进入叶轮的方向，使得气体进入叶轮时产生了可正向、可反向的圆周方向的旋转，此旋转进而可改变压缩机的运行特性，这样，在压缩机转速不变的条件下即可实现对压缩机制冷量的调节。

3. 叶轮

叶轮是离心式压缩机最重要的部件，是压缩机中唯一对气体做功的部件。叶轮的高速旋转产生较大的离心力，气体在离心力和流道扩压流动的作用下，压力和速度不断提高。一般地，叶轮出口处的气体绝对速度为$200\sim300\text{m/s}$。叶轮有闭式叶轮和半开式叶轮两种，闭式叶轮由轮盖、轮盘和叶片组成，如图 4-61 （a）所示；半开式叶轮没有轮盖，如图 4-61 （b）所示。对于半开式叶轮，当气体通过叶片顶部时，会从一个叶轮通道进入另一个流道，从而引起附加损失，所以半开式叶轮比闭式叶轮效率要低，但结构简单。常用的叶轮材料有铸铝合金和合金钢等。

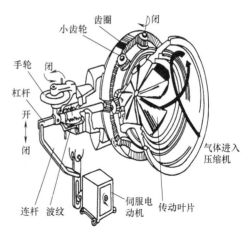

图 4-60　离心式压缩机进口导叶调节机构

(a) 闭式叶轮

(b) 半开式叶轮

图 4-61　离心式压缩机叶轮结构形式

4. 扩压器

扩压器与叶轮出口紧密连接，是由前后隔板形成的环形通道，其结构形式有无叶扩压器和有叶扩压器两种。无叶扩压器一般是由两个平行壁构成的等宽度环行通道（有时也可作成收缩形），结构如图 4-62 所示。无叶扩压器的截面面积随径向距离的增大而增大，使从叶轮出来的气体速度逐渐降低、动能减少、静压得到提高。在无叶扩压器中，气流角（气流速度与圆周切线方向的夹角）一般为 $20°\sim27°$，不小于 $18°$。当工况变化时，气体流量减小，速度下降，气流角也减小。

有叶扩压器则是在无叶扩压器的环形流道内安装一列叶片来实现，叶片一般采用机翼型叶片。与无叶扩压器相比，有叶扩压器的扩压度大、径向尺寸小，效率高；但有叶扩压器在变工况下，流量减小时容易引起喘振，流量增大时容易引起堵塞，有叶扩压器稳定工作区小；相反，无叶扩压器在变工况下性能较好。因此，在离心式制冷压缩机中，为增加对工况变化的适应性，一般采用无叶扩压器。

5. 弯道和回流器

弯道和回流器仅出现在二级以上的离心式压缩机中，其结构如图 4-57 所示。弯道为

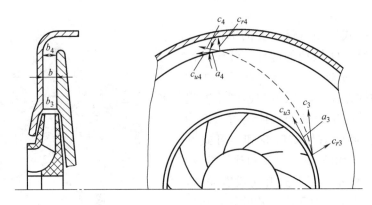

图 4-62　无叶扩压器结构

一个弯曲的环形空间，弯道中一般不安装叶片。气体经弯道进入回流器。由于气体进入回流器后仍然有绕着叶轮轴线的旋转运行，因此，为保证气流沿轴向进入下一级叶轮，回流器必须安装导向叶片。

6. 蜗壳

蜗室将汇集从扩压器或叶轮排出的气体，并引入到排气管或冷凝器。蜗室的特点是通道截面沿着气流旋转方向逐渐增大。离心式制冷压缩机常用的蜗壳结构如图 4-63 所示[2]，其中，图 4-63（b）中直接与叶轮连接，对工作性能影响大。

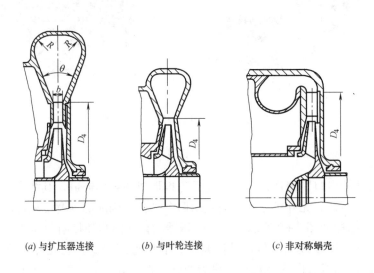

(a) 与扩压器连接　　　(b) 与叶轮连接　　　(c) 非对称蜗壳

图 4-63　离心式压缩机蜗壳结构型式

7. 润滑油系统

图 4-64 为离心式压缩机润滑油系统[2]，油箱中设有油温传感器和电加热器，在停机时防止油温下降与制冷剂互溶。油箱中设有油泵，油泵将润滑油从油箱分 3 路送到各轴承和增速齿轮。

在卤代烃离心式冷水机组的蜗壳底部都设有泄油孔［见图 4-64（b）］，泄油孔与油引射器相连，蜗壳中的高压气体经高压引气管（压缩机各处用气体充气密封的高压气体都来自蜗壳，并用高压引气管引出）进入油引射器，由油引射器将蒸发器中的润滑油和进口导

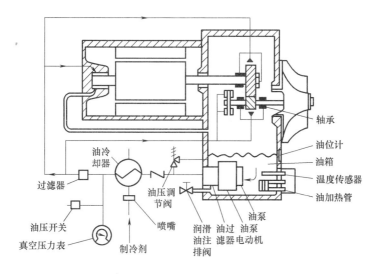

(a) 润滑油系统简图

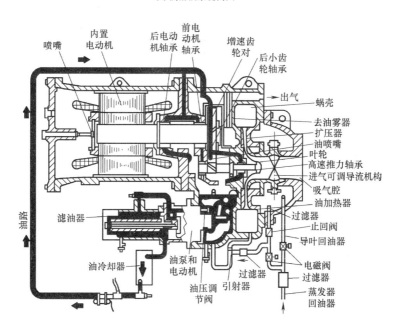

(b) 润滑油系统结构图

图 4-64　离心式压缩机润滑油系统

叶调节机构的润滑油引入油箱，完成回油过程。

8. 电动机和润滑油的冷却系统

在封闭式离心式制冷机中，电动机和润滑油的冷却是由来自冷凝器底部的过冷液体来实现的。如图 4-65 所示[3]，由于冷凝器内压力高于电动机室和蒸发器内压力，因此，液态过冷制冷剂在经过隔离阀、过滤器、视镜之后，分别去冷却电动机和润滑油。在冷却电动机液体环路中，制冷剂经过节流孔板后进入电动机进行冷却，然后从电动机室的底部排放回到蒸发器中。在冷却润滑油液体环路中，制冷剂经过热力膨胀阀后进入油冷却器，冷却润滑油后也回到蒸发器中。

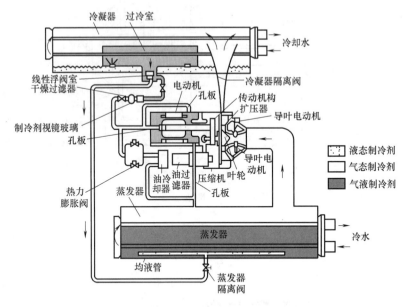

图 4-65　电动机和润滑油的液体冷却系统原理图

此外，离心式压缩机还有轮盖密封、轴套密封、轴端密封（开启式压缩机）、增速器、联轴器、自动控制、监测及安全保护系统等辅助部件和系统。

4.7.2　离心式制冷压缩机的分类

离心式压缩机可分为开启式、半封闭式和全封闭式。开启式离心压缩机设有轴封，防止制冷剂泄漏；半封闭离心式压缩机的压缩机、增速器和电动机密封在一个壳体内，气密性好、噪声低、结构紧凑。

根据叶轮的个数，离心式压缩机可分为单级压缩和多级压缩，"级"是离心式压缩机的基本单元，由叶轮及其配套部件组成。"级"有中间级和末级两种，中间级由叶轮、扩压器、弯道和回流器等组成，末级由蜗壳取代中间级的弯道和回流器。

中央空调用离心式制冷压缩机有单级（见图 4-66）、双级（见图 4-67）和三级离心式压缩机（见图 4-68），图 4-69 为 Turbocor 公司生产的磁悬浮无润滑油、全封闭双级离心式制冷压缩机，目前该压缩机已经被引入国内，投入生产，形成了磁悬浮离心式冷水机组。

4.7.3　离心式制冷压缩机的发展

世界上第一台离心式制冷压缩机是 1922 年美国开利博士设计的，制冷剂采用四氯化碳。此后，瑞士勃朗-波弗利公司生产了世界上第一台氨离心式制冷机。1934 年美国开利公司制造了以 R11 为制冷剂的空调用离心式冷水机组[3]。经过近 100 年的发展，离心式制冷机已成为大型制冷空调设备的首选设备。

我国第一台离心式制冷机组于 1958 年在上海第一冷冻机厂试制成功，以 R11 作为制冷剂，制冷量为 1160kW。1963 年重庆通用机器厂与西安交通大学合作，试制成功了纺织空调用离心式冷水机组，制冷量为 1400kW。1971 年上海第一冷冻机厂又成功研制了单级封闭式离心式冷水机组，首次采用了铸铝合金三元叶轮技术。1973 年北京冷冻机厂研制成功了我国第一台氨离心式制冷机。1976 年我国制定了 R12 空调用离心式制冷机国家系列，随后，上海冷冻机厂和大连冷冻机厂试制了中小型 R11 离心式冷水机组。

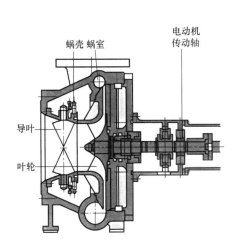

图 4-66 单级开启式离心式压缩机

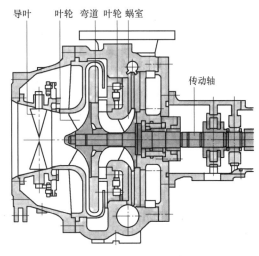

图 4-67 双级开启式离心式压缩机

改革开放后，世界各著名制冷机厂商先后与我国企业合资生产离心式制冷机组。美国开利公司和上海第一冷冻机厂合资成立了合众开利空调公司，于 1987 年开始生产不同类型的空调用离心式冷水机组。随后，美国的特灵公司、约克公司、麦克维尔公司、瑞士的苏尔寿公司、日本的日立公司等先后与国内空调制冷设备企业合资，生产离心式制冷机。20 多年以来，空调用离心式制冷机的 COP 不断提高，设计效率提高了 30% 以上，截至目前，离心式制冷机的 COP 最高可达到 7 以上；在制冷剂方面，普遍采用 R123、R134a 和 R22。

图 4-68 特灵公司三级离心式制冷压缩机

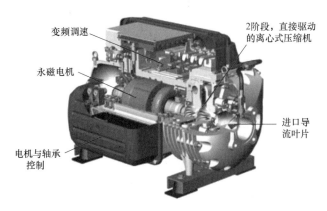

图 4-69 Turbocor 公司磁悬浮两级离心式制冷压缩机

随着网络信息技术的发展，离心式制冷机的控制系统也不断发展，并逐步朝着网络化和智能化方向发展。

4.8　离心式制冷压缩机能量损失与轴功率

在离心式压缩机的级内，流道形状比较复杂，蒸气在叶轮的叶片通道、扩压器和蜗壳中被压缩、流动的过程中，存在着摩擦、泄漏等各种能量损失，一方面影响了离心式压缩机功率计算，另一方面对叶轮叶片形式、材料轻度、气动设计和运行调节等都提出了不同要求。

4.8.1　离心式压缩机的能量损失

在离心式压缩机的压缩过程中，除了用于提高气体压力需要消耗大部分有用功之外，还需要克服各种损失。压缩机的能量损失可分为内损失和外损失两部分。内损失包括级内流动损失、轮组损失、内泄漏损失等。外损失是指联轴器、增速齿轮、轴承中的摩擦损失以及从轴端密封泄露到环境中的外泄漏损失。内损失消耗压缩功；外损失不影响压缩功，但增加了轴功率。以下主要讨论内损失。

1. 流动损失 h_{hyd}

离心式压缩机中的流动情况相当复杂，为便于分析，将流动损失分为摩擦损失、分离损失、二次流损失以及尾迹损失四部分，用 h_{hyd} 表示，单位为 J/kg。

（1）摩擦损失 h_{frc}。气体在叶轮通道和扩压器中流动时与通道壁之间存在摩擦，产生摩擦损失，其大小为：

$$h_{frc} = \xi_{frc} \frac{C_m^2}{2} \tag{4-54}$$

式中　ξ_{frc}——级内摩擦损失系数，其大小与流道长度、水力半径、雷诺数、气体性质以及壁面粗糙度有关；

　　C_m——气流在流道中的平均速度，m/s。

（2）分离损失 h_{sh}。主要是由扩压和冲击引起的气体分离而产生分离损失。首先，除吸气室外，气体在流过离心式压缩机其他部件的过程主要是扩压过程，若扩压度过大、通道面积突然变化、通道急转弯等，则在边界层引起气体分离，产生旋涡，导致较大的分离损失。一般地，叶轮通道的扩压度不超过 6°～7°，扩压器等部件也限制其扩压角。其次，冲击引起的分离损失是在工况变化时出现的。在设计工况下，叶轮进口处的相对速度沿着叶片进口处的切线方向流动；当流量增加或减少时，相对速度就与叶片进口切线方向不一致而产生分离损失，特别在流量减少到一定程度时，分离占据了整个通道而出现"喘振"现象。叶轮进口冲击损失的大小为：

$$h_{sh} = \xi_{sh} \frac{u_1^2}{2} \left(\frac{C_{1r0} - C_{1r}}{C_{1r0}} \right) \tag{4-55}$$

式中　u_1——叶轮叶片进口处圆周速度，m/s；

C_{1r0} 和 C_{1r}——分别为设计工况和运行工况下的径向分速度，m/s；

　　ξ_{sh}——冲击损失系数，其大小与气体进入叶轮的冲角大小有关。

（3）二次流损失 h_{sec} 和尾迹混合损失 h_{mix}。叶轮内部的二次流和尾迹如图 4-70 所示。二次流损失是指在垂直于气流方向的截面上，工作面的压力大于非工作面的压力，在边界层中工作面气流将流向非工作面，由此产生涡流而引起能量损失，如图 4-70（a）所示。尾迹混合损失是气体由叶轮出口进入扩压器或蜗室的流道面积突然扩大以及气流由均匀到不均匀而引起的能量损失，图 4-70（b）表示因叶片有厚度而产生的尾迹区涡流。

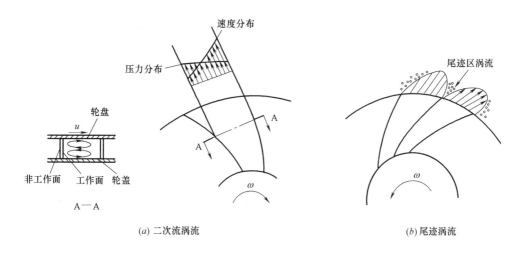

图 4-70 离心式压缩机叶轮内部的二次流和尾迹涡流

2. 内漏气损失 h_{inl}

如图 4-71 所示，由于叶轮出口压力大于进口压力，轮盖外侧便有少量气体由出口流回进口，该部分漏气所产生的能量损失称为内漏气损失，用 h_{inl} 表示。同时，级内回流器后压力大于叶轮后的压力，也会逆向漏气，该部分损失可计算在流动损失 h_{hyd} 内。此外，还有经过压缩机的平衡盘和轴端漏出的气体，这部分外泄漏损失在设计时通过增加整体的功率来考虑，但不影响压缩过程所需的功。

3. 轮阻损失 h_{df}

如图 4-71 所示，叶轮在高速旋转时，气体与固定壁和叶轮外侧壁有摩擦损失，称为轮阻损失，用 h_{df} 表示，单位为 J/kg。

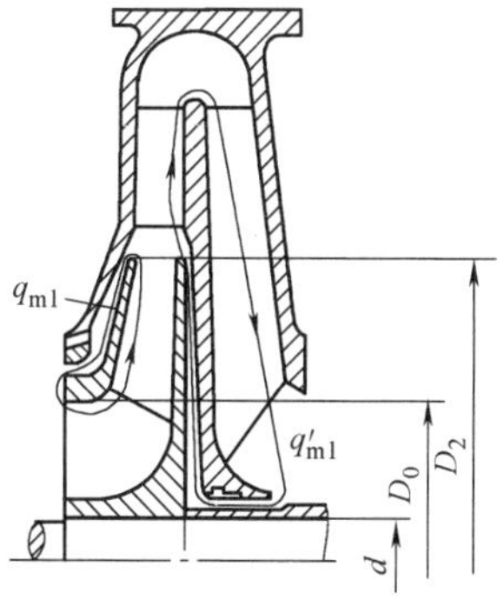

4. 级内耗功分配

综上，对离心式压缩机级的进口和出口，气体从叶轮叶片获得的总能量头 h_{tot}，即叶轮对气体所作的总功 w_{tot} 可用下式表示：

$$h_{tot} = w_{tot} = h_{th} + h_{inl} + h_{df} \tag{4-56}$$

图 4-71 离心式压缩机的级

式中 h_{th}——气体从叶轮获得的理论能量头，J/kg。

可见，叶轮对气体所作的总功，主要用于产生气体的理论能量头，此外是克服级内漏气损失和轮阻损失。

由于内损失可以转化为热能再加热气体，使得离心式压缩机的压缩过程为多变压缩过程，且多变指数 m 大于绝热指数 k（对于往复式压缩机，$m < k$）。因此，对于气体的理论能量头，有：

$$h_{th} = h_p + \frac{C_2^2 - C_1^2}{2} + h_{hyd} \tag{4-57}$$

式中　h_p——多变压缩过程叶轮对气体所作的多变压缩功，它是提高气体压力的实际能量头，J/kg；且有：

$$h_p = \int_1^2 \frac{\mathrm{d}p}{p} \tag{4-58}$$

式（4-57）的第二项 $\frac{C_2^2 - C_1^2}{2}$ 表示气体在叶轮中动能的增加，h_{hyd} 为级内流动损失，即：

$$h_{hyd} = h_{frc} + h_{sh} + h_{sec} + h_{mix} \tag{4-59}$$

由式（4-56）～式（4-59）可得：

$$h_{tot} = w_{tot} = \int_1^2 \frac{\mathrm{d}p}{p} + \frac{C_2^2 - C_1^2}{2} + h_{frc} + h_{sh} + h_{sec} + h_{mix} + h_{inl} + h_{df} \tag{4-60}$$

式（4-60）反映了离心式压缩机实际提高气体压力消耗的总功和各种损失之间的关系，离心式压缩机级内叶轮总耗功可用图 4-72 所示的分配图表示。

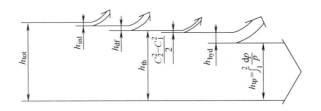

图 4-72　离心式压缩机级内耗功分配图

对于整台离心式压缩机而言，离心式压缩机在工作过程中要向环境散热，此部分热量也会消耗部分功率，称为散热损失，用 h_q 表示，单位为 J/kg。同时，离心式压缩机还存在着消耗在联轴器、增速齿轮、轴承等转动部件上的摩擦损失，这部分损失称为外摩擦损失，用 h_{outf} 表示，单位为 J/kg。于是，在没有中间吸气的条件下，单位质量制冷剂消耗的总轴功 w_s 为：

$$w_s = \int_1^2 \frac{\mathrm{d}p}{p} + \frac{C_2^2 - C_1^2}{2} + h_{hyd} + h_{inl} + h_{df} + h_q + h_{outf} \tag{4-61}$$

离心式压缩机总轴功与各类耗功的分配图可用图 4-73 表示。

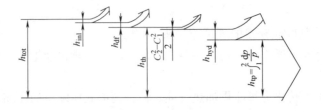

图 4-73　离心式压缩机总轴功分配图

4.8.2 离心式压缩机热力计算方程

欧拉方程、能量方程、伯努利方程、连续性方程、状态方程与压缩功计算方程,是离心式压缩机热力设计计算和性能分析所需要的基本方程。在机内,气体参数(如速度、压力、温度及密度等)不仅沿流道变化,而且任一截面上各点参数的大小也不一样,机内气体为三元非定常流动,导致机内热力计算非常复杂,为简化起见,通常假设:一是同一截面的气体参数可用一个平均值表示,即可按一元流动处理;二是气体流动不随时间而变化,即按定常流动处理。

1. 欧拉方程

叶轮对气体作功,反映在叶轮进出口处气体流动速度的变化上。图 4-74 为叶轮进出口处气体运行合成与分解图。图中,r_1 和 r_2 分别为叶轮内外半径,ω 为叶轮角速度,v_1 和 v_2 分别为气流在叶轮进口和出口处的相对速度,u_1 和 u_2 分别为气流在叶轮进口和出口处的圆周速度,C_1 和 C_2 分别为气流在叶轮进口和出口处的绝对速度,C_{1r} 和 C_{2r} 分别为气流在叶轮进口和出口处的径向分速度(其大小在一定程度上反映了气体流量的大小),C_{1u} 和 C_{2u} 分别为气流在叶轮进口和出口处的切向分速度(其大小在一定程度上反映了压力的大小),α_1 和 α_2 分别为叶轮进出口处圆周速度和绝对速度的夹角,β_1 和 β_2 分别为叶轮进出口叶片安装角。

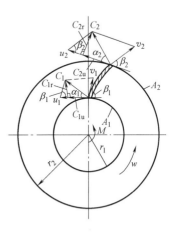

图 4-74 叶轮进出口速度三角形

设通过叶轮的制冷剂质量流量为 $\dot{m}_R$。由动量矩定理可知,在叶轮内部由制冷剂蒸气所构成的质点系对离心机主轴的动量矩对时间的变化率,等于作用于该质点系的外力对主轴的力矩(用 M 表示)。

于是,叶轮入口处蒸气的动量矩对时间的变化率为 $\dot{m}_R C_{1u} r_1$,叶轮出口处蒸气的动量矩对时间的变化率为 $\dot{m}_R C_{2u} r_2$;则外力矩 M 有:

$$M = \dot{m}_R C_{2u} r_2 - \dot{m}_R C_{1u} r_1 = \dot{m}_R (C_{2u} r_2 - C_{1u} r_1) \qquad (4\text{-}62)$$

不计泄漏损失,则加在叶轮上的理论功率为:

$$\dot{W}_{th} = M\omega = \dot{m}_R (C_{2u} r_2 - C_{1u} r_1)\omega \qquad (4\text{-}63)$$

又 $u = \omega r$,则有:

$$\dot{W}_{th} = \dot{m}_R (u_2 C_{2u} - u_1 C_{1u}) \qquad (4\text{-}64)$$

对于单位质量流量制冷剂,有:

$$h_{th} = u_2 C_{2u} - u_1 C_{1u} \qquad (4\text{-}65)$$

式中 h_{th}——叶轮叶片对单位质量制冷剂蒸气的理论能量头,J/kg。

式(4-65)又称为欧拉第一方程,欧拉方程是透平机械的基本方程,若已知叶轮进出口截面的圆周速度和切向分速度,由式(4-65)即可计算蒸气流经叶轮通道时所获得的能量。

针对叶轮进出口速度三角形,采用余弦定理,可得:

$$u_1 C_{1u} = u_1 C_1 \cos\alpha_1 = \frac{1}{2}(u_1^2 + C_1^2 - v_1^2) \tag{4-66}$$

$$u_2 C_{2u} = u_2 C_2 \cos\alpha_2 = \frac{1}{2}(u_2^2 + C_2^2 - v_2^2) \tag{4-67}$$

于是有：

$$h_{th} = \frac{u_2^2 - u_1^2}{2} + \frac{v_1^2 - v_2^2}{2} + \frac{C_2^2 - C_1^2}{2} \tag{4-68}$$

式（4-68）是欧拉方程式的又一表达形式，它具有清晰的物理概念。等号右边第一项和第二项之和，说明叶轮中圆周速度的增加和相对速度的减少，大部分用来提高制冷剂蒸气的静压能，小部分用于克服叶轮中气体流动损失；第三项则是气体增加的速度能（亦称为动能）。

2. 能量方程

叶轮对气体作功转换成气体的能量，在满足质量守恒的前提下，并假设气体与外界无热交换，则气体流经叶轮时的能量方程为：

$$w_{th} = h_2 - h_1 + \frac{C_2^2 - C_1^2}{2} \tag{4-69}$$

式中 w_{th}——单位质量气体流经叶轮时所获得的理论能量，或叶轮对气体所作的总功，J/kg；

h_1 和 h_2——分别为叶轮进口处和出口处的比焓，J/kg。

同样，对于级内任一固定部件（吸气室、扩压器、蜗室等），由于 $w_{th} = 0$（也称为绝能流），这时能量方程为：

$$h_2 + \frac{C_2^2}{2} = h_1 + \frac{C_1^2}{2} \tag{4-70}$$

式中，1 和 2 分别表示固定元件进出口处的截面。式（4-70）说明，离心式压缩机固定部件中的比焓和动能之和为常数。

3. 伯努利方程

叶轮传递给单位质量气体的功，用于气体静压的升高、动能的变化和克服各种损失，将能量方程用机械能形式表示，则为伯努利方程，方程具体形式见式（4-56）。

对于固定部件如扩压器，由于 $w_{tot} = 0$，则伯努利方程为：

$$\int_3^4 \frac{\mathrm{d}p}{p} + \frac{C_3^2 - C_4^2}{2} + h_{hyd}\big|_{diff} = 0 \tag{4-71}$$

式中，3 表示扩压器进口或叶轮出口处参数，4 表示扩压器出口处参数。可见，气体在扩压器中把叶轮出口处动能的减少 $\frac{C_3^2 - C_4^2}{2}$ 转变为压能的提高 $\int_3^4 \frac{\mathrm{d}p}{p}$，在转变过程中存在流动损失 $h_{hyd}\big|_{diff}$。

上述欧拉方程、能量方程和伯努利方程反映了叶轮传递给气体的功与气体参数之间的关系。

4. 连续性方程

在离心式压缩机的机内无补气的情况下，通过机内每一个截面的气体质量相等，则有连续性方程为：

$$\dot{m}_{\mathrm{R}i}=\mathrm{const} \tag{4-72}$$

式中　$i=1$，2，…，n；

　　$\dot{m}_{\mathrm{R}i}$——级内截面 i 处的制冷剂质量流量，kg/s。

设叶轮进出口处直径分别为 D_1 和 D_2，叶轮进出口处的流通截面积分别为 A_1 和 A_2，于是有：

$$\dot{V}_{\mathrm{R}1}=A_1 C_{1\mathrm{r}}=\xi_1 \pi D_1 b_1 C_{1\mathrm{r}} \tag{4-73}$$

$$\dot{V}_{\mathrm{R}2}=A_2 C_{2\mathrm{r}}=\xi_2 \pi D_2 b_2 C_{2\mathrm{r}} \tag{4-74}$$

式中　$\dot{V}_{\mathrm{R}1}$ 和 $\dot{V}_{\mathrm{R}2}$——分别为叶轮进出口处气体的容积流量，m³/s；

　　ξ_1 和 ξ_2——分别为叶轮进出口处的阻塞系数；

　　b_1 和 b_2——分别为叶轮叶片进出口宽度，m。

5. 状态方程

压缩机中同一截面上的状态参数（p、v、T）之间的关系服从状态方程式。大多数制冷剂如氨和氟利昂是强极性气体，不能用理想气体状态方程来计算，一般用状态方程法和压缩性系数法来计算。状态方程法可采用 SRK 方程［见式（2-2）］来计算，压缩系数法是用压缩系数 z 对理想气体状态方程进行修正以获得实际气体的状态方程，即：

$$pv=zRT \tag{4-75}$$

式中，压缩系数 z 随气体的压力和温度而变化。

6. 压缩过程方程

假定离心式压缩机的压缩过程为等熵压缩（但实际上总是有损失存在的），如图 4-75 所示，图中 1-2s 线为等熵压缩过程线；这样，在级内流道不同截面上的热力参数 p、v、T 之间的关系是服从压缩过程方程，于是有：

$$\frac{T_2}{T_1}=\left(\frac{p_2}{p_1}\right)^{\frac{k_\mathrm{T}-1}{k_\mathrm{T}}} \tag{4-76}$$

$$pv^{k_v}=\text{常数} \tag{4-77}$$

式中，下脚标 1、2 分别表示级内任意两个控制截面，k_T 和 k_v 分别为温度和容积等熵指数，k_T 和 k_v 随气体的压力和温度而变化，适用于实际气体。对于理想气体，$k_\mathrm{T}=k_v=k$。

对于图 4-75 中的多变压缩过程线 1-2 线，其 p、v、T 之间的关系为：

$$\frac{T_2}{T_1}=\left(\frac{p_2}{p_1}\right)^{\frac{m_\mathrm{T}-1}{m_\mathrm{T}}} \tag{4-78}$$

$$pv^m_v=\text{常数} \tag{4-79}$$

式中　m_T——温度多变指数；

　　m_v——容积多变指数。

m_T 和 m_v——随气体的压力和温度而变化。下脚标 1、2 为级内多变过程任意两个控制截

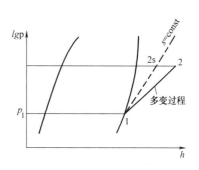

图 4-75　离心式压缩机压缩过程

面。对理想气体 $m_T = m_v = m$，m 为多变过程指数。

4.8.3　离心式压缩机的轴功率

1. 轴功率与内功率计算

电动机传到叶轮主轴的功率称为轴功率，用 $\dot{W}_s$ 表示，单位为 W 或 kW。轴功率的作用有以下三个方面：一是用于克服外摩擦损失（即 $\dot{W}_{outf} = \dot{m}_R h_{outf}$）；二是克服压缩机散热损失（即 $\dot{Q}_{com} = \dot{m}_R h_q$）；三是驱动叶轮，压缩气体，这部分功率称为内功率，用 $\dot{W}_{in}$ 表示。于是有：

$$\dot{W}_s = \dot{W}_{in} + \dot{W}_{outf} + \dot{Q}_{com} \tag{4-80}$$

其中，由于 $\dot{Q}_{com}$ 相比 $\dot{W}_s$ 和 $\dot{W}_{outf}$ 较小，可忽略不计，即：

$$\dot{W}_s = \dot{W}_{in} + \dot{W}_{outf} \tag{4-81}$$

为便于计算，通常用机械效率 η_m 来表述离心式压缩机轴功率中用于克服外摩擦损失的多少，即：

$$\eta_m = \frac{\dot{W}_{in}}{\dot{W}_s} \tag{4-82}$$

于是，有：

$$\dot{W}_s = \frac{\dot{W}_{in}}{\eta_m} \tag{4-83}$$

式中，η_m 与 $\dot{W}_{in}$ 大小有关。当 $\dot{W}_{in} > 2000kW$ 时，$\eta_m = 0.97 \sim 0.98$；当 $\dot{W}_{in} = 1000 \sim 2000kW$ 时，$\eta_m = 0.96 \sim 0.97$；当 $\dot{W}_{in} < 1000kW$ 时，$\eta_m \leqslant 0.96$。

可见，只要求得 $\dot{W}_{in}$，即可由式（4-83）计算出离心式压缩机的轴功率 $\dot{W}_s$。

根据上述对离心式压缩机能量损失的分析，内功率的作用如下：首先用于压缩蒸气、提高气体压力，该过程为多变压缩过程，此部分功率称为多变压缩功率，用 $\dot{W}_p$ 表示；其次，内功率用于克服叶轮内部的各种损失，具体包括克服流动损失所消耗的功率 $\dot{W}_{hyd}$、克服内泄漏损失所消耗的功率 $\dot{W}_{inl}$、克服轮阻损失所消耗的功率 $\dot{W}_{df}$。于是有：

$$\dot{W}_{in} = \dot{W}_p + \dot{W}_{hyd} + \dot{W}_{inl} + \dot{W}_{df} \tag{4-84}$$

其中

$$\dot{W}_p = \dot{m}_R h_p = \dot{m}_R \int_{p_1}^{p_2} v dp \Big|_p \tag{4-85}$$

式中　h_p——气体获得的多变能量头，J/kg；

$\quad\quad h_p$——在多变压缩过程中单位质量流量蒸气所消耗的内功率，即：

$$h_p = \int_{p_1}^{p_2} v dp \Big|_p = \frac{m_v}{m_v - 1} R T_1 \left[\pi^{\frac{m_v}{m_v}} - 1 \right] = h_2 - h_1 \tag{4-86}$$

式中，h_1 和 h_2 分别是图 4-75 中多变过程线点 1 和点 2 的比焓，$\pi = p_2/p_1$ 为压缩比，m_v 为容积多变指数。

为便于计算多变压缩功率，再定义在多变压缩过程中真正用于压缩蒸气所消耗的内功率占总内功率的百分比称为多变效率，用 η_p 表示，即：

$$\eta_p = \frac{\dot{W}_p}{\dot{W}_{in}} = \frac{\dot{m}_R h_p}{\dot{W}_{in}} \tag{4-87}$$

多变效率 η_p 反映了级内 $\dot{W}_{hyd}$、$\dot{W}_{inl}$ 和 $\dot{W}_{df}$ 的大小，一般地 $\eta_p = 0.7 \sim 0.84$。

于是，有：

$$\dot{W}_{in} = \frac{\dot{m}_R h_p}{\eta_p} \tag{4-88}$$

因此，只要计算出多变能量头 h_p，即可求出内功率 $\dot{W}_{in}$。为此，假设离心式压缩机按照绝热过程工作，则其绝热压缩功率为：

$$\dot{W}_{ad} = \dot{m}_R (h_{2 \cdot s} - h_1) \tag{4-89}$$

式中　h_1——压缩机入口比焓；

　　　$h_{2 \cdot s}$——压缩机绝热压缩过程出口比焓。

引入绝热效率的概念，即：

$$\eta_s = \frac{\dot{W}_{ad}}{\dot{W}_{in}} \tag{4-90}$$

式中，绝热效率 $\eta_s = 0.62 \sim 0.83$。于是有：

$$\dot{W}_{in} = \frac{\dot{W}_{ad}}{\eta_s} = \frac{\dot{m}_R (h_{2 \cdot s} - h_1)}{\eta_s} \tag{4-91}$$

再定义绝热能量头 h_{ad}：

$$h_{ad} = \int_{p_1}^{p_2} v \mathrm{d}p \Big|_s = \frac{k_v}{k_v - 1} R T_1 \left[\pi^{\frac{k_v}{k_v}} - 1 \right] = h_{2 \cdot s} - h_1 \tag{4-92}$$

式中　k_v——容积等熵指数。

于是有：

$$\dot{W}_{in} = \frac{\dot{m}_R h_{ad}}{\eta_s} \tag{4-93}$$

由式（4-88）和式（4-93）可得：

$$h_p = \frac{\eta_p}{\eta_s} h_{ad} = \frac{\eta_p}{\eta_s} (h_{2 \cdot s} - h_1) \tag{4-94}$$

把式（4-94）代入式（4-88）可得：

$$\dot{W}_{in} = \frac{\dot{m}_R}{\eta_s} (h_{2 \cdot s} - h_1) \tag{4-95}$$

将式（4-95）代入式（4-83），即可得到离心式压缩机的轴功率为：

$$\dot{W}_s = \frac{\dot{m}_R (h_{2 \cdot s} - h_1)}{\eta_m \eta_s} \tag{4-96}$$

2. 理论能量头 h_{th}、多变能量头 h_p 和绝热能量头 h_{ad} 之间的关系

在理论能量头中，一部分是用于压缩蒸气的多变能量头，一部分用于克服流动摩擦等能量损失。用水力系数 η_h 来表示理论能量头中用于多变能量头的份额，即：

$$\eta_{h} = \frac{h_{p}}{h_{th}} \tag{4-97}$$

于是
$$h_{p} = \eta_{h} h_{th} \tag{4-98}$$

又
$$h_{p} = \frac{\eta_{p}}{\eta_{s}} h_{ad} \tag{4-99}$$

于是有：

$$h_{ad} = \frac{\eta_{s}}{\eta_{p}} h_{p} = \frac{\eta_{s} \eta_{h}}{\eta_{p}} h_{th}$$

即：

$$h_{ad} = \frac{\eta_{s} \eta_{h}}{\eta_{p}} h_{th} \tag{4-100}$$

式（4-98）～式（4-100）表明了叶轮提供给蒸气的理论能量头 h_{th}、多变能量头 h_{p} 和绝热能量头 h_{ad} 之间的关系。

4.8.4　离心式压缩机的最佳叶片形式

式（4-65）所示的欧拉方程给出了叶轮施加到单位质量制冷剂蒸气的理论能量头。一般地，蒸气近似沿着径向进入叶轮，则有 $C_{1u} \approx 0$，于是式（4-65）为：

$$h_{th} = u_{2} C_{2u} \tag{4-101}$$

由叶轮出口速度三角形可知：

$$C_{2u} = u_{2} - C_{2r} ctg\beta_{2} = u_{2} \left(1 - \frac{C_{2r}}{u_{2}} ctg\beta_{2} \right) \tag{4-102}$$

上式代入式（4-101）可得：

$$h_{th} = u_{2}^{2} \left(1 - \frac{C_{2r}}{u_{2}} ctg\beta_{2} \right) \tag{4-103}$$

令
$$\varphi_{2} = \frac{C_{2r}}{u_{2}} \tag{4-104}$$

$$\mu = 1 - \frac{C_{2r}}{u_{2}} ctg\beta_{2} = 1 - \varphi_{2} ctg\beta_{2} \tag{4-105}$$

则
$$h_{th} = \mu u_{2}^{2} \tag{4-106}$$

下面分析式（4-104）～式（4-106）的物理意义。

首先，由于通过叶轮出口截面的蒸气容积流量 $\dot{V}_{R2} = A_{2} C_{2r}$，因此，当叶轮大小和转速一定时，其出口圆周速度（$u_{2} = r_{2} \omega$）和出口流通截面积（$A_{2}$）也一定，这时 $\dot{V}_{R2}$ 只随 C_{2r} 而变化；由式（4-104）可知，φ_{2} 反映了径向分速度 C_{2r} 的大小，亦即反映了通过叶轮的容积流量的大小，因此，称 φ_{2} 为流量系数。

其次，当叶轮大小和转速一定时，由式（4-106）可知，理论能量头 h_{th} 只与 μ 有关，这时，μ 的大小反映了 h_{th} 的大小，因此称 μ 为功系数。

第三，式（4-105）表示了理论能量头（用 μ 表示）与流量（用 φ_{2} 表示）之间的关系，且随着叶片出口安装角 β_{2} 的变化而变化，即

1）当 $\beta_{2} = 45°$ 时，叶片为后弯叶片，$\mu = 1 - \varphi_{2}$，即理论能量头随着流量的增大而减小；

2）当 $\beta_{2} = 90°$ 时，叶片为径向叶片，$\mu = 1$，即理论能量头与流量无关；

3）当 $\beta_{2} = 135°$ 时，叶片为前弯叶片，$\mu = 1 + \varphi_{2}$，理论能量头随着流量的增大而增大。

上述理论能量头与流量之间关系如图 4-76 所示。

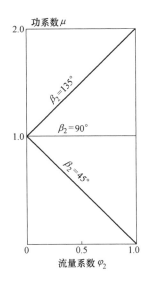

图 4-76　理论能量头与流量之间关系

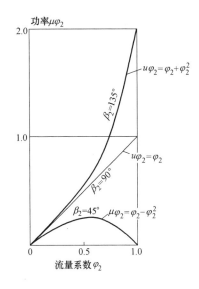

图 4-77　轴功率与流量之间关系

将式（4-105）乘以 φ_2，则有：

$$\mu\varphi_2 = \varphi_2 - \varphi_2^2 \operatorname{ctg}\beta_2 \tag{4-107}$$

上式反映了叶轮提供给蒸气的理论功率（用 $\mu\varphi_2$ 表示）与流量（用 φ_2 表示）之间的变化关系，如图 4-77 所示，即：

（1）前弯叶片和径向叶片的功率随着流量的增加而增大，即压缩机的轴功率随着流量的增加而增大，对具有这两种形式叶片的离心式压缩机将有超负荷的特性；

（2）后弯叶片的功率随着流量的增加而减小，不存在超负荷的危险，因此，一般采用后弯叶片形式。

经上述分析，能够提供理论能量头的最佳叶片形式为后弯叶片。

4.8.5　离心式压缩机的最大圆周速度

容积式压缩机一般在较宽的工况范围内工作，而离心式压缩机的工况变化范围很窄。例如，同一台容积式压缩机既可在 $t_e = 5℃$、$t_c = 40℃$ 范围内工作，也可以在 $t_e = -15℃$、$t_c = 30℃$ 范围内工作；而对于离心式压缩机则不可以。同时，离心式压缩机对制冷剂的种类要求也较苛刻，只能适应于一种制冷剂。原因是叶轮所能提供的能量头与叶轮直径、叶片出口安装角、压缩机转速和质量流量等因素有关，而压缩蒸气所需要的能量头与制冷剂性质、工况等参数有关，当工况变化后，所要求的能量头也变化，所要求的压缩机几何参数也要变化，因此，离心式压缩机只具有很窄的工况变化范围。

要获得更大的能量头，一是可通过增加叶轮的级数来实现，二是提高叶轮外缘的圆周速度，又圆周速度与转速和叶轮直径成正比，因此，提高压缩机转速和增大叶轮直径都可以获得较大的圆周速度。但是，提高转速又受到叶轮材料强度或气体动力特性的限制。根据叶轮材料强度的要求，一般地叶轮出口处圆周速度 u_2 不超过 300m/s。或根据气体动力学特性要求，叶轮流道内的流速不能超过声速，否则，在流道内将出现冲击波和气体分离现象，能量损失将急剧升高，能量头降低。

设流道内的马赫数为：

$$M_v = \frac{v}{a} \tag{4-108}$$

式中　v——流道内某一点的相对速度，m/s；

　　　a——对应点的声速，m/s。

当 $M_v \geqslant 1$ 时，流道内出现超声速，离心式压缩机中入口处的相对速度 v_1 最大，通常要求入口处马赫数 M_{v1} 不超过 $0.75 \sim 0.85$。

为便于直观反映圆周速度 u_2，定义马赫数为：

$$M_{u_2} = \frac{u_2}{a_1} \tag{4-109}$$

式中　a_1——叶轮进口处的声速，$a_1 = \sqrt{kRT_1}$，m/s；

　　　k——蒸气绝热指数；

　　　R——蒸气的气体常数，$R = 8314/M$，M 为制冷剂的分子量；

　　　T_1——叶轮进口处蒸气的绝对温度，K。

M_{u2} 是一个假想的马赫数，分子和分母不是同一点的数值。通常限制 M_{u2} 不超过 $1.4 \sim 1.6$，当超过此范围时，流道内可能出现超声区。

另外，各种制冷剂蒸气入口的声速是不一样的。分子量小的制冷剂（如氨、丙烷等），声速大；分量大的制冷剂（如 R123、R22 等），声速小。因此，在相同的 M_{u2} 限制条件下，分子量小的制冷剂允许的圆周速度较大，圆周速度的提高一般不受 M_{u2} 的限制，而是受材料强度的限制。分子量大的制冷剂允许的圆周速度比较小，圆周速度的提高就要受 M_{u2} 的限制。如，对于大分子量制冷剂 R123，在 $t_1 = 5℃$、$M_{u2} = 1.5$ 时，R123 的 $a_1 = 128.4$m/s，允许的最大圆周速度为 192.6m/s，小于强度限制的圆周速度（300m/s）。而对于小分子量制冷剂 R717，同样条件下 $a_1 = 419$m/s，允许的最大圆周速度为 628.5m/s，远远大于强度限制的圆周速度。

4.9　离心式制冷压缩机的特性与调节

如上所述，离心式压缩机的工况变化范围比容积式压缩机要小得多，因此，压缩机结构参数的变化、制冷剂性质的变化、运行工况的变化等都会影响离心式压缩机的运行调节，且若调控不好，还可能直接损坏压缩机。因此，本节将首先分析离心式压缩机的运行特性，然后再介绍离心式压缩机特性调节方法。

4.9.1　离心式制冷压缩机的特性

1. 离心式制冷压缩机的特性曲线

设流经叶轮的蒸气质量流量为 $\dot{m}_R$，叶轮进口处的容积流量为 $\dot{V}_R$，叶轮进出口处的蒸气比焓分别为 v_1 和 v_2，根据连续性方程得：

$$C_{2r} = \frac{\dot{m}_R v_2}{A_2} = \frac{\dot{V}_R v_2}{v_1 A_2} \tag{4-110}$$

式中　A_2——叶轮出口处流动截面面积，m²。

上式代入式（4-103）可得叶轮的理论能量头为：

$$h_{th} = u_2^2 \left(1 - \dot{V}_R \frac{v_2}{v_1} \frac{ctg\beta_2}{A_2 u_2} \right) \qquad (4\text{-}111)$$

由式（4-111）可知：

（1）当压缩机结构和转速一定时，式（4-111）中的 u_2、A_2、β_2 也一定，一般地 $\frac{v_2}{v_1}$ 变化不大；这时对于后弯叶片而言，理论能量头 h_{th} 与制冷剂的容积流量 $\dot{V}_R$ 呈线性关系，且 h_{th} 随着 $\dot{V}_R$ 的增大而减小，如图 4-78 中的曲线 1：$h_{th} \sim \dot{V}_R$ 所示。

（2）实际压缩机中存在着摩擦损失 h_{frc}，且 h_{frc} 与叶轮通道中的平均速度呈二次方关系（如式（4-54）所示），即 h_{frc} 与 $\dot{V}_R$ 呈二次方关系，因此，考虑了摩擦损失 h_{frc} 后的能量头曲线即为图 4-78 中的曲线 2。

（3）由式（4-55）可知，当压缩机运行在设计工况下时，$C_{1r0} \approx C_{1r}$，则分离损失 $h_{sh} \approx 0$；当

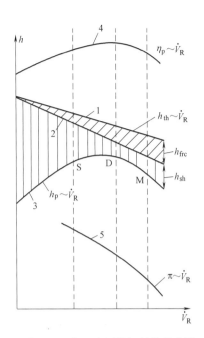

图 4-78　离心式压缩机的特性曲线

流量增大或减小时，分离损失 h_{sh} 均会上升。从理论能量头中减去摩擦损失 h_{frc} 和分离损失 h_{sh} 后，即可得到压缩机实际能量头 h_p，如图 4-78 中曲线 3 所示。同时，在曲线 3 上有以下三个特殊的工况点：

1）设计工作点 D：该点处离心式压缩机的摩擦损失和分离损失最小，效率最高；

2）最大流量点 M：离心式压缩机的流量超过该点流量（称为堵塞流量）时，压缩机入口可能达到声速，出现滞止工况。所谓滞止工况是指，当蒸气流量超过 M 点流量时，叶轮入口可能达到声速，这时流动损失和撞击损失将急剧增加，导致大量涡流阻塞叶轮入口，使流量无法进一步增大，进而导致效率急剧下降。这种工况称为滞止工况。

3）喘振点 S：即离心式压缩机流量小于该点流量时，压缩机可能会出现喘振现象。所谓喘振现象是指，当蒸气流量小于喘振点流量时，叶轮内部在轴向涡流的影响下，流道内气体发生脱离，导致多变能量头和排气压力降低，这时排气管内气体在背压作用下将出现倒流，回流到叶轮中，使叶轮流道流量增大、排气压力升高，压缩机继续排气。此后，又由于进入叶轮的蒸气流量较小，在轴向涡流影响下再次出现周期性的排气管气体倒流的现象，如此往复，即为喘振现象。喘振对离心式压缩机的影响特别大，必须采取有效措施避免离心式压缩机出现喘振现象，其中热气旁通就是常常采用的有效办法。

综上，离心式压缩机稳定工作范围在点 S～点 M 之间。

（4）图 4-78 中的曲线 4 和曲线 5 分别为效率与流量、压缩比与流量之间的关系曲线。

2. 离心式冷水机组特性曲线的绘制与应用

由于离心式制冷压缩机的制冷量 $\dot{Q}_R = \dot{V}_R q_v$，因此，上述离心式压缩机的多变能量头 h_p 与容积流量 $\dot{V}_R$ 的关系，实质上也是多变能量头 h_p 与制冷量 $\dot{Q}_e$ 的关系。通常，离心式压缩机的特性曲线常常表示成制冷量与冷水出口温度、冷却水入口温度的关系，图 4-79 为

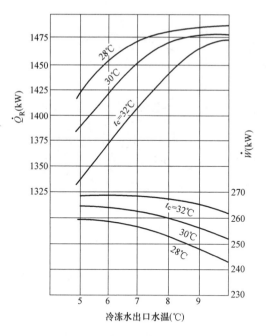

图 4-79　R22 离心式冷水机组的特性曲线

一台 R22 离心式冷水机组的特性曲线图，纵坐标为制冷量 $\dot{Q}_e$ 和压缩机输入功率 $\dot{W}$，横坐标为冷水出口温度（从 5℃ 到 10℃），冷却水进口温度（图中用 t_c 表示）分别为 28℃、30℃ 和 32℃；冷水进出口温差和冷却水进出口温差均恒定为 5℃。根据图 4-79 不仅可以计算出该冷水机组在不同冷水出水温度（冷却水进口温度）下的 COP 大小，而且可以分析出冷水出水温度的变化、冷却水进口温度的变化对制冷量、功率和 COP 的影响大小。

在图 4-79 中，该 R22 离心式冷水机组 COP 最小的工况是冷水出口温度为 5℃、冷却水进口温度为 32℃ 的工况，COP 最大的工况是冷水出口温度为 10℃、冷却水进口温度为 28℃ 的工况；在这两种工况下，冷水出口温度升高了 5℃，冷却水进口温度降低了 4℃。表 4-5 和表 4-6 分别给出了根据图 4-79 计算出的上述两种工况下这台 R22 离心式冷水机组的制冷量、功率和 COP 的变化率。

两种典型工况下 R22 离心式冷水机组的制冷量、功率和 COP 的变化率　　表 4-5

冷却水进口温度（℃）	两种工况下的制冷量(kW)			两种工况下的功率(kW)			两种工况下的 COP		
	冷水温度为 5℃	冷水温度为 10℃	制冷量增大率(%)	冷水温度为 5℃	冷水温度为 10℃	功率减小率(%)	冷水温度为 5℃	冷水温度为 10℃	COP 增大率(%)
32	1330	1472	10.68	268	262	2.24	4.96	5.62	13.21
28	1422	1488	4.64	259	244	5.79	5.49	6.10	11.07

由表 4-5 可知，对于这台 R22 离心式冷水机组，当冷水出口温度提高 5℃ 时，在冷却水进口温度不变时，制冷量增大的百分比为 4.64%～10.68%、功率减小的百分比为 2.24%～5.79%、COP 增大的百分比为 11.07%～13.21%。

两种典型工况下 R22 离心式冷水机组的制冷量、功率和 COP 的变化率　　表 4-6

冷水出口温度（℃）	两种工况下的制冷量(kW)			两种工况下的功率(kW)			两种工况下的 COP		
	冷却水进口温度为 32℃	冷却水进口温度为 28℃	制冷量增大率(%)	冷却水进口温度为 32℃	冷却水进口温度为 28℃	功率减小率(%)	冷却水进口温度为 32℃	冷却水进口温度为 28℃	COP 增大率(%)
5	1333	1422	6.83	268	259	3.36	4.97	5.50	10.54
10	1472	1488	1.09	262	244	6.87	5.62	6.10	8.54

由表 4-6 可知，对于这台 R22 离心式冷水机组，当冷却水进口温度降低 4℃（图 4-79 中只给出了 4℃ 温差）时，在冷水出口温度不变时，制冷量增大的百分比为 1.09%～

6.83%、功率减小的百分比为 3.36%~6.87%、COP 增大的百分比为 8.54%~10.54%。

比较表 4-5 和表 4-6 的结果，还可以发现，提高冷水出水温度使 COP 的增大率要大于降低冷却水进口温度使 COP 的增大率，因此，在满足室内湿度要求的前提下，要尽可能地优先提高冷水出水温度，以降低冷机的能耗。

4.9.2 离心式压缩机制冷量随工况变化关系

图 4-80~图 4-82 分别为蒸发温度 T_e、冷凝温度 T_c 和转速的变化对离心式压缩机制冷量的影响情况，可以看出，首先，离心式压缩机的制冷量随着蒸发温度的降低而急剧下降（降低速度比往复式压缩机大），并随着制冷量的减小而可能出现喘振现象（特别是蒸发温度在低于 0℃时）；其次，离心式压缩机的制冷量随着冷凝温度的升高而减小，当冷凝温度高于 35℃时，制冷量减小速度远大于往复式压缩机；第三，离心式压缩机的制冷量随着压缩机转速的降低而急剧降低，且转速比在低于 80%时急剧下降、可能出现喘振现象。

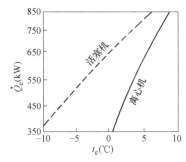

图 4-80 蒸发温度对制冷量的影响

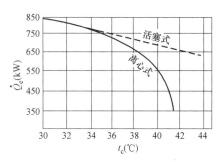

图 4-81 冷凝温度对制冷量的影响

4.9.3 离心式压缩机制冷量调节方法

离心式压缩机的制冷量调节方法有吸气节流调节方法、变压缩机转速调节法、进口导叶调解法、冷却水流量调解法等，为防止喘振工况的发生，离心式压缩机还需要有防喘振的调节措施。

1. 压缩机吸气节流调节法

吸气节流调节即在压缩机吸气管上装有节流阀，通过改变节流阀的开度来实现对吸气不同程度的节流；节流后的气体压力、温度将下降，相当于蒸发压力和蒸发温度的下降，因此可实现离心式压缩机制冷量的

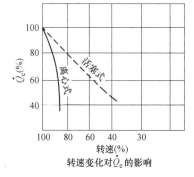

图 4-82 压缩机转速对制冷量的影响

调节。通常对吸气不需要太大的节流即可实现制冷量较大范围的调节。吸气节流调节法实现简单，但节流损失大，不太经济。这种调节方法常用于转速调节法的辅助方法。

2. 压缩机变转速调节方法

当离心式压缩机采用汽轮机或可变转速的电动机拖动时，可采用改变压缩机转速的调节方法。压缩机转速降低可导致制冷量急剧减少，当转速在 80%~100%范围内变化时，制冷量可实现 50%~100%的调节。改变压缩机转速的方法有多种，对于汽轮机拖动的压缩机，可通过改变汽轮机的转速来实现，这种方法最经济；对于电动机拖动的压缩机，可以采用电磁离合器、串级调节、变频调节等技术来实现。压缩机变转速调节法经济性好，对效率影响不大，喘振点也将随转速的降低向左端移动（如当转速下降 20%时，轴功率

可下降 70%，制冷量可下降 60%，喘振点左移 20%），扩大了压缩机稳定工况范围，但当转速下降时冷凝压力也会下降。

3. 进口导叶调节方法

改变压缩机叶轮进口导叶的角度，可改变气流进入叶轮的角度。图 4-83 为气流在不同旋转下叶轮入口速度三角形变化情况。图 4-83（a）为设计工况下气流沿叶轮径向进入，此时 $C_{1u}=0$，叶轮的理论能量头为 $h_{th}=u_2 C_{2u}$；改变导叶方向后，气流将会沿正旋绕方向进入叶轮，如图 4-83（b）所示，此时 $C_{1u}>0$，由式（4-101）可知，叶轮的理论能量头将减小；当气流沿负旋绕进入叶轮时，如图 4-83（c）所示，此时 $C_{1u}<0$，叶轮的理论能量头将增大。叶轮能量的变化，叶轮压缩比和排气量也将发生变化，从而实现对制冷量的调节，该方法是绝大多数离心式冷水机组采用的能量调节方法。

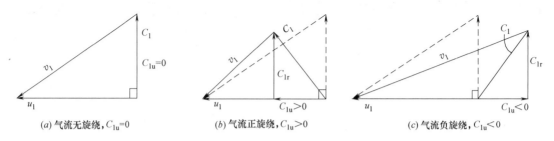

(a) 气流无旋绕，$C_{1u}=0$　　　(b) 气流正旋绕，$C_{1u}>0$　　　(c) 气流负旋绕，$C_{1u}<0$

图 4-83　不同气流旋转下叶轮入口速度三角形变化图

采用进口导叶调节时，应注意以下几点：

（1）调节导叶转角，叶轮入口气流方向与叶轮叶片安装角将不再一致，形成冲击损失，使压缩机效率下降。尽管如此，该方法的经济性仍比吸气节流调节法要好；当然压缩机变转速调节法节省的功耗最多。三种调节方法的调节效果如图 4-84 所示。

（2）氟利昂工质的声速小，相同的相对速度 v_1 时马赫数大；随着负荷的减小，马赫数会降低，若采用正旋绕，能量头将减小，对压缩机很有利；若采用负旋绕，能量头将增加，此时若马赫数已经是比较高的情况下，再增加能量头，将会达到声速，使损失增加。因此，应谨慎对待负旋绕调节。

（3）试验表明，采用旋绕角 $\lambda=25°\sim30°$ 对应导叶开度为 70% 时，压缩机效率最高，甚至高于设计工况下（100%）的效率。导叶开度在 70%～100% 时，制冷量变化仅为 3%～6% 如图 4-85 所示；导叶开度小于 30% 时，随着导叶开度的减小，节流作用将明显增加，效率迅速下降。

（4）单级离心式压缩机采用进口导叶调节具有结构简单、操作方便、效果较好的特点，但对多级压缩机，若仅能在第一级叶轮采用该调节方法，则对整机性能影响甚微。若每一级均用进口导叶调节，则导致结构复杂，且级间协调问题复杂。

（5）进口导叶的叶型一般采用流阻损失较小的对称型或非对称型的翼型叶片。

总之，进口导叶调节方法比较合理，调节性能好，已被大多数空调制冷用离心式压缩机所采用。

4. 变冷却水量调节方法

改变冷凝器的冷却水量，也改变了冷凝温度，离心式制冷压缩机的制冷量也将随着冷凝温度的变化而改变。当水量减少时，压缩机的性能曲线变陡，压缩机出口压力升高，压缩机工作点左移，轴功率增加。这种调节方法不经济，可作为辅助性的调节。

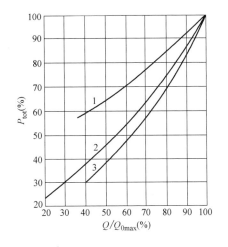

图 4-84　离心式制冷压缩机三种调节方法功耗比较
1—吸气节流；2—进口导叶调节；3—变转速调节

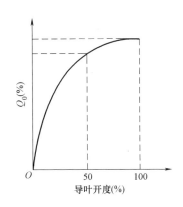

图 4-85　导叶开度与制冷量变化关系

5. 防喘振调节方法

当压缩机排气量小到接近喘振点的流量时，可采取热气旁通的方法防止喘振的发生。所谓热气旁通，是指从压缩机出口引出一部分气体，不经过冷凝器，而经过节流后直接旁通到压缩机的吸气口，从而增加了吸气量，但经过蒸发器的制冷剂流量减小了，因此制冷量也相应降低了。热气旁通调节方法能耗大，一般不用作制冷量调节方法，只作为防喘振措施。

4.10　滚动转子式制冷压缩机

滚动转子式压缩机类属回转式压缩机。20 世纪 70 年代以后在国内外发展较快，国内产品有 GZ2 型、YZ 型、QXW 型、QDX 型等小型全封闭滚动转子式制冷压缩机，广泛用于家用空调、电冰箱和商业制冷装置。国外产品有美国的 K 型，德国的 GL 型，日本的 SG 型、SH 型、X 型、A 型及 CRH 型，还有瑞士的 RI 型等产品。

4.10.1　滚动转子式压缩机结构与工作过程

1. 基本结构

滚动转子式制冷压缩机由气缸、滚动转子、偏心轴和滑片等组成，其结构如图 4-86 所示。圆筒形气缸上开有吸气口和排气口，分别连接无吸气阀的吸气管和有排气阀的排气管，当气缸内气体被压缩到一定压力后，排气阀才能打开排气。滚动转子（亦称滚动活塞）安装在偏心轴上，转子沿气缸内壁滚动，与气缸壁之间形成月牙形的工作腔；滑片在弹簧力的作用下使其端部与转子表面紧密接触，将月牙形工作腔分隔为两部分，滑片随转子的滚动而沿滑片槽道作往复运动。气缸内壁、转子外壁、转子与气缸内壁之间的切点、滑片以及气缸端盖，即构成了封闭的气缸容积，称为基元容积。基元容积的大小随转子转动角度的变化而变化，从而实现对容积内气体的吸气、压缩、排气等过程。

2. 工作过程

图 4-87 为滚动转子式制冷压缩机气缸结构简图，转子绕气缸轴 O 按顺时针旋转，旋转角以滑片与转子的顶点接触时的位置为起点［即 $\theta=0°$，如图 4-86（b）中的点 0 所示］，大小用 θ 表示。为便于叙述滚动转子式制冷压缩机的工作过程，定义以下特征角，如图 4-86（b）所示。

（1）特征角 α：从 $\theta=0°$ 按顺时针方向到吸气口点 1 处的夹角。

（2）特征角 β：从 $\theta=0°$ 按顺时针方向到吸气口点 2 处的夹角。

（3）特征角 ϕ：从 $\theta=0°$ 按逆时针方向到排气口点 5 处的夹角。

（4）特征角 γ：从 $\theta=0°$ 按逆时针方向到排气口点 4 处的夹角。

（5）特征角 ψ：从 $\theta=0°$ 按顺时针方向到排气起始点 3 处的角度。所谓排气起始点是指转子顶点旋转到该处时，工作腔中气体受压缩后压力升高到能够打开排气阀正常排气时的压力，这时转子顶点与气缸内壁相切点即为排气起始点，如图 4-86（b）中的点 3 所示。

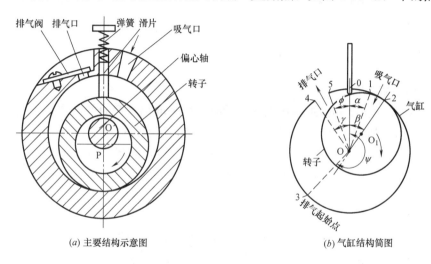

(a) 主要结构示意图　　　　　　　　　　(b) 气缸结构简图

图 4-86　滚动转子式制冷压缩机结构图

滚动转子式制冷压缩机的工作过程如图 4-87 所示。表面上看滚动转子式压缩机有吸气、压缩和排气三个过程，但实际上，该类压缩机的工作过程包括以下几个过程。

（1）余隙膨胀过程。转子从 $\theta=0°$ 按顺时针方向转过 α 角度到点 1 时为止，如图 4-87（b）所示，这时滑片、转子、气缸内壁即构成封闭空腔即余隙，由于在上一个周期中余隙内含有少量高温高压气体没有排出，因此，在转子从 $\theta=0°$ 到 $\theta=\alpha$ 转动时，余隙容积逐步增大，内部气体将发生膨胀过程，直到 $\theta=\alpha$ 为止。

（2）吸气过程。当转子从 $\theta=\alpha$ 处继续按顺时针旋转时，原来余隙空腔将与吸气口接通，在气缸外部吸气压力作用下，气体进入气缸直到 $\theta=360°$ 为止，此时月牙形的气缸内吸满了气体（由于转子还没有开始压缩，气缸内压力还不足以打开排气阀），如图 4-87（c）所示。这时，转子正好围绕主轴旋转了一周。

（3）压缩回流过程。当转子进入第二周、从 $\theta=360°$ 开始继续按照顺时针旋转时，转

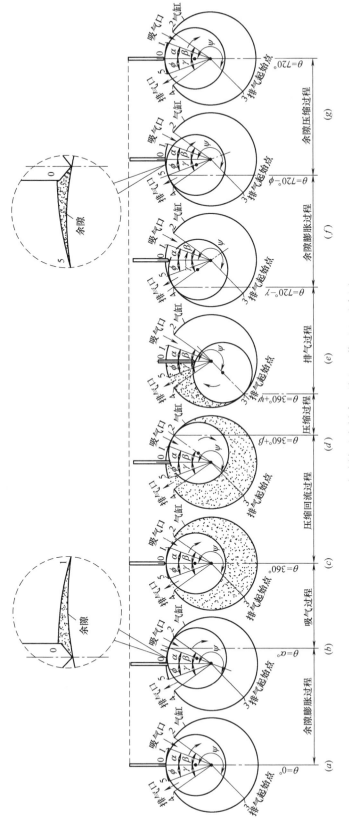

图 4-87 滚动转子式制冷压缩机工作过程示意图

子即开始对气缸内气体进行压缩（此时排气阀仍处于关闭状态），于是气缸内气体压力开始升高，当高于吸气管内压力时，部分气体开始从吸气口回流到吸气管内，直到转子旋转到 $\theta=360°+\beta$（为便于理解，这里都以转子在第一周起点为参考）为止，如图 4-87（d）所示。气体在回流过程存在着容积损失。

（4）压缩过程。转子从 $\theta=360°+\beta$ 开始一直压缩到排气起始点 $\theta=360°+\psi$ 为止，如图 4-87（e）所示。当气缸内气体的压力升高到足以打开排气阀排气时，压缩过程结束。

（5）排气过程。转子从 $\theta=360°+\psi$ 开始，排气阀打开，压缩机开始排气，一直到 $\theta=720°-\gamma$ 为止，如图 4-87（f）所示。随着转子的旋转，气缸内的压力将低于排气压力，排气阀关闭，这时，气缸内仍然剩余被压缩的气体没有排出，这部分气体为高温高压的余隙气体。

（6）余隙膨胀过程。上述高温高压的余隙气体将沿着逆时针方向进入其后面低压气体容积中，此过程为余隙气体膨胀过程，直到 $\theta=720°-\phi$ 为止，如图 4-87（g）所示。

（7）余隙压缩过程。转子从 $\theta=720°-\phi$ 开始，转子、滑片和气缸内部又形成封闭的余隙，如图 4-87（g）所示。随着转子的继续转动，余隙内气体被压缩，直到 $\theta=720°$ 为止，如图 4-87（h）所示。

随后，压缩机进入下一个吸气、压缩和排气的工作过程。可见，滚动转子式制冷压缩机的工作过程是在转子两个旋转周期内完成的，但因转子顶点与滑片两侧同时进行着上述工作过程，因此，可以认为滚动转子式压缩机的一个工作循环仍是在转子的一个旋转周期内完成。

4.10.2　滚动转子式压缩机的种类及特点

1. 滚动转子式压缩机的种类

目前广泛使用的滚动转子式制冷压缩机主要是小型全封闭式压缩机，通常有卧式和立式两种，前者多用于冰箱，后者多用于空调器。

图 4-88 为立式全封闭滚动转子式压缩机结构图。压缩机位于电动机的下方，制冷剂经贮液器由机壳下部的吸气管直接被吸入气缸；贮液器起气液分离、储存制冷剂液体和润滑油、缓冲吸气压力脉动的作用。高压气体经消声器排入机壳内，再经电动机转子和定子间的空隙从机壳上部排出，在此过程中冷却了电动机。润滑油在机壳底部，在离心力的作用下沿曲轴中的油道上升到各个润滑点。气缸与机壳焊接在一起，平衡块用于消除不平衡的惯性力。采用圈形滑片弹簧，

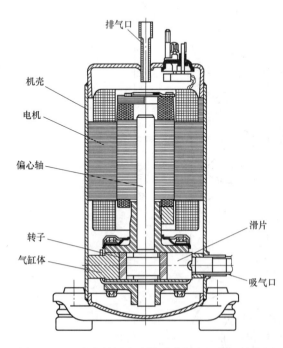

图 4-88　立式全封闭滚动转子式制冷压缩机结构图

使气缸结构更加紧凑。

图 4-89 为卧式全封闭滚动转子式压缩机。该机器最显著的特点是供油系统，由安装在主轴承上的吸油流体二极管、安装在辅轴承上的排油流体二极管及供油管组成。润滑油借助滑片的往复运动经吸油流体二极管被吸入泵室，通过排油流体二极管排入供油管中，再进入曲轴的轴向油道，通过径向分油孔供应到需要润滑的部位。流体二极管之所以能代替吸油（或排油）阀，是因为其反向流动阻力比正向流动阻力大，故在吸油行程中，大部分油沿着吸油路径被吸过来；另外，二极管是向着机壳底部张开，当油面很低时也能把油吸进来，从而稳定供油。

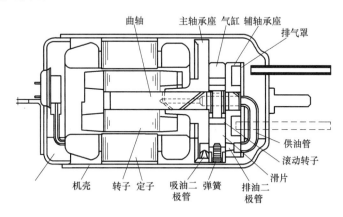

图 4-89　卧式全封闭滚动转子式制冷压缩机结构图

2. 滚动转子式压缩机的优点

从滚动转子式制冷压缩机的结构及工作过程来看，它具有以下优点：

（1）结构简单，零部件几何形状简单，便于加工生产；

（2）体积小，质量轻，与同工况的往复式比较，体积可减少 40%～50%，重量也减少 40%～50%；

（3）因易损件少，故运转可靠；

（4）效率高，因为没有吸气阀，故流动阻力小，且吸气过热小，所以在制冷量为 3kW 以下的场合使用时尤为突出。

但滚动转子式制冷压缩机也有以下缺点：

（1）因为只利用了气缸的月牙形空间，所以气缸容积利用率低；因单缸的转矩峰值很大，故需要较大的飞轮矩；

（2）滑片作往复运动，易损坏；

（3）存在不平衡的旋转质量块，需要平衡。

4.10.3　滚动转子式压缩机的制冷量与功率

1. 排气量及其影响因素

滚动转子式压缩机的理论容积排气量应为气缸工作容积与转速的乘积，即：

$$\dot{V}_{th}=60nV_{rt} \tag{4-112}$$

式中　$\dot{V}_{th}$——理论容积排气量，m^3/s；

$\quad\quad V_{rt}$——转子式压缩机气缸工作容积，m^3；

$\quad\quad n$——转速，r/min。

滚动转子式压缩机的实际容积排气量也可用往复式压缩机的方法来表示，即：

$$\dot{V}_a = \eta_v \dot{V}_{th} \tag{4-113}$$

式中　$\dot{V}_a$——实际容积排气量，m^3/s；

　　　η_v——容积效率，表征气缸工作容积的利用程度，反映了由于余隙容积、吸气阻力、吸气加热、气体泄漏和吸气回流造成的容积损失，由下式计算：

$$\eta_v = \lambda_v \lambda_p \lambda_T \lambda_l \lambda_h \tag{4-114}$$

式中　λ_v——滚动转子式压缩机的容积系数，由式（4-115）计算。

　　　λ_p——压力系数，表征吸气压力损失对排气量造成的影响，通常滚动转子式压缩机的压力系数近似等于 1。

　　　λ_T——吸气预热系数，通常在压缩比为 2～8 时，$\lambda_T = 0.95～0.82$，压缩比高时，取下限。

　　　λ_l——泄漏系数，当转速为 3000r/min 时，$\lambda_l = 0.82～0.92$，当转速为 1500r/min 时，$\lambda_l = 0.75～0.88$。

　　　λ_h——回流系数，回流使压缩机排气量减小，对于滚动转子式压缩机，回流系数一般近似等于 1。

$$\lambda_v = 1 - c\left[\left(\frac{p_2}{p_1}\right)^{\frac{1}{\kappa}} - 1\right] \tag{4-115}$$

式中　c——相对余隙；

　　　κ——绝热指数；

p_1 和 p_2——分别为压缩机的吸气压力和排气压力，Pa。

滚动转子式压缩机的容积效率比往复式压缩机大，大约在 0.7～0.9 范围内，空调器用的滚动转子式压缩机可达 0.9 以上。

2. 制冷量

根据压缩机的实际容积排气量 $\dot{V}_a$ 和吸气比容 v_1，就可以求得制冷剂的质量流量 $\dot{m}_R$，于是，滚动转子式压缩机的制冷量为：

$$\dot{Q}_e = \frac{\dot{V}_a}{3600 v_1}(h_1 - h_4) \tag{4-116}$$

3. 功率及效率

滚动转子式压缩机的功率、效率的定义及其物理意义和往复式压缩机一样，但是在计算公式和效率的数值上略有出入。

（1）等熵功率。等熵功率用 W_{is} 表示，单位为 kW，其计算式为：

$$W_{is} = \frac{\dot{V}_a}{3600 v_1}(h_2 - h_1) \tag{4-117}$$

（2）指示功率和指示效率。指示功率用 W_i 表示，单位为 kW，其计算式为：

$$W_i = W_{is} \cdot \eta_i \tag{4-118}$$

$$\eta_i = \frac{\lambda_T \lambda_l \dfrac{\kappa}{\kappa-1}(\varepsilon^{\frac{\kappa-1}{\kappa}}-1)}{\dfrac{n'}{n'-1}(\varepsilon'^{\frac{n'-1}{n'}}-1)} \qquad (4\text{-}119)$$

式中　η_i——指示效率，反映了滚动转子式压缩机中的气体流动损失、热交换损失及泄漏损失；

　　　ε——压缩比，$\varepsilon = p_2/p_1$，ε' 为实际压缩比，$\varepsilon = (p_2+\Delta p_2)/(p_1+\Delta p_1)$，$\Delta p_1$ 和 Δp_2 分别为吸排气阻力；

　　　κ——绝热指数；

　　　n'——多变压缩指数。

（3）机械效率 η_m。它反映了机械摩擦损失的大小，包括滑动轴承摩擦损失、滑片运动摩擦损失、惯性力不平衡产生的附加损失以及机构损失（如液压泵供油耗功可计入机构损失）等。通常，对于中温全封闭滚动转子式压缩机，$\eta_m = 0.75\sim0.85$；而冰箱用滚动转子式压缩机 $\eta_m = 0.40\sim0.70$。

（4）电动机效率 η_{mo} 及电效率 η_{el}。电动机效率反映了电动机的损失，即反映电动机转子的铁损、定子绕组的铜损，与风机运行工况、冷却介质、安装结构有关，一般地，小冰箱的 $\eta_{mo} \leqslant 0.65$，商用制冷机的 $\eta_{mo} \leqslant 0.8$。电效率 η_{el} 反映了电动机输入功在压缩机中利用的完善程度。全封闭滚动转子式压缩机的电效率比较低，通常在 $0.4\sim0.55$ 之间。图 4-90 给出了不同制冷量时电效率与压力比的变化关系，制冷量大则电效率要高些，同一制冷量下存在与较高电效率相对应的最佳压力比。

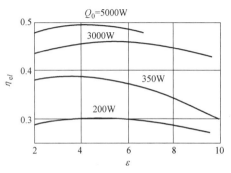

图 4-90　全封闭压缩机滚动转子式压缩机电效率曲线

4.10.4 滚动转子式压缩机的能量调节

滚动转子式压缩机的能量调节有变频调节、旁通调节和多机并联调节三种方法。

1. 变频调节

采用变频调速技术进行滚动转子式压缩机的能量调节，使其制冷量与制冷系统的负荷协调一致变化，在各种负荷条件下具有较高的能效比。滚动转子式压缩机的变频调节有交流变频器调速法和直流变频器调速法两种。

在交流变频器调速中，感应电动机的转速与交流电输入频率的关系为：

$$n = \frac{60f(1-s)}{P} \qquad (4\text{-}120)$$

式中　n——感应电动机转速，r/min；

　　　f——交流电输入频率，Hz；

　　　s——电动机转差率；

　　　P——电动机极对数。

假定 s 为常量，改变交流电频率就可以改变电动机转速，压缩机的排气量与电动机转速成正比，从而实现了制冷量连续调节的目的。使交流电频率发生连续变化的装置是变频器，它首先通过整流器将交流电转换为直流电，然后再通过逆变器将直流电转换成频率可变（在 30～120Hz 范围内变化）的交流电，如图 4-91 所示。变频器分为脉宽调制（PWM）方式和脉幅调制（PAM）方式两种，当前，空调器用制冷压缩机的变频器多采用性能较好的电压源型 PWM 方式，即采用电压/频率控制系统。

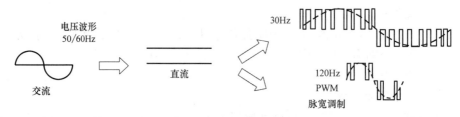

图 4-91　交流变频器电压波形图

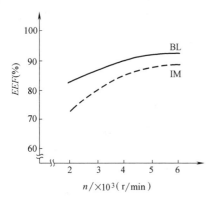

图 4-92　直流电动机与交
流电动机效率比较

直流变频器是将 50Hz 或 60Hz 固定频率的交流电转变成直流电，对直流电动机进行调速，省去了交流变频器中又将直流变成交流的环节。比较交流电动机和直流电动机效率曲线（见图 4-92）可以看出，在低转速下直流电动机效率比交流电动机高 10%，在高速范围内约高 4%。目前，直流变频器的调速范围在 1500～8250r/min。

但变频调节也给滚动转子式压缩机带来相应的问题，比如，运动部件的磨损增加；排气阀流动损失增加，阀门使用寿命降低；润滑油循环率随着转速的增加而增加，降低了换热器性能，增加了管路阻力，容易造成压缩机润滑油不足。因此，应适当控制滚动转子压缩机往高速变频运行时间。

2. 旁通调节

图 4-93 为滚动转子式制冷压缩机旁通调节示意图，在压缩机气缸设置旁通孔 D，使一部分压缩后气体返回吸气腔，实现对压缩机排气量的调节，排气量调节范围一般为 70%～100%。

3. 多机并联调节

当空调系统需要的制冷量（或制热量）在较大范围内变化时，可采用多台压缩机并联进行制冷量调节，该方式是比较高效、经济的调节方式，可以减少单台压缩机的停机次数，延长压缩机的寿命。多机并联运行是按制冷量大小的需要，可以只运行一台压缩机，也可以多台或全部压缩机同时运行，但要求各台压缩机之间应保持合适的间隔，以便维修方便而又不失机组的紧凑。

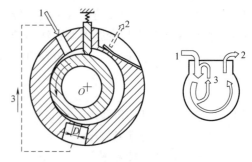

图 4-93　单缸压缩机旁通调节示意图

多级并联系统中必须有油平衡管和气平衡管，排气管上应安装单向阀，总吸气管应有吸气过滤器及气液分离器。多台并联运行时对自动控制部分要求较严格,如:电动机保护器的触点应串联,以确保当某台压缩机出现保护时,所有压缩机均应停机等。对系统启动特性的要求是,应满足当一台或两台压缩机运行时,第二台或第三台应通过最差工况(即通过最低电压、最高负荷、最大压差)的启动试验。

4.11 涡旋式制冷压缩机

涡旋式压缩机最早是由法国人 Creux 发明,1905 年获得美国专利。但直至 20 世纪 70 年代,美国才研制出第一台氦气涡旋式压缩机。1982 年日本产出汽车空调用涡旋式制冷压缩机。随后,涡旋式制冷压缩机以其效率高、体积小、质量轻、噪声低、结构简单且运转平稳等特点,成为功率在 1~15kW(单机制冷量在 2.2~39kW)范围内倍受青睐的容积式制冷压缩机。

4.11.1 涡旋式压缩机结构与工作过程

1. 主要结构

涡旋式制冷压缩机主要由定涡旋盘(以下简称定盘)、动涡旋盘(以下简称动盘)、导向盘、偏心轴、电动机、润滑油过滤器及机身等组成,如图 4-94 所示。螺旋形的定、动盘偏心并相差 180°对置安装,定、动盘之间在沿轴线方向上形成几条线接触,涡旋盘型线的顶部与相对的涡旋盘底部相接触,于是在定、动盘之间就形成了一系列月牙形空间,称为涡旋式压缩机的基元容积,如图 4-95 所示。在动盘绕定盘作旋转时,外圈月牙形空间便会不断向定盘中心移动,使基元容积不断缩小。定盘的最外侧开有吸气口,在顶部端

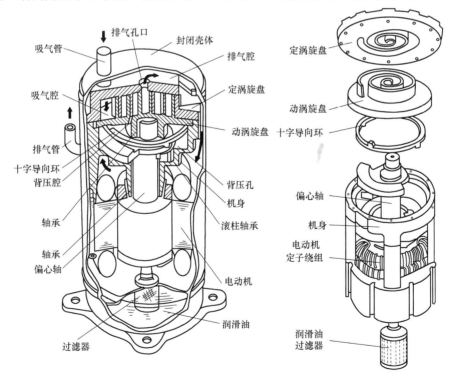

图 4-94 涡旋式制冷压缩机主要结构及分解图

135

面中心部位开有排气口, 压缩机工作时, 气体从吸气口进入最外侧月牙形空间, 随着动盘的运动, 气体被逐渐推向中心空间, 且容积不断缩小而压力不断升高, 直至与中心排气口相通, 高压气体被排出压缩机。

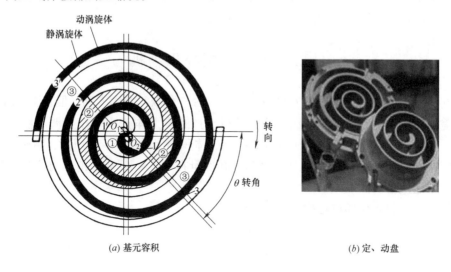

(a) 基元容积　　　　　　　　　　(b) 定、动盘

图 4-95　涡旋式压缩机的基元容积示意图

2. 工作过程

涡旋式制冷压缩机的工作过程包括吸气、压缩和排气三个过程, 如图 4-96 所示, 其中曲轴转角间隔为 120°。

(1) 吸气过程。如图 4-96 (a) 所示, 动盘中心 O_2 位于定盘中心 O_1 的右侧, 涡旋外圈两个月牙形空间刚好封闭且充满气体, 完成了吸气过程 (图中阴影部分)。

(2) 压缩过程。随着曲轴的旋转, 动盘作回转平动, 动、定盘保持良好的啮合, 外圈月牙形空间中的气体不断向中心推移, 容积不断缩小, 压力逐渐升高, 实现压缩过程, 如图 4-96 (b) ～ (f) 所示。

(3) 排气过程。当两个月牙形空间汇合成一个中心腔室 [见图 4-96 (g)] 并与排气口相连通时, 压缩过程结束, 开始进入排气过程 [见图 4-96 (g) ～ (j)], 直到中心腔室消失, 则排气过程结束, 如图 4-96 (j) 所示。

图 4-96 给出的涡旋旋转圈数为三圈, 最外侧两个封闭的月牙形工作腔完成一次压缩和排气过程, 曲轴旋转了三周 (即曲轴转角 θ 从 0° 到 1080°), 涡旋体外圈分别开启和闭合了三次, 即完成了三次吸气, 也就是每当最外圈形成了两个封闭的月牙形空间并开始向中心推移成为内工作腔时, 一个新的吸气过程就开始形成。因此, 在涡旋式压缩机中, 吸气、压缩、排气过程是同时和相继在不同的月牙形空间中完成的, 外侧空间与吸气口相通即吸气, 中心腔室空间与排气口相通即排气, 而中间的月牙形空间则一直在进行压缩过程。所以, 涡旋式制冷压缩机基本上是连续地吸气和排气, 并且从吸气开始至排气结束需经动盘的多次回转平动才能完成。

涡旋式制冷压缩机转矩较均衡, 气流脉动小, 振动小, 噪声低。由于各月牙形空间之间的压差较小, 因此泄漏少; 吸气、排气分别在涡旋的外侧和内侧完成, 减小了吸气被加

(a) $\theta=0°$ (b) $\theta=120°$ (c) $\theta=240°$ (d) $\theta=360°$

(e) $\theta=480°$ (f) $\theta=600°$ (g) $\theta=720°$

(h) $\theta=840°$ (i) $\theta=960°$ (j) $\theta=1080°$

图 4-96 涡旋式压缩机工作过程

热的程度；涡旋式制冷压缩机余隙容积中的气体没有向吸气侧膨胀的过程，且不需要进气阀等，所以容积效率高，可靠性高。

4.11.2 涡旋式压缩机的种类及特点

1. 压缩机种类

涡旋式制冷压缩机有立式和卧式之分。图 4-94 为全封闭涡旋式压缩机，在该压缩机中，低压气体从机壳顶部吸气管直接进入涡旋体四周，高压气体由定盘的中心排气口进入排气腔，通过排气通道被导入机壳下部去冷却电动机，并将润滑油分离出来，高压气体则由排气管排出压缩机。采用排气冷却电动机的结构，减少了吸气过热度，提高了压缩机的效率；又因机壳内是高压排出气体，使得排气压力脉动很小，因此，振动和噪声都很小。该压缩机的润滑系统是利用压差供油方式，机壳下部油池中的润滑油经过滤器从曲轴中心油道进入中间压力室，又随被压缩气体经中心压缩室排到封闭的机壳中，其间润滑了涡旋体型面，同时润滑了轴承及十字联接环等，也冷却了电动机。润滑油经过油气分离后流回油池。

图 4-97 是一台卧式全封闭涡旋式压缩机，它适用于压缩机高度受到限制的制冷设备。气体由吸气管进入涡旋体外部空间，经压缩后由排气口通过排气阀排入机壳，冷却电动机后经排气管排出。该压缩机的润滑系统采用摆线形转子液压泵供油，通过曲轴中心上的孔供给各个需要润滑和密封的部位，解决了卧式压缩机润滑油进入各润滑部位的困难，也避免了排出的制冷剂含油过多等问题。

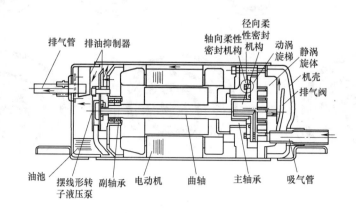

图 4-97 卧式涡旋式制冷压缩机结构示意图

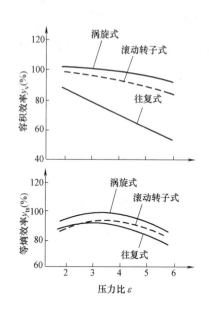

图 4-98 不同类型压缩机容积效率和等熵效率比较

2. 特点

在制冷量相同的条件下，涡旋式制冷压缩机与往复式压缩机、滚动转子式压缩机相比具有许多优点。

（1）效率高。涡旋式压缩机的吸气、压缩、排气过程是连续、单向进行的，因而吸入气体的有害过热小；相邻工作腔之间的压差小，气体泄漏少；没有余隙容积中气体向吸气腔的膨胀过程，容积效率就高，通常高达 95％以上；运动速度低，摩擦损失小；没有吸气阀，也可不设置排气阀，所以气体流动损失小。涡旋式压缩机的效率比往复式压缩机约高 10％。图 4-98 是涡旋式、往复式、滚动转子式三种压缩机的容积效率和等熵效率随压缩比而变化的对比图，显然，涡旋式制冷压缩机性能较好。

（2）力矩变化小，振动小，噪声低。图 4-99 是涡旋式、滚动转子式、往复式三种压缩机的瞬时转矩变化曲线，可见，涡旋式压缩机曲轴转矩变化很小，仅为滚动转子式压缩机和往复式压缩机的 10％，压缩机运转平稳；又因为涡旋式压缩机的吸气、压缩、排气是连续进行的，所以进气、排气的压力脉动很小，压缩机振动和噪声很小。

（3）结构简单，体积小，质量轻，可靠性高。涡旋式压缩机构成压缩室的零件数目与

滚动转子式压缩机、往复式压缩机的零件数目之比为
1∶3∶7，所以涡旋式压缩机的体积比往复式压缩机小
40%，质量轻15%；又由于没有吸气阀和排气阀，易
损零件少，加之有轴向、径向间隙可调的柔性机构，
能避免液击造成的损失及破坏，因此，涡旋式压缩机
的可靠性高；即使在高转速下运行涡旋式压缩机也可
保持高效率和高可靠性，其最高转速可达13000r/min。

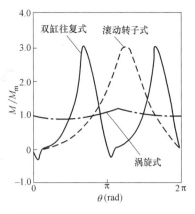

图 4-99　不同类型压缩机转矩比比较

　　尽管涡旋式制冷压缩机的优点很多，但需要高精
度的加工设备和装配技术，这很大程度上限制了它的
发展和应用。目前，涡旋式制冷压缩机还仅限于功率
在1~15kW的空调器中应用。

4.11.3　涡旋式压缩机的制冷量与功率

　　同样，为计算涡旋式压缩机的制冷量和功率，必
须计算其实际排气量。涡旋式压缩机的理论排气量应为吸气容积与压缩机转速的乘
积，即：

$$\dot{V}_{th}=60nV_s=240n\pi^2r^2h(\pi-2\alpha)(2N-1) \tag{4-121}$$

式中　$\dot{V}_{th}$——理论排气量，m^3/s；

　　　　n——转速，r/min；

　　　　V_s——吸气容积，m^3；

　　　　r——涡旋基圆半径，m；

　　　　h——涡旋体高度，m；

　　　　α——涡旋渐开线起始角，°；

　　　　N——压缩腔室对数。

　　在知道涡旋式压缩机的理论排气量之后，其实际排气量为：

$$\dot{V}_a=\eta_v\dot{V}_{th} \tag{4-122}$$

式中　$\dot{V}_a$——实际容积排气量，m^3/s；

　　　　η_v——容积效率，涡旋式压缩机的容积效率的定义与往复式相同，即：

$$\eta_v=\lambda_v\lambda_p\lambda_T\lambda_l \tag{4-123}$$

式中　λ_v——容积系数，由于涡旋式压缩机没有余隙容积中的气体向吸气腔的膨胀过程，
　　　　　　因此，$\lambda_v=1$；

　　　　λ_p——压力系数，由于涡旋式压缩机没有吸气阀，吸气为吞吸式，吸气压力损失很
　　　　　　小，因此，$\lambda_p=1$；

　　　　λ_T——吸气预热系数，由于涡旋式压缩机的吸气腔在最外侧，吸气加热不大，因此
　　　　　　近似地认为$\lambda_T=1$。

　　因此，对于涡旋式压缩机而言，影响容积效率的因素只有泄漏系数了，但由于涡旋式
压缩机各圈压缩空间的压力差不大，于是泄漏量也较小且为内泄漏，在密封完善时其泄漏
量很小，因此，涡旋式压缩机的容积效率均在0.95以上，这是其他容积式压缩机所不能

比拟的优点。

在知道涡旋式压缩机的实际排气量之后，即可计算其制冷量和功率。涡旋式压缩机的功率包括指示功率和轴功率，可以参照往复式压缩机的计算，也可参照文献［2］来计算，这里不再赘述。

4.11.4　涡旋式压缩机的能量调节

与滚动转子式压缩机一样，涡旋式压缩机可通过变转速调节、多机并联调节和旁通调节三种方法来改变其排气量，实现对压缩机制冷量的调节。

图 4-100 给出了采用变频调节的三种压缩机（往复式、滚动转子式、涡旋式）的容积效率的对比关系图。若以 60Hz 时涡旋式压缩机的效率为 100% 计，从图中可以看出，三种压缩机的容积效率开始都随频率的增加而上升（因为频率增加则转速增加，进而使泄漏减少，容积效率上升），但当频率超过 80Hz 以后，往复式压缩机的容积效率开始下降，而涡旋式压缩机和滚动转子式压缩机的容积效率仍继续上升，这与涡旋式压缩机循环周期长、没有吸气阀有很大关系。因此，涡旋式压缩机和滚动转子式压缩机比较适用于转速在较大范围内变化的场合。

图 4-101 为涡旋式压缩机变速调节时的振动特性与往复式压缩机和滚动转子式压缩机的对比关系图。仍以 60Hz 时涡旋式压缩机的振动加速度比为 100% 计，从图中可以看出，随频率的增加，涡旋式压缩机的振动水平均增加，但在任一频率下涡旋式压缩机的振动都比往复式压缩机和滚动转子式压缩机低。其原因是涡旋式压缩机的压缩过程长，转矩变化平缓，动力平衡性能好，所以振动水平低，噪声也较低。

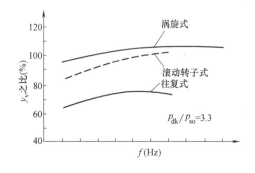

图 4-100　不同类型压缩机在变
频调节下的容积效率特性

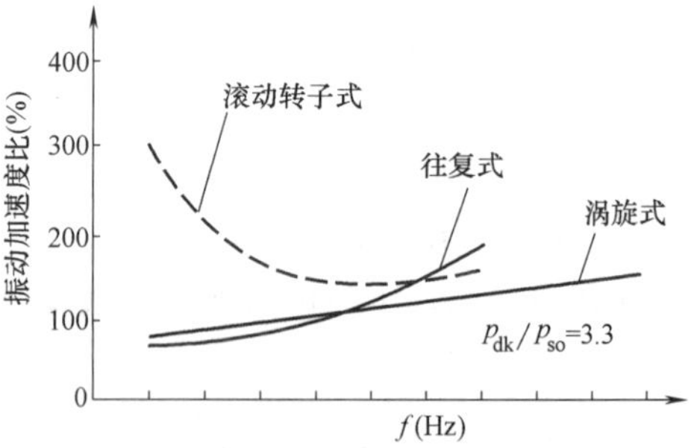

图 4-101　不同类型压缩机在变频调节下的振动特性

综上，涡旋式压缩机比往复式和滚动转子式压缩机适用于更宽的转速变化范围，非常适于在空调制冷设备中应用。

另外，同滚动转子式制冷压缩机一样，涡旋式制冷压缩机也可以采用多机并联运行调节方法和变容量旁通调节方法，具体实现方法可参考文献［2］，本书不再赘述。

本 章 习 题

4.1　活塞式压缩机的结构分哪几部分？各部分均有哪些功能？

4.2　一台转速、结构一定的理想往复式压缩机，理论容积流量和质量流量是否是常数？为什么？

4.3　往复式压缩机的实际示功图与理想压缩机的示功图相比，有什么差异？

4.4 什么是往复式压缩机的指示容积效率？与哪些因素有关？

4.5 什么是压缩机的预热系数？与哪些因素有关？都有哪些压缩机应该考虑预热系数？

4.6 什么是压缩机的气密性系数？与哪些因素有关？

4.7 往复式压缩机的轴功率包含哪几项？

4.8 一台氨制冷压缩机标准工况下的轴功率与另一台氨压缩机空调工况下轴功率相等，问哪一台压缩机的活塞排量大？为什么？

4.9 螺杆式压缩机与活塞式压缩机相比有何特点？

4.10 螺杆式压缩机在气缸内喷油有何作用？

4.11 分析影响螺杆式压缩机容积效率的因素。

4.12 试分析螺杆式压缩机内容积比对压缩机功耗的影响。

4.13 试述螺杆式压缩机制冷量调节的方法。

4.14 试述离心式压缩机的构造特点和优缺点。

4.15 离心式压缩机的内功率包含哪几项？

4.16 试分析叶轮理论能量头与流量的关系。

4.17 试分析叶轮转速提高受哪些因素的制约。

4.18 什么是离心式压缩机的喘振？如何避免？

4.19 一台转速一定的离心式压缩机，其工作范围有无限制？

4.20 试述离心式压缩机制冷量调节的方法。

4.21 有一台空冷式冷水机组，制冷量为 300kW，冷水供、回水温度分别为 7℃ 和 12℃，空气温度为 35℃，制冷剂为 R134a，计算理论压缩机功率（等熵压缩）和制冷系数。

4.22 有一台往复式压缩机，蒸发温度为 −10℃，冷凝温度为 40℃，制冷剂为 R134a。计算容积效率和指示效率。

4.23 有一台 8 缸压缩机，气缸直径为 170mm，活塞行程为 140mm，转速为 720 r/min，求活塞排量。

4.24 有一台 4 缸往复式制冷压缩机，气缸直径为 100mm，活塞行程为 70mm，转速为 960r/min，压缩机无余隙。若制冷剂为 R22，工况为：冷凝温度为 30℃，蒸发温度为 −15℃，按饱和循环工作，求这台压缩机的理论制冷量。

4.25 有一台往复式氨制冷压缩机，活塞排量为 285m³/h，试比较下述三种工况下的理论制冷量：(1) 冷凝温度为 40℃，蒸发温度为 5℃；(2) 冷凝温度为 40℃，蒸发温度为 −5℃；(3) 冷凝温度为 30℃，蒸发温度为 5℃（设三种工况均为饱和循环）。

4.26 有一台理论容积流量为 380m³/h 的往复式制冷压缩机，运行工况为：冷凝温度为 40℃，蒸发温度为 0℃，吸气温度为 5℃，节流前无过冷，试求用 R22、R717、R134a 作制冷剂时的理论制冷量。

4.27 有一台活塞排量为 0.011m³/s 的 R134a 理想压缩机，压缩机吸气是 −5℃ 的饱和蒸汽，排气压力为 30℃ 的饱和压力，求压缩机功率。

4.28 有一台理论容积流量为 450m³/h 的往复式制冷压缩机，若运行工况为：冷凝温度为 30℃，蒸发温度为 −10℃，吸气温度为 15℃，按回热循环工作，试求压缩机的理论制冷量和功率。

4.29 有一台 4 缸 R22 往复式制冷压缩机，缸径为 70mm，活塞行程为 55mm，转速为 1440r/min；运行工况为：冷凝温度为 35℃，蒸发温度为 −10℃，吸气温度为 15℃，按回热循环工作，试估算压缩机实际制冷量。

4.30 有一台活塞排量为 0.1m³/s 的氨制冷压缩机，运行工况为：冷凝温度为 40℃，蒸发温度为 −5℃，吸气温度为 10℃，试为该压缩机选配电机。

4.31 有一个 R22 制冷系统，制冷量为 90kW，运行工况为：冷凝温度为 40℃，蒸发温度为 −5℃，吸气过热度为 10℃，采用回热循环，试为该系统确定压缩机活塞排量。

4.32　有一台标准制冷量为 54kW 的氨往复式压缩机,求在冷凝温度为 35℃、蒸发温度为 −10℃时的制冷量。

4.33　有一台标准制冷量为 256kW 的往复式氨制冷压缩机,配用功率为 95kW 的电机。问用在制冷量为 510kW、运行工况为冷凝温度为 40℃、蒸发温度为 5℃的系统中是否可以?

4.34　一台 R22 制冷压缩机,在冷凝温度为 40℃、蒸发温度为 5℃时的制冷量为 100kW。若压缩机吸气节流到 −10℃的饱和压力,问这时压缩机的制冷量为多少?

4.35　有一台 R134a 制冷压缩机,运行工况为冷凝温度为 30℃、蒸发温度为 5℃,按饱和循环工作。若采用热汽旁通调节制冷量,旁通流量为 30%,问压缩机的制冷量和理论耗功率是原来的百分之多少?

4.36　有一台往复式压缩机,制冷量为 200kW,蒸发温度为 −10℃,冷凝温度为 40℃,制冷剂为 R717,试计算压缩机电机的电功率、压缩机排气量、气缸直径和活塞行程,标准工况下的制冷量。

本章参考文献

[1]　陆亚俊,马最良,姚杨. 空调工程中的制冷技术. 哈尔滨:哈尔滨工程大学出版社,1997.

[2]　缪道平,吴业正. 制冷压缩机. 北京:机械工业出版社,2001.

[3]　董天禄. 离心式/螺杆式制冷机组及应用. 北京:机械工业出版社,2002.

第 5 章　制冷系统的冷凝器与蒸发器

蒸气压缩式制冷系统中的换热设备包括冷凝器、蒸发器、回热器等，其中，冷凝器和蒸发器的结构形式和传热能力对制冷系统的性能有着决定性的影响。本章旨在强化冷凝器和蒸发器设计计算方法的介绍，并按照统一的思路和方法，先后介绍了冷凝器和蒸发器的种类与特点、共性设计计算方法、常用冷凝器和蒸发器设计计算案例，常用冷凝器包括卧式冷凝器、空冷冷凝器、板式冷凝器和蒸发式冷凝器，常用蒸发器包括干式蒸发器、满液式蒸发器、冷却空气蒸发器和板式蒸发器。

5.1　冷凝器的种类与特点

冷凝器的作用是将压缩机排出的高温高压制冷剂蒸气冷却、凝结成饱和液体、甚至是过冷液体，向冷却介质（如空气、水等）或环境释放冷凝热。按照所使用的冷却介质和冷却方式的不同，冷凝器有以水作为冷却介质的水冷式、以空气作为冷却介质的风冷式（也称为空冷式）、以水和空气作为冷却介质的蒸发式三种类型。

5.1.1　水冷式冷凝器

水冷式冷凝器是依靠冷却水带走制冷剂释放的冷凝热量。冷却水可一次性使用，也可循环使用；在循环使用时，冷却水系统须配有冷却塔或冷水池，以保证循环水不断得到冷却。根据结构形式的不同，水冷冷凝器又分为壳管式、套管式和焊接板式三种。

1. 壳管式冷凝器

壳管式冷凝器的结构形式分为卧式和立式两种，分别如图 5-1 和图 5-2 所示[1]。壳体一般用钢板卷制（或无缝钢管）焊接而成，换热管通过胀接方法固定方式在管板上。

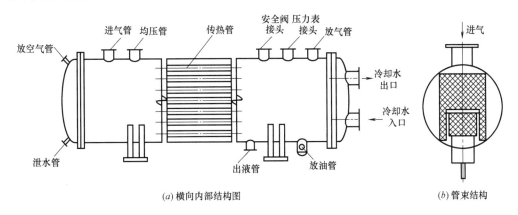

(a) 横向内部结构图　　　　　　　　　　　　　(b) 管束结构

图 5-1　卧式壳管式冷凝器

（1）卧式壳管式冷凝器。如图 5-1 所示，该类冷凝器设有左右封头，冷却水从一侧封头进水管进入冷凝器，在管内流动换热，经若干个管程（水在换热管内每流过一次的长度称为一个管程）后由同侧封头出水管流出。在冷凝器内，管束上部进气口处设有带有小孔的防冲击板，以避免高压蒸气直接冲击冷凝管束，同时具有均匀分气的作用。冷凝后的制冷剂在冷凝器下部进入浮球阀室，经节流后进入蒸发器。国产卧式壳管式冷凝器一般为4～10 个管程；管程越多，水侧流动阻力越大，冷却水泵功耗越大。壳体下部常设有集污包，集污包上设有放油管；壳体上部有压力表、温度计、安全阀、均压管、空气排放阀等。卧式冷凝器适于小、中和大型制冷系统，冷却水进出口温差一般为 4～8℃。卧式冷凝器的缺点是换热管内水垢和铁锈清洗难，对水质要求高，渗漏不易被发现，水侧流动阻力大。

（2）立式壳管式冷凝器。如图 5-2 所示，制冷剂蒸气从立式冷凝器壳体上部进入，在竖直管束外冷凝成液体后从壳体下部流出。立式冷凝器内部可以设置支撑板，既起到支撑竖直管束的作用，又可以及时导走冷凝液，提高换热效率。冷却水进出口温差一般为 1.5～4℃，平均传热温差为 4～6℃。用氨作为制冷剂时，传热系数约为 700～814W/(m^2 · K)，热流密度约为 4071～4652W/m^2[2]。立式冷凝器适于大中型氨制冷系统，占地面积小，适于室外安装；对水质要求不高，河水、湖水、污水都可作为冷却水，管内污垢易清洗。

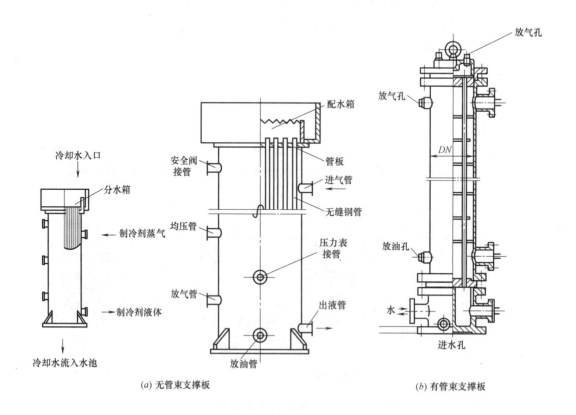

(a) 无管束支撑板　　　　　　　　　　(b) 有管束支撑板

图 5-2　立式壳管式冷凝器

2. 套管式冷凝器

如图 5-3 所示，套管式冷凝器是将不同直径的管子套在一起，并弯成螺旋形或蛇形水冷式冷凝器。制冷剂蒸气从上部进入大小管之间的圆环截面通道，被冷却水冷却、凝结后，冷凝液从下部排出；冷却水从下部进入小管道，与制冷剂形成逆流换热后从上部流出。当水速为 $1\sim2\mathrm{m/s}$ 时，传热系数在 $930\mathrm{W/(m^2 \cdot K)}$ 左右。套管式冷凝器结构简单，换热效果好，但水侧流动阻力大，水垢不易清除，一般用于小型氟利昂制冷装置中。

图 5-3 套管式冷凝器

图 5-4 全焊接板式冷凝器

3. 焊接板式冷凝器

如图 5-4 所示，焊接板式冷凝器由许多金属板片经焊接密封组合而成（称为全焊接；若仅将两片一组焊在一起，各组之间通过密封垫紧压组合在一起，称为半焊接），制冷剂蒸气从上部右侧接口进入冷凝器，冷却、凝结后的冷凝液从同侧下部接口排出；冷却水从下部的左侧进入冷凝器，从同侧上部接口排出，制冷剂与冷却水呈逆流换热过程。板片间距一般为 $2\sim5\mathrm{mm}$，板片厚度约 $0.5\mathrm{mm}$，可承受约 $3\mathrm{MPa}$ 的压力。板式冷凝器优点显著，在相同负荷下，板式冷凝器的体积仅为壳管式冷凝器的 $1/3\sim1/6$，重量只有壳管式冷凝器的 $1/2\sim1/5$，制冷剂充注量仅为 $1/7$。冷却水进出口温差一般为 5℃，平均换热温差为 $5\sim7\text{℃}$，传热系数 K 为 $1650\sim2300\mathrm{W/(m^2 \cdot K)}$。板式冷凝器的缺点是，内部渗漏不易发现，且无法修复；板间距小、易堵塞，水垢不易清除。板式冷凝器常用于 $1.2\sim350\mathrm{kW}$ 的制冷系统中。

5.1.2 空冷式冷凝器

空冷式冷凝器也称为风冷式冷凝器，以空气为冷却介质，制冷剂在管内冷却、凝结，空气在管外流动带走冷凝热。根据空气流动方式的不同，空冷式冷凝器又分为自然对流式和强迫对流式两种，分别如图 5-5 和图 5-6 所示。

（1）空气自然对流式冷凝器。如图 5-5 所示，它是在蛇形管的两侧焊有 $\phi1.4\sim1.6\mathrm{mm}$ 的钢丝，以加大传热面积，提高空气侧传热系数，钢丝间距一般为 $4\sim10\mathrm{mm}$。该冷凝器不需要风机，没有噪声，用于小型制冷装置。换热管一般采用复合钢管（管外镀铜，又称作帮迪管），以便与钢丝焊接，传热系数可达 $15\sim17.5\mathrm{W/(m^2 \cdot K)}$。

（2）空气强制对流式冷凝器。如图 5-6 所示，它由一组或几组带有肋片的盘管组成，盘管采用 $\phi10\sim16\mathrm{mm}$ 的铜管；肋片一般采用厚度为 $0.2\sim0.4\mathrm{mm}$ 的铝片，肋片间距一般为 $2\sim4\mathrm{mm}$，由轴流风机迫使空气流过肋片间隙，通过肋片及管外壁与管内制冷剂蒸气进行热交换，带走冷凝热。设计迎面风速一般为 $2.5\sim3.5\mathrm{m/s}$，每千瓦制冷量的配风量为

$300\sim400\text{m}^3/\text{h}^{[2]}$，传热系数为 $25\sim35\text{W}/(\text{m}^2\cdot\text{K})$；空调用制冷系统中，冷凝温度与空气入口温度之差一般在 $15℃$ 左右，管排数一般取 $4\sim6$ 排为好。该类冷凝器结构紧凑，换热效果好，制造简单，适用于中、小型氟利昂制冷装置。

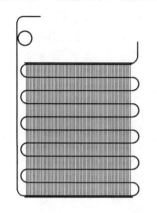

图 5-5　空气自然对流式冷凝器

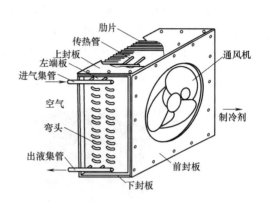

图 5-6　空气强迫对流式冷凝器

空冷式冷凝器不需冷却水，适于缺水地区。但其传热系数比水冷式冷凝器的低，相同换热负荷下的空冷式冷凝器换热面积比水冷式冷凝器的大，传热温差、冷凝压力都比水冷式冷凝器大，冷凝温度在同一地区比水冷式冷凝器高 $7\sim16℃$。

5.1.3　蒸发式冷凝器

如图 5-7 所示，蒸发式冷凝器由制冷剂系统、水系统和空气系统构成。制冷剂蒸气从盘管上部进入冷凝器，在盘管内冷却、凝结释放出冷凝热后从下部流出。水系统由水泵、水池、布水器、浮球阀、放水阀和补水系统构成；水由水泵供到布水器，由喷嘴喷淋到传热管外表面，形成水膜、吸收部分冷凝热后蒸发为水蒸气，被空气带走；没有蒸发的水（也吸收了部分冷凝热）则滴落到下部的水池中。空气系统由进气口、冷凝器箱体、挡水栅和轴流风机等构成；挡水栅阻挡空气中的水滴，减小水耗；空气流经冷凝器时，在盘管外吸收部分冷凝热并带走水蒸气后由轴流风机排出。蒸发式冷凝器内制冷剂、冷却水和空

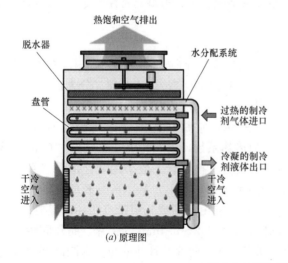

(a) 原理图

(b) 外形结构

图 5-7　蒸发式冷凝器

气三种工质温度变化如图 5-8 所示[3]。

为降低从盘管滴落到水池中的冷却水温度,可在盘管下增设填料冷却层,构成了如图 5-9 所示的盘管/填料蒸发式冷凝器,这样,喷淋到盘管上的水温要比蒸发式冷凝器低,有利于提高制冷系数。

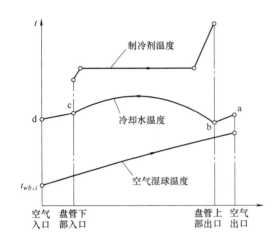

图 5-8　蒸发式冷凝器工质温度分布图[3]　　　　图 5-9　盘管/填料型蒸发式冷凝器[3]

对于蒸发式冷凝器,冷凝温度 t_c 与入口空气湿球温度 $t_{s.in}$ 之差为 $10\sim15℃$;对于氨制冷系统,焓差推动下的传热系数 K_{ec} 约为 $55kg/(m^2 \cdot s)$,对于 R22 和 R134a 制冷系统,K_{ec} 约为 $49kg/(m^2 \cdot s)$[3]。一般来说,K_{ec} 随着冷凝温度 t_c 和湿球温度的降低而增大。与水冷式和空冷式冷凝器相比,蒸发式冷凝器具有以下特点:

(1) 与直流供水(江、海、湖、河、污水)的水冷式冷凝器相比,节省水;理论上蒸发式冷凝器的耗水量是水冷式冷凝器的 $1\%\sim1.5\%$,考虑到漂水等损失,实际耗水量为水冷式的 $2\%\sim2.5\%$。与水冷式冷凝器+冷却塔组合系统相比,蒸发式冷凝器结构更紧凑,蒸发温度相差不大。与空冷式冷凝器相比,蒸发式冷凝器的冷凝温度较低,尤其在干燥地区更加明显;在全年运行时,冬季可按照空冷式蒸发器运行,即不需要喷淋循环水。

(2) 蒸发式冷凝器既消耗水泵功耗,又消耗风机功耗,但其风机和水泵功率都不大,一般地,1kW 的热负荷所需要的循环水量为 $50\sim70kg/h$、空气流量为 $85\sim170m^3/h$,而水泵和风机的电耗为 $200\sim300W$。

(3) 蒸发式冷凝器的冷凝盘管容易腐蚀,管外容易结垢。

(4) 蒸发式冷凝器的工作性能与环境空气的湿球温度关系很大,湿球温度越高,冷凝温度也就越高,不利于制冷系统的运行。因此,蒸发式冷凝器设计和选用要充分考虑当地空气的湿球温度,并合理配置风量、水循环量等。

5.2　冷凝器设计计算方法

在上述各类冷凝器中,水冷式冷凝器和空冷式冷凝器属于依靠冷却介质的温升带走冷凝热的冷凝器,称为显热换热冷凝器;而蒸发式冷凝器是依靠潜热换热带走冷凝热的冷凝器,称为潜热换热冷凝器,二者传热设计计算方法不同。冷凝器设计计算的目的是确定其传热面积、型号、冷却介质（水或空气）流量和通过冷凝器时的流动阻力等关键参数。设计计算的基本思路：一是确定冷凝器的冷凝热量；二是确定传热系数和平均传热温差，由此即可计算出换热面积；三要确定冷凝器的类型、冷凝管种类、冷凝管布置方式等；最后确定冷凝器的型号、结构、阻力等参数。

5.2.1　冷凝热量和平均传热温差

1. 冷凝热量

对于水冷式和空冷式等显热换热冷凝器，其冷凝热量计算公式为：

$$\dot{Q}_c = K_c \cdot F_c \cdot \Delta t_{cm} \tag{5-1}$$

式中　$\dot{Q}_c$——冷凝热量，W；

　　　K_c——冷凝器传热系数，W/(m$^2 \cdot$K)；

　　　Δt_{cm}——冷凝器的平均传热温差，℃；

　　　F_c——冷凝器的传热面积，m^2。

由式（5-1）可知，只要确定了冷凝器的冷凝热量、传热系数和平均传热温差，即可计算出冷凝器的传热面积，进而可以确定冷凝器的型号等参数。需要说明的是，式（5-1）中冷凝器的传热系数 K_c 与换热面积 F_c 的取值有关，由于换热管内表面积不等于外表面积，因此，其对应的传热系数也不同，这将在后面的计算中予以说明。

若忽略压缩机、排气管路表面散热量，则冷凝器的冷凝热量应为：

$$\dot{Q}_c = \dot{Q}_e + \dot{W}_i \tag{5-2}$$

式中　$\dot{Q}_e$——蒸发器的制冷量，W；

　　　$\dot{W}_i$——压缩机的指示功率，W。

为简化计算，冷凝器的冷凝热量可表示为[4]：

$$\dot{Q}_c = c_0 \dot{Q}_e \tag{5-3}$$

式中　c_0——冷凝器负荷系数，其大小与蒸发温度、冷凝温度、气缸冷却方式以及制冷剂种类有关，负荷系数随着蒸发温度的降低、冷凝温度的升高而增大。对于氨制冷系统和氟利昂制冷系统，负荷系数可由图 5-10 查得[4]；对于往复式压缩机制冷系统，负荷系数可由图 5-11 查得[2]。

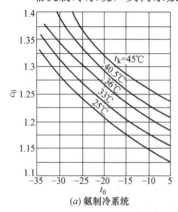

(a) 氨制冷系统

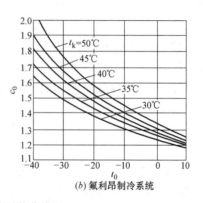

(b) 氟利昂制冷系统

图 5-10　冷凝器负荷系数曲线图

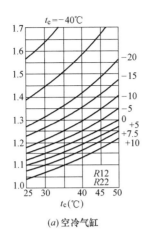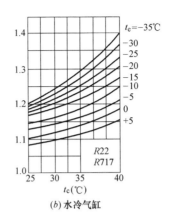

(a) 空冷气缸　　　　　　(b) 水冷气缸

图 5-11　往复式制冷系统的负荷系数曲线图

设冷却介质进出冷凝器的温升为 Δt_{cf}，则冷却介质的质量流量为

$$\dot{m}_{cf} = \frac{\dot{Q}_c}{c_{pf} \Delta t_{cf}} \tag{5-4}$$

式中　$\dot{m}_{cf}$——冷却介质的质量流量，kg/s；

c_{pf}——定性温度下冷却介质的定压比热，J/(kg·℃)。

2. 平均传热温差

制冷剂蒸气进入冷凝器后，制冷剂的状态将先后处于过热、饱和蒸气、气液两相、饱和液体和过冷等多种状态（见图 5-12），由此给冷凝器的传热计算来了较大的困难，为此，作如下近似处理。

（1）在过热区，制冷剂气体处于显热放热过程，其放热系数远小于相变换热系数，但传热温差较大，因此，在两相区和过热区的单位面积传热量可认为近似相同。

（2）在过冷区，由于冷凝器中过冷度较小，可忽略不计过冷区的换热量。

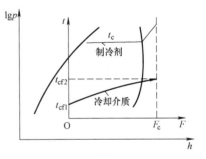

图 5-12　冷凝器中制冷剂和
冷却介质温度变化过程

于是，冷凝器的传热计算可不作分区处理，而把整个过程近似地作为汽液两相区来处理，并认为制冷剂的温度为定值（即等于冷凝温度 t_c）。这样，冷凝器的平均对数传热温差 Δt_{cm} 为：

$$\Delta t_{cm} = \frac{t_{cf2} - t_{cf1}}{\ln \dfrac{t_c - t_{cf1}}{t_c - t_{cf2}}} \tag{5-5}$$

式中　t_{cf1} 和 t_{cf2}——分别为冷凝器中冷却介质进出口温度，℃；

$\Delta t_{cf} = t_{cf2} - t_{cf1}$。

由式（5-5）可知，只要确定冷凝温度 t_c 和冷却介质进出口温度 t_{cf1} 和 t_{cf2}，就可求得

平均对数传热温差 Δt_{cm}。下面将分别分析相关参数的取值方法：

（1）冷却介质进口温度 t_{cf1} 的确定。t_{cf1} 取决于当地水源条件，并随季节而变化。对于直流式水冷冷凝器，t_{cf1} 取决于当地江、海、湖、河水温度；对于冷却塔＋水冷式冷凝器系统，t_{cf1} 取决于冷却塔出水温度，而冷却塔出水温度又取决于当地空气湿球温度，即 t_{cf1} 取决于当地空气湿球温度。

（2）冷凝温度 t_c 和冷却介质出口温度 t_{cf2} 的确定。首先，若 t_c 取值太高，则制冷量将下降，制冷系数将变小，压缩机耗电量将增大，不仅增加了系统的运行费用，而且需要选用较大型号的压缩机，增加初投资和运行费用；但提高冷凝温度，有利于增大冷凝器的平均传热温差，有利于减少冷凝器面积，有利于降低冷凝器投资。其次，若冷却介质出口温度 t_{cf2} 取值过高，则在 t_{cf1} 不变时冷却介质进出口温差将增大，则有利于减小冷却介质流量，进而降低冷却介质的输送能耗和运行费用；但冷却介质流量的减少又将引起冷却介质侧放热系数的减小，同时，t_{cf2} 的增高还会使平均传热温差变小，这样又需要加大冷凝器的面积，增加设备投资。综上，应综合考虑制冷系统的运行费和设备投资，合理地优化、确定冷凝温度 t_c 及冷却介质出口温度 t_{cf2}。

卧式壳管式冷凝器和套管式冷凝器的冷却水进出口温差（$t_{cf2}-t_{cf1}$）一般为 $4\sim8℃$，立式壳管式冷凝器的进出口温差一般为 $1.5\sim4℃$。对于空冷式冷凝器，其空气进出口温差一般不大于 $8℃$。

上述各类参数确定后，即可确定平均对数传热温差 Δt_{cm}。一般地，水冷式冷凝器的 Δt_{cm} 取 $5\sim7℃$，空冷式冷凝器的 Δt_{cm} 取 $8\sim12℃$。

5.2.2　冷凝换热管及管束效应

1. 冷凝换热管

在卧式壳管式冷凝器中，常用的冷凝换热管可分为光管、二位肋管和三维肋管（即高效传热管），如图 5-13 所示。冷凝管的发展先后经历了光管、低翅片管和高效传热管三个阶段[1]。19 世纪 50 年代以前，制冷剂多采用氨，冷凝器也多采用光滑钢管。

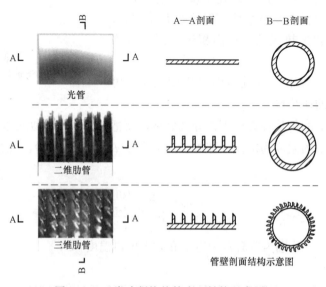

图 5-13　三类冷凝换热管表面结构示意图

氨卧式冷凝器通常采用 $\phi25\sim32\mathrm{mm}$ 的无缝钢管作为换热管。由于氟利昂在冷凝时的换热系数比氨低得多，所以，氟利昂卧式壳管式冷凝器一般采用低肋铜管（肋片型式有梯形和矩形）来强化氟利昂侧的冷凝换热，冷凝换热系数较相同规格光管大 $1.5\sim2$ 倍[1]。对于低肋管卤代烃，其传热系数 $K=700\sim900\mathrm{W/(m^2 \cdot K)}$；对于高效管卤代烃，其传热系数 $K=1000\sim1500\mathrm{W/(m^2 \cdot K)}$；R22 在水速为 $1.6\sim2.8\mathrm{m/s}$ 时传热系数可达 $1360\sim1600\mathrm{W/(m^2 \cdot K)}$。

随着氟利昂类工质的应用，铜管开始在冷凝器中应用。20 世纪 50 年代到 80 年代是低翅片管的发展时期，低翅片管从每英寸 16 翅、19 翅、21 翅、26 翅一直发展到今天的 50 翅[2]。1976 年日本日立公司开发出 Thermal excel-C 和 Thermal excel-E 高效冷凝管，随后美国 Wolverine 公司开发了 Turbo-C 型高效冷凝管，2000 年以后我国江苏萃隆精密铜管股份有限公司也开发出具有自主知识产权的高效冷凝管。图 5-14 分别为 Wolvrince Tube 公司和江苏萃隆公司生产的高效冷凝管，卤代烃类工质在相同的管内水流速（$1.5\sim2.0\mathrm{m/s}$）下，高效冷凝管的传热系数 K 比光管可提高 $5\sim6$ 倍，是低翅片管的 2.5 倍，目前高效冷凝管已在冷凝器中广泛使用。

管外冷凝换热的强化机理是基于"格里谷里希"（Gregorig）效应[2]。研究表明，不均匀的液膜厚度将使热流密度大幅度提高；如在冷凝表面上的液膜，若能使该表面上一半的液膜减薄 50%，而另一半液膜增厚 50%，则平均热流密度将会增加 33%，这就是"格里谷里希"效应对冷凝换热的强化效果。对于如图 5-15 所示的凸形表面，当蒸气在上面冷凝时，冷凝液将在表面张力的作用下，波峰处的液膜变薄，波谷处的液膜变厚，很容易形成液膜厚度不均匀的"格里谷里希"效应，从而起到强化冷凝换热的效果。图 5-16 是 Thermal excel-C 型管的外表面结构，冷凝换热系数可达光管的 10 倍；图 5-17 是 Turbo-C 型高效冷凝管采用的锥形翅结构，对于 R22，其传热系数可达 $5000\mathrm{W/(m^2 \cdot K)}$。

(a) Wolvrince Tube公司的纯铜高效冷凝管　　　　　(b) 萃隆公司的高效冷凝管

图 5-14　低肋高效冷凝换热管

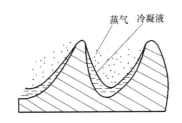

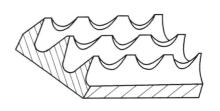

图 5-15　"格里谷里希"效应原理图[2]　　　　图 5-16　Thermal excel-C 管表面结构[2]

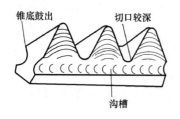

图 5-17　锥形翅表面结构[2]

2. 冷凝换热管的表面结构参数

光管结构参数见图 5-18，图中 d_i 和 d_o 分别为换热管内外径，m；δ 为管壁厚度，m。低螺纹二维肋管结构参数（以梯形肋为例）见图 5-19，图中 d_i、d_b 和 d_f 分别为换热管内径、肋基直径和肋顶直径，m；S_f 为肋间距，m；δ_r 为肋顶厚度，m；δ_b 为肋基厚度，m；δ_f 为肋高，m；θ 为肋片夹角，°。

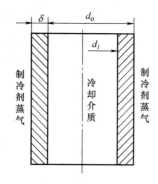

图 5-18　光管结构参数

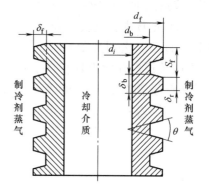

图 5-19　低螺纹二维肋管结构参数

对于图 5-19 所示的低肋管，单位长度肋管的结构参数可用以下公式计算。

单位长度肋管上的肋片数 n_f（片/m）为：

$$n_f = \frac{1000}{S_f} \tag{5-6}$$

单位长度肋顶圆周面积 f_r（m²/m）为：

$$f_r = \pi d_f \delta_r n_f \tag{5-7}$$

单位长度肋间基管圆周面积 f_b（m²/m）为：

$$f_b = \pi d_b \delta_h \beta_f n_f \tag{5-8}$$

式中　δ_h——肋间基管宽度，m，且 $\delta_h = S_f - S_r - (d_f - d_b)\tan(\theta/2)$；

β_f——肋间基管宽度 δ_h 与肋间距 S_f 的比值，即 $\beta_f = \delta_h/S_f$。

单位长度肋片侧面圆环面积 f_w（m²/m）为：

$$f_w = \frac{\pi(d_f^2 - d_b^2)n_f}{2\cos\dfrac{\theta}{2}} \tag{5-9}$$

单位长度肋管外总表面积 f_{tot}（m²/m）为：

$$f_{tot} = f_r + f_b + f_w \tag{5-10}$$

单位长度肋管内表面积（管内无肋）f_i（m²/m）为：

$$f_i = \pi d_i \tag{5-11}$$

以 d_f 为参考的肋片当量高度 h_{fd}（m）为：

$$h_{fd} = \frac{\pi(d_f^2 - d_b^2)}{4d_f} \tag{5-12}$$

上述冷凝管结构参数对后续的管束结构和冷凝换热过程的计算十分重要。冷凝管的表面结构不同，其结构参数的计算方法也不同；对于强化传热的高效冷凝换热管，很难进行表面结构参数的计算，只能通过试验来测试其冷凝换热相关参数。

3. 冷凝器的管束构型

对于图 5-1 所示的卧式壳管式冷凝器，其圆筒公称直径（即圆筒内直径）通常有 400mm、450mm、500mm、600mm、700mm、800mm、900mm、1000mm、1200mm、1400mm、1600mm 和 1800mm。当公称直径小于等于 400mm 时，用钢管制作，钢制圆筒公称直径通常有 159mm、219mm、273mm 和 325mm。

在卧式壳管式冷凝器中，冷凝管排列方式有叉排和顺排，分别如图 5-20 所示，图中，s_t 和 h_t 分别为不同方向上冷凝管之间的距离，m。在卧式壳管式冷凝器中，冷凝换热管的管束构型主要有整体式和分组式两种，分别如图 5-21 所示。为提高管内流速，增大管内对流换热系数，应将冷凝管分管程布设，管程数一般有 1、2、4、6、8、10 和 12 七种，偶数管程更方便制造、检修和操作，实际中用得较多。

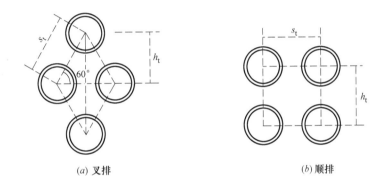

(a) 叉排   (b) 顺排

图 5-20 冷凝管排列方式

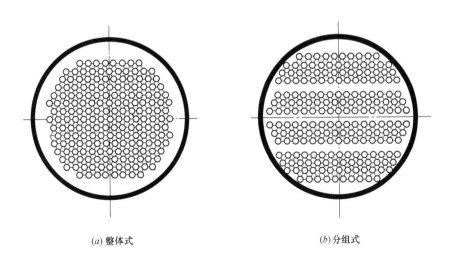

(a) 整体式   (b) 分组式

图 5-21 卧式壳管式冷凝器的管束构型

在卧式冷凝器内布设冷凝管的总数可根据下式概算[5]：

$$N_{tot} = \beta_D \left[\left(\frac{D_c}{s_t} \right)^2 - 1 \right] + 1 \tag{5-13}$$

式中　N_{tot}——冷凝器中冷凝管的总数；

$\beta_D = D_{tlmt}/D_c$，且 $\beta_D = 0.75 \sim 0.95$。

式（5-13）只是一个概算公式，实际的总管数除了与筒径、管间距有关外，还与管程数等其他因素有关。对于图 5-21（b）所示的分组式管束构型，可以按照式（5-13）先计算出竖向冷凝管总排数，然后再进行设计分组排列，最后得到各组管束竖向排数。

在冷凝器内布管时，应遵循以下原则：

（1）冷凝管排列应保持管束对称布置；

（2）冷凝管中心距一般最小为管外径的 1.25 倍，多管程分程隔板两侧的冷凝管中心距还应考虑隔板厚度；

（3）在管束最外层冷凝管与冷凝器筒体内壁之间要求保留一定距离，即要求在冷凝器内部设置布管限定圆，布管限定圆直径为：

$$D_{tlmt} = D_c - 0.5 d_o \tag{5-14}$$

式中　D_{tlmt}——布管限定圆直径，m；

　　　D_c——冷凝器筒体直径，m。

（4）各管程冷凝管数应尽量相等，其相对误差应控制在 10% 以内，最大不得超过 20%。

4. 管束效应修正系数

在卧式冷凝器中，上排冷凝管的冷凝液滴落到下排冷凝管上，导致下排冷凝管上的液膜增厚，使得下排冷凝管冷凝换热效果降低的现象，称为管束效应，如图 5-22 所示。管束效应对各排冷凝管的冷凝换热影响程度很大，表 5-1 是 R123 在 5 排冷凝管上的管束效应试验结果，可见，受管束效应影响，第 2 排管的冷凝换热系数比第 1 排减小了 10% 左右，第 5 排管比第 1 排管减少 35% ~ 38%。在实际冷凝器设计中，为弥补管束效应的负面影响，最常用的做法是增加冷凝管数量，不仅增大了设备尺寸，而且增加了设备投资，降低了设备运行效率。另外，冷凝管在卧式冷凝器中的管束构型不同，管束效应影响程度不同，冷凝换热的计算方法也将不同。

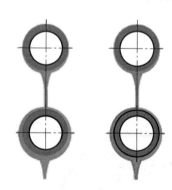

图 5-22　卧式冷凝器中
冷凝管的管束效应示意图

R123 在冷凝管束上的管束效应试验结果[6]　　　　表 5-1

冷凝温度(℃)	60	65	70	75	80	85
第 1 排管	0	0	0	0	0	0
第 2 排管	11.1%	10.3%	9.0%	10.9%	10.7%	12.2%
第 3 排管	21.7%	20.6%	18.5%	19.9%	19.4%	21.3%
第 4 排管	31.4%	30.4%	30.0%	30.3%	29.1%	31.0%
第 5 排管	35.7%	36.8%	36.0%	37.3%	37.2%	38.6%

一般地，制冷剂蒸气在卧式壳管式冷凝器冷凝管外的流速很低，可以假设冷凝器中制冷剂横向汽流对从冷凝管滴落的冷凝液（液滴和液膜）不会产生扰动影响。因此，来自某一根冷凝管的冷凝液仅会滴落到其正下方的冷凝管上，而不会低落到两侧冷凝管上，即某一冷凝管仅对其正下方的冷凝管产生管束效应，而对两侧冷凝管不产生管束效应。在此假设下，无论叉排还是顺排冷凝管，处于某一根冷凝管正下方的冷凝管的管束效应修正系数 ε_{tb} 为[5,7]：

$$\varepsilon_{tb} = N_{tb}^{-\frac{1}{6}} \tag{5-15}$$

式中 N_{tb}——管束效应竖向影响管子的排数，即在一列冷凝管中受到管束效应影响的所有管子数。

管束效应修正系数 ε_{tb} 反映了管束中某一根冷凝管受其上面竖向冷凝管冷凝液影响的大小；首排冷凝管无管束效应，其冷凝换热系数在竖向各排冷凝管中最大；排数越多，管束效应越大，冷凝换热系数越小，当超过 25 排时，会出现扰动而使得管束效应影响不再加大，冷凝换热系数也不再随着排数的增加而减小[7]。

因不考虑横向汽流对管束效应的影响，因此，N_{tb} 只与冷凝管排列方式有关，于是，可根据冷凝器中冷凝管的排列方式确定其大小。对于图 5-21（a）所示的整体式叉排管束构型，N_{tb} 可以按下式计算[5]：

$$N_{tb} = \frac{\beta_D D_c}{h_t} = \frac{\beta_D D_c}{2 s_t \sin\varphi} \tag{5-16}$$

式中 φ——叉排管列夹角，如图 5-20（a）所示的叉排管束，$\varphi = 60°$。

对于图 5-21（a）所示的整体式排列的冷凝管叉排方式，也可以用下式计算：

$$\max(N_{tb}) = \frac{i + \sigma}{2} - 1 \tag{5-17}$$

式中，i 为冷凝管总排数；当总排数为奇数时 $\sigma = 1$，当总排数为偶数时 $\sigma = 0$。

对于图 5-21（b）所示的分组式排列的冷凝管叉排排列方式，考虑到组与组之间的冷凝管上的冷凝液滴落所产生的管束效应问题，不能简单地按照式（5-16）和式（5-17）计算管束效应竖向影响管子根数，但可以直接根据冷凝管分组排列图，来确定冷凝器所有列中冷凝管受管束效应影响的最大管子数，即为 N_{tb}。例如，针对图 5-21（b）所示的冷凝器，$N_{tb} = 8$ 根［若根据式（5-17）计算，则 $N_{tb} = 7$ 根，显然与实际不符］。于是，管束效应修正系数 $\varepsilon_{tb} = 0.707$。

管束效应修正系数对于计算卧式壳管式冷凝器管外冷凝换热系数十分重要。

5.2.3 冷凝器结构及管程计算

冷凝器结构及管程计算的主要任务是，根据已确定的冷凝器类型、制冷剂种类、冷却介质，特别是冷凝换热量等，来初步计算卧式壳管式冷凝器的长度、直径、冷凝管数量、管程、总换热面积等结构性参数；再根据管束构型方法，初步确定卧式壳管式冷凝器的管束排列方式、管间距等结构性参数，为进一步准确设计冷凝器换热面积和结构参数奠定基础，具体方法如下[2,5]。

1. 冷凝管总长度计算

根据拟采用冷凝器类型和制冷剂种类，由表 5-2[2]初选单位面积热流量 q_c，则有冷凝管总外表面积的初估值 F_{c0}（m^2）为：

$$F_{c0}=\frac{\dot{Q}_c}{q_c} \tag{5-18}$$

冷凝管总长度 $L_{t\text{-}tot}$（m）为：

$$L_{t\text{-}tot}=\frac{F_{c0}}{f_{tot}} \tag{5-19}$$

常用壳管式冷凝器传热系数 K_c 和单位面积热流量 q_c[2]　　　　　表 5-2

制冷剂	冷凝器种类	传热系数 K_c [W/(m²·K)]	单位面积热流量 q_c (W/m²)	适用条件
R717	水冷卧式	1097～1145	约 4652	冷却水进出口温：4～6℃； 单位面积冷却水流量：0.8～0.9m³/(m²·h)； 换热管内水流速：1.01m/s； 肋化系数：≥3.5
	水冷立式	372～870	1870～4360	冷却水进出口温：2～3℃； 单位面积冷却水流量：0.6～1.1m³/(m²·h)
R22	水冷壳管式	930～1160	约 8141	冷却水进出口温：7～9℃； 换热管内水流速：1.5～2.5m/s； 肋化系数：≥3.5
		1200～1600	—	冷却水进出口温：7～9℃； 换热管内水流速：1.5～2.5m/s； 肋片种类：低肋水冷
	水冷套管式	1050～1450	约 11630	冷却水进出口温：8～11℃； 换热管内水流速：2～3m/s； 肋化系数：≥3.5
R134a	水冷壳管式	645～830	—	冷却水进出口温：7～9℃； 换热管内水流速：1.5～2.5m/s； 肋化系数：≥3.5
		780～1300	约 5815	冷却水进出口温：7～9℃； 换热管内水流速：1.5～2.5m/s； 肋片种类：低肋
	水冷套管式	780～1080	约 8722	冷却水进出口温：8～11℃； 换热管内水流速：2～3m/s； 肋化系数：≥3.5

2. 冷凝管数量计算

由于流经每个管程的冷却水流量等于冷却水的总流量，则每个管程的冷凝管数量为：

$$N_{tot\text{-}P}=\frac{4\,\dot{m}_{cf}}{\pi d_i^2 \rho_w w_c} \tag{5-20}$$

式中　$N_{tot\text{-}P}$——每个管程中的冷凝管数量，根/管程；

　　　ρ_w——定性温度下冷却水的密度，kg/m³；

　　　w_c——冷凝管内水的流速，推荐值为 1～2.5m/s；

其他参数的物理意义同前。

一般地，卧式壳管式冷凝器多采用多管程，则冷凝器中冷凝管的总根数 N_{tot} 为：

$$N_{tot} = N_{tot\text{-}P} P_{tub} \tag{5-21}$$

式中 P_{tub}——冷凝器的管程数，推荐值为 2～8 管程。

3. 管程有效长度计算

设每个管程的有效长度为 L_P（m），则有：

$$L_P = \frac{F_{c0}}{f_{tot} N_{tot\text{-}P} P_{tub}} \tag{5-22}$$

由式（5-22）即可计算出不同管程数 P_{tub} 下的管程有效长度 L_P；再考虑两端封头长度，即可确定冷凝器的长度 L_c。由冷凝器的直径 D_c，可计算出冷凝器的长径比（L_c/D_c）；为提高冷凝换热系数，卧式壳管式冷凝器长径比一般取 5～9。

这样，根据上述方法即可初步确定卧式壳管式冷凝器的长度 L_c、壳体直径 D_c、冷凝器长径比（L_c/D_c）、冷凝管总根数 N_{tot}、管程数 P_{tub}、每个管程的冷凝管根数 $N_{tot\text{-}P}$（实际中每个管程的冷凝管数量不一定相等）、冷凝管总长度 $L_{t\text{-}tot}$、总换热面积 F_{c0}（初估值）等冷凝器结构性参数。

再根据前述管束构型方法，即可初步确定冷凝器中冷凝管的管束排列方式、管间距等结构性参数，为进一步准确设计冷凝器换热面积和结构参数提供了基本参数。

5.2.4 冷凝器换热系数的确定

1. 光管冷凝器换热系数的确定

式（5-1）中的冷凝器传热系数 K_c 与换热面积 F_c 的取值有关，由于换热管内表面积不等于外表面积，因此，其对应的传热系数也不同。对于图 5-18 所示的光管冷凝管，式（5-1）可表示为：

$$\dot{Q}_c = K_{co} F_{co} \Delta t_{cm} = K_{ci} F_{ci} \Delta t_{cm} \tag{5-23}$$

式中 F_{co} 和 F_{ci}——分别为冷凝管外表面和内表面为基础的传热面积，m^2；

K_{co} 和 K_{ci}——分别为以冷凝管外表面和内表面为基准的冷凝器传热系数，$W/(m^2 \cdot K)$。

于是有：

$$K_{ci} = \frac{K_{co} F_{co}}{F_{ci}} = \frac{K_{co} f_{co}}{f_{ci}} = \frac{K_{co} d_o}{d_i} \tag{5-24}$$

式中 f_{co} 和 f_{ci}——分别为单位长度冷凝管的外表面积和内表面积，m^2/m。

由传热系数的定义可得：

以内表面为基准：

$$K_{ci} = \frac{1}{\frac{1}{\alpha_{ci}} + R_{ci} + \frac{\delta_{ct}}{\lambda_{ct}} \frac{f_{ci}}{f_{cm}} + \left(R_{co} + \frac{1}{\alpha_{co}}\right) \frac{f_{ci}}{f_{co}}} \tag{5-25}$$

以外表面为基准：

$$K_{co} = \frac{1}{\left(\frac{1}{\alpha_{ci}} + R_{ci}\right) \frac{f_{co}}{f_{ci}} + \frac{\delta_{ct}}{\lambda_{ct}} \frac{f_{co}}{f_{cm}} + R_{co} + \frac{1}{\alpha_{co}}} \tag{5-26}$$

式中 R_{co} 和 R_{ci}——分别为管外和管内污垢热阻，$(m^2 \cdot K)/W$；

δ_{ct}——管壁厚度，m；

λ_{ct}——管壁导热系数，$W/(m \cdot K)$；

f_{cm}——按冷凝管平均直径计算的单位管长换热面积，m^2/m；

α_{co} 和 α_{ci}——分别为管外和管内介质的放热系数，W/（m² · K），即管内为冷却介质对流换热系数，管外为制冷剂冷却、凝结放热系数，其计算方法本节后续内容。

2. 低肋管冷凝器换热系数的确定

对于图 5-19 所示的低螺纹二维外肋管，应考虑肋片效率。其传热系数可以单位长度肋管总外表面积 f_{tot} 为基准进行计算，如式（5-27）所示。对于肋管，计算其冷凝换热还应考虑肋片效率。

以外肋管总外表面为基准：

$$K_{cof}=\cfrac{1}{\left(\cfrac{1}{\alpha_{ci}}+R_{ci}\right)\cfrac{f_{otot}}{f_{ci}}+\cfrac{\delta_{ct}}{\lambda_{ct}}\cfrac{f_{otot}}{f_{cm}}+\left(R_{co}+\cfrac{1}{\alpha_{of}}\right)\cfrac{1}{\eta_{of}}} \tag{5-27}$$

式中　K_{cof}——以单位长度肋管总外表面积为基准的冷凝器传热系数，W/（m² · K）；

f_{otot}——单位长度肋管总外表面积，m²/m；

α_{of}——肋片与周边介质之间的放热系数（包括冷却和凝结换热系统），W/（m² · K）；

η_{of}——肋片表面效率，由下式计算：

$$\eta_{of}=\frac{\eta_f f_w+f_b}{f_{tot}} \tag{5-28}$$

式中　η_f——肋片效率，即：

$$\eta_f=\frac{th(m_f h_{fd})}{m_f h_{fd}} \tag{5-29}$$

式中　m_f——肋片参数，即：

$$m_f=\sqrt{\frac{2\alpha_{of}}{\lambda_f(\delta_b+\delta_r)}} \tag{5-30}$$

式中　λ_f——肋片导热系数，W/（m · K）。

式（5-27）~式（5-30）中关于肋片结构参数的物理意义及其计算方法，详见式（5-7）~式（5-12）。

对于内肋管，当按外表面积进行传热系数计算时，同样有：

$$K_{cif}=\cfrac{1}{\cfrac{1}{\alpha_{ci}}+R_{ci}+\cfrac{\delta_{ct}}{\lambda_{ct}}\cfrac{f_i}{f_{cm}}+\left(R_{co}+\cfrac{1}{\alpha_{co}}\right)\cfrac{f_i}{\eta_{is}f_{otot}}} \tag{5-31}$$

式中　K_{cif}——以单位长度肋管总外表面积为基准的内肋管冷凝器传热系数，W/（m² · K）；

η_{is}——内肋片表面效率。

在式（5-25）~式（5-27）中，冷凝管管外和管内的污垢热阻 R_{co} 和 R_{ci} 有以下两种情况：一是由制冷剂中润滑油油膜引起的污垢热阻，如氨冷凝器长期运行后，氨侧油膜厚度可达 0.1mm，该油膜热阻相当于 33mm 厚钢板的热阻[3]。一般地，在设计和选用冷凝器时，可考虑油膜厚度为 0.05~0.08mm，油膜热阻取值范围为 0.344×10⁻³~0.602×10⁻³（m² · K）/W。二是由冷却水水垢形成的污垢热阻，一般地，水垢厚度为 0.5mm，热阻为 0.284×10⁻³（m² · K）/W。当冷却水为海水、井水、湖水时，污垢热阻为 （0.086~0.172）×10⁻³m² · K/W（铜管）和 （0.172~0.344）×10⁻³m² · K/W（钢管）；可见，铜管的污垢热阻为钢管的 50%，且水流速可提高到 $2.5\mathrm{m/s}$ 以上。对于硬水和含泥水，污垢热阻为 $(0.516\sim0.344)\times10^{-3}\,\mathrm{m^2\cdot K/W}$（铜管）和 $(0.688\sim0.516)\times10^{-3}\,\mathrm{m^2\cdot K/W}$（钢管）[1]。值得一提的是，一台崭新的卧式壳管式冷凝器，在连续投入运行约两周后，冷却水中的污杂物在管内所形成的软垢热阻即可达到最大污垢热阻[6]，即管内强化传热效果基本失效。

3. 管内冷却介质侧换热系数的确定

管内冷却介质侧换热系数与其流动状态有关，对于卧式壳管式冷凝器而言，冷却介质在冷凝管内一般作受迫流动，且介质温度低于管壁温度，则有[8]：

$$Nu_f = 0.023Re_f^{0.8}Pr_f^{0.3} \tag{5-32}$$

式中　Nu_f——Nusselt 数，$Nu_f = \alpha_f d_i / \lambda_f$；

　　　Re_f——Reynolds 数，$Re_f = u_f d_i / \nu_f$；

　　　Pr_f——Prandtl 数，$Pr_f = \mu_f c_f / \lambda_f$；

　　　α_f——冷却介质与管壁之间的对流换热系数，$\mathrm{W/(m^2\cdot K)}$；

　　　λ_f——冷却介质的导热系数，$\mathrm{W/(m\cdot K)}$；

　　　u_f——冷却介质在冷凝管内的流速，$\mathrm{m/s}$；

　　　ν_f——冷却介质的运动黏度系数，$\mathrm{m^2/s}$；

　　　μ_f——冷却介质的动力黏度系数，$\mathrm{N\cdot s/m^2}$；

　　　c_f——冷却介质的定压比热，$\mathrm{J/(kg\cdot K)}$。

为简化计算，则冷凝管内冷却介质的对流换热系数可由式（5-33）计算。

$$\alpha_f = C_f B_f \frac{u_f^{0.8}}{d_i^{0.2}} \tag{5-33}$$

式中　B_f——冷却介质热物性参数，$B_f = 0.023\rho_f^{0.8}c_p^{0.3}\lambda_f^{0.7}\mu_f^{-0.5}$；

　　　ρ_f——冷却介质密度，$\mathrm{kg/m^3}$；C_f 与 Re_f 有关[5]，当 $Re_f \geqslant 10000$ 时，管内为湍流状态，$C_f = 1$；当 $2300 < Re_f < 10000$ 时，管内为过渡流状态，$C_f = 0.01\left(\dfrac{Re_f}{1000}\right)^2 + 0.19\left(\dfrac{Re_f}{1000}\right) + 0.11$；当 $Re_f < 2300$ 时，管内为层流状态，不推荐冷凝器采用层流模式。式中各参数的定性温度为冷却介质的平均温度，定型尺寸为管内径。

由式（5-33）可知，随着冷却介质流速的增加，其对流换热系数也增加，但其流动阻力也随之增加，冷却介质的输送能耗也增加。因此，在不同结构形式的冷凝器中，冷却介质的流速是有一定设计范围的。如在氨冷凝器中，冷却水的流速通常取 $0.8\sim1.5\mathrm{m/s}$；对于海水冷却的钢管冷凝器，水的流速通常取 $0.7\mathrm{m/s}$ 以下；对于氟利昂类冷凝器，通常采用低肋铜管，可适当提高管内水的流速，以增强传热，水的流速可取 $1.5\sim3\mathrm{m/s}$。

4. 管外制冷剂侧冷凝的确定

制冷剂蒸气进入冷凝器后，在管外先后经过冷却、冷凝和过冷过程。根据 Nusselt 层流膜状凝结理论，即可计算制冷剂蒸气在水平管束外相变冷凝过程中的冷凝换热系数。

在卧式壳管式冷凝器中，假设[8]：

（1）蒸气处于静止状态，且蒸气对液膜表面无黏滞应力作用；

（2）液膜很薄且流动速度缓慢，忽略液膜的惯性力；

（3）冷凝液膜的物性为常量；

（4）液膜表面温度等于饱和温度，汽液交界面仅有冷凝换热而无对流和辐射换热；

（5）冷凝热以导热方式通过液膜，膜内温度为线性；

（6）忽略液膜的过冷度。

基于上述假设，Nusselt 推导出单根水平光管外壁的平均冷凝换热系数[8]，即：

$$\alpha_{cs} = 0.725 \left[\frac{g r_R \rho_L^2 \lambda_L^3}{\mu_L d_o (t_c - t_w)} \right]^{1/4} \tag{5-34}$$

式中　α_{cs}——单根水平光管管外冷凝换热系数，$W/(m^2 \cdot K)$；

　　　ρ_L——液膜温度下的液体密度，kg/m^3；

　　　λ_L——液膜温度下的液体导热系数，$W/(m \cdot K)$；

　　　μ_L——液膜温度下的液体动力黏度，$kg/(m \cdot s)$；

　　　r_R——制冷剂的冷凝潜热，J/kg；

　　　g——重力加速度，m^2/s；

　　　t_c——冷凝温度，℃；

　　　t_w——管壁温度，℃。

式中的定型尺寸为水平管外径，低肋管为肋基直径；定性温度为膜层平均温度。

由前所述，由于冷凝管束的管束效应降低了冷凝换热系数，因此水平管束外冷凝换热系数应在式（5-34）的基础上乘以小于 1 的管束效应修正系数 ε_{tb}，即：

$$\alpha_{co} = 0.725 \left[\frac{g r_R \rho_L^2 \lambda_L^3}{\mu_L d_o (t_c - t_w)} \right]^{1/4} \varepsilon_{tb} \phi_{fin} \tag{5-35}$$

式中　α_{co}——水平光管管束外冷凝换热系数，$W/(m^2 \cdot K)$；

　　　ε_{tb}——管束效应修正系数，由式（5-15）计算；

　　　ϕ_{fin}——肋管强化换热系数，对于光管，$\phi_{fin} = 1$；对于图 5-19 所示的低螺纹二维肋管，ϕ_{fin} 可由式（5-36）计算。

$$\phi_{fin} = 1.3 \frac{f_w}{f_{tot}} \eta_f^{3/4} \left[\frac{d_b}{h_{fd}} \right]^{1/4} + \frac{f_r + f_b}{f_{tot}} \tag{5-36}$$

式中　η_f——肋效率，对于低肋管，$\eta_f \approx 1$；

其他变量意义见图 5-19 定义。

令 $B = \left[\frac{g r_R \rho_L^2 \lambda_L^3}{\mu_L} \right]^{1/4}$，则式（5-35）可转换为：

$$\alpha_{co} = 0.725 B \varepsilon_{tb} \phi_{fin} d_o^{-0.25} (t_c - t_w)^{-0.25} \tag{5-37}$$

上式即为制冷剂蒸气在水平低肋管管束外冷凝换热系数计算公式。可见，冷凝换热系数随管径的增大而减小（管径增大类似于竖壁长度增加，液膜加厚，液膜热阻增大，因此，冷凝换热强度减弱），随着冷凝温度与壁面温度之差的增大而减小。

5. 过热蒸气管束外冷却换热系数的确定

当制冷剂蒸气处于过热状态横向掠过水平管束进行冷却换热时，其换热系数可根据式（5-38）和式（5-39）计算[5,8]。

$$Nu_v = 0.71 Re_v^{0.5} Pr_v^{0.36} \quad (100 < Re_v < 1000) \tag{5-38}$$

$$Nu_v = 0.4 Re_v^{0.6} Pr_v^{0.36} \quad (1000 < Re_v < 2 \times 10^6) \tag{5-39}$$

式中 $Nu_v=\alpha_v d_0/\lambda_v$，$Re_v=w_v d_0/\nu_v$，$Pr_v=\mu_v c_p/\lambda_v$；

α_v——制冷剂过热蒸气横向掠过冷凝管束进行冷却换热时的对流系数，$W/(m^2 \cdot K)$；

λ_v——制冷剂过热蒸气的导热系数，$W/(m \cdot K)$；

w_v——制冷剂过热蒸气通过每排管最小通道处的速度，m/s；

ν_v——制冷剂过热蒸气的运动黏度，m^2/s；

μ_v——制冷剂过热蒸气的动力黏度，$kg/(m \cdot s)$；

c_p——制冷剂过热蒸气比热，$J/(kg \cdot K)$。

上式中，定型尺寸为冷凝管的公称外径，定性温度为制冷剂过热蒸气的平均温度。

6. 空气在管外强制流动放热系数的确定

对于图5-6所示空冷式冷凝器，空气以强制对流方式横向掠过管束时，空气侧的放热可参照文献［4］关于管外强制流动放热系数的计算方法来计算，这里不再赘述。值得说明的是，空气侧流动放热系数相对于管内制冷剂凝结放热系数来说很小，因此，通常可采取以下方法来强化空气侧放热系数：

（1）采用铝肋片进行强化。空冷式冷凝器的肋片有平片型、波片型和条缝片型三种，其中，波片型肋片空气侧的放热系数比平片型高20％，条缝片型比平片型高80％[4]。

（2）优化冷凝管排列密度。目前，空调器用空冷式冷凝器的肋片管管间距与管外径之比约为2.5[4]。增大冷凝管排列密度，加大气流扰动，缩小管束后空气滞留区，提高肋片效率，因此，空气侧流动放热系数将会提高。

（3）采用椭圆管代替圆管，会提高空气侧放热系数，目前已生产出由扁椭圆管和板翅或肋片组成的风冷冷凝器。

5.2.5 冷凝器传热面积计算图解法

无论是图5-18所示的光管还是图5-19所示的低肋管，只要知道冷凝管结构参数，再知道管内外放热系数，即可由式（5-25）和式（5-26）或者是（5-27）和式（5-31）计算出冷凝管的传热系数，进而由冷凝热量和设计温差即可计算出冷凝器的传热面积。但遗憾的是，冷凝管管内和管外的放热系数与管壁温度有关，而管壁温度又是这一传热过程中的未知量，这就需要通过建立热平衡方程来求解。

图5-23为卧式壳管式冷凝器冷凝换热管断面结构示意图，冷却介质在管内流动，其平均温度为$\bar{t}_f$；考虑管内存在污垢层，且污垢热阻为R_{flg}；设管壁温度（平均温度）为t_w，蒸气温度为冷凝温度t_c。

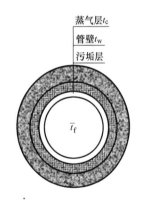

图5-23 冷凝器断面示意图

首先，可以建立冷凝温度t_c与管壁温度t_w之间的单位面积冷凝换热量方程，即：

$$q_{co}=\alpha_{co}(t_c-t_w) \tag{5-40}$$

将式（5-37）代入上式得：

$$q_{co}=0.725 B\varepsilon_{tb}\phi_{fin}d_o^{-0.25}(t_c-t_w)^{0.75} \tag{5-41}$$

令$A=0.725 B\varepsilon_{tb}\phi_{fin}d_0^{-0.25}$，则有：

$$q_{co}=A(t_c-t_w)^{0.75} \tag{5-42}$$

同样，还可以建立管壁温度t_w与管内流体温度$\bar{t}_f$之间的单位面积换热量方程，即：

$$q_{ci} = \frac{t_w - \overline{t_f}}{\dfrac{1}{\alpha_{ci}} + R_{flg}} \tag{5-43}$$

式中，$\overline{t_f} = t_c - \Delta t_m$，令 $K_{af} = \left[\dfrac{1}{\alpha_{ci}} + R_{flg}\right]^{-1}$，则有：

$$q_{ci} = K_{af}(t_w - \overline{t_f}) \tag{5-44}$$

又 $q_{co} = q_{ci}$，则由式（5-42）和式（5-44）可得：

$$A(t_c - t_w)^{0.75} = k_{af}(t_w - \overline{t_f}) \tag{5-45}$$

采用图解法求解式（5-45）[2,5]，如图 5-24 所示，图中交点 A 所对应的温度即为所求的管壁温度 t_w，所对应的热流密度 q_c 即为所求的单位面积冷凝换热量；同时，B 点温度即为管内流体温度 $\overline{t_f}$，C 点温度即为冷凝温度 t_c。

对于肋管，同样可以按照上述图解法的思路，求出管壁外表面温度和单位面积传热量，最后求得所需要的传热面积；对于肋管外冷凝换热，管外污垢热阻可以不考虑。具体计算方法见后续计算案例。

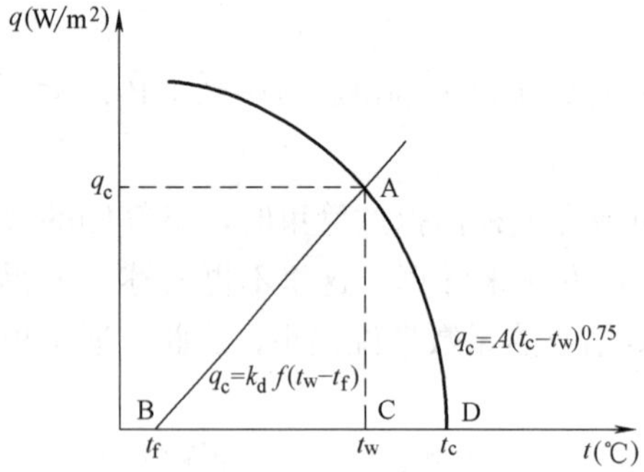

图 5-24　图解法计算冷凝器换热面积示意图

5.2.6　冷凝器冷却介质流动阻力

冷却水流经卧式壳管式冷凝器时的水流阻力可以按照下式计算[2,5]：

$$\Delta p_w = \frac{\rho_w w^2}{2}\left(\lambda_w \frac{L_P}{d_i} + \xi_{in} + \xi_{out} + \frac{\xi_{in} + \xi_{out}}{P_{tub}}\right)P_{tub} \tag{5-46}$$

式中　w——冷凝管内冷却水的流速，m/s；

ξ_{in} 和 ξ_{out}——分别为冷凝管进出口局部阻力系数，对于突缩（入口）和突扩（出口）的局部阻力系数，$\xi_{in} = 0.5$，$\xi_{out} = 1$；

λ_w——管内沿程阻力系数，当管内 $Re_w < 10^5$ 时，有：

$$\lambda_w = \frac{0.3164}{Re_w^{0.25}} \tag{5-47}$$

5.3　常用冷凝器设计计算案例

5.3.1　卧式冷凝器设计计算

【例 5-1】　现有一台 R134a 冷水机组，冷凝器热负荷为 400kW，冷凝温度 $t_c = 37℃$，冷却水进口温度 $t_{cw1} = 28℃$，冷却水出口温度 $t_{cw2} = 34℃$，制冷剂过热温度 $t_{sup} = 55℃$，试为该机组设计一台卧式壳管式冷凝器[5]。

【解】　根据题意，既要考虑冷凝器中制冷剂在过热区的换热系数，又要考虑制冷剂在两相区的换热系数，为此，把冷凝器分成两相区（Ⅰ区）和过热区（Ⅱ区）来计算，如图 5-25 所示。

1. 冷凝热量计算

设单位质量制冷剂在两相区 Zone1 释放的潜热量为 q_{lat}，在过热区 Zone 2 释放的热量

为 q_{sup}，单位质量制冷剂释放的总热量为 q_c，则有：

$$q_c = q_{lat} + q_{sup} \qquad (5-48)$$

对于制冷剂 R134a 的潜热量可以查表或者通过以下公式计算：

$$q_{lat} = -2.45346 \times 10^{-5} t_c^3 - 0.00219 t_c^2 - 0.76278 t_c + 198.61$$

$$(5-49)$$

根据冷凝温度 $t_c = 37℃$，计算式（5-49）得 $q_{lat} = 166.363 kJ/kg$。

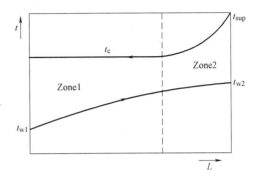

图 5-25　含有过热区的卧式冷凝器分区图

对于制冷剂 R134a 在 Zone 2 区热量，有：

$$q_{sup} = C_{sup} \cdot (t_{sup} - t_c) \qquad (5-50)$$

在温度为 $(37+55)/2 = 46℃$ 时，制冷剂 R134a 的比热为 $C_{sup} = 1079.7 J/(kg \cdot K)$，代入式（5-50）计算得　$q_{sup} = 1079.7 \times (55-37) = 19434.6 J/kg$。

根据式（5-48）计算得 $q_c = 166.15 + 19435 = 185798 J/kg$。

于是，制冷剂流量为：

$$\dot{m}_R = Q_c/q_c \qquad (5-51)$$

代入数值得 $m_R = Q_c/q_c = 400000/185798 = 2.153 kg/s$。

制冷剂在过热区 2 释放的热量为：

$$Q_{sup} = \dot{m}_R \cdot q_{sup} \qquad (5-52)$$

代入数值得 $Q_{sup} = 2.153 \times 19434.6 = 41840 W$。

制冷剂在潜热区 1 释放的潜热量为：

$$Q_{lat} = \dot{m}_R \cdot q_{lat} \qquad (5-53)$$

计算得，$Q_{sup} = 2.153 \times 166363 = 358160 W$。

2. 确定冷凝管数目

设计本冷凝器的尺寸参数为：筒体直径 $D = 400mm$；铜管肋基直径 $d_e = 18.0mm$；铜管的内径 $d_i = 13.3mm$；铜管肋顶直径 $d_t = 20.8mm$；管心距 $s = 23.0mm$。

由式（5-13），冷凝管总数为：

$$n_t = 0.75[(D/S)^2 - 1] + 1$$

计算得 $n_t = 227$。

在本设计中，冷凝管数目最多为 227 根，根据多次迭代验算，与冷却水流程相结合，假设换热管根数为 $n_t = 224$ 根进行计算。

3. 冷却水侧换热系数

冷却水的质量流量见式（5-4）：

$$\dot{m}_w = \frac{Q_c}{c_w(t_{w2} - t_{w1})}$$

其中，冷却水的定压比热取 $4.174 kJ/(kg \cdot K)$，计算得 $m_w = 400/4.175/(34-28) =$

15.968kg/s。

冷却水流程一般取 2~8，本设计中取 $n_p=4$。则单流程的冷凝管数目为：

$$n_{t1}=n_t/n_p=224/4=56$$

冷却水流速为：

$$w=\frac{\dot{m}_w}{\frac{\pi d_i^2}{4}n_{t1}\cdot\rho_w} \tag{5-54}$$

计算得：

$$w=\frac{15.968}{\frac{\pi\cdot0.0133^2}{4}\cdot56\cdot995.3}=2.063\text{m/s}$$

该管内冷却水流速在推荐合理设计流速 1~2.5m/s 范围之内。

计算对数平均温差：

$$\Delta t_m=\frac{(t_c-t_{w1})-(t_c-t_{w2})}{\ln\frac{t_c-t_{w1}}{t_c-t_{w2}}} \tag{5-55}$$

该式可简化为式（5-5）的形式：

$$\Delta t_m=\frac{t_{w2}-t_{w1}}{\ln\frac{t_c-t_{w1}}{t_c-t_{w2}}}$$

代入数值计算得 $\Delta t_m=5.46℃$。

冷却水侧对流换热准则为：

$$Nu=0.023Re^{0.8}Pr^{0.4} \tag{5-56}$$

式中，$Nu=\alpha_w d_e/\lambda$，$Re=wd_e/\nu$，$Pr=\eta c/\lambda$。

可将冷却水侧的传热系数转化为一个简单的经验公式，如式（5-33）所示。

$$\alpha_w=f_w\cdot B_w\frac{w^{0.8}}{d_i^{0.2}}$$

其中，B_w 仅由水的物性参数决定：

$$B_w=0.023\cdot\lambda^{0.6}\cdot(\eta\cdot c)^{0.4}\cdot\nu^{-0.8} \tag{5-57}$$

其中，$\nu=\eta/\rho$

$$B_w=0.023\cdot\rho^{0.8}c^{0.4}\lambda^{0.6}\eta^{-0.4} \tag{5-58}$$

f_w 需要根据 Re 数值确定：当 $Re\geqslant10000$ 时，$f_w=1$；当 $2300<Re<10000$ 时，$f_w<1$，可根据下式计算：

$$f_w=-0.0101183(Re/1000)^2+0.18978(Re/1000)+0.106247$$

当 $Re<2300$ 时，不推荐采用层流模式。

冷却水的平均温度为 $t_{wm}=t_c-\Delta t_m=37-5.46=31.54℃$；在此温度下，冷却水的物性参数为：$\rho=995.1\text{kg/m}^3$；$C_p=4175.0\text{kJ/kg}$；$\lambda=0.6146\text{W/m}\cdot\text{K}$；$\eta=7.335\times10^{-4}\text{Pa}\cdot\text{s}$；$\nu=7.772\times10^{-7}\text{m}^2/\text{s}$ 代入式（5-58）计算得 $B_w=1516.6$。

$$Re=wd_i/\nu=2.063\times0.01333/(7.772\times10^{-7})=35303$$

因为本例题中 $Re\geqslant10000$，所以 $f_w=1$，计算式（5-33）得：

$$\alpha_{\mathrm{w}}=1\times2118.8\times\frac{2.063^{0.8}}{0.01333^{0.2}}=8972\mathrm{W/(m^2\cdot K)}$$

管壁的导热热阻为：

$$R_1=(\delta_1/\lambda_1)(d_i/d_{\mathrm{m}}) \tag{5-59}$$

铜冷凝管的导热系数为 370W/(m·K)，计算得：

$$R_1=(\delta_1/\lambda_1)(d_i/d_{\mathrm{m}})=(0.00235/370)\times(13.3/15.65)=0.0000054\mathrm{m^2\cdot K/W}$$

冷却水侧污垢热阻按下式计算：

$$R_2=\delta_2/\lambda_2 \tag{5-60}$$

假设污垢厚度 0.4mm，取冷却水污垢导热系数 2W/(m·K)，于是 $R_2=\delta_2/\lambda_2=0.0004/2.0=0.0002\mathrm{m^2\cdot K/W}$。

冷却水侧污垢热阻与管壁导热热阻之和为：

$$\sum R=R_1+R_2=0.0000054+0.0002=0.002054\mathrm{m^2\cdot K/W}$$

4. 制冷剂侧换热系数

根据式（5-35）得：

$$\alpha_{\mathrm{R}}=0.725\cdot\left(\frac{g\cdot h_{\mathrm{c}}\cdot\rho^2\cdot\lambda^3}{\eta\cdot d_{\mathrm{e}}\cdot(t_{\mathrm{c}}-t_{\mathrm{z}})}\right)^{0.25}\cdot f^{-1/6}\cdot\psi_{\mathrm{c}}$$

$$\alpha_{\mathrm{R}}=0.725\cdot B\cdot d_{\mathrm{e}}^{-0.25}\cdot f^{-1/6}\cdot\psi_{\mathrm{c}}(t_{\mathrm{c}}-t_{\mathrm{z}})^{-0.25}$$

$$B=\left(\frac{g\cdot h_{\mathrm{c}}\cdot\rho^2\cdot\lambda^3}{\eta}\right)^{0.25}$$

其中，$g=9.81\mathrm{m/s^2}$，$\rho=1158.6\mathrm{kg/m^3}$，$\lambda=0.07638\mathrm{W/(m\cdot K)}$，$\eta=1.84\times10^{-4}$ Ns/m²，$h_{\mathrm{c}}=166.3\times10^3\mathrm{J/kg}$，$f$ 为垂直方向的行数，Ψ_{c} 为低螺纹肋管的修正系数。上面各式中的物性参数均为本冷凝器冷凝温度下制冷剂液体的状态参数。

计算得：

$$B=\left(\frac{9.81\cdot166.3\cdot1158.6^2\cdot0.07638^3}{1.85\times10^{-4}}\right)^{0.25}=1516.6$$

则近似管排数：

$$f=0.9D/(1.1732s)$$

代入数值计算得：

$$f=0.9\times0.4/(1.1732\times0.023)\approx9$$

$$\psi_{\mathrm{c}}=1.3\frac{A_{\mathrm{v1}}}{A_{\mathrm{e1}}}E^{0.75}\left(\frac{d_{\mathrm{b}}}{h_{\mathrm{r}}}\right)^{0.25}+\frac{A_{\mathrm{h1}}}{A_{\mathrm{e1}}}$$

本题中铜管肋结构如图 5-26 所示。

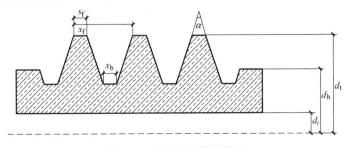

图 5-26　加肋冷凝管结构图

单位长度肋片侧面圆环面积见式 (5-9):

$$A_{v1} = \pi(d_t^2 - d_h^2)/\left(2s_f\cos\frac{\alpha}{2}\right)$$

计算得 $A_{v1} = 3.14 \times (0.00208^2 - 0.0165^2)/(2 \times 0.002 \times \cos17.5°) = 0.131\text{m}^2/\text{m}$。

单位长度肋顶圆周面积与单位长度肋间基管圆周面积和为:

$$A_{h1} = \pi(d_t \cdot x_t + d_b \cdot x_b)/s_f \tag{5-61}$$

$$x_t = s_f - x_b - 2h_f \cdot \tan(\alpha/2)$$

肋基高度为:

$$h_f = (d_t - d_b)/2 \tag{5-62}$$

计算得 $h_f = (20.8 - 16.5)/2 = 2.15\text{mm}$, $x_t = 2 - 0.6 - 2 \times 2 \times 15 \times \tan17.5° = 0.044\text{mm}$。

代入数值得 $A_{h1} = 0.0169\text{m}^2/\text{m}$。

单位长度肋管外表面积为:

$$A_{e1} = A_{v1} + A_{h1} = 0.131 + 0.0169 = 0.1479\text{m}^2/\text{m}$$

肋片当量高度见式 (5-12):

$$h_r = \pi(d_t^2 - d_b^2)/(4d_t)$$

代入数值计算得 $h_r = 3.14 \times (0.0208^2 - 00165^2)/(4 \times 0.0208) = 0.006053\text{m}$。

对于低螺纹加肋管, $E \approx 1$, 计算得:

$$\psi_c = 1.3\frac{0.131}{0.1479} \times 1 \times \left(\frac{0.0165}{0.00605}\right)^{0.25} + \frac{0.0169}{0.1479} = 1.594$$

现计算加肋管内外面积比。单位长度加肋管内表面积为:

$$A_{i1} = \pi \cdot d_i = 3.14 \times 0.0133 = 0.0418\text{m}^2/\text{m}$$

因此, 外表面积与内表面积比值为:

$$A_e/A_i = A_{e1}/A_{i1} = 0.1479/0.0418 = 3.513$$

5. Zone 1 的热力计算

对数平均温差见式 (5-55):

$$\Delta t_m = \frac{(t_c - t_{w1}) - (t_c - t_{w2\text{sup}})}{\ln\dfrac{t_c - t_{w1}}{t_c - t_{w2\text{sup}}}}$$

代入数值计算得 $\Delta t_m = 5.9125℃$。

(1) 制冷剂侧热力计算:

$$\alpha_R = 0.725 \times 1516.6 \times 0.018^{-0.25} \times 9^{-1/6} \times 1.594 \times (37 - t_z)^{-0.25}$$

$$\alpha_R = 3317.7 \cdot (37 - t_z)^{-0.25}$$

制冷剂的污垢热阻为 0, 因此, 制冷剂侧换热量为 $q_e = \alpha \cdot (37 - t_z)$。

代入 α_R, 得 $q_e = 3371.7 \cdot (37 - t_z)^{0.75}$。

(2) 冷却水侧热力计算

冷却水的平均温度:

$$t_{wm} = t_c - \Delta t_m = 37 - 5.9125 = 31.0875℃$$

冷却水侧换热量:

$$q_i = \frac{t_z - t_{wm}}{\dfrac{1}{\alpha_w} + \Sigma R_i} \tag{5-63}$$

代入数值计算得：

$$q_i = \frac{t_z - 31.0875}{\dfrac{1}{8972} + 0.0002054} = 3156 \cdot (t_z - 31.0875)$$

结合内外表面换热面积计算 q_{e1}：

$$q_e = (A_i/A_e)/q_i$$

代入数值计算得：

$$q_{e1} = (1/3.513) \times 3156 \times (t_z - 31.0875)$$
$$= 898.38 \times (t_z - 31.0875)$$

（3）结合制冷剂侧和水侧换热量方程，制图如图 5-27 所示。

在图 5-27 中，两直线交点为 $q_{e1} = 4148\text{W/m}^2$，$t_z = 35.67℃$。

因此，制冷剂侧的冷凝换热系数为 $\alpha_R = 3317.7 \times (37 - 35.67)^{-0.25} = 3088\text{W/(m}^2 \cdot \text{K)}$。

在 Zone1 总换热系数为：

$$k_{e1} = q_{e1}/\Delta t_m \qquad (5\text{-}64)$$

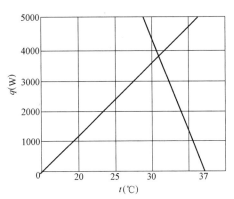

图 5-27　冷凝器换热面积图解

计算得 $k_{e1} = 4148/5.9125 = 701.5\text{W/(m}^2 \cdot \text{K)}$，该结果可根据下式进行检验。

$$k_e = \cfrac{1}{\dfrac{1}{\alpha_R} + R_e + \left(\Sigma R_i + \dfrac{1}{\alpha_w}\right)\dfrac{A_e}{A_i}}$$

（4）确定换热面积

在两相区需要的换热面积为：

$$A_{e1} = Q_{lat}/q_{e1}$$

计算得 $A_{e1} = 358160/4148 = 86.34\text{m}^2$。

6. 过热区 Zone 2 的热力计算

对数平均温差为：

$$\Delta t_m = \frac{(t_c - t_{w1}) - (t_c - t_{w2sup})}{\ln \dfrac{t_c - t_{w1}}{t_c - t_{w2sup}}}$$

代入数值计算得 $\Delta t_m = 9.8935 ℃$。

在过热区的换热系数与穿过冷凝管的蒸汽的速度相关，为了求解蒸汽速度，需要知道换热管长度，但在题目中这个参数是未知的，因此，需要假设一个热通量。

设 $q_{e,tr} = 3530\text{W/m}^2$，冷凝管外表面换热面积为：

$$A_e = Q_c/q_{etr} = 400000/3530 = 113.3\text{m}^2$$

冷凝管内表面换热面积为：

$$A_i = A_e/(A_e/A_i) = 113.3/3.513 = 32.252\text{m}^2$$

冷凝管的有效长度为：

$$L = A_i/(\pi \cdot d_i \cdot n_t) = 32.252/(3.14 \times 0.0133 \times 224) = 3.445\text{m}$$

对于叉排排列的冷凝管，每行的换热管数目不同，取每行有效换热管数目为：

$$n_{eqv}=0.502 \cdot \pi^{0.5} \cdot n_t^{0.5} \cdot (s_1/s_2)^{0.5}$$

其中，s_1，s_2 为水平和垂直方向上管心距

当叉排布置形式如图 5-28 所示时，每行有效冷凝管数目约为：

$$n_{eqv}=0.59904n_f^{0.5}$$

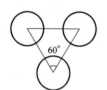

图 5-28　叉排布置
结构图

因为壳体为圆筒形，过热区一般在壳体上半部，此部分冷凝管数量要更少，因此每行有效换热管数量取：

$$n_{eqv}=0.3 \cdot n_f^{0.5}=0.3\times224^{0.5}=4.5$$

蒸汽在管之间穿过的区域面积为：

$$A_s=n_{eqv} \cdot (s_1-d_e) \cdot L \tag{5-65}$$

计算得，$A_s=4.45 \cdot (0.023-0.018) \cdot 3.445=0.07665125m^2$。

制冷剂蒸汽流速为：

$$\dot{V}_R=\dot{m}_R/\rho_{sup} \tag{5-66}$$

计算得 $V_R=1.834/43.843=0.042m^3/s$。

换热管之间的流速为 $w_{sup}=V_R/A_s=0.042/0.07665=0.55m/s$。

在制冷剂侧

当 $Re\geq10000$ 时，$f_w=1$；

当 $2300<Re<10000$ 时，$f_w<1$，可根据下式计算：

$$f_w=-0.0101183(Re/1000)^2+0.18978(Re/1000)+0.106247$$

当 $Re<2300$ 时，不推荐采用层流模式。

又，$Re=w_{sup}d_e/\nu$，$Pr_{sup}=\eta_{sup}c_{sup}/\lambda_{sup}$；

计算得，$Re=0.641\times0.018/(0.3012\times10^{-6})=38279.3$

$$Pr_{sup}=1.32\times10^{-5}\times1080/0.01575=0.9053$$

由 $1000<Re<2000000$，得：

$$Nu=0.40\times38279.3^{0.6}\times0.9053^{0.36}=217$$

传热系数为：

$$\alpha_{sup}=Nu \cdot \lambda_{sup}/d_e \tag{5-67}$$

计算得 $\alpha_{sup}=217\times0.01575/0.018=189.9W/m^2$。

在过热区的总传热系数为：

$$k_{e2}=\cfrac{1}{\cfrac{1}{\alpha_{sup}}+R_e+\left(\Sigma R_i+\cfrac{1}{\alpha_w}\right)\cfrac{A_e}{A_i}} \tag{5-68}$$

计算得：

$$k_{e2}=\cfrac{1}{\cfrac{1}{189.9}+0+\left(0.0002054+\cfrac{1}{8972}\right)\times3.513}=157.0W/(m^2 \cdot K)$$

过热区的热通量为：

$$q_{e2}=k_{e2} \cdot \Delta t_{m2} \tag{5-69}$$

计算得 $q_{e2}=157\times9.8935=1553W/m^2$。

过热区换热需要的换热面积为：

$$A_{e2} = Q_{sup}/q_{e2} \tag{5-70}$$

计算得 $A_{e2} = 41840/1553 = 26.94\text{m}^2$。

总换热面积 $A_e = A_{e1} + A_{e2} = 86.34 + 26.94 = 113.28\text{m}^2$

7. 检验

实际计算得热通量为：

$$q_{e,\ tr} = Q/A_e = 400000/113.28 = 3531\text{W/m}^2$$

这与假设的热通量值非常接近，不需要重新计算。若实际热通量与假设值误差超过 1%，需要重新假设热通量重复计算。

8. 冷却水压降

冷却水侧压降见式（5-46）：

$$\Delta P = \left(\xi \frac{L}{d} + \xi_{in} + 1 + \frac{\xi_{in} + 1}{n_p} \right) \cdot n_p \cdot \frac{\rho \cdot w^2}{2}$$

其中，ξ 是沿程阻力损失的修正系数，$\xi = 0.3164/Re^{0.25}$，计算得 $\xi = 0.3164/Re^{0.25} = 0.0231$；$\xi_{in}$ 是进口的局部损失，取 $\xi_{in} \approx 0.5$，有：

$$\Delta P = \left(\xi \frac{L}{d} + 1.5 + \frac{1.5}{n_p} \right) \cdot n_p \cdot \frac{\rho \cdot w^2}{2}$$

计算得：

$$\Delta P = \left(0.0231 \frac{3.445}{0.0133} + \frac{1.5}{4} + 1.5 \right) \times 4 \times \frac{995.1 \times 2.063^2}{2} = 66500\text{Pa} = 0.665\text{bar}$$

9. 制冷剂压降

壳管式冷凝器壳侧制冷剂压降包括进出口压降、流阻很小，通常可忽略不计，但考虑到流动与换热计算时换热器设计计算的重要组成部分，因此，此处也单列出来作为参考。

凝结侧总压降参照 Collier 和 Thome（1996）推荐的计算方法计算，对应计算公式如下：

$$\Delta p_t = \Delta p_f + \Delta p_c - \Delta p_a - \Delta p_g$$

式中，Δp_a 为加速阻力损失，按下式计算：

$$\Delta p_a = G^2 (v_G - v_L) \tag{5-71}$$

其中，G 为单位换热面积上的气液两相流工质的质量流率，计算式如下：

$$G = \frac{\dot{m}_w}{N \cdot S} \tag{5-72}$$

计算得 $G = 0.019\text{kg/m}^2 \cdot \text{s}$，$\Delta p_a = 0.0004\text{Pa}$。

Δp_g 为重力阻力损失，按下式计算：

$$\Delta p_g = \rho_m g L \tag{5-73}$$

其中，L 取为壳管式换热器直径；计算得 $\Delta p_g = 376.2\text{Pa}$。

Δp_c 为进、出口局部阻力损失，通常根据经验公式估算，普遍使用的 Shah and Focke（1988）公式：

$$\Delta p_c = 1.5 G^2/(2\rho_m) \tag{5-74}$$

计算得 $\Delta p_c = 2.82 \times 10^{-6}\text{Pa}$。

Δp_f 为两相流体在壳管式换热器中的摩擦阻力损失，由于壳管式换热器汇总的流速很低，该项通常可忽略，即取 $\Delta p_f = 0\text{kPa}$。

其中，v_G 与 v_L 为制冷剂气体与液体的比容；ρ_m 为平均密度密度，计算式如下：

$$\rho_m = \frac{1}{x_m(1/\rho_g) - (1 - x_m)(1/\rho_L)} \tag{5-75}$$

其中，平均干度取 0.5，计算得 $\rho_m = 95.97\text{kg/m}^3$。

综上可得 $\Delta p_t = \Delta p_f + \Delta p_c - \Delta p_a - \Delta p_g = -376.2\text{Pa}$。

5.3.2　空冷冷凝器设计计算

空冷式冷凝器的设计首先应确定肋片的几何参数、空气的迎面风速、冷凝温度、空气进出口温度和冷凝器换热管的排数等。国产纯铜管套铝片换热器的典型结构参数为，对于小型机组，可选用 $\phi 10\text{mm}$ 纯铜管，管间距为 25mm（或 $\phi 12\text{mm}$ 纯铜管，管间距为 30mm），管壁厚为 $0.5 \sim 1.0\text{mm}$；对于 60kW 以上的机组，可选用 $\phi 16\text{mm}$ 纯铜管，管间距为 35mm，管壁厚为 $1.0 \sim 1.5\text{mm}$，肋距为 $2.0 \sim 3.5\text{mm}$。冷凝管可顺排也可叉排排列。冷凝器的空气迎面风速取 $2.5 \sim 3.5\text{m/s}$ 为宜，取值过大，则风机能耗增大。冷凝温度的确定应按照机组使用调节和技术经济比较确定，一般地，冷凝温度与进风温度之差控制在 15℃ 左右为好；当外界气温为 $30 \sim 35$℃ 时，冷凝温度可取 $45 \sim 50$℃；空气进出口温差一般取 $8 \sim 10$℃。冷凝管排数一般取 $6 \sim 8$ 排为好，沿空气流动方向的管排数越多，后面几排的传热量越小。

制冷剂在空冷式冷凝器中要经历过热蒸气区、饱和区和过冷液体区，制冷剂在这三个区的物理性质和换热机理有所不同，其传热系数也不一样。在过热蒸气区的传热系数比饱和蒸气区要低，但传热温差却比饱和蒸气区大，致使制冷剂在这两个区内的单位面积热流量 q_c 几乎相等。在过冷液体区 q_c 要低一些，不到总传热量的 10%。所以，在设计计算时可将制冷剂在空冷式冷凝器内换热全过程都按饱和区对待，以简化计算过程。

【例 5-2】　现有一台 R134a 冷水机组，冷凝器热负荷为 $Q_c = 55\text{kW}$，冷凝温度 $t_c = 45$℃，环境空气温度 $t_1 = 35$℃，空气出口温度：$t_2 = 41$℃，试为该机组设计一台风冷式冷凝器[5]。

【解】

1. 对数平均温差见式（5-5）和式（5-56）。

$$\Delta t_m = \frac{(t_c - t_1) - (t_c - t_2)}{\ln \dfrac{t_c - t_1}{t_c - t_2}}$$

$$\Delta t_m = \frac{t_2 - t_1}{\ln \dfrac{t_c - t_1}{t_c - t_2}}$$

计算得 $\Delta t_m = \dfrac{41 - 35}{\ln \dfrac{45 - 35}{45 - 41}} = 6.54814$℃。

空气温度为 $t_m = t_c - \Delta t_m$。计算得 $t_m = 45 - 6.548 = 38.452$℃。

根据 $t_m = 38.452$℃，确定空气的热物理参数：$\rho_a = 1.333\text{kg/m}^3$，$c_a = 1005\text{J/(kg} \cdot$

K)，$\lambda_a = 0.02743\mathrm{W/(m \cdot K)}$，$\nu_a = 1.681 \times 10^{-5}\mathrm{m^2/s}$。

空气质量流量见式（5-4）：

$$\dot{m}_a = Q_c / [c_a \cdot (t_2 - t_1)]$$

计算得 $m_a = 55/[1.005 \times (41-35)] = 9.12106\mathrm{kg/s}$。

进而可得空气体积流量为：$V_a = m_a/\rho_a = 9.12106/1.1333 = 8.0482\mathrm{m^3/s}$。

2. 设计参数

风冷冷凝器结构如图 5-29 所示。本冷凝器换热管选用铜管，直径 $d_e = 12.7\mathrm{mm}(=1/2'')$，$d_i = 11.88\mathrm{mm}$（铜管厚度 0.41mm），换热管垂直间距 $s_1 = 31.75\mathrm{mm}$，换热管水平间距 $s_2 = 27.5\mathrm{mm}$，换热管叉排排列。肋片选用铝制散热片，肋片间距 $s_f = 2.0\mathrm{mm}$，肋片厚度 $f_t = 0.15\mathrm{mm}$。冷凝器排数 $i_r = 4$，每排换热管的数量 $i_t = 36$，冷凝器流程 $i_{in} = 12$。

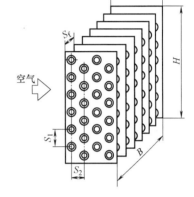

图 5-29 风冷式冷凝器

单位长度翅片管换热器换热面积参数计算如下：

每米管长翅片间基管外表面积为：

$$A_{mt} = \pi \cdot d_e (1 - f_t/s_f) \qquad (5\text{-}76)$$

计算得 $A_{mt} = 3.1416 \times 0.0127 \times (1-0.15/2.0) = 0.036906\mathrm{m^2/m}$。

每米管长翅片表面积为：

$$A_f = 2 \cdot (s_1 \cdot s_2 - \pi \cdot d_e^2/4)/s_f \qquad (5\text{-}77)$$

计算得 $A_f = 2 \times (0.03175 \times 0.0275 - 3.1416 \times 0.0127^2/4)/0.002 = 0.746448\mathrm{m^2/m}$。

每米管长总外表面积为：

$$A_{el} = A_{mt} + A_f \qquad (5\text{-}78)$$

计算得 $A_{el} = 0.036906 + 0.746448 = 0.783354\mathrm{m^2/m}$。

单根换热管氟侧换热面积为：

$$A_{i1} = \pi d_i \qquad (5\text{-}79)$$

代入数值计算得：$A_{i1} = 3.1416 \times 0.01188 = 0.0373222\mathrm{m^2/m}$。

换热管肋化系数为：

$$\beta = A_{el}/A_{i1} \qquad (5\text{-}80)$$

代入数值计算得：$\beta = 0.783354/0.0373222 = 20.989$。

冷凝器高度为：

$$H = i_t \cdot s_1 \qquad (5\text{-}81)$$

代入数值计算得：$H = 36.0 \times 0.03175 = 1.143\mathrm{m}$。

肋片宽度为

$$L = i_r \cdot s_2 \qquad (5\text{-}82)$$

代入数值计算得：$L = 4.0 \times 0.0275 = 0.110\mathrm{m}$。

根据冷凝温度（45℃）查制冷剂（R134a）热物性参数表确定饱和液体物性参数为：$\rho_l = 1124.65\mathrm{kg/m^3}$，$c_l = 1532.6\mathrm{J/(kg \cdot K)}$，$\lambda_l = 0.072705\mathrm{W/(m \cdot K)}$，$\nu_a = 1.49007 \times$

$10^{-7} \mathrm{m^2/s}$；饱和气体热物性参数为：$\rho_v = 57.6352 \mathrm{kg/m^3}$，$c_v = 1166.32 \mathrm{J/(kg \cdot K)}$，$\lambda_v = 0.016223 \mathrm{W/(m \cdot K)}$，$\nu_v = 2.334 \times 10^{-7} \mathrm{m^2/s}$。汽化潜热 $h_1 = 157.74 \mathrm{kJ/kg}$。

根据制冷剂在冷凝器释热量与制冷剂的进出冷凝器的焓差（考虑到有部分显热换热，此处将焓差按照 1.1 倍的汽化潜热考虑）可得出制冷剂的总质量流量计算式如下：

$$\dot{m}_R = Q_c / 1.1 h_1 \tag{5-83}$$

代入数值计算得：$m_R = 55/(1.1 \times 157.74) = 0.31698 \mathrm{kg/s}$。

进而可得每个管程内各并联换热管（共 12 根）内制冷剂的质量流速（$G = w \cdot \rho$）计算式如下：

$$G = \dot{m}_R / (i_{in} \cdot \pi \cdot d_i^2 / 4) \tag{5-84}$$

带入各项数值可得：$G = 0.31698/(12 \times 3.14 \times 0.01188^2/4) = 238.21 \mathrm{kg/(m^2 \cdot s)}$

为了得到传热系数，需要知道空气的流速，这取决于空气侧流动截面的大小。因此，为了计算传热面积，需要先假设出一个整体传热系数，之后再考虑其他因素进行该传热系数的迭代求解。

此处先假设整体换热系数 $k_e = 33 \mathrm{W/(m^2 \cdot K)}$，相应地，可根据式（5-65）计算以换热器外表面积为计算基准的热流密度如下：

$$q_e = k_e \cdot \Delta t_m$$

代入数值计算得：$q_e = 33 \times 6.5484 = 216.089 \mathrm{W/m^2}$。

根据外表面的热流密度与换热器的肋化系数可求解出以内表面积为计算基准的管内热流密度 $q_i = \beta q_e = 4535.4 \mathrm{W/m^2}$。

相应的，可以得出管内表面传热面积为：

$$A_i = Q_c / q_i$$

代入各项数值计算得：$A_i = 55 \times 10^3 / 4535.4 = 12.1268 \mathrm{m^2}$。

进而可得：

换热器所需换热管总长度为：$L_{ov} = A_i / A_{i1} = 12.1268/0.0373222 = 324.9226 \mathrm{m}$。

每排换热管总长度：$L_i = L_{ov} / i_r = 324.9226/4 = 81.231 \mathrm{m}$。

冷凝器宽度：$B = L_1 / i_t = 324.9226/36 = 2.2564 \mathrm{m}$。

在空气流动的横截面（换热管和翅片之间）中最小的区域计算式如下：

$$A_z = L_1 \cdot (s_1 - d_e)(1 - f_t / s_f) \tag{5-85}$$

代入各项数值计算得：$A_z = 81.231 \times (0.03175 - 0.0127) \times (1 - 0.00015/0.002) = 1.431392 \mathrm{m^2}$。

相应可得空气在最小截面的流速：$w = V_a / A_z = 8.0482/1.431392 = 5.62264 \mathrm{m/s}$。

3. 空气侧的传热系数

空气侧强制对流传热的准则关系式如下所示：

$$Nu = C_1 \cdot Re^n \cdot (L/d_{eqv})^m \tag{5-86}$$

上式适用工况范围为：$Re = 500 \sim 10000$；$d_e = (9 \sim 16) \mathrm{mm}$；$s_f / d_e = 0.18 \sim 0.35$；$s_1 / d_e = 2 \sim 5$；$L/d_{eqv} = 4 \sim 50$；$t = -40 \sim 40 \mathrm{℃}$，管道顺排排列。对于叉排排列的管道，传热系数在此式计算基础上增大 10%。

（1）Nu 和 Re 对应的特征尺度

$$d_{eqv} = 2(s_1 - d_e)(s_f - f_t)/(s_1 - d_e + s_f - f_t) \tag{5-87}$$

代入各项数值可得：$d_{eqv} = 2 \times (31.75 - 12.7) \times (2.0 - 0.15)/(31.75 - 12.7 + 2.0 - 0.15) = 3.3725$mm。

（2）雷诺数 Re

$$Re = w \cdot d_{eqv}/\nu_a \tag{5-88}$$

代入各因变量数值计算得：$Re = 5.62264 \times 0.0033725/(1.681 \times 10^{-5}) = 1128.04$。

（3）指数"n"和"m"

$$n = 0.45 + 0.0066(L/d_{eqv}) \tag{5-89}$$

$$m = -0.28 + 0.08 \cdot (Re/1000) \tag{5-90}$$

代入各项数值计算得：$n = 0.45 + 0.0066 \times (0.11/0.0033725) = 0.6653$，$m = -0.28 + 0.08 \times (1128.04/1000) = -0.189757$。

（4）系数 C_1

式（5-86）中系数 C_1 根据下式确定

$$C_1 = C_{1A} \cdot C_{1B} \tag{5-91}$$

式中系数 C_{1A} 根据 L/d_{eqv} 值查表 5-3 确定。

系数 C_{1A} 参考表

表 5-3

L/d_{eqv}	5	10	20	30	40	50
C_{1A}	0.412	0.326	0.201	0.125	0.080	0.0475

系数 C_{1B} 根据下式计算

$$C_{1B} = 1.36 - 0.24 \cdot (Re/1000) \tag{5-92}$$

本例中 $L/d_{eqv} = 0.11/0.0033725 = 32.617$，根据该数值查表 5-3 中与其相邻两数字对应数据插值计算可得出 $C_{1A} = 0.11101$。

将 Re 数值带入式（5-92）中计算得：$C_{1B} = 1.36 - 0.24 \times (1128.04/1000) = 1.08927$。

相应的，$C_1 = 0.11101 \times 1.08927 = 0.12092$，$Nu = 0.112092 \times 1128.04^{0.6653} \times 32.617^{-0.18976} = 6.699$。

空气侧的对流传热系数计算式如下：

$$\alpha_a = Nu \cdot \lambda_a/d_{eqv} \tag{5-93}$$

代入各项数值可得：$\alpha_a = 6.699 \times 0.02743/0.0033725 = 54.487$W/(m^2 · K)。该结果是顺排情况的计算值，当换热管叉排排列时，传热系数需要在此基础上增加 10%，相应可得叉排时的对流传热系数为：

$$\alpha_a = 54.487 \times 1.1 = 59.936 \text{W/(m}^2 \cdot \text{K)}$$

翅片管侧空气对流传热系数的计算式如下：

$$\alpha_{ai} = \alpha_a \cdot (A_f \cdot E \cdot C_k + A_{mt})/A_{i1} \tag{5-94}$$

式中，系数 C_k 为包括换热管与翅片间的接触热阻。理想情况下，$C_k = 1$。在本例中，取 $C_k = 0.99$；E 是翅片的效率，采用下式计算：

$$E = \text{th}(m_f \cdot h_f)/(m_f \cdot h_f) \tag{5-95}$$

其中

$$m_f = \sqrt{\frac{2 \cdot \alpha_a}{f_t \cdot \lambda_f}} \tag{5-96}$$

其中，$\lambda_f = 209W/(m \cdot K)$，为铝翅片的导热系数；代各项数值入式（5-96）可得：

$$m_f = \sqrt{\frac{2 \times 59.936}{0.00015 \times 209}} = 61.8361/m$$

h_f 是翅片的衍生高度，其计算式如下：

$$h_f = 0.5d_e \cdot (\rho_f - 1)(1 + 0.35 \cdot \ln\rho_f) \tag{5-97}$$

对于叉排和 $s_1/2 < s_2$ 的情况，其中参数 ρ_f 计算式如下：

$$\rho_f = 1.27 \cdot (B_f/d_e) \cdot \sqrt{A_f/B_f - 0.3} \tag{5-98}$$

其中，

$$A_f = s_1$$
$$B_f = \sqrt{(s_1/2)^2 + s_2^2} \tag{5-99}$$

对于顺排的情况，式（5-97）中参数 ρ_f 计算式如下：

$$\rho_f = 1.28 \cdot (B_f/d_e) \cdot \sqrt{A_f/B_f - 0.2} \tag{5-100}$$

其中 $\qquad A_f = s_1 \qquad B_f = s_2$

本例换热管为叉排，代入换热器各项参数计算可得：

$A_f = s_f = 0.03175m$；

$B_f = \sqrt{(0.03175/2)^2 + 0.0275^2} = 0.03175m$；

$\rho_f = 1.27 \times (0.03175/0.0127) \times \sqrt{0.03175/0.03175 - 0.3} = 2.6564$；

$h_f = 0.5 \times 0.0127 \times (2.6564 - 1) \times (1 + 0.35 + \ln2.6564) = 0.014115m$；

$E = th(61.836 \times 0.014115)/(61.836 \times 0.014115) = 0.80522$。

代上述参数入式（5-94）计算可得：

$\alpha_{ai} = 59.936 \times (0.746448 \times 0.80522 \times 0.99 + 0.036906)/0.0373222 = 1014.854W/(m^2 \cdot K)$。

4. 制冷剂侧的传热系数

近似计算中，可以使用下式计算管内凝结传热系数：

$$\alpha_R = 0.725 \cdot \left[\frac{g \cdot h_c \cdot \rho^2 \cdot \lambda^3}{\eta \cdot d_e(t_c - t_z)}\right]^{0.25} \cdot f^{-1/6} \cdot \Psi_c \tag{5-101}$$

式中　g——重力加速度，$g = 9.81m/s^2$；

$\qquad h_c$——冷凝侧工质汽化潜热，J/kg；

$\qquad \rho$——液体工质密度，kg/m^3；

$\qquad \lambda$——工质液体导热系数，$W/(m \cdot K)$；

$\qquad \eta$——工质液体动力黏度，Ns/m^2；

$\qquad f$——每排换热管数量；

$\qquad \Psi_c$——热管管型修正系数，对于光管 $\Psi_c = 1$。

较为精确的计算模型如下所示：

（1）$Re_l < 5000$ 时

若 $1000 < Re_l \cdot (\rho_l/\rho_v)^{0.5} < 2000$，则凝结换热准则如下所示：

$$Nu = 13.8 \cdot Pr_l^{1/3} \left(\frac{h_l}{c_l \cdot \Delta t}\right)^{1/6} \left[Re_l \left(\frac{\rho_l}{\rho_v}\right)^{0.5}\right]^{0.2} \tag{5-102}$$

若 $2000 < Re_l \cdot (\rho_l/\rho_v)^{0.5} < 100000$，则有：

$$Nu = 0.1 \cdot Pr_l^{1/3} \left(\frac{h_l}{c_l \cdot \Delta t} \right)^{1/6} \left[Re_l \left(\frac{\rho_l}{\rho_v} \right)^{0.5} \right]^{2/3} \tag{5-103}$$

（2）$Re_l > 5000$ 时

若 $Re_l \cdot (\rho_l/\rho_v)^{0.5} > 20000$，则有：

$$Nu = 0.026 \cdot Pr_l^{1/3} \left[Re_l \left(\frac{\rho_l}{\rho_v} \right)^{0.5} + Re_l \right]^{0.8} \tag{5-104}$$

其中，饱和液体的普朗特准则数 Pr 计算式为：

$$Pr_l = c_l \cdot \eta_l / \lambda_l \tag{5-105}$$

代入工质物性参数计算得：$Pr_l = 1532.6 \times 1.67581 \times 10^{-4}/0.072705 = 3.53256$。

其中，饱和液体的雷诺准则数 Re 计算式为：

$$Re_l = \frac{w_l \cdot d_i}{v_l} = \frac{G \cdot d_i}{\eta_l} \tag{5-106}$$

代入各项已知参数数值计算得：$Re_l = \dfrac{238.21 \times 0.01188}{1.67581 \times 10^{-4}} = 16887.0$。

由 $Re_l > 5000$ 且 $Re_l \cdot (\rho_l/\rho_v)^{0.5} = 16887 \times (1124.65/57.6355)^{0.5} = 74596.1 > 20000$ 判定，本例中应选用式（5-104）计算努希尔特准则数，相应的，代各已知自变量参数值入该式得：

$$Nu = 0.026 \times 3.53255^{1/3} \left[16887 \times \left(\frac{1124.65}{57.6355} \right)^{0.5} + 16887 \right]^{0.8} = 368.76$$

进而可根据式（5-67）得制冷剂冷凝传热系数表达式如下：

$$\alpha_R = Nu \cdot \lambda_l / d_i$$

代各自变量数值入上式计算得：$\alpha_R = 368.76 \times 0.072705/0.01188 = 2256.78 \text{W}/(\text{m}^2 \cdot \text{K})$。

管壁导热热阻为：

$$R_t = \delta_1/\lambda_1 = 0.00041/370 = 1.11 \times 10^{-6} (\text{m}^2 \cdot \text{K})/\text{W}$$

管外污垢热阻为：

$$R_o = 0.0003 \text{m}^2 \cdot \text{K}/\text{W}。$$

总传热系数（以管内传热面积为计算基准）计算式如下：

$$k_i = \frac{1}{\dfrac{1}{\alpha_{ai}} + R_o \dfrac{1}{\beta} + R_t \dfrac{d_i}{d_m} + R_i + \dfrac{1}{\alpha_R}} \tag{5-107}$$

代入各自变量数值计算得：

$$k_i = \frac{1}{\dfrac{1}{1014.854} + 0.0003 \times \dfrac{1}{20.989} + 1.11 \times 10^{-6} \times \dfrac{11.88}{12.29} + 0.0 + \dfrac{1}{2256.78}} = 692.6 \text{W}/(\text{m}^2 \cdot \text{K})$$

相应的，以外表面积为计算基准的总传热系数为：

$$k_e = k_i/\beta = 692.6/20.989 = 32.998 \text{W}/(\text{m}^2 \cdot \text{K})$$

该数值与此前假定值 $k_e = 33.0 \text{W}/(\text{m}^2 \cdot \text{K})$ 近似相等，因此，可不必进行迭代求解（注，若该数值与前面假定值偏差较大，则应重新假定 k_e 值，进行迭代计算，直到二者偏差满足计算者期望值）。

进而可得换热器的外部传热面积为：

$$A_e = A_i \cdot \beta = 12.1268 \times 20.989 = 254.53 \mathrm{m}^2$$

空气流经翅片表面的速度为：

$$w_f = \dot{V}_a / (B \cdot H) \tag{5-108}$$

代入各自变量数值计算得：$w_f = 8.0482 / (2.2564 \times 1.143) = 3.12 \mathrm{m/s}$。

5. 空气侧压降

对于顺排管道，空气侧压降计算式如下：

$$\Delta p = 0.07 \cdot (L / d_{eqv}) \cdot (w \cdot \rho_a)^{1.7} \tag{5-109}$$

对于叉排管道，空气侧压降计算式如下：

$$\Delta p = 0.233 \cdot i_r \cdot [s_2 / (s_f - f_t)]^{0.42} \cdot (w \cdot \rho_a)^{1.8} \tag{5-110}$$

本例为叉排，代入各项自变量数值计算得：

$\Delta p = 0.233 \times 4 \times [0.0275 / (0.002 - 0.00015)]^{0.42} \times (5.62264 \times 1.1333)^{1.8} = 81.18 \mathrm{Pa}$。

5.3.3　板式冷凝器设计计算

板式冷凝器中的冷凝过程属流道内强迫对流换热类型。板式换热器流程设计中，考虑到蒸气凝结过程一般可在一个流程中完成，因此，其制冷剂相变一侧一般设置成单流程，而水侧可根据需要布置成单程或多程。由于板式冷凝器换热面紧凑，而过冷段的换热效率低，因此在设计或选型时，一般不应出现冷凝段和过冷段并存的情况；如需过冷，原则上应单独设过冷器。由于冷凝器内压降大，会使蒸汽的冷凝温度降低，造成传热温差减小。而这种情况会增加换热面积，对换热是不利的。因此，建议制冷剂（如 R717，R22，R134）侧压降≤0.03～0.04MPa（上述压降值相当于饱和温度降1℃）。

制冷设备上用的板式换热器，由于制冷剂侧压力高、渗透能力强，选型时应采用钎焊式板式换热器，并应优先选用专门生产的板式冷凝器结构形式，在无合适的产品时，亦可选用一般常规的板式换热器。如下结合实例展示板式冷凝器设计计算流程。

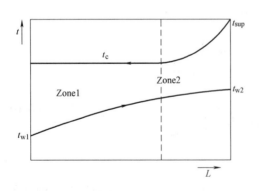

图 5-30　含有过热区的板式冷凝器分区图
（图中 L 为板片高度 H）

【例 5-3】　现有一台 R134a 冷水机组，冷凝器热负荷为 400kW，冷凝温度 $t_c = 37℃$，冷却水进口温度 $t_{cw1} = 28℃$，冷却水出口温度 $t_{cw2} = 34℃$，制冷剂过热温度 $t_{sup} = 55℃$，试为该机组设计一台板式冷凝器。

1. 计算设计热负荷 Q'

板式换热器中工质与水侧流体温度分区如图 5-30 所示。

设单位质量制冷剂在两相区 Zone1 释放的潜热量为 q_{lat}，在过热区 Zone2 释放的热量为 q_{sup}，单位质量制冷剂释放的总热量为 q_c，根据能量平衡可列出下式：

$$q_c = q_{lat} + q_{sup}$$

对于制冷剂 R134a 的潜热量，可以查表或者通过以下公式计算：

$$q_{lat} = -2.45346 \times 10^{-5} t_c^3 - 0.00219 t_c^2 - 0.76278 t_c + 198.61$$

根据冷凝温度 $t_c = 37℃$，通过上式计算得 $q_{lat} = 166.15kJ/kg$。

单位质量制冷剂 R134a 在 Zone2 区的换热量可通过式（5-50）计算，具体如下：

$$q_{sup} = C_{sup} \cdot (t_{sup} - t_c)$$

当温度为 $(37+55)/2 = 46℃$ 时，制冷剂 R134a 的比热为 $C_{sup} = 1079.7J/(kg \cdot K)$，代入式（5-50）计算可得 $q_{sup} = 1079.7 \times (55-37) = 19434.6 \, J/kg = 19.43kJ/kg$。

进而可根据式（5-48）计算得出单位质量制冷剂在两区的换热总量为 $q_c = 166.15 + 19.43 = 185.58kJ/kg$。

进一步根据式（5-51）计算制冷剂流量如下：

$$\dot{m}_R = Q_c/q_c$$

代入数值可得：$\dot{m}_R = Q_c/q_c = 400/185.58 = 2.16kg/s$。

根据式（5-52）求得制冷剂在过热区 Zone2 释放的热量为：

$$Q_{sup} = \dot{m}_R \cdot q_{sup}$$

代入数值计算可得：$Q_{sup} = 2.16 \times 19.43 = 41.89kW$。

根据式（5-53）可计算制冷剂在潜热区 Zone1 释放的潜热量为：

$$Q_{lat} = \dot{m}_R \cdot q_{lat}$$

代入数值计算得：$Q_{lat} = 2.16 \times 166.15 = 358.11kW$。

2. 确定板式换热器的版型与截面结构[9-14]

设计该类冷凝器的尺寸参数为：一种方法是在假设各个并联流道换热工况完全一致的情况下，先设计出多个并联通道中的一个通道，给出制冷剂与水侧流道的几何尺寸（长×宽×高），后续计算中根据所需的总换热面积与单片的换热面积之比即为总的并联通道数；另一种方法是先不给出高度，而给出总的通道数，结合设计计算通过迭代计算给出合适的高度。

以人字形板片为例（结构见图 5-31），给出板式换热器单个流道换热面积等参数的设计计算过程。

板式换热器选取人字形板片，宽 $W = 200mm$，板片间距离或称本片周波长度为 $2a = 4mm$，波长 $\lambda = 10mm$，波纹角（周波定点连线与水平方向的夹角）为 $\beta = 60°$。换热器冷凝侧与水侧均为单流程，流程数 $N_w = N_R = 45$（初步）。

结合几何关系可得面积拓展系数 Φ 计算公式为[15]：

$$\Phi = \frac{1}{6}(1 + \sqrt{1+A^2} + 4\sqrt{1+A^2/2}) \tag{5-111}$$

$$A = \frac{2\pi a}{\lambda} \tag{5-112}$$

计算得 $\Phi = 1.3$。

制冷剂与水侧通道截面积 S 为：

$$S = W(2a - t) \tag{5-113}$$

式中　t——板厚，mm。

计算得 $S = 200(4-0.5) = 700mm^2 = 7 \times 10^{-4} m^2$。

流道当量直径为 $d_e = 4S/P = 4S/[2((2a-t) + \Phi W)] = 2(2a-t)/(\Phi + (2a-t)/\Phi)$。

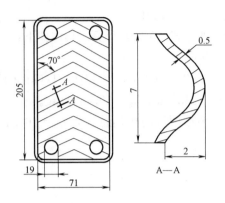

图5-31　人字形板结构图

由于（$2a-t$）远远小于 W。近似得 $d_e=2$（$2a-t$）$/\Phi=2\times(4-0.5)/1.3=5.28$mm。

3. 冷却水侧换热系数

冷却水的质量流量见式（5-4）：

$$\dot{m}_w=\frac{Q_c}{c_w(t_{w2}-t_{w1})}$$

冷却水的定压比热取 $c_w=4.175$kJ/(kg·K)，计算得：

$$\dot{m}_w=\frac{400}{4.175\times(34-28)}=15.97\text{kg/s}$$

本设计中板式冷凝器的冷却水流程取 $n_p=1$，水通道数 $N_w=45$，相应的可得水侧流速为：

$$w=\frac{\dot{m}_w}{\rho N_w S}$$

计算得冷却水流速 $w=0.509$m/s；由于凝结换热系数一般小于水侧换热系数，为使两者尽量接近，其水流速 w 应较水—水换热器小，一般初选在 0.3～0.6m/s，本设计中计算流速落在该区间。

计算对数平均温差：

$$\Delta t_{m1}=\frac{(t_c-t_{w1})-(t_c-t_{w2})}{\ln\dfrac{t_c-t_{w1}}{t_c-t_{w2}}}$$

可简化采取本公式计算

$$\Delta t_{m1}=\frac{t_{w2}-t_{w1}}{\ln\dfrac{t_c-t_{w1}}{t_c-t_{w2}}}$$

代入数值得 $\Delta t_{m1}=5.46$℃。

水侧对流传热准则如下[10]：

$$Nu=(0.2668-0.006967\beta+7.244\times10^{-5}\beta^2)\times(20.78-50.94\Phi+41.16\Phi^2-10.51\Phi^3)\times$$
$$Re^{0.728+0.0543\sin[(\pi\beta/45)+3.7]}\times Pr^{1/3}\times(\eta_f/\eta_w)^{0.14}$$

$$\text{（5-114）}$$

式中，$Nu=\alpha_w d_e/\lambda$，$Re=wd_e/\nu$，$Pr=\eta c/\lambda$。

冷却水的平均温度为 $t_{wm1}=t_c-\Delta t_{m1}=37-5.46=31.54$℃。根据该温度查冷却水的物性参数得：$\rho=995.1$kg/m³，$c_p=4175.0$J/(kg·K)，$\lambda=0.6146$W/(m·K)，$\eta=7.7335\times10^{-4}$Pa·s，$\nu=\eta/\rho=7.772\times10^{-7}$m²/s。

将各物性参数代入各准则数据计算方程可得：

$$Re=wd_e/\nu=0.509\times5.38\times10^{-3}/7.772\times10^{-7}=3460$$
$$Pr=\eta c/\lambda=7.7335\times10^{-4}\times4175.0/0.6146=5.25$$
$$Nu=123$$

进而，可根据式（5-67）计算出水侧对流传热系数为：

$$\alpha_w=Nu\cdot\lambda/d_e=123\times0.6146/(5.28\times10^{-3})=14314\text{W/(m}^2\cdot\text{K)}$$

管壁的导热热阻为：

$$R_1 = (\delta_1/\lambda_1) \tag{5-115}$$

板式换热器板片（不锈钢304）的导热系数为16W/（m·K），相应可得：

$$R_1 = \delta_1/\lambda_1 = 0.0004/16 = 0.000025 \, (\text{m}^2 \cdot \text{K})/\text{W}$$

冷却水侧污垢热阻计算式见（5-60）：

$$R_2 = \delta_2/\lambda_2$$

本例中取污垢厚度为0.2mm，取冷却水污垢导热系数为2W/（m·K），代入上式计算可得：$R_2 = \delta_2/\lambda_2 = 0.0002/2 = 0.0001 (\text{m}^2 \cdot \text{K})/\text{W}$。

因此，冷却水侧的总热阻为 $\sum R = R_1 + R_2 = 0.000025 + 0.0001 = 0.000125 (\text{m}^2 \cdot \text{K})/\text{W}$。

4. 制冷剂侧换热系数

通常根据气液两相流的当量雷诺数 Re_{eq} 的范围，在修正 Nusselt 竖壁膜状凝结计算公式的基础上，结合试验回归，得出对应气液两相区的凝结换热系数的半经验计算模型。值得注意的是，板式换热器的设计计算中，公式中的某些常数必须通过实验求解，因此在设计中对于未知的板型，只能先通过实验求解，然后再进行板型设计计算。

当 $Re_{\text{eq}} < 1600$ 时，可忽略工质蒸气流速的影响，按照单纯凝结换热计算，对应计算公式如下：

$$\alpha_{\text{R}} = 0.943 \cdot \phi \left(\frac{g \cdot h_{\text{LG}} \cdot \rho_{\text{L}}^2 \cdot \lambda_{\text{L}}^3}{\mu_{\text{L}} \cdot d_{\text{e}} \cdot (t_{\text{c}} - t_{\text{z}})} \right)^{0.25} \tag{5-116}$$

$$\alpha_{\text{R}} = 0.943 \cdot \phi \cdot B \cdot d_{\text{e}}^{-0.25} \cdot (t_{\text{c}} - t_{\text{z}})^{-0.25}$$

$$B = \left(\frac{g \cdot h_{\text{LG}} \cdot \rho_{\text{L}}^2 \cdot \lambda_{\text{L}}^3}{\mu_{\text{L}}} \right)^{0.25}$$

其中，h_{LG} 为工质气化潜热按照工质的饱和温度（即冷凝温度）来确定，其他各物性参数项按照凝液定性温度 t_{dl} 选取，t_{dl} 为：

$$t_{\text{dl}} = 0.75 t_{\text{c}} + 0.25 t_{\text{z}}$$

计算当地的重力加速度，结合当地纬度与海拔按照下式计算：

$$g(\psi, H) = g_{\text{n}} \cdot [1 - 0.265 \cos(2\psi)]/(1 + 2H/R)$$

式中　H——使用地点的海拔，m，大连取 $H = 29\text{m}$；

　　　ψ——使用地点的纬度，°，大连取 $\psi = 39°01' - 39°04'$；

　　　g_{n}——标准重力加速度，9.80665m/s；

　　　R——地球的公称半径，$R = 6356766\text{m}$；

$\rho_{\text{c}} = 1159.3\text{kg/m}^3$；$\lambda_{\text{c}} = 0.07638\text{W/（m·K）}$；$\eta_{\text{c}} = 1.85 \times 10^{-4} \, \text{Ns/m}^2$；$h_{\text{c}} = 166.3 \times 10^3 \text{J/kg}$；

　　　Φ——板式冷凝器的面积拓展系数（前面已经计算出来了）。

上式的物性参数均为本冷凝器冷凝温度下制冷剂液体的状态参数。

当 $Re_{\text{eq}} > 1600$ 时，需要按照对流凝结来计算，在蒸气过热影响可忽略时，单纯的对流凝结换热系数（平均值）可按照如下公式计算：

$$h_{\text{sat}} = 1.875 \Phi \frac{k_1}{d_{\text{e}}} Re_{\text{eq}}^{0.445} \cdot Pr_1^{1/3} \tag{5-117}$$

若需要考虑蒸气过热，过热区蒸气的对流换热系数可根据下式计算：

$$h_1 = 0.2267 \frac{k_g}{d_e} Re_g^{0.631} \cdot Pr_g^{1/3} \tag{5-118}$$

在上述两式的基础上，可得综合考虑蒸气过热的凝结对流传热系数的计算公式：

$$h = h_{sat} + F\left(h_1 + \frac{c_p \cdot q''}{\gamma}\right) \tag{5-119}$$

式中

$$F = \frac{T - T_{sat}}{T_{sat} - T_w} \tag{5-120}$$

$$Re_{eq} = \frac{G_{eq} d_e}{\eta_1} \tag{5-121}$$

$$G_{eq} = G\left[(1 - x_m) + x_m \left(\frac{\rho_1}{\rho_g}\right)^{1/2}\right] \tag{5-122}$$

$$Re_G = G d_e / \eta_G$$

$$Pr_L = \eta_L c_{pL} / \lambda_L$$

$$Pr_G = \mu_G c_{pG} / \lambda_G$$

其中，气体参数以过热气体的平均温度作为定性温度确定：

$$t_{dG} = (t_{sup} + t_c)/2$$

式中　G——单位换热面积上的汽液两相流制冷剂的质量流量，$kg/(m^2 \cdot s)$；

　　　x_m——换热器工质流程汽液两相流的平均干度；

　　　G_{eq}——单位换热面积上的当量液体工质的质量流率，$kg/(m^2 \cdot s)$。

5. Zone 1 的热力计算

对数平均温差为：

$$\Delta t_{m2} = \frac{(t_c - t_{w1}) - (t_c - t_{w2sup})}{\ln \dfrac{t_c - t_{w1}}{t_c - t_{w2sup}}}$$

$$t_{w2sup} = t_{w2} - Q_{sup}/(\dot{m}_w \cdot c) \tag{5-123}$$

其中，t_{w2sup} 为制冷剂由饱和态与过热态转折点对应的冷却水温度，℃；根据饱和区与过热区的负荷比例与冷却水进出水温度可求得该参数数值。将各项数值代入上式计算可得 $\Delta t_{m2} = 8.97$℃。

（1）制冷剂侧热力计算[13,14]

首先，计算 Re_{eq}，根据该数值确定凝结换热的计算式，然后代入各参数计算出凝结换热系数的表达式为（当采用单纯凝结换热计算公式时其中壁温用未知数代替，与下面方式一致；当采用对流凝结公式时，壁温实际上存在于液体的物性计算中，属于隐性的迭代）。

若 $Re_{eq} < 1600$，有：

$$\alpha_R = 0.725 \times 1516.6 \times 0.018^{-0.25} \times 9^{-1/6} \cdot 1.594 \times (37 - t_z)^{-0.25}$$

$$\alpha_R = 3317.7 \cdot (37 - t_z)^{-0.25}$$

若 $Re_{eq} > 1600$，选用对流凝结公式（5-117），如下：

$$h_{sat} = 1.875 \Phi\left(\frac{k_1}{d_e}\right) Re_{eq}^{0.445} Pr_1^{1/3}$$

其中，两个准则数对应凝结液膜的物性参数按照凝液定性温度（$t_{dl}=0.75t_c+0.25t_z$）计算，计算得 α_R，制冷剂的污垢热阻为 0，因此制冷剂侧换热量为 $q_e=\alpha_R \cdot (37-t_z)$。

计算得 $Re_{eq}=5829>1600$。因此，需要先假定一个 t_z，然后通过迭代求解来获得较为精确的 t_z 值。此处，先假定 $t_z=37℃$，则 $Pr_1=3.26$，$h_{sat}=2526.96W/(m^2 \cdot K)$。

（2）冷却水侧热力计算

冷却水的平均温度：$t_{wm2}=t_c-\Delta t_{m2}=37-8.97=28.03℃$

冷却水侧换热量见式（5-63）：

$$q_i=\frac{t_2-t_{wm2}}{\dfrac{1}{\alpha_W}+\sum R_i}$$

代入数值计算得：

$$q_i=\frac{t_z-28.03}{\dfrac{1}{14314}+0.000125}$$

结合板式冷凝器双侧换热面积一致条件可得两侧的热流密度相同，即 $q_e=q_i$，代入数值计算得：

$$q_e=5128.21(t_z-28.03)$$

至此，已经获得了两个计算 q_e 的方程，用这两个方程联立求解，就能够求解出 q_e 与 t_z，经计算，$t_z=31℃$。与前面进行第一次迭代，$t_{dl}=0.75t_c+0.25t_z=35.5℃$，则 $Pr_1=3.27$，$h_{sat}=2529.66W/(m^2 \cdot K)$，代入联立方程，$t_z=31℃$，至此，迭代结束，求得 $t_z=31℃$，$q_e=15195.4W/m^2$。

在 Zone1 总换热系数见式（5-64）：

$$k_{e1}=q_e/\Delta t_{m2}$$

代入已知参数计算得：$k_{e1}=15195.4/8.96=2782.07W/(m^2 \cdot K)$。

上式结果可根据下式进行检验：

$$k_e=\frac{1}{\dfrac{1}{\alpha_R}+R_e+\left(\Sigma R_i+\dfrac{1}{\alpha_w}\right)\dfrac{A_c}{A_i}}$$

（3）确定换热面积

在两相区需要的换热面积为：

$$A_{e1}=Q_{lat}/q_e$$

计算得，$A_{e1}=358000/15195.4=23.57m^2$。

6. 过热区 Zone 2 的热力计算

对数平均温差：

$$\Delta t_{m3}=\frac{(t_{sup}-t_{w2})-(t_c-t_{w2sup})}{\ln\dfrac{t_{sup}-t_{w2}}{t_c-t_{w2sup}}}$$

代入数值计算得：$\Delta t_{m3}=14.12℃$。

在过热区的换热系数与穿过板片的蒸汽的速度相关，由于题设中已经给定了板式换热器的流道截面积与通道数量，因此，单个流道的质量流率与流速可根据制冷剂的质量流量计算得出，而需要假定的是过热区流道高度 H'，即在该流道高度范围，制冷剂蒸气由过热蒸气转化为饱和蒸气。

蒸汽在板片之间穿过的总区域面积为：

$$A_s = N \cdot S \tag{5-124}$$

代入数值计算得：$A_s = 45 \times 0.0007 = 0.0315 \text{m}^2$。

制冷剂蒸气流速计算式同式（5-66）：

$$\dot{V}_R = m_R / \rho_{sup}$$

代入各自变量数值计算得：$\dot{V}_R = 2.16/43.843 = 0.05 \text{m}^3/\text{s}$。

相应可得换热管之间的流速：$w_{sup} = \dot{V}_R / A_s = 0.05/0.0315 = 1.56 \text{m/s}$。

制冷剂侧对流传热系数采用式（5-118）模型计算：

$$h_1 = 0.2267 \frac{k_g}{d_e} Re_G^{0.631} Pr_G^{1/3}$$

其中，$Re_G = Gd_e / \eta_G = w_{sup} \cdot d_e / \nu$，$Pr_G = \eta_G c_{pG} / \lambda_G$。

代入各项参数计算得：$Re_G = 1.56 \times 5.28 \times 10^{-3} / 1.3 \times 10^{-7} = 38507$，$Pr_G = 1.3 \times 10^{-5} \times 1202/0.0162 = 1$。

注解：气体参数以过热气体的平均温度作为定性温度确定，$t_{dG} = (t_{sup} + t_c)/2$。

当 $100 < Re < 1000$ 时，$Nu_G = 0.71 Re^{0.5} Pr^{0.36}$；

当 $1000 < Re < 2 \times 10^6$ 时，$Nu_G = 0.40 Re^{0.6} Pr^{0.36}$。

由于 $1000 < 38507 < 2 \times 10^6$，因此，$Nu_G = 0.40 Re^{0.6} Pr^{0.36} = 0.40 \times 38507^{0.6} \times 1^{0.36} = 226$；相应可得过热区对流传热系数为：

$$\alpha_{sup} = Nu \cdot \lambda_G / d_e$$

代入各参数数值计算得：$\alpha_{sup} = 692.25 \text{W}/(\text{m}^2 \cdot \text{K})$。

进而可由式（5-68）计算过热区的总传热系数：

$$k_{e2} = \frac{1}{\dfrac{1}{\alpha_{sup}} + R_e + \left(\Sigma R_i + \dfrac{1}{\alpha_w}\right)\dfrac{A_e}{A_i}}$$

计算得：$k_{e2} = \dfrac{1}{\dfrac{1}{692.25} + 0 + \left(0.000125 + \dfrac{1}{14314}\right) \times 1} = 609.97 \text{W}/(\text{m}^2 \cdot \text{K})$

相应的，过热区的热通量为：

$$q_{e2} = k_{e2} \cdot \Delta t_{m3}$$

计算得：$q_{e2} = 609.97 \times 14.12 = 5642.73 \text{W/m}^2$。

过热区换热需要的换热面积为：

$$A_{e2} = Q_{sup} / q_{e2}$$

计算得：$A_{e2} = Q_{sup} / q_{e2} = 41889/5642.73 = 7.42 \text{m}^2$。

进而可得换热器的总换热面积为：

$$A_e = A_{e1} + A_{e2} = 23.57 + 7.42 = 31 \text{m}^2$$

7. 检验

计算得出换热器平均热通量，$q_{etr} = Q_c / A_e = 400000/31 = 12907 \text{W/m}^2$，该热通量介于过热区传热系数与流动凝结传热系数之间。说明：由于设计中给定的是板式冷凝器的截面，而设计计算中通过热力计算确定高度，因此在设计中避免了迭代，相应的，避免了类似于第 5.3.1 节壳管式冷凝器设计过程中的检验过程。若是在设计条件中给定的是板片的结构（宽、高）与板间距，而需要通过设计计算的是通道数 N，则在过热区设计计算时，则需要事先假定出换热器的平均热流密度，求出总换热面积，确定通道数，然后再展开整体计算，则最终的计算结果就需要进行迭代与类似于第 5.3.1 节的检验。

8. 冷却水压降

板式换热器总压降为：

$$\Delta p_{tw} = \Delta p_{fw} + \Delta p_{cw} \tag{5-125}$$

式中　Δp_{fw}——冷却水介质在板片间流道内的摩擦阻力损失，Pa；其计算式如下：

$$\Delta p_{fw} = 2f_w L(m_w/NS)^2/\rho_w d_e \tag{5-126}$$

f_w 为水侧流道的流动摩擦因子，其计算模型如下[10]：

$$f_w = (2.917 - 0.1277\beta + 2.016 \times 10^{-3}\beta^2) \times (5.474 - 19.02\Phi + 18.93\Phi^2 - 5.341\Phi^3) \times$$
$$Re^{-\{0.2 + 0.0577\sin[(\pi\beta/45) + 2.1]\}}$$

$$\tag{5-127}$$

代入各项自变量参数数值计算得：$f_w = 0.53$，$\Delta p_{fw} = 179624 \text{Pa}$。

Δp_c 为进、出口处局部阻力损失，通常根据经验公式估算，普遍使用的 Shah and Focke（1988）公式如式（5-74）所示：

$$\Delta p_{cw} = 1.5 G_w^2/(2\rho_w)$$

式中　ρ_w——冷却水密度，kg/m³；

　　G_w——冷却水质量流率，kg/(m²·s)。

计算得 $\Delta p_{cw} = 193.68 \text{Pa}$。

继而可得：$\Delta p_{tw} = 179624 + 196.68 = 179818 \text{Pa}$。

9. 制冷剂侧压降

凝结侧总压降参照 Collier 和 Thome（1996）推荐计算方法计算[13,14]，对应计算公式如下。

$$\Delta p_t = \Delta p_f + \Delta p_c - \Delta p_a - \Delta p_g$$

式中，Δp_a 为加速阻力损失，按下式计算：

$$\Delta p_a = G^2(v_G - v_L)|\Delta X| \tag{5-128}$$

计算得 $\Delta p_a = 6675.16 \text{Pa}$。

Δp_g 为重力阻力损失，按式（5-73）计算：

$$\Delta p_g = \rho_m g L$$

计算得 $\Delta p_g = 4221.66 \text{Pa}$。

Δp_c 为进、出口局部阻力损失，通常根据经验公式估算，普遍使用的 Shah and Focke（1988）公式如式（5-74）所示：

$$\Delta p_c = 1.5 G^2/(2\rho_m)$$

计算得 $\Delta p_c = 2503.18 \text{Pa}$。

Δp_f 为两相流体在板式换热器中的摩擦阻力损失，Longo（2010）基于 HF134a 工质在板式冷凝器中凝结放热过程的压降结果得出的计算该压降的半经验模型如下所示：

$$\Delta p_f = 1.835 G^2/(2\rho_m) \tag{5-129}$$

计算得 $\Delta p_f = 3062.23\text{Pa}$。

其中，v_G 与 v_L 为制冷剂气体与液体的比容，$|\Delta X|$ 为进出口工质的干度差；ρ_m 为均相密度，计算公式同（5-75）：

$$\rho_m = [X_m v_G - (1-X_m)v_L]^{-1}$$

计算得 $\rho_m = 124.98\text{kg/m}^3$。

综上可得：$\Delta p_t = 3062.23 + 2503.18 - 6675.16 - 3062.23 = -4234\text{Pa}$。

5.3.4 蒸发式冷凝器设计计算

图 5-7 所示的蒸发式冷凝器是靠水的蒸发来带走冷凝热量，在蒸发式冷凝器中，制冷剂、冷却水和空气的温度变化过程如图 5-8 所示。尽管冷却水在冷凝器内部温度略有升高，但进口水温和出口水温基本不变；掠过冷凝管的空气主要是带走蒸发的水汽，空气湿球温度升高，但干球温度变化不大。

蒸发式冷凝器的传热、传质计算比较复杂，为便于计算，冷凝面积的计算用下式：

$$\dot{Q}_c = K_{ev} A_{ev}(h_{c,a} - h_{a,i})$$

式中 $h_{c,a}$、$h_{a,i}$——分别为相对于冷凝温度 t_c 的饱和空气比焓和入口空气的比焓，kJ/kg；

K_{ev}——以焓差为推动势的传热系数，$\text{kg/(m}^2 \cdot \text{s)}$；

A_{ev}——冷凝器传热面积，m^2。

K_{ev} 可通过试验来确定，对于氨制冷系统，$K_{ev} \approx 55\text{kg/(m}^2 \cdot \text{s)}$；对于 R22 和 R123 系统，$K_{ev} \approx 49\text{kg/(m}^2 \cdot \text{s)}$[3]；一般地，冷凝温度降低或湿球温度降低，$K_{ev}$ 将增大。

上式中 $h_{a,i}$ 可取当地夏季空调室外湿球温度对应的空气比焓。

【例 5-4】 现有一台 R717 冷水机组，冷凝器热负荷为 400kW，冷凝温度 $t_c = 36℃$，冷凝器内空气温度 $t_1 = 34℃$，相对湿度 40%，试为该机组设计一台蒸发式冷凝器，确定换热系数、换热面积、换热器尺寸[5]。

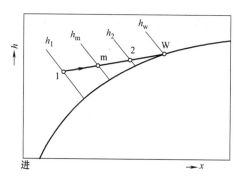

图 5-32　在冷凝器中的空气变化

【解】 在蒸发式冷凝器中，制冷剂蒸气的热量由管内经过换热管管壁，传递给管外流动水，再由冷却水传递给空气，在冷凝器中空气的变化如图 5-32 所示。

1. 空气的流量

由已知条件，查得进口处空气的参数：$h_1 = 68.84\text{kJ/kg}$，$x_1 = 13.56\text{g/kg}$，$t_{wb} = 23.0℃$。

空气比容计算式如下：

$$v_1 = \frac{RT_1}{\rho_a}(1 + 1.6078x_1) \qquad (5\text{-}130)$$

代入各项参数计算得：

$$v_1 = \frac{287.307}{10^5}(1 + 1.6078 \times 0.01356) = 0.9003\text{m}^3/\text{kg}$$

推荐空气在 1kW 热损失下的体积流量为 $0.03\text{m}^3/\text{s}$，相应的，本例中的空气的体积流量为：$V_a = 0.03 \times 400 = 12\text{m}^3/\text{s}$。

进而可得空气的质量流量为：$m_a = V_a/v_1 = 12/0.9003 = 13.329\text{kg/s}$。

2. 水侧热力计算

（1）水与换热管壁换热系数

出口空气的焓值为：

$$h_2 = h_1 + Q_c/\dot{m}_a = 68.94 + 400/13.329 = 98.95 \text{kJ/kg}$$

根据推荐的空气湿球温度与冷却水平均温度的温差（8~10℃），计算水的平均温度 $t_{wm} = t_{wb} + (8~10) = 23 + 9 = 32℃$。

根据冷却水平均温度查表确定此温度下饱和空气的焓值为：$h_w = 111.9 \text{kJ/kg}$。相应可得空气平均温度 t_w 下的焓值如下：

$$\Delta h_m = h_w - h_m = \frac{h_2 - h_1}{\ln \dfrac{h_w - h_1}{h_w - h_2}} \tag{5-131}$$

计算得：$\Delta h_m = 25.0256 \text{kJ/kg}$；$h_m = h_w - \Delta h_m = 111.9 - 25.0256 = 86.8744 \text{kJ/kg}$。

从图表或者比例关系可得空气的平均温度：$t_m = 33.19℃$。出口空气的干度 $x_2 = 0.025844 \text{kg/kg}$。

换热管外壁与水的对流换热准则为：

当 $1.1 < Re < 200$ 时：$Nu = 0.1 \cdot Re^{0.33} Pr^{0.48}$

当 $Re > 200$ 时：$Nu = 0.1 \cdot Re^{0.63} Pr^{0.48}$

式中，$Nu = \alpha_w d_e/\lambda = 4 \cdot \alpha_w \cdot \delta/\lambda$，$Re = wd_e/\nu = 4 \cdot w \cdot \delta/\nu$，$Pr = \eta c/\lambda$。

其中，水帘速度计算公式如下：

$$w = \dot{m}_{L1}/(\delta \cdot \rho) \tag{5-132}$$

其中，水帘厚度计算式如下：

$$\delta = 0.91 \sqrt[3]{\frac{\eta \cdot \dot{m}_{L1}}{\rho^2}} \tag{5-133}$$

式中，m_{L1} 为在 1m 长管子上的流量，kg/(s·m)，部分学者推荐，$m_{L1} = 0.08~0.2 \text{kg/(s·m)}$；也有部分学者推荐，$m_{L1} = 0.08~0.5 \text{kg/(s·m)}$。本例中取 $m_{L1} = 0.15 \text{kg/(s·m)}$。

根据水的平均温度 $t_w = 32℃$ 确定各项物性参数为：$\rho = 995.1 \text{kg/m}^3$，$\lambda = 0.615 \text{W/(m·K)}$，$\eta = 7.72 \times 10^{-4} \text{Pa·s}$，$\nu = \eta/\rho = 7.76 \times 10^{-7} \text{m}^2/\text{s}$。

代各参数入前述各式依次计算可得：

$$Pr = 5.43$$

$$\delta = 0.000445 \text{m}$$

$$w = 0.15/(995 \times 0.000445) = 0.3388 \text{m/s}$$

$$Re = 4 \times 0.3388 \times 0.00045/7.76 \times 10-7 = 777.1$$

根据 Re 数值，选定 Nu 计算模型后，代入各项参数可得：

$$Nu = 0.1 \times 777.1^{0.63} \times 5.43^{0.48} = 14.918$$

进而可得对流传热系数：$\alpha_w = Nu \cdot \lambda/4 \cdot \delta = 14.918 \times 0.615/(4 \times 0.000445) = 5154 \text{W/(m}^2\text{·K)}$。

该对流传热系数也可由下式计算：

$$\alpha_{\rm w}=9750 \cdot m_{\rm L1}^{1/3} \tag{5-134}$$

计算得 $\alpha_{\rm w}=9750 \cdot m_{\rm L1}^{1/3}=9750\times0.15^{1/3}=5180{\rm W}/({\rm m}^2 \cdot {\rm K})$。

（2）水侧的热通量

1）水侧换热管壁导热热阻

铜管壁的导热热阻计算式同（5-59）：

$$R_1=(\delta_1/\lambda_1) \cdot (d_i/d_{\rm m})$$

取铜的导热系数取为 $370{\rm W}/({\rm m} \cdot {\rm K})$，同其他各已知参数代入上式计算可得：

$$R_1=(\delta_1/\lambda_1) \cdot (d_i/d_{\rm m})=0.001/370\times(14/15)=0.0000052{\rm m}^2 \cdot {\rm K}/{\rm W}$$

2）水侧换热管壁水垢热阻

取污垢厚度为 $0.8{\rm mm}$，污垢导热系数为 $2.0{\rm W}/({\rm m} \cdot {\rm K})$，计算水侧污垢热阻得：

$$R_2=\delta_2/\lambda_2=0.0008/2.0=0.0004{\rm m}^2 \cdot {\rm K}/{\rm W}$$

3）水侧换热管壁锈垢及其他热阻按应用工况选取推荐值：$R_3=0.0003{\rm m}^2 \cdot {\rm K}/{\rm W}$。

综上，总热阻为：

$$\Sigma R_i=R_1+R_2+R_3=0.000755{\rm m}^2 \cdot {\rm K}/{\rm W}$$

相应的，在换热面积上的热通量为：

$$q_i=\frac{t_{\rm z}-t_{\rm wm}}{\left(\dfrac{1}{\alpha_{\rm w}}+\Sigma R_i\right)\dfrac{d_i}{d_{\rm e}}}$$

代入数值计算得：

$$q_i=\frac{t_{\rm z}-32}{\left(\dfrac{1}{5154}+0.000755\right)\dfrac{32}{38}}=1251.3 \cdot (t_{\rm z}-32) \tag{5-135}$$

式中　$t_{\rm z}$——壁温，℃。

3. 制冷剂侧热力计算（管内）

（1）制冷剂侧换热系数

制冷剂侧传热系数推荐模型如下：

$$\alpha_{\rm R}=2100 \cdot (t_{\rm c}-t_{\rm z})^{-0.167} \cdot d_i^{-0.25} \tag{5-136}$$

计算得：$\alpha_{\rm R}=4965 \cdot (36-t_{\rm z})^{-0.167}$。

（2）制冷剂侧热流密度

$$q_i=\alpha_{\rm R} \cdot (36-t_{\rm z})=4946.1\times(36-t_{\rm z})^{0.833}$$

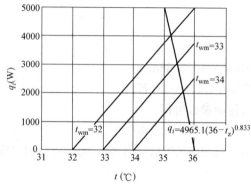

图 5-33　拟合函数图

4. 换热面积确定

根据水侧与制冷剂侧的传热量对应关系，联立两侧热通量方程可求解出壁面温度与以一侧换热面积为计算基准的热通量，与联立求解过程对应的图解法示意图如图 5-33 所示。

通过联立方程求解可得：$q_i=4032{\rm W}/{\rm m}^2$，$t_{\rm z}=35.22℃$。

进而可得管内换热面积为：

$$A_i=Q_{\rm c}/q_i$$

计算得：$A_i = 400000/4032 = 99.21\text{m}^2$。

管外换热面积为：

$$A_e = A_i/(A_e/A_i) \tag{5-137}$$

计算得：$A_e = A_i/(A_e/A_i) = 99.21/(32/38) = 117.8\text{m}^2$。

5. 水与空气的热力计算

（1）水与空气的换热量

$$Q_c = \sigma \cdot A_e \cdot \beta \cdot \Delta h_m \tag{5-138}$$

式中　β——水帘表面与换热管外表面面积之比，建议 $\beta \approx 1.5$；

σ——学者 Lewis 提出的蒸发系数，$\text{kg}/(\text{m}^2 \cdot \text{s})$，其计算式如下：

$$\sigma = \alpha_a/c_p$$

空气与水之间的对流传热系数同式（5-67）：

$$\alpha_a = Nu \cdot \lambda_a/d_e$$

式中，$Nu = 0.4 \cdot Re^{0.6} \cdot Pr^{0.36}$，$Re = w_a d_e/v_a$，推荐空气在水平管间的流速为 $w_a = 5 \sim 6\text{m/s}$，本例中取中位值 $w_a = 5.5\text{m/s}$。

根据空气平均温度 $t_m = 33.165℃$，查空气的物性参数得：$c_p = 1005\text{J}/(\text{kg} \cdot \text{K})$，$\lambda = 0.027\text{W}/(\text{m} \cdot \text{K})$，$v = \eta/\rho = 1.63 \times 10^{-5}\text{m}^2/\text{s}$，$Pr = 0.7005$。

根据前述参数可依次计算得出：

$Re = 5.5 \times 0.038/(16.3 \times 10^{-6}) = 12822.1$；

$Nu = 0.4 \times 128221.1^{0.6} \times 0.7005^{0.36} = 102.61$；

$\alpha_a = 102.61 \times 0.027/0.038 = 72.91\text{W}/(\text{m}^2 \cdot \text{K})$。

（2）水和空气的换热面积

$$A_e = Q_c/\sigma \cdot \beta \cdot \Delta h_m$$

其中，$\sigma = \alpha_a/c_p = 72.91/1005 = 0.07255\text{kg}/(\text{m}^2 \cdot \text{s})$；

将各项已知参数带入上式计算得：$A_e = 400/(0.07255 \times 1.5 \times 25.0245) = 146.8\text{m}^2$。

6. 水与空气和水与制冷剂的换热面积比较校核

这与此前图解法算出的面积 $A_e = 117.9\text{m}^2$，结果相差较大，因此需要改变空气平均温度或者空气流量重新计算。

取不同的空气平均温度时，由图解法得出的结果参见表 5-4。

热流及面积计算结果　　　　　　　　　　　　　　　　　　表 5-4

$t_{wm}(℃)$	32	33	34
$q_i(\text{W/m}^2)$	4032	3025	2050
$A_e(\text{m}^2)$	146.8	157.0	231.7

相应的，根据式（5-138）计算得出的面积见表 5-5。

面积计算结果表　　　　　　　　　　　　　　　　　　　　表 5-5

$t_{wm}(℃)$	32	33	34
$A_e(\text{m}^2)$	146.8	116.6	96.43

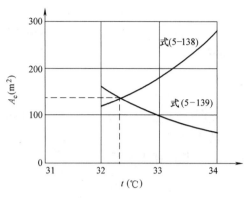

图 5-34　换热面积拟合关系

联立两种方法对应方程求解出换热面积与平均冷却水温度的求解过程对应的图解法示意图如图 5-34 所示。

通过联立求解，可确定图中交点对应冷却水平均温度与面积：$t_{wm} = 32.44℃$，$A_e = 135.0 m^2$。

7. 冷凝器尺寸

（1）换热管总长度

$$L_{ov} = A_i / \pi d_i \qquad (5\text{-}139)$$

计算得 $L_{ov} = 135/(\pi \cdot 0.038) = 1130.8 m$。

（2）单位换热管的长度

设计为 $L = 2.8 m$。

空气流通面积

$$A_s = \frac{\dot{V}_s}{w_a} \qquad (5\text{-}140)$$

计算得 $A_s = V_s / w_a = 12/5.5 = 2.182 m^2$。

（3）管程

$$A_s / [L(2s_1 - d_e)] = n_{tc}/2 \qquad (5\text{-}141)$$

水平方向上管心距 $s_1 = 1.3 d_e = 1.3 \times 38 = 50 mm$；计算得 $n_{tc} = 26$。

（4）冷凝器的宽

$$B = (n_{tc}/2) \cdot 2 \cdot s_1 \qquad (5\text{-}142)$$

计算得 $B = (n_{tc}/2) \cdot 2 \cdot s_1 = 26 \times 0.05 = 1.3 m$。

单管的长度

$$L_1 = L_{ov} / n_{tc} \qquad (5\text{-}143)$$

计算得 $L_1 = L_{ov}/n_{tc} = 1130.8/26 = 43.49 m$。

水平管数目

$$n_{hr}/2 = L_1/L \qquad (5\text{-}144)$$

计算得 $n_{hr}/2 = L_1/L = 43.49/2.8 = 15.53$，$n_{hr} = 32$。

（5）冷凝器的高度

垂直方向的管间距为 $s_2 = 1.3 d_e = 1.3 \times 38 = 50 mm$，因此，$H = n_{hr} \cdot s_2 = 32 \times 0.05 = 1.60 mm$。

（6）水的蒸发量

$$\dot{m}_w = \dot{m}_a (x_2 - x_1) \qquad (5\text{-}145)$$

计算得 $\dot{m}_w = 13.329 \times (0.02569 - 0.01356) = 0.162 kg/s$。

由于空气流会吹散一些水滴，因此，实际的水量要比计算值大 5%～10%，相应的 $\dot{m}_w = 1.1 \times 0.162 = 0.1782 kg/s$。

5.4 蒸发器的种类与特点

蒸发器按其冷却的介质不同，可分为冷却液体载冷剂的蒸发器和冷却空气的蒸发器。冷却液体载冷剂的蒸发器又分水箱式蒸发器和壳管式蒸发器；冷却空气的蒸发器有自然对流式蒸发器和强迫对流式蒸发。蒸发器按供液方式的不同，可分为满液式蒸发器、干式蒸发器、再循环式蒸发器等。蒸发器的种类见图 5-35。本节将根据建筑冷源冷水机组中常见的满液式蒸发器、干式蒸发器、再循环式蒸发器等类型来介绍。

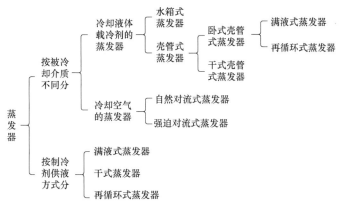

图 5-35 蒸发器种类汇总图

5.4.1 满液式蒸发器

满液式蒸发器的结构有卧式壳管式、直管式、螺旋管式等几种结构形式，其共同特点是在蒸发器内充满了液态制冷剂，运行中制冷剂蒸气不断地从液态制冷剂中分离出来。由于制冷剂与蒸发管传热面充分接触，因此该类蒸发器具有较大的传热系数。但制冷剂充注量大，蒸发器中的制冷剂液柱静压会对蒸发温度造成不良影响。

1. 卧式满液式蒸发器[2,4]

如图 5-36 所示，卧式满液式蒸发器由壳体和蒸发管束构成，蒸发器两端设有端盖（封头），壳体上设有压力表、温度计、安全阀、液位计、排气阀、放水阀和放油阀等部件。液态制冷剂从壳体底部或侧面进入壳内，在壳内蒸发管束外吸热蒸发，产生的蒸气由上部引出后返回到压缩机。载冷剂由蒸发器端盖按下进上出走向进入蒸发器，在蒸发管内流动放热降温后流出蒸发器，载冷剂流程一般采用多管程式设计，以满足载冷剂供回温差需要。为防止制冷剂液滴被抽回压缩机而产生"液击"，一般在壳体上方留出一定空间，或在壳体上焊制一个汽包，以便对制冷剂蒸气进行汽液分离；对于氨满液式蒸发器，制冷剂充注高度约为壳体直径的 70%～80%；对于氟利昂满液式蒸发器，制冷剂充注高度约为壳体直径的 55%～65%。对于氨满液式蒸发器，还在其壳体下部设置专门的集污包，以便于排出油及沉积物。壳体长径比一般在 4～8 范围内。

氨壳管式蒸发器采用无缝钢管，氟利昂壳管式蒸发器则采用铜管。为节省有色金属，一般采用低肋螺纹蒸发管。当载冷剂流速在 1.0～1.5m/s 时，低肋管蒸发管的传热系数 K_e 可达 460～520W/(m² · K)，单位面积热流量 $q_e = 2300～2600W/m²$[2]。低肋管内水的

189

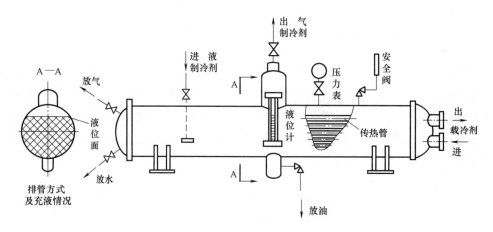

图 5-36　卧式壳管式满液式蒸发器结构示意图[2]

流速为 $2\sim2.5\mathrm{m/s}$，K_e 可达 $512\sim797\mathrm{W/(m^2 \cdot K)}$[2]。

满液式蒸发器在应用中应注意以下问题：

（1）以水为载冷剂时，当蒸发温度低于 $0\,^{\circ}\!\mathrm{C}$ 时，蒸发管内可能会结冰，严重时会导致蒸发管胀裂。

（2）低蒸发压力时，制冷剂液体在壳体内的静液柱会使底部蒸发温度升高，蒸发器传热温差将减小。

（3）与润滑油互溶的制冷剂，满液式蒸发器回油困难。

（4）制冷剂充注量较大，同时不适于机器在运动条件下工作，液面摇晃会导致压缩机冲缸事故。

2. 水箱式蒸发器[2,4]

如图 5-37 所示，水箱式蒸发器由水箱、直管或螺旋管管组、汽液分离器、集油器和搅拌器等部件构成。每一个管组均设有上下水平集管，上集管与汽液分离器连通，下集管与集油器连通。制冷剂进液管设置在一个直径较大的立管上，且一直延伸到靠近下集管处，便于制冷剂液体在其冲力作用下，使制冷剂在立管管组和上下集管之间形成内循环，从供液方式看，图 5-37 所示的水箱式蒸发器为满液式蒸发器。制冷剂在蒸发管中吸热蒸发，产生的蒸气沿上集管进入汽液分离器，蒸气中携带的液滴被分离后由上方被压缩机抽走，液体则返回到下集管进入内循环。直管或螺旋管管组沉浸在液体载冷剂中，在搅拌器的作用下，液体载冷剂在水箱内循环流动，向管内制冷剂液体放热、降温后供出。蒸发器管组可以是一组，也可以是多组并列安装，组数的多少由冷负荷大小确定。

一般地，直管式蒸发器用于冷却淡水时，水速为 $0.5\sim0.7\mathrm{m/s}$，传热系数 K_e 为 $520\sim580\mathrm{W/(m^2 \cdot K)}$。当传热温差为 $5\,^{\circ}\!\mathrm{C}$ 时，单位面积热流量 q_e 为 $2600\sim2900\mathrm{W/m^2}$。而螺旋管式蒸发器在蒸发温度为 $-5\sim0\,^{\circ}\!\mathrm{C}$、水速为 $0.16\mathrm{m/s}$ 时，K_e 值为 $280\sim450\mathrm{W/(m^2 \cdot K)}$。提高水速到 $0.35\mathrm{m/s}$ 时，K_e 值可增大到 $450\sim580\mathrm{W/(m^2 \cdot K)}$。载冷剂系统一般为开式循环系统，在使用盐水作载冷剂时，应加强系统与空气隔离，降低腐蚀。

5.4.2　干式蒸发器

在干式蒸发器中，制冷剂流量约为蒸发管容积的 $20\%\sim30\%$，由于制冷剂在蒸发管内吸热蒸发时能够完全汽化，因此，称为干式蒸发器。增加制冷剂的质量流量，即可增加

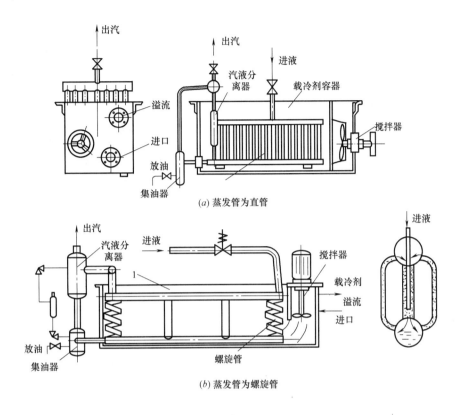

图 5-37 立式满液式蒸发器结构示意图[2]

制冷剂液体在管内的湿润面积。蒸发管外侧被冷却介质可以是载冷剂（水），也可以是空气。干式蒸发器按被冷却介质的不同可分为冷却液体介质型和冷却空气介质型两类。

1. 冷却液体的干式蒸发器

如图 5-38 所示，冷却液体的干式蒸发器的结构有直管式和 U 形管式两种结构形式[2]。其壳体内部都装有多块折流板，以提高管外载冷剂的流速，增强换热。折流板的数量取决于被冷却液体的流速大小，一般在 0.3～2.4m/s 之间，对于钢管，流速一般取 1.0m/s。

图 5-38（a）所示的直管式干式蒸发器可采用光管或内肋管作为蒸发管。为提高管内制冷剂的表面传热系数，蒸发管常采用内肋管；由于载冷剂侧表面传热系数较高，所以管外不设肋片。节流后的制冷剂液体从制冷剂进口管进入蒸发器，在蒸发管内吸热蒸发，经几个管程后，制冷剂蒸气从出口管流出。在整个蒸发过程中，制冷剂蒸气逐渐增多，蒸气体积不断增大，因此后一管程的管数要比前一管程的管数多，各管程管数不等，以满足蒸气比容逐渐增大的需要；同时，制冷剂出口管径也比进口管径大，如图 5-38（b）所示。图 5-38（c）所示的 U 形管式壳管式干式蒸发器，采用 U 形管作为蒸发管，为两管程壳管式结构。它只需要一个端盖，有利于消除材料因温度变化而引起的内应力，延长其使用寿命，传热效果较好，但不宜使用内肋管。

干式壳管式蒸发器有以下特点：

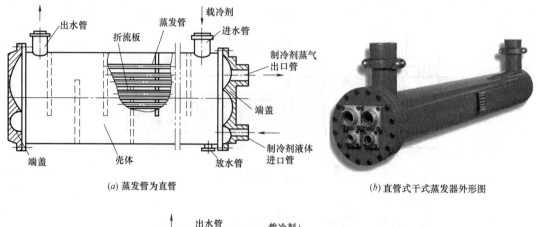

(a) 蒸发管为直管　　　　　　　　　　　　(b) 直管式干式蒸发器外形图

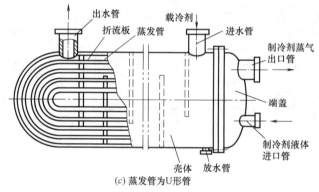

(c) 蒸发管为U形管

图 5-38　冷却液体的干式蒸发器结构示意图[2]

（1）能保证进入制冷系统的润滑油顺利返回压缩机；

（2）制冷剂充注量较小，仅为相同制冷量的满液式蒸发器的 1/3；

（3）用于冷却水时，即使蒸发温度达到 0℃，也不会出现冻结问题；

（4）可采用热力膨胀阀供液，这比满液式蒸发器采用浮球阀供液更加可靠。

此外，对于多管程干式蒸发器，可能会发生同管程的蒸发管气液分配不均的问题，这与端盖内制冷剂转向时产生的气液分层现象有关。所以应注意将转向室内侧制成弧形，同时制冷剂进出口设计成"喇叭口"形，以利于转向和减少流动阻力。还要防止折流板与壳体内表面之间的泄漏，这种泄露往往会导致水侧换热系数降低 20%～30%。

2. 冷却空气的干式蒸发器[2]

这类蒸发器按空气的运动状态可分为空气自然对流式蒸发器和空气强制对流式蒸发器两种形式。

空气自然对流式蒸发器是靠空气的自然对流和冷辐射来吸收热量，其传热系数较低，这种蒸发器常被制成光管蛇形管组（通常称为冷却排管），一般用于冷藏库和低温试验装置中，光管外径一般为 20～60mm；当采用肋片管时，肋片片距一般为 8～12mm。按排管的安装位置可分为墙排管、顶排管和管架式排管，如图 5-39 所示；一般墙排管靠壁安装，顶排管安装在顶棚下方，管架式安装在食品架下。冷却排管适用于热力膨胀阀供液的小型氟利昂冷冻冷藏及低温试验装置；当改用氨节流装置时，可作为氨冷却排管，其结构以立式排管居多。冷却排管结构简单，形式多样，可现场制作；对于氨制冷系统，该类蒸发器多采用再循环式供液；对于氟利昂类系统，则大多采用非满液式供液，且不宜采用大管径，通常采用 $\phi 19 \sim \phi 22$ mm 的紫铜管或 $\phi 25$ 的无缝钢管。冷却排管具有储液量少（制冷剂充注量约为排管内容积的 40%）、操作维护方便等优点，但制冷剂侧流动阻力大，蒸气不易排出；同时，由于管外空气为自由对流，因此其传热系数较低，一般为 $6.3 \sim 8.1$ W/$(m^2 \cdot K)$。

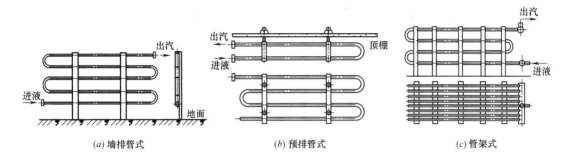

(a) 墙排管式 (b) 预排管式 (c) 管架式

图 5-39　空气自然对流式干式蒸发器示意图[2]

　　空气强迫对流式蒸发器由肋片管换热器、风机和分液器等构成，采用肋片管作为蒸发管，旨在提高空气侧的传热系数。这类蒸发器多用于空调装置、大型冷藏库以及大型低温环境试验场合。图 5-40 为空气强迫对流式蒸发器及其肋片管型式。如图 5-40（a）所示，由肋片管组成的立方体蛇形管组，在风机作用下，空气以一定速度流经肋片管外肋片间隙，将热量传给管内流动的制冷剂而被降温。如图 5-40（b）和图 5-40（c）所示，肋片管有绕片和串片两种形式，前者是用绕片机将钢带、铝带或铜带直接缠绕在光管上。后者的肋片是用薄钢板或 0.2mm 左右的薄铝片，按照管束排列方式进行冲孔、翻边，再用套片机将肋片套在管束上；常用的串片管有钢管串钢片、铜管串铝片。整体铝片又有平板型、波纹型和条缝型肋片等（见图 5-41），肋片形状不同旨在增加空气的扰动，提高传热系数。该类蒸发器与自然对流式蒸发器相比，具有结构紧凑，传热效果好，可以改变空气含湿量，应用范围广等优点。

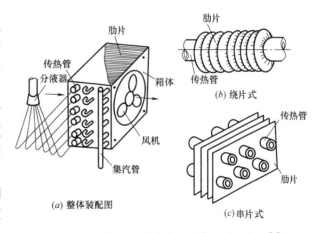

(a) 整体装配图
(b) 绕片式
(c) 串片式

图 5-40　空气强迫对流式干式蒸发器示意图[2]

　　空气强迫对流式蒸发器传热系数较冷却排管高，当空气流速为 $3 \sim 8$ W/$(m^2 \cdot K)$ 时，传热系数 K_e 为 $18 \sim 35$ W/$(m^2 \cdot K)$。此类氨蒸发器一般采用直径为 $\phi 25 \sim \phi 38$ mm、外绕厚度为 1mm 钢片的无缝钢管作为蒸发管，片距约 10mm，以防止空气中的水分在低温下结

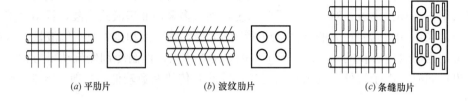

(a) 平肋片　　　　(b) 波纹肋片　　　　(c) 条缝肋片

图 5-41　整体铝肋片形式示意图[4]

霜附着在肋片管外表面，影响空气流通。同样，此类氟利昂蒸发器常采用 $\phi10\sim\phi18$mm 铜管，外套厚度为 0.15～0.2mm 铝片（或铜片），肋片间距为 2～4mm。该类蒸发器的肋片片距应根据用途而有宽有窄。片距越窄，蒸发器结构越紧凑，但空气流动阻力大，空气通道容易堵塞。空调用蒸发器的片距一般为 2～3mm，当除湿量加大时，为避免凝结水堵塞气流通道，片距应采用 3.0mm。除湿机用的蒸发器，考虑凝结水较大，因此应加大片距，一般为 4～6mm；低温（低于 0℃）用蒸发器，片距应加大到 6～15mm。另外，为延长肋片管蒸发器结霜和除霜周期，可在空气入口侧采用不等间距肋片管束形式，可降低 15% 以上的除霜能耗[17]。蒸发器的排数在用于空调时，管排数应为 4～8 排；用于冷库或低温试验装置时，管排数一般为 10～16 排。蒸发器的迎面风速为 2～3m/s。

空气强迫对流式蒸发器具有很多制冷剂通道，必须保证流经每一个通道的制冷剂的质和量的均匀性，即既要保证各通道的制冷剂供液量相同，又要保证各通道中的汽液比例相同。为此，节流后的汽液混合物经分液器和毛细管分液后，再进入蒸发器的每一个通道。分液器保证了质的均匀性，毛细管内径很小，流动阻力大，保证了制冷剂分配时量的均匀性。图 5-42 为常见的离心式分液器、碰撞式分液器和降压式分液器的结构，各类分液器

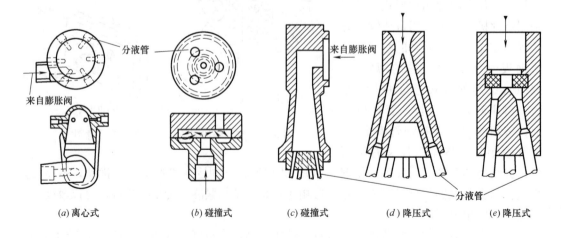

(a) 离心式　　　(b) 碰撞式　　　(c) 碰撞式　　　(d) 降压式　　　(e) 降压式

图 5-42　典型分液器示意图[4]

有一个共同的特点，就是能够实现对制冷剂气体和液体的充分混合，然后进入蒸发器各个制冷剂通道。分液器可以水平安装，也可以垂直安装，但多为垂直安装。

除上述两种干式蒸发器外，许多小型制冷装置也配用干式蒸发器，使用场合不同，其结构形式也不同。如电冰箱的吹胀通道板式蒸发器、冷板冷藏运输车中冷板充冷蒸发器以及食品陈列展示柜货架式干式蒸发器等。

5.4.3 再循环降膜蒸发器

再循环降膜蒸发器中，制冷剂通过制冷剂循环泵与液体分配器淋激到蒸发器换热面上，依靠重力与表面张力的共同作用在换热管上铺展形成降膜，未完全蒸发的液体制冷剂汇集到蒸发器底部后，再经制冷剂泵加压输送至液体分配器完成再循环，因此，称为再循环降膜蒸发器。降膜蒸发器的结构与对应类型满液式蒸发器相近，不同之处在于其制冷剂侧增加了制冷剂循环泵与液体分配器，使得该侧换热面上形成自由流动的降膜，而满液式蒸发器换热面沉浸于制冷剂液体之中，二者对比参见图5-43。这一特征使得降膜蒸发器制冷剂侧的换热方式变为降膜流动蒸发或降膜流动沸腾。降膜流动蒸发消除了液柱重力、阻力损失或表面张力这三种因素所致温差损失，使其与满液式蒸发器和干式蒸发器相比，能够获得更小的出口端差（即蒸发温度与冷水出水温度之差）。由于更小的端差通常对应最高的制冷循环效率，因此，高效再循环降膜蒸发器日益为各大制冷设备供应商所青睐。图5-44为采用该类蒸发器的离心式冷水机组。

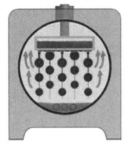

图 5-43 满液式蒸发器与降膜蒸发器对比　　　　　图 5-44 再循环式蒸发器实物结构

5.5 蒸发器设计计算方法

5.5.1 制冷量与平均传热温差

一般的用户为制冷系统配置蒸发器时，都是选用系列产品。其选择计算的主要任务是根据已知条件决定所需要的传热面积，选择定型结构的蒸发器，并计算载冷剂通过蒸发器的流动阻力。计算方法与冷凝器的选择计算基本相似。蒸发器形式的选择应根据载冷剂及制冷剂的种类和空气处理设备的形式而定。如空气处理设备采用水冷式表面冷却器，并以氨为制冷剂时，则可采用卧式壳管式蒸发器；如以 R22 为制冷剂时，宜采用干式蒸发器。如空气处理设备采用淋水室时，宜采用水箱式蒸发器。如供冷库用，则常采用冷排管及冷风机。

1. 蒸发器的制冷量

蒸发器的热交换基本公式为：

$$\dot{Q}_e = kA\Delta t_m = \Psi_e A \qquad (5\text{-}146)$$

式中　$\dot{Q}_e$——蒸发器的热负荷，W；

　　　k——蒸发器的传热系数，W/(m² · K)；

　　　A——蒸发器的传热面积，m²；

　　　Δt_m——蒸发器平均传热温差，℃；

　　　Ψ_e——蒸发器的热流密度 W/m²，$\Psi_e = k\Delta t_m$。

因此，蒸发器的传热面积用下式计算：

$$A = \frac{\dot{Q}_e}{k/\Delta t_m} = \frac{\dot{Q}_e}{\Psi_e} \qquad (5\text{-}147)$$

在进行蒸发器的选择计算时，蒸发器的热负荷是根据制冷用户的要求确定的。而平均传热温差 Δt_m 与蒸发器的传热系数则按下述方法确定。

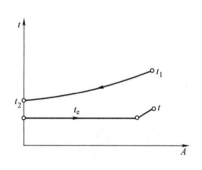

图 5-45　蒸发器中制冷剂和
被冷却介质温度的变化

2. 平均传热温差

对于冷却水、盐水或空气的蒸发器，若设水、盐水或空气进出口温度为 t_1、t_2，进入蒸发器的制冷剂是节流后的湿蒸气，在蒸发器中吸热汽化，依次变为饱和蒸气→过热蒸气，其温度变化如图 5-45 所示。由于蒸发器中过热度很小，吸收的热量也很少，故通常认为制冷剂的温度等于蒸发温度 t_e。这样，蒸发器内制冷剂与水、盐水或空气之间的平均对数传热温差为

$$\Delta t_m = \frac{t_1 - t_2}{\ln\dfrac{t_1 - t_e}{t_2 - t_e}} \qquad (5\text{-}148)$$

t_1 和 t_2 往往是由空调或冷库工艺确定的，t_e 是制冷工艺设计中选定的。若 t_e 选得过低，压缩比增大，吸气比容变大，使得制冷系统运行的经济性变差和制冷量下降（ε 和 η_v 均下降），或需要增大压缩机的容量；而从传热学观点分析，t_e 过低将使传热温差 Δt_m 变大，这样在同样的制冷量时，可选择传热面积小的蒸发器，可减少换热设备的初投资。反之，t_e 选得过高，则选择的蒸发器面积大，但制冷系统运行的经济性提高和制冷量增加，或可以选用较小的压缩机。在实际设计中，通常控制水、盐水或空气出口温度 t_2 与蒸发温度 t_e 之差（$t_2 - t_e$）为合理值。

对于水箱式蒸发器，t_e 宜比出口水温低 4～6℃；壳管式蒸发器，宜低 2～4℃，但不应低于 2℃。供空调用的直接蒸发式空气冷却器，蒸发温度 t_e 应比被冷却空气出口温度 t_2 至少低 3.5℃。

5.5.2　蒸发器换热管与沸腾换热

1. 高效蒸发管

（1）强化大空间沸腾传热的机理

根据对大空间沸腾传热的分析，沸腾传热的强弱主要取决于沸腾时的气化核心数 Z 和在气化核心上产生气泡的频率 U。自从 1931 年人们发现表面磨花能强化沸腾，但不能持久，经过 37 年的研究，于 1968 年才首次找到了以高温烧结表面多孔管为代表的，并能

起稳定气化核心作用的双凹型孔穴，这种强化效果极佳的多孔表面，实现了强化大空间沸腾传热的目的，先后开发出多种强化沸腾传热管。

（2）金属烧结管

将金属颗粒烧结在管子表面上就形成了表面多孔层，多孔层厚度为 $0.25 \sim 050m$，孔径范围为 $0.01 \sim 0.1mm$，可分为几档。空隙率为 $50\% \sim 65\%$，平均孔径为 $005mm$ 的是通用型，适用于强化多数有机溶液的大空间沸腾传热。孔径的分布为：$44\mu m$ 以下的孔约占 46%；孔径在 $44 \sim 74\mu m$ 的约占 54%。

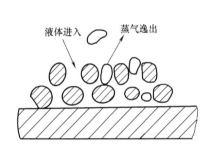

图 5-46　金属烧结多孔层的沸腾机理

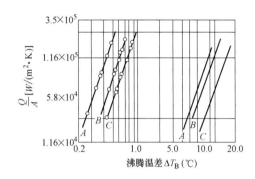

图 5-47　金属多孔管和光管传热性能的比较
A-乙醇 B-丙烯 C-R11

图 5-46 示出金属烧结多孔层的沸腾机理。多孔层由微小的金属球堆积而成，其间有很多孔隙。热量从管壁传到金属球，再通过球周围的液膜传给气泡。金属多孔层能使沸腾表面传热系数提高一个数量级，其主要原因是：1）金属颗粒间隙中气化核心数量多，即使 $t_w - t_s$（过热度）很小，气泡也能不断地成长；2）蒸汽泡在间隙中成长、脱离，但气化核心仍留在空隙内，成为下一个气泡的生成点；3）在液体表面张力的作用下，液体不断地补充，进入空隙，形成循环。这种管子可以在很小的沸腾温差（<1℃）下保持膜态沸腾。

图 5-47 为金属多孔管与光管性能的比较，可见金属多孔管的沸腾温差不到光管的 1/10。它的多孔表面还可推迟膜态沸腾的出现。不同的液体介质，有其相应的最佳孔径。对于水这类表面张力大、热导率高的液体，要用平均孔径较大的多孔质。对于轻分子的碳氢化合物及卤代烃之类的表面张力小，热导率低的液体，则要用孔径较小的多孔质。

烧结管的传热性能优于机加工的表面多孔管，但制造工艺较复杂，间隙率和平均孔径不易控制。在生产批量较小时，以机加工多孔管为宜。

（3）日本日立公司生产的 Thermoexcel-E 型的高效沸腾管[1]

Thermoexcel-E 管是一种机加工的表面微细管。把螺旋状的薄翅片按直角压平，并将沟槽封住，压倒后的翅片表面上有 $51 \sim 0.14mm$ 的小孔，$1cm^2$ 面积上有小孔 $300 \sim 400$ 个，翅片间距约 $0.5mm$，压倒的翅片下是细窄的环形通道。

机械加工的微细表面尺寸容易控制，复现性好，有许多细窄的环形通道，气泡在空穴里生长，不能马上离开空穴，而是到一定尺寸后才从翅面上的小孔中排出。图 5-48 为 Thermoexce-E 管的外表面结构。E 管的内径 $D_i = 10.6m$，管外径 $D_0 = 13.16mm$；小孔直径 0.1mm；沟槽节距 $e=0.46$mm；槽高 $h=0.58$mm。

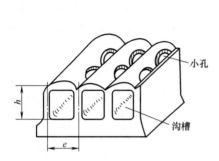

图 5-48　日立 Thermoexce-E 管的外表面

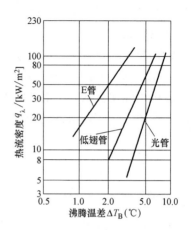

图 5-49　E 型管、低翅管和光管
热流密度的比较（制冷剂 R22，蒸发
温度 0℃，压力 0.497MPa）

E 形沸腾管，气泡发生点多，局部对流强烈，气泡成长速度快，而且在沟槽内当气泡成长到一定尺寸前能保持一段短暂的时间，传热性能明显提高。图 5-49 所示是 R22 在 E 形管、低翅片管和光管上沸腾时热流密度的比较。由图可以看出，在同样热流密度下，E 形管的沸腾温差 ΔT_B 只有光管沸腾温差的 1/5～1/3。日立公司采用高效传热管后，使整体离心式冷水机组的体积缩小 20％～30％，重量减轻 25％～30％，功耗减小 10％～15％，能效比（COP 值）提高 15％～35％，机组噪声也大大降低。

（4）GEWA-T 蒸发管[1]

CEWA—T 管是由德国 Wieland 工厂生产的。加工时将低翅管的顶部压平，使翅的截面呈 T 形。从管子外表面看，管上有密集的环形细缝与下面的沟槽相通。图 5-50 所示为 GEWA-T 管的外表面，细缝的作用与微孔相同。这种管子加工方便，性能与 E 形管接近，但在沸腾温差较小时，热流密度低于 E 形管。典型的 GEWA-T 管的尺寸翅数：18.8 翅/in；翅高 1.1mm；缝隙宽 $\delta=0.25$rm；管内径 $D_i=8$mm；管外径 $D_0=12.29$mm。

（5）ECR-40 表面多孔管[1]

这种管子由日本古河金属公司生产，管的外表面如图 5-51 所示。它与 T 形管相似，只有两点与 T 形管不同：1）ECR-40 管比 T 形管低而且粗厚；2）在翅顶开有许多更细小

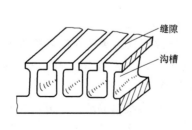

图 5-50　GEWA-T 管的外表面

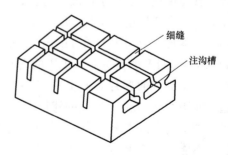

图 5-51　ECR-40 多孔管的外表面

的沟槽，其方向与主沟槽相垂直，从而形成许多小力格状的翅顶表面。这种管的性能十分接近于金属烧结多孔层管，它的气泡核心多，与液体的接触表面积大，从而促使沸腾剧烈。

（6）美国 Wolverine Turbo-B 管[1]

Turbo-B 管是美国 Wolverine 管子公司生产的一种专利高效蒸发管，有 90/10 铜镍管和纯铜管两种。管内外两侧都强化，单根产品最大供货长度为 10.67m。其外表面是将翅片压平，气泡从弯曲的细缝中逸出，细缝下有隧道连通（见图 5-52）。Turbo-B 管现广泛地使用于开利空调设备有限公司和约克公司生产的离心式机组中的满液式蒸发器中。表 5-6 列出了 Turbo- 和 Turbo-BⅢ高效蒸发管的几何参数和计算公式中的系数 C_1、C_2 和 n_2。

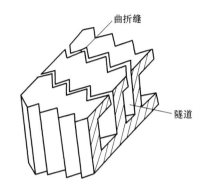

图 5-52 Wolverine Turbo-B 管的外表面

B 管管内的表面传热系数 α_i 可按式（5-149）计算。水在 Turbo-B 型高效蒸发管内流动时，当 $Re_f > 2 \times 10^4$ 时阻力也可按式（5-150）计算。摩擦系数可按式（5-151）计算。式（5-149）、式（5-150）和式（5-151）中的系数 C_1、C_2 和 D 可根据管子编号查表 5-6。

$$Nu = C_1 Re^{0.8} Pr^{1/3} (\eta_f / \eta_w) \tag{5-149}$$

$$\Delta P = \lambda \frac{l}{D_i} \frac{\rho w^2}{2} \tag{5-150}$$

$$\lambda = C_2 Re^{-n} \tag{5-151}$$

Wolverine Turbo-B 管的几何参数和实验系数 　　　　表 5-6

(1)Wolverine Turbo-BⅡ的几何参数（高压工质在 BⅡ高效蒸发管外蒸发）					
编号	公称外径 D_0(mm)	光管段壁厚 δ(mm)	有翅部分壁厚 t(mm)	公称内径 D_i(mm)	内表面积 (cm²/cm)	每米管长重 (kg/m)
55-5050025	19	1.18	0.55	16.05	8.016	0.572
55-5050028	19	1.24	0.63	16.05	8.016	0.621
55-5050035	19	1.41	0.78	15.54	7.163	0.681
55-5070025	25	1.33	0.55	22.00	10.699	0.843
55-5070035	25	1.59	0.78	21.49	10.089	0.990

计算式中的系数					
编号	管内换热计算式中的系数 C_1	阻力计算式中的 C_2,n_2 ($\xi = C_2 Re^{-n_2}$[1])		表面传热系数 $\alpha_0^{[2]}$ [kW/(m²·K)]	
		C_2	n_2	R22	R134a
55-5050025	0.071	0.457	0.211	9.937	9.255
55-5050028	0.071	0.457	0.211	9.937	9.295
55-5050035	0.061	0.306	0.188	9.085	8.290
55-5070025	0.070	0.457	0.211	9.937	9.295
55-5070035	0.053	0.453	0.222	9.085	8.222

(2)Wolverine Turbo-BⅡ的几何参数(低压工质 R123 在 BⅡ高效蒸发管管外蒸发)

编号	公称外径 D_0(mm)	光管段壁厚 δ(mm)	有翅部分壁厚 t(mm)	公称内径 D_i(mm)	内表面积 (cm²/cm)	每米管长重 (kg/m)
55-5050025	19	1.23	0.55	16.05	8.016	0.572
55-5050028	19	1.30	0.63	16.05	8.016	0.621
55-5050035	19	1.32	0.78	15.54	7.163	0.457

计算式中的系数

编号	管内换热计算式中的系数 C_1	阻力计算式中的 C_2,D_2 $(\delta=C_2Re^{-D}$①$)$		传热系数 K [kW/(m²·K)]
		C_2	D_2	R123
55-5050025	0.071	0.457	0.211	8.290
55-5050028	0.071	0.457	0.211	8.290
55-5050035	0.061	0.306	0.188	7.552

(3)Wolverine Turbo-BⅢ的几何参数(高压工质在 BⅢ高效蒸发器外蒸发)

编号	公称外径 D_o(mm)	光管段壁厚 δ(mm)	有翅部分壁厚 t(mm)	公称内径 D_i(mm)	内表面积 (cm²/cm)	每米管长重 (kg/m)
75-6050025	19	1.11	0.55	16.38	7.986	0.552
75-6050028	19	1.19	0.63	16.23	7.925	0.658
75-6050035	19	1.34	0.78	15.87	7.284	0.667

计算式中的系数

编号	管内换热计算式中的系数 C_1	阻力计算式中的 C_2,D $(\xi=C_2Re^{-D}$①$)$		R134a 传热系数 K_o [kW/(m²·K)]
		C_2	D	
75-6050025	0.073	0.686	0.250	10.164
75-6050028	0.073	0.686	0.250	10.164
75-6050035	0.066	0.686	0.255	9.482

① 适用于 Re 数大于 20000。

② 单管试验结果,试验条件为热流量 2207kW/m²,$t_n=14.6℃$,无油制冷剂。对 25mm 管径热流量为 31.5kW/m²。

Turbo-B 管的传热系数 K_o 可按下式计算:

$$\frac{1}{K_o}=\frac{\beta}{\alpha_i}+\beta R_i+\frac{1}{\alpha_B} \tag{5-152}$$

式中　β——管外面积与管内面积之比;

　　　R_i——污垢系数。

R134a 在 Turbo 和 Super-B 表面上沸腾时的单位管长表面传热系数 α_B,可根据厂家发布的推荐手册中的推荐公式来计算。

2. 翅片管

(1) 低翅片管

用有色金属光管（铜或铝）在外表面轧出环形圆翅，即为低翅片管。低翅片管从19世纪50年代以来已广泛应用于强化卤代烃及碳氢化合物的冷凝和沸腾传热中。低翅片管之所以久用不衰，不仅因为其强化传热性能优良，而且制造比较容易，不易沾污。低翅片管主要是靠扩大管外表面积来增强传热。根据翅高和翅片密度，面积增大倍率范围在2～4，翅厚 δ_f 范围为 $0.25\sim0.5$mm。翅截面尽量接近于矩形。当前常用的低翅片管是每英寸有19翅、26翅，正在发展的是每英寸有36翅、48翅和56翅。要求的翅化系数超过3.5。用作冷凝管时单位温差的热流密度为光管的2～3倍。表5-7列出了几种较为先进的低翅片管参数。

低翅片管参数

表 5-7

项目	1	2	3	4
翅片密度（翅/in）	26	48	50	50
翅片节距 p(mm)	0.96	0.52	0.50	0.50
翅高 h(mm)	1.43	1.09	1.41	1.39
平均翅厚 t(mm)	0.33	0.29	0.17	0.22
翅端曲率半径 r_0(mm)	0.068	0.045	0.050	0.020
翅片半顶角 θ(rad)	0.082	0.062		
翅顶管径 D_0(mm)	15.60	15.80	15.60	15.60
管子内径 D_i(mm)	11.21	12.00	11.40	11.40
翅化系数 β	3.37	4.61	5.87	5.60

在图5-53示出R134a在表5-1中No.1低翅片管和R123在以上4种低翅片管上冷凝时的表面传热系数 α_0 与冷凝温差 $\Delta T(t_0-t)$ 的变化关系。由图5-53可看出：

1）无论是R134a还是R123，冷凝时的表面传热系数 α 都随冷凝温差 ΔT 的增加而减小；

2）R123蒸气在低翅片管上冷凝时翅化系数 β 高的3号低翅片管上冷凝时的表面传热系数 α 高于翅化系数较低的1号低翅片管；

3）在相同翅片参数的翅片上冷凝时R123蒸气的表面传热系数低于R134a的表面传热系数。

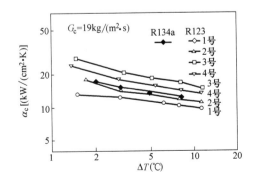

图 5-53　R123 和 R134a 蒸汽在低翅片管上
冷凝时的表面传热系数

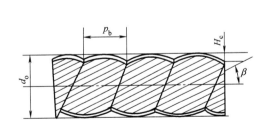

图 5-54　波纹状的内螺纹管

（2）内翅片管

在螺杆式压缩机的冷水机组中往往使用干式蒸发器，即制冷剂在管内蒸发而冷水在壳体空间内流动。热泵机组在制热工况下，制冷剂还要在管内冷凝。内翅管是一种性能较好的强化沸腾管和冷凝管。其传热强化的倍率超过面积增大的倍率。原因是在表面张力的作用下，使内翅片管端部的液膜减薄，从而使表面传热系数增大。在干式蒸发器中最合适使用的是一种管外带波纹状的内螺纹管（见图 5-54），它的几何参数列在表 5-8 中。这种波纹状内螺纹管的优点是：用作制冷剂水换热器的传热管时，无论制冷剂在管内蒸发或冷凝都可使制冷剂侧和水侧的表面传热系数都增大。从而使传热系数提高，据用 R22 进行试验，R22 在管内的单位面积质量流速 $q=180\text{kg}/(\text{m}^2 \cdot \text{s})$ 时，水侧流速保持在 1.5m/s，R22 在管内冷凝时，R22 水换热器的传热系数比使用光管的传热系数提高了 157%，而 R22 在管内蒸发时，R22 水换热器的传热系数比使用光管的传热系数提高了 1 倍。

典型的波纹管内螺纹参数　　　　　　　　　　　表 5-8

管子外径 d_o(mm)	管壁厚 δ_h(mm)	底壁厚 δ_n(mm)	管子内螺纹特性		外波纹参数	
			翅高 H_f(mm)	螺旋角 β(°)	波纹节距 P_a(mm)	波纹深 H_r(mm)
16	0.9	0.8	0.3	18	8.0	0.7

3. 制冷剂在管外的沸腾换热

制冷剂（R717、R22、R134a 等）在卧式壳管蒸发器管束（光管管束或低肋管管束）上的沸腾换热过程是典型的制冷剂在大空间内的沸腾换热过程。由传热学可知，制冷剂在蒸发器管束的粗糙不平，粘附污垢及有泡沫的地方先生成气泡，热量不断地传入气泡，使气泡增大，当气泡大到一定尺寸时，就脱离壁面上升，上升中，气泡沿程吸热，使气泡继续变大最后逸出液面。制冷剂的沸腾就是这样不断地进行。因此，液体的沸腾换热系数与液体的物性管表面粗糙度、液体对管束表面的润湿能力热流密度、蒸发压力（蒸发温度）和蒸发器结构型式等因素有关。

液体在大空间内的沸腾换热过程，根据热流密度不同，大体可分为三个类型。即对流沸腾区、泡状沸腾区和膜状沸腾区。在制冷装置的蒸发器中，由于热流密度 q_e 不太大，一般是在泡状沸腾区或在对流沸腾区与泡状沸腾区之间的过渡区，不会出现膜状沸腾的情况。例如，R717 制冷剂在卧式壳管蒸发器内，蒸发压力 p_e 约在 78～294kPa 之间，热流密度 q_e 约在 1000～5000W/m^2 之间。在这种条件下，R717 的沸腾换热是很弱的。通过实验研究，可将制冷剂在大空间内的沸腾换热归纳出以下几点结论：

（1）制冷剂在管束上的沸腾换热要大于单管。这是因为管束作为加热面，一方面对制冷剂不断加热使之沸腾换热。另一方面管束下面排管上产生的气泡向上浮升时，引起液体强烈扰动增强对管束的对流放热。因此，R77 在管束上的沸腾换热系数约比单管高 40%。

（2）肋管上的沸腾换热大于光管。这是因为肋管上的气泡核心数比光管多，而气液易脱离壁面。另外，肋管管束上的沸腾换热系数也要比光管管束大，有的资料介绍肋管管束的沸腾换热系数比光管管束大 70%，R22 大 90%。

（3）制冷剂在卧式壳管蒸发器的管束上的沸腾换热系数取决于蒸发压力 p、热流密度 q_e、管束几何尺寸及管排间距等因素。例如 R12、R22 在管束上沸腾时，管束平均放热系数随着蒸发压力的升高而增加，随着热流密度的增大而增加。但是氟利昂在低肋管上沸腾时，蒸发压力 p_e 和热流密度 ψ 及管排数对沸腾放热系数的影响要比光管管束小。

（4）制冷剂物性对沸腾换热有影响。制冷剂液体密度、表面张力，黏度越大沸腾换热系数也就越大。氟利昂制冷剂的标准蒸发温度越低，则它的沸腾换热系数越高。因此，R22 的沸腾换热系数比 R22 的大 20%，氨比氟利昂的沸腾放热系数要大。这是制冷剂物性影响的结果。

（5）制冷剂中含油对沸腾换热的影响。根据文献介绍，其影响大小与含油浓度有关，当 R22 中油的浓度<6%，热流密度 $q_e=1050\sim6400\text{W/m}^2$ 时，可不考虑这项影响。但当含油浓度增加、蒸发温度很低时，可使沸腾换热系数降低。因此，文献［6］建议，在 $t=-10\sim25℃$ 范围时，沸腾换热系数应乘以含油量修正系数 0.96。

4. 制冷剂在管内的沸腾换热

制冷剂在干式壳管蒸发器、直接蒸发式空气冷却器、蛇管水箱式蒸发器、顶排管等蒸发器内的沸腾换热是典型的制冷剂在管内的沸腾换热。节流后的制冷剂进入蒸发器管内，马上形成管内沸腾。制冷剂在管内流动沸腾与大空间内沸腾不同，管壁上产生气泡长大后脱离壁面并加入液体中和液体在管内一起流动，形成气—液两相流动。随着汽化过程的进行，沿管长的含气量逐渐增加。在这种情况下的沸腾换热强度不仅与汽化过程本身有关，同时也与气—液两相流动状态有关。因此，制冷剂在管内沸腾换热系数取决于制冷剂液体物性、蒸发压力 p_e、热流密度 q_e、管内流体的流速、管径、管长、流体的流向以及管子的位置等因素。

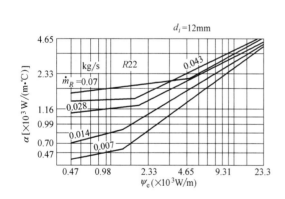

图 5-55 R22 的 $\alpha_1=f(m_R，\psi_e)$ 关系图

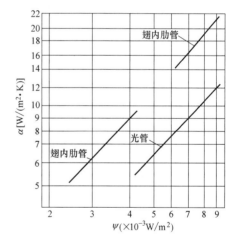

图 5-56 R22 在内肋管内沸腾的换热系数

下面简要介绍各主要影响因素对制冷剂在管内沸腾换热的影响。

（1）热流密度 q_e、制冷剂在管内流量对制冷剂在管内沸腾换热的影响

图 5-55 给出了 R22 的 $\alpha=f(m_R，q_e)$ 的实验关系，由图可看出：

1）当热流密度较小时，α 仅与制冷剂在管内的流量 m 有关，而与热流密度 q_e 几乎无关。这是因为热流密度很小时，产生的冷泡很少，此时管壁对氟利昂制冷剂的放热主要依靠液态制冷剂的对流，因此，这个区称为"对流换热区"或"非泡状沸腾区"。

2) 当热流密度超过一定数值时，α 不仅与制冷剂流量有关，而且还与热流密度 q_e 有关。这是因为 q_e 超过一定数值后，管壁上产生大量气泡，此区称为"泡状沸腾区"。

但应注意到，由"对流换热区"向"泡状沸腾区"过渡时的热流密度，随制冷剂的种类、蒸发温度和制冷剂在管内的流量不同而有差别。

（2）管长对制冷剂管内沸腾换热的影响

制冷剂在管内沸腾时其局部放热系数 α 沿管长不断地变化，这是因为制冷剂在管内沸腾时，形成气—液两相，随着汽化过程的进行，沿管长的含气量逐渐增加。实验表明，在含气量较小（$x<0.3$）时，α_i 变化很小。当含气量在 $0.3<x\leqslant0.7$ 范围时，α_x 随 x 的增长急剧增加。当 $x>0.7$ 时，由于气体放热系数小，使 α 又沿管长急剧下降因此，对于干蒸发器，如果制冷剂出口为过热蒸气，则过热度越大，放热系数越低。

（3）制冷剂物性对制冷剂在管内沸腾换热的影响

在泡状沸腾区，在热流密度（W/m^2）和流量（$kg\cdot m^2\cdot s$）相同的情况下，R22 的沸腾换热系数 α 比 R12 高 30%，比 R142 高 60%。

（4）蒸发温度对制冷剂在管内沸腾换热的影响

制冷剂在管内沸腾换热时，其换热系数随着蒸发温度的降低而降低。例如，当蒸发温度由 10℃降至 −10℃时，对于 R2R12、R142 的 α 约降低 15%～17%。

（5）制冷剂中含油对制冷剂在管内沸腾换热的影响

润滑油对管内沸腾换热的影响十分复杂，受许多因素影响。如润滑油与制冷剂的互溶性、含油浓度、物性、蒸发器热流密度及蒸发管的长度等。一般来说，对于能与润滑油互溶的 R12 和 R22，含油浓度≤5%时，其换热系数比无油时还高，这是因为含油的制冷剂液体在管内沸腾时会起泡沫而增加液体与管壁的接触。但是当含油量大于 10%时，其换热系数较无油时低，这是因为油量过多时，在管子表面上形成油膜，使 α 降低。同样，对于制冷剂与矿物油不互溶的 R717，含油后使其换热显著恶化表面传热系下降约 30%。

（6）内肋管可显著提高换热系数

使用内肋管后，由于制冷剂一侧的换热面积增加，可以使管内表面的相应换热系数大大提高。R22 在内肋管内与光管内的沸腾换热系数比较表示在图 5-56 上。

5.5.3　蒸发器传热系数的确定

不论何种形式的蒸发器，以传热面的内表面为基准的蒸发器传热系数可用下式计算：

$$k_{ei}=\cfrac{1}{\dfrac{1}{\alpha_{ei}}+R_{ei}+\dfrac{\delta_{et}}{\lambda_{et}}\dfrac{f_{ei}}{f_{em}}+\left(\Sigma R_{eo}+\dfrac{1}{\alpha_{eo}}\right)\dfrac{f_{ei}}{f_{eo}}}$$

式中　R_{eo} 和 R_{ei}——分别为管外和管内污垢热阻，$(m^2\cdot K)/W$；

　　　　δ_{et}——管壁厚度，m；

　　　　λ_{et}——管壁导热系数，$W/(m\cdot K)$；

　　　　f_{em}——按冷凝管平均直径计算的单位管长换热面积，m^2/m；

　　　　α_{eo} 和 α_{ei}——分别为管外和管内介质的放热系数，$W/(m^2\cdot K)$，即管内为冷却介质对流换热系数，管外为制冷剂冷却、凝结放热系数，其计算方法见本节后续内容。

1. 管外为冷冻介质的表面传热系数

表面传热系数计算模型同式（5-67）：

$$\alpha_{eo} = Nu \cdot \lambda_s / d_e$$

当 $100 < Re < 1000$ 时

$$Nu = 0.71 \cdot f_r \cdot Re^{0.5} Pr^{0.36}$$

当 $1000 < Re < 2 \times 10^6$ 时

$$Nu = 0.36 \cdot f_r \cdot Re^{0.6} Pr^{0.3661}$$

式中，$Nu = \alpha d_i / \lambda$，$Re = w d_i / \nu$，$Pr = \eta c / \lambda$；$f_r$ 是水平管的修正系数，取决于水平管数目 n_r，当 $n_r > 14$ 时，$f_r = 1$；当 $n_r < 14$ 时，若 $100 < Re < 1000$：$f_r = 0.86768 + 0.017889 \cdot n_r - 0.00060344 \cdot n_r^2$；若 $1000 < Re < 2 \times 10^6$：$f_r = 0.774014 + 0.031253 \cdot n_r - 0.001096 \cdot n_r^2$。

2. 管内为制冷剂的放热系数：

在两相区，首先估计换热管内传热系数为 k_{i1}（W/m^2），热通量为：

$$q_{ei} = k_{ei} \cdot \Delta t_{mI} \tag{5-153}$$

换热管内制冷剂的换热系数为

$$\alpha_{R1} = C \frac{(\dot{m}_R / A_R)^{0.1} \cdot q_i^{0.7}}{d_i^{0.5}} \tag{5-154}$$

式中，C 取决于制冷剂本身性质，影响因素众多。

$$C = \frac{2.059 \cdot \lambda_i^{0.6} \cdot (\Delta h \cdot \rho_v)^{0.133}}{g^{0.2} \cdot T_r^{0.4} \cdot \tau^{0.3} \cdot f^{0.266} \cdot d_0^{0.399} \cdot \rho_l^{0.233}} \left(\frac{W^{0.3} \cdot m^{0.1} \cdot s^{0.1}}{kg^{0.1} \cdot K} \right)$$

式中　λ_i——导热系数；

$\quad\quad \rho$——密度；

$\quad\quad \Delta h$——进出口焓差；

$\quad\quad g$——重力加速度；

$\quad\quad T_r$——蒸发温度；

$\quad\quad \tau$——表面张力；

$\quad\quad f$——核沸腾气泡形成频率；

$\quad\quad d_0$——形成的气泡间距。

在实际计算中，可通过查制冷剂物性表获得 C 值。

在过冷区，有：

$$\alpha_{RII} = f_R \cdot B_R \frac{w_R^{0.8}}{d_i^{0.2}} \tag{5-155}$$

式中　w_R——制冷剂流速，m/s；

$\quad\quad d_i$——换热管内径，m；

$\quad\quad B_R$——仅由水的物性参数决定；

$\quad\quad f_R$——根据 Re 确定。

B_R 由下式计算：

$$B_R = 0.023 \cdot \rho^{0.8} c^{0.4} \lambda^{0.6} \eta^{-0.4}$$

当 $Re \geqslant 10000$ 时，$f_w = 1$；当 $2300 < Re < 10000$ 时，$f_w < 1$，可根据 $f_R = -0.0101183(Re_{sup}/1000)^2 + 0.18978(Re_{sup}/1000) + 0.106247$ 计算；当 $Re < 2300$ 时，不推荐采用层流模式。

计算实际换热系数后，与估计值相比较，若误差在 1% 以内，成立；若超过 1%，需要重新估计换热系数，重复上述过程。

　　3. 管内为冷冻介质的换热系数

$$\alpha_s = f_s \cdot B_s \frac{w_s^{0.8}}{d_i^{0.2}} \tag{5-156}$$

其中，B_s 仅由水的物性参数决定。

$$B_s = 0.023 \cdot \rho^{0.8} c^{0.4} \lambda^{0.6} \eta^{-0.4}$$

　　当 $Re \geqslant 10000$ 时，$f_w = 1$；当 $2300 < Re < 10000$ 时，$f_w < 1$，可根据 $f_R = -0.0101183(Re_{sup}/1000)^2 + 0.18978(Re_{sup}/1000) + 0.106247$ 计算；当 $Re < 2300$ 时，不推荐采用层流模式。

　　4. 管外制冷剂侧换热系数

　　制冷剂在管外发生蒸发沸腾，换热系数分为核沸腾区域和紊流对流换热区域。

$$\alpha_R = \alpha_b + f\alpha_t \tag{5-157}$$

式中　α_b——核沸腾换热系数；

　　　　α_t——紊乱对流的换热系数；

　　　　f——对流换热系数，有些学者忽略此系数，有些建议取 $0.5 \sim 1$，在本书中，推荐取 0.3 计算。

　　（1）计算紊流换热系数 α_t

$$\alpha_t = C_t \cdot q^{0.25} \tag{5-158}$$

式中，C_t 取决于制冷剂本身物性参数。

$$C_t = \left(\frac{g \cdot \beta_v \cdot \rho_l^2 \cdot c_l \cdot \lambda_l^2}{\eta_l} \right)^{0.25} \tag{5-159}$$

式中　β_v——热膨胀系数；

　　　　g——重力加速度；

　　　　ρ_l——制冷剂液体密度；

　　　　c_l——制冷剂液体比热；

　　　　λ_l——制冷剂液体导热系数；

　　　　η_l——制冷剂液体动力黏度，通常，查制冷剂物性表得此参数值。

　　（2）计算核沸腾换热系数 α_b

　　核沸腾换热系数与管表面结构相关，下面对光管与低螺纹加肋管进行分析。

　　若换热管为光管，有：

$$\alpha_b = C_b \cdot q^{0.75} \tag{5-160}$$

式中，C_b 取决于制冷剂本身物性参数。

$$C_b = C_R \cdot \frac{\lambda_l}{l_o} (1 + 25 \cdot P_e^{0.7}) \cdot \left(\frac{\Delta h_e}{g^2 \cdot T_e \cdot \eta_l \cdot \lambda_l} \right)^{0.375} \tag{5-161}$$

　　其中，对氟化制冷剂 $C_R = 3 \times 10^{-4}$；对氨化制冷剂 $C_R = 1.74 \times 10^{-4}$；$P_e$，$T_e$ 为蒸发器内压力和温度，bar，K；Δh_e 为每千克制冷剂换热量，J/kg。

$$l_0 = \sqrt{\frac{\sigma}{g(\rho_l - \rho_v)}} \tag{5-162}$$

　　通常，C_b 查制冷剂物性表可得。

若换热管为低螺纹加肋管，有：

$$\alpha_{\mathrm{b}} = C_{\mathrm{b}} \cdot \beta \cdot q^{2/3} \qquad (5\text{-}163)$$

式中　β——换热管外表面与内表面面积比。

$$C_{\mathrm{b}} = \frac{6.3 \times 10^{-4} \cdot \lambda_{\mathrm{l}}}{d_{\mathrm{o}}} \cdot \left(\frac{\Delta h_{\mathrm{e}} \cdot c_{\mathrm{l}} \cdot \rho_{\mathrm{v}}}{g^2 \cdot T_{\mathrm{e}} \cdot \rho_{\mathrm{l}} \cdot \lambda_{\mathrm{l}}^2} \right)^{1/3} \qquad (5\text{-}164)$$

通常，C_{b} 查制冷剂种类物性表可得。对于氨蒸发器，一般都采用光管，τ 可取管外径与管内径之比。然而由于管壁厚度不大，采用平壁计算公式就已足够精确了。

5.5.4 蒸发器结构与传热面积计算

1. 总换热管数目

在干式蒸发器内布设换热管的总数可根据下式概算[5]：

$$N_{\mathrm{tot}} = \beta_{\mathrm{D}} \left[\left(\frac{D_{\mathrm{c}}}{s_{\mathrm{t}}} \right)^2 - 1 \right] + 1 \qquad (5\text{-}165)$$

式中　N_{tot}——冷凝器中冷凝管的总数；

$\beta_{\mathrm{D}} = D_{\mathrm{tlmt}} / D_{\mathrm{c}}$，且 $\beta_{\mathrm{D}} = 0.75 \sim 0.95$。

2. 每行有效换热管数目

对于叉排排列的冷凝管，每行的换热管数目不同，取每行有效换热管数目。

$$n_{\mathrm{eqv}} = 0.502 \cdot \pi^{0.5} \cdot n_{\mathrm{t}}^{0.5} \cdot (s_1/s_2)^{0.5} \qquad (5\text{-}166)$$

其中，s_1，s_2 为水平和垂直方向上管心距。

当叉排布置形式如图 5-57 所示时，上式可简化为：

$$n_{\mathrm{eqv}} = 0.9904 n_{\mathrm{f}}^{0.5}$$

3. 总换热面积

换热面积可根据下式计算：

$$A = Q_{\mathrm{e}} / (k \cdot \Delta t_{\mathrm{m}})$$

对于干式蒸发器，存在过冷区和两相区，可分别计算两区域换热面积后相加。

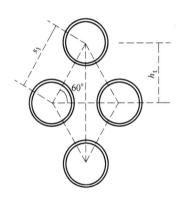

图 5-57　管束叉排布置形式

4. 换热管长度

换热管总长度为：

$$L_{\mathrm{ov}} = A_i / \pi d_i \qquad (5\text{-}167)$$

单位换热管长度为：

$$L = L_{\mathrm{ov}} / n_{\mathrm{t}}$$

5. 折流板参数

对于干式蒸发器，蒸发器内有折流板，需假设折流板之间距离 b_{s}。

折流板数目为：

$$n_{\mathrm{b}} = L / b_{\mathrm{s}}$$

确定折流板数目后，取整数，计算实际折流板之间的距离。

6. 蒸发器设计选择注意事项

（1）液面高度对蒸发温度的影响：由于制冷剂液柱高度的影响，在满液式蒸发器底部的蒸发温度要高于液面的蒸发温度。不同的制冷剂，在不同的液面蒸发温度下受静液高度的影响不同，静液高度对蒸发温度的影响值可参见表 5-9。从表中可以看到：

1）不同的制冷剂，受静液高度的影响不同，如 R12 受静液高度的影响比 R717 的大。

2）无论对于哪一种制冷剂，液面蒸发温度越低，静液高度对蒸发温度的影响也就越大，即静液高度使蒸发温度升高得越多。因此，只有在蒸发压力较高时，可以忽略静液高度对蒸发温度的影响；当蒸发压力较低时，就不能予以忽略。也就是说，此时使用满液式蒸发器就变得不经济了。

静液高度对蒸发温度的影响　　　　　　　　　　　　　表 5-9

液面蒸发温度 ℃	1m 深处的蒸发温度（℃）		
	R717	R12	R22
−10	−9.6	−8.3	−9.0
−30	−28.9	−26.7	−28.1
−50	−47.4	−43.5	−45.9
−60	−55.5	−50.5	−53.6
−70	−63.4	−56.5	−59.5

（2）载冷剂冻结的可能性：如果蒸发器中的制冷剂温度低于载冷剂的凝固温度，则载冷剂就有冻结的可能性。在载冷剂的最后一个流程中，载冷剂的温度最低，其冻结的可能性最大。在以水作为载冷剂时，从理论上来说，管内壁温度可以低到 0℃。但为了安全起见，通常使最后一个流程出口端的管内壁温度保持在 0.5℃ 以上。对于用盐水作载冷剂的情况，根据同样的道理，应该使管内壁温度比载冷剂的凝固温度高 1℃ 以上。

（3）制冷剂在蒸发器中的压力损失：制冷剂流过蒸发器时引起压力损失，必然使蒸发器出口处的制冷剂的压力 p_{e2} 低于入口处的压力 p_{e1}，相应的蒸发温度 $t_{e2} < t_{e1}$，则相当于降低了压缩机的吸气压力，致使压缩机的制冷能力下降。

5.5.5　载冷剂的流量和阻力

1. 载冷剂流量计算

$$\dot{m} = \frac{\dot{Q}_e}{c(t_1 - t_2)}$$

式中　c——水（或盐水，或空气）的比热，$J/(kg \cdot K)$；

t_1、t_2——分别为水（或盐水，或空气）进、出蒸发器的温度，℃。

2. 载冷剂流动阻力计算

对干式蒸发器和满液式蒸发器而言，若载冷剂在管内流动，则阻力可由下式计算：

$$\Delta p_w = \frac{\rho_w w^2}{2}\left(\lambda_w \frac{L_P}{d_i} + \xi_{in} + \xi_{out} + \frac{\xi_{in} + \xi_{out}}{P_{tub}}\right) P_{tub} \tag{5-168}$$

式中　w——管内载冷剂的流速，m/s；

ξ_{in} 和 ξ_{out}——分别为冷凝管进出口局部阻力系数，对于突缩（入口）和突扩（出口）的局部阻力系数，$\xi_{in} = 0.5$，$\xi_{out} = 1$；

P_{tub}——载冷剂流动管程数；

λ_w——管内沿程阻力系数，当管内 $Re_w < 10^5$ 时，有：

$$\lambda_w = \frac{0.3164}{Re_w^{0.25}}$$

若载冷剂在管外流动，则总压力损失分为三部分：

$$\Delta P = \Delta P_1 + \Delta P_2 + \Delta P_3$$

1）垂直切过换热管的水的压力损失 ΔP_1

$$\Delta P_1 = \lambda_1 \cdot \frac{\rho \cdot w^2}{2} \cdot (0.8 \cdot n_r) \cdot n_b \cdot f_1 \cdot f_2 \qquad (5\text{-}169)$$

式中 f_1——在换热管间流动的水的修正系数，取 0.7；

      f_2——穿过折流板空隙的水的修正系数，取 0.6；

      λ_1——水流动阻力系数；

      w——管内载冷剂的流速，m/s；

      n_b——折流板间距离；

      n_r——筒体直径处水平管数目。

2）沿着换热管外壁流过的水的压力损失 ΔP_2

$$\Delta P_2 = \lambda_2 \cdot \frac{\rho \cdot w^2}{2} \cdot (n_b - 1) \qquad (5\text{-}170)$$

式中 w——管内载冷剂的流速，m/s；

      n_b——两折流板之间距离；

      λ_2——水流动的沿程阻力系数，可取 2.2。

3）蒸发器进出口水的压力损失 ΔP_3

$$\Delta P_3 = (\xi_{in} + \xi_{out}) \cdot \frac{\rho \cdot w^2}{2} \qquad (5\text{-}171)$$

式中 w——管内载冷剂的流速，m/s；

ξ_{in} 和 ξ_{out}——分别为冷凝管进出口局部阻力系数，对于突缩（入口）和突扩（出口）的局部阻力系数，$\xi_{in} = 0.5$，$\xi_{out} = 1$；进出口的流速在 $1 \sim 2$m/s 之间时，可取平均值 1.5m/s。

5.6 常用蒸发器设计计算案例

5.6.1 干式蒸发器设计计算

【例 5-5】 现有一台 R22 冷水机组，蒸发器冷负荷为 150kW，蒸发温度 $t_e = 1℃$，冷凝温度 $t_c = 40℃$，冷水进口温度 $t_{s1} = 12℃$，冷水出口温度 $t_{s2} = 7℃$，制冷剂过热温度 $t_{sup} = 4℃$，试为该机组设计一台干式蒸发器，确定换热系数、换热面积、换热器尺寸、冷水压降[5]。

【解】 该例题要求既要考虑蒸发器中制冷剂在过热区的换热系数，又要考虑制冷剂在两相区的换热系数，换热面积也需要分别计算。为此，把冷凝器分成两相区（Zone 1 区）和过热区（Zone 2 区）来计算，如图 5-58 所示。

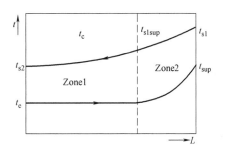

图 5-58 蒸发器（温度-假定长度）变化曲线

1. 蒸发换热量

制冷剂总换热量为两个区域换热量的和，即：

$$q_e = q_I + q_{II}$$

（1）Zone 1 区换热量

$$q_I = h_e - h_c \tag{5-172}$$

查制冷剂 R22 的蒸发温度和冷凝温度对应下的焓值，代入计算得：

$$q_I = 704.7 - 549.3 = 155.4\text{kJ/kg}$$

（2）Zone 2 区换热量

过热区的平均温度为：

$$t_{sup,m} = t_e + \Delta t_{sup}/2 = 1 + 4/2 = 3℃$$

在此温度下，制冷剂 R22 物性参数为 $\rho_R = 21.8183\text{kg/m}^3$；$C_R = 715.3135$ J/kg；$\lambda_R = 0.009662\text{W/(m·K)}$；$\gamma_R = 5.55305 \times 10^{-6}\text{m}^2/\text{s}$。

$$q_{II} = C_R(t_{sup} - t_e)$$

代入数值，计算得 $q_{sup} = 715.3735 \times (5-1) = 5861.5$J/kg。

（3）总换热量

$$q_e = q_I + q_{II} = 155.4 + 2.8615 = 158.2615\text{kJ/kg}$$

制冷剂流量见式（5-51）：

$$\dot{m}_R = Q_c/q_c$$

代入数值得 $m_R = Q_c/q_c = 150/158.26 = 0.9478\text{kg/s}$。

制冷剂在两相区 Zone 1 释放的热量见式（5-52）：

$$Q_{eI} = \dot{m}_R \cdot q_I$$

代入数值得 $Q_{eI} = 0.9478 \times 155.4 = 147.288\text{W}$。

制冷剂在过冷区 Zone 2 释放的潜热量见式（5-53）：

$$Q_{eII} = \dot{m}_R \cdot q_{II}$$

代入数值计算得 $Q_{e2} = 0.9478 \times 2.8615 = 2.712\text{kW}$。

2. 确定换热管数目

设计蒸发器的尺寸参数为，筒体直径 $D = 400$mm；铜管外径 $d_e = 16.0$mm；铜管的内径 $d_i = 14$mm；管心距 $s = 21.0$mm。

换热管总数根据式（5-166）计算：

$$n_t = 0.75 \cdot [(D/s)^2 - 1] + 1$$

计算得 $n_t = 153.3$。在本设计中，冷凝管数目最多为 153 根，根据多次迭代验算，与冷水流程相结合，假设换热管根数为 $n_t = 146$，进行计算。

3. 冷水侧换热系数

（1）冷水流通面积

假设折流板之间距离为 171.5m，即 $b_s = 171.5$m。

对于叉排排列的冷凝管，每行的换热管数目不同，取每行有效换热管数目。

$$n_{eqv} = 0.502 \cdot \pi^{0.5} \cdot n_t^{0.5} \cdot (s_1/s_2)^{0.5}$$

其中，s_1，s_2 为水平和垂直方向上管心距。

当叉排布置形式如图 5-59 所示时，$n_{eqv}=0.9904\, n_t^{0.5}$

计算得 $n_{eqv}=0.9904\times146^{0.5}=11.967$。

在一个折流板区域，穿过两管之间的区域面积，根据式（5-65）计算：

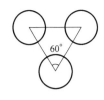

图 5-59 管束布置形式

$$A_s = n_{eqv} \cdot (s_1 - d_e) \cdot b_s$$

计算得 $A_s = 11.967\times(0.021-0.016)\times0.1715=0.0102617\mathrm{m}^2$。

（2）冷水平均温度

在过冷区冷水出口的对数平均温差为：

$$t_{s\,\mathrm{I}\,\sup} = t_{s1} - Q_{e\mathrm{II}} / (\dot{m}_s \cdot c_s)$$

计算得 $t_{s\,\mathrm{I}\,\sup} = 12-2.712/(7.156\times4.19223)=11.91℃$

Zone 1 的对数平均温差为：

$$\Delta t_{m1} = \frac{t_{s1\sup} - t_{s1}}{\ln \dfrac{t_{s1\sup} - t_e}{t_{s2} - t_e}}$$

代入数值得 $\Delta t_{m1} = 8.2118\ ℃$。

Zone 2 的对数平均温差为：

$$\Delta t_{m\mathrm{II}} = \frac{(t_{s1} - t_{\sup}) - (t_{s1\sup} - t_e)}{\ln \dfrac{t_{s1} - t_{\sup}}{t_{s1\sup} - t_e}}$$

代入数值计算得：$\Delta t_{m2} = 8.8109℃$。

冷水平均温度为 $t_{sm} = t_e + \Delta t_m = 1+8.249=9.249℃$ 时，水的物性参数如下：$\rho_s = 999.92\mathrm{kg/m^3}$；$C_s = 4192.23\mathrm{J/kg \cdot K}$；$\lambda=0.57875\mathrm{W/m \cdot K}$；$\nu_s = 1.3328\times10^{-6}\mathrm{m^2/s}$。

（3）冷水流量

冷水的质量流量根据式（5-4）计算：

$$\dot{m}_s = \frac{Q_s}{c_s(t_{s2} - t_{s1})}$$

代入各参数数值计算得：

$$\dot{m}_s = \frac{150}{4.192\times(12-7)} = 7.156\mathrm{kg/s}$$

冷水的体积流量为：

$$\dot{V}_s = \dot{m}_s / \rho_s$$

计算得 $V_s = 7,156/999.92=0.715657\mathrm{m^3/s}$。

（4）冷水流速

换热管之间冷水的流速，根据式（5-54）计算：

$$w_s = \frac{V_s}{A_s}$$

计算得 $w = 0.00715657/0.0102617=0.697409\mathrm{m/s}$。

4. 冷水侧换热系数

当 $100 < Re < 1000$ 时

$$Nu = 0.71 \cdot f_r \cdot Re^{0.5} \cdot Pr^{0.36}$$

当 $1000 < Re < 2000000$ 时

$$Nu = 0.36 \cdot f_r \cdot Re^{0.6} \cdot Pr^{0.36}$$

式中，$Nu = \alpha_w d_e / \lambda$，$Re = w d_e / \nu$，$Pr = \eta c / \lambda$；$f_r$ 是水平管的修正系数，取决于水平管数目 n_f，当 $n_f > 14$ 时，$f_r = 1$；当 $n_f < 14$ 时，若 $100 < Re < 1000$：$f_r = 0.86768 + 0.017889 n_r - 0.00060344 n_r^2$；若 $1000 < Re < 2000000$：$f_r = 0.774014 + 0.031253 n_r - 0.001096 n_r^2$。

水平管数目 n_f 可用下式估计：

$$n_r = D/s$$

计算得 $n_f = D/s = 300/21 = 14.3$。

因此，$f_r = 1$

$$Re = w_s \cdot d_e / \nu_s = 0.697406 \times 0.016 / (1.3328 \times 10^{-6}) = 8372.2$$

$$Nu = 0.36 \times 8372.2^{0.6} \times 9.6534^{0.36} = 183.862$$

根据式（5-67），有：

$$\alpha_s = Nu \cdot \lambda_s / d_e$$

计算得 $\alpha_{sup} = 183.862 \times 0.578755 / 0.016 = 6650.7 \text{W/m}^2$。

5. Zone 1 两相区的热力计算

首先，估计换热管内传热系数为 $k_{e1} = 1014 \text{W/m}^2$。

相应的可得热通量为：

$$q_{i1} = k_{e1} \cdot \Delta t_{m1}$$

计算得 $q_{i1} = 1014 \times 8.2118 = 8326.8 \text{W/m}^2$。

$$G = \dot{m}_R / A_R$$

计算得 $G = m_R / A_R = 0.9478 / 0.112375 \text{kg/(s} \cdot \text{m}^2)$。

换热管内制冷剂的换热系数为：

$$\alpha_{R1} = C \frac{G^{0.1} \cdot q_i^{0.7}}{d_i^{0.5}}$$

式中　C 取决于制冷剂本身性质，影响因素众多，且

$$C = \frac{2.059 \cdot \lambda_i^{0.6} \cdot (\Delta h \cdot \rho_v)^{0.133}}{g^{0.2} \cdot T_r^{0.4} \cdot \tau^{0.3} \cdot f^{0.266} \cdot d_0^{0.399} \cdot \rho_l^{0.233}} \left(\frac{W^{0.3} \cdot m^{0.1} \cdot s^{0.1}}{kg^{0.1} \cdot K} \right)$$

式中　λ_i——导热系数；

ρ_v——密度；

Δh——进出口焓差；

g——重力加速度；

T_r——蒸发温度；

τ——表面张力；

f——核沸腾气泡形成速率；

d_0——形成的气泡间距。

通常，通过查表获得 C 值，各种工质在不同温度下的 C 值如表 5-10 所示。

常数 C 制冷剂参数表

表 5-10

制冷剂	蒸发温度(℃)			
	−20	−10	0	10
R134a	0.1473	0.15515	0.1633	0.1720
R404A	0.164	0.174	0.185	0.197
R407C	0.1644	0.1741	0.1848	0.1967
R410A	0.1944	0.2061	0.2200	0.2370
R12	0.136	0.142	0.148	0.154
R22	0.162	0.170	0.178	0.187
R502	0.151	0.159	0.167	0.177

根据 $t_e = 1℃$ 与工质 R22 查上表两个相邻温度下对应数值并进行插值计算可得 $C = 0.179$。

进而可得：$\alpha_{R1} = 0.179 \dfrac{84.34^{0.1} \cdot 8326.8^{0.7}}{0.014^{0.5}} = 1308 \text{W}/(\text{m}^2 \cdot \text{K})$。

在 Zone1 区域内，整体换热系数为：

$$k_{i1} = \cfrac{1}{\dfrac{1}{\alpha_{R1}} + R_i + R_1 + \left(\sum R_o + \dfrac{1}{\alpha_s}\right)\dfrac{A_i}{A_e}}$$

铜管壁的导热热阻为：

$$R_1 = (\delta_1/\lambda_1) \cdot (d_i/d_m)$$

取铜的导热系数为 $370\text{W}/(\text{m} \cdot \text{K})$，计算得：

$$R_1 = (\delta_1/\lambda_1) \cdot (d_i/d_m) = (0.001/370)(14/15) = 0.0000052\text{m}^2 \cdot \text{K}/\text{W}$$

水侧污垢热阻取 $R_o = 0.0001\text{m}^2 \cdot \text{K}/\text{W}$。

进而可得：$k_{i1} = \cfrac{1}{\dfrac{1}{1308} + 0 + 2.52 \times 10^{-6} + \left(0.0001 + \dfrac{1}{6650.7}\right)\dfrac{14}{16}} = 1014\text{W}/\text{m}^2$。

该数值与此前假定值一致。

因此，实际热通量为：

$$q_{i1} = k_{e1} \cdot \Delta t_{m\,I} = 1014 \times 8.2118 = 8326.8\text{W}/\text{m}^2$$

Zone1 需要的换热面积为：

$$A_{i1} = Q_{e1}/q_{i1}$$

计算得 $A_{i1} = 147288/8326.8 = 17.6885\text{m}^2$。

6. Zone2 热力计算

制冷剂的体积流量为：

$$\dot{V}_R = \dot{m}_R/\rho_R$$

计算得 $V_R = 0.9478/2.8183 = 0.0434406\text{m}^3/\text{s}$。

换热管内制冷剂的流速为：

$$w_R = \frac{V_R}{A_R}$$

计算得 $w_R = 0.0434406/0.012375 = 3.86568\text{m/s}$。

管内的传热系数为：

$$\alpha_{R2} = f_R \cdot B_R \frac{w_R^{0.8}}{d_i^{0.2}}$$

其中，B_w 仅由水的物性参数决定。

$$B_R = 0.023 \cdot \lambda^{0.6} \cdot (\eta \cdot c)^{0.4} \cdot \upsilon^{-0.8} \tag{5-173}$$

其中，$\upsilon = \eta/\rho$。

$$B_R = 0.023 \cdot \rho^{0.8} c^{0.4} \lambda^{0.6} \eta^{-0.4}$$

f_R 是根据 Re 决定的，具体如下：当 $Re \geqslant 10000$ 时，$f_R = 1$；当 $2300 < Re < 10000$ 时，$f_w < 1$，可根据 $f_R = -0.0101183(Re_{sup}/1000)^2 + 0.189(Re_{sup}/1000) + 0.106247$ 计算；当 $Re < 2300$ 时，不推荐采用层流模式。

本题中 $Re = wd_i/\upsilon = 3.86568 \times 0.014/(5.55305 \times 10^{-6}) = 9745.9$，且制冷剂 R22 物性参数为：$\rho_R = 21.183\text{kg/m}^3$；$C_R = 715.3135\text{J/kg}$；$\lambda_R = 0.009662\text{W/(m} \cdot \text{K)}$；$\upsilon_R = 5.55305 \times 10^{-6}\text{m}^2/\text{s}$；$\eta = 1.21158 \times 10^{-5}\text{Pa} \cdot \text{s}$。

计算得 $f_R = 0.99476$，$B_R = 21.493$，$\alpha_{R2} = 148.3\text{W/(m}^2 \cdot \text{K)}$。

在此换热区域内，整体换热系数如下：

$$k_{i1} = \frac{1}{\dfrac{1}{\alpha_{R1}} + R_i + R_1 + \left(\sum R_o + \dfrac{1}{\alpha_s}\right)\dfrac{A_i}{A_e}}$$

计算得 $k_{i1} = \dfrac{1}{\dfrac{1}{148.2} + 0 + 2.52 \times 10^{-6} + \left(0.0001 + \dfrac{1}{6650.7}\right)\dfrac{14}{16}} = 143.5\text{W/(m}^2 \cdot \text{K)}$。

需要的换热面积为：

$$A_{i2} = Q_{e2}/(k_{i2} \cdot \Delta t_{m2})$$

计算得 $A_{i1} = 2712/(143.5 \times 8.8109) = 2.1449\text{m}^2$。

总的换热面积为两区域需要的换热面积之和，即：

$$A_i = A_{i1} + A_{i2} = 17.6885 + 2.1449 = 19.8334\text{m}^2$$

共需要换热管总长度为：

$$L_{ov} = A_i/\pi d_i$$

计算得 $L_{ov} = 19.8334/(\pi \times \cdot 0.014) = 451.17\text{m}$。

单根换热管的长度为：

$$L = L_{ov}/n_t$$

计算得 $L = 456.17/146 = 3.09\text{m}$。

折流板距离为：

$$n_b = L/b_s$$

计算得 $n_b = 3.09/0.1715 = 18.01$，取 18。

7. 冷水压力损失

冷水压降计算式如下：

$$\Delta P = \Delta P_1 + \Delta P_2 + \Delta P_3$$

（1）垂直切过换热管的水的压力损失 ΔP_1，根据式（5-170）计算：

$$\Delta P_1 = \xi_1 \cdot \frac{\rho_s \cdot w_s^2}{2} \cdot (0.8 \cdot n_r) \cdot n_b \cdot f_1 \cdot f_2$$

其中，f_1 为在换热管间流动的水的修正系数，取 0.7；f_2 为穿过折流板空隙的水的修正系数，取 0.6；ξ_1 取 0.5446

计算得 $\Delta P_1 = 0.5446 \times \dfrac{999.92 \cdot 0.697406^2}{2} \times (0.8 \cdot 14.3) \times 18 \times 0.7 \times 0.6 = 11453.3\text{Pa}$。

(2) 平行流过换热管穿过折流板的水的压力损失 ΔP_2，根据式（5-171）计算：

$$\Delta P_2 = \xi_2 \cdot \frac{\rho_s \cdot w_1^2}{2} \cdot (n_b - 1)$$

冷水流经管间的面积为 $A_1 = 0.11113 D^2 - 0.079 d_i^2$。

计算得 $A_1 = 0.0099862\text{m}^2$。

冷水流速为：

$$w_1 = \dot{V}_s / A_1$$

计算得 $w_1 = 0.00715657/0.0099862 = 0.71664\text{m/s}$。

ξ_2 取 2.2，计算得：

$$\Delta P_2 = 2.2 \times \frac{999.92 \times 0.71664^2}{2} \times (18-1) = 9603\text{Pa}$$

(3) 蒸发器进出口水的压力损失 ΔP_3 的计算式同（5-172）：

$$\Delta P_3 = \xi_3 \cdot \frac{\rho_s \cdot w_t^2}{2}$$

其中，ξ_3 取 1.5，进口取 0.5，出口取 1.0；进出口的流速在 $1 \sim 2\text{m/s}$ 之间，取平均值 1.5m/s。

计算得 $\Delta P_3 = 1.5 \cdot \dfrac{999.92 \cdot 1.5^2}{2} = 1687\text{Pa}$。

综上，总的冷水压力损失为：

$$\Delta P = \Delta P_1 + \Delta P_2 + \Delta P_3 = 1145.3 + 9603 + 1687 = 2274\text{Pa} = 0.2774\text{bar}$$

5.6.2 满液式蒸发器设计计算

【例 5-6】 现有一台 R134a 冷水机组，蒸发器冷负荷为 250kW，蒸发温度 $t_c = 2℃$，冷水进口温度 $t_{s1} = 12℃$，冷水出口温度 $t_{s2} = 7℃$，试为该机组设计一台满液式蒸发器，确定换热系数、换热面积、换热器尺寸、冷水压降[5]。

【解】

1. 对蒸发器的尺寸进行设计

初选换热器外壳为直径 $D = 300\text{mm}$ 筒体，换热管为低螺纹加肋纯铜管，结构如图 5-60 所示。已知该肋管肋基直径 $d_e = 16.0\text{mm}$，肋顶直径 $d_t = 20.8\text{mm}$，内径 $d_i = 13.3\text{mm}$，管心距 $s = 23.0\text{mm}$。

单位长度肋片侧面圆环面积计算式同式（5-9）：

$$A_{v1} = \pi(d_t^2 - d_h^2) / \left(2 s_f \cos \frac{\alpha}{2}\right)$$

计算得 $A_{v1} = 3.14 \times (0.0208^2 - 0.0165^2)/(2 \times 0.002 \times \cos 17.5°) = 0.131\text{m}^2/\text{m}$。

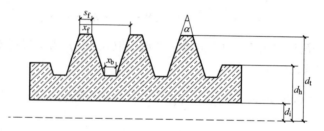

图 5-60　换热管表面结构

单位长度肋顶圆周面积与单位长度肋间基管圆周面积和，计算式同式（5-61）：

$$A_{hl}=\pi(d_t\cdot x_t+d_b\cdot x_b)/s_f$$

其中，$x_t=s_f-x_b-2\cdot h_f\cdot\tan(\alpha/2)$。

其中，肋基高度 h_f 的计算式同式（5-62）：

$$h_f=(d_t-d_b)/2$$

计算得 $h_f=(20.8-16.5)/2=2.15\text{mm}$，$x_t=2-0.6-2\times2\times15\times\tan17.5°=0.044\text{mm}$，$A_{hl}=0.0169\text{m}^2/\text{m}$。

进而可得单位长度肋管外表面积为：

$$A_{el}=A_{vl}+A_{hl}=0.131+0.0169=0.1479\text{m}^2/\text{m}$$

肋片当量高度计算式同式（5-12）：

$$h_r=\pi(d_t^2-d_b^2)/(4d_t)$$

代入数值计算可得

$$h_r=3.14\times(0.0208^2-0.0165^2)/(4\times0.0208)=0.006053\text{m}$$

单位长度肋管内表面积为：

$$A_{il}=\pi\cdot d_i=3.14\times0.0133=0.0418\text{m}^2/\text{m}$$

因此，该肋管的肋化系数 β，即外表面积与内表面积比值为：

$$\beta=A_e/A_i=A_{el}/A_{il}=0.1479/0.0418=3.513$$

2. 换热管数目

换热管数目根据式（5-166）计算：

$$n_t=0.75\cdot[(D/s)^2-1]+1$$

计算得 $n_t=173.9$。在本设计中，冷凝管数目最多为 173 根，根据多次迭代验算，与冷水流程相结合，假设换热管根数 $n_t=144$，进行计算。

在满液式蒸发器中，壳体上半部分不设换热管。

3. 冷水侧热力计算

（1）冷水平均温度

冷水对数平均温差为：

$$\Delta t_m=\frac{t_{s1}-t_{s2}}{\ln\dfrac{t_{s1}-t_e}{t_{s2}-t_e}}$$

计算得 $\Delta t_m=7.2135℃$。

冷水平均温度为 $t_{sm}=t_e+\Delta t_m=2+7.2135=9.2135℃$，在此温度下，冷水的物性参数为 $\rho=$

999.925kg/m³；$C_p=4192.3$J/(kg·K)；$\lambda=0.578693$W/(m·K)；$\nu_s=1.3341\times10^{-6}$m²/s。

（2）冷水流量

冷水的质量流量见式（5-4）：

$$\dot{m}_s=\frac{Q_s}{c_s(t_{s1}-t_{s2})}$$

计算得$\dot{m}_s=\frac{250}{4.192\times(12-7)}=11.927$kg/s。

冷水的体积流量计算见式（5-54）：

$$\dot{V}_s=\dot{m}_s/\rho_s$$

计算得$\dot{V}_s=11.927/999.925=0.01193$m³/s。

单流程下冷水流通面积为：

$$A_s=\pi\cdot n_r\cdot d_i^2/(4\cdot n_p)$$

设冷水的流程为$n_p=3$，计算得，$A_s=\pi\cdot144\cdot0.133^2/(4\cdot3)=0.0066686$m²。

（3）冷水流速

管内冷水的流速计算见式（5-54）：

$$w_s=\frac{V_s}{A_s}$$

计算得$w=0.01193/0.00666861=1.789$m/s。

（4）冷水侧换热系数

冷水侧换热系数见下式：

$$\alpha_w=f_w\cdot B_s\frac{w_s^{0.8}}{d_i^{0.2}}$$

其中，B_s仅由水的物性参数决定。

$$B_s=0.023\cdot\rho^{0.8}c^{0.4}\lambda^{0.6}\eta^{-0.4}$$

f_w是根据Re确定的，当$Re\geq10000$时，$f_w=1$；当$2300<Re<10000$时，$f_w<1$，可根据$f_w=-0.0101183(Re/1000)^2+0.189778(Re/1000)+0.106247$计算；当$Re<2300$时，不推荐采用层流模式。

水的平均温度为$t_{wm}=9.2135℃$，在此温度下，水的物性参数为$\rho=999.9$kg/m³；$C_p=4192.3$J/(kg·K)；$\lambda=0.57869$W/(m·K)；$\eta=13.34\times10^{-4}$Pa·s

代入式（5-61）计算得$B_s=1652.3$。

$$Re=w_sd_i/\nu_s=1.789\times0.0133/(1.3341\times10^{-6})=17832$$

因为$Re\geq10000$，所以$f_w=1$。

管内对流传热系数计算式同式（5-59），计算得：

$$\alpha_w=1\times1652.3\times\frac{1.789^{0.8}}{0.0133^{0.2}}=6243\text{W/(m}^2\cdot\text{K)}。$$

4. 制冷剂侧热力计算

制冷剂侧表面传热系数计算模型同式（5-158）：

$$\alpha_R=\alpha_b+f\alpha_t$$

式中 α_b——核沸腾换热系数；

α_t——紊乱对流的换热系数；

f——对流换热系数，有些学者忽略此系数，有些认为可取 $0.5\sim 1$，在本例题中，取 0.3 计算。

（1）紊流流态下表面传热系数 α_t 计算式同式（5-159）：

$$\alpha_t = C_t \cdot q^{0.25}$$

其中，C_t 取决于制冷剂本身物性参数，见式（5-159）：

$$C_t = \left(\frac{g \cdot \beta_v \cdot \rho_l^2 \cdot c_l \cdot \lambda_l^2}{\eta_l} \right)^{0.25}$$

式中　β_v——热膨胀系数；

g——重力加速度；

ρ_l——制冷剂液体密度；

c_l——制冷剂液体比热；

λ_l——制冷剂液体导热系数；

η_l——制冷剂液体动力黏度。

通常，查表得 C_t 值，见表 5-11。

常数 C_t 的制冷剂物性参数表　　　　　　　　　　　　　　　　表 5-11

制冷剂种类	蒸发温度（℃）						
	−40	−30	−20	−10	0	10	20
R134a	—	45.06	46.18	47.18	48.13	49.08	—
R12	41.0	41.7	42.2	42.5	42.7	42.8	42.8
R22	48.6	48.7	49.0	49.3	49.8	50.4	51.2
R502	42.6	43.6	44.5	45.4	46.3	47.1	47.9
R717	107.1	109.5	113.3	115.4	117.8	119.3	121.1

查表得，$C_t = 48.34$。

（2）计算核沸腾换热系数 α_b

核沸腾换热系数与管表面结构相关，下面对光管与低螺纹加肋管进行分析。

若换热管为光管，计算模型同式（5-160）：

$$\alpha_b = C_b \cdot q^{0.75}$$

其中，C_b 取决于制冷剂本身物性参数，计算式同式（5-161）：

$$C_b = C_R \cdot \frac{\lambda_l}{l_o} (1 + 25 \cdot P_e^{0.7}) \cdot \left(\frac{\Delta h_e}{g^2 \cdot T_e \cdot \eta_l \cdot \lambda_l} \right)^{0.375}$$

其中，对氟化制冷剂 $C_R = 3 \times 10^{-4}$；对氨化制冷剂 $C_R = 1.74 \times 10^{-4}$；$P_e$，$T_e$ 为蒸发器内压力（bar）和温度（K）；Δh_e 为每千克制冷剂换热量，J/kg。

l_o 的计算式同式（5-162）：

$$l_o = \sqrt{ \frac{\sigma}{g \cdot (\rho_l - \rho_v)} }$$

通常，C_b 查表可得，参照表 5-12。

常数 C_b 的制冷剂物性参数 表 5-12

制冷剂种类	蒸发温度(℃)						
	−40	−30	−20	−10	0	10	20
R134a	—	1.039	1.207	1.419	1.685	2.021	—
R12	0.92	1.05	1.20	1.37	1.55	1.75	2.05
R22	1.12	1.25	1.45	1.68	1.95	2.32	2.75
R502	1.12	1.27	1.52	1.85	2.25	2.75	3.35

对制冷剂 R717，有：

$$\alpha_b = 2.2 \cdot P_e^{0.21} \cdot q^{0.7}$$

若换热管为低螺纹加肋管，其计算式同式（5-162）：

$$\alpha_b = C_b \cdot \beta \cdot q^{2/3}$$

其中，β 为肋化系数，即换热管外表面与内表面面积比：

$$C_b = \frac{6.3 \times 10^{-4} \cdot \lambda_l}{d_o} \cdot \left(\frac{\Delta h_e \cdot c_l \cdot \rho_v}{g^2 \cdot T_e \cdot \rho_l \cdot \lambda_l^2} \right)^{1/3}$$

通常，C_b 查表可得，参照表 5-13。

常数 C_b 的制冷剂物性参数 表 5-13

制冷剂种类	蒸发温度(℃)						
	−40	−30	−20	−10	0	10	20
R134a	—	1.281	1.493	1.724	1.98	2.263	—
R12	1.02	1.17	1.33	1.51	1.68	1.89	2.31
R22	1.26	1.48	1.72	1.96	2.21	2.49	2.81
R502	1.28	1.32	1.78	2.04	2.31	2.60	2.98

对于本例题，换热管为低螺纹加肋管，换热工质为 R134a，蒸发温度为 2℃，因此，$C_t = 48.34$，$C_b = 2.03564$。代入式（5-157），计算得：

$$\alpha_R = 2.03564 \times 3.513 \cdot q^{2/3} + 0.3 \times 48.34 \cdot q^{0.25}$$
$$\alpha_R = 7.1512 \cdot q^{2/3} + 14.5 \cdot q^{0.25} \tag{5-174}$$

5. 确定总换热系数

假设热通量 $q_e = 4500 \text{W/m}^2$，则由式（5-174）计算可得制冷剂侧换热系数为 $\alpha_R = 2068 \text{W/(m}^2 \cdot \text{K)}$。

铜管壁的导热热阻为：

$$R_1 = (\delta_1/\lambda_1)(d_i/d_m)$$

铜的导热系数为 $370 \text{m}^2 \cdot \text{K/W}$，计算得：

$$R_1 = (\delta_1/\lambda_1) \cdot (d_i/d_m) = (0.001/370) \times (14/15) = 4.054 \times 10^{-6} (\text{m}^2 \cdot \text{K})/\text{W}$$

设冷水侧污垢热阻为 $R_i = 0.00015 \text{m}^2 \cdot \text{K/W}$。

整体传热系数为：

$$k_i = \frac{1}{\frac{1}{\alpha_{R1}} + R_i + R_1 + \left(\sum R_o + \frac{1}{\alpha_s} \right) \frac{A_i}{A_e}}$$

计算得 $k_i = \dfrac{1}{\dfrac{1}{6243} + 0.00015 + 4.054 \times 10^{-6} \times \dfrac{13.3}{14.9} + \left(0 + \dfrac{1}{2068}\right)\dfrac{1}{3.513}} = 2215.1\text{W/m}^2$。

以外表面为计算基准的热通量为：

$$q_e = q_i/\beta = (k_{e1} \cdot \Delta t_{mI})/\beta$$

计算得 $q_e = (2215.1 \times 7.4135)/3.513 = 4548.4\text{W/m}^2$。

这与前面假设的热通量 4500W/m^2，相差超过 1%，因此，需要重新假设一个热通量 $q_e = 4560\text{W/m}^2$，根据式（5-174）计算得，$\alpha_R = 2085.7\text{W/(m}^2 \cdot \text{K)}$，此时有

$$k_i = \dfrac{1}{\dfrac{1}{6243} + 0.00015 + 4.054 \times 10^{-6} \times \dfrac{13.3}{14.9} + \left(0 + \dfrac{1}{2085.7}\right)\dfrac{1}{3.513}} = 2220.8\text{W/m}^2$$

计算得 $q_e = (2220.8 \times 7.2135)/3.513 = 4560\text{W/m}^2$，满足假设条件。

6. 确定实际换热面积

$$A_e = Q_e/q_e$$

计算得：$A_e = 250000/4560 = 54.8246\text{m}^2$。

换热管内表面换热面积为：

$$A_i = A_e/\beta$$

计算得：$A_i = 54.8246/3.513 = 15.61\text{m}^2$。

换热管总长度计算同式（5-166）：

$$L_{ov} = A_i/\pi d_i$$

计算得：$L_{ov} = 15.61/(\pi \cdot 0.0133) = 373.694\text{m}$。

每一段换热管的长度为：

$$L = L_{ov}/n_t$$

计算得：$L = 373.694/144 = 2.595\text{m}$。

7. 冷水压力损失

冷水压力计算见式（5-167）：

$$\Delta P = \left(\xi \frac{L}{d} + \xi_{in} + 1 + \frac{\xi_{in} + 1}{n_p}\right) \cdot n_p \cdot \frac{\rho \cdot w^2}{2}$$

其中，ξ 是沿程阻力损失的修正系数，$\xi = 0.3164/Re^{0.25}$。

计算得：$\xi = 0.3164/17832^{0.25} = 0.02738$。$\xi_{in}$ 是进口的局部损失，取 $\xi_{in} \approx 0.5$，则有：

$$\Delta P = \left(\xi \frac{L}{d} + 1.5 + \frac{1.5}{n_p}\right) \cdot n_p \cdot \frac{\rho \cdot w^2}{2}$$

计算得：$\Delta P = \left(0.02738 \dfrac{2.595}{0.0133} + \dfrac{1.5}{4} + 1.5\right) \times 3 \times \dfrac{999.9 \times 1.789^2}{2} = 35244\text{Pa} = 0.35244\text{bar}$。

5.6.3　冷却空气蒸发器设计计算

【例 5-7】　冷负荷 $Q_e = 5.5\text{kW}$，空气进口温度 $t_{a1} = 2\text{℃}$，空气出口温度 $t_{a2} = -1.6\text{℃}$，蒸发温度 $t_e = -10\text{℃}$，冷凝温度 $t_c = 42\text{℃}$，制冷剂：R22，设计一台空冷式蒸发器[5]。

【解】

1. 设计参数

蒸发器采用铜管串铝翅片结构（见图 5-61），空气在该蒸发器中的变化见图 5-62。其

中换热管外径 $d_e=12$mm，内径 $d_i=10$mm（管壁厚 1mm），换热管垂直间距 $s_1=32$mm，换热管水平间距 $s_2=28$mm，换热管叉排排列；铝肋片间距 $s_f=4.2$mm，肋片厚度 $f_t=0.2$mm；冷凝器排数 $i_r=4$，每排换热管的数量 $i_t=14$，冷凝器流程数 $i_{in}=7$。

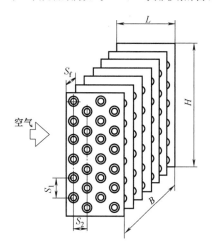

图 5-61　空气冷却式蒸发器

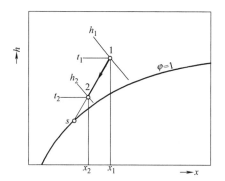

图 5-62　空气冷却蒸发器中空气的变化
（h—焓值，x—含湿量）

计算单位长度翅片管所需的表面积。单位管长翅片间基管外表面积见式（5-78）：

$$A_{mt}=\pi \cdot d_e(1-f_t/s_f)$$

计算得：$A_{mt}=3.1416 \times 0.012 \times (1-0.2/4.2)=0.035904$m²/m。

单位管长翅片表面积计算同式（5-79）：

$$A_f=2 \cdot (s_1 \cdot s_2-\pi \cdot d_e^2/4)/s_f$$

计算得：$A_f=2 \times (0.032 \times 0.028-3.1416 \times 0.012^2/4)/0.0042=0.37281067$m²/m。

单位管长总外表面积计算同式（5-80）：

$$A_{el}=A_{mt}+A_f$$

计算得：$A_{el}=0.035904+0.37281067=0.4087147$m²/m。

单根换热管氟侧换热面积计算同式（5-81）

$$A_{i1}=\pi d_i$$

计算得 $A_{i1}=3.1416 \times 0.010=0.031416$m²/m。

换热管肋化系数计算同式（5-82）：

$$\beta=A_{el}/A_{i1}$$

计算得 $\beta=0.4087147/0.031416=13.01$。

冷凝器高度计算同式（5-83）：

$$H=i_t \cdot s_1$$

计算得 $H=14 \times 0.032=0.448$m。

肋片宽度计算同式（5-84）：

$$L=i_r \cdot s_2$$

计算得 $L=4.0 \times 0.028=0.112$m。

2. 对数平均温差

对数平均温差表达式如下：

$$\Delta t_m = \frac{t_{a1} - t_{a2}}{\ln \dfrac{t_{a1} - t_e}{t_{a2} - t_e}}$$

计算得 $\Delta t_m = \dfrac{2 - (-1.6)}{\ln \dfrac{2 - (-10)}{-1.6 - (-10)}} = 10.0932℃$。

空气温度为 $t_{am} = t_e + \Delta t_m$，计算得 $t_{am} = -10 + 10.0932 = 0.09232℃$。根据该温度查得干空气物性参数为：$\rho_a = 1.2922\text{kg/m}^3$，$c_a = 1005\text{J/(kg·K)}$，$\lambda_a = 0.024406\text{W/(m·K)}$，$\nu_a = 1.329 \times 10^{-5}\text{m}^2/\text{s}$。

在计算空气侧传热时，必须考虑空气的湿度。例如，在热平衡中，需要知道空气的焓值。进口空气温度是 2.0℃。如果进口空气的相对湿度是 88%（$\varphi_1 = 0.88$），并且大气压为 1bar，可以进一步求出焓值和湿度比：$h_1 = 11.722\text{kJ/kg}$，$x_1 = 3.878\text{g/kg}$。

空气比容计算式如下：

$$v_1 = \frac{R \cdot T_1}{p_{amb}}(1 + 1.6078 \cdot x_1)$$

计算得 $v_1 = \dfrac{287 \times (2 + 273.15)}{1 \times 10^5} \times (1 + 1.6078 \times 0.003878) = 0.7946\text{m}^3/\text{kg}$。

出口空气的焓值未知。它取决于外部表面温度，也就是饱和空气的温度。

3. 制冷剂侧的传热系数

制冷剂的质量流量：

$$\dot{m}_R = Q_e / (h_e'' - h_c')$$

其中，h_c' 和 h_e'' 是制冷剂进出蒸发器时的焓值。

计算得 $\dot{m}_R = 5.5/(700.42 - 551.98) = 0.03705\text{kg/s}$。

制冷剂在换热管内流动的速度（$G = w \cdot \rho$）为：

$$G = \dot{m}_R / (i_{in} \cdot \pi \cdot d_i^2 / 4)$$

计算得 $G = 0.03705/(7 \times 3.1416 \times 0.01^2/4) = 67.3906\text{kg/(m}^2 \cdot \text{s})$。

制冷剂侧的传热系数（泡核沸腾管）估算的方程见式（5-151）：

$$\alpha_R = C \frac{G^{0.1} \cdot q_i^{0.7}}{d_i^{0.5}}$$

式中，$C = 0.17$，来自表 5-14。

方程的系数 C　　　　　　　　　　　　　　　　　　　表 5-14

制冷剂种类	蒸发温度（℃）			
	−20	−10	0	10
R134a	0.1473	0.15515	0.1633	0.1720
R404a	0.164	0.174	0.185	0.197
R407C	0.1644	0.1741	0.1848	0.1967
R410A	0.1944	0.2061	0.2200	0.2370

制冷剂种类	蒸发温度(℃)			
	−20	−10	0	10
R12	0.136	0.142	0.148	0.154
R22	0.162	0.170	0.178	0.187
R502	0.151	0.159	0.167	0.177

注：

$$C=\frac{2.059 \cdot \lambda_l^{0.6} \cdot (\Delta h \cdot \rho_v)^{0.133}}{g^{0.2} \cdot T_e^{0.4} \cdot \tau^{0.3} \cdot f^{0.266} \cdot d_0^{0.399} \cdot \rho_l^{0.233}} \left[\frac{W^{0.3} \cdot m^{0.1} \cdot s^{0.1}}{kg^{0.1}K}\right]$$

式中　C——制冷剂的热物理性质；

　　　λ_l——导热系数；

　　　ρ_v——密度；

　　　Δh——进出口焓差；

　　　g——重力加速度（9.81m/s²）；

　　　T_e——蒸发温度，K；

　　　τ——表面张力；

　　　f——形成气泡的频率；

　　　d_0——气泡直径；

　　下标 l——液体；

　　下标 v——蒸汽。

应该假设总的传热系数，或者特定的热流密度。在本例中，假设与管内传热面积有关的热流密度 $q_i=3500\mathrm{W/m^2}$。

$$\alpha_R = 0.17 \times \frac{67.39^{0.1} \times 3500^{0.7}}{0.010^{0.5}} = 783.7\mathrm{W/(m^2 \cdot K)}$$

空气中的污垢系数 $R_0=0.0005(\mathrm{m^2 \cdot K})/\mathrm{W}$；制冷剂侧的污垢系数 $R_i=0.0(\mathrm{m^2 \cdot K})/\mathrm{W}$；换热管材料的耐热性：$R_t=\delta_t/\lambda_t=0.001/370=2.703\times10^{-6}(\mathrm{m^2 \cdot K})/\mathrm{W}$。

与管内传热面积有关的热流密度为：

$$q_i = \alpha_R(t_{si} - t_e)$$

式中　t_{si}——管壁内部温度。

此时，需要求出外表面的平均温度。因此，热流密度表示为折叠式：

$$q_i = \frac{t_s - t_e}{\dfrac{1}{\alpha_R} + R_i + R_t\dfrac{d_i}{d_m} + R_o\dfrac{1}{\beta}}$$

根据上式得：

$$t_s = t_e + \left(\frac{1}{\alpha_R} + R_i + R_t\frac{d_i}{d_m} + R_o\frac{1}{\beta}\right) \cdot q_i \tag{5-175}$$

$t_s = -10 + \left(\dfrac{1}{783.7} + 0 + 2.703\times10^{-6}\times\dfrac{10}{11} + 0.0005\times\dfrac{1}{13.01}\right) \times 3500 = -5.39℃。$

事实上，t_s 是一个饱和空气的温度，这意味着相对湿度 $\varphi_s=1$。

从 Molier 图或表格，读出饱和空气的其他参数：$h_s=0.621\mathrm{kJ/kg}$，$x_s=2.424\mathrm{g/kg}$。由于 $x_s < x_1$，空气向外部传质。

出风口各种参数计算方法如下：

$$x_2 = x_1 - (x_1 - x_s) \cdot (t_1 - t_2)/(t_1 - t_s) \tag{5-176}$$

计算得 $x_2 = 3.878 - (3.878 - 2.424) \times (2 - (-1.6))/(2 - (-5.39)) = 3.170\text{g/kg}$。

$$h_2 = 1.005 \cdot t_2 + x_2 \cdot (2501 + 1.863t_2) \tag{5-177}$$

计算得 $h_2 = 1.005 \times (-1.6) + 0.00317 \times (2501 + 1.863 \times (-1.6)) = 6.311\text{kJ/kg}$。

传热面积：$A_i = Q_e/q_i = 5.5 \times 10^3/3500 = 1.57143\text{m}^2$。

换热管总长度：$L_{ov} = A_i/A_{i1} = 1.57143/0.031416 = 50.02\text{m}$。

每排换热管长度：$L_1 = L_{ov}/i_r = 50.02/4 = 12.505\text{m}$。

换热器宽度：$B = L_1/i_t = 12.505/14 = 0.8932\text{m}$。

4. 空气侧的传热系数

计算方程和程序与空冷冷凝器相似，（干燥）空气的质量流量计算式如下所示：

$$\dot{m}_a = Q_e/(h_1 - h_2)$$

代入各自变量参数计算得：$m_a = 5.5/(11.722 - 6.311) = 1.0164\text{kg/s}$。

进而可得空气的体积流量为：$\dot{V}_a = \dot{m}_a \cdot v_1 = 1.0164 \times 0.7946 = 0.8076\text{m}^3/\text{s}$。

在空气流动的横截面（换热管和翅片之间）中最小的截面积计算同式（5-85）

$$A_z = L_1 \cdot (s_1 - d_e)(1 - f_t/s_f) \tag{5-178}$$

计算得 $A_z = 12.505 \times (0.032 - 0.012) \times (1 - 0.0002/0.0042) = 0.23819\text{m}^2$。

空气流经最小截面的速度 $w = \dot{V}_a/A_z = 0.8076/0.23819 = 3.3905\text{m/s}$。

对流换热准则 Nu 的计算同式（5-86）：

$$Nu = C_1 \cdot Re^n \cdot (L/d_{eqv})^m$$

上式使用范围：顺排，$Re = 500 \sim 1000$，$d_e = (9 \sim 16)\text{mm}$，$s_f/d_e = 0.18 \sim 0.35$，$s_1/d_e = 2 \sim 5$，$L/d_{eqv} = 4 \sim 50$，$t = -40 \sim 40℃$。对于叉排情况，传热系数在顺排基础上增加 10%。

Nu 和 Re 对应特征尺寸计算方法同式（5-87）：

$$d_{eqv} = 2(s_1 - d_e)(s_f - f_t)/(s_1 - d_e + s_f - f_t)$$

计算得：$d_{eqv} = 2 \times (0.032 - 0.012) \times (0.0042 - 0.0002)/(0.032 - 0.012 + 0.0042 - 0.0002) = 0.006667\text{m}$；$Re = w \cdot d_{eqv}/v_a = 3.3905 \times 0.006667/(1.329 \times 10^{-5}) = 1700.8$。

求指数 "n"：$n = 0.45 + 0.0066 \cdot (L/d_{eqv}) = 0.45 + 0.0066 \times (0.112/0.006667) = 0.561$。

求指数 "m"：$m = -0.28 + 0.08 \cdot (Re/1000) = -0.28 + 0.08 \times (1700.8/1000) = -0.144$。

C_1 计算同式（5-91）：

$$C_1 = C_{1A} \cdot C_{1B}$$

式中，系数 C_{1A} 根据 L/d_{eqv} 数值查表 5-15 确定。

系数 C_{1A} 取值　　　　　　　　　　　　　　　　　　　表 5-15

L/d_{eqv}	5	10	20	30	40	50
C_{1A}	0.412	0.326	0.201	0.125	0.080	0.0475

由 $L/d_{eqv} = 0.112/0.006667 = 16.8$，查表 5-15 插值计算得：$C_{1A} = 0.23477$；

$C_{1B} = 1.36 - 0.24(Re/1000) = 1.36 - 0.24 \times (1700.8/1000) = 0.9518$。

进而可得：

$C_1 = 0.23477 \times 0.9518 = 0.22345$；

$Nu = 0.22345 \times 1700.8^{0.561} \times 16.8^{-0.144} = 9.663$。

空气侧的对流传热系数计算式同式（5-93）：

$$\alpha_a = Nu \cdot \lambda_a / d_{eqv}$$

计算得顺排下的结果为：$\alpha_a = 9.663 \times 0.024406/0.006667 = 35.3735 W/(m^2 \cdot K)$。

又排情况下，空气侧传热系数需增加 10%，相应得 $\alpha_a = 35.3735 \times 1.1 = 38.91 W/(m^2 \cdot K)$。

因为 $x_2 < x_1$，所以蒸发器表面是湿的。在本例中，由系数 ζ_w 组成的传热强度更大。

$$\xi_w = 1 + 2500 \cdot (x_1 - x_s)/(t_1 - t_s) \tag{5-179}$$

计算得 $\zeta_w = 1 + 2500 \times (0.003878 - 0.002424)/[2 - (-5.39)] = 1.4918$，于是有：

$$\alpha_{aw} = \zeta_w \cdot \alpha_a = 1.4918 \times 38.91 = 58.046 W/(m^2 \cdot K)$$

管内对流传热系数见式（5-94）：

$$\alpha_{ai} = \alpha_{aw} \cdot (A_f \cdot E \cdot C_k + A_{mt})/A_{i1}$$

系数 C_k 包括换热管与翅片的接触阻力。理想情况下 $C_k = 1$。在本例中，取 $C_k = 1.0$。

翅片效率计算见式（5-96）：

$$E = th(m_f \cdot h_f)/(m_f \cdot h_f)$$

$$m_f = \sqrt{\frac{2\alpha_{aw}}{f_t \cdot \lambda_f}}$$

式中，$\lambda_f = 209 W/(m^2 \cdot K)$。

$$m_f = \sqrt{\frac{2 \times 58.046}{0.0002 \times 209}} = 52.701/m$$

h_f 是翅片派生的高度，其计算见式（5-97）：

$$h_f = 0.5 d_e(\rho_e - 1)(1 + 0.35 \cdot \ln\rho_f)$$

又排，$s_1/2 < s_2$，见式（5-100）：

$$\rho_f = 1.27(B_f/d_e) \cdot \sqrt{A_f/B_f - 0.3}$$

$$A_f = s_1 = 0.032 m$$

$$B_f = \sqrt{(s_1/2)^2 + s_2^2} = \sqrt{(0.032/2)^2 + 0.028^2} = 0.03225 m$$

$$\rho_f = 1.27 \times (0.03225/0.012) \times \sqrt{0.032/0.03225 - 0.3} = 2.84$$

$$h_f = 0.5 \times 0.012 \times (2.84 - 1) \times (1 + 0.35 \times \ln2.84) = 0.01507326$$

$$E = th(52.7 \times 0.01507326)/(52.7 \times 0.01507326) = 0.832$$

代入以上所有参数，得到：

$\alpha_{ai} = 58.046 \times (0.37281067 \times 0.832 \times 1.0 + 0.035904)/0.031416 = 639.44 W/(m^2 \cdot K)$

总的传热系数与内部传热面积有关，见下式

$$k_i = \cfrac{1}{\cfrac{1}{\alpha_{ai}} + R_o \cfrac{1}{\beta} + R_t \cfrac{d_i}{d_m} + R_i + \cfrac{1}{\alpha_R}}$$

计算得：

$$k_i = \cfrac{1}{\cfrac{1}{639.44} + 0.0005 \times \cfrac{1}{13.01} + 0.0000027 \times \cfrac{10}{11} + 0.0 + \cfrac{1}{783.7}} = 347.1 W/(m^2 \cdot K)$$

以管内传热面积为计算基准的热流密度为：

$$q_i = k_i \cdot \Delta t_m = 347.1 \times 10.0932 = 3503 \text{W/m}^2$$

这与设定值近似相等。

进而可得管内传热面积的最终值为：

$$A_i = Q_e / q_i = 5.5 \times 10^3 / 3503 = 1.5701 \text{m}^2$$

总的传热系数为：

$$k_e = k_i / \beta = 347.1 / 13.01 = 26.68 \text{W/(m}^2 \cdot \text{K)}$$

外部换热面积为：

$$A_e = A_i \cdot \beta = 1.5701 \times 13.01 = 20.43 \text{m}^2$$

蒸发器的宽度为：

$$B = 0.8932 \times 3500 / 3503 = 0.8925 \text{m}$$

空气流动速度为：

$$w_f = \dot{V}_a / (B \cdot H)$$

计算得 $w_f = 0.8076 / (0.8925 \times 0.448) = 2.02 \text{m/s}$。

对于叉排情况，空气侧的压降计算见式（5-110）：

$$\Delta p = 0.233 i_r [s_2 / (s_f - f_t)]^{0.42} \cdot (w \cdot \rho_a)^{1.8}$$

计算得 $\Delta p = 0.233 \times 4 \times [0.028 / (0.0042 - 0.0002)]^{0.42} \times (3.3905 \times 1.293)^{1.8} = 30.18 \text{Pa}$。

5.6.4　板式蒸发器设计计算

【例 5-8】　现有一台 R134a 水机组，蒸发器冷负荷为 150kW，蒸发温度 $t_e = 1℃$，冷凝温度 $t_c = 40℃$，冷水进口温度 $t_{s1} = 12℃$，冷水出口温度 $t_{s2} = 7℃$，制冷剂过热温度 $t_{sup} = 4℃$，试为该机组设计一台干式蒸发器，确定换热系数、换热面积、换热器尺寸、冷水压降、制冷剂压降。

【解】　该例题要求既要考虑蒸发器中制冷剂在过热区的换热系数，又要考虑制冷剂在两相区的换热系数，换热面积也需要分别计算。为此，把冷凝器分成两相区（I 区）和过热区（II 区）来计算，如图 5-63 所示。

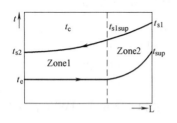

图 5-63　含有过热区的板式蒸发器分区图（图中 L 为板片高度 H）

1. 计算设计热负荷 Q'

制冷剂总换热量为两个区域换热量的和，根据式（5-48）有：

$$q_e = q_I + q_{II}$$

（1）Zone1 区换热量，根据下式：

$$q_I = h_e - h_c$$

查制冷剂 R134a 的蒸发温度和冷凝温度对应下的焓值，代入计算得：

$$q_I = 399.19 - 256.41 = 142.78 \text{kJ/kg}$$

（2）Zone2 区换热量

过热区的平均温度为：

$$t_{supm} = t_e + \Delta t_{sup} / 2 = 1 + 4/2 = 3℃$$

在此温度下，制冷剂 R134a 物性参数为 $\rho_R = 16.01\text{kg/m}^3$，$\upsilon_R = 6.771 \times 10^{-7}\text{m}^2/\text{s}$，$c_{pR} = 911.1\text{J/(kg} \cdot \text{K)}$，$\lambda_R = 0.0117\text{W/(m} \cdot \text{K)}$。

根据

$$q_{\text{II}} = c_{pR}(t_{\text{sup}} - t_e)$$

代入数值，计算得：

$$q_{\text{II}} = 911.1 \times (4-1) = 2733.3\text{J/kg}$$

（3）总换热量

$$q_e = q_{\text{I}} + q_{\text{II}} = 142.78 + 2.733 = 145.51\text{kJ/kg}$$

制冷剂流量，根据式（5-51）得：

$$\dot{m}_R = Q_e / q_e$$

代入数值得，$m_R = = Q_c / q_c = 150/145.51 = 1.03\text{kg/s}$。

制冷剂在两相区 1 释放的热量，根据式（5-52）得：

$$Q_{e1} = \dot{m}_R \cdot q_{\text{I}}$$

代入数值得：$Q_{e1} = 1.03 \times 142.78 = 147.19\text{kW}$

制冷剂在过冷区 2 释放的潜热量，根据式（5-53）得：

$$Q_{e2} = \dot{m}_R \cdot q_2$$

计算得，$Q_{e2} = 1.03 \times 2.733 = 2.8176\text{kW}$

2. 确定板式换热器的版型与截面结构

本设计中蒸发器的尺寸参数确定方式为：一种方法是在假设各个并联流道换热工况完全一致的情况下，先设计出多个并联通道中的一个通道，给出制冷剂与水侧流道的几何尺寸（长×宽×高），后续计算中根据所需的总换热面积与单片的换热面积之比即为总的并联通道数；另一种方法是先不给出高度，而给出总的通道数，结合设计计算通过迭代计算给出合适的高度。其中单个流道换热面积等参数的计算，以人字形板片为例，给出详细的设计计算过程如下。

板式换热器选取人字形板片（结构见图 5-64），宽 $W = 200\text{mm}$，板片间距离或称本片周波长度为 $2A = 4\text{mm}$，波长 $\lambda = 10\text{mm}$，波纹角（周波定点连线与水平方向的夹角）为 $\beta = 60°$。换热器冷凝侧与水侧均为单流程，流程数 $N_w = N_R = 45$（初步）。

结合几何关系可得面积拓展系数 Φ，根据式（5-111）、式（5-112）得：

$$\Phi = \frac{1}{6}(1 + \sqrt{1+A^2} + 4\sqrt{1+A^2/2})$$

$$A = \frac{2\pi a}{\lambda}$$

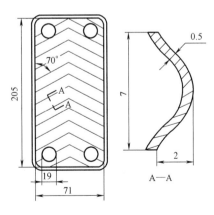

图 5-64　板式蒸发器结构

计算得：$\Phi = 1.3$。

制冷剂与水侧通道截面积 S 为：

$$S = W(2a-t)$$

式中　t——板厚，mm。

计算得：$S=200\times(4-0.5)=700\text{mm}^2=7\times10^{-4}\text{m}^2$

流道当量直径为：$d_e=4S/P=4S/[2((2a-t)+\Phi W)]=2(2a-t)/(\Phi+(2a-t)/\Phi)$，由于（$2a-t$）远远小于 W。近似得 $d_e=2(2a-t)/\Phi=2\times(4-0.5)/1.3=5.38\text{mm}$。

3. 冷水侧换热系数

冷水的质量流量，根据式（5-54）得：

$$\dot{m}_w=\frac{Q_c}{c_w(t_{w2}-t_{w1})}$$

冷水的定压比热取 4.191kJ/(kg·K)，计算得：

$$\dot{m}_w=\frac{150}{4.191\times(12-7)}=7.158\text{kg/s}$$

本设计中板式蒸发器的冷却水流程取 $n_p=1$，水通道数 $N_w=45$，可得水侧流速为：

$$w=\frac{\dot{m}_w}{\rho_w N_w S}$$

计算得冷水流速为 $w=0.3\text{m/s}$；由于凝结换热系数一般小于水侧换热系数，为使两者尽量接近，其水流速 w 应比水—水换热器小，一般初选在 $0.3\sim0.6\text{m/s}$，本设计中计算流速落在该区间。

计算对数平均温差：

$$\Delta t_m=\frac{(t_{s1}-t_e)-(t_{s2}-t_e)}{\ln\dfrac{t_e-t_{s1}}{t_e-t_{s2}}}$$

可简化采取本公式计算：

$$\Delta t_m=\frac{t_{s2}-t_{s1}}{\ln\dfrac{t_e-t_{s1}}{t_e-t_{s2}}}$$

代入数值计算得 $\Delta t_m=8.25℃$。

根据式（5-114）得：

$$Nu_f=(0.2668-0.006967\beta+7.244\times10^{-5}\beta^2)\times(20.78-50.94\Phi+41.16\Phi^2-10.51\Phi^3)$$
$$\times Re_f^{0.728+0.0543\sin[(\pi\beta/45)+3.7]}Pr_f^{1/3}(\mu_f/\mu_w)^{0.14}$$

式中，$Nu_f=\alpha_w d_e/\lambda$，$Re_f=wd_e/\nu$，$Pr_f=\mu c/\lambda$。

冷水的平均温度为：

$$t_{wm}=t_e+\Delta t_m=1+8.25=9.25℃$$

在此温度下，冷水的物性参数为 $\rho=999.7\text{kg/m}^3$，$c_p=4193\text{J/(kg·K)}$，$\lambda=0.572\text{W/(m·K)}$，$\eta=1.35\times10^{-3}\text{Pa·s}$，$\nu=\eta/\rho=1.354\times10^{-6}\text{m}^2/\text{s}$。

代入各准则方程可得：

$$Re=wd_e/\nu=0.3\times0.00538/(1.354\times10^{-6})=1192$$
$$Pr=\eta_c/\lambda=0.00135\times4193/0.572=9.9$$

代入式（5-114），得 $Nu=61.65$，进而可得水侧对流传热系数为：

$$\alpha_w=Nu\cdot\lambda/d_e=61.65\times0.572/(5.38\times10^{-3})=6555\text{W/(m}^2\text{·K)}。$$

管壁的导热热阻，根据式（5-115）得：

$$R_1=(\delta_1/\lambda_1)$$

板式换热器板片（不锈钢 304）的导热系数为 $16W/(m \cdot K)$，计算得：
$$R_1 = (\delta_1/\lambda_1) = (0.0004/16) = 0.000025m^2 \cdot K/W$$
冷水侧污垢热阻如下计算（假设污垢厚度 0.2mm）：
$$R_2 = \delta_2/\lambda_2$$
取冷水污垢导热系数为 $2W/(m \cdot K)$，$R_2 = \delta_2/\lambda_2 = 0.0002/2.0 = 0.0001m^2 \cdot K/W$，因此，冷水侧的总热阻为 $\sum R = R_1 + R_2 = 0.000025 + 0.0001 = 0.000125m^2/(W \cdot K)$。

4. 制冷剂侧换热系数

板式蒸发器的设计计算中，公式中的某些常数必须通过实验求解，因此在设计中对于未知的板型，只能先通过实验求解，然后再进行板型设计计算，这要在例题中予以说明。

对于气液两相区的流动沸腾传热系数计算，需要根据邦德数（Bd）的范围，确定板式蒸发器中发生的流动沸腾换热属于微尺度还是宏观尺度，然后选取文献［10-11］中对应的半经验模型来计算两相区的流动沸腾换热系数。

当 $Bd < 4$ 时
$$Nu_{tp} = 982 \cdot \beta*^{1.101} \cdot We^{0.315} \cdot Bo^{0.320} \cdot \rho*^{-0.224} \tag{5-180}$$
当 $Bd > 4$ 时
$$Nu_{tp} = 18.495 \cdot \beta*^{0.248} \cdot Re_v^{0.135} \cdot Re_{lo}^{0.351} \cdot Bd^{0.235} \cdot Bo^{0.198} \cdot \rho*^{-0.223} \tag{5-181}$$
式中，各未知量的计算式为：
$$Bd = \frac{(\rho_L - \rho_g)gd_e^2}{\sigma} \tag{5-182}$$

$$Bo = \frac{q}{Gi_{iv}} \tag{5-183}$$

$$We_m = \frac{\rho_m u_m^2 d_e}{\sigma} = \frac{G^2 d_e}{\rho_m \sigma} \tag{5-184}$$

$$Re_v = \frac{Gxd_e}{\mu_g} \tag{5-185}$$

$$Re_{lo} = \frac{Gd_e}{\mu_L} \tag{5-186}$$

$$\beta^* = \frac{\beta}{\beta_{max}} \tag{5-187}$$

$$\rho^* = \frac{\rho_L}{\rho_g} \tag{5-188}$$

根据 $t_e = 1℃$ 查 R134a 的物性参数表可得制冷剂物性参数如下：$\rho_L = 1291.5kg/m^3$，$\rho_g = 15.74kg/m^3$，$\sigma = 1.129 \times 10^{-2}N/m^2$，$\mu_g = 1.082 \times 10^{-5}Pa \cdot s$，$\mu_L = 2.531 \times 10^{-4}Pa \cdot s$，$\upsilon_L = 2.04 \times 10^{-7}m^2/s$，$\upsilon_g = 6.878 \times 10^{-7}m^2/s$，$h_{iv} = 399.19kJ/kg$；根据文献［10-11］，$\beta_{max}$ 取 70°，其中，q 两相区单位面积换热量，$q = 4703.17kW/m^2$。

G 为单位换热面积上的气液两相流工质的质量流率，计算式如下：
$$G = \frac{\dot{m}_R}{N \cdot S}$$
代入数值，计算得 $G = 227.238kg/(m^2 \cdot s)$。

ρ_m 为平均密度，计算式如式（5-75）：

$$\rho_{\mathrm{m}}=\frac{1}{x_{\mathrm{m}}(1/\rho_{\mathrm{g}})-(1-x_{\mathrm{m}})(1/\rho_{\mathrm{L}})}$$

计算得 $\rho_{\mathrm{m}}=24.80\mathrm{kg/m^3}$。

x_{m} 的计算需结合压焓图（见图 5-65），可知点 4 的干度 x_4 计算式为，$x_4=(h_4-h_{4'})/(h_1-h_{4'})$，代入各点焓值计算可得：$x_4=0.2783$，$x_{\mathrm{m}}=(1+x_4)/2$，进而可得：$x_{\mathrm{m}}=0.6392$。

将前述各项参数代入式（5-182）~式（5-188）计算得：$Bd=32.05$，$Bo=0.358$，$We_{\mathrm{m}}=20.58$，$Re_{\mathrm{v}}=444.46$，$Re_{\mathrm{lo}}=16271.7$，$\beta^*=0.86$，$\rho^*=82.05$。

若需要考虑蒸气过热，如本题目，过热区蒸气的对流换热系数可根据式（5-118）计算：

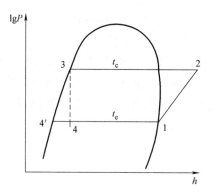

图 5-65　干度计算压焓图

$$h_1=0.2267\left(\frac{k_{\mathrm{g}}}{d_{\mathrm{e}}}\right)Re_{\mathrm{g}}^{0.631}Pr_{\mathrm{g}}^{1/3}$$

式中，各未知量的计算式为：

$$Re_{\mathrm{g}}=Gd_{\mathrm{e}}/\mu_{\mathrm{g}}$$

$$Pr_{\mathrm{g}}=\mu_{\mathrm{g}}C_{\mathrm{pg}}/\lambda_{\mathrm{g}}$$

其中，物性参数以过热气体的平均温度作为定性温度确定，即取 $t_{\mathrm{dG}}=(t_{\mathrm{sup}}+t_{\mathrm{e}})/2=2.5℃$ 下的物性参数如下：$\mu_{\mathrm{g}}=1.084\times10^{-5}\,\mathrm{Pa\cdot s}$，$c_{\mathrm{pg}}=0.9018\mathrm{kJ/(kg\cdot K)}$，$k_{\mathrm{g}}=11.601\mathrm{mW/(m\cdot K)}$。代入数值计算得，$Re_{\mathrm{g}}=16241.68$，$Pr_{\mathrm{g}}=0.844$。

5. 两相区 Zone1 的热力计算

对数平均温差：

$$\Delta t_{\mathrm{m}}=\frac{(t_{\mathrm{w1}}-t_{\mathrm{e}})-(t_{\mathrm{w2sup}}-t_{\mathrm{e}})}{\ln\dfrac{t_{\mathrm{w1}}-t_{\mathrm{e}}}{t_{\mathrm{w2sup}}-t_{\mathrm{e}}}}$$

其中，t_{w2sup} 为制冷剂由饱和态与过热态转折点对应的冷水温度，根据饱和区与过热区的负荷比例与冷却水进出水温度可求得该参数数值。将各项数值代入上式计算可得 $\Delta t_{\mathrm{m}}=8.25℃$。

（1）制冷剂侧热力计算[15,16]

首先，计算 Bd 数，根据该数值确定流动沸腾传热系数的计算式，然后代入各参数计算出流动沸腾换热系数的表达式，算出对应数值。

本例题中，$Bd=31.70>4$，因此代入式（5-180）得：

$$Nu_{\mathrm{tp}}=18.495\cdot\beta^{*0.248}\cdot Re_{\mathrm{v}}^{0.135}\cdot Re_{\mathrm{lo}}^{0.351}\cdot Bd^{0.235}\cdot Bo^{0.198}\cdot\rho^{*-0.223}$$

其中，工质物性参数应按照凝液定性温度（$t_{\mathrm{dl}}=0.75t_{\mathrm{e}}+0.25t_{\mathrm{z}}$）计算，在计算中暂取蒸发温度 $t_{\mathrm{e}}=1℃$ 下的制冷剂物性参数。

代入数值，计算得 $Nu_{\mathrm{tp}}=372.3$，得：

$$\alpha_{\mathrm{R}}=\frac{Nu_{\mathrm{tp}}\cdot\lambda}{d_{\mathrm{e}}}=6336.72\mathrm{W/(m^2\cdot K)}$$

制冷剂的污垢热阻为 0，代入 α_{R} 可得制冷剂侧换热量为：

$$q_{\mathrm{e}}=6336.72\cdot(t_{\mathrm{z}}-1)$$

（2）冷水侧热力计算

冷水的平均温度 $t_{wm}=t_e+\Delta t_m=9.25℃$，则根据下式求冷水侧换热量：

$$q_i=\dfrac{t_{wm}-t_z}{\dfrac{1}{\alpha_w}+\sum R_i}$$

代入数值计算得

$$q_i=\dfrac{9.25-t_z}{\dfrac{1}{6554.725}+0.000125}=3602.31\cdot(9.25-t_z)$$

结合板式蒸发器双侧换热面积一致的条件可得两侧的热流密度相同，即 $q_e=q_i$；代入数值计算得，$q_e=3602.31\cdot(9.25-t_z)$。

至此，已经获得了两个计算 q_e 的方程，用这两个方程绘图或联立求解，就能够求解出 q_e 与 t_z。

（3）结合制冷剂侧和水侧换热量方程，制图得图 5-66。

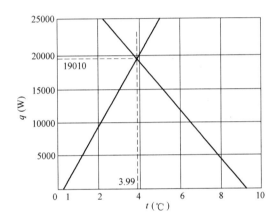

图 5-66　冷凝器换热面积图解

在图 5-66 中，两条直线交点为 $q_e=19010.16W/m^2$，$t_z=3.99℃$。

在 Zone1 总换热系数为：

$$k_{e1}=q_{e1}/\Delta t_m$$

计算得 $k_{e1}=14201.3/8.25=2304.26W/(m^2\cdot K)$。

上式计算值可根据下式进行检验：

$$k_{e1}=\dfrac{1}{\dfrac{1}{\alpha_R}+R_e+\left(\sum R_i+\dfrac{1}{\alpha_w}\right)}$$

（4）确定换热面积

在两相区需要的换热面积为：

$$A_{e1}=Q_{lat}/q_{e1}$$

计算得 $A_{e1}=147182/19010.16=7.74m^2$。

6. 过热区 Zone2 的热力计算

对数平均温差：

$$\Delta t_{m} = \frac{(t_{w1} - t_{sup}) - (t_{w1} - t_{e})}{\ln \dfrac{t_{w1} - t_{sup}}{t_{w1} - t_{e}}}$$

代入数值计算得 $\Delta t_{m} = 9.42℃$。

在过热区的换热系数与穿过板片的蒸汽的速度相关，由于题设中已经给定了板式换热器的流道截面积与通道数量，因此，单个流道的质量流率与流速可根据制冷剂的质量流量计算得出，而需要假定的是过热区流道高度 H'，即在该流道高度范围，制冷剂蒸气由过热蒸气转化为饱和蒸气。

蒸汽在板片之间穿过的总区域面积根据式（5-124）计算：

$$A_{s} = N \cdot A$$

计算得 $A_{s} = 45 \times 0.0007 = 0.0315m^{2}$。

制冷剂蒸汽流速根据下式计算：

$$\dot{V}_{R} = \dot{m}_{R} / \rho_{sup}$$

计算得 $V_{R} = 7.158 \times 15.465 = 0.065m^{3}/s$。

换热管之间的流速为 $w_{sup} = V_{R}/A_{s} = 0.065/0.0315 = 2.04m/s$。

在制冷剂侧过热蒸气对流传热系数根据下式求解：

$$h_{1} = 0.2267 \left(\frac{k_{g}}{d_{e}}\right) Re_{g}^{0.631} Pr_{g}^{1/3}$$

式中，各未知量的计算式为：

$$Re_{g} = Gd_{e}/\mu_{g}$$

$$Pr_{g} = \mu_{g} C_{pg} / \lambda_{g}$$

其中物性参数以过热气体的平均温度作为定性温度确定，即取 $t_{dG} = (t_{sup} + t_{e})/2 = 2.5℃$ 下的物性参数如下：$c_{pg} = 0.9018kJ/(kg \cdot K)$，$k_{g} = 11.601mW/(m \cdot K)$。

代入数值计算得，$Re_{g} = 16241.68$，$Pr_{g} = 0.841$，$h_{1} = 211.46W/(m^{2} \cdot K)$

在过热区的总传热系数，根据下式计算：

$$k_{e2} = \frac{1}{\dfrac{1}{h_{1}} + R_{e} + \left(\sum R_{i} + \dfrac{1}{\alpha_{w}}\right) \dfrac{A_{e}}{A_{i}}}$$

计算得 $k_{e2} = \dfrac{1}{\dfrac{1}{211.46} + 0 + 0.000125 + \dfrac{1}{6554.73}} = 199.74W/(m^{2} \cdot K)$。

在过热区的热通量根据下式计算：

$$q_{e2} = k_{e2} \cdot \Delta t_{m2}$$

计算得 $q_{e2} = 199.74 \times 9.42 = 1881.54W/m^{2}$。

过热区换热需要的换热面积根据下式计算：

$$A_{e2} = Q_{sup}/q_{e2}$$

计算得 $A_{e2} = Q_{e2}/q_{e2} = 2817.6/1881.54 = 1.5m^{2}$；总换热面积 $A_{e} = A_{e1} + A_{e2} = 7.74 + 1.5 = 9.24m^{2}$；换热器高度 $L = 1.026m$。

7. 检验

计算得出换热器平均热通量 $q_{e,tr} = Q_{c}/A_{e} = 150000/9.24 = 16233.7W/m^{2}$，该热通量

介于过热区传热系数与流动沸腾传热系数之间。

通道数 $N=45$ 合理，$L=1.026$m。

说明：由于设计中给定的是板式蒸发器的截面，而设计计算中通过热力计算确定高度，因此在设计中避免了迭代，相应的，避免了类似于第 5.3.1 节壳管式冷凝器设计过程中的检验过程。若是在设计条件中给定的是板片的结构（宽、高）与板间距，而需要通过设计计算的是通道数 N，则在过热区设计计算时，则需要事先假定换热器的平均热流密度，求出总换热面积，确定通道数，然后再展开整体计算，则最终的计算结果就需要进行迭代与类似于第 5.3.1 节的检验。

8. 冷水侧压降

板式换热器总压降为：

$$\Delta p_{tw} = \Delta p_{fw} + \Delta p_{cw}$$

式中，Δp_{fw} 为冷水介质在板片间流道内的摩擦阻力损失，根据下式求得：

$$\Delta p_{fw} = 2f_w L (m_w/NA_c)^2/(\rho_w d_e)$$

式中　L——换热器高度，取 1.026m；

m_w——冷水质量流量，取 7.16kg/s；

N——通道数，取 45；

A_c——通道截面积，取 0.0007m^2；

ρ_w——冷水密度，取 999.7kg/m^3；

d_e——当量直径，取 0.00538m。

f_w 为水侧流道的流动摩擦因子，可由下式求得：

$$f_w = (2.917 - 0.1227\beta + 2.016 \times 10^{-3}\beta^2) \times (5.474 - 19.02\Phi$$
$$+ 18.93\Phi^2 - 5.341\Phi^3) \times Re^{-\{0.2+0.0577\sin[(\pi\beta/45)+2.1]\}}$$

根据上文，β 取 60°，ϕ 取 1.3，Re 取 1192.02，计算得，$f_w=0.68$。

Δp_{cw} 为进、出口处局部阻力所致压力损失，通常根据经验公式估算，普遍使用的 ShahandFocke（1988）公式如下所示：

$$\Delta p_{cw} = 1.5 G_w^2/(2\rho_w)$$

根据上文，ρ_w 为冷水密度，取 999.7kg/m^3；G_w 为冷水质量流率，取 227.24kg/(m^2·s)；f_w 为水侧流道的流动摩擦因子，取 0.68。

计算得，$\Delta p_{fw}=13414.96a$，$\Delta p_{cw}=38.74$Pa。

综上，$\Delta p_{tw} = \Delta p_{fw} + \Delta p_{cw} = 13453.7$Pa

9. 制冷剂侧压降

蒸发侧总压降参照 Collier 和 Thome（1996）推荐计算方法计算，对应计算公式如下：

$$\Delta p_t = \Delta p_g + \Delta p_a + \Delta p_f + \Delta p_c \tag{5-189}$$

式中，Δp_a 为加速阻力损失，按下式计算：

$$\Delta p_a = G^2(1/\rho_g - 1/\rho_L)|\Delta X|$$

根据上文，G 为制冷剂质量流率，取 32.72kg/(m^2·s)；ρ_L 为液态制冷剂密度，取 1291.5kg/m^3；ρ_g 为气态制冷剂密度，取 15.74kg/m^3；ΔX 为干度差，由 $x_4=0.2783$ 得，$\Delta X=1-0.2783=0.7217$。计算得 $\Delta p_a=48.50$Pa。

Δp_g 为重力阻力损失，按下式计算：

$$\Delta p_g = \rho_m g L$$

根据上文，ρ_m 为制冷剂均密度，取 24.8kg/m³；g 为重力加速度，取 9.8m/s²；L 为换热器高度，取 1.026m。计算得 $\Delta p_g = 48.50$Pa。

Δp_c 为进、出口局部阻力损失，通常根据经验公式估算，普遍使用的 Shahand Focke（1988）公式如下所示：

$$\Delta p_c = 0.75 N G^2 / (2\rho_m)$$

根据上文，G_R 为制冷剂质量流率，取 32.72kg/(m²·s)；ρ_m 为制冷剂均密度，取 24.8kg/m³；计算得 $\Delta p_c = 728.85$Pa。

Δp_f 为两相流体在板式换热器中的摩擦阻力损失，根据下式求得：

$$\Delta p_{fR} = 2 f_R L (m_R / N A_c)^2 / \rho_R d_e \tag{5-190}$$

根据上文，ρ_R 为制冷剂在蒸发温度下的密度，取 1291.5kg/m³；G_R 为制冷剂质量流率，取 32.72kg/(m²·s)；f_R 为制冷剂侧流道的流动摩擦因子，取 0.68。

f_R 可由下式求得：

$$f_R = (2.917 - 0.1227\beta + 2.016 \times 10^{-3}\beta^2) \times (5.474 - 19.02\Phi$$
$$+ 18.93\Phi^2 - 5.341\Phi^3) \times Re^{-[0.2 + 0.0577\sin[(\pi\beta/45) + 2.1]}$$

计算得 $f_R = 0.68$，$\Delta p_{fR} = 215.34$Pa。

本 章 习 题

5.1　冷凝器的作用是什么？它有哪些种类？

5.2　水冷式冷凝器有哪几种形式？试比较它们的优缺点和使用场合。

5.3　风冷式冷凝器有何特点？适合用在何处？

5.4　蒸发式冷凝器有哪两种形式？试比较它们的优缺点和使用场合。

5.5　造成冷凝器传热系数降低的原因有哪些？

5.6　影响冷凝器传热的主要因素有哪些？目前制冷机中冷凝器是怎样进行强化传热的？

5.7　板式换热器有哪些优点，其应用前景如何？

5.8　制冷机中蒸发器的作用是什么？有哪些种类？

5.9　表面式蒸发器的换热特性是什么？结霜和凝露工况下有什么不同？

5.10　干式壳管式蒸发器和满液式壳管式蒸发器各自的优点是什么？

5.11　用于冷却盐水或水的蒸发器有哪几种？各有什么优缺点？

5.12　什么是满液式和非满液式蒸发器？各有什么优缺点？

5.13　在氟利昂系统中用立管式或螺旋管式蒸发器行吗？为什么？

5.14　用于冷却空气的蒸发器有哪几种？分别用于什么场合？

5.15　分液器有何作用？有哪几种类型？

5.16　液柱对蒸发器有何影响？液柱的影响与制冷剂、蒸发温度有什么关系？

5.17　蒸发温度选得低一点好还是高一点好？为什么？

5.18　在空调用的风冷冷凝器中，影响空气侧的放热系数的因素主要有哪些？

5.19　在肋片管冷凝器中，接触热阻的大小主要取决于哪些因素？

5.20　强化冷凝放热的方法是什么？

5.21　制冷剂在卧式壳管蒸发器管束上沸腾换热的效果主要取决于什么因素？

5.22　影响制冷剂在管内沸腾换热的因素是什么？

5.23　某空冷冷凝器，已知冷凝温度为 50℃，进风温度为 35℃，出风温度为 44℃、空气密度为

$1.19kg/m^3$、比热容为 $1.006kJ/(kg \cdot \text{℃})$，冷凝换热系数为 $2100W/(m^3 \cdot \text{℃})$、空气侧当量换热系数为 $43/(m^3 \cdot \text{℃})$，冷凝换热量为 4.8kW，忽略其他热阻。试求：所需风量、对数平均温差、传热系数和传热面积。

5.24　已知 R22 制冷系统的制冷量为 86kW，冷凝温度为 5℃，冷却水进口温度为 25℃。试确定系统的冷凝温度、冷却水流量和卧式壳管式冷凝器的传热面积。

5.25　有一卧式壳管冷凝器，传热管为 $\phi32 \times 3$ 的无缝钢管，已知管外侧放热系数为 $5000W/(m^2 \cdot K)$，管内（水侧）放热系数为 $2300W/(m^2 \cdot K)$，钢管导热系数为 $46W/(m^2 \cdot K)$。试计算冷凝器的传热系数；如果管内外的污垢热阻分别为 $0.18 \times 10^{-3} m^2 \cdot K/W$ 和 $0.35 \times 10^{-3} m^2 \cdot K/W$，计算这时的传热系数，并对两者进行比较。

5.26　有一空调用制冷系统，采用蒸发式冷凝器，若系统所在地为北京，试确定系统的冷凝温度。

5.27　有一台氨卧式壳管冷凝器，传热面为 $\phi38 \times 3$ 无缝钢管，共 122 根，管长 5m，8 流程，通过的冷却水量为 11kg/s。试求冷凝器的阻力。

5.28　设空调用冷水送、回水温度为 7℃和 12℃，冷水流量为 40t/h。试确定氨制冷系统的蒸发温度，并选一水箱式蒸发器。

5.29　有一冷却盐水的蒸发器，盐水入口温度为 -6℃，出口温度为 -11℃，盐水流量为 300L/min，盐水密度为 $1180kg/m^3$，比热容为 $3.18kJ/(kg \cdot K)$，蒸发器的传热系数是 $460W/(m^2 \cdot K)$。若要保持蒸发温度为 -14℃，求蒸发器的传热面积。

5.30　某一 R717 制冷系统，卧式壳管式冷凝器用循环水如图 5-67 所示，进水温度为 28℃，出水温度为 34℃，冷凝温度为 37℃，冷凝器热负荷为 400kW。试设计冷凝器尺寸（包括：外壳直径 D、光管外径 d_e、光管内径地 d_i、管间距 s），并计算冷凝器的传热系数、传热面积和冷却水流经冷凝器的水阻力。

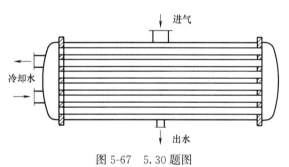

图 5-67　5.30 题图

5.31　某一 R134a 制冷系统，卧式壳管式冷凝器进水温度为 28℃，出水温度为 34℃，冷凝温度为 37℃，冷凝器热负荷为 400kW。冷凝器内部采用低肋管如图 5-68 所示。试设计冷凝器尺寸，并计算冷凝器的传热系数、传热面积和冷却水流经冷凝器的水阻力。

5.32　某一 R134a 制冷系统，卧式壳管式冷凝器进水温度为 28℃，出水温度为 34℃，冷凝温度为 37℃，冷凝器热负荷为 400kW。制冷剂在冷凝器内先冷却降温至饱和蒸汽、再等压冷却至饱和液体，冷凝器入口温度为 55℃。试设计冷凝器尺寸（外壳直径 D、光管外径 d_e、光管内径地 d_i、管间距 s），并计算冷凝器的传热系数、传热面积和冷却水流经冷凝器的水阻力。

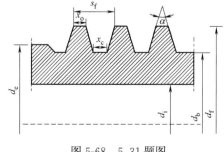

图 5-68　5.31 题图

5.33　某一 R717 制冷系统，水-空气式冷凝器，如图 5-69 所示，冷凝温度为 36℃，冷凝器热负荷为 400kW。空气温度为 34℃，相对湿度为 40%，管子尺寸 $\Phi = 38 \times 3mm$。试设计冷凝尺寸并计算冷凝器的传热系数、传热面积。

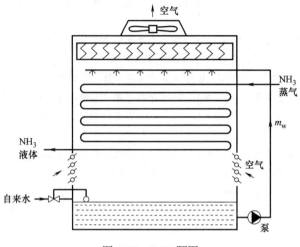

图 5-69　5.33 题图

5.34　有一空气式冷凝器，制冷剂为 R134a，冷凝器热负荷为 55kW。空气温度为 35℃，制冷剂在冷凝器入口为过热状态为 35℃，出口为过冷状态，过冷度为 2℃。试设计冷凝器尺寸并计算冷凝器的传热系数、传热面积。

5.35　有一台干式蒸发器，如图 5-70 所示，采用制冷剂 R22，载冷剂为水，冷凝温度为 40℃，蒸发温度为 1℃，蒸发器热负荷为 150kW。入口水温为 12℃，出口水温为 7℃。试设计蒸发器尺寸（外壳直径 D、光管外径 d_e、光管内径地 d_i、管间距 s），并计算蒸发器的传热系数、传热面积和水流经蒸发器的水阻力。

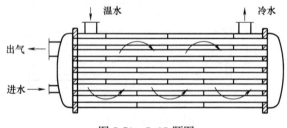

图 5-70　5.35 题图

5.36　有一台干式蒸发器，制冷剂为 R22，载冷剂为水，冷凝温度为 40℃，蒸发温度为 1℃，蒸发器热负荷为 150kW。入口水温为 12℃，出口水温为 7℃，制冷剂离开蒸发器时处于过热状态，过热度为 4℃。试设计蒸发器尺寸（外壳直径 D、光管外径 d_e、光管内径地 d_i、管间距 s），并计算蒸发器的传热系数、传热面积和水流经蒸发器的水阻力。

5.37　有一台卧式壳管式蒸发器，制冷剂为 R134a，载冷剂为水，蒸发温度为 2℃，蒸发器热负荷为 250kW。入口水温为 12℃，出口水温为 7℃。试设计蒸发器尺寸（外壳直径 D、光管外径 d_e、光管内径地 d_i、管间距 s），并计算蒸发器的传热系数、传热面积和水流经蒸发器的水阻力。

本章参考文献

[1]　董天禄. 离心式/螺杆式制冷机组及应用. 北京：机械工业出版社，2002.
[2]　郑贤德. 制冷原理与装置. 北京：机械工业出版社，2007.
[3]　陆亚俊. 建筑冷热源. 北京：中国建筑工业出版社，2009.

［4］ 陆亚俊，马最良，姚杨. 空调工程中的制冷技术. 哈尔滨：哈尔滨工程大学出版社，1997.

［5］ Risto Ciconkov. Refrigeration Solved Examples，2001.

［6］ 张吉礼. 离心式多级压缩水—水高温热泵技术研究. 南京：江苏双良空调设备有限公司企业博士后工作站报告（合作导师：陆亚俊，江荣方），2006.

［7］ 彦启森，石文星，田长青. 空气调节用制冷技术（第三版）. 北京：中国建筑工业出版社，2004.

［8］ 张熙民，任泽霈，梅飞鸣等. 传热学（第五版）. 北京：中国建筑工业出版社，2017.

［9］ 倪晓华等. 板式换热器的换热与压降计算. 流体机械，2002，30（3）：22-25.

［10］ 王列科，杨强生. 板式换热器中蒸汽凝结换热特性. 上海交通大学学报，1998，32（4）：18-22.

［11］ 何雪冰，刘宪英. 热泵机组用板式冷凝器及蒸发器的选择计算. 暖通空调，2001，31（6）：58-61.

［12］ 王军，贾丰良，侯新萍. 制冷系统板式冷凝器选型计算及技术经济分析. 制冷，2002，21（2）：57-59.

［13］ Longo，G. A，Righetti，G. Zilio，C. A new computational procedure for refrigerant condensation inside herringbonetype brazed plate heat exchangers. Int. J. Heat Mass Transf，2015b，82：530-536.

［14］ Longo，G. A，Righetti，G. Zilio，C. A new Model for Refrigeration Condensation Inside a Brazed Plate Heat Exchanger（BPHE）. Kyoto，Japan，Proceedings of the 15th International Heat Transfer Conference，IHTC-15，2014，8：10-15.

［15］ Amalfi R L，Vakili-Farahani F，Thome J R. Flow boiling and frictional pressure gradients in plate heat exchangers. Part 2：Comparison of literature methods to database and new prediction methods. International Journal of Refrigeration，2016，61：166-184.

［16］ Raffaele L，Amalfi，Farzad Vakili-Farahani，J R. Thome. Flow boiling and frictional pressure gardients in plate heat exchangers. Part 1：Review and experimental database. International Journal of Refrigeration，2016，61：166-184.

［17］ 饶伟. 变片距换热器空气源热泵结霜除霜数值分析. 哈尔滨：哈尔滨工业大学，2006.

第6章 制冷剂管路系统及功能部件与设备

本章首先介绍制冷剂管路系统的基本构成、典型制冷剂管路系统工艺流程；其次，重点介绍了常用节流机构的工作原理和特性，包括手动节流阀、浮球膨胀阀、热力膨胀阀、电子膨胀阀和毛细管；再介绍了制冷剂管路系统中的安全保护和功能调节等关键部件，以及气液分离、润滑油处理和不凝性气体处理等；最后，介绍了制冷剂管路系统的管路设计及防护等。

6.1 制冷剂管路系统形式

6.1.1 制冷剂管路系统基本构成

理论上，由蒸发器、压缩机、冷凝器和节流机构即可构成制冷剂循环系统，但实际上，为了保证系统运行的安全性和经济性，除了这四大基本部件外，系统中还需要设置一些辅助设备和控制元件，如图 6-1 所示。

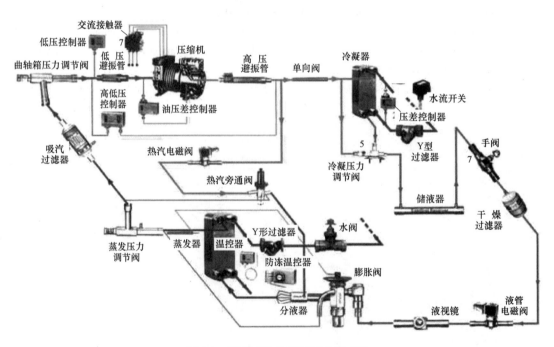

图 6-1 制冷系统的实际工艺构成图

由于压缩机是振动部件，因此在其吸、排气管上通常设置高、低压避振管。为防止停机后冷凝侧液体反流，通常在压缩机排气管上设置单向阀。此外，由于压缩机排气中往往会夹带润滑油，因此，当系统规模较大时，通常在排气管上装设油分离器，把排气中的润滑油分离出来并返回压缩机，以减少润滑油被带入系统。对于小型制冷系统或采用内设油分离器的压缩机时，也可以不设油分离器（图 6-1 所示为小型系统，因此，排气未设置油分离器）。

冷凝压力的高低对系统运行的效率影响很大。通常来讲，冷凝压力过高，会使得压缩机排气温度上升，压缩比增大，制冷量减少，功耗增加，甚至有可能引发安全事故；而冷凝温度过低，则有可能造成膨胀阀前后压差太小，导致供液能力不足，系统制冷量下降。因此，需要通过高低压控制器进行系统压力超限保护，通过冷凝压力调节器对冷凝压力进行调节。此外，为了随工况变化调节系统中的制冷剂循环量，在冷凝器的出口通常会设贮液器，以贮存系统中多余的液态制冷剂（对于使用冷凝压力调节器的系统而言，贮液器是一个必备的部件）。

由于杂质和水分的存在对于制冷系统是很大的危害，因此在贮液器和膨胀阀之间的液管上通常需要装设干燥过滤器，以拦截和吸收系统中的杂质和水分。为了指示系统中的含水量，便于操作人员判断系统状况，在干燥过滤器后还会安装视液镜。当视液镜指示的颜色变成对应于含水量高的颜色时，系统的干燥过滤器就需要进行更换或将其滤芯进行再生（通常在干燥过滤器的两端各安装一个球，在维修期间手动将其关闭以方便更换干燥过滤器）。

在膨胀阀前的液管上装有电磁阀，它的电路与制冷压缩机的电路联动。系统运行时，待压缩机运转后，电磁阀的线圈才通电，开启阀门向蒸发器供液。反之，停机时，首先切断电磁阀线圈的电源，关闭阀门，停止向蒸发器供液后，再切断制冷压缩机的电源。这样可以防止压缩机停机后，大量高压侧制冷剂液体进入蒸发器而造成再次启动时发生液击事故。

为了稳定蒸发压力，提高控温精度并提高系统效率，通常在蒸发器的出口处安装了蒸发压力调节阀。为了避免压缩机在长时间不使用后或除霜之后（此时蒸发器中为高压状态）再启动时发生压缩机电机的过载现象，通常在压缩机前的吸气管路上要装设一个曲轴箱压力调节器，它能确保当压缩机启动时其吸气压力小于设定值，从而保证压缩机的安全。

在压缩机运转过程中，为了防止蒸发压力过低或冷凝压力过高对系统造成损害，在压缩机的回气管和排气管上跨接了个高低压开关，一旦出现过低或过高的现象，高低压开关将会切断压缩机的电气回路以确保安全；为了防止压缩机缺油导致润滑部件磨损，在压缩机集油腔与吸气侧跨接了油压差控制器，一旦系统供油量不足，该控制器会切断压缩机的电气回路以确保安全。

此外，为了保证部分容量下系统正常运行，部分制冷系统还设有热气旁通阀；为了防止因蒸发器或冷凝器因断水而导致系统出现低压或高压保护，两器水路上通常设置水流开关或压差控制器。

在实际的制冷系统中，除了图 6-1 中出现的辅助设备和控制机构外，还有很多比较常用的部件，例如气液热交换器、四通阀、分液头、能量调节器等。在设计制冷系统时，除了四大基本部件之外，可以根据需要再增加或减少一些辅助设备或控制元件。应在确保系统安全性的前提下，综合考虑设备初投资和运行费用（效率）之间的矛盾，从整个运行寿命期间的费用角度进行设计和选型，既不应为了追求功能齐全而不计成本地把所有辅助设备和控制机构都放进系统里，也不应为了节约成本而不考虑必需的安全保护与精度控制要求。

6.1.2　典型制冷剂管路系统流程

本节进一步以典型制冷机组的制冷剂系统为例，介绍实际制冷循环流程，包括：窗式空调、分体式空调、多联式空调、活塞式冷水机组、涡旋式冷水机组、螺杆式冷水机组与离心式冷水机组的制冷剂系统的典型流程。

1. 窗式空调机组典型流程[1]

图 6-2 给出了窗式空调器典型流程图及其结构示意图。其制冷剂流程为：夏季制冷工况运行时，制冷剂的流程为（图中实线箭头所示）：压缩机→四通换向阀（a-c 连通）→室外侧空气/制冷剂换热器（作冷凝器用）→毛细管→室内侧空气/制冷剂换热器（作蒸发器用）→四通换向阀（b-d 连通）→气液分离器→压缩机。冬季制热工况运行时，制冷剂的流程为（图中虚线箭头所示）：压缩机→四通换向阀（a-d 连通）→室内侧空气/制冷剂换热器（作冷凝器用）→毛细管→室外侧空气/制冷剂换热器（作蒸发器用）→四通换向阀（c-b连通）→气液分离器→压缩机。

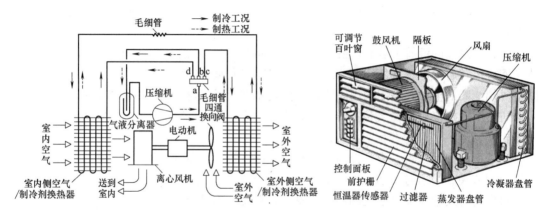

图 6-2　窗式空调器的典型流程

2. 分体式空调机组

(1) 常规分体式热泵空调机组

图 6-3 给出了分体挂壁式空调机组的典型流程图，其制冷剂的流程为：夏季制冷工况运行（图中实线箭头所示）时：压缩机→四通换向阀（a-c 连通）→室外侧换热器（作冷凝器用，释放冷凝热）→过滤器 1→主毛细管→单向阀→过滤器 2→连接管 3→室内侧换热器（作蒸发器用，室内空气被冷却与除湿）→连接管 4→四通换向阀（d-b 连通）→气液分离器→压缩机。冬季制热工况运行（图中虚线箭头所示）时：压缩机→四通换向阀（a-d 连通）→室内侧换热器（作冷凝器用，加热室内空气）→连接管 3→过滤器 2→副毛细管→主毛细管→过滤器 1→室外侧换热器（作蒸发器用，从室外空气中吸热）→四通换向阀（c-b连通）→气液分离器→压缩机。

(2) 低温强热涡旋式热泵空调机组

图 6-4 给出了一种低温强热涡旋分体式空调机组冷剂系统流程图。制冷工况时制冷剂流程（图中实线箭头所示）为：压缩机→四通换向阀（a-c 接通）→室外侧换热器→单向阀→制冷毛细管→分液器→室内侧换热器→四通换向阀（d-b 连通）→气液分离器→压缩

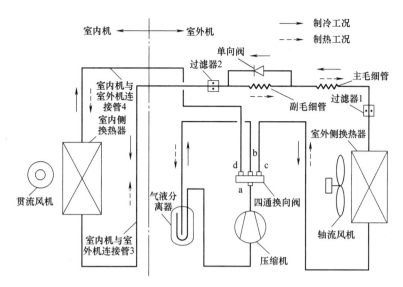

图 6-3 分体壁挂式空调器的制冷剂流程图

机。制热工况时制冷剂流程（图中虚线箭头所示）为：压缩机→四通换向阀（a-d 接通）→室内侧换热器→分液器→电磁阀 1→制热毛细管（高压侧）1→经济器→分两路（A、B），A→气体制冷剂→喷射单向阀→压缩机；B→液态制冷剂→制热单向阀→电磁阀 2 ［当环境温度高时（如＞0℃）开启；当环境温度低时（如＜0℃）关闭］→制热毛细管（低压侧）2 和 3（或 2）→室外侧换热器→四通换向阀（c-b 连通）→气液分离器→压缩机。

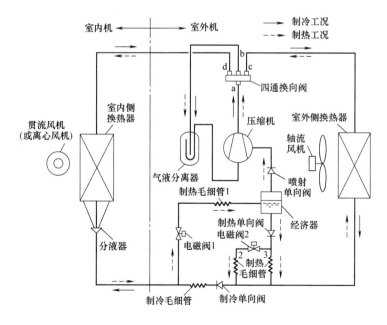

图 6-4 低温强热涡旋分体壁挂式空调器的流程图

3. 多联式空调机组

（1）单冷型多联式空调机组制冷剂流程如图 6-5（a）所示。制冷工况时制冷剂流程为：压缩机排气→室外侧换热器→分液管→室内各膨胀阀 EV$_i$（$i=1$，2，3）→各室内侧换热器→集夜管→气液分离器→压缩机，如图中实线箭头所示。

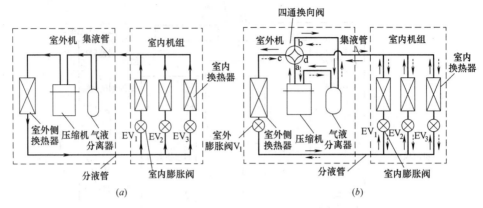

图 6-5　多联分体壁挂式空调机组的制冷剂流程图

（2）热泵式多联式空调机组制冷剂流程如图 6-5（b）所示。制冷工况时制冷剂流程为：压缩机排气→四通换向阀（a-c 接通）→室外侧换热器→室外膨胀阀 V$_1$→分液管→室内各膨胀阀 EV$_i$→各室内侧换热器→四通换向阀（d-b 连通）→气液分离器→压缩机，如图中实线箭头所示。制热工况时制冷剂流程为：压缩机 1→四通换向阀 2（a-d 接通）→各室内侧换热器→积液器 17→各室内各膨胀阀 EV$_i$→室外膨胀阀 V$_1$→室外侧换热器 3→四通换向阀 2（c-b 连通）→气液分离器 5→压缩机 1，制冷剂流程如图中虚线箭头所示。

（3）变频多联式空调机组制冷剂流程如图 6-6 所示。制冷工况时制冷剂流程为：压缩机排气→油分离器→四通换向阀（a-c 接通）→室外热交换器→室外机电子膨胀阀→高压贮液器→回热循环热交换器→截止阀→各分液管路→各室内机侧膨胀阀 EV$_i$→各室内机侧换热器→集气管路→截止阀→回热循环热交换器→四通换向阀（d-b 连通）→气液分离器→压缩机，如图中实线箭头所示。制热工况时制冷剂流程为：压缩机排气→油分离器→四通换向阀（a-d 接通）→截止阀→分气管路→各室内机侧换热器→各室内机侧膨胀阀 EV$_i$→各集液管路→截止阀→回热循环热交换器→高压贮液器→室外机电子膨胀阀 V$_1$→外机侧热交换器→四通换向阀（d-b 连通）→回热循环热交换器→气液分离器→压缩机，制冷剂流程如图中虚线箭头所示。其中高压贮液器压缩机排气可通过电磁阀与毛细管向气液分离器补气；油分离器中的润滑油可通过过滤器与毛细管返回压缩机吸气腔侧。

4．活塞式冷水机组典型流程

活塞式冷水机组由活塞式压缩机、冷凝器、蒸发器、电控柜及其他附件（干燥过滤器、贮液器、节流装置、控制阀件等）组成。该机组的制冷剂为 R22，其流程如下：活塞式压缩机→油分离器→壳管式冷凝器→干燥过滤器→热力膨胀阀→干式蒸发器→活塞式压缩机（见图 6-7）。

5．涡旋式冷水机组典型流程

图 6-8 为水冷涡旋式冷水机组流程图与双机并联机组的外观图。该机组的制冷剂为 R22，其流程如下：涡旋式压缩机→壳管式冷凝器→干燥过滤器→热力膨胀阀→干式蒸发器→涡旋式压缩机。由压缩机到冷凝器的管路为高压蒸气管，即排气管；由蒸发器到压缩机的管路为低压蒸气管，即吸气管；由冷凝器到热力膨胀阀的管路为高压液体管；由热力

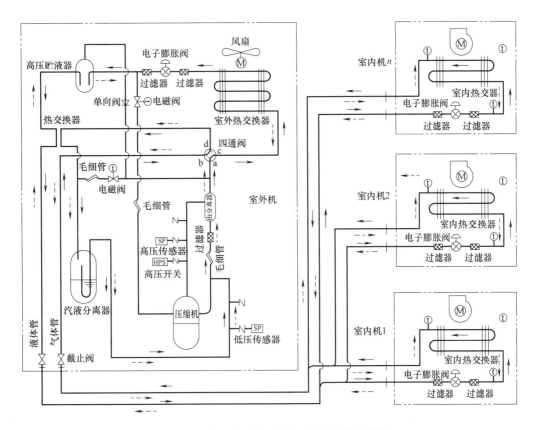

图 6-6 变频多联式空调机组制冷剂流程图

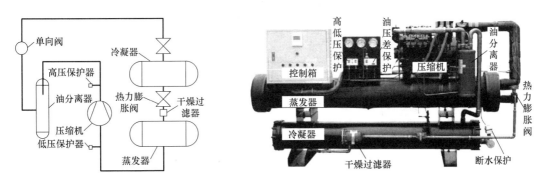

图 6-7 活塞式冷水机组制冷剂流程图与外观图

膨胀阀到蒸发器的管路为低压液体管。

6. 螺杆式冷水机组典型流程

(1) 风冷螺杆式冷水机组

风冷螺杆式冷水机组制冷剂流程如图 6-9 图所示。机组夏季运行时，四通换向阀换向，电磁阀1开启，关闭电磁阀2，其制冷剂流程为：螺杆压缩机→止回阀1→四通换向阀→空气/制冷剂换热器→止回阀1→贮液器→液体分离器中的换热盘管→干燥器→电磁阀1→制冷膨胀阀→水/制冷剂换热器→四通换向阀→液体分离器→螺杆式压缩机。此循环制备出7℃的冷水，送入空调系统。经电磁阀3，膨胀阀降为低压、低温的 R22 液体喷

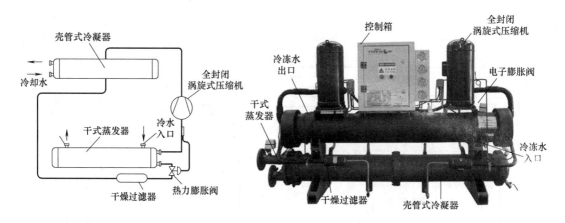

图 6-8　水冷涡旋式冷水机组制冷剂流程图

入螺杆式压缩机腔内，供冷却用。机组冬季运行时，其制冷剂流程为：螺杆式压缩机→止回阀 1→四通换向阀→水/制冷剂换热器→止回阀 2（电磁阀 1 关闭）→贮液器→液体分离器中的换热盘管→干燥器→电磁阀 2→制热膨胀阀→空气/制冷剂换热器→四通换向阀→液体分离器→螺杆式压缩机。此循环制备出 45℃的热水，送入空调系统。

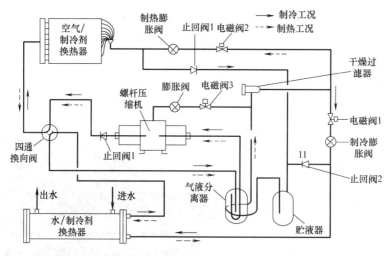

图 6-9　风冷螺杆式冷水机组制冷剂流程图

（2）水冷螺杆式冷水机组

图 6-10 为水冷螺杆式冷水机组制冷剂流程图及双机并联机组的外观图。该机组仅在制冷工况下运行，其制冷剂流程为：压缩机→止回阀→油分离器→壳管式冷凝器→浮球膨胀阀 1→闪发式经济器→浮球膨胀阀 2→满液式蒸发器→压缩机。循环制备出设定温度的冷水，送入空调系统。该流程的特点是：1）在压缩机的排气管路上增加了油分离器。在螺杆式压缩机的气缸内喷油进行密封、润滑和冷却，因此排出的蒸气中含油量大，必须设油分离器。但有的螺杆式压缩机带有油分离器，就不必再另设油分离器。另外，润滑油需冷却，右侧实物外观图中机组配备了板式油冷却器，并在油冷器出口与压缩机之间设置了油过滤器。2）增加了闪发式经济器，实现了制冷剂两次节流，高压液体经第一次节流后，

闪发蒸气进入压缩机的中间补气口。

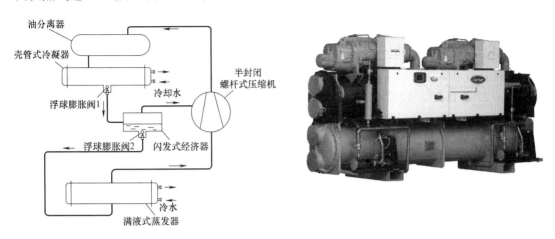

图 6-10　水冷螺杆式冷水机组制冷剂流程图及外观图

7. 离心式冷水机组

图 6-11 为水冷离心式冷水机组的流程图及外观图。制冷剂采用 R134a。制冷剂流程如下：半封闭离心式压缩机→卧式壳管式冷凝器→浮球膨胀阀→满液式蒸发器→半封闭离心式压缩机。制冷剂流程中略去了由冷凝器向电机和油冷却器供液的流程（用于冷却电机和润滑油）。离心式冷水机组中都采用壳管型满液式蒸发器。这种蒸发器的传热系数大，但蒸发器筒体内制冷剂中的润滑油难于返回压缩机；通常是在筒体上引一管到压缩机导叶罩内，制冷剂闪发，而润滑油返回润滑油系统。由于采用了满液式蒸发器，节流机构不能用热力膨胀阀，需采用浮球膨胀阀。该阀根据冷凝器的液位调节蒸发器的供液量。

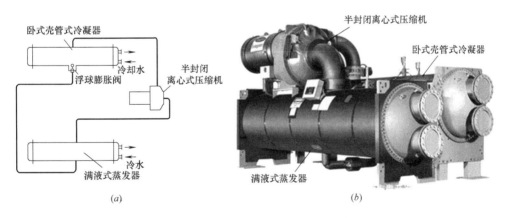

图 6-11　水冷离心式冷水机组制冷剂流程图及外观图

6.1.3　蒸发器供液系统典型方式

本节进一步介绍蒸发器供液系统的典型方式。制冷剂管路系统是串联四大部件构成制冷系统与保证制冷剂（或制冷剂与润滑油）在制冷系统中循环流动的通道。蒸发器供液系统按供液方式可分为直流供液系统、重力供液系统和泵供液系统三类，下面分别介绍几种典型蒸发器供液系统。

1. 直流供液系统的典型流程[2]

直流供液系统是指制冷剂通过膨胀阀，不经其他设备直接供给蒸发器的制冷剂系统，又称直接膨胀供液系统。一些小型系统和工厂组装的整套制冷机常采用这种形式。下文结合实例介绍直流供液的典型流程。

(1) 氨直流供液制冷剂流程

图 6-12 是直流供液制冷剂（氨）流程图。该系统是一套制备空调冷水或低温盐水的典型流程。制冷剂的循环路线如下：压缩机→油分离器→冷凝器→贮液器→节流阀组（手动节流阀、浮球膨胀阀、液体过滤器）→蒸发器→氨气过滤器→压缩机。从压缩机到冷凝器的管路是高压蒸气管，即排气管；冷凝器到节流阀组的管路为高压液体管；节流阀组到蒸发器的管路是低压液体管；蒸发器到压缩机的管路为低压蒸气管，即吸气管。高压蒸气管路中增设了辅助设备——油分离器，其作用是分离压缩机排气中所夹带的润滑油。在高压液体管路中增设了贮液器，其作用是稳定制冷剂的循环量及贮存系统的液体制冷剂。节流阀组中设有两只膨胀阀——浮球膨胀阀和手动膨胀阀，前者是正常工作用，后者作备用，即在浮球膨胀阀检修或损坏时使用。以防止系统中脏物堵塞膨胀阀孔，常在阀前设液体过滤器。一些现场安装的制冷剂系统，还应在压缩机吸气管上装氨气过滤器，以防止杂质进入压缩机。冷凝器的液体通常是靠重力流入贮液器，为此，在冷凝器和贮液器之间设平衡管将气空间连通。

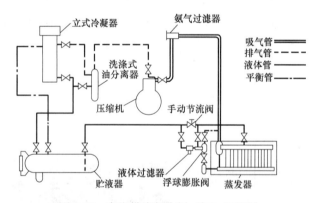

图 6-12　直流供液制冷剂（氨）流程图

(2) R134a 直流供液制冷剂流程

图 6-13 为直流供液制冷剂流程图。制冷剂的循环路线为：压缩机→油分离器→壳管式冷凝器→干燥过滤器→回热交换器→节流阀组（电磁阀、手动膨胀阀、热力膨胀阀）→蒸发器→回热交换器→压缩机。这个系统中未设贮液器，而由卧式冷凝器兼贮液器功能；但冷凝器的贮液能力很小，只适用于小型系统中。系统中的蒸发器可以是直接冷却房间的盘管（如在冷库、冷藏柜中应用），可以是直接蒸发的空气冷却器（如在空调中应用），也可以是冷却冷水的干式蒸发器（如制备空调用冷水）。由于采用了非满液式蒸发器，在节流阀组中采用了热力膨胀阀。为便于自动控制，节流阀前装有电磁阀。小型氟利昂系统中的管路一般都用铜管，或是工厂组装的系统，故在系统中不设气体过滤器。

R134a 系统与图 6-12 的氨系统相比，有两点不同：一是制冷系统采用回热循环，设有回热交换器。在 R134a 系统中采用回热循环不仅可以避免湿压缩，还可以增大系统的

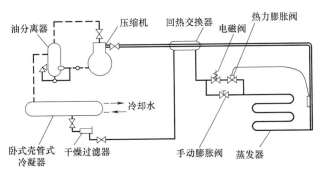

图 6-13 直流供液制冷剂 (R134a) 流程图

制冷量及制冷系数；二是由于水在 R134a 中的溶解度很小，故在节流阀前设有干燥过滤器，以吸收制冷剂中的水分，防止水分在节流阀处因温度降低到零度以下而结冰。

2. 重力供液系统

重力供液系统是指液体靠重力作用给蒸发器供液的制冷剂系统。图 6-14 是重力供液制冷剂（氨）流程图，与图 6-12 的流程的根本区别在于这个系统增设了流体分离器。高压液体经膨胀阀节流后送入液体分离器中，使气液分离，其中液体进入蒸发器中蒸发。在重力作用下，制冷剂在液体分离器与蒸发器之间产生小循环。因此，蒸发器的传热性能较好。采用液体分离器后还可以减少压缩机湿压缩的可能性。当制冷系统由多组蒸发器时，通常通过调节站来集中控制各蒸发器的供液，同时还可以通过调节站对系统充灌制冷剂。

系统中的液体分离器要超过蒸发器一定高度，使液体分离器与蒸发器之间的静液柱压力差足以克服制冷剂的流动阻力。一般情况，液体分离器中液面高出蒸发器最上一层管约 0.5~2.0m。

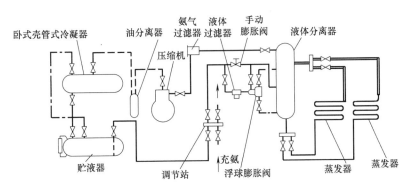

图 6-14 重力供液制冷剂（氨）流程图

图 6-14 所示的系统适用于小型系统。如果系统大或蒸发器间的高差大，必然导致蒸发器供液不均匀，下层的或离液体分离器近的蒸发器供液多，而上层的或离液体分离器远的蒸发器供液就少。另外，蒸发器高差太大时，由于液柱的影响使低层蒸发器很难得到较低的蒸发温度。因此，对于服务面积大或高差大（如多层建筑中）的制冷系统，采用多液体分离器系统，每一个液体分离器供应同一高度、位置接近的蒸发器。

当蒸发器负荷急骤变化时，会引起分离器的液位激烈变化，有可能使液体被压缩机吸入。直流供液系统中也可能因膨胀阀调节不当而使压缩机发生湿压缩。为了防止压缩机吸

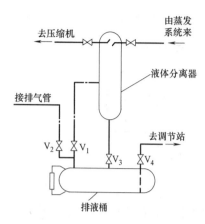

图 6-15　机房液体分离器管路系统

入制冷剂液体，有时在机房内压缩机的吸入管路上装液体分离器，以分离吸入蒸气中的液体。这种用法的液体分离器称机房液体分离器，系统图式如图 6-15 所示。正常使用时，阀 V_1、V_3 开启，V_2、V_4 关闭。经液体分离器分离下来的液体流入排液桶中。当排液桶中液位达到最高液位时，关闭阀 V_1、V_3，开启阀 V_2、V_4，这时排液桶中的液体进入制冷剂系统中。

3. 泵供液系统

依靠泵的机械力对蒸发器系统进行供液的制冷剂系统称为泵供液系统。目前大中型冷库、国内的人工冰场都采用这种系统。图 6-16 中只表示了蒸发器的供液系统，高压部分的系统同上述系统。高压制冷剂液体节流后进入低压循环贮液桶中，汽液分离，其中液体经氨泵送入蒸发器中蒸发制冷，然后又返回低压循环贮液桶中。

低压循环贮液桶起着气液分离作用和储存低压制冷剂液体的作用。因此，有时低压循环贮液桶用液体分离器和贮液器组合来取代。氨泵的供液量通常是蒸发器蒸发量的 3～6 倍。氨泵出口装有止回阀和自动旁通阀。当蒸发器中因某几组蒸发器的供液阀关闭而使其他蒸发器供液量过大和压力过高，这时旁通阀自动调节旁通到低压循环贮液桶的氨液量 。氨泵入口段要保持一定高度，以防止工作时因压力损失而导致液体管中闪发蒸气和氨泵气蚀。齿轮氨泵的吸入口应有

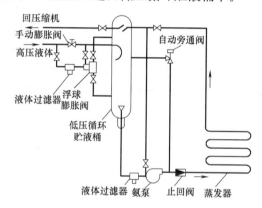

图 6-16　泵供液制冷剂（氨）流程图

1.5～2.0m 的液柱，离心式氨泵的吸入口应有 1.5～3.0m 的液柱。

泵供液的制冷剂系统的优点是蒸发器的传热性能好；多台蒸发器供液均匀；由于蒸发器管内有一定流速，可以使蒸发器中润滑油返回低压循环贮液桶，便于集中排放。缺点是泵要消耗功率，一般多耗 1.0%～1.5% 的能量。

6.2　节流机构工作原理与特性

6.2.1　节流机构的种类

节流机构是实现制冷循环中制冷剂膨胀过程的机构，是蒸汽压缩式制冷系统中将高压液体制冷剂转化为气液两相共存的低压工质的关键部件，其与本书第 4 章与第 5 章讲述的压缩机、蒸发器与冷凝器并称制冷系统的四大部件。通过前述制冷剂典型流程相关内容可知，不同的空调（或冷水）机组中，使用的节流机构是不同的。节流机构在实现制冷剂液体膨胀过程的同时，还具有以下两方面的作用：一是分隔制冷机的高压部分和低压部分，防止高压蒸气串流到蒸发器中；二是调控蒸发器的供液量，控制蒸发器中的液体制冷剂

量，保证蒸发器换热面积充分利用。通常根据前述两方面的功能来判断节流机构的特性。按照节流机构的供液量调节方式可将其分为如下五种类型。

（1）手动调节的节流机构：通常称为手动节流阀。该类节流阀需要以手动方式调整阀芯位置，通过改变阀孔的流通面积来改变向蒸发器的供液量，其结构与一般手动阀门相似。手动节流阀多用于氨制冷装置。

（2）用液位调节的节流机构：通常称为浮球调节阀。它利用浮球位置随液面高度变化而变化的特性，以浮球的浮生力作为驱动力来控制阀芯位置，达到稳定蒸发器内液体制冷剂液位的目的。它可作为单独的节流机构使用，也可作为感应元件与其他执行元件配合使用，适用中型及大型氨制冷装置。

（3）用蒸气过热度调节的节流机构：这种节流机构包括热力膨胀阀和电热膨胀阀。它通过蒸发器出口制冷剂蒸气过热度的大小来控制节流孔的开度，实现蒸发器供液量随热负荷变化而改变的调节机制。它主要用于氟利昂制冷系统及中间冷却器的供液量调节。

（4）用电压或电流进行调节的节流机构：通常称为电子膨胀阀，由阀门、控制器和传感器所组成。它通过传感器测得被调参数的变化，然后经控制器转化为电压或电流信号来控制阀门的开大或关小，进而实现蒸发器供液量的调节。它主要用于无级变容量制冷系统尤其是变频空调器、多联机等制冷设备的供液量调节。

（5）不进行主动调节的节流机构：这类节流机构如节流管（俗称毛细管）、恒压膨胀阀、节流短管及节流孔等。一般在工况比较稳定的小型制冷装置（如家用电冰箱、空调器等）中使用。它具有结构简单、维护方便的特点。

节流机构中手动节流阀因需要频繁操作，工况稳定性差，发生故障几率较大，已很少单独使用，它可安装在自动膨胀阀的旁通管上，作备用调节机构或在试验系统中应用。浮球式节流机构因受工作压力影响有高压浮球阀和低压浮球阀两种：高压浮球阀安装在高压液体管路上用来保持冷凝器或贮液器的液位，从而间接地调节蒸发器的供液量；而低压浮球阀则通过蒸发器侧的液位来调节大型制冷系统蒸发器的供液量。在大量的中小型氟利昂制冷装置中，普遍使用热力膨胀阀、电子膨胀阀和毛细管这三类节流机构，如下介绍各类节流机构。

6.2.2 手动节流阀原理与特性

手动膨胀阀是最老式的节流机构，其与普通阀门外形乃至构造均类似，其不同点是阀杆采用细牙螺纹，以使阀杆每转一圈上、下行程小；阀芯上、下移动时，开度变化小，从而使阀门随开启度的变化，流量逐渐增减，具有良好的流量调节性能。图 6-17 是手动膨胀阀及阀芯形式，阀芯的形状有：针形阀芯；V 形缺口阀芯，即在圆筒上开 V 形缺口；平板阀芯。

手动膨胀阀由管理人员根据负荷的变化调节开度，管理麻烦，而且全凭管理人员的经验，一旦疏忽，会导致系统运行失常，甚至发生事故。因此，目前手动膨胀阀已很少单独使用，它可安装在自动膨胀阀的旁通管上，作备用调节机构或在试验系统中应用。

6.2.3 浮球膨胀阀原理与特性

浮球膨胀阀是一种自动调节蒸发器供液量的膨胀阀，广泛应用于使用具有自由液面装置（如满液式蒸发器、中间冷却器等）的制冷系统中，通过浮球——杠杆机构控制针阀的动作，使被控装置（即具有自由液面装置）中的制冷剂液位维持在一个设定的水平，同时

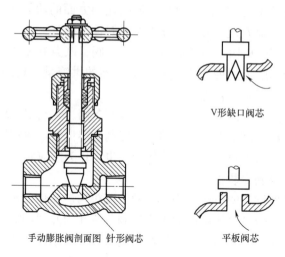

V形缺口阀芯

平板阀芯

手动膨胀阀剖面图　针形阀芯

图 6-17　手动膨胀阀和阀芯形式[2]

起到节流降压的作用。浮球膨胀阀按所控制的液位分为两类——低压浮球的膨胀阀和高压浮球膨胀阀。

　　图 6-18 为满液式壳管蒸发器用低压浮球膨胀阀的结构及安装示意图。液体、气体连通管使浮球阀内的液位与满液式蒸发器的液位保持一致，液位的下降或上升使阀门开大或关小。图示的浮球阀，供给蒸发器的液体与浮球阀内的液体是分隔开的，称为非直通式浮球膨胀阀；还有一种直通式浮球膨胀阀，它的液体平衡管就是蒸发器的供液管，供给蒸发器的液体经过浮球阀的浮球室再进入蒸发器。直通式浮球膨胀阀结构简单，但浮球室内液位波动大，容易使浮球失灵。为防止污物堵塞阀孔和方便对浮球阀维修，通常在浮球阀前的供液管上装液体过滤器和并联一个手动膨胀阀。低压浮球膨胀阀用于满液式蒸发器、双级制冷系统的中间冷却器等处调节供液量和对制冷剂液体进行节流。

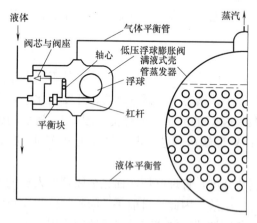

图 6-18　低压浮球膨胀阀的结构及安装示意图

　　图 6-19 为高压浮球膨胀阀结构示意图，这种浮球阀是根据高压侧设备（如冷凝器）的液位控制蒸发器的供液量，阀门随液位的开闭动作刚好与低压浮球阀动作相反，液面高时，阀门开大，反之关小。当用于蒸发器供液的节流与流量调节时，系统中只能有一台压缩机、一台冷凝器和一台满液式蒸发器（如冷水机组）。这时系统中制冷剂充注量是一定的，冷凝器液位高，就表示蒸发器液面低，需开大阀门，增加供液量。浮球阀内的排气管的作用是防止发生气封。尤其是在浮球室内进入不凝性气体后，压力升高，阻碍了液体制冷剂进入浮球室，排气管可将气体导入蒸发器内，从而避免了气封。

　　高压浮球膨胀阀结构形式多样。有的直接在冷凝器中间的底部设浮球室，与冷凝器组

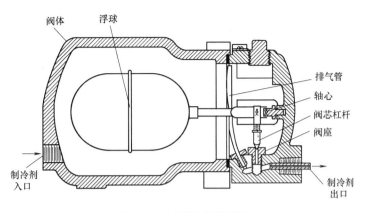

图 6-19　高压浮球膨胀阀

成一体。在有中间补气口的压缩机所组成的制冷系统中，经济器也采用高压浮球阀作节流和流量调节设备。

6.2.4　热力膨胀阀原理与特性

1. 结构与原理

热力膨胀阀是根据蒸发器出口的过热度来调节蒸发器供液量的自动调节膨胀阀，又称热力调节阀或感温调节阀，是应用最广的一类节流机构。它是利用蒸发器出口制冷剂蒸气的过热度调节阀孔开度以调节供液量的，故适用于没有自由液面的蒸发器，如干式蒸发器、蛇管式蒸发器和蛇管式中间冷却器等。热力膨胀阀现主要用于氟利昂制冷机中，对于氨制冷机也可使用，但其结构材料不能用有色金属。

热力膨胀阀有内平衡式和外平衡式两类。下文将结合外平衡式热力膨胀阀的结构（参见图 6-20）来介绍其工作原理。热力膨胀阀由感应机构（包括压力腔、毛细管、感温包等）、执行机构（包括膜片、顶杆、阀芯）、调整机构（包括调整杆、弹簧）和阀体组成。感应机构中充注有工质，感温包设置在蒸发器出口处的管外壁上。由于过热度的影响，其出口处温度 t_1 与蒸发温度 t_0 之间存在着温差 Δt_g，通常称作过热度。感温包感受到 t_1 后，使整个感应系统处于 t_1 对应的饱和压力 p_b。如图 6-20（b）所示，该压力将通过膜片传给顶杆直到阀芯。在压力腔下部的膜片上仅有 p_b 存在，其下侧面施有调整弹簧的弹簧力 p_T 和蒸发压力 p_0，三者处于平衡时有 $p_b = p_T + p_0$。若蒸发器出口过热度 Δt_g 增大，即表示 t_1 提高，使对应的 p_b 随之增大，则形成 $p_b > p_T + p_0$，通过膜片到顶杆传递这一增大的压力信号，使阀芯下移，阀孔通道面积增大，故进入蒸发器的制冷剂流量增大。蒸发器的制冷量也随之增大。倘若在进入蒸发器的制冷剂量增大到一定程度时，蒸发器的热负荷还不能使之完全变成 t_1 的过热蒸气，造成 Δt_g 减小，t_1 温度降低导致对应的感应机构内压力 p_b 减少，形成 $p_b < p_T + p_0$，因而膜片回缩，阀芯上移，阀孔通道面积减小，使进入蒸发器的制冷剂量相应减少。形成热力膨胀阀的以蒸发器过热度为动力的供液量比例调节模式。

从以上热力膨胀阀的工作原理可以看出，其阀芯的调节动作来源于 $p_b = p_T + p_0$。这一存在于热力膨胀阀内部的力由不平衡到平衡的全过程。因此在膜片上下侧的压力平衡以蒸发器内压力 p_0 作为稳定条件，所以称之为内平衡式热力膨胀阀。

下文结合实例介绍热力膨胀阀工作原理。图 6-21 所示为热力膨胀阀与干式蒸发器相连的示意图。图中膜片下的作用力有由外平衡管导入的出口压力 p_1 和弹簧力所对应的压

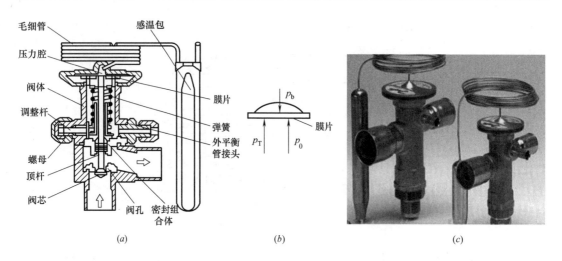

图 6-20　外平衡式热力膨胀阀的结构与工作原理图

力 p_2，膜片上为感温包内压力 p_3。干式蒸发器中制冷剂饱和温度为 5℃，对应的压力为 583.8kPa，到 B 点制冷剂全部汽化，B→C 是过热区；蒸发器内有流动阻力 35.7kPa，即在 C 点压力为 548.1kPa（对应的饱和温度为 3℃），此压力由外平衡管导入膜片下部，即膜片下有 p_1=548.1kPa 的压力作用。假如 B→C 过热区有 5℃过热度（相对于出口的蒸发温度），即出口温度 t_c=8℃，此时感温包内的温度为 8℃，相应的饱和压力为 640.6kPa，此压力传递到薄片上方，即膜片上有压力 p_3=640.6kPa。如果上述工况稳定工作，膜片和阀芯必处于某一平衡位置，膜片下弹簧力应调整到 p_2=95.8kPa，这时膜片上、下的压力均为 640.6kPa。不难看到，过热度（8－3＝5℃）相对应的饱和压力差（640.6－548.1＝92.5）就是弹簧力所对应的压力 p_2，因此，调整弹簧力（用阀下部调节螺杆）就可以调整蒸发器出口的过热度。

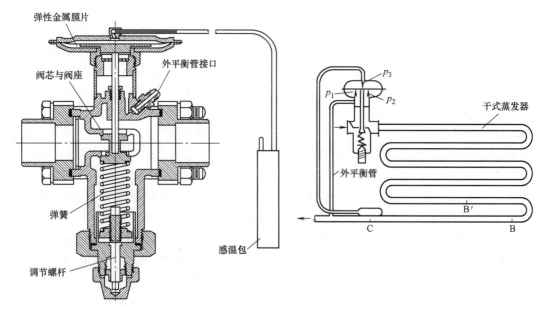

图 6-21　热力膨胀阀与干式蒸发器连接示意图

252

当蒸发器负荷改变时，上述的平衡状态就被打破。若负荷增大，这时的供液量相对于负荷来说显得不足，制冷剂到 B′ 点将全部汽化，过热区增大，出口温度 t_c 增加，感温包内压力 p_2 增加，则 $p_3 > p_1 + p_2$，阀门稍开大，使供液量增大。这时弹簧压缩，p_2 增大。膜片又在新的状态下达到平衡。由于弹簧稍有压缩，过热度略有增加。反之，当蒸发器负荷减小，阀门稍关小，使供液量减少，过热度因弹簧的松弛而略有减小。

与外平衡式热力膨胀阀相比，内平衡式热力膨胀阀无外平衡管接口，在阀的内部设内平衡通道，使膜片下方与阀门出口侧连通，膜片下感受蒸发器入口（膨胀阀出口）的压力。仍以上述数据说明其工作原理。在相同弹簧力下，只有膜片上的压力 p_3（感温包内压力）为 676.3kPa（对应的饱和温度接近 10℃），即出口的过热度（约为 $10-3=7$℃）增加了。要求蒸发器内过热区增大，使得蒸发器传热面积不能充分发挥作用。但如果蒸发器内的压力损失很小，即出口的饱和压力对应的饱和温度接近 5℃，则仍可保持 5℃ 的过热度。当蒸发器压力损失增大，出口过热度就越大。当然，可以用减小弹簧力来减小过热度。但是弹簧力的调节有一定的限度，弹簧力降得过低时不仅会导致停机时膨胀阀关闭不严，还会导致开机运行时流量过大，进而使机组工作性能不稳定。因此，对于蒸发器压力损失大的系统，应选用外平衡式热力膨胀阀，不宜选用内平衡式热力膨胀阀。

2. 选择与使用

正常情况下，热力膨胀阀应控制进入蒸发器中的液态制冷剂量刚好等于在蒸发器中吸热蒸发的制冷剂量。使之在工作温度下蒸发器出口过热度适中，蒸发器的传热面积得到了充分利用。同时在工作过程中能随着蒸发器热负荷的变化，迅速地改变向蒸发器的供液量，使之随时保持系统的平衡。实际中的热力膨胀阀感温系统存在着一定的热惯性，形成信号传递滞后，导致蒸发器产生供液量过大或过小的超调现象。为了削弱这种超调，稳定蒸发器的工作，在确定热力膨胀阀容量时，一般应取蒸发器热负荷的 1.2～1.2 倍。

为了保证感温包采样信号的准确性，其安装需要满足指定要求（安装示意图参见图 6-22）：当蒸发器出口管径小于22mm 时，感温包可水平安装在管的顶部；当管径大于 22mm 时，则应将感温包水平安装在管的下侧方 45°的位置，然后外包绝热材料。绝对不可随意安装在管的底部。也要注意避免在立管，或多个蒸发器的公共回气管上安装感温包。外平衡式

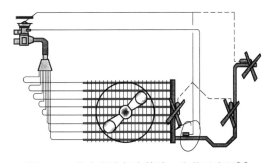

图 6-22 热力膨胀阀在管路上安装示意图[3]

热力膨胀阀的外平衡管应接于感温包后约 100mm 处，接口一般位于水平管顶部，以保证调节动作的可靠性。

6.2.5 电子膨胀阀原理与特性

电子膨胀阀由阀门、控制器和传感器组成，其外观如图 6-23 所示。电子膨胀阀由传感器测得被调参数的变化，经控制器转化为电压或电流信号，控制阀门的开大或关小，进而实现供液量的调节。电子膨胀阀按工作原理分为：电动式（步进电机驱动）、电磁式、脉冲宽度调节式和热动力式。电动式膨胀阀又可分为直动型和减速型两类，如图 6-24 所示。其中图 6-24（a）为直动型，线圈通电后，转子旋转，由导向螺纹将旋转运动变换成

阀杆上、下直线运动；图 6-24（b）是减速型，电子脉冲控制膨胀阀的步进电动机，步进电机的速度较高的旋转通过减速齿轮组减速，再带动阀杆沿导向螺纹上、下移动。

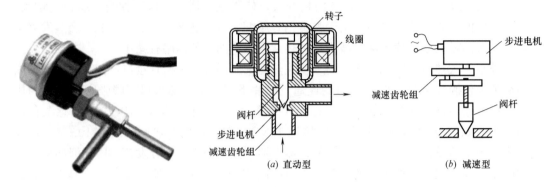

图 6-23　电动式膨胀阀　　　　　　　图 6-24　电动式膨胀阀结构示意简图

电子脉冲控制膨胀阀的步进电动机具有启动频率低、功率小、阀芯定位可靠等优点，属于爪极型永磁式步进电动机。它的定子由四个铁芯（A、$\bar{\text{A}}$、B、$\bar{\text{B}}$）和两副线轴组件组成，每个铁芯内周边常有 12 个齿（称做爪极）。定子引出线及开关电路见图 6-25。图中的开关 1 和开关 2 按表 6-1 中的 1-2-3-4-5-6-7-8 顺序通电膨胀阀开启，反之阀门关闭。

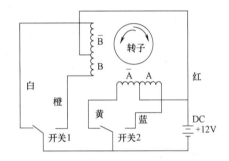

图 6-25　电子脉冲控制膨胀阀的驱动线路

按表 6-1，每一通电状态转动一步的步距角为 $\theta=360°/(12\times8)=3.75°$。一般膨胀阀从全闭到全开设计为步进电动机转子转动 7 圈，其所需要的通电脉冲数为 $7\times360°/3.75°=356$ 个，若在频率为 30Hz 时所需的阀门从全闭到全开的时间为 $356/30=11.9s$。由此可以推断频率越高，所需的时间越短，调节的精确度也越高。

电子脉冲驱动膨胀阀定子通电顺序（即动作方向）　　表 6-1

顺序＼引线	红	蓝（A）	黄（$\bar{\text{A}}$）	橙（B）	白（$\bar{\text{B}}$）	阀动作
1	DC$_{12V}$	ON				
2		ON		ON		
3				ON		
4			ON	ON		
5			ON			开　关
6			ON		ON	阀　阀
7					ON	↓　↑
8		ON			ON	
9		ON				

阀的流量与脉冲数呈线性关系，通径为 φ2.85mm 的电子脉冲控制膨胀阀的脉冲数—

流量关系曲线如图 6-26 所示。在制冷装置运行过程中，由传感器取到实时信号，输入微型计算机进行处理后，转换成相应的脉冲信号，驱动步进电动机获得一定的步距角，形成对应的阀芯上升或下降的移动距离，得到合适的制冷剂在阀孔的流通面积和与热负荷变化相匹配的供液量，实现了装置的高精度能量调节。由于变流量调节时间以秒计算，可以有效地杜绝超调现象发生。对于一些需要精细流量调节的制冷装置，采用此种膨胀阀，可以得到满意的高效节能效果。

图 6-27 为电磁式和脉冲宽度调节式膨胀阀的工作原理示意图。图 6-27（a）为电磁式膨胀阀，当线圈通电后，产生磁场，铁芯受向上的电磁力作用而被吸起。施加的电流越大，电磁力就越大；铁芯又受向下的铁芯的重力和铁芯弹簧力（随铁芯的上升而增大）作用。因此，铁芯随不同的电流而停留在不同位置，使阀门呈一定开启度。当电流减小时，在铁芯弹簧力作用下使阀的开启度减小。此阀门也可设计成电流增加，阀的开启度增大。图 6-27（b）实质上是一普通的电磁阀，线圈通电后开启，失电后关闭。利用数字

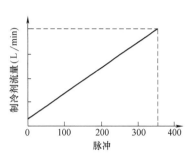

图 6-26 $\phi 2.85$ 通径电子膨胀阀的脉冲数与流量关系曲线

控制器控制电信号的脉冲宽度。例如控制阀门开启时间 40%，从而使阀门的流量等于全开流量的 40%。

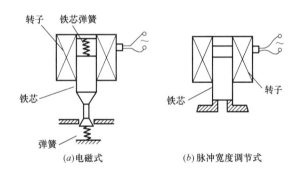

(a)电磁式   (b)脉冲宽度调节式

图 6-27 电磁式和脉冲调节式膨胀阀

电子膨胀阀的优点是调节精度高，过热度可控制得很小，即使在压力波动的情况下，也能控制出口过热度不变；可逆向流动，且两个方向的流动特性相差很小；由于将被调参数转化成电信号对阀门进行控制，因此既可根据蒸发器出口过热度控制供液量而用于干式蒸发器中，也可根据液位控制供液量而用于满液式蒸发器中。

6.2.6 毛细管节流原理与特性

1. 结构与原理

毛细管又叫节流管，其内径常为 0.5～5mm，材料为铜或不锈钢。由于它不具备自身流量调节能力，被看作一种流量恒定的节流设备，外观如图 6-28 所示。

毛细管节流是根据流体在一定几何尺寸的管道内流动产生摩阻压降改变其流量的原理，当管径一定时，流体通过的管道短则压降小，流量大；反之，压降大且流量小。在制

图 6-28　毛细管

冷系统中取代膨胀阀作为节流机构。

根据毛细管进口处制冷剂的状态分为过冷液体、饱和液体和稍有汽化等情况。从毛细管的安装方式考虑，制冷剂在其进口的状态按毛细管是否与吸气管存在热交换而分为回热型和无回热型两种。回热型即毛细管内制冷剂在膨胀过程对外放热；无回热型即毛细管内制冷剂为绝热膨胀。膨胀过程中，进入毛细管时为过冷液体的绝热膨胀，前一段为液体，随着压力的降低液体过冷度不断减小，并最后变成饱和液体，当压力降至制冷剂入口温度的饱和压力后，开始汽化，变为两相流动。随着压力不断降低，液体不断汽化，气液混合物的比体积和流速相应增大，且比焓值逐渐减小。同时由于管内阻力影响，一部分动能消耗于克服摩擦，并转化为热能被制冷剂吸收，使其比焓值有所回升。因此，这种膨胀过程中制冷剂的比熵值不断增大。所以该过程介于等焓及等熵之间的膨胀过程。当毛细管进口为饱和液体或是已具有一定干度的气液混合物时，在毛细管内仅为气液两相流动过程，无单相液体段。

在毛细管的管径 d、长度 l 和制冷剂进口前的状态均给定的条件下，制冷剂的流量密度、出口压力，将随蒸发器内蒸发压力（俗称背压）的变化而改变。当背压较高时流量密度随背压的降低而不断增大，而出口压力与背压始终相等。这是因为背压降低到某一数值时，毛细管出口出现了"临界出口状态"，其出口流速达到当地音速，制冷剂的流量密度达到最大值。

2. 选择与使用

制冷装置中毛细管的选配有计算法和图表法两种。无论是哪种方法得到的结果，均只能是参考值。

理论计算的方法是建立在毛细管内有一定管长的亚稳态流存在，其长度受亚稳态流的影响仅仅反映在摩阻压降中相应管长流速的平均值 u_m 上；毛细管内蒸气的干度随管长的变化规律按等焓过程进行；以及管内摩擦因数按工业光滑管考虑等假设条件下，其毛细管长度可由式（6-1）计算得到，即：

$$\Delta p_i = -\frac{G}{gF}\Delta u_i - \frac{G}{2gFd_i}\xi u_{mi}\Delta L_i \qquad (6\text{-}1)$$

式中　G——每根毛细管的供液量，kg/s；

　　　F——毛细管通道截面积，m²；

　　　g——重力加速度，m/s²；

　　　Δu_i——所求管段进出口截面流速差，m/s；

　　　d_i——毛细管内径，m；

　　　u_{mi}——所求管段进出口截面流速平均值，m/s；

　　　ξ——摩阻系数，当管内为液相流动时，以 ξ_L 表示，ξ_L 通过式（6-2）计算。

$$\xi_L = \left[1 + \left(20000\frac{e}{d_i} + \frac{10^6}{Re}\right)^{\frac{1}{3}}\right] \qquad (6\text{-}2)$$

式中，e/d_i 为毛细管内表面的相对粗糙度，推荐值为 $e/d_i = 3.8 \times 10^{-4}$；$Re = ud_i/\nu$；当管内为两相流动时，$\xi_T = 0.95\xi_L$。

　　考虑在管内的流动过程存在干度 x 的变化，应对毛细管按压差分段（即 Δp_i）计算各管长 ΔL_i，最后 $\sum \Delta L_i$ 即是理论计算的毛细管长度。

　　在工程设计中也有采用在某稳定工况下，对不同管径和长度的毛细管进行实际运行试验，并将试验结果整理成线图。在选配时根据已知条件通过线图近似地选择毛细管参数，即图表法。图 6-29 示出 R22 毛细管初步选择曲线图。若已知一 R22 制冷装置制冷量 $Q_0 =$ $600 \times 1.163W = 697.8W$，在图中可以有 A、B、C 三个反映毛细管参数的点，即得到三种长度和内径的毛细管，即 d_i 为 0.8mm、0.9mm 和 1.0mm，长度为 L 为 0.9mm、1.5mm 和 2.8m，可从此三个结果中选取一种作为初选毛细管尺寸。

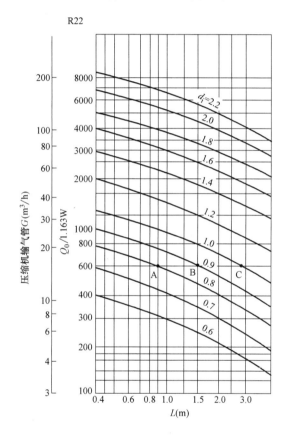

图 6-29　毛细管 R22 毛细管初步选择曲线图

注：适用条件：入口温度 46.1℃、压力小于或等于临界压力。

设计用毛细管节流的制冷系统时应注意：

　　（1）系统的高压侧不要设置贮液器，以减少停机时制冷剂迁移量，防止启动时发生"液击"。

　　（2）制冷剂的充注量应尽量与蒸发容量相匹配。必要时可在压缩机吸气管路上加装气液分离器。

　　（3）对初选毛细管进行试验修正时，应保证毛细管的管径和长度与装置的制冷能力相吻合，以保证装置能达到规定的技术性能要求。

　　（4）毛细管内径必须均匀。其进口处应设置干燥过滤器，防止水分和污物堵塞毛细管。

6.3　制冷剂管路系统中的功能部件与设备

对于蒸气压缩式制冷循环系统，除了必要的四大部件外，通常还需要设置一些功能部件与辅助设备，以保证系统安全、可靠与高效运行。其中功能部件主要包括安全保护部件，流量、压力与温度控制等功能调节部件，用以保证系统的正常使用和性能优化；辅助设备主要包括制冷剂分离、净化与贮存部件，润滑油的分离、收集与循环部件，不凝性气体的分离与排除设备，用以保证系统高效运行所需的运行条件。

6.3.1　制冷剂管路系统中的安全保护部件

1. 高、低压控制器

高、低压控制器和高低压组合控制器统称为压力控制器，也称为压力开关，是制冷压缩机不可或缺的安全装置。压力控制器通过导压管将所控压力部分的气体或液体压力导至压力控制器的波纹管，以操纵控制器的动作。压力控制器有设定值和动幅差，并可在一定范围内调整。

制冷系统中常用的压力控制器有高压控制器、低压控制器和高低压组合控制器三种，其作用如下：

（1）高压控制器

高压控制器的作用是限制制冷压缩机高压排气压力，它安装在压缩机高压排气管路中，当排出压力超过设定值时，即切断压缩机的电源，使压缩机停车，同时发出报警信号。高压控制器动作停车后，不能自动复位启动，需待查出原因并清除故障后，方可手动复位。

（2）低压控制器

低压控制器的作用是控制压缩机不在过低的吸气压力条件下运行，即当吸气压力低于某设定值时，切断压缩机电机电源，当压力回升后可自动复位开车。低压控制器主要用于控制小型压缩机负压停车，并控制压缩机的卸载装置，实现自动化能量调节。

（3）高低压组合控制器

高低压组合控制器有 YWK-22、YWK-11 和 YWK-12 三种型号。高低压组合控制器适用于 R717 和氟利昂制冷剂，低压压力控制范围是 $0.05\sim0.6\text{MPa}$，高压压力控制范围是 $0.6\sim2\text{MPa}$。为双位式控制，可在所设立的上、下限发出通路和断路的电信号。

YWK-22 型为高低压组合式压力控制器，既可控制高压也可控制低压。压力控制器的结构如图 6-30 所示，其电气接线如图 6-31 所示。

在图 6-30 中，YWK-22 型压力控制器高压部分触点的动作步骤是：当被控压力超过控制器高压设定值后，触点由 2→1 变为 2→3，切断电机电源电路，同时接到报警信号电路。高压保护部分开关动作后，跳脚板上的凸出边缘即被扣住。按手动复位按钮可使其脱扣复位。低压部分当被控压力低于控制器设定值时，触点动作，使 2→3 断开，切断电机电源。当压力逐渐升高到主刻度＋幅值差时，电源电路自动接通，恢复运行。YWK-11 型和 YWK-22 型的开关动作规律相同，都是被控压力升高到控制器的设定值时，接通电路；当压力下降到主刻度值时，切断电路，对被控对象实现二元式压力控制。

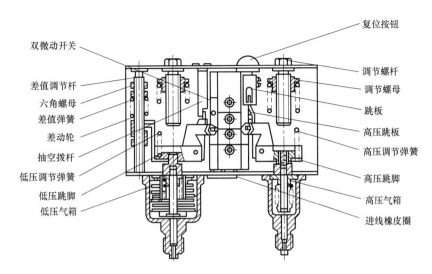

图 6-30　YWL 型压力控制器结构图

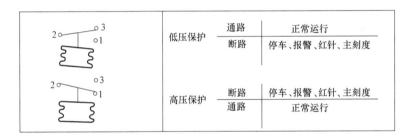

		低压保护	通路	正常运行
			断路	停车、报警、红针、主刻度
		高压保护	断路	停车、报警、红针、主刻度
			通路	正常运行

图 6-31　YWL 型压力控制器电气接线图

2. 压差控制器

压差控制器有两种：一种是油压压差控制器，另一种是氨泵压差控制器。两种压差控制器都是重要的安全装置。

（1）油压压差控制器[2]

采用油泵强制供润滑油的压缩机，如果油压不足，会因润滑不良烧毁压缩机。另外，对于有气缸卸载机构的压缩机，还会因油压不足使卸载机构无法正常工作。因此，这类压缩机必须设油压继电器，即压差控制器。

正常的循环油压是在压缩机启动后逐渐建立的。开机前油压尚未建立起来时，为不影响压缩机启动运行，压差控制器内都设有延时开关。一般延时时间调定为 1min。压缩机开机后 1min 内能建立正常油压，则延时开关断开，若 1min 后不能建立正常油压，则延时开关接通声光报警装置，同时切断压缩机启动控制电路，使压缩机停止运行，起到油压保护作用。

JC3.5 型压差控制器外形结构如图 6-32 所示。

图 6-32 表示的是油压正常时的情况。高压和低压分别作用到高压波纹管和低压波纹管上，经主弹簧平衡压力后，使顶杆处于如图位置，最终使角杠杆也处于如图位置。此时开关 SA1 和 DZ 相通，开关 SA2 和 X 相通。由 b 点来的电流经 SA1-过正常工作信号灯，回到 a 点；由 b 点来的另一路电流经交流接触器线圈过 X 至 SA2，经 Sx 及压力开关、热

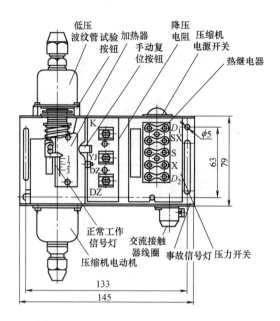

图 6-32　JC3.5 型油压差控制器结构图

继电器回到 a 点。此时正常信号灯亮，交流接触器吸压缩机正常运行。

若压缩机不能建立正常的油压，则顶杆向下使角杠杆到达图中虚线的位置，此时开关 SA1 和 DZ 断开，正常工作信号灯熄灭，同时 SA1 和 YJ 相通，由 b 点来的电流 sA1-YJ 过加热器、降压电阻，经 D1-X-SA2-Sx，过压力开关、热继电器回点。此时压缩机仍在运行，但加热器已通电加热，1min 后加热器使双金属片弯曲，SA2 和 X 断开，与 S1 相通。这样由于交流接触器线圈断电，交流接触器跳开，压缩机停止运行，同时事故信号灯亮。

由于开关 SA2 和 S1 相通，加热器的电路已被切断，双金属片会恢复到原来形状，但 SA2 和 S1 不会断开，更不会和 X 重新相通，只有当设备油压不足的故障排除后，按动手动复位按钮，压缩机才能重新启动。这个作用称为延时开关中的自锁。

试验按钮的作用是人为地将角杠杆推到图中虚线位置，查看压缩机在 1min 内是否停机，如不停机则说明压差控制器已损坏，应及时修理或更换。

（2）氨泵压差保护

氨泵使用的电动机是屏蔽电动机。它靠氨液来冷却。氨泵的石墨轴承也靠氨液润滑、冷却。因此氨泵工作时，进出口氨液压力差必须高于一定值，否则会产生气蚀（氨泵进出口压力小于氨液气化压力而使氨液中产生大量氨蒸气泡的现象），造成屏蔽电动机、石墨轴承冷却润滑变差、烧毁。为了防止气蚀，氨泵进出口装有一压差控制器，在氨泵启动压差尚未建立时，或产生故障使压差低于设定值时，即延时一段时间切断氨泵电源，待故障排除后方可再次启动。

图 6-33 为 RT260A 型压差控制器原理图，它需与一外接延时继电器一起工作。其动作原理是：若氨泵进出口压差低于 0.04～0.09MPa 时，主弹簧使底部波纹管伸长，差动值调整螺母随主调整螺杆一起下移，拨动微动开关触头。使触头 2 与触头 1 接通，继电器开始计时，若 15s 内不建立压差，则切断电源，使氨泵停车排除故障。若在 15s 内建立压

差，在主弹簧作用下触头 2 与触头 1 断开，使时间继电器不产生动作，触头 2 与触头 3 接通，氨泵进入正常运行状态。压差给定值的调整，通过调整螺母、主调整杆，改变主弹簧的预紧力来实现，而其差动值，则以改变差动调整螺母间的间隙方法来调整。

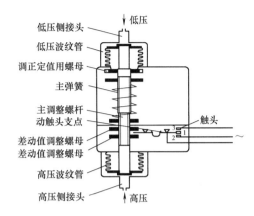

图 6-33 RT 型压差控制器原理图

3. 安全设备

许多制冷剂的制冷系统都有较高的压力。当压力超过预定的压力时，不仅运行经济性下降，而且增加了不安全性。有些制冷剂（如氨）有爆炸、燃烧危险，并对人体有害，超压更有严重的危害性。此外，超压还可能出现损坏机器的事故。因此，在制冷系统中必须设置一些安全设备防止压力过高，保证制冷系统安全运转。制冷系统中必须设置的安全设备包括安全阀、易熔塞、紧急泄氨器。

（1）安全阀

安全阀是保证制冷设备在规定压力下工作的一种安全设备。安全阀可安装在制冷压缩机的进、排气连通管上，当压缩机排气压力超过允许值时，安全阀开启，使高、低压两侧串通，保证压缩机的安全工作。安全阀也常装在冷凝器、贮液器等设备上，以避免容器内压力过高而发生事故。图 6-34 示出微启式弹簧安全阀的结构。当设备中的压力超过规定工作压力时，即顶开阀门，使制冷剂迅速排出系统。

装在氨制冷系统高压容器上的安全阀，其排出管应直接通至室外或高空排放，因为氨是有毒的；即使是氟利昂，排入机房内过多也会使人窒息。

容器上安全阀口径大小根据容器大小及制冷剂确定，可按下式计算：

$$d = C\sqrt{DL} \qquad (6-3)$$

式中　d——安全阀口径，mm；

　　　D——容器直径，m；

　　　L——容器长度，m；

　　　C——系数，见表 6-2。

制冷剂	系数 C 表 6-2	
	高压侧	低压侧
R13	5	5
R22、R502、R717	8	11

安全阀一经开启，由于杂物卡住阀口，或其他原因，往往不容易保持密闭，需要进行检查或作必要的修理。

对人体有害的制冷剂（如氨）的系统，安全

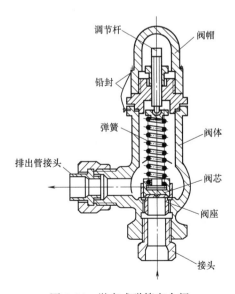

图 6-34 微启式弹簧安全阀

261

阀出口均应接安全管引到室外,管径与安全阀口径相同。多个安全阀可用同一个安全总管,但总管的截面积不小于分支管截面积之和。安全管伸出室外,出口应高于房檐口不少于 1m;高于立式冷凝器操作平台不少于 3m。高压部分的安全阀,可以把安全阀排泄的高压蒸气引到系统的低压部分,而不直接泄放到大气中,这样既不损失制冷剂,又不污染周围环境。但安全阀的动作压力要考虑低压侧的压力。有些活塞式压缩机的内部装有安全阀,当压缩机高压腔内产生异常高压时,安全阀就打开,把高压气体排放到低压的曲轴箱内。安全阀的动作也受低压侧压力的影响。

(2) 易熔塞

有些小型的不可燃制冷剂(如 R22 等)系统中,常采用熔塞代替安全阀。图 6-35 为熔塞的构造。在塞子的中间部分填满了低熔点合金,熔化温度一般在 75℃ 以下。熔塞只限于用在容积小于 500L 的容器(冷凝器或贮液器)上。熔塞安装的位置应防止压缩机排气温度的影响,通常装在容器的接近液面的气体空间部位。当容器内气体的饱和温度高于

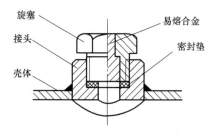

图 6-35　易熔塞构造示意图

熔塞的熔点时,低熔点合金熔化,制冷剂气体从孔中喷出,从而达到保护设备及人身安全。易熔塞的合金熔化后,应重新浇铸或更新,并与容器一起试漏后才能使用。易熔合金的成分不同,其熔化温度也不相同。例如成分为铋 50%、镉 12.5%、铅 25%、锡 12.5% 的易熔合金,熔化温度是 68℃。可以根据所要控制的压力选用不同成分的易熔合金。熔点为 70℃ 的易熔塞合金质量百分比见表 6-3。

熔点 70℃ 易熔塞合金质量百分比表　　　　　　　　表 6-3

成分	铅(Pb)	锡(Sn)	铋(Bi)	镉(Cd)	锑(Sb)
质量百分比(%)	25.7	13.3	50	10	1

易熔塞在安装时,应安装在容器的顶部。系统试压时,要仔细检查,以防易熔合金与黄铜之间有渗漏。一旦发现有渗漏,应立即更换。

(3) 紧急泄氨器

紧急泄氨器是大、中型氨制冷系统重要的安全装置。在大、中型冷库的制冷系统中一般都有较多的充氨量,一旦发生严重事故(例如发生火灾),则大量的氨液外泄危害极大。为了保护设备和人身安全,防止事故的继续扩大,必须迅速而安全地将系统中的氨液排放出去,从而保证系统的安全。因此氨系统一般都设有紧急泄氨器。

紧急泄氨器是一种事故应急设备,其结构如图 6-36 所示,进液管和制冷系统的主要

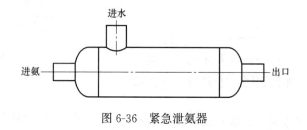

图 6-36　紧急泄氨器

贮液器的主供液管路连接，旁接进水管，平时阀门常闭，遇到危险时，首先打开进水阀，然后迅速打开进氨阀，使氨与水一起排放至下水道中，以减少污染环境和确保安全。紧急泄氨器一般装设在系统的最低点，其出口必须连接到安全的地方（如下水道等），以确保人身及财产安全。

必须强调的是，只有在发生火灾或其他意外重大事故，危及制冷系统和人身安全时，才可使用紧急泄氨器，但绝不能以使用率极低甚至从未使用为理由而不设紧急泄氨器。

4. 安全指示部件

视液镜是制冷系统中的一种安全指示部件，主要用于指示制冷剂状态、贮液器中制冷剂液位或压缩机曲轴箱中润滑油油位。部分视液镜还带有含水量指示器，通过改变颜色来指示制冷剂中的含水量。

6.3.2 制冷剂管路系统的功能调节部件

1. 制冷系统中的各类阀门

（1）直动式电磁阀

直动式电磁阀直接由电磁力驱动，电磁阀口径在 3mm 以下的通常使用这种类型，其典型结构如图 6-37 所示，图中为常闭型。

当接通电流时，电磁线圈通电产生磁场，衔铁受电磁力作用被吸起，带动阀板离开阀座，阀被打开。当切断电流时，电磁力消失，在衔铁重力、进口压力以及弹簧力的共同作用下，衔铁落下，阀板落到阀座上，阀被关闭。

直动式电磁阀动作灵敏，可以在阀前后压差为零的情况下工作。它用于直接控制毛细管或者作为导阀使用。

（2）伺服式电磁阀

对于中、大口径的电磁阀，通常采用伺服式，以克服由于直接靠电磁力驱动所需线圈尺寸过大及耗电过多的缺点。伺服式电磁阀有膜片式和活塞式两种，其基本原理都相同。图 6-38 给出了一个伺服式电磁阀的结构，该阀为常闭型膜片式电磁阀。

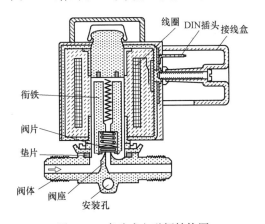

图 6-37 直动式电磁阀结构图

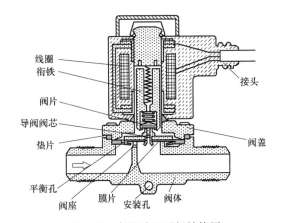

图 6-38 伺服式电磁阀结构图

从图 6-38 中可以看出，伺服式电磁阀的结构可分为两部分：上半部分是一个小口径的直动式电磁阀，起导阀作用；下半部分是阀体，其中装有膜片组件。导阀阀芯在膜片的中间，导阀阀片直接安装在衔铁上。膜片上有一个平衡孔，未通电时膜片上方与阀进口通过平衡孔达到平衡。

图 6-39 为伺服式电磁阀开启与关闭过程示意图。当线圈不通电时，衔铁的重量、弹簧力以及阀进出口压差的共同作用使两个阀芯都关闭。线圈通电后，衔铁在电磁力作用下上移，导阀阀芯被打开，膜片上方与阀出口连通，故膜片上方的压力迅速下降为阀后压力，这样进出口的压差就迫使膜片远离主阀芯，主阀被打开。切断电源后，衔铁下落，导阀被关闭，阀前介质通过膜片上的平衡孔进入膜片上方空间，使膜片上方的压力上升到与阀进口压力相同，从而膜片落下，把主阀关闭。

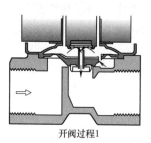
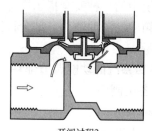

开阀过程1　　　　　　　　　　开阀过程2
导阀打开，膜片上方迅速下降为阀后压力　　膜片在上下压差作用下被抬起，主阀被打开

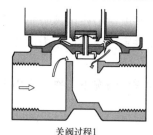
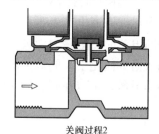

关阀过程1　　　　　　　　　　关阀过程2
导阀关闭，膜片上方恢复为进口压力　　膜片在上下压差作用下下落，主阀被关闭

图 6-39　伺服式电磁阀开启与关闭过程示意图[1]

伺服式电磁阀的优点是利用阀前后介质的压力差做自给放大，提供主阀开启所需的驱动力，因此对电磁线圈的磁力要求不大，这有利于使导阀系列化和通用化。

值得注意的是，由于膜片的开启和维持要靠阀前后的压力差，因此对于伺服式电磁阀有一个最小开阀压力，只有在阀前后压差大于这个最小开阀压力的情况下阀才能被打开。这在电磁阀选型时要特别注意。

（3）四通阀

四通阀也称为四通换向阀，广泛应用于热泵型空调系统中。四通阀是由一个电磁三通阀（导阀）和一个四通滑阀（主阀）构成的组合阀，通过导阀线圈上的通、断电控制，改变主阀中活塞的位置，从而改变系统管路的连接关系，使制冷剂流向发生改变，这样系统就可以在制冷和制热两种模式间进行转换，其外观如图 6-40 所示。

图 6-40　四通换向电磁阀外观图

图示四通阀由三个部分组成：先导阀、主阀和电磁线圈。电磁线圈可以拆卸。先导阀与主阀焊接成一

体。四通换向电磁阀内部结构如图 6-41 所示。主阀上的 D 管接压缩机排气口，C 管接室
外换热器，S 管接压缩机的吸气口，E 管接室内换热器。导阀的 a 毛细管和 c 毛细管分别
与主阀的 A、B 腔相通，b 管与压缩机的吸气口相连。通过主滑阀上的平衡孔，由 d 管进
入的高压蒸气可以流入到 A、B 腔中。

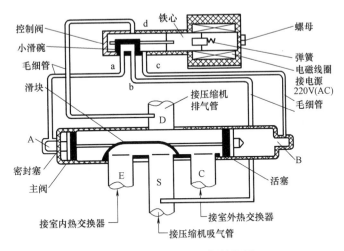

图 6-41　四通换向电磁阀结构图

　　制冷运行时，如图 6-42（a）所示，导阀的电磁线圈处于断电状态，导阀中的滑阀在
压缩弹簧驱动下左向移动，导阀的 D（图 6-41 中 d）管和 G（图 6-41 中 c）管连通，主阀
右侧的 B 腔与系统的高压侧连通，而左侧的 A 腔通过导阀的 E 与 S 两毛细管与系统的低
压侧联通，相应的，主阀中的滑阀在压差的作用下左移，使得 D 管与 C 管连通，E 管与 S
管连通。这样压缩机的排气就流向室外换热器，通过节流装置和室内换热器后流回压缩
机，形成制冷运行工况。当制热运行时，如图 6-42（b）所示，导阀的电磁线圈通电，导
阀中的滑阀受磁力与弹簧合力驱动向右移动，D 管和 E 管连通，A 腔里变为高压腔，相

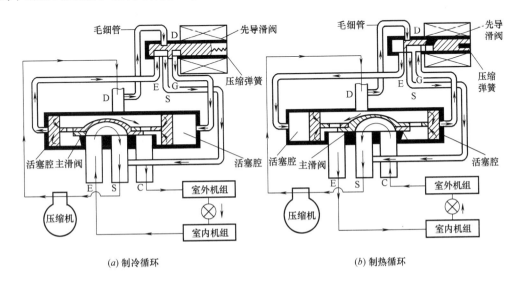

(a) 制冷循环　　　　　　　　　　　　　　　(b) 制热循环

图 6-42　四通换向电磁阀工作原理图

应的 B 腔变为低压腔，主滑阀在压差作用下右移，这样 D 管和 E 管连通，S 管和 C 管连通，形成制热循环工况。

值得注意的是，由于四通滑阀的移动是以压缩机吸排气压力差作为动力的，故当制冷系统切换为制热模式时，虽然电磁三通阀（导阀）已上电，但如果压缩机还没有启动，此时四通阀并没有实现真正的换向，只是为四通阀的换向创造了基本条件，只有当吸排气压差达到一定值后四通阀才能换向。

2. 制冷系统中的控制器

（1）蒸发压力调节阀

蒸发压力调节阀应用在需要维持蒸发压力恒定的场合。它根据蒸发压力的高低自动调节阀门开度，控制从蒸发器中流出的制冷剂流量，以维持蒸发压力的恒定。由于当蒸发器中的压力低于设定值时，调节阀关闭，因此它还起到防止蒸发压力过低的作用。

蒸发压力调节阀分为直接作用型和间接作用型两类。直接作用型蒸发压力调节阀见图 6-43，阀体中设有一个平衡波纹管，其有效面积与阀座的面积相当，因此其开度（阀板的位移）只取决于进口压力，出口压力的变化不会对阀的开度产生任何影响。另外，高压调节阀中装有有效的阻尼装置，可以防止在制冷系统中经常出现的脉动现象，能够在保证调节器长久使用寿命的同时不削弱调节精度。它是一种受进口压力（蒸发压力）控制的比例型调节阀，蒸发压力作用在阀板的下部，当蒸发压力超过主弹簧的设定压力时，阀被打开，小于设定压力时，阀被渐渐关上。阀门开度与两个压力的差值成比例。

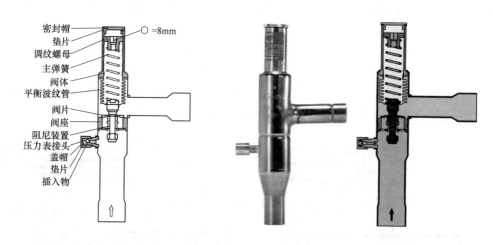

图 6-43　蒸发压力调节阀结构图

图 6-44 所示为间接作用型蒸发压力调节阀，它由定压导阀和常开型主阀组成，通常用在需要准确调节蒸发压力的制冷系统中。图中，A 为导流阀口，p_e 是蒸发压力，p_c 是从系统高压侧引过来的压力，p_1 和 p_3 分别为弹簧力。蒸发压力的设定是通过调节弹簧压力 p_1 来实现的，利用 p_1 来平衡蒸发压力 p_e。当蒸发压力 p_e 降低时由于弹簧力 p_1 的作用将导致 A 被关闭。于是高压 p_c 就在主阀活塞上端建立起来，压力 p_c 最终将超过 p_3 而导致主阀被关闭，从而蒸发器中的压力将上升。当蒸发压力的升高导致压力 p_e 大于 p_1 时，导阀开启，压力 p_c 通过 A 卸掉，这样主阀活塞上方的压力降低，在 p_3 的作用下主阀被

打开，从而降低蒸发器中的压力。这样就能限定蒸发压力的变化，使其近似保持为设定值。

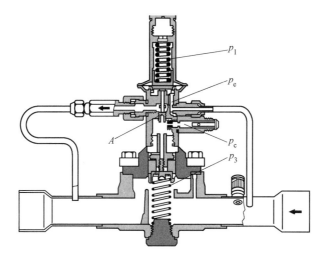

图 6-44 间接作用型蒸发压力调节阀

在单蒸发器系统中，蒸发压力调节阀安装在蒸发器出口即可，如图 6-45 所示。对于多蒸发器系统，应当在蒸发温度最低的蒸发器出口设置单向阀（以防止停机后，高温蒸发器内的制冷剂流入低温蒸发器，导致开机时出现吸气带液），而在其余蒸发器的出口都安装蒸发压力调节阀，以保持各蒸发器内的蒸发压力恒定，参见图 6-46。

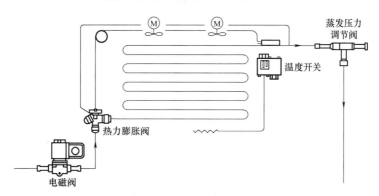

图 6-45 蒸发压力调节器控制系统图

（2）压缩机吸气压力调节阀

吸气压力调节阀的结构见图 6-46。由于它具有平衡波纹管，调节器进口压力的变化不会对阀的开度产生任何影响，因此阀的开启与否只与其后的出口压力（亦即压缩机的吸气压力）有关。当压缩机吸气压力低于设定值时，阀开启；当吸气压力高于设定值时，阀开度减小，开度大小与吸气压力与设定值的偏差有关，吸气压力越高，开度越小。因此，它是一种受阀后压力控制的比例型调节阀。

这种保护装置一般用于低温制冷系统。对于大、中型制冷设备，可以采用主阀和导阀的组合形式来调节压缩机的吸气压力。

（3）冷凝压力调节阀

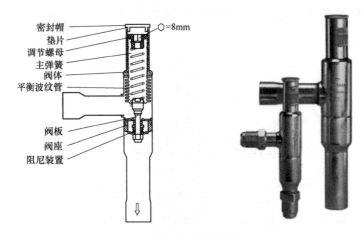

图 6-46　压缩机吸气压力调节阀

　　冷凝压力调节器由一个高压调节阀和一个差压调节阀组成，高压调阀是由进口压力控制的比例型调节阀，其开度与进口压力和冷凝压力设定值之差成正比，当阀前压力低于设定值时，阀关闭；达到设定值时，阀开始开启，正常运行时，阀全开。差压调节阀是受阀前后压差（冷凝器和高压调节阀的压降之和）控制的调节阀，压差增大，开度增大，压差减小，开度减小，当压差减小到设定值时，阀门关闭。

　　图 6-47 和图 6-48 所示分别为高压调节阀和差压调节阀的结构图。高压调节阀中设有平衡波纹管，其有效面积与阀座的面积相当，因此其开度（阀板的位移）只取决于进口压力，出口压力的变化不会对阀的开度产生任何影响。另外，高压调节阀中装有有效的阻尼装置，可以防止在制冷系统中经常出现的脉动现象，能够保证调节器长久使用寿命的同时不削弱调节精度。

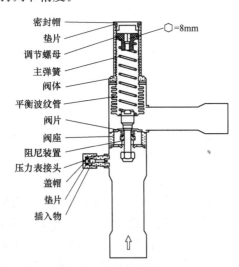

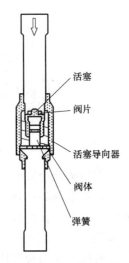

图 6-47　高压调节阀结构图　　　　　　图 6-48　差压调节阀结构图

　　图 6-49 所示为冷凝压力调节器在制冷系统中的安装位置示意图。高压调节阀安装在冷凝器出口的液管上，差压调节阀跨接在压缩机出口与高压贮液器之间。

　　使用冷凝压力调节阀的制冷装置，必须在系统中设置容量足够大的高压贮液器，且系统中有足够的制冷剂充注量，以保证在冷凝器出现最大可能的集液时，贮液器内仍然有液体，否则从差压调节阀旁通的热气将直接冲到膨胀阀前，导致膨胀阀不能正常工作。

（4）能量调节阀

能量调节阀用在热气旁通能量调节方式中。它安装在压缩机的排气管和吸气管之间的旁通管上，用于在小负荷的情况下防止吸气压力过低以及压缩机发生频繁启停的现象。图 6-50 所示为能量调节阀的结构，它的内部设有一个平衡波纹管，其有效面积与阀座的面积相当，因此其开度（阀板的位移）只取决于出口压力（吸气压力），进口压力（排气压力）的变化不会对阀的开度产生任何影响。

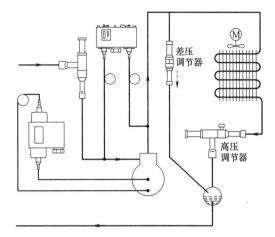

图 6-49 冷凝压力调节器在制冷系统中的安装位置示意图

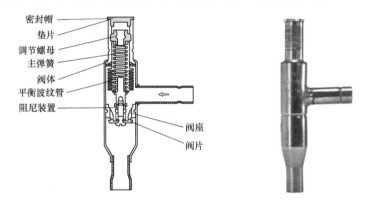

图 6-50 能量调节阀外观与结构图

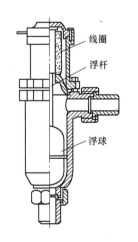

图 6-51 浮球式液位控制器的传感器结构图

当系统负荷降低时，吸气压力降低，当其低到小于能量调节阀的设定值（吸气压力的设定值可由调节螺母进行调节）时，阀打开，压缩机的一部分高压排气旁通到低压侧，使压缩机在低负荷的情况下仍能维持较高的吸气压力继续运行。热气旁通量与吸气压力和设定值的偏差量成比例，因此能量调节阀是受吸气压力控制的比例调节阀。

如果系统的负荷有可能小于压缩机的最小出力时，应当安装能量调节阀。

（5）液位控制器

浮球液位控制器用于指示和自动控制（与电磁阀或电磁主阀配合使用时）容器的液位。浮球液位控制器由液位信号传感器和电子控制器组成。图 6-51 为 UQK-40 型浮球液位控制器的浮球传感器结构图。当浮球上升或下降时，不锈钢浮球带动浮杆在线圈内上升或下降，使线圈内的电感发生变化，输出与液位相对应的交流电压，从而使电子控制器的继电器触点动作。所控制的上下液位差一般为 40～60mm。当浮球上升经下液位时，继电器不动作，只有达到上液位时，继电器才动作；反之，当浮球下降，经上液位时，继电器不动作，只有达到下液位时，继电器才动作。

6.3.3　气液分离与干燥过滤处理设备

1. 气液分离器

压缩机如果吸入液体会产生液击现象，危害压缩机。造成压缩机回液的原因很多，如操作失当，自动膨胀阀失灵，机组内制冷剂充注量过大，机组停机压力达到平衡时冷凝器中液体通过毛细管、蒸发器进入压缩机等。气液分离器的作用是分离来自蒸发器的低压蒸气中的液滴，以保压缩机吸入干饱和蒸气，防止液体进入压缩机。小型空调用氟利昂制冷装置［包括热泵空调器（机）］所采用的气液分离器有管道型和筒体型两种，如图 6-52 所示。一般的小型氟利昂系统内部容积较小又不设贮液器，为防止压缩机产生液击，而在压缩机机壳外吸气管处设置气液分离器。其结构与压缩机吸气管道融为一体，称为管道型气液分离器［见图 6-52（a）］。液体分离器利用惯性的原理分离液体，气体进入分离器后速度突然降低，并改变流动方向，使质量较大的液体分离下来形成干饱和蒸气回到压缩机。与此同时，分离出来的润滑油则由下端的小孔 a 随干饱和蒸气一起返回压缩机。然而，对于制冷剂循环量稍大一些的制冷系统需要使用独立于压缩机外的筒体型气液分离器［见图 6-52（b）与（c），其中图 6-52（c）为带换热器的液体分离］，其 U 形管的进气口位于容器上方，与含液气流管的出口形成一定高度差，以利于改变气流方向。U 形管底部的小孔 b 的作用是保证一定量的油随吸入气体一起返回压缩机。小孔 c 的作用是在压缩机停后使液体分离器与压缩机吸气腔压力平衡，否则有可能因液体分离器所处的环境温度高于压缩机的环境温度，导致液体和油通过限流孔压送入压缩机的吸气腔内，在压缩机重新启动时发生液击。

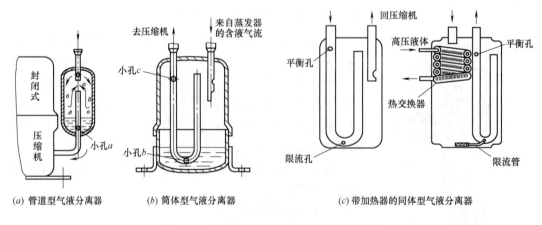

(a) 管道型气液分离器　　(b) 筒体型气液分离器　　(c) 带加热器的筒体型气液分离器

图 6-52　小型氟利昂制冷装置用气液分离器

氨用气液分离器除上述作用外，还可令经节流阀供给的气液混合物分离，只让液氨进入蒸发器中。《氨制冷装置用辅助设备第 14 部分：氨液分离器》JB/T 7658.14—2006 规范了氨制冷装置用氨液分离器的形式、参数和技术要求等。图6-53示出了氨液分离器的结构。工作时氨气流动方向与氨液沉降方向相反，以保证分离效果。

图6-54为氨液分离器应用原理图。氨液分离器的作用有：将经节流后的闪发气体分离，而氨液供给满液式蒸发器；分离蒸发器回压缩机的氨气中夹带的液体。浮球膨胀阀保持氨液分离器中的液位恒定。氨液分离器安装在蒸发器上方，使其液位高出蒸发器最上一排管间的静液柱压力足以克服制冷剂的流动阻力。系统中液体过滤器用于清除氨液中夹带的杂质，防止堵塞浮球膨胀阀的阀孔。手动膨胀阀作浮球膨胀阀的备用阀门。氨液分离器的气液分离是利用惯性原理，通常使氨气在分离器内上升的速度不超过0.5m/s。

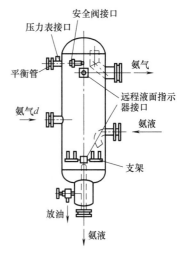

图6-53 氨液分离器结构

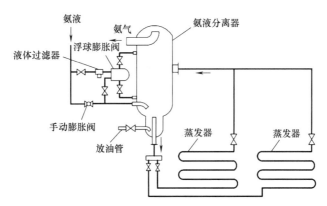

图6-54 氨液分离器应用原理图

2. 过滤器和干燥器

过滤器有液体过滤器与气体过滤器，用来清除制冷剂液体或蒸气中含有的固体杂质。通常装在节流装置、自动阀门、润滑油泵、压缩机等设备前，防止杂质堵塞阀孔或损坏机件。

图6-55为卤代烃类制冷剂用的液体过滤器，它采用无缝钢管作为壳体，内装0.1～0.2mm网孔的黄铜丝网或不锈钢丝网，两端盖用螺纹与筒体连接并用锡焊焊牢。一般安装在液管段的供液电磁阀前的管道中。同时在筒体标有流向指示符号，避免发生安装错误。

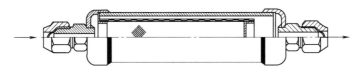

图6-55 液体过滤器

在氨制冷系统中专门设置有氨液过滤器和氨气过滤器，以清除系统内的机械杂质、金属屑、氧化皮等，其基本参数和技术要求见JB/T 7658.16—2006和JB/T 7658.15—2006

等相关标准。它们的结构如图 6-56 所示。它们一般用 2～3 层 0.4mm 网孔的钢丝网制作。氨液过滤器一般设置浮球节流阀或手动节流阀之前的液体管路中，流速一般为 0.07～0.1m/s。氨气过滤器一般安装在回气管路上，防止氨气中的杂质带入压缩机，氨气通过的流速为 1～1.5m/s。

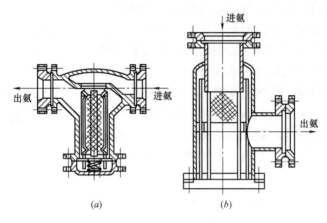

图 6-56　氨过滤器

干燥器用于溶水能力小的卤代烃类制冷剂的系统中，装在节流机构前，吸收制冷剂中含有的游离水，以防止节流机构"冰塞"。"冰塞"是指在节流机构处因温度下降（0℃以下）而使所含的水分结冰，堵塞节流机构。即使在 0℃ 以上不会发生冰塞现象的系统中，也需对制冷剂进行干燥。因为水分会使卤代烃类制冷剂水解，产生酸，使润滑油的油质劣化和对机件腐蚀。在实际的氟利昂系统中常常将过滤器筒体内填充干燥剂，使过滤和干燥功能合二为一，叫做过滤干燥器，如图 6-57 所示。干燥剂一般采用无水氯化钙、硅胶、活性氧化铝和分子筛等，以吸收制冷剂液体中的水分。

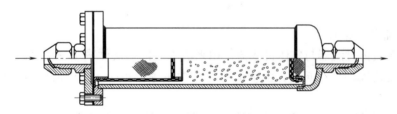

图 6-57　干燥过滤器

3. 贮液器

贮液器按其在系统中的用途分，有高压贮液器、低压贮液器和排液桶。高压贮液器的功能有：接收冷凝器的高压液体，避免负荷波动时冷凝液淹没冷凝器传热面；在负荷、工况变化时对系统中流量不均衡性起平衡作用；在制冷或热泵机组中，可容纳充入机组的全部制冷剂；在热泵机组中，冷源、热源侧的换热器不相同，当制冷/制热工况转换时，贮液器起贮存或补充换热器内制冷剂存量变化的差额。低压贮液器用于用泵供液的大型系统中，它具有上述氨液分离器（见图 6-54）的功能——分离节流后的闪发蒸气和分离蒸发器回气中夹带的液体，此外它还保证泵吸入口有一定静液柱，避免泵产生气蚀。排液桶的作用是在冷库制冷系统中，对某组蒸发器进行热气除霜（将压缩机高压制冷剂蒸气注入蒸发器）时收集蒸发器排出的液体。

贮液器是用钢板卷制焊成圆筒形的有压容器，有卧式、立式两种形式。图 6-58 是制冷、热泵机组常使用的卧式贮液器。出液管插到贮液器的底部。为防止贮液器在高温时超压发生事故，在贮液器中部向下 45°处装易熔塞，超过一定温度自动泄液。机组中贮液器的容量按如下方法确定：其总容积的 80% 应能容纳收集系统全部制冷剂液体量；在正常工作时贮液量为总容积的 15%～25%。有很多制冷机组采用壳管式冷凝器，经常可预留一定容积作贮液用，而不设独立的贮液器；也有的小型机组（如房间空调器等）中不设贮液器。

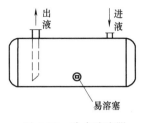

图 6-58 卧式贮液器

高压贮液器一般为卧式圆筒形，基本结构参数在 JB/T 7658.8—2006 和 JB/T 7659.1—2006 中有明确规定。图 6-59 示出了氨用高压贮液器结构。其与冷凝器之间除连接有液体管道外，还设有气体平衡管来保证两者压力平衡，保证冷凝器中的液体顺利流入贮液器。

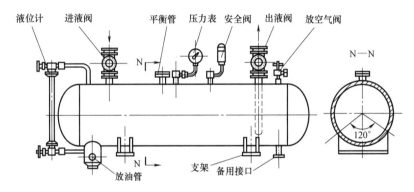

图 6-59 高压贮液器（容积 0.26～2.5m³ 适用）

设计高压贮液器时，其容量应按系统小时循环量的 1/3～1/2 计算，最大充满度不超过筒体直径的 80%。对于小型氟利昂机组，因其气密性较好，容量可小一些或直接将贮液器设计到冷凝器下部。小型制冷设备不单独设置高压贮液器，如电冰箱、空调器等。

4. 分液器

直接蒸发空气冷却器中制冷剂都分若干个通路，每一通路的制冷剂分配是否均匀直接关系到冷却器的换热效果。所谓制冷剂分配均匀是指每一通路的质量流量相等、气液比例相同。因此，为保证每路制冷剂分配均匀，经节流后的制冷剂气液混合物需通过分液器和毛细管分配到每一路中去。图 6-60 为 3 种典型分液器的结构示意图。其中图 6-60（a）是离心式分液器，来自节流阀的制冷剂气液混合物切线进入小室，混合均匀后从上部径向送出，经毛细管分别送到蒸发器的各通路中去。分液器保证了气液混合均匀；毛细管有较大阻力，且它们长短相等，弯曲度近似，从而保证了各路的制冷剂流量相等。图 6-60（b）是碰撞式分液器，靠制冷剂与壁面撞击使气液混合均匀；图 6-60（c）是降压式分液器，利用制冷剂通过窄通道（文丘里管）使气液混合均匀。

6.3.4 制冷剂中的润滑油处理设备

目前，除磁悬浮离心压缩机外，绝大多数压缩机都需要润滑油来进行润滑。在压缩机

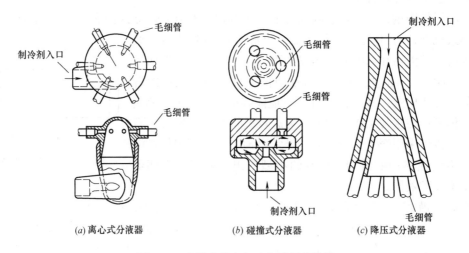

(a) 离心式分液器　　　　(b) 碰撞式分液器　　　　(c) 降压式分液器

图 6-60　直接蒸发空气冷却器用分液器

运转过程中，由于压缩机排气速度高（可达 24～30m/s），会有少量润滑油被排气输运出压缩机，若不能有效地把油运回压缩机，则会导致压缩机因失油而无法高效或健康运转。因此，需要在使用这些压缩机的制冷系统中设置润滑油分离、积存与循环子系统，有效解决压缩机的回油问题，保证系统持续健康、高效运转。

1. 润滑油循环系统中的关键设备

大部分制冷压缩机制冷剂直接接触润滑油，排气中含有润滑油。尤其是螺杆式压缩机工作时需在气缸内喷油，其排气中含油量更大。对于与润滑油不溶解的制冷剂，排气中夹带润滑油将使换热设备的传热表面上形成油膜，影响传热性能；对于互相溶解的制冷剂，将会影响制冷剂的饱和压力与温度的关系。为减少压缩机排气夹带的润滑油进入后续的设备，需在排气管上设置分离润滑油的油分离器。油分离器将制冷压缩机排出的高压蒸气中的润滑油进行分离，以保证装置安全高效地运行。根据降低气流速度和改变气流方向的分油原理，高压蒸气中的油粒在重力作用下得以分离。气流速度一般在 1m/s 以下，就可将蒸气中所含直径在 0.2mm 以上的油粒分离出来。通常使用的油分离器有洗涤式、离心式、过滤式和填料式四种。

（1）洗涤式油分离器　如图 6-61 所示，该油分离器适用于氨制冷系统。在其下部有来自冷凝器的并保持有一定液面高度的氨液，高压氨蒸气引至液面以下经液氨洗涤，将所含的润滑油分离后，从侧上方氨气出口进入冷凝器。经洗涤而分离的油沉积于壳体底部，并通过放油阀定期放出。该油分离器在安装时，应保证其氨液面较冷凝器出液管低 150～200mm，使油分离器的供液通畅。设计和选用此种油分离器时，氨蒸气流速应在 1m/s 以下。

（2）离心式油分离器　适用于较大型的制冷装置。它利用气流在油分离器内呈螺旋形流动产生离心力来达到分油目的。如图 6-62 所示，压缩机的排气通过进气管进入导流片，并沿叶片间的螺旋流道作螺旋形流动，在离心力作用下，将油滴分离出来，使其沿壳体内壁下流，存于壳底，待放油时放出。分油后的蒸气则经过滤网，由中间出气管导出。

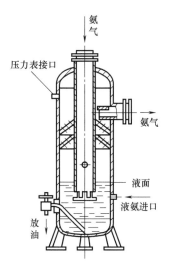

图 6-61　洗涤式油分离器

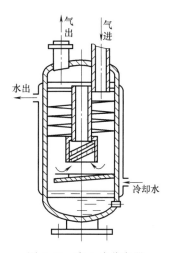

图 6-62　离心式分离器

（3）填料式油分离器　如图 6-63 所示，该油分离器在壳内设置多组填料，材质一般为金属丝网、毛毡、陶瓷环或金属屑等，在壳内形成过滤式分油，填料的组数越多其分油效果越好。壳内气流速度一般应在 0.5m/s 以下。由于结构简单，工作可靠，广泛应用于大、中型螺杆式制冷机组中。

（4）过滤式油分离器　如图 6-64 所示，压缩机排出的高压气体进入油分离器后，在过滤网处突然改变流向和大幅度降低流速，加上过滤网的过滤作用，将混在高压气体中的油滴分离出来。分油后的蒸气从筒体上侧部管道引出。所分离出的油积于壳底并通过浮球阀及时放回压缩机曲轴箱。该油分离器虽然分油效果不如前三种好，但因结构简单，制造方便，回油及时，在小型制冷装置中应用相当广泛。

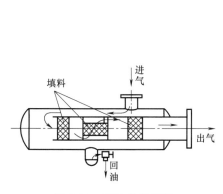

图 6-63　填料式分离器

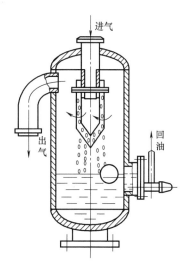

图 6-64　过滤式油分离器

2. 集油器

在氨制冷系统中，油分离器分离下来的润滑油需及时排出；另外，在冷凝器、贮液

275

器、蒸发器、液体分离器、低压循环贮液器中都积聚有润滑油，也需及时排出。排出的润滑油经再生处理后，再加入压缩机中。为了在放油时将氨和油分开，并保证放油操作安全，首先将油移到集油器中，再在低压下从集油器中将油放出系统。

集油器是氨制冷装置中收集制冷设备中放出的润滑油的容器，它是用钢板制成的筒形容器，上设进油管、回气管、放油管的接口和压力表、液位计，其结构如图 6-65 所示。在向各制冷设备收集润滑油时，开启在容器顶部的抽气阀，利用制冷压缩机的吸气使集油器内压力降低，达到规定压力值后关闭抽气阀。然后打开进油阀将相应设备中的油放入集油器，当其中的存油达到内容积的 70％时应及时排油。排油时先打开抽气阀利用压缩机吸气，将溶于油中的氨蒸发并抽回压缩机。抽完氨气后关闭抽气阀，再打开放油阀放油，直到放完为止。

3. 氨制冷系统润滑油分离与放油系统

氨制冷系统中的放油系统和集油器的连接方法见图 6-66。图中表示的放油系统中，高压设备和低压设备共用一个集油器，应分别进行放油。大型系统中高、低压设备分别设置集油器。集油器的回气管不宜直接接到压缩机的吸气管上，最好接到液体分器上（如系统中有这类设备）。

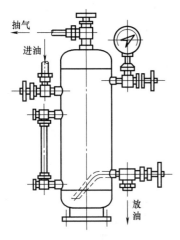

图 6-65　过滤式油分离器

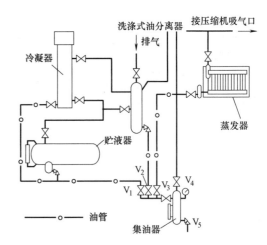

图 6-66　氨制冷系统的放油系统

$V_1 \sim V_5$—截止阀

上图所示放油系统放油操作步骤如下：

（1）把集油器抽空。此时应将阀 V_1、V_2、V_3、V_5 关闭，开启阀 V_4，使集油器内压力降低。

（2）将油移入集油器中。关阀门 V_4，打开阀门 V_1（或 V_2、V_3）及相应设备的排油阀，使某个设备中的润滑油移到集油器中。当集油器的油液量达到容器的 60％～70％时，关闭进油阀 V_1（或 V_2、V_3）。

（3）分离油中的氨。开启阀 V_4，使油中夹带的氨液蒸发，桶身表面出现结霜，直到霜层融化，关闭阀 V_4。等 10min 后，视集油器上的压力表的压力是否上升，若上升显著，应重新开启阀 V_4，使残留的氨液继续蒸发，再关闭阀 V_4；若压力上升很小，则油中的氨已基本上分离完了。

（4）放油。开启阀 V_5，将油放出。

4. 卤代烃制冷系统润滑油分离与循环系统

R22、R134a 等制冷系统，由于润滑油与制冷剂互相溶解，在系统设计时要考虑有一定量的油与制冷剂一起循环，即随压缩机排气排出的润滑油，经冷凝器、蒸发器再返回到压缩机。许多系统可以不装油分离器，如工厂组装的空调机几乎都不设油分离器。但是，如果有些系统回油不好，如用满液式蒸发器的系统，或吸气管路太长而又复杂的系统，或负荷有较大变化的系统等，还应在系统中设油分离器。不过应指出，R22 系统中的油分离器，由于油与制冷剂的互溶性，其分油效率不高，还有很多油进入冷凝器、蒸发器等设备中，在系统设计时还应注意回油问题。螺杆式压缩机工作时，需要在气缸内喷油。因此，螺杆式压缩机组都带有一套润滑油分离系统。对于封闭式螺杆压缩机，压缩机内通常装有油分离设备，不需另设油分离系统，而对于开启式螺杆压缩机，需在压缩机外附设一套润滑油分离与循环系统，如下举例说明。

图 6-67 是某型号螺杆式压缩机组的润滑油分离与循环系统。

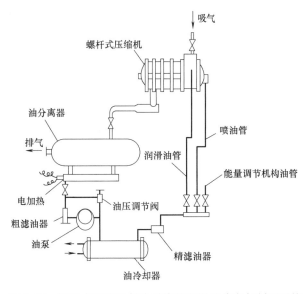

图 6-67 螺杆式压缩机制冷系统的润滑油分离与循环系统

压缩机排气经填料式的油分离器，进入冷凝器冷凝。分离下来的油，经粗滤油器过滤，再由油泵加压送到油冷却器。冷却后的有压油经精滤油器过滤后，一部分用于压缩机轴承等部件的润滑；一部分向气缸内喷油；一部分控制能量调节机构。油泵出口处装有油压调节阀，调节供油压力。油冷却器一般是壳管式的。它的作用是带走润滑油从压缩机移出的部分压缩热和摩擦等热量。在停机时，会有制冷剂蒸气在油分离器中冷凝下来。因此，需在油分离器中设置电加热器，使冷凝液体蒸发，避免油泵发生气蚀。

6.3.5 制冷剂中的不凝性气体处理设备

1. 不凝性气体的危害

在制冷系统中，如存在空气等不凝性气体，可对制冷系统运行产生如下危害：

（1）导致冷凝温度升高。因为空气等不凝性气体在冷凝器中的传热面附近形成气膜热阻，使冷凝器的传热系数下降，从而导致冷凝温度升高。由此引起系统的制冷系数下降，制冷量减小。

（2）使压缩机的排气压力升高。冷凝器内的总压力（排气压力）应是制冷剂蒸气的分压力和不凝性气体分压力之和。由于冷凝温度升高，相对应饱和压力（即制冷剂分压力）增加，再加上不凝性气体分压力，其总压力比无不凝性气体时的冷凝器内压力大得多。排气压力升高导致压缩机的容积效率降低，制冷量减小，功率消耗增加。另外，压缩机中对不凝性气体进行压缩，既消耗了功，又无制冷效应。

（3）使压缩机的排气温度升高。冷凝压力升高会导致压缩机排气温度升高；空气的绝热指数大，压缩后的终点温度高，从而也导致排气温度升高。排气温度升高导致压缩机润滑恶化；还可能使润滑油和制冷剂分解，影响压缩机正常工作；使压缩机的预热系数下降，即容积效率下降。

（4）腐蚀性增强。空气进入系统，空气中的水分和氧气加剧了对金属材料的腐蚀作用。因此，当系统中有空气等不凝性气体时，应当及时排出。为了在排放不凝性气体时减少制冷剂的损失，一般先用不凝性气体分离器（又称空气分离器）把不凝性气体与制冷剂分离后，再放出不凝性气体。

2. 不凝性气体分离设备

空气分离器用于清除制冷系统中的空气及其他不凝性气体，起净化制冷剂的作用。制冷系统中往往由于抽真空未达标，系统密封不严，充注制冷剂时排空操作不规范，甚至运行工况恶化，引起制冷剂和润滑油在高温下分解，形成不凝性气体聚集在冷凝器或高压贮液器中，使冷凝压力升高，制冷量减少，耗功增加，运行经济性降低。因此系统中存在的空气及其不凝性气体必须通过空气分离器予以排除。分离不凝性气体的原理是：对不凝性气体与制冷剂的混合气体在高压下进行冷却，使其中低沸点的制冷剂蒸气大部分被冷凝成液体，使混合气体中不凝性气体的含量增加，从而在放气时减少制冷剂损失。空气分离器的结构分为卧式和立式两种。

（1）卧式空气分离器

它是一种横卧的四重套管式空气分离设备（见图 6-68）。它的最内层与第三层空间连通，并带有吸气压力下蒸发的制冷剂，同时最外层与第二层连通。带有排气压力下冷凝的高压混合气体，由管壁的换热形成冷凝作用，使混合气体中的不凝性气体得以分离，并通过设在第二层的放气管排放到系统外。卧式空气分离器适用于中、大型氨制冷系统。氨及不凝性气体的排放会造成环境污染，排放时应将所排放的气体通入水池中，让混杂在空气中的氨溶于水中，以保护环境不受污染。当接受排放的水池中无气泡出现时，表明系统中的空气及不凝性气体已经排放完毕，可以关闭排放阀终止排放操作。

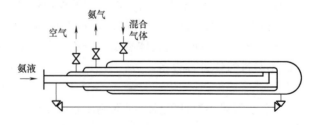

图 6-68　四套管式空气分离器示意图

（2）立式空气分离器

如图 6-69 所示，它由钢管壳体和一组蒸发盘管组成。采用冷凝器出来的制冷剂液体节流后送入盘管内蒸发，将盘管外来自冷凝器上部的高压过热蒸气冷却和冷凝。凝结下来的高压液体通过壳体底部的排液管回到贮液器，或者通过膨胀阀送入盘管重新利用。在壳体顶部还设有测温装置，用以监测高压混合液体温度，并通过自控装置控制放空气电磁阀，实现连续工作的自动化操作。

表 6-4 列出了 R22 与氨制冷剂与空气的混合气体中空气饱和含量。从表中可以看到，冷却使混合气体中空气含量增加的效果，R22 系统没有氨系统的好。

<table>
<tr><td colspan="4">混合气体中空气的饱和含量</td><td>表 6-4</td></tr>
<tr><td rowspan="2">压力
（MPa）</td><td rowspan="2">温度
（℃）</td><td colspan="2">下列制冷剂中空气饱和含量％（质量）</td></tr>
<tr><td>R717</td><td>R22</td></tr>
<tr><td rowspan="2">1.2</td><td>20</td><td>41</td><td>10</td></tr>
<tr><td>−20</td><td>90</td><td>55</td></tr>
<tr><td rowspan="2">1.0</td><td>20</td><td>20</td><td>3</td></tr>
<tr><td>−20</td><td>87</td><td>50</td></tr>
<tr><td rowspan="2">0.8</td><td>20</td><td>8</td><td>0</td></tr>
<tr><td>−20</td><td>82</td><td>40</td></tr>
<tr><td rowspan="2">0.6</td><td>20</td><td>0</td><td>0</td></tr>
<tr><td>−20</td><td>76</td><td>30</td></tr>
</table>

图 6-69　盘管式空气分离器

3. 不凝性气体分离系统

图 6-70 为氨制冷系统中的放空气系统。空气一般积聚在冷凝器和贮液器中。由于空气的密度比氨大，故宜在冷凝器中下部引出空气与氨蒸气的混合物。从混合气体中分离下来的氨液沉于分离器的底部。这些氨液可经节流阀进入盘管中蒸发；也可以直接引到贮液器底部（这时空气分离器应高于贮液器）。放出的空气（含少量氨）一般引入水中，以吸收其中的氨。分离器上的温度计用于监视放空气操作。当温度计的读值低于冷凝压力下的饱和温度很多时，说明需要放空气；反之，当温度计的读值接近于冷凝压力下的饱和温度时，则表示不需放空气或应停止放空气。放空气的操作步骤应是：首先打开截止阀 3，将混合气体引入空气分离器；然后打开截止阀 2，再微开节流阀 1，根据温度计的读值确定是否放空气。若需要放空气，则打开截止阀 1 放出空气。放气完毕后，关闭截止阀 1 及节流阀 1，再打开节流阀 2，使冷凝下来的氨液进入盘管汽化后进入制冷剂系统。最后依次关闭节流阀 2、截止阀 2 和截止阀 3。

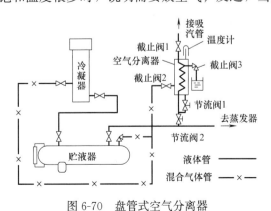

图 6-70　盘管式空气分离器

对于空调用的 R134a、R22 制冷系统，用冷却法分离不凝性气体很困难，且蒸发器中的压力大于大气压力，运行中吸入空气的可能性很小，故一般不设空气分离器。如果需要分离与排除不凝性气体，则需在停机后请专业机构维护人员用专用设备将设备中的制冷剂做蒸馏提纯处理，除去不凝性气体，不可随意从冷凝器高处开启排气阀，通过放空的方式来排放。

6.4　制冷剂系统的管路设计

制冷系统中的四大部件和其他辅助设备是靠管路连接起来的。制冷剂管路设计是指管路布置、管路走向和坡度的确定、管路材质与管件配置、管径确定，以及管路阻力计算。管路的设计及其隔热防护对于系统的运行和性能有很大的影响，如果设计不当会给系统正常运行带来困难，甚至引起事故。本节简要介绍制冷剂管路设计与隔热防护中的主要问题。

6.4.1　管路系统的设计原则

制冷剂管路系统设计的总原则是：

(1) 按既定的冷剂系统流程（典型的制冷剂管路系统形式参见第 6.1.2 节与第 6.1.3 节）配置管路系统，以使系统按所要求的循环、预期的效果运行。

(2) 保证压缩机运行安全，如不发生回液，压缩机不发生失油现象等。

(3) 管路系统走向力求合理，尽量减小阻力，尤其应优先考虑减少吸气管路的阻力；阀门配置合理，便于操作和维修。

(4) 根据制冷剂特点选用管材、阀门及仪表。氨系统禁用铜管及铜合金材料。氟利昂系统常采用铜管，大型系统采用无缝钢管。正确选择各种管路的管径。不同的制冷剂，由于其性质不同，相应的管路设计原则及解决方法也不一样。

(5) 管道与墙和顶棚以及管道与管道之间应有适当的间距，以便安装保温层。管道穿墙、地板和顶棚处应设有套管，套管直径应能安装足够厚度的保温层。

制冷剂管路按其在系统中的位置可以分为以下四大类：压缩机排气管，压缩机吸气管，从冷凝器至贮液器的液管，以及从贮液器或冷凝器至蒸发器的液管。以下分别介绍这四类管段的设计布置要求。

1. 压缩机吸气管

压缩机吸气管是指从蒸发器出口到压缩机入口的管段，也称低压气体管。如制冷系统需要装设气液分离器，则其装设在该管段上。压缩机吸气管管径的选择应按照蒸发器满负荷时的允许压力降来计算。通常选择的管径应使得吸气管上的压力总损失控制在相当于蒸发温度降低 0.5~2.0℃ 的压降范围之内。在布置压缩机吸气管时应注意如下事项：

(1) 对于氟利昂制冷系统，为保证回油的需要，压缩机吸气管应有不小于 0.01 的坡向压缩机的坡度，如图 6-71 (a) 所示。防止大量氟利昂液体和润滑油冲入压缩机，在吸气管之前应设 U 形管。

(2) 当蒸发器高于制冷压缩机时，应在蒸发器上侧设置倒 U 形管，以防止停机时液态制冷剂从蒸发器流入压缩机，如图 6-71 (b) 所示。

(3) 并联氟利昂制冷压缩机，如果只有一台运转，压缩机又没有高效油分离器时，在

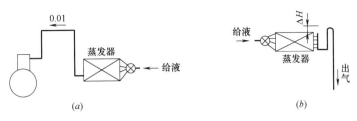

图 6-71　氟利昂压缩机吸气管段

未工作的压缩机的吸气口处可能积存相当多的润滑油，启动时会造成油液冲击事故，为了防止发生上述现象，并联压缩机的吸气管应按图 6-72 所示形式安装。

（4）对于有容量调节的氟利昂制冷系统，可采用双吸气立管（见图 6-73），其工作原理同双排气立管。在制冷系统的低负荷运行时，立管内制冷剂蒸气流速可以将润滑油带回压缩机。

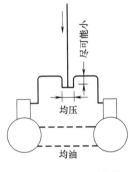

图 6-72　压缩机并联

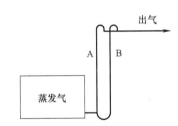

图 6-73　变负荷系统中双上升立管管道连接

（5）对氨压缩机的吸气管，应有不小 0.005 的坡度，坡向蒸发器，以防止吸气夹带液滴进入气缸。由于氨工质与润滑油不相互溶解，故不存在回油问题。

2. 压缩机排气管

压缩机的排气管是指从压缩机出口到冷凝器入口的管段，也称高压气体管。部分制冷系统中，该管段上会装设有油分离器。排气管对制冷系统制冷量的影响没有吸气管那么大，但它直接影响压缩机的耗功。一般把排气管的压力损失控制在相当于冷凝温度降低 0.5~2.0℃ 的范围内。在布置压缩机排气管时应注意：

（1）尽量缩短排气管长度，以减少排气压力损失。

（2）排气管水平段应当有 0.01~0.02 的坡向油分离器或冷凝器的坡度，以防止压缩机停机后排气管内的制冷剂气体液化流回压缩机，导致再次启动时压缩机出现液击现象。

（3）当冷凝器高于压缩机时，排气管道在靠近制冷压缩机处应先向下弯，然后再向上接至冷凝器，形成 U 形弯（见图 6-74），以防止排气立管内的蒸气凝结产生的液体与油在重力作用下回流至压缩机，导致再次启动时压缩机出现液击现象。

（4）排气管的上升立管应安装在油分离器之后，以保证低负荷下不能带走油或停机后管道内冷凝的液体只能返回油分离器，而不会流回压缩机；排气管的上升立管应设油弯，且每增高 8m 设一油弯（见图 6-75）。

（5）多台氟利昂压缩机并联，为了保证润滑油的均衡，各压缩机曲轴箱之间的上部应装有均压管，下部应装有均油管。

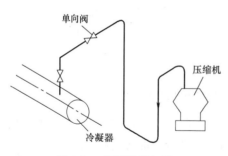

图 6-74　压缩机排气管

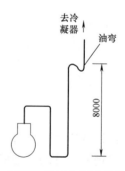

图 6-75　压缩机排气立管油弯设置示意图

（6）对于有容量调节的制冷压缩机，应考虑在制冷系统低负荷运行时，可将润滑油从上升排气立管中带走。此时可以设置双上升排气立管，见图 6-76。其中管径较小的立管 A 的管径必须保证制冷系统在最低负荷运行时，润滑油能够被气流带走；管径较大的立管 B 的管径，必须考虑制冷系统满负荷时，不但制冷剂蒸气通过双排气管时能将润滑油带走，而且排气管道压力降亦应在允许范围内。该两根排气管下部，用集油弯管连接，当制冷系统在低负荷运行时，蒸气流速不能带走的润滑油存于集油弯管内，直至集满时将立管 B 封闭，这时，制冷剂蒸气只通过立管 A 可以将润滑油带走。对于这种情况，排气立管前也可以装设油分离器，将回收的润滑油均匀地送回各台正在运行的压缩机。

（7）并联的氨压缩机（或油分离器）出口排气管上应装有止回阀（见图 6-77），以防止一台压缩机工作时，未工作的压缩机出口处有较多的氨气不断冷凝成液态进入压缩机，导致该压缩机启动时出现液击现象。

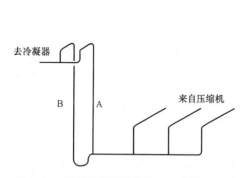

图 6-76　变负荷系统压缩机双上升排气立管

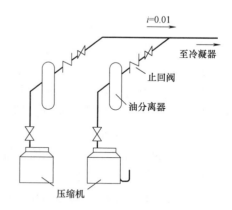

图 6-77　压缩机排气管

3. 从冷凝器至节流阀的液管

指从冷凝器出口到节流阀入口的管段，也称高压液体管。若制冷系统中设有高压贮液器，通常装设在该管段上，此外，在接近节流阀的一端，通常装设干燥过滤器、视液镜。该段管路布置的原则如下：

（1）从冷凝器至高压贮液器的液管需要防止产生闪发气体，一般通过控制制冷剂液体在该管段的压降在 0.02MPa 之内，并保持一定的过冷度来解决这一问题。

（2）冷凝器应高于高压贮液器，若两者之间无均压管（即平衡管），则两者的高度差应不少于 300mm。

（3）对于蒸发式冷凝器，因本身没有贮液容积，单独一台与高压贮液器相连时，两者的高差应大于 300mm；如为多台并联后再与高压贮液器相连时，除在高压贮液器与蒸发式冷凝器的高压气管之间设有均压管以外，两者的高差一般应大于 600mm，液管的流速应小于 0.5m/s。

（4）若冷凝器（或高压贮液器）高于蒸发器且膨胀阀前未设电磁阀，为了防止停机后液体进入蒸发器，给液管出冷凝器（或高压贮液器）后至少配备一抬高 2m 的 U 形弯以后再接通至蒸发器，如图 6-78 所示。

（5）当多台并联蒸发器上下布置且由一根给液立管供液时，若各蒸发器间高差不大，给液管应如图 6-79 配置，以防止闪发形成的蒸气集中进入最上层的蒸发器；若高差较大，则应按图 6-80 方式进行配管，以防止闪发蒸气分配不均。

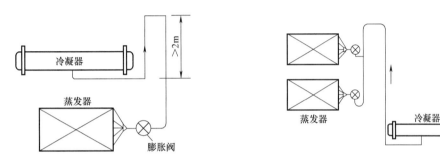

图 6-78　冷凝器（高压贮液器）高于蒸发器时的管路布置　　　图 6-79　多蒸发器并联时的管路布置

（6）对于氨制冷系统给液管，为了防止管路低点因积油而影响供液，需在管路的低点与分配器的低点设置放油阀，如图 6-81 所示。

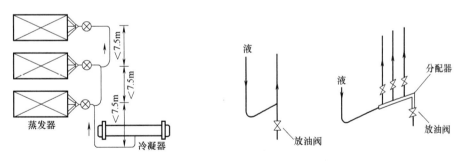

图 6-80　高差较大的多蒸发器给液管布置　　　　图 6-81　氨给液管路放油管设置

4. 从节流阀至蒸发器的管路

指从节流阀出口到蒸发器入口的管段，也称低压液体管。若制冷系统中设有低压贮液器（兼有气液分离器功能），通常装设在该管段上。低压液体管主要应保证各并联蒸发器或蒸发器的各并联通路供液均匀，对于单台蒸发器，通常在节流阀后设分液器与多路毛细管来分配液体；对于多台蒸发器宜分别采用膨胀阀供液（见图 6-80）。

6.4.2　管路系统管材的确定

制冷系统选择配管时，首先应当注意制冷剂的种类，氟利昂系统一般采用铜管作为制冷剂管（也有一些钢管与不锈钢管等），而对于氨系统，由于氨与铜会发生化学反应，因此通常采用钢管制冷剂管路。但无论是哪种配管，都应经过仔细处理以确保管内的清洁和干燥。通常在配管中冲入氮气以保证其管内的清洁与干燥。

商用钢管的尺寸已经标准化，钢管可分为软管和硬管两类，每类都有 K 型和 L 型两种壁厚，其中 K 型为厚壁，L 型为中等厚壁。目前制冷系统中使用最多的是 L 型。下文简介制冷系统中常用的管材类型。

(1) 软铜管。常用于家用和一些商用冷冻和空调装置。软铜管经过了退火处理，富于弹性，因此非常容易弯曲和胀制喇叭口。由于软铜管容易弯曲，因此在系统中应用需用夹卡或托架固定，软铜管多采用喇叭口连接和钎焊连接。

(2) 冷拔铜管。冷拔铜管常用于商用冷冻和空调设备。它具有一定的冷度和刚度，因此安装时通常只需少量夹卡和固定，尤其是对于大口径的冷拔铜管。制冷用的冷拔铜管采用铜钎焊连接。

(3) 钢管。通常采用钢管作为氨系统的连接管路，钢管的连接可采用喇叭口连接、法兰连接或焊接。

(4) 不锈钢管。因其坚硬而且耐腐蚀，因此在制冷系统中也有应用，尤其是在食品生产工艺、牛奶处理过程中等。不锈钢管可以采用喇叭口和硬焊使其与管接头配件连接。

(5) 挠性管。在有些制冷与空调装置中，液管和吸气管必须是柔性的，尤其是对于车辆空调设备。这时就必须选用挠性管，挠性管由特殊材料制成，在使用过程中不会老化，可保持其柔性。挠性管通过管接头配件安装在制冷系统中。

6.4.3　管路系统的阻力计算

管径的大小直接影响导管内的流速、压力降以及管路系统的造价，而压力降又影响到制冷系统的制冷量、功率消耗。从管路系统的造价来看，希望管径越小越好，但是这将导致管路的压降增大，系统制冷量下降，性能系数下降。对于氟利昂制冷系统，管径的大小还影响到系统中的润滑油能否通过气路输运返回压缩机，因此管径不能选得过大。

目前，制冷剂管路管径大多是根据允许的压力降来确定。在制冷装置中，当压缩机吸气管的压力损失相同时，随着蒸发温度 t_0 的降低，其制冷量的降低程度将越大。因此，一般将压缩机吸气管的压力损失 Δp_1 折算为饱和温度的降低程度来表示。换言之，将压力损失 Δp_1 表示成蒸发温度与吸气压力（$p_0 - \Delta p_1$）对应饱和温度 t_1 的差值 $\Delta t_1 = (t_0 - t_1)$，无论蒸发温度高还是低，配管设计时都将压缩机吸气管的压力损失控制在 $\Delta t_1 = 0.5 \sim 2.0℃$ 范围内。同理，压缩机排气管的阻力损失也折算为压缩机排气压力（$p_k + \Delta p_2$）对应的饱和温度 t_2 与冷凝温度 t_k 的差值 $\Delta t_2 = (t_2 - t_k)$，Δt_2 也取为 $0.5 \sim 2.0℃$。而制冷剂液体管则直接采用压力损失值来表示其阻力损失大小。

制冷剂的压力降包括两部分，一是摩擦阻力引起的压力降，二是局部阻力引起的压力降。在制冷剂配管管径确定过程中，由于压缩机吸气管、排气管以及制冷剂液体管都属于单相流动，而节流阀下游管路与制冷剂走管内的蒸发器和冷凝器的管路内涉及气液两相流动，其中各类换热器内单相流与两相流阻力的计算已在第 5 章对各类换热器的设计计算实例部分介绍，在此不再赘述。如下介绍管路阻力计算中涉及的单相流摩擦阻力与局部阻力计算方法。

(1) 管路中单相流摩擦阻力 ΔP_m（单位为 Pa）　按照下式计算：

$$\Delta P_{\mathrm{m}} = \lambda_{\Delta} \frac{l}{D_i} \frac{\rho w^2}{2} \tag{6-4}$$

式中 λ_{Δ}——管内摩擦阻力系数；

l——配管长度，m；

D_i——配管内径，m；

w——制冷剂的平均流速，m/s；

ρ——制冷剂的密度，kg/m^3。

利用式（6-4）计算摩擦阻力 ΔP_{m} 时最关键的问题是确定管内摩擦阻力系数 λ_{Δ}，不同流态下 λ_{Δ} 计算方程如下：

层流时（$Re \leqslant 1000$），有：

$$\lambda_{\Delta} = 64/Re$$

其中，制冷剂的雷诺数 Re 按下式计算：

$$Re = wD_i/\nu$$

式中 ν——制冷剂的动力黏性系数，m^2/s。

湍流时（$Re > 2000$），有：

$$\lambda_{\Delta} = 0.0055 \left[1 + \left(20000 \frac{\Delta}{D_i} + \frac{10^6}{Re} \right)^{\frac{1}{3}} \right] \tag{6-5}$$

式中 Δ/D_i——管内表面相对粗糙度；

Δ——绝对粗糙度，m。各种管子的绝对粗糙度见表 6-5。

常用管材内表面粗糙度 表 6-5

管子类型	管子内壁状态	粗糙度 Δ(mm)
铜	新的、光滑的	0.0015
黄铜	新的、光滑的	0.0015～0.01
铝	新的、光滑的	0.001～0.002
塑料	新的、光滑的	0.0015
玻璃	新的、光滑的	0.005
不锈钢	新的、光滑的	0.015
钢	新的冷拔无缝钢管	0.01～0.03
	新的热拉无缝钢管	0.05～0.10
	新的轧制无缝钢管	0.05～0.10
	新的纵缝焊接钢管	0.05～0.10
	新的螺旋焊缝钢管	0.10
	轻微锈蚀	0.10～0.20
	锈蚀	0.20～0.30
	长硬皮的	0.50～2.0
	严重起皮的	＞2
	镀锌的	0.12～0.15

此外，也可以根据管子的相对粗糙高度 Δ/D_i 查下图获取管内摩擦因子的数值。

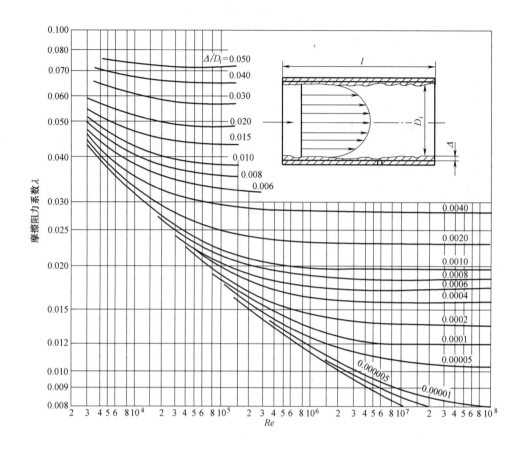

图 6-82　制冷剂配管管内单相流动摩擦因子 λ 计算图

（2）管路中管内单相流局部阻力损失 ΔP_j（单位为 Pa）：

$$\Delta p_j = \xi \frac{\rho w^2}{2} \tag{6-6}$$

式中　ξ——局部阻力系数。

工程中常采用"当量管长"法将各种弯头、阀门、三通及附件的阻力损失与该流体相同管径的直管段某长度内产生摩阻压降等效计算，即将式（6-6）变成为：

$$\Delta p_j = \lambda_\Delta \frac{L_e}{D_i} \frac{\rho w^2}{2} \tag{6-7}$$

式中，摩擦阻力系数 λ_Δ 按照同管径和流速的直管取用。L_e/D_i 为相对当量长度，即当量长度为其直径的倍数，各种管件的相对当量长度推荐值见表 6-6。

（3）单相流管路总阻力计算：各管段摩擦阻力与各阻力部件局部阻力求和即可获得单相流管路的总阻力 ΔP_{zb}（单位为 Pa）。

$$\Delta P_{zb} = \sum \Delta P_m + \sum \Delta P_j = \sum \lambda_\Delta \left(\frac{L + L_e}{D_i} \right) \frac{\rho w^2}{2} \tag{6-8}$$

由于节流机构靠近气液分离器或直接通过分液器和毛细管与蒸发器相连，因此节流阀后管段的气液两相流管路的阻力通常并入节流机构的压降考虑，不再单独计算。

各种常用管件的相对当量长度值（L_e/D_i）　　　　表 6-6

阀和管件名称		L_e/D_i	阀和管件名称		L_e/D_i
球形阀（全开）		340	管弯 90°	$R \geqslant 1\frac{1}{2}d$	15
角阀（全开）		170	方弯 90°		
闸门阀（全开）		8	管径突扩	$d/D=\frac{1}{4}$	30
止回阀（全开）		80		$d/D=\frac{1}{2}$	20
标准弯头	90°	40	管径突扩	$d/D=3/4$	17
	45°	25	管径突缩	$d/D=\frac{1}{4}$	15
三通	主管直通	20		$d/D=\frac{1}{2}$	11
	主管道支管或直管直通	60		$d/D=\frac{3}{4}$	7
弯管 90°	$R=1d$	20			

6.4.4 典型制冷剂系统的管径确定

由于不同制冷剂的饱和温度与压力的对应关系不同，因此在相同的饱和温度差下，对应的压降值是不同的，这就导致不同的制冷剂系统管径确定有所不同，如下结合常用制冷剂，举实例介绍制冷剂系统管径的确定方法。

1. R22 系统的管径确定

（1）吸气管路管径的确定。压降会导致压缩机吸气比容增大，直接影响压缩机制冷能力。因此，一般氟利昂回气管的允许压降控制在 1℃温差对应的工质饱和蒸发压力差之内，且管内推荐流速为 8～15m/s。当管道较长阻力超过限定值时，应增大管径、降低流速来降低压降，以保证压缩机制冷量不受影响，且当管内流速低于推荐流速最低值时，需要优化该管路布置，保证压缩机可以正常回油。对于上升回气立管管段，气体流速不可低于最低带油速度要求，则应以便于回油为前提选择管径。R22 系统吸气管最小管径线算图见图 6-82，其应用实例如下。

【例 6-1】 已知 R22 吸气管道有直管 20m，各种管件的当量直径总数 $\sum L_e/D_i=400$，制冷负荷为 58.15kW，蒸发温度 $t_0=-30℃$，计算铜管回气管内径。

【解】 先假定当量总长为 50m。在图 6-83 中，从制冷量横坐标上的 A 点，向上作垂线交斜线当量总长为 50m 于 B 点，再由 B 点水平向右交 $t_0=-30℃$ 斜线于 C 点，然后向上作垂线与右侧铜管内径横坐标于 D 点，即读出需用铜管内径 $D_i=70mm$。若采用这一铜管，则管件当量长度 $L_e=400\times0.07m=28m$，则管路当量总长 $\sum L_e=20+28=48$，则回气管中的饱和蒸发温度差为 $48/50\times1.0℃=0.96℃$。若此温降是合适的，就可以采用 $D_i=70mm$ 的管子，否则应改用较大管径。

（2）排气管的管径选择：排气管径大小对压缩机耗功大小有重要影响。由于其排出的高压气体的比体积较低压回气小，所以排气管径较吸气管径要小。一般排气管允许压降控制在 0.5℃温差对应的工质饱和冷凝压力差之内。其应用实例如下。

【例 6-2】 R22 的排气管压降值为 20kPa，管内推荐流速为 10～18m/s。上升排气管则应以合适的带油速度为准来选择管径。R22 排气管最小管径线算图如图 6-84 所示，该图使用方法与前述吸气管相同。

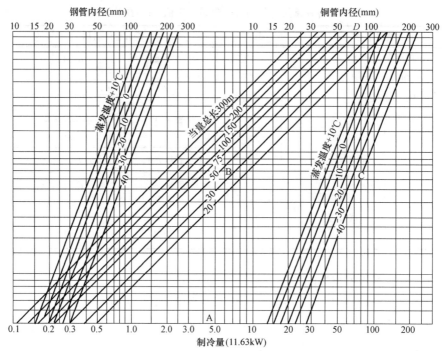

图 6-83　R22 系统吸气管路管径计算图

注：饱和蒸发温度差 1℃；膨胀阀前温度 40℃。

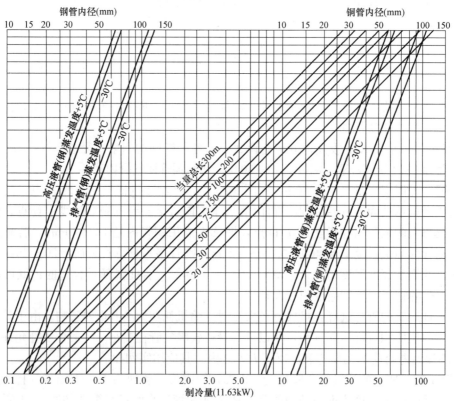

图 6-84　R22 系统排气管与高压液管管径计算图

注：饱和冷凝温度差 0.5℃；冷凝温度为 40℃。

（3）液管的管径选择：液管为冷凝器出口到蒸发器进口的管段。由冷凝器出口到贮液器间的泄液管、贮液器出口到膨胀阀进口间的高压液管和膨胀阀出口到蒸发器进口间的低压液管三部分组成。对无分液头的蒸发器液管仅是前两部分，无贮液器系统的液管则只有后两部分。1）泄液管：一般限定其管内流速为 0.5m/s。在设有均压管时流速可提高 50％。其管径线算图如图 6-85 所示。图中曲线计算条件为液温 40℃，蒸发温度 −20℃，对于其他常用温度可以大致通用。2）高压液管：其要求是该管段压降不致引起膨胀阀前产生闪发气体。压降应控制在 0.5℃温差对应的工质饱和冷凝压力差之内，其相应压降值为 20kPa（R22）。计算压降时还应将管路两端的液位差计入。计算该管段的线算图见图 6-83。3）低压液管：该管段中易产生闪发气体，是液体经膨胀阀节流后压力降低的必然结果，其中两相流管道压降较高压输液管有较大增加。R22 随温度而定的压降相当于高压输液管压降的倍数见表 6-7。按表中推荐值估算出低压液管压降后再

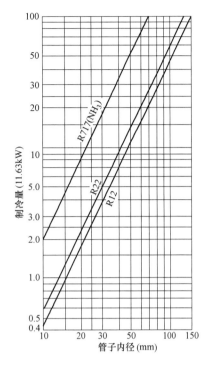

图 6-85 R22 系统冷凝器至贮液器泄液管管径计算图

确定所需管径。此外，还可以按膨胀阀出口管径或蒸发盘管入口管径进行选择。

随温度而定的 R22 低压供液管相当于高压输液管的压降倍数 表 6-7

膨胀阀前液温（℃）	30					40				
蒸发温度（℃）	10	0	−10	−20	−30	10	0	−10	−20	−30
压降倍数	12	18.5	28.5	43.5	64	17	24.5	35.5	51	77

2. R134a 系统的管径选择

R134a 作为 R12 的替代工质近年来受到广泛重视。Theodore Atwood 对 R134a 的管道尺寸和压降进行研究，结果表明，R134a 吸气管尺寸选择可与 R12 完全相同，仅有的区别是相同制冷量时质量流量约为 R12 的 80％。在高蒸发温度下吸气管中的压降较采用 R12 时要低一些。而在 −40℃以下的蒸发温度时两者的压降相等。在排气管和液管中，正常应用范围内 R134a 压降同样较 R12 要低，其管内流速较 R12 低 10％，以致在相同尺寸情况下，R134a 压降要降低 25％～30％。对于液管，R134a 的流速和黏度均低于 R12，所以相同条件下 R134a 液管压降也较 R12 约低 25％。

在上述研究的基础上，Theodore Atwood 提出了在冷凝温度系统管径 48.9℃条件下的 R134a 系统管径选择表，如表 6-8 所示。将表中的管径参数与现行 R12 系统配管参数比较可看出，当前对 R12 系统改换 R134a 替代，原有系统的管道尺寸完全满足 R134a 的要求。但系统中各设备的优化匹配则是替代中需要解决的主要问题。当然对于一个全新设计的 R134a 系统，减小配管直径，节省材料和投资，是非常必要的。

3. R717 系统的管径选择

氨的单位制冷量较大，黏性和密度均较氟利昂小，在相同循环量时氨循环所产生的压降要小。因而管径选择时压降可取小些。对回气管一般控制在相当于饱和蒸发温度差 $0.5℃$，低于氟利昂的饱和蒸发温度差 $1℃$ 的范围。各种饱和温度下相当于饱和温度差 $0.5℃$ 氨压力降的各对应值如表 6-9 所示。

氨系统排气管和液管也以控制在相当于饱和冷凝温度差 $0.5℃$ 为宜，因氨与油不互溶，无需考虑带油速度问题。冷凝后的泄液管内流速不超过 $0.5m/s$ 即可。氨管管径线算图如图 6-86 所示。图左侧部分适用于单级压缩氨制冷系统和两级压缩系统的高压级，右侧部分适用于其低压级。

HFC134a 系统管径的选择表（铜管）[4]   表 6-8

蒸发器制冷量 (×3.51685/kW)	等效 $1℃$ 饱和蒸发温度差压降时吸气管管径（×25.4/mm）									等效饱和冷凝温差 $0.5℃$ 的排气管管径（×25.4/mm）			等效饱和冷凝温度差 $0.5℃$ 的液管管径（×25.4/mm）		
	蒸发温度: $t_0=-40℃$			$t_0=-17.8℃$			$t_0=4.4℃$								
	等效管长度（×0.3048/m）									等效管长度（×0.3048/m）					
	25	50	100	25	50	100	25	50	100	25	50	100	25	50	100
1/4	$\frac{3}{4}$	$\frac{7}{8}$	$1\frac{1}{8}$	$\frac{1}{2}$	$\frac{5}{8}$	$\frac{3}{4}$	$\frac{3}{8}$	$\frac{1}{2}$	$\frac{1}{2}$	$\frac{3}{8}$	$\frac{3}{8}$	$\frac{3}{8}$	$\frac{3}{8}$	$\frac{3}{8}$	$\frac{3}{8}$
1/2	$1\frac{1}{8}$	$1\frac{1}{8}$	$1\frac{3}{8}$	$\frac{5}{8}$	$\frac{3}{4}$	$\frac{7}{8}$	$\frac{1}{2}$	$\frac{5}{8}$	$\frac{5}{8}$	$\frac{3}{8}$	$\frac{1}{2}$	$\frac{1}{2}$	$\frac{3}{8}$	$\frac{3}{8}$	$\frac{3}{8}$
3/4	$1\frac{3}{8}$	$1\frac{3}{8}$	$1\frac{5}{8}$	$\frac{3}{4}$	$\frac{7}{8}$	$1\frac{1}{8}$	$\frac{5}{8}$	$\frac{5}{8}$	$\frac{3}{4}$	$\frac{1}{2}$	$\frac{1}{2}$	$\frac{5}{8}$	$\frac{3}{8}$	$\frac{3}{8}$	$\frac{3}{8}$
1	$1\frac{3}{8}$	$1\frac{3}{8}$	$1\frac{5}{8}$	$\frac{3}{4}$	$1\frac{1}{8}$	$1\frac{1}{8}$	$\frac{5}{8}$	$\frac{3}{4}$	$\frac{3}{4}$	$\frac{1}{2}$	$\frac{5}{8}$	$\frac{5}{8}$	$\frac{3}{8}$	$\frac{3}{8}$	$\frac{3}{8}$
$1\frac{1}{2}$	$1\frac{3}{8}$	$1\frac{5}{8}$	$2\frac{1}{8}$	$1\frac{1}{8}$	$1\frac{1}{8}$	$1\frac{3}{8}$	$\frac{3}{4}$	$\frac{7}{8}$	$\frac{7}{8}$	$\frac{5}{8}$	$\frac{5}{8}$	$\frac{3}{4}$	$\frac{3}{8}$	$\frac{3}{8}$	$\frac{1}{2}$
2	$1\frac{5}{8}$	$2\frac{1}{8}$	$2\frac{1}{8}$	$1\frac{1}{8}$	$1\frac{3}{8}$	$1\frac{5}{8}$	$\frac{3}{4}$	$\frac{7}{8}$	$1\frac{1}{8}$	$\frac{3}{4}$	$\frac{7}{8}$	$\frac{7}{8}$	$\frac{3}{8}$	$\frac{3}{8}$	$\frac{1}{2}$
3	$2\frac{1}{8}$	$2\frac{1}{8}$	$2\frac{5}{8}$	$1\frac{3}{8}$	$1\frac{5}{8}$	$1\frac{5}{8}$	$\frac{7}{8}$	$1\frac{1}{8}$	$1\frac{1}{8}$	$\frac{3}{4}$	$\frac{7}{8}$	$\frac{7}{8}$	$\frac{1}{2}$	$\frac{1}{2}$	$\frac{5}{8}$
5	$2\frac{1}{8}$	$2\frac{5}{8}$	$3\frac{1}{8}$	$1\frac{5}{8}$	$1\frac{5}{8}$	$2\frac{1}{8}$	$1\frac{1}{8}$	$1\frac{3}{8}$	$1\frac{3}{8}$	$\frac{7}{8}$	$1\frac{1}{8}$	$1\frac{1}{8}$	$\frac{1}{2}$	$\frac{5}{8}$	$\frac{3}{4}$
$7\frac{1}{2}$	$2\frac{5}{8}$	$3\frac{1}{8}$	$3\frac{5}{8}$	$1\frac{5}{8}$	$2\frac{1}{8}$	$2\frac{1}{8}$	$1\frac{3}{8}$	$1\frac{5}{8}$	$1\frac{5}{8}$	$1\frac{1}{8}$	$1\frac{1}{8}$	$1\frac{3}{8}$	$\frac{5}{8}$	$\frac{3}{4}$	$\frac{3}{4}$
10	$3\frac{1}{8}$	$3\frac{1}{8}$	$3\frac{5}{8}$	$2\frac{1}{8}$	$2\frac{1}{8}$	$2\frac{5}{8}$	$1\frac{5}{8}$	$1\frac{5}{8}$	$2\frac{1}{8}$	$1\frac{1}{8}$	$1\frac{3}{8}$	$1\frac{5}{8}$	$\frac{5}{8}$	$\frac{3}{4}$	$\frac{7}{8}$
15	$3\frac{5}{8}$	$3\frac{5}{8}$	$5\frac{1}{8}$	$2\frac{1}{8}$	$2\frac{5}{8}$	$3\frac{1}{8}$	$1\frac{5}{8}$	$2\frac{1}{8}$	$2\frac{1}{8}$	$1\frac{3}{8}$	$1\frac{3}{8}$	$1\frac{5}{8}$	$\frac{3}{4}$	$\frac{7}{8}$	$1\frac{1}{8}$
20	$3\frac{5}{8}$	$4\frac{1}{8}$	$5\frac{1}{8}$	$2\frac{5}{8}$	$2\frac{5}{8}$	$3\frac{1}{8}$	$2\frac{1}{8}$	$2\frac{5}{8}$	$2\frac{5}{8}$	$1\frac{3}{8}$	$1\frac{5}{8}$	$2\frac{1}{8}$	$\frac{7}{8}$	$1\frac{1}{8}$	$1\frac{1}{8}$
25	$4\frac{1}{8}$	$5\frac{1}{8}$	$5\frac{5}{8}$	$2\frac{5}{8}$	$3\frac{1}{8}$	$3\frac{5}{8}$	$2\frac{1}{8}$	$2\frac{5}{8}$	$2\frac{5}{8}$	$1\frac{5}{8}$	$2\frac{1}{8}$	$2\frac{1}{8}$	$1\frac{1}{8}$	$1\frac{1}{8}$	$1\frac{1}{8}$
30	$4\frac{1}{8}$	$5\frac{1}{8}$	$6\frac{1}{8}$	$3\frac{1}{8}$	$3\frac{5}{8}$	$3\frac{5}{8}$	$2\frac{5}{8}$	$2\frac{5}{8}$	$3\frac{1}{8}$	$1\frac{5}{8}$	$2\frac{1}{8}$	$2\frac{1}{8}$	$1\frac{1}{8}$	$1\frac{3}{8}$	$1\frac{3}{8}$
40	$5\frac{1}{8}$	$6\frac{1}{8}$	$6\frac{1}{8}$	$3\frac{5}{8}$	$3\frac{5}{8}$	$4\frac{1}{8}$	$2\frac{5}{8}$	$2\frac{5}{8}$	$3\frac{1}{8}$	$2\frac{1}{8}$	$2\frac{5}{8}$	$2\frac{5}{8}$	$2\frac{5}{8}$	$1\frac{3}{8}$	$1\frac{3}{8}$

注：表中所注的管径为铜管外径，管型为 L 型（类别），转换为 m 制可作参考。

相当于饱和蒸发温度差 0.5℃ 的氨压力降						表 6-9	
饱和温度(℃)	−40	−30	−20	−10	0	10	40
氨压力降(kPa)	1.96	2.94	3.92	5.88	7.85	10.79	21.58

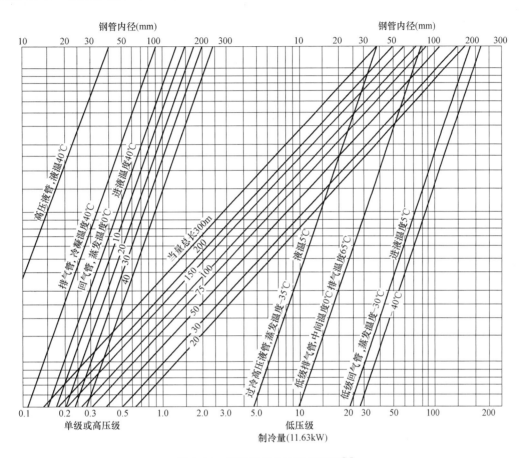

图 6-86 氨系统各种管径线算图[4]

6.5 制冷剂系统管路的防护

6.5.1 制冷剂管路系统的隔热

1. 制冷装置隔热的目的

制冷装置中凡需要保持低温的场合如冷库库房、电冰箱、冷藏及空调车辆、低温条件下工作的设备（中间冷却器、气液分离器、低压贮液器等），以及低温下工作的管道、阀门等都需要进行隔热处理。其目的在于减少环境介质向这些低温场合以及低温设备、管道的热量传入量，提高制冷装置运行的经济性。同时还要通过隔热设施使制冷装置的外表面温度高于环境空气的露点，防止出现凝露甚至结霜。延长装置的使用寿命。

2. 对隔热材料的要求

隔热材料应具有密度小、导热系数小；吸湿性小；抗冻性强；耐火性强；机械强度及抗振性好、耐用；比热容小；无毒、无臭味、不污染食品、不怕虫蛀、鼠咬等优良性能。

3. 常用隔热材料的特性

制冷装置可使用的隔热材料很多，性能也各不相同，所以隔热结构形式也不同。常用隔热材料的特性见表 6-10。

常用隔热材料的特性　　　　　　　　　　　　　　　　　　　表 6-10

材料名称	密度 ρ （kg/m³）	热导率 λ [W/(m·K)]	比热容 [kJ/(kg·K)]	蒸气渗透系数 μ [kg/(m·h·Pa)]
膨胀珍珠岩混凝土	600	0.17	0.84	3×10^{-7}
石灰砂浆	1600	0.81	0.84	1.2×10^{-7}
松和云杉（垂直木纹）	550	0.17	2.5	6×10^{-8}
松和云杉（顺木纹）	550	0.35	2.5	3.2×10^{-7}
水泥纤维板（木丝板）	300	0.14	2.1	3×10^{-7}
软木板	250	0.07	2.1	3.75×10^{-8}
玻璃棉	100	0.06	0.75	4.9×10^{-7}
膨胀珍珠岩	90	0.08	0.67	
聚氨酯泡沫塑料	40～50	0.028		
聚苯乙烯泡沫塑料	30	0.038	1.46	6×10^{-8}
稻壳	135～160	0.15	1.88	4.5×10^{-7}
石油沥青	1050	0.17	1.67	7.5×10^{-9}

4. 隔热层厚度的确定

隔热层的厚度应能保证隔热层外表面温度不低于当地条件下空气的露点，也有少数低温装置要求将冷量损失限制在一定范围之内，作为确定隔热层厚度的依据，以节省装置的费用。

（1）平壁所需的隔热层厚度按下式计算：

$$\delta = \frac{\lambda}{\alpha_a} \frac{t_b - t_w}{t_a - t_b} \tag{6-9}$$

式中　δ——隔热层厚度，m；

　　　λ——材料的热导率，W/(m·K)；

　　　α_a——空气对隔热层外表面传热系数，取 = 7W/(m²·K)；

　　　t_w——被隔热物体温度，℃；

　　　t_a——环境空气温度，℃；

　　　t_b——隔热层外表面温度，取 $t_b = t_l + 1 \sim 2℃$，其中 t_l 为露点温度。

（2）圆筒形设备及管道所需隔热层厚度，可按下式计算：

$$d_o \ln \frac{d_b}{d_w} = \frac{\lambda}{\alpha_a} \frac{t_b - t_w}{t_a - t_b} \tag{6-10}$$

式中　d_b——被保温隔热管道的直径，m；

　　　d_w——保温隔热层外径，m。

计算出结果后，可得保温厚度为：$\delta = (d_b - d_w)/2$。

6.5.2　制冷剂管路系统的防潮与隔汽

制冷装置的隔热结构是由隔热材料及其他辅助材料组成的结构层，通常与装置的围护结构或容器壁、管壁结合在一起。要求隔热层有足够的厚度来保证设计所要求的隔热性能；应能防止空气渗入或在某些部位形成冷桥；还要能防潮，不会因受潮而降低隔热性能，且坚固而不易损坏。隔热结构防潮十分必要，因为制冷装置的隔热结构在低温下工作。当温度降低时材料孔隙中的空气水蒸气分压力降低，当低于室外大气的水蒸气分压力时，大气中的水蒸气就会渗入隔热材料，并在其气孔中凝结为水或冻结成冰。由于空气导热系数小，水和冰导热系数大，使隔热层隔热性能降低，发霉腐烂，使整个结构遭到破坏。所以做好防潮隔汽是隔热结构施工中的重要内容。防潮层一般设置在隔热结构的高温侧，也可两侧均设防潮（隔汽）层。但必须注意同侧的防潮层连成一个整体无漏缝。采用油毡防潮材料应相互搭接，接缝处应涂石油沥青密封。

在低温场合（或冷藏库）隔热结构中若其内部的水蒸气分压力大于同温度下空气的饱和水蒸气分压力 p_{qb} 时会出现凝结水，这样会使隔热结构性能遭到破坏。为防止因蒸气渗透引起隔热材料受潮，需要根据蒸汽渗透的方向设置隔汽层。然而各种隔热材料均具有一定的抗水蒸气渗透能力，称为蒸气渗透阻 H_i（单位为 $m^2 \cdot h \cdot Pa/kg$），即：

$$H_i = \frac{\delta}{\mu} \qquad (6-11)$$

式中 δ——某层材料厚度，m；

μ——某层材料的蒸气渗透系数。

由此得围护结构的总蒸气渗透阻为：

$$H_0 = H_w + H_1 + H_2 + \cdots + H_n \qquad (6-12)$$

式中，H_w、H_n 分别为结构内外表面蒸气转移阻，取 $H_w = 0.1 m^2 \cdot h \cdot Pa/kg$；$H_n$ 在有风时与室外表面相同，无风时取 $H_n = 0.2 m^2 \cdot h \cdot Pa/kg$；

H_1、H_2... 为中间各层水蒸气渗透阻，常用隔汽材料的水蒸气渗透阻见表 6-11。

各种隔汽材料的水蒸气渗透阻[4]

表 6-11

隔汽材料	δ(mm)	$H(m^2 \cdot h \cdot Pa/kg)$
石油沥青油纸	0.4	0.293
涂一道热沥青	2.0	0.266
石油沥青油毡	1.5	1.10
一毡二油	5.5	1.63
一毡三油	9.0	3

隔汽层的水蒸气渗透阻应该使隔热层内部不出现凝结区。冷库设计规范推荐该蒸气渗透阻由下面经验公式计算：

$$H_0 \geqslant 0.213(p_{qw} - p_{qn}) \qquad (6-13)$$

式中 H_0——围护结构隔热层高温侧（隔汽层以外）的各层材料蒸气渗透阻之和；

p_{qw}、p_{qn}——分别为围护结构高温侧和低温侧水蒸气分压力，Pa。

根据上式确定 H_0 选定保温与隔汽层后，为校核隔汽层内部是否出现结露区，需要进一步计算出围护结构内各层的边界温度（用以确定各层处的饱和水蒸气分压力）与各层的实际水蒸气分压力。围护结构内部各层边界温度可按下式计算：

$$t_T = t_w - \frac{t_w - t_n}{R_0}(R_0 + \sum_{r-1} R) \qquad (6-14)$$

式中　t_T——某层的边界表面温度，K；

　　t_w、t_n——分别为室外、内计算温度，K；

　　$\sum_{r-1}R$——计算层前面各层材料热阻之和，$m^2 \cdot K/W$；

　　R_0——总热阻，$m^2 \cdot K/W$，其计算式如下所示：

$$R_0 = R_n + \sum R + R_w \tag{6-15}$$

围护结构内各边界层水蒸气分压力可按下式计算：

$$p_{qT} = p_{qw} - \frac{p_{qw} - p_{qn}}{H_0}(H_w + \sum_{r-1}H) \tag{6-16}$$

式中　p_{qT}——某边界层表面水蒸气分压力，Pa；

　　p_{qw}、p_{qn}——分别为室外、内水蒸气分压力，Pa；

　　H_w——外表面水蒸气转移阻，$m^2 \cdot h \cdot Pa/kg$；

　　$\sum_{r-1}H$——计算层前各层蒸气渗透阻之和；

　　H_0——总蒸气透阻，根据式（6-12）计算。

当各层的实际水蒸气分压力 p_{qT} 均低于根据 t_T 确定的各层的水蒸气饱和分压力时，可判定各层均不发生结露；反之，则某层处会发生结露，相应的，需要调整隔汽层的设置，直至各层均不发生结露。

本 章 习 题

6.1　节流过程的特点是什么？节流机构有什么作用？有哪几种？

6.2　膨胀阀是怎样根据热负荷变化实现制冷量自动调节的？其安装有什么要求？

6.3　内平衡式热力膨胀阀和外平衡式热力膨胀阀的工作原理是什么？各有什么优缺点？它们的使用场合有什么不同？

6.4　电子膨胀阀的工作特点是什么？有什么优缺点？

6.5　试述毛细管的工作原理，毛细管节流有什么优缺点？

6.6　手动膨胀阀与截止阀有什么不同？举例说明手动膨胀阀的用途。

6.7　试比较直通式和非直通式浮球膨胀阀的优缺点。

6.8　浮球膨胀阀可以用在开式蒸发器中吗？

6.9　试画出浮球膨胀阀与蒸发器的管路连接图。

6.10　试述贮液器的种类，各有何用途？

6.11　液体分离器在制冷系统有哪些用法？

6.12　氟利昂制冷系统通常是根据过热度来控制供液量，为什么有时还需设置液体分离器来防止压缩机回液？

6.13　过滤器与干燥器有何功能？应设在制冷系统中的什么位置？

6.14　油分离器分离润滑油的原理是什么？油分离器有哪几种类型？

6.15　绘出氨制冷系统的放油系统，并说明放油的操作步骤。

6.16　制冷系统中为什么会有不凝性气体？有何危害？

6.17　试述制冷系统的空气分离器工作原理。

6.18　试绘出氨制冷系统的放空气系统，并说明放空气的操作步骤。

6.19　为什么 R22 制冷系统一般不设放空气系统？

6.20　试述制冷系统中安全阀的功能及工作原理。

6.21 氨制冷剂管路的布置有何特点?

6.22 试述制冷剂管路设计的总原则是什么?

6.23 试述变负荷制冷系统中双立管的功能及工作原理。

6.24 试述氟利昂制冷系统的吸、排气管布置原则。

6.25 有一氨制冷系统,系统中有压缩机、填料式油分离器、卧式冷凝器、卧式壳管式蒸发器、浮球膨胀阀、贮液器各一台。试绘出制冷剂流程图。

6.26 有一氨制冷的小冷库,采用重力供液系统。库内用棚顶盘管和立式墙管。制冷系统采用立式冷凝器和洗涤式油分离器。试绘出制冷剂流程图。

6.27 有一人工冰场,采用氨泵供液的制冷系统。系统中有压缩机 3 台、卧式冷凝器 3 台、填料式油分离器 3 台、高压贮液器 2 台。立式低压循环贮液桶 2 台和氨泵 2 台、试绘出该制冷剂系统的工艺流程图。

6.28 有一内平衡式热力膨胀阀,静装配过热度为 3℃,设蒸发器的蒸发温度为 7℃,制冷剂无流动阻力,若制冷剂为 R22 和 R134a。问温包中至少要多少压力才能把该热力膨胀阀门打开?

6.29 设 R22 蒸发器配置一内平衡式热力膨胀阀,温包内充注 R22,弹簧力调定为 35.7kPa,在蒸发温度为 5℃工况下运行,试求以下三种情况下蒸发器出口过热度至少多大?(1)蒸发器无阻力;(2)蒸发器中阻力为 60.9kPa;(3)蒸发器和分液器阻力共 0.11MPa。

6.30 设一个 R22 制冷系统,制冷量为 116kW,蒸发温度为 −10℃,设吸气管长度为 30m,管路上有截止阀 1 只、90°弯头 2 个,试确定其管径。

6.31 设一个 R134a 制冷系统,制冷量为 130kW,蒸发温度为 −5℃,设排气管长度为 50m,管路上有截止阀 2 只、90°弯头 3 个,试确定其管径。

6.32 设一个 R717 制冷系统,制冷量为 335kW,蒸发温度为 −15℃,设高压液体管当量总长度为 75m,试确定其管径。

6.33 一套标准制冷量为 80kW 的氨制冷装置,试确定其冷凝器到贮液器的泄液管管径。

6.34 有一氨制冷系统,制冷量为 130kW,蒸发温度为 −20℃,设吸气管、排气管、高压液体管上均装有截止阀 2 只、弯头 2 个,管路的沿程长度分别为 30m、40m、50m。试确定各管管径。

6.35 设一氨制冷系统的制冷剂流量为 0.4kg/s,冷凝温度为 30℃、试确定高压贮液器的容积。

6.36 设一立式冷凝器直径为 720mm,筒身高 4800mm。试确定安全阀的口径。

本章参考文献

[1] 王伟,倪龙,马最良. 空气源热泵技术与应用 [M]. 北京:中国建筑工业出版社,2017.

[2] 陆亚俊,马最良,姚杨. 空调工程中的制冷技术 [M]. 哈尔滨:哈尔滨工程大学出版社,2001.

[3] 彦启森,石文星,田长青. 空气调节用制冷技术(第四版) [M]. 北京:中国建筑工业出版社,2010.

[4] 郑贤德. 制冷原理与装置 [M]. 北京:机械工业出版社,2007.

第7章 制冷系统的安全保护与自动控制

由制冷压缩机、蒸发器、冷凝器、节流机构及其他辅助设备构成的制冷系统是一个串联封闭的有机整体，当任一部件的任一参数改变时，都会影响其他部件乃至整个系统的工作性能，因此，首先要求制冷系统具有自动保护功能，确保系统安全稳定运行[1]。其次，当供冷负荷及外部环境参数发生变化时，制冷系统各设备必须互相匹配、互相适应，这就要求制冷系统必须具有随着制冷负荷和外界条件的变化而进行自动调节的功能，确保系统能够运行在所要求的制冷工况范围内，并实现节能优化运行，提高系统运行的经济性。

制冷系统的自动调节主要包括蒸发器供液量的自动调节、压缩机的能量调节和冷凝器的自动调节，这些调节既是为了满足制冷量和制冷温度的调控需求，也是保证制冷系统安全可靠运行的需要；在三者调节中，蒸发器制冷量的自动调节是核心，压缩机和冷凝器的自动调节是保障，同时三者又相互影响。本章首先介绍制冷系统的运行安全及防护要求，介绍制冷系统运行调节需求；其次介绍制冷剂流量调节、压缩机能量调节和热交换器（冷凝器、蒸发器）能力调节；进而介绍常用典型冷水机组的自动控制，并介绍冷水机组常见故障及排除方法。

7.1 制冷系统运行安全的自动保护

自动保护是制冷系统必备的功能，通过对制冷系统运行状态的安全监测，实现当系统运行参数出现不正常时及时进行正确的保护性处理，防止系统出现运行事故。制冷系统运行安全的保护有制冷压缩机的自动保护、蒸发器和冷凝器等压力容器的自动保护以及制冷剂管路系统的安全保护等。

7.1.1 制冷压缩机的自动保护

压缩机的自动保护主要有压力保护、温度保护、冷却水断水保护和电动机保护，设计者可根据制冷系统的特点选择其中的保护措施。

1. 压缩机的吸气压力和排气压力保护

压缩机的排气压力与吸气压力保护也称为高低压力保护，目的是为了避免压缩机的排气压力过高和吸气压力过低所造成的危害。制冷系统在运行过程中，一方面，由于压缩机排气阀未打开、制冷剂充注量过多、不凝性气体含量过高、冷凝器断水或严重缺水、冷凝器风机卡死等原因，可能会出现排气压力过高，当超过系统的承压极限时，可能造成人机事故。另一方面，由于膨胀阀堵塞、吸气阀或吸气滤网堵塞等问题，可能会引起吸气压力过低，进而引起蒸发温度过低，影响制冷系统运行的经济性。

压缩机通常采用高压控制器、低压控制器和高低压控制器来实现上述压力保护。高压控制器在排气压力超过安全值时，会自动切断压缩机电源，使压缩机停止工作；低压控制器则在吸气压力低于安全值时，切断电源，使压缩机停车。对于有同时控制制冷系统高压和低压要求的，还可以把高压控制器和低压控制器做成一体的高低压控制器。

压力控制器和高低压控制器分别如图 7-1 和图 7-2 所示[1,2]。在压力控制器中，压力信号接管将压缩机的吸气压力或排气压力引入内部波纹管；蒸汽压力的变化，将通过弹簧推动翻转开关，实现电触点的吸合与断开，从而实现压缩机的电动机启停。在高低压控制器中，高低压力信号接管同时将压缩机的吸气压力和排气压力引入内部各自的波纹管，通过弹簧推动翻转开关，实现电触点的吸合与断开，启动电动机。图 7-3 为压力控制器和高低压控制器在制冷系统中的安装图。

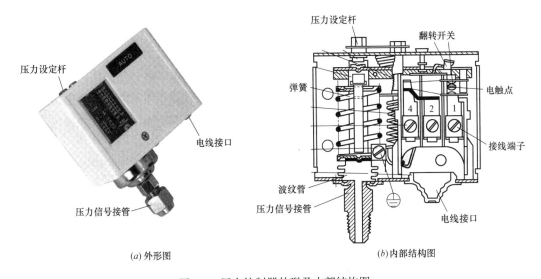

(a) 外形图　　　　　　　　　　　　　(b) 内部结构图

图 7-1　压力控制器外形及内部结构图

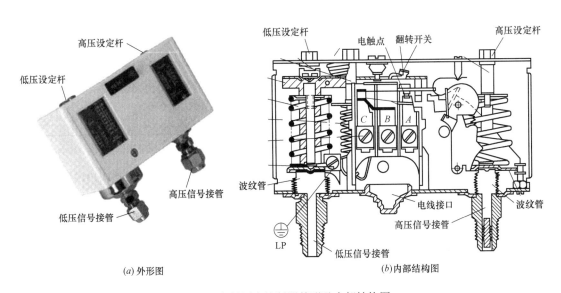

(a) 外形图　　　　　　　　　　　　　(b) 内部结构图

图 7-2　高低压力控制器外形及内部结构图

在使用压力控制器时，一要注意工质的种类，有的压力控制器只适用于氟利昂制冷剂，有的则是氨、氟通用；二要注意触头开关的容量；三要正确进行压力设定和差动压力

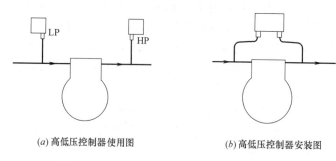

(a) 高低压控制器使用图　　　　　(b) 高低压控制器安装图

图 7-3　压力控制器在制冷系统中的使用安装图

设定，表 7-1 为常用压力控制器技术参数[2]，规定了高低压调节范围和差动范围。低压控制器的压力设定值是使触点断开的压力值，使触点自动闭合的压力值为设定压力加上差动压力。高压控制器的压力设定值是使触点断开的压力，允许触点自动接通的压力为设定压力减去差动压力。高压控制器断开后再复位接通的方式有自动和手动两种，考虑到由高压控制器动作所造成的停车无疑是系统有故障，所以通常不希望高压控制器自动复位，而以手动复位为宜。

常用压力控制器技术参数[2]　　　　表 7-1

类别	型号	低压力(MPa)		高压力(MPa)		电触头容量	备注
		调节范围(表压)	差动	调节范围(表压)	差动		
高低压控制器	YK306 (国产)	0.07～0.6	0.06～0.2	0.6～3.0	0.2～0.5	AC300VA 220/380A	R12
	YWK-11 (国产)	−0.02～0.4	0.025～0.1	0.6～2.0	0.1～0.4	DC50W 115/230V	型号后有字母 A 的为氨、氟通用，无字母 A 的只适用于氟利昂
	KP15 KP15 KP15A	−0.02～0.75 −0.09～0.70 −0.09～0.70	0.07～0.4 固定 0.07 固定 0.07	0.8～2.8 0.8～2.8 0.8～2.8	固定 0.4 固定 0.4	AC 16A,400V DC 220V,12W	
低压控制器	KP1/(1A) KP1/(1A)	−0.02～0.75 −0.09～0.7	0.07～0.4 固定 0.07			同上	
高压控制器	KP5/(5A)			0.8～2.8	固定 0.4		

2. 压缩机的油压差保护

采用油泵的压缩机，如果不能建立起油压差或者油压差不足，运动部位将得不到充分地润滑，进而存在烧毁的危险。另外，采用油泵供油的压缩机也大多采用油压卸载机构，如果油压不正常，则压缩机卸载机构也不能正常工作。因此，必须设置油压差保护。

油压差保护用压差控制器来实现，当油压差达不到要求时，将关闭压缩机。压差控制器有带延时的压差控制器和不带延时的压差控制器，前者可在无压差下正常启动油泵，由压差所控制的压缩机停机动作将延时执行；后者就是一个单纯的压差开关。图 7-4 为油压差控制器的外形和工作原理图[1,2]。高压和低压信号接管将油泵的高低压信号分别引入相应的波纹管，当油压正常时，顶杆在外部油压差作用下，通过杠杆使得压差开关与触点 DZ 闭合，压缩机正常工作；当油压较低时，顶杆推动杠杆，使得压差开关与触点 YJ 闭合，事故指示灯亮，经过适当延时后，关闭压缩机电动机。

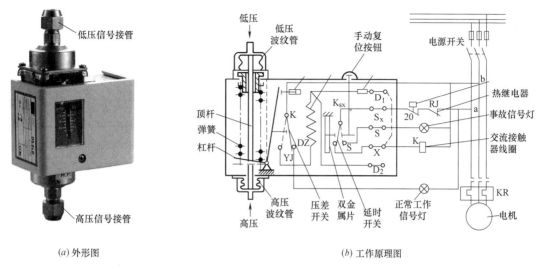

| *(a)* 外形图 | *(b)* 工作原理图 |

图 7-4　压差控制器外形及工作原理图[1,2]

3. 压缩机的排气温度保护

压缩机排气温度太高，会引起润滑条件恶化、润滑油碳解，影响容积效率和机器寿命，严重时还会引起制冷剂分解、爆炸（R717）等事故。压缩机安全工作条件规定对 R717、R22 和 R502 的最高排气温度分别是 150℃、145℃ 和 125℃。因此，必须对压缩机排气温度进行保护，尤其是 R717 压缩机，排气温度保护是必不可少的。通常采用温度控制器来实现对压缩机排气温度的自动保护，将温度控制器的感温包固定在靠近压缩机排气口的排气管上，感应排气温度，当排气温度超过设定值时，压缩机将事故停机。

温度控制器是一种双位调节器，又称为温度继电器或温度自动开关。温度控制器根据被调温度的变化，使触点接通或断开，从而对压缩机的电动机或电磁阀进行启停或开关控制。图 7-5 是温度控制器的外形和结构原理图[1]，感温包和波纹管中充有易挥发的液态工质，当感温包的温度变化时，工质的压力也随之变化。温度控制器有两个微动开关，各有一个常闭触点和常开触点，用作两个温度范围的控制，偏心轮用来给定被调温度的调定

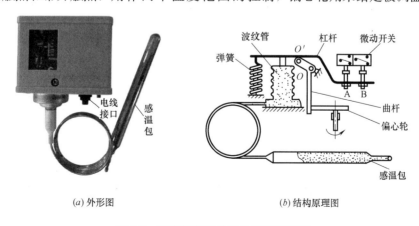

| *(a)* 外形图 | *(b)* 结构原理图 |

图 7-5　温度控制器外形及结构原理图

值。当转动偏心轮，使曲杆绕 O 顺时针转动，则 O′上移，增加了弹簧的拉力，即可增大温度控制器的调定值；反之，O′下移，可减小温度的调定值。若温度下降，波纹管的推力减小，在弹簧力的作用下杠杆绕 O′点逆时针转动，杠杆的 A、B 两点将微动开关的按钮掀起，切断电路；反之，当温度上升，波纹管推力增大，使杠杆绕 O′顺时针转动，A、B 两点离开微动开关，微动开关在自身弹簧力的作用下使触点闭合，电路接通。常用的温度控制器技术指标见表 7-2。

温度控制器技术指标[2]　　　　　　　　　　　　　　　　　表 7-2

型号	温度范围(℃)	差动温度(℃)			温包最高温度(℃)	充注方式	毛细管长(m)	环境温度(℃)
		最低设定时	中间设定时	最高设定时				
KP 61 62	−30~+15	4~15	最小 2	1.5~7			2.5	
KP 63	−50~−10	5~15	最小 3	2~9	120	蒸汽	2	−40~+65
KP 68 69	−5~+35	4~15	最小 2.5	2~8			2	
KP 71	−5~+20		2~10				2	
KP 73	−25~+15		1.7~8				3	
			2.5~20				2	
			15~30				2	
			2.5~10				5	
KP 75	0~+35		2.5~10		110	吸附	2	−40~+65
KP 77	+20~+60		3.5~10		140		2.3	
KP 79	+50~+100		5~15		150		2	
KP 81	+80~+150		7~20		200		2	
KP 98	油:+60~+120				150		1	
	0~+30				100		1	
	高温:80~100				250		2	

除了压缩机排气温度保护外，温度控制器还用在压缩机的油温保护，以避免油温过高，当油温超过设定值（一般为 60℃）时，压缩机将停机。

4. 压缩机的断水保护

对于有冷却水套的压缩机，如果冷却水套出现断水现象，将会引起压缩机排气温度过高。为避免该问题，可在冷却水套的出水管安装断水保护触点，即流量开关，当有水流通过时，则流量开关接通，继电器发出信号，使压缩机处于可正常启动状态；若水流中断，则流量开关断开，继电器发出信号，使压缩机不能启动或事故停机。压缩机的断水保护可用靶片式流量开关来实现，如图 7-6 所示，靶片式流量开关由靶片、杠杆、波纹膜片、磁铁、弹簧和微动开关组成，当流体以一定流速冲向靶片时，靶片将摆动，使微动开关断开，压缩机处于可正常启动状态；一旦流体被中断或流速低于设定值，靶片回到起始位置，使微动开关闭合，使压缩机不能启动或事故停机。

5. 压缩机电动机的自动保护

压缩机的电动机保护主要有短路保护和过载保护，常采用热继电器和过电流继电器来实现，当压缩机的电动机过热或电流过大时，切断电路，实现对电动机的过载保护。

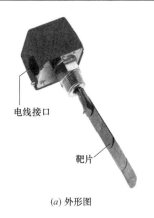

(a) 外形图

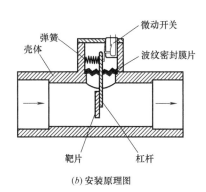

(b) 安装原理图

图 7-6 靶片式流量开关外形及安装原理图

7.1.2 制冷常用自动保护部件

对制冷系统高压侧容器（冷凝器、油分离器、贮液器及中间冷却器等）的压力保护，常通过泄放容器中制冷剂来实现，常用的部件有安全阀和易熔塞等。另外，止回阀和观察镜也是制冷系统常用的安全保护部件。

1. 安全阀

安全阀常见的结构形式为弹射式，如图 7-7 所示，当安全阀的入口压力与出口压力的差值超过设定值时，阀盘被顶开，使制冷剂从容器中大量排出，起到缓解容器内部压力的作用。

安全阀的开启压力设定值取决于压力容器的最高设计工作压力，高压容器的安全系数通常为 5，因此，最小破坏压力是额定设计压力的 5 倍[2]。安全阀的排放能力按高出压力容器压力设计值的 10% 计算，即安全阀必须在压力容器超压 10% 以内打开，并有足够的排放能力，

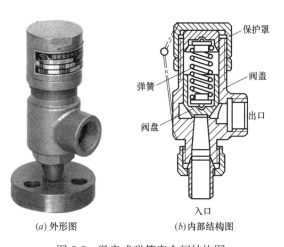

(a) 外形图   (b) 内部结构图

图 7-7 微启式弹簧安全阀结构图

保证在安全阀打开后，容器内压力不会继续升到设计值的 110% 以上。安全阀的排放能力与其孔径有关，其最小孔径可按下式计算[2]：

$$d_{min} = C_{SV} \sqrt{D_{PV} L_{PV}} \times 10^{-3}$$ (7-1)

式中　D_{PV}——压力容器的直径，mm；

　　　L_{PV}——压力容器的长度，mm；

　　　C_{SV}——安全阀常数，其取值见表 7-3。

安全阀常数取值表[2]　　　　　　　　　　　　　　　表 7-3

制冷剂	R12	R22	R502	R717	R290	R13
高压部分	9	8	8	8	8	5
低压部分	11	11	11	11	11	5

安全阀在使用中由于涉及安全责任问题，出厂前应设定安全阀的开启压力，并进行铅封，用户在使用中不得任意启封和调整。此外，由于安全阀按固定的进出口压力差动作，背压对阀的工作也有影响，因此，不允许在安全阀出口侧再增设安全膜。

对人体有害的制冷剂（如氨）的系统，安全阀出口均应接安全管引到室外，安全管伸出室外的出口应高于房檐口不少于1m，高于立式冷凝器操作平台不少于3m。高压部分的安全阀，可以把安全阀排泄的高压蒸气引到系统的低压部分，而不直接泄放到大气中，这样既不损失制冷剂，又不污染周围环境。

2. 易熔塞

在有些小型的不可燃制冷剂（如 R22、R12 等）系统中，常采用易熔塞代替安全阀。图 7-8 为易熔塞的构造。在塞体中间填满了低熔点合金，熔化温度一般在 75℃ 以下。易熔塞只限于用在容积小于 500L 的容器（冷凝器或贮液器）上。易熔塞的安装位置应防止压缩机排气温度的影响，通常装在容器接近液面的气体空间部位。当容器内气体的饱和温度高于易熔塞的熔点时，低熔点合金熔化，制冷剂气体从孔中喷出、泄压。

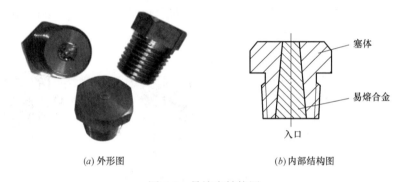

(a) 外形图　　　　　　　　　　　(b) 内部结构图

图 7-8　易熔塞结构图

3. 止回阀

制冷系统管道中的工质流动方向是有一定规定的，在凡是有可能出现因反向压差而引起工质倒流，并对制冷系统的正常工作造成危害的部位，都应安装止回阀来防止工质反向流动，起到保护作用。

止回阀又叫单向阀或逆止阀，图 7-9 为一机多温蒸发器系统使用的小型止回阀，图 7-10 为大容量止回阀。从图中不难看出，止回阀是靠正向流体压降克服弹簧力打开阀门的，当出现反向压降或者正向压降小于最小开启压降时，则阀门关闭。阀中的弹簧力越大，阀门关闭越严，正向开启压降也越大，因此，在系统低压侧管路上使用的止回阀，须选择低压降的止回阀，以减小压力损失。止回阀的压降一般为 14～41kPa，最低压降可以

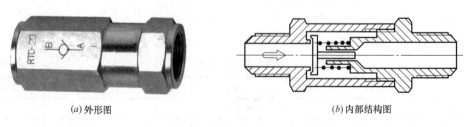

(a) 外形图　　　　　　　　　　　(b) 内部结构图

图 7-9　制冷用小型止回阀

做到 7kPa，但压降太低的止回阀在低温工作时不可靠。

 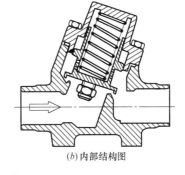

(a) 外形图   (b) 内部结构图

图 7-10 大容量止回阀

制冷系统中需要安装止回阀的部位主要有：

（1）用在压缩机排气管上：一是防止压缩机停机时制冷剂从冷凝器倒流回压缩机；二是在多台压缩机并联的系统中，防止制冷剂从运行的压缩机流向不运行的压缩机。

（2）用在液体管上：在热泵系统中，一是防止制冷剂液体通过不工作的膨胀阀；二是在逆循环除霜系统中，防止热气返回低压液管。另外，在液泵供液系统中，装在液泵出口管上，防止停泵时液体倒流。

（3）用在低压气管上：在一机多温的冷库系统中，装在温度最低的蒸发器回气管上，防止停机时制冷剂从高温蒸发器流向低温蒸发器。

止回阀在选择和使用时应注意：按系统设计所要求的容量及许可压降来选择止回阀的尺寸和型号，确保正向流动时止回阀能够在规定的流量下处于开启状态，避免振颤；安装时，必须按阀体指示的流向连接进、出管路，切勿装反。

4. 观察镜

观察镜不直接起保护作用，但通过它可以随时观察到制冷系统关键部位的内部状况，以便及时掌握系统是否正常运行，及时查找故障原因。因此，观察镜对于制冷系统的安全保护也是很有必要的。制冷系统中常用的观察镜有以下三类：

（1）液流观察镜：安装在制冷剂液体管路、回油管、冷却水管或者冷媒水管上，以观察上述各管中的流动是否正常，有无断流问题。

（2）液位观察镜：用耐压玻璃制作，安装在贮液器的控制液面附近，作为容器的透明观察窗口，用来观察贮液器的液位或曲轴箱中的油位。大型压缩机的曲轴箱上往往安装上下两个观察镜，分别观察低限和高限油位。

（3）制冷剂含水量观察镜：安装在制冷系统的高压液体管路上，用于观察氟利昂制冷剂中的含水程度，又叫水分指示器，这是氟利昂制冷系统所特有的一种观察镜。

水分观察镜的结构如图 7-11 所示，它是在一般的液流观察镜中装入一只能够显示含水量的纸心，就构成了含水量观察镜。纸心在某种金属盐溶液中浸泡过，金属盐与制冷剂中的水分相遇发生化学反应，所生成的水化物会因含水量的不同而呈现出不同的颜色，观察镜的外环上有比色带，给出各种颜色所代表的含水量数值。观察时，将纸心的颜色与比色带的颜色对比，从而知道制冷剂中含水量的多少。如 Danfoss 公司生产的 SGI 型水分观察镜对 R22 液体（温度 20～40℃时）含水量的颜色反应见表 7-4。

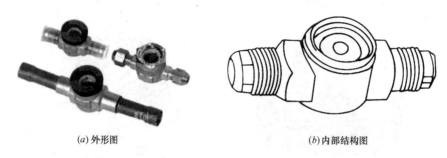

(a) 外形图　　　　　　　　　　　　　　(b) 内部结构图

图 7-11　水分观察镜

SGI 型水分观察镜对 R22 液体含水量的颜色反映值[2]　　　　表 7-4

含水量(10^{-6})	<60	60~125	>125
颜色	绿色	无色	黄色

7.2　蒸发器的自动控制

蒸发器是真正产生所要求制冷温度下的制冷量的场所，因此，其制冷温度和制冷量的自动调控是制冷系统自动控制的核心。蒸发器调节的首要任务是调节蒸发器的制冷量，以适应制冷负荷的变化。蒸发器的自动调节有双位调节、台数调节、蒸发压力调节、供液量调节等。

7.2.1　蒸发器的双位调节

双位调节是制冷系统自动调节中最常用、最简单的方法，是调节系统中的执行机构只有 ON/OFF 两个位置（全开或全关）的调节方式。蒸发器的双位调节主要是对蒸发器的供液阀进行 ON/OFF 控制，图 7-12（<i>a</i>）是蒸发器双位调节的原理图[1]。每个冷室都有一个蒸发器，蒸发器的供液管上装有电磁阀，由温度控制器根据冷室的温度控制供液管上电磁阀的启闭，将冷室温度控制在设定温度范围内，控制效果如图 7-12（<i>b</i>）所示；每台蒸发器供液量的大小则由恒温膨胀阀来调节。如果蒸发器有风机，温度控制器还可同时控制风机的启停。

对于如房间空调器、冰箱、冷藏柜等小型制冷装置，常常是一台压缩机配置一台蒸发器，在这种制冷装置中，温度控制器可以直接控制压缩机或同时控制蒸发器与压缩机的启停。

双位调节适用于供冷负荷变化不大也不频繁、调节的滞后性不大的制冷装置。

7.2.2　蒸发器的台数调节

对于多台蒸发器为同一对象服务的制冷系统，可以控制蒸发器工作的台数来调节能量，调节方法有阶梯式分级调节和延时分级调节两种。

1. 多台蒸发器阶梯式分级调节

图 7-13（<i>a</i>）是三台蒸发器阶梯式分级调节的原理图[1]。冷水由三台蒸发器并联制备、供给，每台蒸发器的工作各由一套温度控制器来控制调节。为实现蒸发器台数的阶梯式分级调节，首先设定冷水的供水温度下限为 t_1、上限为 t_2，则总幅差为

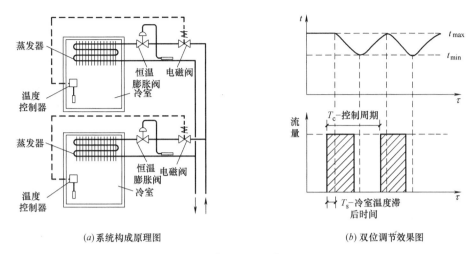

(a) 系统构成原理图   (b) 双位调节效果图

图 7-12 蒸发器的双位调节图

$\Delta t_0 = t_2 - t_1$；其次设置每台蒸发器（冷水机组）的供水温度控制幅差均为 Δt，且三台蒸发器的 Δt 之和能够实现对 Δt_0 的全覆盖；同时将三台蒸发器的供冷负荷均设置为总供冷负荷的 1/3，于是，各蒸发器供冷温度与其供冷负荷之间的关系可用图 7-13（b）所示的调节曲线来描述。

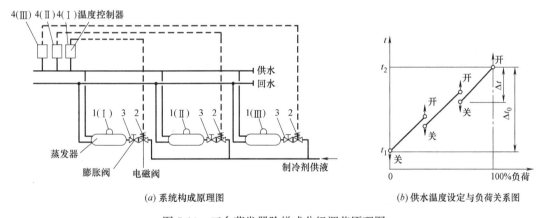

(a) 系统构成原理图   (b) 供水温度设定与负荷关系图

图 7-13 三台蒸发器阶梯式分级调节原理图

图 7-13 所示的三台蒸发器（冷水机组）并联台数阶梯式分级调节策略如下：

（1）当三台蒸发器都投入运行时，其制冷量为 100%。

（2）若用户侧供冷负荷下降，则回水温度就会降低，在冷水机组出力不变的条件下，供水温度也会下降，当供水温度下降到 $t_2 - \Delta t$ 时，蒸发器Ⅲ的温度控制器Ⅲ将关闭该蒸发器供液管上的电磁阀，这时就剩 2 台蒸发器工作，向用户提供 66.7% 的制冷量。

（3）当用户侧负荷继续下降时，供水温度亦随之下降，当达到蒸发器Ⅱ的温度控制下限时，将温度控制器Ⅱ将关闭该蒸发器供液管上的电磁阀，这时只剩 1 台蒸发器工作，向用户提供 33.3% 的制冷量。

（4）当用户侧负荷再继续下降，供水温度下降到 t_1 时，则将蒸发器Ⅰ的温度控制器将关闭其供液管上的电磁阀，此时三台蒸发器都停止工作，不再向用户提供制冷量。

上述过程为多台蒸发器减少运行台数的运行调节策略,若用户侧供冷负荷增加,则供水温度升高,这时可以通过三台温度控制器使三台蒸发器依次投入工作,过程与上述相反,不再赘述。

对多台并联的蒸发器(冷水机组)整体控制要求而言,多台蒸发器阶梯式分级调节方法比较简单,但该方法控制精度差(即幅差 Δt_0 比较大),特别是,每台蒸发器要求工作在不同的温度区间,由此要求每台冷水机组将工作在不同的温度区间,这样,对每台蒸发器或冷水机组的控制精度要求高,增加控制难度,因此,分级数不宜太多。

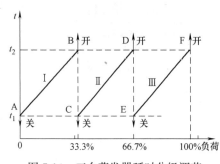

图 7-14　三台蒸发器延时分级调节
温度设定与负荷关系图

2. 多台蒸发器延时分级调节

对于多台蒸发器为同一对象服务的制冷系统,当分级数较多而不宜采用阶梯式分级调节时,可采用延时分级调节方法。这种调节方法的特点是将每台蒸发器都工作在相同的供水温度范围内,但都按设定的次序随用户侧供冷负荷的变化依次延时启停,分别承担相应的供冷负荷。图 7-13(a)所示的三台蒸发器并联制冷系统的延时分级调节温度设定与供冷负荷关系如图 7-14 所示,根据该图即可制定多台蒸发器(冷水机组)加减台数延时分级调节控制策略,这里不再赘述。

由图 7-14 可知,与阶梯式分级调节相比,在延时分级调节中各台蒸发器都工作在相同的供水温度范围,即各并联冷水机组也工作在相同温度区间,这样冷水机组的控制调节比阶梯式分级调节容易实现得多。

7.2.3　蒸发器的蒸发压力调节

当被冷却介质温度和供冷负荷变化时,将会引起制冷系统蒸发温度的变化。若制冷温度波动加大,必然不仅会引起制冷系统工作性能的变化,而且会影响制冷的品质,进而影响被冷却物体或空间环境的温度控制质量。对于多蒸发温度的制冷系统,也需要保证该类制冷系统的各蒸发器工作在各自所要求的温度水平上。因此,必须对蒸发器的蒸发温度进行控制调节,通过调节蒸发压力,实现对蒸发温度的调节并维持在所要求的温度水平上,进而实现对蒸发器供冷温度的调节和控制。另外,通过对蒸发压力的调节,也可以实现对蒸发器制冷量的适当调节。

蒸发压力的基本调节方法是,在蒸发器出口管路上安装蒸发压力调节阀,根据蒸发压力实际值相对于其设定值的变化来自动调节阀门的开度,进而调节从蒸发器向压缩机的供气量。当蒸发压力降低时,减小阀门开度,蒸发器供汽量将减小,蒸发压力则回升;当蒸发压力升高时,开大阀门开度,蒸发器供汽量增大,则抑制蒸发压力升高,从而使蒸发压力维持在一定范围内。

蒸发压力调节有直动式和继动式两类,直动式调节采用直动式蒸发压力调节阀来实现,常用于单蒸发器制冷系统,如图 7-15 所示,在蒸发器出口安装蒸发压力调节阀,蒸发压力调节阀按要求的蒸发压力来设定,调节阀开度与蒸发压力成比例变化。

继动式调节采用主阀和压力导阀来实现,常用于多蒸发温度的制冷系统,如图7-16所示。在该类系统中,最低温度的蒸发器出口要安装止回阀,以避免停机时由于各蒸发器压力的不同，高温度蒸发器中的制冷剂流入低温度蒸发器中，在再次开机时，可能造成吸气带液甚至液击；其余较高温度的蒸发器出口各安装一个蒸发压力调节阀（这里为主阀和压力导阀组），每只阀可按各自要求的蒸发压力来设定；主阀是比例型调节阀，其开度与蒸发压力成比例变化，主阀和导阀灵敏度高，调节静态偏差小，能够保证蒸发压力基本恒定，具有较好的压力调节性能。

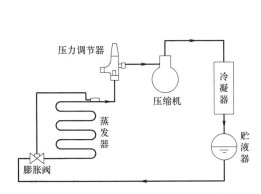

图 7-15　单蒸发器系统蒸发压力调节图　　　图 7-16　多蒸发器系统蒸发压力调节图

7.2.4　蒸发器的供液量调节

蒸发器供液量自动调节的目的是通过调节进入蒸发器的制冷剂液体流量，来调节蒸发器的制冷量。采用节流机构即可实现蒸发器供液量的自动调节，常用调节方法有热力膨胀阀调节法、电子膨胀阀调节法、浮球阀调节法及毛细管调节法。

1. 热力膨胀阀调节方法

热力膨胀阀调节法常用于干式蒸发器的供液量调节，其调节的基本原理是按蒸发器出口的过热度与其设定值之差，成比例地调节制冷剂液体流量。

干式蒸发器供液量热力膨胀阀调节系统原理如图 7-17 所示，当调节稳定时，作用在膨胀阀热力膜片的上下力存在着 $p_1 = p_0 + p_3$ 的关系，其中，p_1 为与蒸发器出口过热度有关的温包内压力，向膨胀阀提供开阀力，p_1 越大，阀门开度越大；p_0 和 p_3 分别来自蒸发器的蒸发压力和膨胀阀弹簧力，向膨胀阀提供关阀力，二者越大，阀门开度越小。

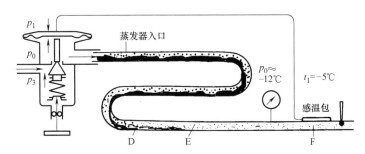

图 7-17　蒸发器供液量热力膨胀阀调节系统原理图

图 7-18 为热力膨胀阀过热度调节原理图，图中关阀力曲线始终处于开阀力曲线上方，因此，要使热力膨胀阀流量调节系统正常工作，必须保证蒸发器出口有一定的、足以打开膨胀阀的过热度，随后，膨胀阀的开度将随蒸发器出口过热度的变化而变化，实现对供液

量的自动调节。在图 7-17 中，设蒸发器中的 E 点为设计工况下制冷剂液体完全汽化的位置点，F 点为过热度监测点（即感温包按照位置点）。当蒸发器外部冷负荷增大时，蒸发器内液态制冷剂沸腾换热将加强，则蒸发器的供液量相对较少；这时，液态制冷剂不需要流到 E 点而是可能走到 D 点就完全汽化，且在 D 点之后完全汽化的制冷剂将继续从外界吸热而过热，这时感温包处 F 点的过热度将加大，由此引起温包内温度和 p_1 升高，p_1 推动热力膜片向下运动，膨胀阀开度增大，于是蒸发器的供液量加大。反之，当蒸发器外部供冷负荷减小时，蒸发器内液态制冷剂沸腾减弱，本应在 E 点完全汽化的制冷剂结果在流过 E 点后的某一位置才完全汽化，显然 F 点处的过热度将减小，进而感温包内的温度和压力 p_1 将降低，导致膨胀阀开度减小，则蒸发器供液量将减小。

图 7-19 为热力膨胀阀在蒸发温度、冷凝温度、阀前液体温度（或过冷度）一定的条件下绘制出的静态特性曲线，其中，SS 称为静态过热度，是膨胀阀处于即将开启位置时弹簧提供的最小预紧力 p_{3min}（即预先调整的给定弹簧预紧力），这时，膨胀阀控制的过热度最小；OP 为打开过热度，是膨胀阀从开启到全开（在阀门全开时，弹簧的最大预紧力 p_{3max}，这时，膨胀阀控制的过热度最大）过程中所能控制的过热度，又称为可变过热度；OPS 为工作过热度，由 SS 和 OP 构成。根据图 7-19 所示的膨胀阀流量调节特性可知，热力膨胀阀属于比例型调节器，在标称容量范围内，膨胀阀的流量调节能力与蒸发器出口过热度和膨胀阀静态过热度之差成比例关系。通常，膨胀阀的静态过热度 SS 为 2～8℃，可变过热度 OP 为 5℃，因此，工作过热度 OPS 为 2～13℃。在热力膨胀阀产品样本中给出的过热度是静态过热度值，静态过热度可以通过调节弹簧预紧力加以适当调整；此外，每只阀在标称容量（100%）之外还有 20% 的容量裕度。

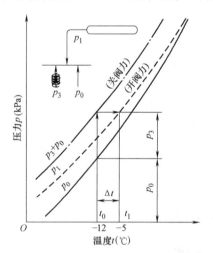

图 7-18　热力膨胀阀过热度调节原理图[2]

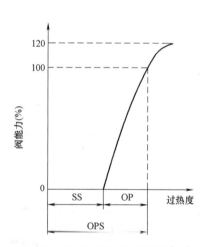

图 7-19　热力膨胀阀静态特性[1,2]

当蒸发器阻力可以忽略时，关阀力中的蒸发压力 p_0 可由节流后的制冷剂压力来代替，从而使膨胀阀的结构和安装都较为简单，具有这样结构的热力膨胀阀为内平衡式膨胀阀，如图 7-17 所示。当蒸发器阻力不可忽略时，若用节流后的制冷剂压力代替蒸发压力将引起过热度明显增大，为此，可采用外加平衡管的办法将蒸发器出口处压力导入膨胀阀内，以提供关阀力，如图 7-20 所示，具有这样结构的热力膨胀阀称为外平衡式热力膨胀阀。

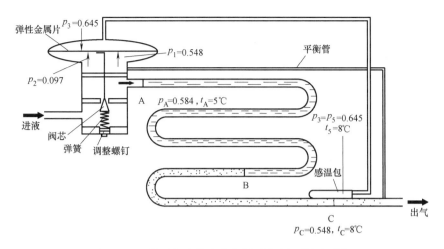

图 7-20 外平衡式热力膨胀阀过热度调节原理图

每个制冷系统的蒸发器都存在一个最小稳定过热度。当系统实际过热度大于该最小过热度时，系统可以稳定工作，但因过热度较大而不经济；当实际过热度小于最小过热度时，系统工作不稳定，将导致液态制冷剂被周期性地吸入吸气管，进而减小热力膨胀阀向蒸发器的供液量，而后又因蒸发器供液量不足而使得过热度增大，热力膨胀阀又重新开大，吸气管又进液，结果出现蒸发器出口温度自激振荡的现象。这不仅影响蒸发器制冷性能，而且可能引起压缩机受到液击损坏。所以，静态过热度的最佳值是最小稳定过热度，这时可保证蒸发器工作在最佳工况下。热力膨胀阀在出厂时用螺栓调节静态过热度设定值，但出厂时的静态过热度给定值并不能作为每个制冷系统过热度最佳整定值的基础；同时，热力膨胀阀调节方法并不能保证供液量调节的精确性，在间歇启停的压缩机系统中，常出现很大的压力波动、温度波动和能耗波动，这就增加热力膨胀阀过热度整定的复杂性。目前，国际上广泛采用基于对蒸发器出口温度波动特性分析的整定方法。当蒸发器制冷能力与热力膨胀阀供液能力匹配得当时，用热力膨胀阀的调节螺栓来整定最佳静过热度；调节过程中，当蒸发器出口温度由自由振荡变为波动量变小直至不再变化时，这时的过热度就是最小稳定过热度。如果蒸发器制冷能力与热力膨胀阀供液能力明显不匹配，那么无论如何调整都不可能获得最小稳定过热度。这时，只能重新选择热力膨胀阀，然后再整定。

2. 电子膨胀阀调节方法

蒸发器供液量的热力膨胀阀调节方法只适用于传统的过热度闭环反馈调节系统，实现大体上的比例型流量调节，在使用上存在以下问题：调节精确性不高，调节系统无法实施计算机控制，工作温度范围窄，温包传感慢引起反应滞后和调节波动，在低温装置中热力膨胀阀的调节振荡问题比较突出。为了从根本上克服热力膨胀阀的上述不足，就产生了新一代的膨胀阀，即电子膨胀阀。图 7-21为电子膨胀阀制冷剂流量调节系统原理图，调节装置由温度传感器、控制器和电子膨胀

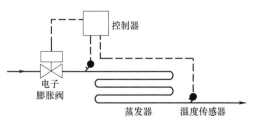

图 7-21 电子膨胀阀制冷剂流量调节系统原理图

阀组成。目前，国际上流行的电子膨胀阀种类很多，按结构形式主要有电磁式、电动式和热动式三类。

电磁式膨胀阀结构及其流量调节特性如图 7-22 所示。在电磁线圈通电前，阀芯处于全开位置；通电后，在电磁力作用下，磁性材料做成的柱塞被吸引上升，从而带动阀芯上移，关小阀门。阀门的开度取决于加在线圈上的控制电压（或电流），因此，可以通过改变电压（或电流）来调节阀门的供液量。电磁式膨胀阀结构简单，动作响应快，但工作时需要一直为它提供控制电源。

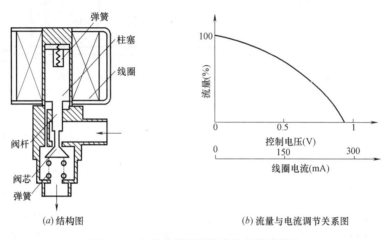

图 7-22　电磁式膨胀阀及其流量调节特性

电动式膨胀阀采用电动机驱动（多采用四相永磁式步进电动机），有直动型和减速型两类，前者由电机直接驱动阀杆，后者是电机通过减速齿轮驱动阀杆。电动式膨胀阀结构如图 7-23 所示[2]，其流量调节是靠步进电动机正向或反向运转带动阀杆上下运动，不断改变阀门开度而实现的。控制器接受制冷装置的参考控制信号，按一定的调节规律向步进电机输出驱动脉冲信号。步进电动机驱动原理如图 7-24 所示。

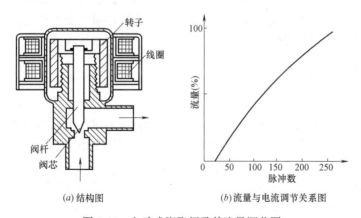

图 7-23　电动式膨胀阀及其流量调节图

热动式膨胀阀是靠阀头内的电加热所产生的热力调节作用，来改变阀门的开度，其结构和流量调节系统如图 7-25 所示[2]。在图 7-25 (b) 中，用两只铂电阻温度传感器分别监测蒸发器入口温度 T_1 和出口温度 T_2，并将监测信号传到控制器，控制器将根据实际监测温差（T_1-T_2）与所要求的温差设定值之差的大小，按照一定的调节算法（如 PID 算法）计算出膨胀阀输入电脉冲大小，进而调节膨胀阀的开度，以调整制冷剂流量。

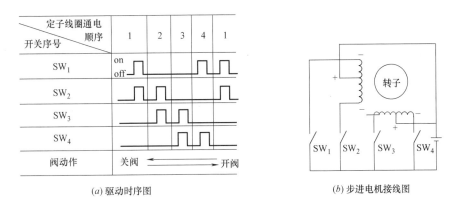

(a) 驱动时序图　　　　　　　　　　　　(b) 步进电机接线图

图 7-24　电动式膨胀阀步进电机驱动原理图

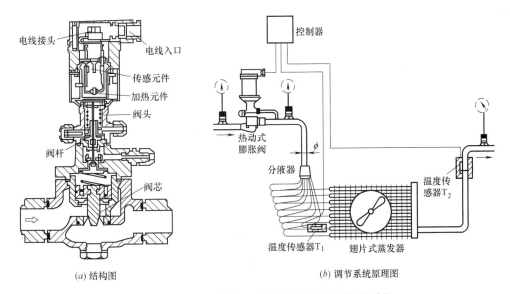

(a) 结构图　　　　　　　　　(b) 调节系统原理图

图 7-25　热动式膨胀阀及其流量调节系统原理图[2]

电子膨胀阀制冷剂流量调节系统不同于热力膨胀阀系统，热力膨胀阀调节系统是以蒸发器出口过热度为控制参考信号，而电子膨胀阀调节系统是以蒸发器出口与入口温度之差为控制参考信号。无论哪一种结构形式的电子膨胀阀，其流量调节系统都具由图 7-21 所示的系统构成[2]，只是由于阀门结构和动作原理不同，相应的电子控制器内部结构及其输出的阀门驱动信号才各不相同。但总的来说，正是由于电子式膨胀阀的使用，才使得先进的控制技术用于制冷剂流量调节系统中成为可能。电子膨胀阀调节系统具有以下优点：

（1）流量调节不受冷凝压力变化的影响。

（2）对膨胀阀前制冷剂过冷度的变化具有补偿作用。

（3）由于电信号传递速度快，执行动作迅速、准确，因此，能够及时、精确地调节制冷剂流量，即使冷负荷变化剧烈，也能避免振荡。

（4）能够将蒸发器出口过热度控制到最小，从而最大限度地提高蒸发器传热面积的利用率。

（5）在制冷系统整个运行温度范围内，可以有相同的过热度设定值。

（6）可以根据制冷系统的实际情况决定调节方法（算法），不局限于比例调节，还可以采用其他先进的调节规律，并能够进行控制器的参数（如最小过热度等）自动整定。

除上述流量控制特性外，再增加一些外部辅件，电子膨胀阀调节系统还可扩展出其他功能，如：最高工作压力控制、制冷温度控制、显示和报警等。电子式膨胀阀还允许制冷剂逆向流动，利用这一特点，在热泵装置热气除霜方式中使用，不仅可以产生新的除霜控制方式，而且使制冷系统的组成大大简化。电子膨胀阀调节技术代表了制冷控制技术的发展方向，近年来正在引起国内外越来越多的重视。

3. 毛细管调节方法

毛细管一般是指内径为 $0.4\sim2.0$mm、长度为 $0.5\sim5$m 的细长紫铜管，是制冷系统最简单的一种节流机构，被广泛用于冰箱、冷柜、除湿机及空调器等小型制冷装置中。毛细管是利用制冷剂在细长管内流动的阻力来实现节流的。按使用情况，制冷剂流经毛细管的过程分为绝热膨胀过程和有换热的膨胀过程。图 7-26 为制冷剂沿毛细管流动时的压力和温度变化过程。现以绝热膨胀过程为例加以说明。制冷剂在毛细管内的流态存在着纯液相流动和汽液两相流动两个阶段，设毛细管入口处制冷剂液体为过冷状态，过冷液（压力为 p_1，温度为 t_1）进入毛细管后，由于流动阻力，制冷剂压力逐渐降低，而温度不变，该过程为等温降压过程（如图 7-26 中的 AB 段）；流动中液体过冷度逐渐减小，直至压力降到与对应的饱和压力值（图 7-26 中的 B 点），这个过程为纯液体流动，从入口到 B 点为液相区，液体离开 B 点后，压力继续下降，液体开始出现闪蒸汽体，管内流态由纯液相流动转变为汽液两相流动，B 点称为发泡点。在沿管长的汽液两相流动过程中，由于饱和蒸汽的百分比沿流动方向是逐步增加的，因此，制冷剂的流动阻力越来越大，压降呈非线性变化，距离出口越近，单位长度的压降越大；温度则相当于该压力下的饱和温度，温度过程线与压降过程线重合，如图 7-26 中的 BC 段。制冷剂从毛细管出口到蒸发器的过程，温度和压力仍然有一个降低过程，如图 7-26 中的 CD 段所示。

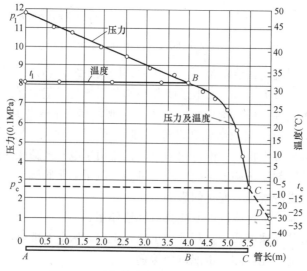

图 7-26　毛细管内制冷剂状态变化过程[2]

制冷剂在毛细管出口处的状态与背压（即蒸发器压力）有关。一定尺寸的毛细管在入口状态一定的条件下，存在着一个对应的临界出口状态（压力为 p_c，温度为 t_c）。当背压高于临界压力时，制冷剂在毛细管出口处的压力等于蒸发压力。因此，制冷剂的出口压力将随着蒸发压力的降低而降低，直到背压等于临界压力，毛细管出口状态达到临界状态，流量达到最大值，出口流速为音速。若背压继续下降，低于临界压力时，则毛细管出口处制冷剂将仍维持在临界状态，且不随蒸发压力的变化而变化，即出口压力等于临界压力 p_c；随后，在蒸发器中自由膨胀到蒸发压力 p_e，如图 7-26 中的 CD 段所示。制冷系统在使用中，毛细管背压多低于临界压力，所以，尺寸一定的毛细管的流量（即供液能力）取决于毛细管入口处的制冷剂状态（压力和温度）以及毛细管的几何尺寸（长度和管径），而蒸发压力对毛细管供液量的影响很小或几乎没有。

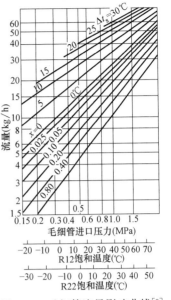

图 7-27　毛细管流量影响曲线[3]

图 7-27 是一根长为 2.03m、内径为 1.63mm 的毛细管供液量与制冷剂入口压力、入口过冷度和干度的变化关系图[3]。可见，制冷剂入口过冷度越大、发泡点距离入口越远，毛细管的供液能力就越大；反之，制冷剂入口干度越大，供液能力就越小。因此，制冷系统在采用毛细管作为节流机构时，应正确设计毛细管的尺寸（长度和内径）。毛细管的尺寸必须与制冷系统的容量和工况相匹配，必须满足节流降压和制冷剂供液量的设计要求；同时，毛细管的阻力应能足以在其入口处形成一段制冷剂液封，又不能有过多的液体积存在冷凝器中。由于毛细管内两相流动的复杂性，因此毛细管尺寸的设计计算仍存在较大的难度。所以，目前的做法均是先采用经验公式或线算图初步估算出毛细管尺寸，再通过制冷系统运行实验调整到最佳尺寸，确定制冷剂最佳充注量；当然也可通过制冷系统仿真优化来确定毛细管尺寸。

毛细管尺寸估算经验公式及线算图有许多，图 7-28 为 R22 制冷系统毛细管尺寸线算图[2]。已知制冷量，由图 7-28（a）即可选定毛细管内径，并得到毛细管的基本长度；再根据冷凝温度和过冷度，由图 7-28（b）即可确定毛细管长度修正系数；于是，由基本长度及其修正系数，即可得到毛细管的设计长度。

式（7-2）描述了毛细管供液量与进出口压差及其尺寸的计算公式[2]：

$$\dot{G}_R = 5.44 D^{2.71} (\Delta p / L)^{0.571} \tag{7-2}$$

式中　$\dot{G}_R$——毛细管的供液量，g/s；

　　　Δp——毛细管进出口压差，MPa；

　　　D——毛细管内径 m；

　　　L——毛细管长度，m。

试验表明，在同样工况和同样流量的条件下，毛细管的长度近似与其内径的 4.6 次方成正比例关系[3]，即：

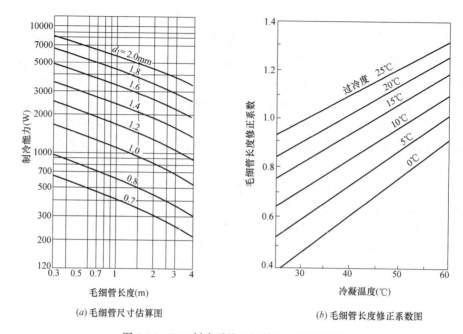

(a) 毛细管尺寸估算图　　　　　　　　　(b) 毛细管长度修正系数图

图 7-28　R22 制冷系统毛细管尺寸线算图[2]

$$\frac{L_1}{L_2} = \left(\frac{D_1}{D_2}\right)^{4.6} \tag{7-3}$$

即毛细管内径增大 5%，为了达到相同的供液能力，则其长度应为原来的 $(1.05)^{4.6} =$ 1.25 倍，即长度必须增加 25%。根据式 (7-3) 可知，当毛细管的实际内径和名义内径有偏差时，其对长度的影响是很大的。

毛细管具有一定的流量调节功能，它是依靠制冷剂在系统中的分配状况的变化来实现的。图 7-29 表示了制冷系统在正常工作状态时制冷剂分配状态[3]，冷凝器中主要为气体，而在出口处及大部分毛细管中都是液体；蒸发器中是气液混合物，在蒸发器入口处的干度很小，随着流动干度的增大，临近蒸发器出口处的干度达到了 1，进而成为过热蒸气。当蒸发器冷负荷增大时，制冷剂沸腾换热增强，蒸发器中的蒸气含量增多，干度达到 1 的点提前，过热区增大，由于系统中制冷剂总的充注量不变，因此将导致一部分制冷剂液体滞留在冷凝器中，如图 7-29 (b) 所示。这样，液体过冷度将增大，冷凝换热面积将减小，冷凝压力将升高，最后导致毛细管供液能力增大，从而调节了蒸发器的供液量，但调节范围不大。

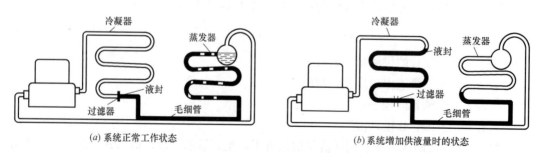

(a) 系统正常工作状态　　　　　　　　　　(b) 系统增加供液量时的状态

图 7-29　毛细管调节制冷剂流量的原理图

毛细管在使用时直接焊在冷凝器与蒸发器之间，不需要设高压贮液器，形成一个常通的通道，这样可以保证在压缩机停机后蒸发器和冷凝器之间的压力迅速平衡，从而在压缩机下次启动时，减轻了电动机的负载，这对全封闭式压缩机尤为重要。毛细管的主要缺点就是调节性能差，因此，毛细管适宜用于蒸发温度变化范围不大，负荷比较稳定的场合。毛细管在使用时应注意以下几点：

（1）采用毛细管的制冷系统的制冷剂充注量一定要准确。若充注量过多，则在停机时留在蒸发器内的制冷剂液体可能过多，导致系统重新启动时负载过大，还容易引起湿压缩；反之，若充注量较少，可能无法形成正常的液封，导致制冷量下降，甚至影响制冷温度。系统制冷剂首次充注量与蒸发器的容积有关，可以近似地按下式计算：

$$G_R = 20 + 0.6 V_e \tag{7-4}$$

式中　G_R——制冷剂首次充注量，g；

　　　V_e——蒸发器内容积，cm^3。

若蒸发器容量较小，则要在蒸发器出口安装合适的气液分离器。

（2）毛细管与制冷系统的能力相匹配。即毛细管的内径和长度应根据制冷系统的设计工况来配置，不能任意改变工况或更换任意规格的毛细管，否则会影响制冷性能。

（3）毛细管入口处应安装 $31 \sim 46$ 目/cm^2 的过滤器，以防止污垢堵塞毛细管。

（4）当若干根毛细管并联使用时，为均匀分配流量，最好采用分液器。

（5）要特别注意制冷系统内部的清洗和干燥，尤其对氟利昂而言，几乎不溶解水分，容易在毛细管出口处形成冰塞，影响系统正常运行；另外系统内的灰尘也会堵塞毛细管。

（6）毛细管焊接时，要注意防止端口变形；盘绕毛细管应平滑。

（7）毛细管不允许带压差启动，所以要避免制冷系统刚停机就立即启动，否则，将影响电动机的寿命，甚至烧毁电动机。

【例 7-1】　试为空调器制冷系统选择毛细管[2]。制冷系统使用的制冷剂为 R22。设计参数：冷凝温度为 50℃，毛细管前液体温度为 35℃，蒸发温度为 5℃，制冷量为 2000W。

【解】　毛细管前液体过冷度为（50−35）℃=15℃。利用图 7-28（b），查冷凝温度为 50℃和过冷度为 15℃时的毛细管长度修正系数为 1.05。

利用图 7-28（a），查制冷量为 2000W 的毛细管尺寸。选内径为 1.2mm 的毛细管，则基本长度为 0.65m。再考虑到管长修正系数，则毛细管设计尺寸为：内径为 1.2mm，长度为 $0.65 \times 1.05 = 0.68$m。

7.3　压缩机的自动调节

压缩机的自动调节是指通过调节压缩机的能量，使之与蒸发器的制冷负荷相匹配，并随着制冷负荷的变化而进行相应的调节。压缩机的能量与冷负荷之间的匹配情况可以从压缩机的吸气压力变化反映出来，吸气压力升高，表明冷负荷增大，反之，则冷负荷减小。所以，吸气压力可以作为压缩机能量调节的参考信号。压缩机能量调节的方法有很多，归纳起来，有压缩机启停双位调节、运行气缸数或台数调节、吸气节流调节、热气旁通调节、变转速调节等。

7.3.1　压缩机启停双位调节

对压缩机进行启停控制的 ON/OFF 双位调节方法是最简单的调节方法，只适用于一机、一蒸发器、一冷凝器的小型制冷系统的压缩机控制。对于配用无变容能力的压缩机（无变容能力压缩机是指压缩机本身不具有气缸卸载机构的压缩机）的小型制冷系统，压缩机间歇启停双位调节是广泛使用的能量调节方式。对于采用热力膨胀阀供液的制冷系统，常采用吸气压力控制器来控制压缩机的启停；当吸气压力降到其设定值的下限时，关闭压缩机；当吸气压力回升到其设定值的上限时，则重新启动压缩机；该系统压缩机双位调节过程如图 7-30 所示，图中 p_{spt}、p_{min} 和 p_{max} 分别为吸气压力的设定值及其上下限。采用毛细管节流的系统的压缩机双位调节过程如图 7-31 所示，图中，t_{spt}、t_{min} 和 t_{max} 分别为小室温度设定值及其上下限；该类系统常用温度控制器来控制压缩机的启停，当小室温度达到其设定值的下限时，关闭压缩机；当小室温度回升到上限值时，将重新启动压缩机，在温度控制的过程中存在温度滞后。

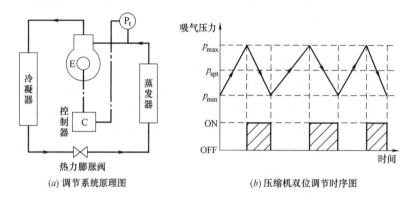

(a) 调节系统原理图　　　　　　　(b) 压缩机双位调节时序图

图 7-30　热力膨胀阀节流系统压缩机双位调节原理图

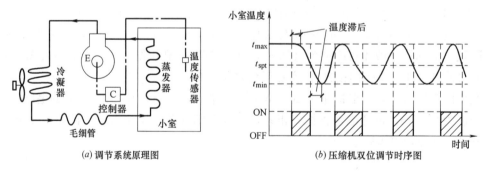

(a) 调节系统原理图　　　　　　　(b) 压缩机双位调节时序图

图 7-31　毛细管节流系统压缩机双位调节原理图

双位启停控制方式简单易行，但电动机启动频繁，且伴随较大的启动电流，所以采用双位调节的压缩机能力应该与冷负荷匹配得当，避免压缩机选型过大，否则启停频繁，不仅电能损失大，也将影响压缩机寿命。为避免压缩机启停频繁，双位调节不宜用于冷负荷变化频繁的场合，控制精度不宜过高，一般为 ± 2℃。

7.3.2　压缩机缸数或台数调节

在采用多台压缩机或多缸压缩机的制冷系统中，控制压缩机的运行台数或气缸数，实现对压缩机的能量调节。对于多台独立的制冷机为同一被冷却对象服务的系统，可以根据被冷却温度，对每台制冷系统进行阶梯式分级控制或延时分级控制。对于多台压缩机并联的系统或用多缸压缩机的系统，则可根据吸气压力来控制压缩机的台数或气缸数，因为吸气压力（实质上是蒸发压力）的变化反映了冷负荷的变化。

对于多缸压缩机，缸数不同，其能量分级也不同。例如，一台 8 缸压缩机有 2 缸、4 缸、6 缸、8 缸工作方式，则对应 1/4、1/2、3/4 和 1 四个能级[2]。压缩机能量分级调节可采用压力控制器控制、压力控制器和电磁滑阀共同控制或计算机程序控制等方法[2]。

1. 由压力控制器（电磁滑阀）控制的多缸压缩机延时分级能量调节方法

图 7-32 是 8 缸压缩机延时分级能量调节原理图[3]，每一级的 2 个气缸由一个卸载油缸控制，由三通电磁阀向卸载油缸供油。切断电源，则三通阀的直通（a-b）成通路，油泵向卸载油缸供油，气缸工作；接通电源，则三通阀的旁通（b-c）成通路，油缸内的油返回曲轴箱，气缸卸载。所有三通阀都按照预先设定的延时程序在相同的吸气压力上、下限设定值上启闭，如图 7-33 所示。当气缸Ⅰ（2 个）投入工作后，若吸气压力处于上下限设定值（p_{min} 和 p_{max}）之间，则压缩机能量满足外界负荷需求；若吸气压力高于 p_{max}，则压缩机能量小于外界负荷，经延时（由分级步进调节器实现，延时时长可在 30min 内根据需要确定）后，气缸Ⅱ（2 个气缸）投入工作；若吸气压力再次高于 p_{max}，则延时后依次启动气缸Ⅲ、Ⅳ。反之，随着负荷的下降，依次卸载气缸Ⅳ、Ⅲ、Ⅱ、Ⅰ。

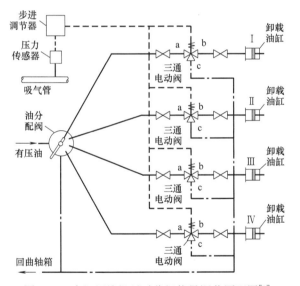

图 7-32 多缸压缩机延时分级能量调节原理图[3]

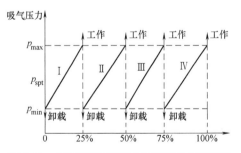

图 7-33 多缸压缩机延时分级调节工作时序图

图 7-34 为一台 8 缸压缩机，采用压力控制器和电磁滑阀来共同控制气缸卸载和工作过程[2]。8 个气缸中的 4 个缸为基础工作缸（见图 7-34 中的第Ⅰ、第Ⅱ组缸），承担 50% 的负荷，另外 4 个缸为能量调节缸，每次加载 2 个缸（见图 7-34 中的第Ⅲ、第Ⅳ组缸），分别承担 25% 的负荷，这样，该压缩机的能量分级为 50%、75% 和 100%。调节缸的卸载机构受油压驱动，当油压作用于卸载油缸时，气缸工作；当释放油压时，气缸卸载。由压力控制器 LP 控制压缩机电动机，保证Ⅰ、Ⅱ组缸运行。由压力控制器 P3 控制第Ⅲ组气缸的卸载电磁滑阀 1DF，压力控制器 P4 控制第Ⅳ组气缸的卸载电磁滑阀 2DF。LP、P3 和 P4 三个压力控制器的吸气压力（或蒸发温度）设定值见图 7-35。当蒸发温度达到 5℃时，压缩机的 8 个气缸全

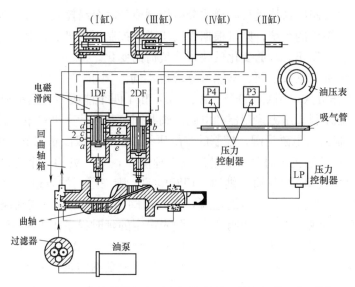

图 7-34　压力控制器和电磁滑阀控制的压缩机缸数调节图[2]

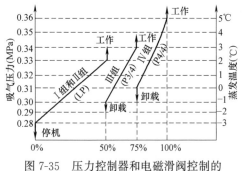

图 7-35　压力控制器和电磁滑阀控制的
压缩机缸数调节工作时序图

部投入运行,满负荷工作;蒸发温度在 0～5℃时,Ⅰ组、Ⅱ组基础缸和第Ⅲ组调节缸工作,第Ⅳ组缸作为调节缸,由控制器 P4 根据吸气压力大小通过电磁滑阀 2DF 来调节第Ⅳ组缸的卸载和工作运行时间,使得吸气压力(或蒸发温度)维持在设定水平上。随着外界负荷的降低,当蒸发温度降到 0℃时,控制器 P4 将关闭电磁滑阀 2DF,切断第Ⅳ组缸的有压油,则第Ⅳ组气缸卸载,压缩机降到 75％能级上运行。同样,当蒸发温度再进一步降到 −1℃时,控制器 P3

断开,关闭电磁滑阀 1DF,则第Ⅲ组气缸卸载,压缩机降至 50％的能级上运行。当蒸发温度降到 −3℃时,压力控制器 LP 将切断压缩机电源,整台压缩机将停止工作。停机后,若蒸发温度回升到 2℃,则压力控制器 LP 重新启动压缩机,基础能级的 4 个气缸投入工作;随后,若蒸发温度继续升高,则依次延时启动第Ⅲ、第Ⅳ组气缸。

2. 由计算机程序控制器控制的压缩机分级能量调节方法

大型制冷装置通常一台设备配有多台压缩机,且压缩机采用群控方式来进行能量调节。将大型制冷装置的压缩机运行台数与每台压缩机的气缸加/卸载相结合,可以将能级划分得更细,并采用计算机程序控制器来实现气缸加/卸载和台数调节,从而可以提高能量调节的自动化水平和控制精度。图 7-36 为我国常用的冷库制冷系统计算机程序控制器架构图[2]。该控制器采用定点延时、分级步进的调节方式,将控制参数(吸气压力或蒸发温度)在其额定值附近又设置了高限、低限、过高限和过低限 4 个定点值,可最多设置 8 个能级。

图 7-36 所示的控制器的调节策略为:程序控制器接收控制参数的监测值,若监测值在高限与低限值之间,说明系统的制冷量与负荷基本匹配,则控制器不输出调节信号,系

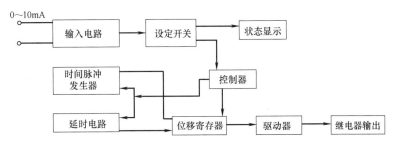

图 7-36 冷库制冷系统专用计算机程序控制器架构图

统维持在当前能级上运行。若监测值在高限与过高限之间，说明负荷明显高于系统制冷量，则控制器将控制压缩机延时 τ 时间后自动增加一级能级。若监测值超过过高限，说明负荷高于系统制冷量的程度很大，需要加快调节，则控制器使控制压缩机延时 $\tau/8$ 时间后自动增加一级能级。相反，若监测值在低限与过低限之间，每延时 τ 时间后能量自动递减一级；若监测值低于过低限时，则每延时 $\tau/8$ 时间后，能量自动递减一级。目前我国制冷系统常用的计算机程序控制器有 TDF01 型和 TDF02 型两种，前者以吸气压力为控制参考变量，输入信号为 DC $0\sim10$mA，配用压力传感器；后者以蒸发温度为控制参考变量，直接配用铂电阻温度传感器。这两种程序控制器面板上都有能级状态显示、能级手动增减按钮和反映能量与负荷匹配情况的灯光显示，还可以进行 4 个定点设定值的预设，可以设定延时时间 τ，τ 在 30min 内可调。

7.3.3 压缩机吸气节流调节

在压缩机吸气管上安装调节阀，一方面通过调节阀可以改变吸气压力和吸气密度，调节压缩机实际吸入的制冷剂质量流量和制冷量；另一方面通过调节阀来调节吸气压力，以避免压缩机在高吸气压力下运行，避免因吸气压力过高而引起压缩机超载，烧毁电动机。但压缩机吸气节流调节的经济性较差，除用作吸气压力调节、防止吸气压力过高外，只可作为小范围能量调节。

在采用调节阀进行压缩机的吸气节流调节时，要设定好调节阀的吸气压力最高设定值，当吸气压力低于设定值时，阀全开；吸气压力超过设定值时，减小阀开度，使吸气节流。节流程度与吸气压力与其设定值的偏差有关，偏差越高，节流越大。吸气压力调节阀有直动式和导阀与主阀组合式两种[2]，调节系统具体形式、压力调节阀类型及调节原理参见第 7.2.3 节，这里不再赘述。

7.3.4 压缩机热气旁通调节

热气旁通能量调节是将制冷系统高压侧气体旁通到低压侧的一种能量调节方式。它主要应用于压缩机无变容能力的制冷装置，也用作离心式压缩机防喘振保护。当制冷系统的负荷降低时，吸气压力下降，而负荷降到一定程度后，吸气压力将降低到低压控制设定值以下，在这样低的负荷下时，如果仍不希望停机，还要求制冷系统继续运行，则可采用热气旁通能量调节方式。

热气旁通能量调节的基本实施方法是在制冷系统的高、低压侧安装带有能量调节阀的热气旁通管，如图 7-37 所示。能量调节阀是一种受阀后压力（即吸气压力）控制的比例型气用调节阀，它按照吸气压力与开阀设定压力之差成比例地改变阀门开度，调节气体从高压侧向低压侧的旁通流量，旁通能力随阀后压力的变化关系如图 7-37（b）所示。压缩机热气旁通能量调节在具体实施上有多种方式。

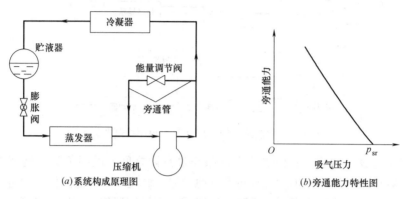

图 7-37　压缩机热汽旁通能量调节原理图

1. 热气旁通＋喷液冷却

这是一种典型的压缩机热气旁通能量调节实施方式，系统原理如图 7-38 所示[2]。能量调节阀从压缩机排气管引出一部分热气旁通到压缩机的吸气管，热气的引入将引起吸气温度升高，进而又提高排气温度，因此，如果热气旁通量过多，则排气温度会过分升高，可能超过允许的最高排气温度。为了避免这一问题，采用喷液阀从高压液体管引入部分制冷剂液体喷入吸气管，利用液体蒸发的作用来冷却吸气，达到抑制排气温度过分升高的目的[2]。

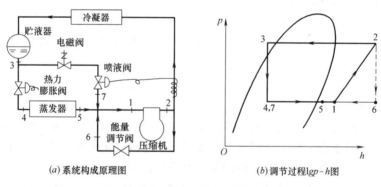

图 7-38　压缩机热气旁通＋喷液冷却能量调节原理图

能量调节阀的开度与阀后压力有关，当阀后压力低于设定开启压力时，阀门打开，阀后压力越低，开度越大。喷液调节阀的作用是根据排气温度调节液体的喷注量，其工作原理与热力膨胀阀类似，采用温包感温，将排气温度转变成温包中感温介质的压力，提供开阀力。当排气温度达到使喷液阀开启的设定值时，喷液阀打开，且排气温度越高，阀门开度越大，喷液量越多。喷液阀的温包为螺旋管状，长约 1.8m，安装时将它全部紧紧地缠绕在排气管上，以便很好地感知排气温度。对于 R12 和 R22，喷液阀开启温度设定值为 80℃，整定范围为 50～110℃；对于 R717，开启温度调定值为 100℃，整定范围为 80～135℃。喷液阀后不允许安装截止阀，以免万一工作时忘记打开截止阀，高压液体可能压坏喷液阀。喷液阀前应安装一个电磁阀，且电磁阀应该与压缩机联动，压缩机停机时，电磁阀关闭，避免液体进入吸气管。为了保证喷液在吸气管中充分汽化，液体喷注位置必须与压缩机入口保持 2m 以上的距离，并逆向喷射。

2. 高压饱和蒸气向吸气管旁通

该能量调节方式的系统构成和循环原理如图 7-39 所示[2]。采用这种方式主要是考虑：一是在上述喷液冷却方式中，如果液体在吸气管中来不及完全蒸发，将会有压缩机带液的危险；二是喷液阀的使用也增加了系统的辅助配件（喷液阀和电磁阀）。所以，可以采用图 7-39 所示的方式，从高压贮液器引出高压饱和蒸汽进入吸气管。由于冷凝温度［图 7-39（b）中的 2′点］比排气温度［图 7-39（b）中的 2 点］低得多，旁通气［图 7-39（b）中的 6 点］与蒸发器出口气体混合后，吸气温度［图 7-39（b）中的 1 点］升高不多，从而控制排气温度不致过分升高。

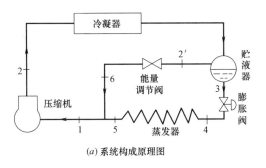

(a) 系统构成原理图

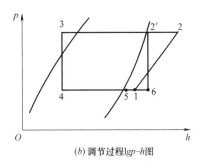

(b) 调节过程 lgp-h 图

图 7-39　高压饱和蒸气向吸气管旁通能量调节原理图

3. 热气向蒸发器中部或蒸发器前旁通

以上两种向吸气管旁通高压气体的方法都存在共同的缺陷：当负荷低到一定程度时，蒸发器内制冷剂流速过低，导致压缩机回油困难，为此，可以采用向蒸发器中部或者向蒸发器入口管旁通热气的办法，图 7-40 是热气向蒸发器中部旁通热气的原理图[2]。这种调节方法相当于热气为蒸发器提供了一个"虚负荷"，尽管实际负荷较低，通过热气旁通仍能保证蒸发器有足够的制冷剂流速，不会影响回油。

对于有分液器和并联多路盘管的蒸发器，不便于向蒸发器中部旁通热气，可以采用向蒸发器入口管路旁通热气的办法，如图 7-41 所示。由于这类蒸发器的压降较大，为了消除蒸发器压降的影响，必须采用带有外平衡引管的能量调节阀；外平衡管从吸气管引入控制压力，能量调剂阀的开启只受吸气压力控制而不是受阀后压力控制。热气旁通的位置在热力膨胀阀出口与分液器入口之间。为了避免旁通热气对热力膨胀阀的逆冲而影响膨胀阀正常工作，气液混合处必须使用专门的气液混合器。带外平衡管的能量调节阀和气液混合

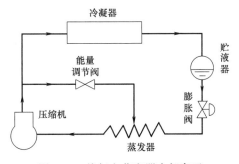

图 7-40　热气向蒸发器中部旁通

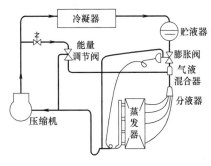

图 7-41　热气向蒸发器前旁通

器的结构分别如图 7-42 和图 7-43 所示，前者是一种继动式调节阀，当控制压力低于弹簧设定压力时，通过顶杆开启导阀孔，释放活塞上部压力，活塞将向上运动，开启主阀孔，热气从入口流到低压出口侧；当控制压力升到设定值以上时，导阀孔关闭，活塞上腔封闭，主阀关闭。表 7-5 给出了能量调节阀的能力特性。

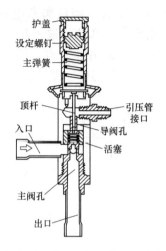

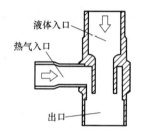

图 7-42　带平衡管的能量调节阀　　　　　　　图 7-43　气液混合器

能量调节阀及气液混合器的调节能力（工质为 R502）[2]（单位：kW）　　　表 7-5

型号	压力/温度下降后的吸气温度（℃）	冷凝温度（℃）				
		20	30	40	50	60
CPCE12	+10	7.2	14.9	19.8	24.7	30.7
	0	11.7	15.8	19.8	24.7	—
	−10	12.4	15.8	19.9	24.7	—
	−20	12.6	15.8	19.9	—	—
	−30	9.9	13.3	17.2	—	—
	−40	5.3	7.2	9.1	—	—
CPCE15	+10	10.6	21.9	29.1	36.3	45.1
	0	17.3	23.3	29.1	36.3	—
	−10	18.4	23.3	29.2	36.3	—
	−20	18.4	23.4	29.2	—	—
	−30	14.4	19.5	25.5	—	—
	−40	7.7	10.2	12.9	—	—
CPCE22	+10	14.0	29.0	38.6	48.0	59.9
	0	22.9	30.8	38.6	48.0	—
	−10	24.3	30.8	38.6	48.1	—
	−20	24.3	30.8	38.7	—	—
	−30	19.1	25.7	33.5	—	—
	−40	10.2	13.7	17.3	—	—

7.3.5 压缩机变转速调节

压缩机的制冷量和功率与转速成比例。压缩机的驱动电动机主要是感应式电动机，感应式电动机改变转速的方法虽然有多种，但从用于拖动压缩机的电动机转速与转矩之间的特性考虑，适宜的变转速方法是变频调速。变频器是改变电动机电源频率，实现变速调节的装置。变频器的输入是交流三相或单相电源，输出为可变压、可变频的三相交流电，驱动压缩机的电动机。

采用可编程控制器，按照监测信号来控制变频器的输出频率和电压，进而连续调节压缩机的能量。压缩机的特性要能适应转速变化的范围，以充分发挥变频调速的节能潜力；同时，所有相关部件都应选择高效的设备，例如，在变频空调中，用高效变频器控制无刷式永磁电机、驱动涡旋式压缩机被认为是目前最合理的配置。此外，为了提高制冷系统中制冷剂流量的控制特性，还必须用电子膨胀阀取代传统的毛细管或热力膨胀阀。压缩机的变频控制原理可参照第 4.10.4 节的变频调节内容。

7.4 冷凝器的自动调节

制冷系统在运行时，若冷凝压力偏高，则压缩机排气温度会上升、压缩比将增大、制冷量将减少、功耗将增大；冷凝压力偏高主要见于夏季，这时，应尽量降低冷凝压力，以保证系统运行的经济性和可靠性。在冬季运行时，冷凝压力有可能会过低；过低的冷凝压力会给热力膨胀阀的工作带来供液动力不足、阀前液体容易汽化等问题，进一步导致系统性能大幅下降。可见，制冷系统在运行时，必须将冷凝压力控制在合理的范围内。同时，冷凝器的冷却能力应当与压缩机的能量相适应，尤其对全年性运行的制冷系统，因此，冷凝压力的自动调节十分必要。

冷凝器的种类不同，冷凝压力调节方法不同，本节将介绍水冷式冷凝器和风冷式冷凝器的压力调节方法。

7.4.1 水冷式冷凝器的压力调节

对于水冷式冷凝器，可通过调节冷却水流量来控制冷凝压力。以冷凝压力为控制参考信号或以冷凝器出水温度为控制参考信号，通过水量调节阀即可实现对冷凝压力的控制。水冷式冷凝器的冷凝压力调节系统原理如图 7-44 所示[2]。水量调节阀是一种比例型调节阀。按控制参考信号的不同，有压力控制的水量调节阀和温度控制的水量调节阀两类。每一类水量调节阀又可以根据容量的不同，做成直接作用式（直动式）或间接作用式（继动式）。

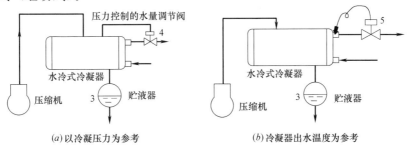

(a) 以冷凝压力为参考   (b) 冷凝器出水温度为参考

图 7-44 水冷式冷凝器的冷凝压力调节

1. 压力控制型水量调节阀

压力控制型水流量调节阀的典型结构如图 7-45 所示。图 7-45（a）为直动式，用引压管从冷凝器引入冷凝压力，作用于波纹管的承压面上；波纹管内侧作用着弹簧的设定力。当冷凝压力升高时，波纹管受压缩，将上顶杆推向下运动，带动阀芯下移，使水阀开大。当冷凝压力降低时，调节弹簧向上推动下顶杆，将阀关小。冷凝压力的设定可通过转动调节杆下部的六角头来实现。图 7-45（b）是导阀与主阀组合的继动式水量调节阀。冷凝压力由引压管引入，通过波纹管、顶杆将开阀力传递到主阀上。若冷凝压力高于设定的开启压力，导阀打开，主阀自动打开；在调节范围内，冷凝压力比设定开启压力值高出的越多，则导阀的开度越大，主阀开度也越大。当冷凝压力降低时，阀开度变小。冷凝压力降到阀的开启压力值以下时，导阀关闭，进一步使主阀关闭，切断冷却水的供应。阀内入口处安装有滤网，用于过滤水中杂质，避免阀门堵塞。阀下设有泄水塞，用于排放阀内积水，避免停用时因阀内积水而冻裂阀体。

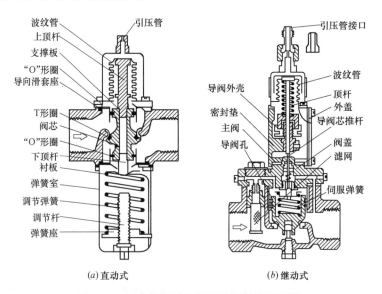

图 7-45　压力控制型水量调节阀结构原理图

2. 温度控制型水量调节阀

温度控制型水量调节阀结构见图 7-46，其工作原理与压力控制型相同，所不同的是，它以感温包监测冷却水出口温度的变化，将温度信号转变成感温包内的压力信号，调节冷却水的流量。温度控制型水量调节阀不如压力控制型水量调节阀动作响应快，但其工作平稳，安装传感器时不需打开制冷系统，避免了安装时为确保制冷系统密封的麻烦。

不管哪种形式的水量调节阀，都应设定成确保停机期间调节阀处于关闭状态。可以将阀的关闭压力设定为冷凝器安装环境下夏季最高温度所对应的制冷剂饱和压力，这样，压缩机刚停机时，水量调节阀不会同时关闭，仍有冷却水流过冷凝器，停机后的冷却水对冷凝器的冷却作用将使冷凝压力很快降到关阀压力设定值以下，于是调节阀关闭。下次压缩机再启动时，由于冷凝压力的升高需要一定的时间，调节阀不会同时打开，要到冷凝压力升到开阀压力设定值时，阀才能开启。

7.4.2 风冷式冷凝器的压力调节

风冷式冷凝器的冷凝压力调节有空气侧调节和制冷剂侧调节两类办法[1,2]。

1. 空气侧冷凝压力调节方法

冷凝压力的空气侧调节主要是改变通过风冷式冷凝器的空气流量。改变风量的方法有风机变转速、冷凝器进（出）风口设风量调节阀、风机台数控制等[1,2]。

在风机变转速调节中，可以用冷凝压力作为控制参考信号，也可以用环境温度作为控制参考信号，通过转速调节器来改变风机电机的电压或频率，使风机转速乃至风量随之改变。用环境温度作为参考信号时，调节比较稳定，冷凝压力的波动小。风量调节阀调节是通过改变阀门开度，来改变冷凝器外侧的空气流速，改变换热强度，进而调节冷凝压力。对于有多台风机的冷凝器，可以采用启停风机的台数来调节冷凝压力。用冷凝压力

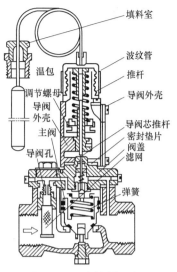

图 7-46 温度控制型水量调节阀结构原理图

或环境温度作为控制参考信号，来控制风机运行的台数，但必须保持至少有一台风机在运转，只配用 1 台风机的冷凝器不适合用风机启停控制，否则会引起冷凝压力波动较大，风机启停频繁。

空气侧冷凝压力调节方法在环境温度不太低（4℃以上）时比较有效，调节也方便、可靠。但若冬季空气温度太低，变风量调节不能有效地保证所要求的冷凝压力。因为即便是关闭风机，寒冷的室外空气仅靠自然对流也会使冷凝压力降到正常运行要求的最低值以下，从而无法实现对冷凝压力的调节作用。而采用制冷剂侧冷凝压力调节方法则没有这一问题。

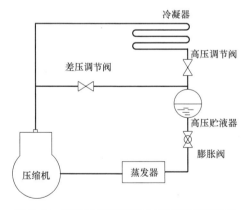

图 7-47 制冷剂侧冷凝压力调节系统原理图

2. 制冷剂侧冷凝压力调节方法

制冷剂侧冷凝压力调节方法的原理如图7-47所示，在冷凝器出口管上安装高压调节阀，在压缩机排气管与贮液器入口管之间安装旁通管，旁通管上设有差压调节阀。高压调节阀和差压调节阀配合，实现对冷凝压力的调节。高压调节阀是受阀前压力（冷凝压力）控制的比例型调节阀，其开度与冷凝压力相对于其开启压力设定值的偏差成比例。冷凝压力低于设定值时，该阀关闭；达到设定值时，该阀开启；正常工作时，该阀全开。差压调节阀是受阀前后压差控制的调节阀，压差增大，该阀开度增大；压差减小，开度变小，压差低于开阀压差设定值时，该阀全关。

制冷剂侧冷凝压力调节过程如下[2]：冬季开机前，冷凝器和贮液器压力很低，高压调节阀和差压调节阀处于关闭状态。开机后，在冷凝压力升至高压调节阀开启设定值之前都一直关闭，这时压缩机排液将积存在冷凝器中，使冷凝压力逐步升高，但不足以打开高

压调节阀；当差压调节阀前后建立起压差、打开时，压缩机排气通过旁通管进入贮液器，使贮液器压力升高，于是在膨胀阀前后建立起压差，膨胀阀向蒸发器供液，保证系统正常循环。当冷凝压力升高到其开阀设定值以上时，高压调节阀小开度开启，向膨胀阀供液。由于高压调节阀的节流作用，使差压调节阀前后的压差仍存在。因此，差压调节阀虽然仍处于开启状态，但其开度将随着冷凝压力的升高而逐渐减小，旁通到贮液器的热气量逐渐减小，高压调节阀开度逐渐加大。进一步地，随着外界气温升高，冷凝器达到正常冷凝压力时，高压调节阀的开度增大而差压调节阀的开度变小，直至高压调节阀全开、差压调节阀全关，制冷剂走正常循环路径。

采用上述制冷剂侧冷凝压力调节方法时务必注意以下问题[2]：一是制冷系统中必须设高压贮液器；二是高压贮液器的容积要足够大，系统中制冷剂的充注量要足够多，以保证在冷凝器可能最大积液时，高压贮液器内仍有液体，否则会贮液排空，由差压调节阀旁通过来的热气直接冲到膨胀阀前，影响膨胀阀正常工作。

当制冷系统有多台冷凝器时，可以利用串联在各台冷凝器管路上的电磁阀开/闭状态，来开启或截断某台冷凝器通道，达到改变冷凝器传热面积的目的。这种方法在多联机中使用较多，以适应压缩机在大容量调节时仍能将冷凝压力稳定在所要求的范围内。

7.5　典型制冷系统的运行控制

制冷系统在试运行之前，必须进行吹污、压力检漏、抽真空、充注制冷剂和润滑油等准备工作[4,5]，以检查各项性能指标是否达到技术设计要求；在完成准备工作之后，制冷系统还需要进行单机试运行、空载试运行和带负载试运行等性能检测环节。在上述各制冷部件调节方法的基础上，本节将重点介绍典型制冷系统的自动控制[2,5]，以便从系统整体控制的角度，了解各类制冷系统的自动控制系统的构成和控制方法。

7.5.1　制冷系统运行前的准备及试运行

1. 制冷系统的吹污、压力及真空试验

制冷系统在试运行之前必须进行吹污，以清除系统内部的污物，防止堵塞管路及部件；一般利用压缩气体进行吹污。

对于小型系统，可将高压氮气从压缩机低压侧直接充入系统，利用氮气压力对系统吹污。一般地，由于钢瓶内氮气压力较高，因此，在充入系统时应接上减压阀，减压至0.5～0.6MPa后再充入系统。如果系统装有电磁阀，应首先开启电磁阀，否则氮气无法充入系统。如果采用压缩机压缩空气吹污，则压缩机的排气温度不应超过130℃，否则必须停机，待温度下降后再开机。

对于大型系统，为了减少气体流动阻力和气体流量，吹污可分段进行。吹污口设置应在管道或设备最低点，反复多次吹污，直到从排污口排出的气体吹在贴有白纸或白布的硬板上没有明显污点时，则可认为系统已经吹除干净。

对于新系统，在充注制冷剂之前，必须对系统进行压力检漏试验；对于运行过程中的系统或停止运行较长时间的系统，有时会出现制冷剂泄露，就会渗入大量的空气，这时应首先对系统进行抽真空试验，以排除系统中的空气和水分；然后进行压力试验，以对系统进行检漏。

2. 制冷系统的制冷剂充注

在充注制冷剂前，应首先计算制冷剂充注量，切不可不经计算，盲目充加；制冷剂充注量直接影响着制冷性能，对于没有高压贮液器的系统更为明显。对于没有高压贮液器的系统，很难找到充注量计算公式，常以试验结果作为充注量依据；对于有高压贮液器的系统，可以根据高压贮液器的容积由式（7-5）来计算制冷剂的充注量[4]。

$$G_R = \frac{V \times 0.8}{v} \tag{7-5}$$

式中　G_R——制冷剂的充注量，kg；

　　　V——高压贮液器的容积，m^3；

　　　0.8——高压贮液器允许充满度；

　　　v——充注温度下制冷剂的比热容，m^3/kg。

制冷剂的充注方法有气体充注法和液体充注法两种[4]。对于小型氟利昂系统，制冷剂充注量较少，可采用气体充注法，如图 7-48 所示。充注前先将制冷剂钢瓶过磅；启动压缩机，打开吸气截止阀，打开制冷剂钢瓶阀，制冷剂即以气态被充入系统。利用压缩机检修阀充注气态制冷剂时，切不可加热钢瓶来提高充注速度。对于大、中型制冷系统，由于制冷剂充注量较大，可采用液体充注法，如图 7-49 所示。在充注时，将制冷剂钢瓶放在支架上，与地面成 30°倾角。启动制冷系统，关闭高压贮液器出液阀，打开充液阀和钢瓶阀，制冷剂即被充入。

需要说明的是，上述制冷剂的充注是系统真空试验后的制冷剂充注，但在运行中往往是系统中的制冷剂漏掉一部分，这时需要补充制冷剂，

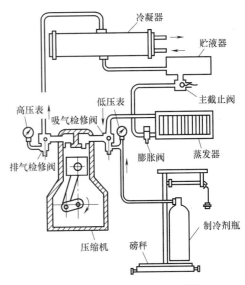

图 7-48　气体充注法原理图[4]

显然，这就无法计算制冷剂的充注量。针对这种情况，可采用以下方法完成制冷剂的补充：一是根据系统所要达到的蒸发温度，确定蒸发温度所对应的蒸发压力；在补充制冷剂时，通过观察吸气压力，一旦达到所要求的蒸发压力，则制冷剂补充结束。二是通过观察

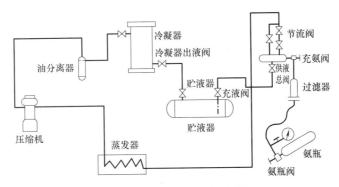

图 7-49　液体充注法原理图[4]

系统节流阀前的视液镜中是否有气泡，若有，则系统缺少制冷剂；补充制冷剂时，一旦视液镜中的气泡全部消失，即表示制冷剂补充结束。

若以上条件都不具备，则采用"少充勤充"的方法，即每次充入少量制冷剂，观察系统的运行情况，特别是蒸发器的表面状况，一次充注不行，应再充注，直至达到运行要求为止。充注时，坚持"宁少勿多"的原则，若充注过多，不仅影响制冷效果，甚至还会造成事故。

3. 制冷系统的润滑油充注

对于氟利昂系统，只要系统管道布置合理，压缩机回油顺畅，一般情况下很少添加冷冻机油。而对于氨系统，曲轴箱中的冷冻机油总是会以油滴、油雾的形式随压缩机排气进入冷凝器，并最终在蒸发器等容器底部沉积，所以氨系统总是要向曲轴箱内添加冷冻机油。充注方法有真空吸入法和三通阀加入法。

对于小型系统，可通过多用通道吸气阀加油；对于大、中型系统，可采用压缩机真空吸入润滑油。以上两种方法称为停机加油法，当压缩机需要连续运转时，显得很不方便。对于有三通阀的压缩机，则可通过三通阀实现不停机加油。

4. 制冷系统的单机试运行

制冷系统单机试运行的重点是制冷压缩机的单机试运行，并对配套的其他设备如水泵、冷却塔和空调机组等设备进行单机试运行，以便为制冷系统空载运转及带负荷试运行做准备。

活塞式制冷压缩机安装后必须进行单机试运行，目的是使机器零件得到磨合，检查油泵是否正常、油分配阀和卸载装置是否准确灵活、输油管是否严密畅通、压缩机是否有局部发热和声响异常等。单机试运行时，不上气缸盖，为避免缸套外窜，用一专用夹具压住气缸套。向活塞环部加入 1～2mm 厚的润滑油，并向曲轴箱加油，一般加到玻璃视孔的 1/2 处。点动后观察运转情况，若无异常，可间歇地运行，每次启动后的运转时间逐渐加长。空车启动运转正常后要调整油压，然后可连续运转 4h。

在螺杆式制冷压缩机单机试运行前，首先对联轴器轴线同轴度、油位、操作开关、喷油阀开启度、供油阀和排气阀开启情况、滑阀是否位于零位、高低压应平衡等进行检查。螺杆式制冷压缩机的润滑系统是独立的，在运转之前应先启动油泵，油压升至要求值时，再启动压缩机。待主机运转正常、指示灯亮后再缓慢开启吸气阀，将滑阀调节至所需要的能量位置。

在离心式制冷压缩机单机试运行前，应检查项目包括油泵试运行并调节油压在 0.1～0.3MPa，油温 40～50℃；油泵运转 8h 清洗油路，然后更换润滑油。在整个过程中，必要时可更换润滑油数次，直至润滑油清洁。需要提醒的是，在系统未注制冷剂和润滑油的情况下，决不允许运转机器。

在循环水泵单机试运行时，应检查水泵叶轮旋转方向是否正确、有无异常振动和声响、紧固连接部件是否松动、电动机运行功率值是否符合技术文件规定。水泵连续运转 2h 后，滑动轴承外壳温度不得超过 70℃，滚动轴承温度不得超过 75℃。水泵单机试运行不少于 2h。

冷却塔的试运行时，应检查塔体是否稳固，有无异常振动；噪声是否符合技术文件规定；冷却塔风机叶轮旋转方向是否正确、运转是否平稳、有无异常振动与声响，运行电流符合文件规定；布水装置有无异常，填料有无损坏。冷却塔风机与冷却水系统试运行不少于 2h。

5. 制冷系统的空载试运行

空载试运行也称为无负荷试运行、空车试运行及无生产负荷下的联合试运行。空载试运行不仅制冷压缩机在运转，而且配套的水泵、冷却塔和空调末端设备及水系统也要运行。

活塞式制冷系统的空载试运行的目的是检查压缩机在无负荷下的运转情况、维修装配质量及密封性是否良好。首先更换润滑油，清洗滤油器，装好吸排气阀、安全块、缓冲弹簧和缸盖，松开吸气过滤器法兰螺栓，留出一定空隙，包上绸布作为空气吸入口。然后开启压缩机的排气阀，关闭吸气阀并启动压缩机，调整排气压力在 0.3MPa 左右，连续运转 4h。空载试运行应达到以下要求：油泵正常上油，各部位密封严密，声响正常，各部位温升正常，气缸壁无拉毛现象，卸载装置运动灵活，润滑油的颜色变化正常，运转电流稳定等。

螺杆式制冷系统不宜长时间空载运转。单级螺杆式制冷压缩机运转 10～30min 后，排气温度应稳定在 60～90℃，压力在 1.5MPa，油温 40～45℃，油压 0.2～0.3MPa。空载试运行应达到的要求为：除气缸与卸载两项外，其余的要求与活塞式制冷系统空载试运行相同。

离心式制冷系统在油泵试运行合格后进行离心式压缩机的空载试运行。试车时，关闭压缩机吸气口的导流叶片或吸气阀，拆除冷凝器及蒸发器检视口，使压缩机排气口与大气相通；运转冷却水系统和润滑系统，并作必要的调整；点动压缩机无异常后，可间歇运转，并逐渐加长运转时间，可分别定为 5min、15min、30min。停车后等 15mim 后才能再次启动。其空载试运行要求与螺杆式制冷系统空载试运行相同。

6. 制冷系统的带负荷试运行

带负荷试运行也称为重车试运行或全负荷试运行[4]。带负荷试运行须要和业主（建设方）共同配合进行，因空调末端风系统运行时会涉及各个房间，试运行冷（热）负荷的变化须得到业主的认同。

活塞式制冷系统在带负荷试运行前应先开启压缩机排气阀，使压缩机与系统相通，再进行制冷系统带负荷试运行，并担负某一系统的降温工作。压缩机的运转时间应达到累计 48h、连续 24h。带负荷运转的要求是：吸、排气阀起落跳动声响正常，冷却水的进水温度不超过 35℃，出水温度不超过 45℃，油压应大于吸气压力 0.1～0.3MPa，油温不应超过 145℃，各连接部分无漏气、漏油现象，各摩擦部位的温度应符合技术要求。

螺杆式制冷系统带负荷试运行要在检查增减负荷能力、监听声音有无异常之后。在试运行过程中，要密切注意温度和声音的变化，若有异常，必须停车检查。螺杆式压缩机手动运转 8h 后，可再自动运转 4h。

离心式制冷系统带负荷试运行，要在向制冷系统充注制冷剂、润滑系统和冷却水系统工作正常之后进行。开机前要使浮球室内的浮体处于工作状态，吸气阀和导流叶片应全部关闭，各调节仪表和指示灯正常。首先手动运转，并根据运转情况，逐渐开启吸气阀和能量调节导流叶片，导流叶片连续调整到 30%～50%。检查电流等正常后再缓缓开启导流叶片，直到全开，无异常情况即可连续运转 2h。

图 7-50 为离心式冷水机组单机正常运行时的开停机控制顺序图[5]，机组及冷水泵和

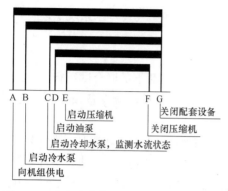

启动压缩机
启动油泵
启动冷却水泵，监测水流状态
启动冷水泵
向机组供电
关闭配套设备
关闭压缩机

图 7-50　离心式冷水机组开停机控制顺序[5]

冷却水泵的开停控制顺序如下：

（1）向机组供电。按下机组开机开关按钮（A 点），机组进行安全检查。

（2）启动冷水泵。机组安全检查通过后，将延时 5s 后启动冷冻水泵（B 点）。

（3）启动冷却水泵，监测水流状态。冷水泵启动后，延时 5s，开动冷却水泵，再延时 1min 后（C 点），监测冷水和冷却水流动开关是否闭合，如果没有闭合（即无水流或流量比较小），则再等 5min（此值可调）以确保有水流存在。

（4）启动油泵和压缩机。待水流确认存在后，启动冷却塔风机。如果冷水温度高于设定值，则控制系统检查导叶位置；如果导叶开度超过 6%，控制系统将关闭导叶。如果导叶是关闭的，油泵压力低于 28kPa，将启动油泵。待油压确认达到最小的压力值 103kPa（D 点），且油压确认后，控制系统将等待 15s 后启动主压缩机（E 点）。

（5）机组受控加载。一旦压缩机开始运行，机组就进入受控加载过程，以限制电动机可能出现过载的问题。可以通过控制冷水温度下降的速率或者电动机电流增加的速率来进行过载控制，冷水温度下降速率的控制是通过暂时向上调整冷水温度设定值来实现；当压缩机进入制冷量调整时再慢慢降低冷水温度设定值，一旦冷水温度到达正常的设定值（7℃）时，机组受控加载程序将结束。

（6）关闭配套设备。当停机信号（F 点）出现时，停机程序将首先关闭压缩机。压缩机停机 60s 后，依次关闭油泵、冷却水泵、冷却塔风机和冷却水泵（G 点）；若机组冷凝压力较高，则继续运行冷却水泵和冷却塔风机。

7.5.2　小型商用制冷系统的控制调节

小型商用制冷系统常采用一套系统配置一台压缩机、多个蒸发器（蒸发温度互不相同）的"一机多温"系统形式。图 7-51 是有冷冻室蒸发器和冷藏室蒸发器的小型商业制冷系统的工艺流程图。系统采用一台无变容能力的小型压缩机，冷凝器采用风冷式冷凝器，冷冻室蒸发器和冷藏室蒸发器的设计蒸发温度分别为 -20℃ 和 +5℃，制冷剂采用 R502，系统自动控制过程如下。

1. 蒸发器供液量调节

来自贮液器的制冷剂液体主管道，分两路分别向冷冻室和冷藏室的蒸发器供液。每台蒸发器的供液管上各设一个电磁阀和一个外平衡式热力膨胀阀，正常运行时，热力膨胀阀根据各室负荷的变化来调节各蒸发器的供液量，以控制蒸发器出口的过热度。

2. 蒸发压力调节

由于冷藏室与冷冻室的蒸发器有着不同的温度要求，在冷藏室蒸发器出口安装蒸发压力调节阀，在冷冻室蒸发器出口安装止回阀。前者的作用是在保证运行时在同一总回气管压力下，冷藏室蒸发压力（温度）能高于冷冻室蒸发压力（温度），并维持其蒸发温度为 5℃ 左右。

3. 吸气压力调节

在压缩机吸气管上安装吸气压力调节阀，在启动降温阶段，蒸发器压力较高时，通过

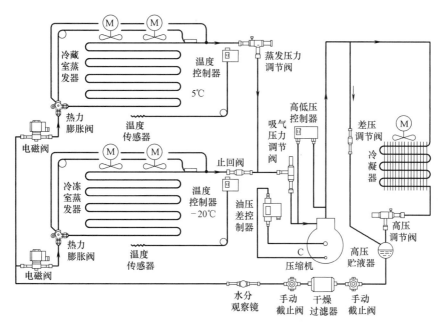

图 7-51　双蒸发器小型商用制冷系统工艺流图

吸气压力调节阀的调节，使吸气节流，控制吸气压力不超限，以保护压缩机的电动机免于超载。

4. 冷凝压力调节

该系统的风机不作变速调节，冷凝压力受环境温度影响大。为了在环境温度很低时仍能保持膨胀阀有足够的供液动力，采用"冷凝器回流法"来调节冷凝压力，在冷凝器出口安装高压调节阀；在压缩机排气管和贮液器之间的旁通管上安装差压调节阀。当环境温度较低时，通过高压调节阀与差压调节的联动，把冷凝器部分积液和部分排气旁通到贮液器，以维持系统高压侧压力不致明显降低。采用这种调节方法的系统必须设置高压贮液器。

5. 室温控制

冷冻和冷藏室的温度控制分别由各自支路上的温度控制器和电磁阀，以及高低压控制器的低压控制部分共同完成。

冷冻室和冷藏室各设一个温度控制器，它们分别按着各室温度的设定值来控制各自蒸发器供液管上的电磁阀，当某室温度达到设定值下限时，对应的温度控制器将关闭电磁阀，停止向该室的蒸发器供液；当室温回升到设定值的上限时，其温度控制器又打开电磁阀，恢复向该室蒸发器的供液，从而实现各室温度的双位调节。

利用压缩机吸排气管上的高低压控制器的低压控制部分，可以起到防止吸气压力过低的控制作用，并在正常运行时控制压缩机的启停。在两个小室都达到降温要求、两个蒸发器都停止供液时，蒸发器被抽空、吸气压力下降，当降到高低压控制器低压部分断开的设定值时，压缩机停机，这时系统处于等待负荷的状态；当两室中有任何一室的温度回升到其温控上限值时，其供液管上的电磁阀受温度控制器的控制而打开，向蒸发器供液，进而吸气压力回升，当升到高低压力控制器低压部分的接通设定值时，压缩机重新启动运行。

用低压而不用温度控制器来控制压缩机启停的好处在于能够保证压缩机停机前，先将低压侧的制冷剂抽空，避免停机后有较多的制冷剂进入压缩机曲轴箱并溶解在润滑油中，造成下次开机时曲轴箱油位上窜而大量失油。

6. 安全保护

高低压控制器的高压部分可以用作系统高压侧的超压保护，油压差控制器起到油压保护作用。在高压超压或油泵建立不起油压差时，均使压缩机故障性停机。装在冷冻室蒸发器出口的止回阀，用来防止停机时冷藏室蒸发器中的制冷剂向冷冻室蒸发器中倒灌。主液管上安装有水分观察镜和干燥过滤器，当水分观察镜显示出含水量超标时，需要拆下干燥过滤器，更换或再生干燥剂，清洗滤网。干燥过滤器前后各装一只手动截止阀，在拆换干燥过滤器前，关闭手动截止阀，防止系统中制冷剂流失。

7.5.3　直膨式空调制冷系统的控制调节

图 7-52 给出一个直膨式空调制冷系统（蒸发器直接设置在空调机组或空调通风管路中，由蒸发器直接对空调气流进行冷却减湿处理的制冷系统）及其自控工艺流程图[2]。压缩机采用一台无卸载机构的中型压缩机，冷凝器为风冷式，室外安装，其风机为恒速型风机。蒸发器为翅片管式换热器，置于空调风道中。该系统全年运行，空调负荷变化范围大，环境温度变化大。该系统的控制内容及方法如下。

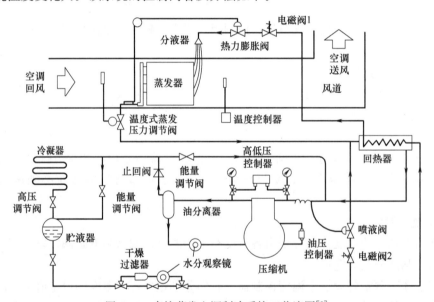

图 7-52　直接蒸发空调制冷系统工艺流图[2]

1. 供液量调节

用热力膨胀阀调节蒸发器的供液量，以控制蒸发器出口过热度。用电磁阀 1 来控制蒸发器供液管的通断，且电磁阀 1 与压缩机联动。

2. 冷凝压力调节

全年性运行且采用风冷式冷凝器的制冷系统，应防止冬季冷凝压力（非热泵模式）过低，具体调节方法可用冷凝器回流法从制冷剂侧调节来实现。在冬季，当冷凝压力较低时，应关小冷凝器出口的高压调节阀，这样冷凝器将会积液，有效传热面积将减少，冷凝器压力上升，旁通能量调节阀在感受到阀后压力（贮液器压力）降低时打开，将热气旁通到贮液器，使贮液器压力升高。在夏季，当冷凝压力正常时，冷凝器出口的高压条激发全开、旁通管上的能量调节全关，冷凝器液体顺畅地流入贮液器，贮液器中无高压气体进入，制冷剂按正常回路循环。

上述冷凝压力调节原理与图 7-51 所示的系统相同，只不过高压气体到贮液器旁通量的调节在图 7-51 所示的系统中是采用差压调节阀调节，它是根据高压调节阀的节流程度（即造成的冷凝压力与贮液器压力之差）来动作的，而这里则是采用旁通能量调节阀，它是根据贮液器压力来动作的，二者功效相同。

3. 能量调节

在系统运行过程中，空调负荷会发生很大的变化，压缩机本身又无气缸卸载机构，且不希望低负荷时系统频繁启停。在这种情况下，该系统使用了吸气节流和热气旁通两种能量调节方式，既满足了系统大范围能量调节需求，又保证了空调温度控制精度。

蒸发器出口安装了温度式蒸发压力调节阀。当空调负荷变化不大时，由温度式蒸发压力调节阀调节制冷量。温度式蒸发压力调节阀是受温度作用的比例型调节阀，其结构如图 7-53（a）所示，它的温包安装在蒸发器进风口处（见图 7-51），感知空调回风温度；当空调冷负荷增大、回风温度升高时，温包内压力升高，使阀开大，这时需要提高蒸发器的制冷能力。当负荷减小，回风温度降低时，温包中的压力下降，使阀关小，这时需要降低蒸发器的制冷能力。

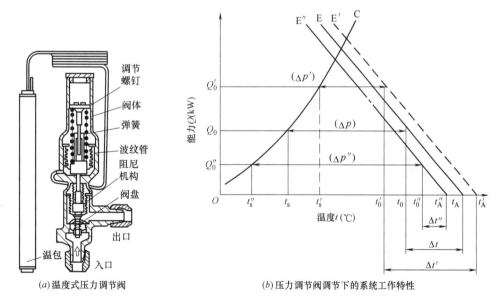

(a) 温度式压力调节阀　　　(b) 压力调节阀调节下的系统工作特性

图 7-53　温度是蒸发压力调节阀及其调节下的系统工作特性[2]

温度式蒸发压力调节阀在开大和关小时，吸气节流作用将相应减弱和增强，吸气压力也随之变化，同时压缩机制冷能力也变化。蒸发器制冷能力与压缩机的能力匹配关系如图 7-53（b）所示，图中曲线 C 为压缩机特性曲线，它反映压缩机制冷能力与吸气饱和温度 t_s（即吸气压力 p_s 对应的制冷剂饱和温度）之间的关系；曲线 E、E' 和 E″ 为蒸发器制冷能力曲线，它们反映蒸发器制冷能力与蒸发器传热温差 Δt 之间的关系。蒸发器的传热温差为回风温度即温包感应温度 t_A 与蒸发温度 t_0 之差，即 $\Delta t = t_A - t_0$。当回风温度升高时，温度式蒸发压力调节阀开大，其压降 $\Delta p = p_0 - p_s$ 减小，对压缩机来说，吸气压力 p_s 升高，压缩机能力提高。对蒸发器来说，蒸发压力和温度（p_0，t_0）减小，传热温差变大，蒸发器能力增大。在蒸发器和压缩机二者能力匹配情况下，机组制冷量处于较高的值，例如图中的 Q_0'。当负荷减小、回风温度降低时，温度式蒸发压力调节阀关小，节流作用增强，调节阀压降增大，结果是蒸发温度升高、蒸发器传热温差变小，蒸发器能力下降；压缩机吸气压力降低、能力下降。在蒸发器和压缩机二者新的能力匹配情况下，系统的制冷量降到较低值，如图中的 Q_0''。

利用温度式蒸发压力调节阀不仅起到了随负荷变化调节系统制冷量的作用，而且在调节的同时，也保证低负荷时蒸发温度不会明显下降，因此，空调送风温度不会产生明显的波动，有利于提高空调的舒适度和温控精度。

单纯温度式蒸发压力调节阀调节在负荷降到一定程度时，吸气节流会过大（温度式蒸发压力调节阀开度过小），使吸气压力太低，引起压缩机停机。于是，可以进一步辅以热气旁通能量调节，以便维持压缩机在更低负荷下继续运行。图 7-52 中使用了能量调节阀、电磁阀 2 和喷液阀。能量调节阀在吸气压力降到其设定值时打开；电磁阀 2 与压缩机联动；喷液阀在吸气温度超过其允许值时打开。系统中有回热器，所以喷液阀的喷液位置选在回热器前的吸气管上。这样做有两个好处：一是喷液点到压缩机入口之间的管程较长，保证了喷入的液体可以完全蒸发；二是喷液可以使回热器中的高压液体充分过冷。

4. 温度控制

在蒸发器出风口处安装温度控制器的感温包，当送风温度低于设定值时，温控器动作，切断电源，压缩机正常停机，同时蒸发器供液管电磁阀 1 关闭。

5. 安全保护

同一般制冷系统一样，系统中安装了高低压力控制器和油压差控制器。在吸、排气压力超限或者润滑油欠压持续达 1min 时，分别由上述控制器控制压缩机故障性停机。

7.5.4　螺杆式冷水机组的控制调节

螺杆式冷水机组是目前空调工程应用较广泛的一种冷水机组，下面介绍这类系统的控制调节要点[2]。

该系统采用 R22 单机压缩循环，冷凝器为卧式壳管式水冷冷凝器，蒸发器为干式壳管式蒸发器，热力膨胀阀供液。该系统的压缩机无喷油，阴、阳螺杆齿合间隙很小；润滑油在机壳的双层夹套中，利用系统高、低侧的压力差供给润滑油，并为卸载机构提供动力。该系统没有油泵和油分离装置。

1. 压缩机能量调节

油路及能量调节原理如图 7-54 所示。这里用"气压油"的方式向压缩机提供油压。用三个电磁阀（$SV_1 \sim$

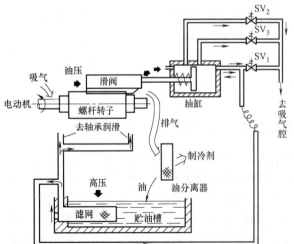

图 7-54　螺杆式冷水机组压缩机能量调节原理图[2]

SV_3）控制油路及活塞在油缸中的运动，使卸载滑阀具有几个固定位置，电动机因而为位式能量调节。

卸载油缸上配油口的布置及相应配油管上的电磁阀 $SV_1 \sim SV_3$ 安装情况如图7-54所示。压缩机启动前，$SV_1 \sim SV_3$ 全部关闭。启动时，先短期打开电磁阀 SV_1，弹簧张力将油活塞推到油缸的右端，滑阀向右移到最大限度卸载位置，于是压缩机卸载启动（33%负荷）。启动过程（约3min）结束后，SV_1 关闭。油压施加于活塞右侧，逐渐将活塞向左推移，直到活塞在油缸中处于最左侧的位置，压缩机能量增至100%，则系统处于满负荷运行。随着冷水温度的下降，需要降低负荷时，首先打开电磁阀 SV_2，活塞右侧压力油经 SV_2 所控制的配油管流入低压侧，活塞被向右推移，当移到 SV_2 对应的配油口时，活塞两侧压力平衡，不再移动，这时压缩机能量降至75%。负荷进一步降低时，SV_3 打开，活塞移到 SV_3 所控制的配油口处静止下来，滑阀使压缩机能量降至50%。最后，压缩机停机。可见，压缩机能量调节的能级为100%、75%、50%和0。停机时，电磁阀 $SV_1 \sim SV_3$ 均处于关闭状态。

2. 冷水温度控制

采用电子温控器根据冷水进口温度来控制电磁阀 $SV_1 \sim SV_3$，实行100%、75%、50%能级运行和停机控制。系统设有三个双位温度开关 TH_a、TH_b 和 TH_c。TH_a 在上限位时禁止卸载，在下限位时允许卸载。TH_b 在上限位时使 SV_3 接通，在下限位时使 SV_2 接通。TH_c 在下限位时使压缩机停机，在上限位时接通定时器。定时开关使 SV_1 接通指定的时间后关闭。电子温控器的三个开关温度区布置如图7-55所示。通过压缩机能量控制，使冷水温度维持在指定的范围。

3. 安全保护

螺杆式冷水机组设有一套完整的保护装置。

冷凝器上装有易熔塞，易熔塞在75℃时熔化，防止意外高温引起的超压破坏。另外，冷凝器制冷剂进出管上装有截止阀，长期停机或机组维修时，关闭此阀，防止制冷剂流失。压缩机设有高低压力控制器。排气侧设有安全阀。还在排气管上安装止回阀，防止停机时制冷剂倒流。

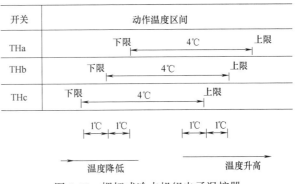

图7-55 螺杆式冷水机组电子温控器
动作温区划分原理图[2]

为了避免压缩机短循环，压缩机的控制电路中装有电子时间继电器。当电子温控器发出制冷运行指令后或者保护装置自动复位后，保证经过3min延时后再启动压缩机。

螺杆式压缩机绝不允许出现反向旋转的错误。若主电源接线相序搞错，就会发生这种现象。故电路中装有反相保护继电器，防止压缩机反转。另外，用快速反应的三相过电流继电器作电动机电流过限保护。压缩机线圈内装有内部温控器，当压缩机温度过高时切断电源。

压缩机油室中装有油加热器，停机时油加热器通电加热，防止冷启动造成油泡沫化。

蒸发器设有防冻温控器。温控器的感温件装在蒸发器壳体靠近冷水出口处。当冷水温度过低时，切断电路，使压缩机停机，防冻温控器的断开温度值为 2.5℃，接通温度值为 6.5℃。

4. 其他控制

除了上述能量调节、冷水温度控制和安全保护等控制功能外，螺杆式冷水机组还有以下控制功能[5]：

（1）冷水/冷却水水泵连锁控制。水流开关可保证机组在运转情况下有足够的冷水及冷却水流量。机组内部设有冷水/冷却水水泵连锁控制程序，可使机组开机前自动打开水泵，机组停机后自动关闭冷却水泵，从而保证机组运转的安全性，也方便了用户使用。

（2）冷凝压力控制。降低冷凝压力可提高机组的制冷性能，但也可能引起油压、油温过低。为了兼顾二者要求，螺杆式冷水机组具有冷凝压力控制功能。可以冷凝压力为控制参考信号，调节冷却塔风机转速或冷却塔管路水阀开启度，采用多台冷却塔时也可控制冷却塔的运行台数。

（3）与上位机的通信。对于由计算机控制的螺杆式冷水机组，应具有与上位机通信的功能。通信可以是单向的，即只向上位传输机组温度、压力、报警状态等参数，但不允许上位机改变机组设定参数、开停机状态等；也可能是双向的，即上位机既可以显示机组信息，又可以修改设定值参数，调节机组运行状态。

7.5.5　热泵式空调器的计算机自动控制

上述制冷系统的控制调节是采用专用的、依靠某种介质压力和温度驱动的调节阀和控制器等，来实现系统各种功能的控制调节，属于典型的机械式控制，也称为电气控制（Electrical Control），而不是以计算机或单片机控制器为核心的数字式控制（Digital Control）。随着计算机网络和智能控制技术的发展，制冷系统迅速向机电一体化方向发展，控制方式也从机械式控制发展为网络计算机控制（Network Control），控制方法也从简单的 ON/OFF 控制发展为 PID 控制和智能控制（Intelligent Control）。

图 7-56 是某型号热泵型变频空调器的制冷系统原理图，由回转式压缩机、室内换热器、室外换热器、电子膨胀阀、四通换向阀、二通阀和三通阀等部件组成。为了提高热泵型空调器制热制冷调控功能，满足空调房间热舒适性要求，除了温度控制外，还要求控制调节房间空气的相对湿度，因此，热泵型空调器应具有先进的自动控制功能，其控制过程如下。

1. 流量控制

由于变频空调器的压缩机具有较宽的能量调节范围，要求制冷剂流量可调范围也较大，因此，毛细管和热力膨胀阀等传统节流机构都不能满足最佳循环参数和高效流量调节的要求，为此，该类系统采用电子膨胀阀。电子膨胀阀不仅能使制冷剂正、反向节流膨胀和精确调节流量，而且在阀全关时，有截止功能，起到电磁阀的作用。另外，针对该类装置的使用需要，电子膨胀阀进行了特殊设计，具有如图 7-57 所示的特殊流量调节特性，流量特性曲线被分成两段，即正常开启段（AB）和快开段（BC）。电子膨胀阀正常调节流量时，根据蒸发器进出口温差的监测值 Δt 及其设定值的偏差，来调节阀门的开度。考虑到过热度调节系统的滞后和时变因素，若采用 PI 调节往往不能同时兼顾系统的静态和动态特性，所以可以采用模糊控制（Fuzzy Control）进行过热度反馈调节，其调节特性将比单纯 PI 控制更好。模糊控制原理图如图 7-58 所示[2]。

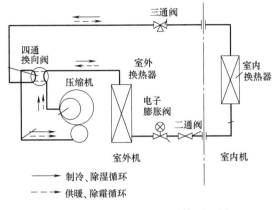

图 7-56　热泵型空调器系统原理图

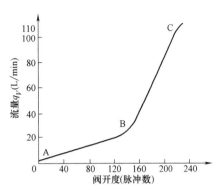

图 7-57　电子膨胀阀流量特性曲线[2]

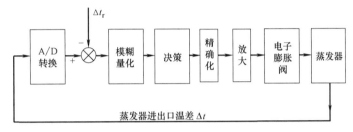

图 7-58　电子膨胀阀流量调节模糊控制系统流程图

2. 快速制热

一般空调器在室外气温下降时，制热能力减小。采用脉冲宽度调节（Pulse Width Modulation，PWM）技术，通过变频调速的方式使压缩机的能力跟踪负荷的变化，频率变化范围为 30～125Hz。为快速制热，开机之初，在室温比设定温度低 3℃以上时，不按 PID 调节规律来控制压缩机转速，而是将频率调到最高值 125Hz，使压缩机全速运转。同时，由电子膨胀阀配合进行制冷剂流量的最佳瞬时控制，从而使室温在短时间内快速升高。例如，室温从 0℃升至 18℃只需 18min，而一般空调器则需 40min。

3. 除霜控制

一般的热泵型空调器冬季都采用逆循环除霜方式，即通过切换四通换向阀，使室内换热器由制热模式转为制冷模式，这时，室内换热器内部温度将降低到 -20℃左右，除霜期间室内供热中断时间约 5～10min，期间将引起室温下降 6℃左右，这不仅降低了室内热舒适性，而且增加了除霜电耗。而变频式空调器由于使用了快开型电子膨胀阀的上述传统的除霜方式，可实现不间断供暖除霜，具体方法如下。

首先，结霜判断。采用双温度监测方法判定结霜状态，即用两只温度传感器分别监测室外温度和室外换热器表面温度，根据这两个温度，由图 7-59 来解释室外换热器结霜情况，当监测温度状态点落在图中结霜区时，给出 20min 准备除霜时间，准备

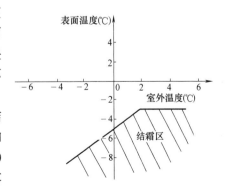

图 7-59　变频热泵空调器冬季结霜判断[2]

时间结束后若温度仍处于结霜区，则立即开始除霜。

其次，除霜操作。控制器接到除霜信号后，电子膨胀阀迅速全开（利用图 7-57 中的快开段流量特性 BC 段），压缩机以最高转速运转，以维持室外换热器内部有较高温度，以便于融霜；四通换向阀不切换，即室外换热器仍处于蒸发器运行模式，室内换热器仍处于冷凝器模式；同时，室内风机以启停各 15s 的方式间歇运转，保持除霜过程仍有一部分热量供给室内，使室内换热器的送风温度维持在 40℃ 左右。可见，这种除霜方式事实上是在室内风机停止运行期间，室内换热器（处于冷凝器模式）压力升高、温度升高，由于电子膨胀阀全开、压缩机高速运转，因此，将引起室外换热器（处于蒸发器模式）内压力升高和温度升高，从而起到除霜作用（压缩机增加的功耗以热能方式输送到室外换热器），并在除霜过程中不中断室内供热（只减少室内供热量），直至除霜结束。

最后，恢复供热。控制器接到除霜终止信号后，电子膨胀阀重新恢复到供暖工况所设定的开度上运行，室内外风机恢复正常运转，压缩机运转频率恢复到原状态，几分钟后转入正常的 PID 控制。不间断供热除霜和传统除霜方式的效果及性能分别如图 7-60 和表 7-2 所示。

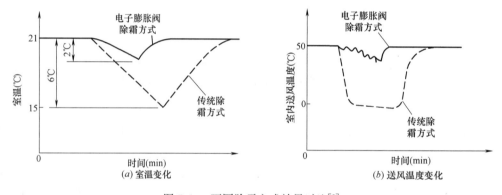

图 7-60　不同除霜方式效果对比[2]

4. 室内气流控制

从房间舒适性角度出发，对室内温度、送风温度和气流组织均有控制要求，即室温要分布均匀，风速不宜过大，为此，应进行风速和风向调节。具体方法如下。首先，对室内风机的转速控制由一般空调器常用的强、弱、微三档控制，改进为用反馈相位控制，在 600～1400r/mim 范围内实现 10 步变速调节，反馈相位控制原理见图 7-61。其次，风向调节用步进电机驱动风向格栅，使格栅角度在 0°～90° 范围内以每步转动 22° 变化，或者固定在某位置上，风向调节角度如图 7-62 所示。

5. 压缩机变频控制

变频器的工作原理见图 7-63，其中换流器将商用 100V、50/60Hz 的单相交流电源经倍压整流为直流电，变频器借助于 6 个功率晶体管的开关动作变换成任意频率的三相交流电，用数字控制的近似正弦波的 PWM 方式作电压型波形处理。变频器波形处理技术的内容是 PWM 波形的频率分析，用计算机分析输出波形，抑制高频谐波电流，发生高品位的基本波，从而降噪抑振。

变频系统具有以下主要特点：

（1）通常以低频启动，再逐渐增频。所以启动时电压低，负载电流小，避免了定频空调器启动电流大（通常 5~6 倍于额定电流），造成对电源电力品质干扰的缺点。

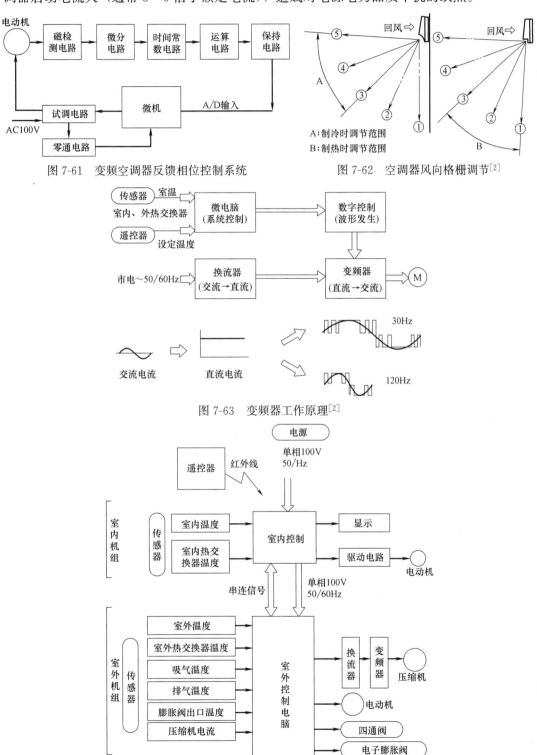

图 7-61　变频空调器反馈相位控制系统　　　　图 7-62　空调器风向格栅调节[2]

图 7-63　变频器工作原理[2]

图 7-64　热泵型变频式空调器控制系统功能架构图[2]

（2）压缩机运转频率由内部控制电路决定，所以空调器对电网源频率和电压波动的敏感度低。

（3）变频电动机的驱动过程，采用电压频率比 $V/F＝$ 常数的输出模式，使电动机在不同转速保持恒定矩，与压缩机负载特性相适应。

归纳起来，图 7-64 给出了整个空调器控制系统功能架构[2]。在室内、室外机组中分别装有以电脑为中心的控制器，两者之间用两根电力线和两根信号线相连，交换信息并实施控制。室内电脑接收遥控器指定的运转状态指令信号、传感器监测到的室内温湿度信号以及室内换热器的温度信号，输出风机电动机转速、压缩机转速和送往发光二极管的显示信号。室外机组控制所必须的信息以串连信号输送到室外电脑。室外控制电脑还根据传感器监测到的室外换热器温度、压机吸气排气温度、膨胀阀出口温度以及压缩机电流等信息，给出压缩机运转频率、风机电动机转速、电子膨胀阀开度以及四通换向阀状态等控制信号，并对上述部件实施控制。此外，将除霜信号送到室内侧，还对各种安全保护回路进行监视。

7.5.6　VRV 空调系统的计算机自动控制

变制冷剂流量（Variable Refrigerant Volume，VRV）空调系统是近十几年来快速发展起来的新型空调系统形式，一台室外制冷机可以带十几台、甚至更多室内机组，其系统原理图如图 7-65 所示[2]。VRV 系统的室内机中设有电子膨胀阀，它可以根据室内负荷的变化或采用集中式控制，或采用每个末端室内机遥控器控制来连续调节制冷剂流量，将室温控制在一个舒适的温度范围内。VRV 系统室内机采用 PID 控制方法，温度控制精度可达 ±0.5℃。压缩机采用变频控制，排气量随室内负荷在设定的档位（如 13～21 档，见图 7-66）范围内可调。室外机采用 PI 控制方法，能适应室外温度大范围变化；在热泵模式运行时，供冷运行时室外温度在 −5℃ 以上均可运行；供暖运行时室外温度在 −10℃ 以上仍可以运行。VRV 系统具有效率高、安装简便、室内机组数量和布置位置设计灵活性大、控制方式灵活性好等优点。

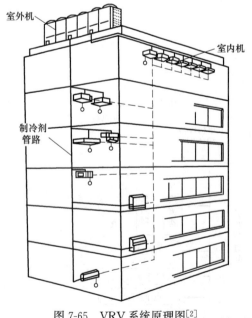

图 7-65　VRV 系统原理图[2]

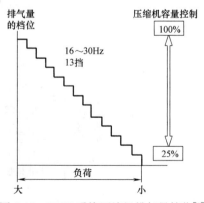

图 7-66　VRV 系统压缩机排气量档位[2]

    VRV 系统的集中控制系统如图 7-67 所示，可独立控制多达 64 个区域的室内机（台数多达 1024 台）；ON/OF 控制器可单独或同时控制 16 组室内机，覆盖 256 个室内机；日程定时器可控制 64 组室内机。该控制系统既可与集中遥控器、ON/OFF 控制器结合使用，又可和楼宇管理系统（BMS）结合使用，其连接方法如图 7-68 所示。

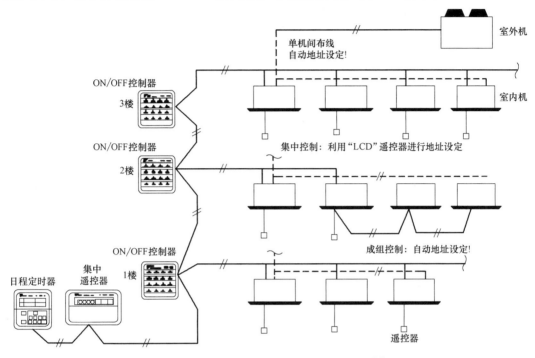

图 7-67　VRV 系统的集中控制系统原理图[2]

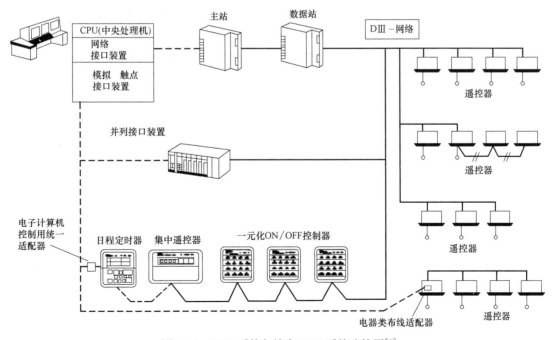

图 7-68　VRV 系统与楼宇 BMS 系统连接图[2]

VRV 系统可使用带有双电缆多线路传输系统（LCD 遥控器最大使用距离可达 500m，集中遥控器最大使用距离可达 1km）的遥控器与集中遥控器，工程中可按照用户各种控制要求，实现相应的控制方式。图 7-69 为 VRV 系统的各种控制方式的连接示例图，从图可知，VRV 系统的控制方式比较灵活，可满足以下六种实际调控需求：

（1）使用遥控器独立控制。如图 7-69（a）所示，由于 LCD 遥控器可实现最大距离 500m 的室内机的独立控制，因此 VRV 系统可以简单地采用遥控空调系统。

（2）不同地点两个遥控器控制。如图 7-69（b）所示，使用两个遥控器，可在两个不同的地方控制各台室内机。此外，所有室内机也可以在一个地方进行电源的集中启闭。

（3）单一遥控器成组控制。如图 7-69（c）所示，当在一个大房间设置多台室内机时，可以采用成组控制连接方式，这时全部室内机（最多 16 台）也可以采用一个遥控器进行控制。

（4）两个遥控器成组控制。如图 7-69（d）所示，可以利用两个遥控器进行成组控制，遥控器地点也可以是两个不同的地方。

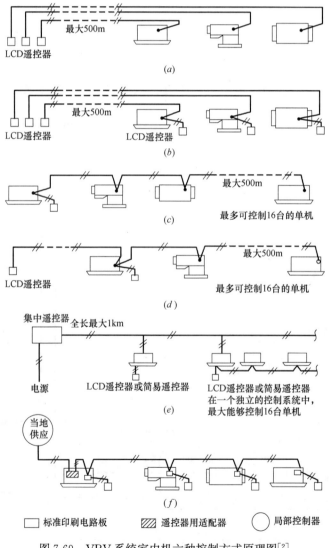

图 7-69　VRV 系统室内机六种控制方式原理图[2]

（5）集中遥控。如图 7-69（e）所示，由于一个集中遥控器最大能控制 64 组室内机，因此，VRV 系统可选择两种控制方式，即用两个遥控器独立控制方式以及分组集中控制方式（一个控制系统最大可控制 16 台×64 组＝1024 台室内机）。

（6）局部控制器。如图 7-69（f）所示，该方式只需要添加一个遥控器适配器，室内机即可利用局部控制器来进行控制。

图 7-70 和图 7-71 分别给出了 VRV 系统室内机的运转顺序图，以供参考。可以看出，

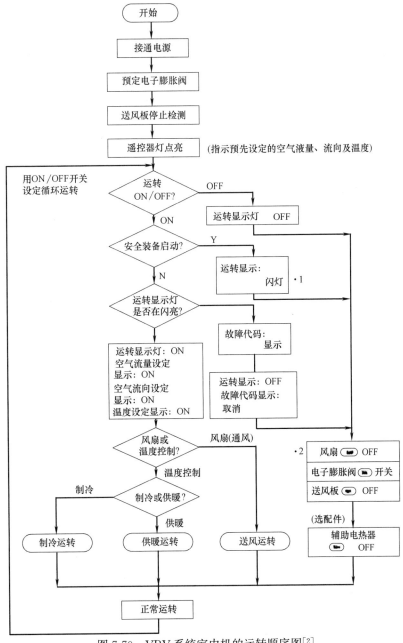

图 7-70　VRV 系统室内机的运转顺序图[2]

注：1. 出现故障时，通过温控故障代码显示功能显示其故障代码

　　2. 辅助电热器启动后，风扇经/min 残余运转后停止

一个自动化程度高的制冷系统，在设计时必须对每个可能遇到的运行细节均应在运转程序中事先做出规划，该工作不难而且易懂，却容易忽略某些环节。

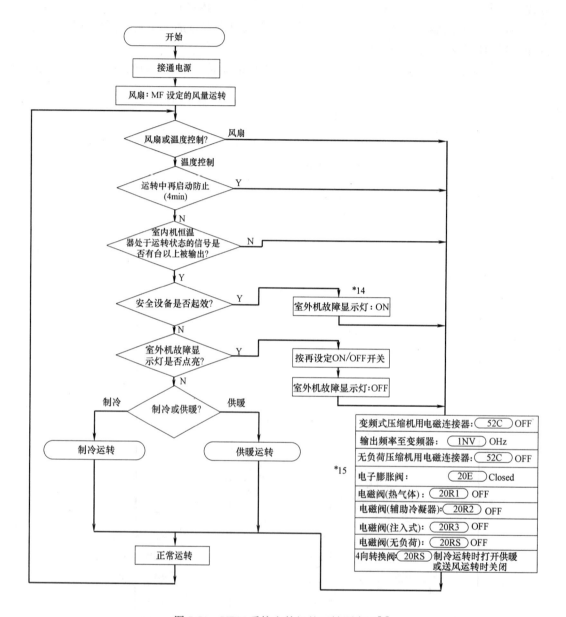

图 7-71　VRV 系统室外机的运转顺序图[2]

7.6　制冷系统的故障分析与对策

制冷系统的故障主要来自制冷系统和电气控制两个方面[6]。故障会导致系统无法正常启动、运行，导致制冷性能下降或机组严重损坏。因此，正确判断各种故障原因并采取合理的方法及时排除非常重要。

7.6.1 制冷系统的故障分析

总体上看,制冷机组的故障有三种类型[6],即机组无法启动、机组频繁启停、机组能运行但制冷效果差,三类故障的故障树分别见图 7-72～图 7-74。通过人工或计算机故障分析方法,结合具体的检测排除措施,不难分析出制冷机组发生故障的原因,进而进行排除、维修和维护。

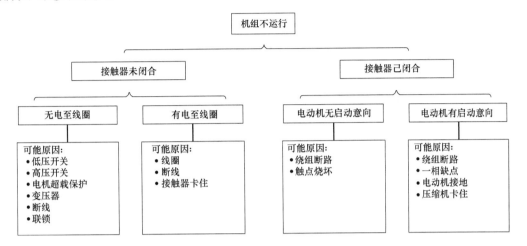

图 7-72 制冷机组无法运行故障树

图 7-73 制冷机组能运行但制冷效果差故障树

7.6.2　常用制冷机组故障排除对策

螺杆式制冷机组和离心式制冷机组是工程中常用的制冷机组，这两类制冷机组典型故障的排除对策分别为表 7-6[5] 和表 7-7[5] 所示。

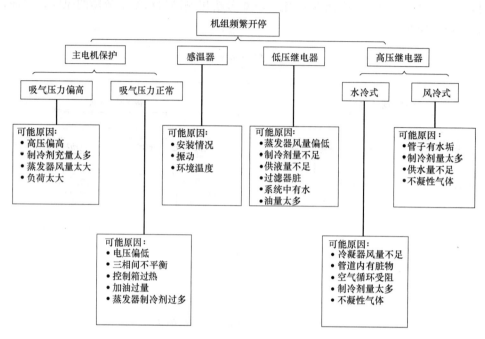

图 7-74　制冷机组频繁启动故障树[6]

螺杆式制冷机组典型故障排除对策[5]　　　　　　　　　　　　　　　　　　表 7-6

故障类型	症状	排除对策
机组不运行	压缩机因高压断开而停止	检查水路阀门
		检查高压保护设定值
		检查制冷剂充注量
	压缩机因电机过载而停机	检查电压与机组额定值是否一致
		检查排气压力，确定排气压力过高的原因
		检查回水温度过高的原因并排除
		检查压缩机电流，对比资料表上的全载电流
		检查电动机接线与地线之间阻抗
	压缩机因低压保护开关断开而停机	检查和修理过滤网或更换过滤器
		检查膨胀阀
		加制冷剂
		打开吸气管路上阀门
	压缩机不能运转	检查压缩机过载保护断开原因，重新启动机组
		检查控制线路及修理
		检查电源

故障类型	症状	排除对策
	压缩机不能运转	检查相位
	卸载系统不能工作	调节温度设定或更换温控器
		检查电磁阀线圈,检查油路是否堵塞
		检查卸载机械结构部件
机组能运行但制冷量不足	排气温度过高或油温过高	降低压缩比或减少负荷
		清除污垢,降低水温,增加水量
		提高油压或检查喷油量不足的原因
	压缩机机体温度高	迅速停机检查
		降低吸气温度
		降低排气压力或负荷
		清洗油冷却器
	油压不够	调整油压调节阀
		检查油冷却器
		检修或更换油泵
		检查吹洗油滤器及管路
		加油或换油
	排气压力过低	检查水阀或控制闸阀;检查冷却塔运行情况
		检查和调整膨胀阀,确定感温包是否紧固于吸气管上,并已隔热;检查冷却水温度是否高于限定温度
		检查机组运行电流;如有需要,更换出口阀
		充足制冷剂
机组频繁启停	机组启动后短时间振动,然后稳定	停机用手盘使液体排出
		将油泵手动转动,一段时间后再启动压缩机
	停车时压缩机反转不停	检修细路止回阀
		检查、更换吸入止回弹簧

离心式制冷机组典型故障排除对策[5]　　　　　　　　　　表 7-7

故障类型	症状	排除对策
机组不运行	压缩机不能启动	将导叶自动/手动开关切换至手动位置上,并手动将导叶关闭
		检查熔断器进行更换
		按下继电器的复位开关或检查继电器的电流设定值
	蒸发压力过低引起停机	检查补漏加充制冷剂
		调整冷水管路上的阀门和清洗泵前过滤器
		检查冷水温度调节器,进行修理或更换
		重新调整、修理或更换新的低温调节器
		进行修理和放空气,在冷水位置最高位置要设置自动排空气阀

续表

故障类型	症状	排除对策
机组能运行 但制冷量不足	机组高压不正常	启动放气机构令其自动排出气体,若过度排气指示灯亮起,则须实施检漏
		清洗钢管,检查水处理系统,降低冷却水入口温度,检查冷却塔及冷却水系统,检查水盖橡胶垫是否装好
		调节冷却水量(检查冷却水系统阀的开度),检查水泵过滤器是否堵塞,投入的冷却塔台数
	机组低压不正常	检漏修补,补充制冷剂
		清洗蒸发器中的铜管
		检查进口导叶阀传动电机的动作及低温水温保护开关的设定值
	油路系统不能正常工作	对所有外界油路实施检漏,检查辅助油泵的油封
		提高油冷却器润滑油的出口温度
		修理油压调节阀
		补充润滑油
		检查排气机构是否正常动作
		重新调整油压调节阀,以避免油压过高
		更换新的干燥过滤器,拆下喷射头进行清除污垢
	油箱内油温过低	检查油加热器,重新调整油温调节器的调定值
		检查更换感温包
		检查更换均压阀,调节开度
		检查调整油冷却器旁通阀门的位置
	冷凝压力异常升高	开动抽气装置,将气排掉;检查自动抽气装置阀是否可靠;检查差压开关动作是否正确
		将冷凝管去垢、清洗
		改进冷却水泵吸入口填料等,检查冷却水流量及冷却水泵是否正常工作
		检查冷却塔内风机;检查补给水是否足够;检查冷却塔淋水喷嘴是否堵塞;检查旋转喷嘴的旋转情况
	载冷剂不能被冷却 到规定温度	修正温度调节器的设定量
		检查导叶自动、手动切换开关是否处于自动位置
		增加运转台数,减少每一台承担的负荷
	蒸发压力降低	制冷剂不足,需注入制冷剂
		检查浮球阀是否正常工作
		排除冷水在蒸发器或蓄冷水箱内的短路
		清除蒸发器内换热管污物
		重新调整温度调节器设定值
		检查导叶自动、手动切换开关是否处于自动位置;校正温度调节器

续表

故障类型	症状	排除对策
机组能运行但制冷量不足	蒸发压力降低	减少运转台数或停止运转
		检查自动启停恒温器设定温度
	过负荷	消除制冷负荷过大的原因
		抽出制冷剂液,降低液位
		检查仪表是否有问题,更换仪表
机组频繁启停	压缩机启动频繁	检查冷水系统水温和水量
		检查冷冻水和冷却水中有无空气
		重新调整入口阀执行机构
		检查水泵工作是否正常,过滤器是否堵塞

本 章 习 题

7.1　试述为什么要对制冷系统进行安全保护? 制冷系统的安全保护都包括哪些基本的部分?

7.2　试述压缩机有哪些自动保护? 都起什么作用?

7.3　制冷系统常用的自动保护部件都有哪些? 简述其作用。

7.4　试述蒸发器都有哪些自动控制方法? 其基本原理是什么?

7.5　举例说明蒸发器双位调节在实际制冷系统中的应用。

7.6　为什么要控制蒸发压力? 如何自动控制?

7.7　试述蒸发器供液量的自动调节方法,并比较其优缺点。

7.8　如何根据制冷负荷对蒸发器进行调节?

7.9　试比较蒸发器的阶梯式分级调节和延时分级调节。

7.10　试述压缩机都有哪些自动调节方法? 其基本原理是什么?

7.11　试述压缩机的热汽旁通调节都有什么作用?

7.12　试述压缩机变转速调节的原理及应用案例。

7.13　如何对冷凝器进行调节? 举几种调节方案。

7.14　试述蒸发器、压缩机和冷凝器自动调节之间关系。

7.15　试述一个新的制冷系统在运行之前要做哪些准备性工作?

7.16　试述一个新的制冷系统的试运行都包括哪些基本过程?

7.17　一个小型制冷系统,有1台压缩机、3个蒸发器、1台冷凝器,试述该小型制冷系统的自动控制都应考虑哪些问题? 你能否为其设计一套自控系统吗?

7.18　试述螺杆式冷水机组的控制调节要点。

7.19　试述 VRV 制冷系统的自动控制系统构成及原理。

7.20　试分析冷凝压力过高的原因。

7.21　试分析蒸发压力过高或过低的原因。

7.22　试分析被冷却物温度降不下来的原因。

7.23　试分析排气温度过高的原因。

7.24　试分析吸气温度过高的原因。

7.25　试分析压缩机不能正常启动的原因。

7.26　试分析压缩机产生湿压缩的原因。

本章参考文献

［1］　陆亚俊，马最良，姚杨. 空调工程中的制冷技术. 哈尔滨：哈尔滨工程大学出版社，1997.

［2］　陈之久，朱瑞琪，吴静怡. 制冷装置自动化. 北京：机械工业出版社，2002.

［3］　陆亚俊，马最良，庞志庆. 制冷技术与应用. 北京：中国建筑工业出版社，1992.

［4］　彦启森，申　江，石文星. 制冷技术及其应用. 北京：中国建筑工业出版社，2006.

［5］　董天禄. 离心式/螺杆式制冷机组及应用. 北京：机械工业出版社，2002.

［6］　刘旭，冯玉琪. 实用空调技术精华. 北京：人民邮电出版社，2001.

第8章 溴化锂吸收式制冷

在建筑冷源工程中，溴化锂吸收式制冷也是广为应用的一种制冷方式，尽管在制冷原理上、实现方法上和设备系统等方面都与蒸气压缩式制冷有着较大的区别，但考虑本教材内容的系统性，本章特安排了一章来介绍溴化锂吸收式制冷原理及机组自动控制的学习。本章首先介绍了吸收式制冷原理及溴化锂水溶液的性质；其次，介绍了单效和双效溴化锂吸收式制冷机的原理、结构特点、热力计算及性能影响因素等；再次，介绍了直燃型溴化锂吸收式冷热水机组；最后介绍了溴化锂吸收式制冷机组的自动控制。

8.1 吸收式制冷原理及发展概述

吸收式制冷是以热能作为驱动力的制冷方法。由于吸收式制冷可以利用低品位热源（如太阳能、地热、工业余废热等），以及所用工质对大气臭氧层无破坏作用，因此吸收式制冷技术在我国得到了飞速发展和广泛应用。当前，随着我国对节能减排工作的重视，吸收式制冷技术在石油、冶金及建筑行业等领域内越来越受重视。

8.1.1 吸收式制冷的原理及特点

1. 吸收式制冷机的工作原理

与蒸气压缩式制冷类似，吸收式制冷也是利用制冷剂汽化吸热来实现制冷的，二者的主要区别是热量由低温处转移到高温处所用的补偿方法不同，蒸气压缩式制冷用机械功补偿，而吸收式制冷用热能来补偿。图 8-1 给出了吸收式与蒸气压缩式制冷的对比。压缩式制冷机的整个工作循环包括以下四个过程：制冷剂在蒸发器中向低温热源吸热的蒸发过程；通过压

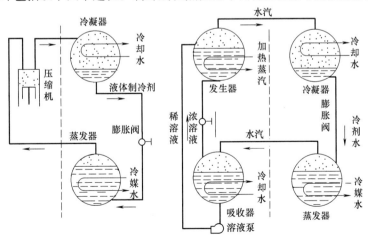

(a) 压缩式制冷机　　　　　　　(b) 吸收式制冷机

图 8-1 吸收式制冷与压缩式制冷的对比[1]

缩机使压力、温度升高的压缩过程；在冷凝器中向高温热源放热的冷凝过程；通过节流阀使压力、温度降低的节流过程。制冷效应是在蒸发过程中产生的，而压缩机的作用是，一方面不断地将吸热过程而汽化的制冷剂蒸气从蒸发器中抽吸出来，使蒸发器维持低压状态，从而维持蒸发器的蒸发吸热过程；另一方面，通过压缩作用提高制冷剂蒸气的压力和温度，产生将制冷剂蒸气的热量向外界（冷却水或空气）转移的条件。

吸收式制冷机也有蒸发器和冷凝器［图 8-1（b）虚线右侧的组成部件与压缩式制冷机相同］。从产生制冷效应的方法来说，它和压缩式制冷机一样，但是，把蒸发器中生成的制冷剂蒸气抽吸出来并提高其压力和温度的过程，则和压缩式制冷机不同。吸收式制冷机用吸收器和发生器代替压缩机［图 8-1（b）虚线左侧］。吸收器起着相当于压缩机吸气行程的作用，将蒸发器中生成的制冷剂蒸气不断抽吸出来，以维持蒸发器内的低压。发生器则起着相当于压缩机压缩行程的作用，产生高压、高温制冷剂蒸气[1]。吸收式制冷机中所用的工质是由两种沸点不同的物质组成的二元混合物（溶液）。低沸点的物质是制冷剂，高沸点的物质是吸收剂。吸收式冷机中所用的二元混合物主要有两种——氨水溶液和溴化锂水溶液。氨水溶液中氨为制冷剂，水为吸收剂。溴化锂水溶液中水为制冷剂，溴化锂为吸收剂。在空调工程中目前普遍采用的是溴化锂水溶液，这种制冷机称为溴化锂吸收式制冷机。下面以溴化锂吸收式制冷机为例来说明吸收式制冷机中的两个循环——制冷剂循环和溶液循环，如图 8-1（b）所示。

（1）制冷剂循环：由发生器出来的制冷剂蒸气在冷凝器中冷凝成高压液体，同时向高温热源释放冷凝热量；高压流体经膨胀阀节流到蒸发压力，进入蒸发器中；低压制冷剂液体在蒸发器中蒸发成低压蒸气，并同时从外界吸取热量（实现制冷）；低压制冷剂蒸气进入吸收器中，然后吸收器和发生器组合将低压制冷剂蒸气转变成高压蒸气。

（2）溶液循环：在吸收器中，由发生器来的浓溶液吸收蒸发器来的制冷剂蒸气，而形成稀溶液，吸收过程释放出的热量用冷却水带走；由吸收器出来的稀溶液经溶液泵提高压力，并输送到发生器中。在发生器中，利用外热源对稀溶液加热，其中低沸点的制冷剂蒸气被蒸发出来，而稀溶液成为浓溶液。从发生器出来的高压浓溶液经膨胀阀节流到蒸发压力，又回到吸收器中。溶液由吸收器和发生器之间的循环实现了将低压制冷剂蒸气转变为高压制冷剂蒸气。

不难看出，吸收式制冷机中制冷剂循环的冷凝、节流和蒸发三个过程与压缩式制冷是一致的，所不同的是低压蒸气转变为高压蒸气的方法。蒸气压缩式制冷时利用压缩机来实现，消耗机械功；吸收式制冷机是利用吸收器和发生器等所组成的溶液循环来实现的，消耗热能[2]。

2. 溴化锂吸收式制冷技术的特点

与蒸气压缩式制冷机相比，溴化锂吸收式制冷具有以下优点。

（1）溴化锂吸收式制冷机中所使用的工质是溴化锂水溶液，无毒、无臭，有利于满足环保要求；制冷机在真空下运行，无爆炸危险。因此是安全可靠的制冷机。

（2）利用热能为动力，一方面，可以利用废热、余热等低品位的热能作溴化锂吸收式制冷机的热源，因此具有变废为利的节能特点。

（3）整台机组除功率较小的屏蔽泵外，无其他运动部件，因此振动小，噪声低，对基础无特殊要求。

（4）制冷量调节范围广，在 20%～100% 的负荷内可进行冷量的无级调节；在部分负荷时，热力系数并不降低。

（5）对外界条件变化的适应性强，可在加热蒸汽压力0.2～0.8MPa（表压），冷却水温度20～35℃，冷媒水出水温度5～15℃的范围内稳定运行。

（6）单台机组制冷量大。目前单台溴化锂吸收式制冷机组的制冷量可达5800kW，这是压缩式制冷机组所不及的。单台机组的制冷量大，可以降低单位制冷量的投资费用，也便于发展集中供冷。

（7）直燃式溴化锂吸收式冷热水机组既有制冷功能，又有供热的功能，制冷机与锅炉合二为一，可以省去锅炉房及相应的煤场、灰场用地。

溴化锂吸收式制冷的主要缺点如下：

（1）吸收式制冷机的能源消耗高于蒸气压缩式制冷机。通常情况下，一次能源耗量之比，压缩式∶双效∶单效∶直燃式约为1∶2∶3∶1.5。

（2）溴化锂水溶液对金属的腐蚀性强，尤其对碳钢的腐蚀性更强。腐蚀不仅影响制冷机的寿命，而且影响制冷机的性能。

（3）溴化锂吸收式制冷机对气密性要求很高。微量空气的渗入不仅影响机组性能，而且增强溴化锂水溶液的腐蚀作用。因此，能否保持机组高真空度是衡量溴化锂吸收式制冷机质量优劣的一个重要指标。

（4）溴化锂吸收式制冷机的冷却水量比蒸气压缩式机组大。1000kW制冷量的冷却水流量分别为：螺杆式冷水机组204t/h（冷却水温升5℃），双效溴化锂吸收式制冷机265t/h（冷却水温升6℃），单效溴化锂吸收式制冷机265t/h（冷却水温升7.8℃）。由此可见，溴化锂吸收式制冷机需要配用冷却能力较大的冷却塔，冷却塔消耗的功率及冷却水循环水泵消耗的功率也大一些。

（5）溴化锂吸收式制冷机的价格比同样制冷量的蒸气压缩式冷水机组的价格高。

鉴于上述特点，溴化锂吸收式制冷机最适宜用于有废热或余热的场所，在一定条件下，也适用于热能是由热电厂供应的场合。

8.1.2　吸收式制冷循环的热力系数

由上文吸收式制冷循环与压缩式制冷循环的对比可以看出，在吸收式制冷循环中，工质对在发生器中从高温热源获得热量，在蒸发器中从低温热源获得热量，在吸收器和冷凝器中向外界环境放出热量，而溶液泵只是提供输送溶液时克服管路阻力和重力位差所需的动力，消耗的机械功很小。对于一个理想的吸收式制冷循环，如果忽略溶液泵的机械功和其他热损失，则由热力学第一定律得到如下热平衡关系式：

$$Q_e + Q_g = Q_a + Q_c \tag{8-1}$$

即加入机组中的热量等于机组向外放出的热量，式（8-1）中，Q_e为蒸发器从低温热源中吸取的热量，即制冷量；Q_g为发生器从高温热源中吸取的热量；Q_a为吸收器向环境热源放出的热量；Q_c为冷凝器向环境热源放出的热量。

由此，可定义吸收式制冷循环的热力系数ξ如下：

$$\xi = \frac{Q_e}{Q_g} \tag{8-2}$$

热力系数表示消耗单位热量所能制取的冷量，是衡量吸收式机组的主要性能指标。在给定条件下，热力系数越大，循环的经济性就越好。需要注意的是，热力系数只表明吸收式机组工作时，制热量与所消耗的加热量的比值，与通常所说的机械设备的效率不同，其值可以小于 1，等于 1，或大于 1。

如定义高温热源的温度为 T_g，低温热源的温度为 T_e，外界环境温度为 T_c，并忽略吸收式循环中各过程的不可逆损失，则可认为发生器中的发生温度就等于高温热源温度 T_g，蒸发器中的蒸发温度等于低温热源温度 T_e，冷凝器中的冷凝温度和吸收器中的冷却温度等于外界环境温度 T_c，根据热力学第二定律有下式成立：

$$\frac{Q_a+Q_c}{T_c}-\frac{Q_e}{T_e}-\frac{Q_g}{T_g}\geqslant 0 \tag{8-3}$$

联立式（8-1）、式（8-2）、式（8-3），可以得该理想吸收式循环的最大热力系数：

$$\xi_{max}=\frac{T_g-T_c}{T_g}\cdot\frac{T_e}{T_c-T_e}=\eta\cdot\varepsilon \tag{8-4}$$

式中 η——工作在高温热源温度 T_g 和环境温度 T_c 间正卡诺循环的热效率；

ε——工作在低温热源温度 T_e 和环境温度 T_c 间逆卡诺循环的制冷系数。

由此可见，理想吸收式制冷循环可看作是工作在高温热源温度 T_g 和环境温度 T_c 间的正卡诺循环与工作在低温热源温度 T_e 和环境温度 T_c 间的逆卡诺循环的联合，其最大热力系数 ξ_{max} 的数值只取决于三个热源的温度，与其他因数无关。

在实际过程中，由于各种不可逆损失的存在，吸收式制冷循环的热力系数必然低于相同热源温度下理想吸收式循环的热力系数，两者之比就被称为吸收式制冷循环的热力完善度，同 β 表示。

$$\beta=\frac{\xi}{\xi_{max}} \tag{8-5}$$

热力完善度越大，表明循环中的不可逆损失越小，循环越接近于理想循环。

8.1.3 吸收式制冷技术发展概述

吸收式制冷技术最近可追溯到 1810 年，苏格兰人约翰·莱斯利（John Leslie）制成了间歇式吸收式制冷装置，该装置是以水作为制冷剂，硫酸作为吸收剂，而且只能在实验室中运行。1859 年，法国人费迪南·卡列（Ferdinand Carre）制成了连续型氨—水吸收式制冷，极大地推动了吸收式制冷技术的发展。但在 21 世纪初，由于压缩式制冷机的发展和完善，对吸收式制冷机的发展起到了一定的阻碍作用。第二次世界大战以后由于能源问题，使人们又重新认识到吸收式制冷的优越性。美国开利公司于 1945 年生产了第一台单效溴化锂吸收式制冷机，其制冷量为 523kW，随后特灵、约克及斯太哈姆等公司也相继开发溴化锂吸收式制冷机。1961 年，斯太哈姆公司制成了第一台双效溴化锂吸收式制冷机。美国虽然在溴化锂制冷机的研制方面起步早，但受到电费便宜及吸收式制冷机运转管理复杂等因素的影响，其发展速度较慢。日本于 20 世纪 50 年代末开始研制溴化锂吸收式制冷机，经过不间断的努力，不仅在技术上达到了美国的水平，而且在双效机和直燃机领域超过了美国，之后，日本技术反过来向美国输出。因日本输入大量液化天然气和为了调节夏季电力峰荷，始终把发展吸收式制冷机放在能源政策的重要位置，因此煤气公司和制造厂家在吸收式制冷技术开发方面投入了大量人力、物力和财力。1959 年日本汽车制造株式会社（现川崎重工）生产出第一台大容量的吸收式制冷机。1964 年川崎重工生产出蒸汽双效溴化锂吸收式制冷机。1968 年川崎重工生产燃气直燃吸收式冷热水机。1971 年荏原制作所制造了日本第一台吸收式热泵机组。1978 年日立制作所制造出使用低压蒸汽（200～500kPa）的双效机组。1979年荏原制作所制造出中等冷量140～261kW的燃气直燃吸收式冷热水机。1980年矢崎与三洋电机公司制造出70～116kW的燃气直燃式冷热水机，东京燃气株式会社等生产出26～174kW的小型直燃式冷热水机。1987年东京三洋电机及荏原制造所制造智能型的吸收式冷热水机。1987年日本东京燃气株式会社试制成功了空冷溴化锂机组。

我国从1966年开始研制溴化锂吸收式制冷机，20世纪80年代中期以前发展十分缓慢，20世纪90年代是我国溴化锂吸收式制冷机的大发展时期。1966年底由上海第一冷冻机厂、中国船舶工业总公司上海七〇四研究所、合肥通用机械研究所与上海国棉十二厂联合试制成功了国内第一台单效蒸汽型溴化锂吸收式冷水机组，制冷量为1163kW。自此，上海第一冷冻机厂、西安交通大学、上海交通大学、上海七〇四研究所、合肥通用机械研究所、开封通用机械厂、江阴溴化锂制冷机厂、大连三洋制冷有限公司、长沙远大空调有限公司等在溴化锂水溶液物性、腐蚀性和传热基础实验研究、样机研制、系列产品的设计制造方面开展了大量的工作。目前，单效型、双效型溴化锂吸收式制冷机或吸收式溴化锂热泵在纺织、化工、电子、冶金等部门得到了大量应用。

8.2 溴化锂水溶液的性质

8.2.1 溴化锂水溶液的物理特性

1. 一般性质

溴化锂水溶液是溴化锂溶解于水中所形成的溶液。溴化锂化学稳定性好，在大气中不变质、不挥发、不分解、极易溶解于水，常温下是无色粒状晶体，无毒、无臭、有咸苦味。溴化锂的分子量为86.844，熔点为549℃，沸点为1265℃，其主要特性如表8-1所示。

溴化锂的主要特性 表8-1

分子式	LiBr
相对分子量	86.844
外观	无色粒状晶体
密度	$3464kg/m^3$（25℃时）
熔点	549℃
沸点	1265℃

2. 溶解度

物质的溶解度通常用在某一温度下100g溶剂中所能溶解的该物质的最大质量来表示。此时，溶液处于饱和状态，被称为饱和溶液。因此，也可用饱和溶液的质量分数来反映物质的溶解度[1]。图8-2给出了溴化锂溶解度曲线。图中左边是析冰线，右侧为结晶线。一定温度下的溴化锂饱和水溶液，当温度降低时，由于溴化锂在水中溶解度的减小，溶液中多余的溴化锂就会与水结合成含1、2、3或5个水分子的溴化锂水合物晶体析出，形成结晶现象。反之，如对已含有溴化锂水合物晶体的溶液加热升温，在某一温度下，液体中的晶体会全部溶解消失，这一温度即为该质量分数下溴化锂溶液的结晶温度。图8-2的结晶线表示了该质量分数下对应的结晶温度，当溶液的状态点位于结晶线上或结晶线下部，即溶液温度低于结晶温度，溶液中就会有晶体析出。

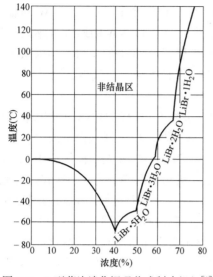

图 8-2　G 型蒸汽溴化锂吸收式制冷机组[2]

由图 8-2 可见，溴化锂溶液的结晶温度与质量分数有很大关系，质量分数略有变化时，结晶温度相差很大。当质量分数在 65% 以上时，这种情况尤为突出。作为机组的工质，溴化锂溶液应始终处于液体状态，无论是运行还是停机期间，都必须防止溶液结晶，这一点在机组设计和运行管理上都应十分重视。

3. 密度

溴化锂溶液的密度与温度和质量分数有关。如图 8-3 所示，当温度一定时，随质量分数增大，其密度增大；如质量分数一定，则随着温度的升高，其密度减小。在实际应用中，用密度计和温度计测得溴化锂溶液的密度和温度，即可由图中查得溶液的质量分数。在溴化锂吸收式机组中使用的溶液的质量分数一般为 60% 左右，室温下密度约为 1700kg/m³。

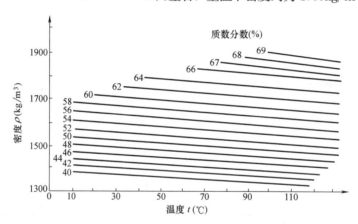

图 8-3　溴化锂溶液的密度随温度变化关系图[1]

4. 定压比热

溴化锂溶液的定压比热由图 8-4 可知，溴化锂溶液的定压比热随温度的升高而增大，随质量分数的增大而减小。在溴化锂吸收式机组实际使用的质量分数范围内，溴化锂溶液的定压比热仅为 $1.68 \sim 2.51 kJ/(kg \cdot K)$，比水小得多。这有利于提高吸收式机组的效率。因为溶液的定压比热小，表明在发生过程中加热溶液到沸腾所需的热量较少，在吸收过程中冷却溶液所放出的热量也较少。

5. 水蒸气压

由于溴化锂溶液中溴化锂的沸点远高于水的沸点，因此，在与溶液达到相平衡的气相中没有溴化锂存在，全部是水蒸气，所以，溴化锂溶液的蒸气压也被称作溴化锂溶液的水蒸气压。由图 8-5 可见，溴化锂溶液的水蒸气压随着质量分数的增大而降低，并远低于同温度下水的饱和蒸汽压。例如，在 25℃ 时，质量分数为 50% 的溴化锂溶液的水蒸气压仅为 0.8kPa（6mmHg），而水在此时的饱和蒸汽压约为 3.16kPa（23.8mmHg）。溶液的水蒸气分压力小，表明水分子从溶液的逃逸能力小。换句话说，表明水分子容易进入溶液

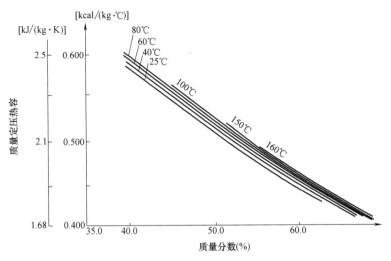

图 8-4　溴化锂溶液的质量定压热容曲线[1]

中，即对水蒸气的吸收能力强，因为只要水蒸气的压力大于 0.8kPa，如 0.93kPa（水的饱和温度为 6℃）就会被 25℃、50％的溴化锂溶液所吸收，即溴化锂溶液具有吸收比其温度低得多的水蒸气的能力。这也正是溴化锂溶液可作为吸收式机组工质对的原因。

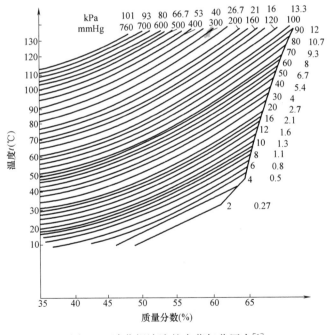

图 8-5　溴化锂溶液的水蒸气分压力[1]

6. 表面张力

溴化锂溶液的表面张力与其温度和质量分数有关，由图 8-6 可知，质量分数不变时，表面张力随温度的升高而降低；温度不变时，表面张力随质量分数的增大而增大。在溴化锂吸收式机组中，吸收器和发生器通常采用喷淋式结构，为了增大传质和传热效果，希望溶液在管壁表面呈薄膜状的扩张，这就要求表面张力越小越好。

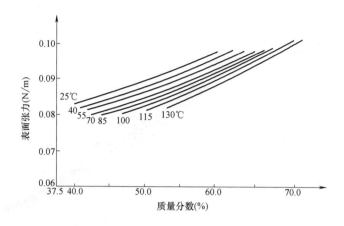

图 8-6　溴化锂溶液的表面张力[1]

7. 黏度

图 8-7 给出了溴化锂溶液的动力黏度曲线。在一定温度下，随质量分数的增大，黏度急剧增大；在一定质量分数下，随温度升高，黏度下降。溴化锂溶液的黏度与同温度下的水相比要高得多，如质量分数为 50%，温度为 20℃的溴化锂溶液的黏度为 3.7mPa・s，而 20℃的水的黏度只有 1.02mPa・s。

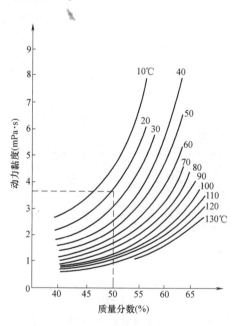

图 8-7　溴化锂溶液的动力黏度曲线[1]

8. 导热系数

导热系数是进行传热计算时要用到的重要物理参数之一。由表 8-2 可知，温度一定时，溴化锂溶液的导热系数随质量分数的增大而增大；在质量分数一定时，导热系数随温度的升高而增大。

溴化锂溶液的导热系数 [单位：kJ/(m·h·K)] 表 8-2

温度(℃) / 质量分数(%)	0	10	20	30	40	50	60	70	80	90	100
5	1.9614	2.0538	2.1512	2.1840	2.2386	2.2764	2.3100	2.3436	2.3688	2.3940	2.4150
10	1.9110	2.0034	2.0748	2.1294	2.1840	2.2260	2.2512	2.2890	2.3100	2.3310	2.3478
15	1.8564	1.9446	2.0160	2.0664	2.1210	2.1588	2.1924	2.2218	2.2470	2.2680	2.2806
20	1.8018	1.8900	1.9572	2.0076	2.0580	2.0958	2.1210	2.1546	2.1840	2.2050	2.2176
25	1.7430	1.8270	1.8984	1.9404	1.9950	2.0286	2.0538	2.0874	2.1210	2.1378	2.1546
30	1.6926	1.7682	1.8312	1.8774	1.9320	1.9572	1.9866	2.0202	2.0328	2.0748	2.0916
35	1.6338	1.7094	1.7724	1.8144	1.8648	1.8984	1.9194	1.9488	1.9824	1.9192	2.0202
40	1.5792	1.6464	1.7094	1.7514	1.8018	1.8270	1.8564	1.8816	1.9110	1.9320	1.9530
45	1.5346	1.5918	1.6464	1.6884	1.7346	1.7682	1.7892	1.8144	1.8438	1.8648	1.8858
50	1.4700	1.5288	1.5834	1.6254	1.6674	1.7010	1.7220	1.7472	1.7766	1.7934	1.8228
55	1.4154	1.4700	1.5246	1.5624	1.5876	1.6338	1.6548	1.6800	1.7052	1.7304	1.7514
60	1.3566	1.4112	1.4658	1.4994	1.5414	1.5666	1.5876	1.6170	1.6380	1.6682	1.6842
65	1.2978	1.3482	1.4028	1.4364	1.4616	1.4994	1.5204	1.5414	1.5708	1.6002	1.6212

8.2.2 溴化锂水溶液的腐蚀性

1. 对金属材料的腐蚀性

溴化锂溶液对金属材料的腐蚀性，比氯化钠（NaCl）、氯化钙（$CaCl_2$）水溶液等要小，但仍是一种较强的腐蚀介质，对制造溴化锂吸收式机组常用的碳钢、紫铜等金属材料具有较强的腐蚀作用，特别是在有空气（氧气）存在时腐蚀更为严重。溴化锂溶液对金属材料的腐蚀与溶液的质量分数、温度及碱度有关。在常压下，由于稀溶液中氧的溶解度比浓溶液大，随溴化锂溶液质量分数的减小，腐蚀加剧。在低压下，因为氧的含量极少，金属材料的腐蚀率与溶液的质量分数几乎没有什么关系。图 8-8 和图 8-9 给出了日本植村等人对溴化锂溶液腐蚀的研究结果，图中 N 表示 1L 溶液中所含氢氧化锂（LiOH）的克当量数即当量浓度。由图可知，溴化锂溶液对碳钢和紫铜的腐蚀率随温度的升高而增大。但当温度低于 165℃时，溶液温度对腐蚀的影响不大；而当温度超过 165℃时，溶液对金属材料的腐蚀性急剧增大。当溴化锂溶液 PH 值小于 7 时，溶液呈酸性，对金属材料的腐蚀十分严重；当溴化锂溶液的 PH 值处于 8.0～10.2 范围内时，随碱度的增大，碳钢和紫铜的腐蚀率减小，但碱度也不宜过大，否则，腐蚀反而加剧。实验结果表明，溴化锂溶液的碱度在 PH 值为 9.0～10.5 的范围（相当于 0.01～0.04N）内，对金属材料的腐蚀较为有利。

2. 防腐措施

溴化锂水溶液对金属的腐蚀作用，不仅影响制冷机的寿命，而且也影响制冷机的正常工作，如腐蚀产生的不凝性气体（H_2）直接影响制冷机的性能，而剥落下来的铁锈又可能造成喷嘴、过滤器等堵塞。因此，在溴化锂吸收式制冷机中防止腐蚀极为重要。氧是促进腐蚀的主要因素，所以防腐蚀措施中最重要的一条是保证制冷机的高真空度，尽量不让氧在制冷机中存在。此外，在溶液中添加各种缓蚀剂也可以有效抑制溴化锂溶液对金属的腐蚀，这是因为这些缓蚀剂在金属表面通过化学反应形成了一层细密的保护膜，使金属表面不受或少受氧的侵扰。常见的防缓蚀剂主要有铬酸盐、钼酸盐、硝酸盐以及锑、铅、砷的氧化物。另外，一些有机物，如苯并三唑 BTA（$C_6H_4N_3H$）、甲苯三唑 TTA（$C_6H_3N_3HCH_3$）等在溴化锂溶液中也具有良好的防腐蚀效果。各种缓蚀剂在溴化锂溶液中对金属材料的缓蚀情况如图 8-10 和图 8-11 所示。

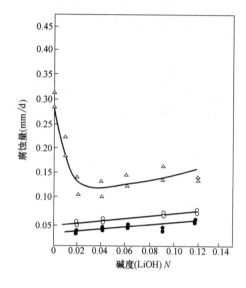

图 8-8　钢的腐蚀与溶液温度和咸度的关系
注：实验面积 30cm²，溶液量 500cm³。
—●— 145℃；—○— 165℃；—△— 185℃

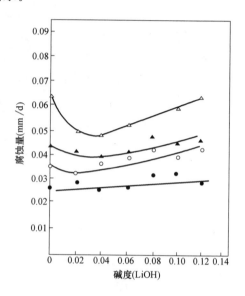

图 8-9　铜的腐蚀与溶液温度和咸度的关系
注：实验面积 30cm²，溶液量 500cm³。
—●— 145℃；—○— 165℃；—△— 185℃，
材料：紫铜；—▲— 185℃，材料：90-10 镍铜

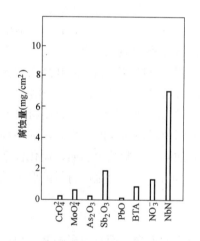

图 8-10　165℃时各种缓蚀剂对钢的缓蚀效果
注：实验面积 30cm²，溶液量 500cm³。

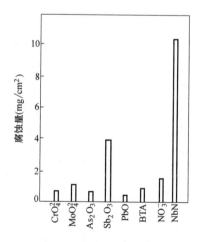

图 8-11　185℃时各种缓蚀剂对钢的缓蚀效果
注：实验面积 30cm²，溶液量 500cm³。

8.2.3　溴化锂溶液的热力图表

溴化锂溶液的热力图表对溴化锂吸收式机组的理论分析、设计计算以及运行性能分析

是必不可少的。下面介绍两种主要热力图表,即压力—温度图（$p-t$ 图）和比焓—质量分数图（$h-\xi$）。

1. 溴化锂溶液的 $p-t$ 图

溴化锂溶入水中后,就改变了水的饱和状态下压力和温度的关系,而且在同一压力下所对应的饱和温度将随着溴化锂质量分数的变化而变化。也就是说,溴化锂水溶液在饱和状态下,温度不仅与水蒸气压力有关,而且与质量分数有关。溴化锂溶液的 $p-t$ 图（见图 8-12）是根据同一质量分数下处于相平衡的溴化锂溶液的水蒸气压力随温度变化的关系绘制的。图中左侧第一条斜线是纯水的压力和饱和温度的关系,右下侧的斜线是结晶线,两者之间便是某一质量分数下,处于相平衡的溴化锂溶液的水蒸气压力随温度的变化关系。在溴化锂溶液 $p-t$ 图上有三个状态参数:温度、质量分数和水蒸气压力,只要知道其中任何两个,另外一个便可通过 $p-t$ 图确定。

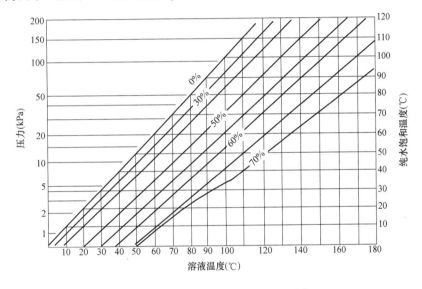

图 8-12　溴化锂水溶液的 $p-t$ 图[2]

　$p-t$ 图不仅可以用来确定有关的状态参数,还可以表示溴化锂溶液热力状态的变化情况以及溴化锂吸收式机组的工作循环过程。如图 8-13 中的 ABCD 就表示了最基本的溴化锂吸收式机组中溶液的工作循环。从 A 点到 B 点,溶液在 9.6kPa 的压力下等压加热。随着温度的升高,溶液中的水分被蒸发出来,溴化锂的质量分数不断增大,当温度升至 96℃时,达到状态点 B,此时质量分数为 62%。过程线 AB 表示在发生器中的等压加热浓缩过程。点 C 状态代表温度为 49℃、质量分数 62% 的溴化锂溶液。从 C 点到 D 点,溶液在 0.87kPa（6mmHg）的压力下进行等压冷却。随温度的下降,溶液的水蒸气压力降低,具有吸收水蒸气的能力,不断吸收水蒸气,质量分数也随着降低。当温度降低到 41℃时,溶液的质量分数为 58%,达到状态点 D。过程线 CD 表示吸收器中的等压冷却稀释过程。过程线 BC 和 DA 则表示液相的冷却和加热过程。因为没有发生传质现象,过程中溶液的质量分数保持不变。尽管溴化锂溶液的 $p-t$ 图表示了溶液在加热或冷却过程中的热力状态的变化,但由于在图上没有反应比焓的变化,因而不能用来进行热力计算。

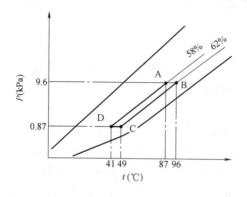

图 8-13　发生和吸收过程在 $p-t$ 图上的表示

2. 溴化锂溶液的 $h-\xi$ 图

溴化锂溶液的 $h-\xi$ 图，主要描述了溴化锂溶液的水蒸气压力、温度、质量分数和比焓这四个参数之间的关系，如图 8-14 所示。利用该图不仅可以求得溶液的状态参数，而且可以将溴化锂吸收式机组中溶液的热力过程清楚地表达出来。与蒸汽压缩式制冷中使用的 $\lg p$—h 图用途相当，$h-\xi$ 图是进行溴化锂吸收式循环过程的理论分析、热工计算和运行特性分析的主要图表。

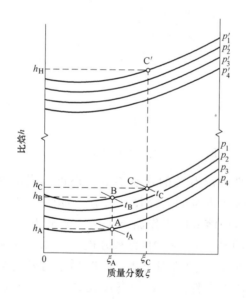

图 8-14　溴化锂溶液 $h-\xi$ 图的应用

$h-\xi$ 图中纵坐标是比焓 h，横坐标是溴化锂溶液的质量分数 ξ。全图分成两部分，下面是液相区的图线，由等温线簇和等压线簇组成网格线；上面是汽相区的图线，因为汽相只有水蒸气的组分，所以图上只有辅助线的等压线簇，而汽相点则在纵坐标上，横坐标上的质量分数表示与蒸汽处于相平衡的溶液的质量分数。溴化锂溶液的比焓可以根据固体溴化锂的比焓（h_L）和水的比焓（h_H）及溴化锂在水中溶解时的积分溶解热 q 表示，即：

$$h = h_L \xi_L + h_H (1 - \xi_L) - q \tag{8-6}$$

式中　ξ_L——溶液的质量分数。

q 前取负号是因为溴化锂溶液于水是放热过程。

此外，当压力不大时，压力对液体的比焓和溶解热的影响很小，故可以认为液态的比焓只是温度和质量分数的函数，与压力无关。因此，液相区中的所有的点不仅可以表示溶液的平衡状态，也可以表示溶液的过冷状态。

在 $h-\xi$ 图上，只要知道溶液的温度、质量分数、水蒸气压力、比焓这四个状态参数中的任意两个，就可以确定另外两个参数。例如，已知一稳定状态下的溴化锂溶液，其水蒸气压力为 p_4，温度为 t_A，状态点在 $h-\xi$ 图中为 p_4 等压线与 t_A 等温线的交点 A，如图 8-14所示。由 A 点查得溶液的比焓为 h_A，由横坐标查得溶液的质量分数等于 ξ_A。如果溶液的压力也等于 p_4，则此时溶液处于相平衡状态（溶液流出吸收器的状态）。如果溶液的温度和质量分数保持不变，而压力由 p_4 提高到 p_1，此时溶液在 $h-\xi$ 图上的状态点仍为 A 点，但溶液处于过冷状态，一般称为过冷溶液。如果再对点 A 状态的过冷溶液加热，则随着温度的升高，溶液的水蒸气压力也升高。当溶液的水蒸气压力等于溶液的压力 p_1 时，溶液中的水蒸气不会蒸发，溶液的质量分数不变。当溶液的水蒸气压力达到 p_1 时，此时溶液又重新达到相平衡状态，状态点变为 ξ_A 的质量分数线与 p_1 的等压线的交点 B，可读得溶液的温度为 t_B，比焓为 h_B（溶液在发生器中，处于开始沸腾状态）。如果在压力为 p_1 等压条件下继续对点 B 的溶液加热，则水蒸气将从溶液中蒸发出来，溶液的质量分数增大，温度升高。当质量分数达到 ξ_C 时，由 p_1 等压线与 ξ_C 等质量分数线交点 C，可读得溶液的温度为 t_C，比焓为 h_C（溶液离开发生器的状态）。ξ_C 等质量分数线与 p_1 汽相等压辅助线的交点 C′，即为与过程终了相对应的水蒸气状态点，其比焓为 h_H。

8.3　单效溴化锂吸收式制冷机

8.3.1　单效溴化锂吸收式制冷机工作原理

单效溴化锂吸收式制冷机组由热源回路、溶液回路、制冷剂回路、冷却水回路和冷水回路组成。热源回路由驱动热源和发生器组成；溶液回路由发生器、吸收器和溶液热交换器等组成；制冷剂回路由蒸发器和冷凝器等构成；冷却水回路由吸收器、冷凝器、冷却塔和冷却水泵组成；冷水回路由蒸发器、空调机组（或风机盘管等）及冷水泵组成。图8-15给出了单效溴化锂吸收式制冷机组的工作原理及其在 $p-t$ 图上的表示。

如图 8-15（a）所示，机组工作时，从吸收器流出的稀溶液经溶液泵升压流经溶液热交换器进入发生器。稀溶液在溶液热交换器中被来自发生器的浓溶液加热，再在发生器中被驱动热源蒸汽加热，浓缩成浓溶液。从发生器流出的浓溶液，在压差和位差的作用下，经溶液热交换器进入吸收器。浓溶液在溶液热交换器中向来自吸收器的稀溶液放热，再在吸收器中吸收来自蒸发器的冷剂蒸汽，稀释成稀溶液。同时，向冷却水放出溶液的吸收热。这样，完成了单效溴化锂吸收式制冷循环的溶液回路。在发生器中产生的冷剂蒸汽，流入冷凝器，在其中向冷却水放热，凝结成冷剂水。从冷凝器流出的冷剂水，经节流装置节流进入蒸发器。冷剂水在蒸发器中蒸发，同时向冷水吸热，使之降温而产生制冷效果。在蒸发器中产生的冷剂蒸汽，进入吸收器，完成了单效溴化锂吸收式制冷循环的制冷剂回路[1]。

如果忽略冷剂蒸汽的流动阻力损失，可以认为冷凝器中的冷凝压力 p_c 等于发生器中的工作压力 p_g；吸收器中的工作压力 p_a 等于蒸发器中的蒸发压力 p_e。p_c：p_e 大致为 10：1。如图 8-15（b）所示，在溴化锂溶液的 $p-t$ 图上，单效溴化锂吸收式冷水机组的制冷循环由等质量分数线：ξ_r、ξ_a 与等压力线：p_c、p_e 组成。

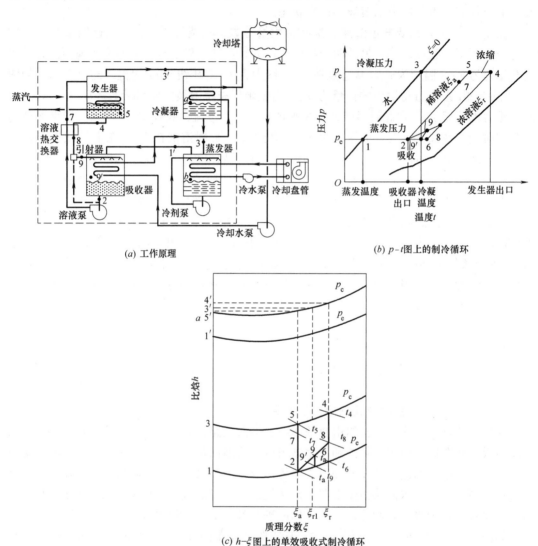

(a) 工作原理   *(b)* $p-t$图上的制冷循环

(c) $h-\xi$图上的单效吸收式制冷循环

图 8-15 蒸汽型单效溴化锂吸收式冷水机组

单效溴化锂吸收式制冷循环的主要循环过程为：

1. 溶液循环回路

（1）稀溶液加压预热过程 ［过程线 2-7，见图 8-15（c）］

由吸收器出来的点 2 状态的稀溶液（压力为 p_e），经溶液泵加压后（压力升高到 p_c）进入溶液热交换器，在其中被发生器中出来的高温浓溶液加热，温度由 t_2 上升至 t_7。溶液质量分数保持不变，被称为等质量分数预热过程，过程终了状态点 7 表示溶液在压力为 p_c 下的过冷状态。溶液热交换器的作用在于回收热量，提高机组的热效率。

（2）发生器中的蒸气发生过程［过程线 7-5-4，见图 8-15（c）］

过程线 7-5 表示稀溶液在发生器中的预热过程，点 7 状态的稀溶液进入压力等于冷凝压力的发生器中，由驱动热源（如高温热水或蒸汽等）将溶液加热到点 5 表示的汽液相平衡状态，从而产生冷剂蒸汽。过程线 5-4 表示溶液的发生过程，对点 5 状态的溶液继续加热，伴随着溶液温度的升高，溶液的水蒸气压力将高于发生器中的冷凝压力 p_c，水蒸气便从溶液中蒸发出来，溶液质量分数随之增大。由于水蒸气在冷凝器中被冷凝，发生器中压力保持不变，溶液在冷凝压力 p_c 下定压沸腾，过程终了为点 4 状态。因发生过程中溶液的温度和质量分数不断变化，发生出冷剂蒸汽的温度也不断变化，与发生过程开始（点 5）和终了（点 4）相对应的冷剂蒸汽分别为点 $5'$ 和点 $4'$ 状态。为了简化起见，通常用 t_5 和 t_4 的平均温度 t_3' 作为发生出来的冷剂蒸汽温度，因此，点 $3'$ 表示 p_c 压力下发生器中发生出来的冷剂蒸汽状态。

（3）浓溶液的冷却过程［过程线 4-8，见图 8-15（c）］

发生器中出来的点 4 状态的浓溶液，在发生器与吸收器间的压差和位差的作用下，进入溶液热交换器，将热量传给稀溶液，溶液质量分数不变，温度由 t_4 降到 t_8。

（4）浓溶液与稀溶液的混合过程［过程 2/8-9，见图 8-15（c）］

为了保证吸收器中的传热管簇能够完全被喷淋溶液覆盖，通常将来自发生器的浓溶液与吸收器中一部分稀溶液混合后，再喷淋到吸收器管簇上。位于点 2 与点 8 连线上的点 9 表示了点 2 状态的稀溶液与点 8 状态的浓溶液混合所得到的中间质量分数溶液状态，其具体位置与参与混合的稀溶液和浓溶液的溶液量有关。若采用浓溶液直接喷淋，则无此过程。

（5）混合溶液在吸收器中的吸收过程［过程线 9-9'-2，见图 8-15（c）］

点 9 状态的混合溶液，进入吸收器后，由于压力突然降低至 p_e，便有一部分水蒸气闪发出来，使得溶液的温度下降，质量分数略有提高，达到状态点 $9'$。过程线 9-9' 表示溶液在吸收器中的闪发过程。点 $9'$ 状态的溶液，一方吸收来自蒸发器的冷剂蒸汽，一面被冷却水冷却，温度、浓度不断下降，成为点 2 状态的稀溶液。过程线 9'-2 表示溶液在吸收器中的定压吸收过程。

2. 制冷剂回路

在 $p-t$ 图上，给出的 $\xi=0$ 的线是水的饱和线，无法区分汽相、液相，也无法表示过热状态。所以，仅能从点 3 与点 1 读出与冷凝压力 p_c 和蒸发压力 p_e 相对应的冷凝温度和蒸发温度，而无法反映冷剂蒸汽在冷凝器中的冷凝过程与冷剂水在蒸发器中的蒸发过程。另外，在 $h-\xi$ 图上，表示冷剂蒸汽和冷剂水的状态点都位于纵坐标上，也无法清楚地反映制冷剂的冷凝与蒸发过程。为了清楚地表示制冷剂各状态，图 8-16 给出了制冷剂的 $T\text{-}s$ 图。图中曲线 AB 表示水的饱和蒸汽线，其右上方为过热蒸汽区；曲线 CD 表示饱和水线。AB 和 CD 之间为湿蒸汽区。发生器中发生出来的点 $3'$ 状态的过热蒸汽，先被冷凝器中的冷却水冷却到饱和状态点 a，然后在等温下放出潜热，被冷凝为点 3 状态的冷剂水。过程线 $3'$-a-3 表示冷剂蒸汽在冷凝器中的冷却和凝结过程。冷剂水经节流（过程线 3-b）进入蒸发器，被喷淋在蒸发器中的传热管上，吸收传热管簇中冷水的热量而蒸发，使冷水

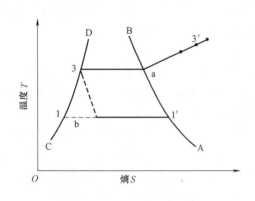

图 8-16　水的 T-s 图上冷剂蒸
汽的冷凝及蒸发过程

温度下降，产生制冷效果。过程线 b-1′ 表示蒸发过程。点 1′ 表示蒸发出来的饱和冷剂蒸汽的状态[1]。

在 $h-\xi$ 图上，制冷剂回路表示如下：

3′-3 线为冷剂蒸汽在冷凝器中的冷凝过程。包括过热蒸汽的冷却过程 3′-a 及其冷凝过程 a-3。

3-1′ 冷剂水在蒸发器中的蒸发过程。包括冷剂水从冷凝器流到蒸发器的节流闪蒸过程 3-b，及蒸发过程 b-1′。由于节流过程是等焓过程，$h-\xi$ 图上点 3 和 b 是重叠的。

8.3.2　单效溴化锂吸收式制冷机结构特点

溴化锂吸收式机组均由若干换热器，并辅以屏蔽泵、真空阀门、管道、抽气装置、控制装置等组合而成。单效溴化锂吸收冷水机组由下列九大主要部分构成：

（1）蒸发器：借助冷剂的蒸发来制造冷水。一般为管壳式结构，喷淋式换热器。

（2）吸收器：吸收冷剂蒸汽，保持蒸发压力恒定。一般为管壳式结构，喷淋式换热器。

（3）发生器：产生冷剂蒸汽，使吸收冷剂蒸汽后的稀溶液浓缩，一般为管壳式结构，沉侵式或喷淋式换热器。

（4）冷凝器：使冷剂蒸汽冷凝，一般为壳管式结构。

（5）溶液热交换器：在稀溶液和浓溶液间进行热交换，以提高机组的热效率。一般为长方形壳管式结构或板式结构。

（6）溶液泵和冷剂泵：输送溴化锂溶液和冷剂水，为屏蔽自润滑密封电泵。

（7）抽气装置：抽除影响吸收与冷凝效果的不凝性气体。抽气管一般布置在吸收器与冷凝器中。有机械真空泵抽气装置与各种型式的自动抽气装置。

（8）控制装置：有冷量控制装置、液位控制装置等。

（9）完全装置：确保安全运转所用的装置。

根据冷凝器、蒸发器、发生器、吸收器等设备组合方式不同，实际制造的产品大致有单筒型、双筒型和三筒型结构。

1. 单筒型单效溴化锂吸收式冷水机组

单筒型就是将发生器、冷凝器、蒸发器、吸收器置于一个筒体内。整个筒体一分为二，形成两个压力区，即发生—冷凝压力区和蒸发—吸收压力区。压力区之间通过管道及节流装置相连。单筒型具有机组结构紧凑、整体密封性好、机组高度低等优点，但制作较复杂，热应力及热损失较大。单筒型四个热交换器的布置方式可以如图 8-17 所示。

2. 双筒型单效溴化锂吸收式冷水机组

双筒型是将压力大致相同的发生器和冷凝器置于一个筒体内，而将蒸发器和吸收器置于另一个筒体内，两个筒体上下叠置。采用双筒结构可以避免热损失，减小热应力，缩小安装面积，结构简单，制作方便，特别适合大冷量机组的分割搬运。不过高度有所增加，

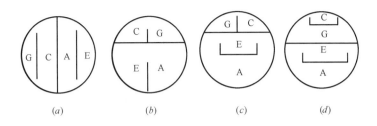

图 8-17　单筒型单效溴化锂吸收式冷水机组换热器布置形式

A—吸收器；C—冷凝器；E—蒸发器；G—发生器

连接管道多，泄漏点较单筒多。双筒型的布置形式见图 8-18。

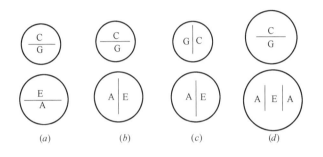

图 8-18　双筒型单效溴化锂吸收式冷水机组换热器布置形式

A—吸收器；C—冷凝器；E—蒸发器；G—发生器

图 8-19 所示的双筒型单效机组是按图 8-18（b）的方式排列。下筒体中蒸发器与吸收器左右布置，上筒体中发生器与冷凝器上下布置。发生器与冷凝器采用上下排列是有利于发生过程的进行，同时有利于提高冷凝器的传热参数。

图 8-20 所示为另一双筒型单效机组，是按 8-18（d）的方式排列。上筒体中发生器与冷凝器为上下布置；下筒体蒸发器居中，吸收器分列两旁，呈左中右布置形式。

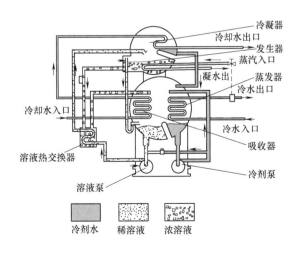

图 8-19　双筒单效溴化锂吸收式冷水机组之一

367

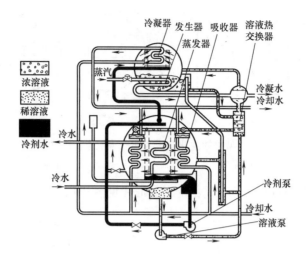

图 8-20　双筒单效溴化锂吸收式冷水机组之二

图 8-21 为又一种双筒单效机组，是按 8-18（a）的方式排列。下筒体中蒸发器与吸收器和上筒体中发生器与冷凝器均为上下排列。

3. 三筒型单效溴化锂吸收式冷水机组

三筒型单效机组是将发生器与冷凝器分别放置于两个筒内，与蒸发—吸收器共同形成三筒结构。如图 8-22 所示由于发生器与冷凝器分置两个筒中，大大减小了发生过程中溴化锂溶液对冷剂水的污染。一般用在特殊要求的场合，如船用机组中。

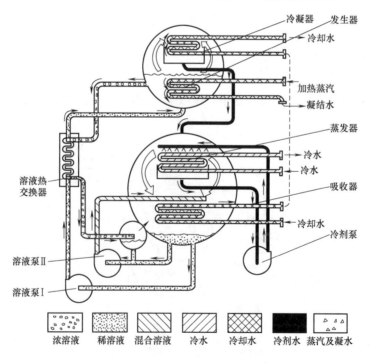

图 8-21　双筒单效溴化锂吸收式冷水机组之三

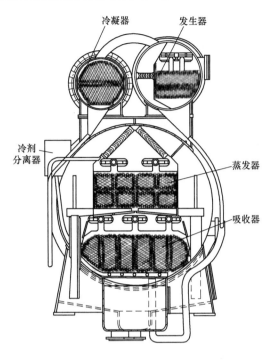

图 8-22 三筒单效溴化锂吸收式冷水机组

8.3.3 单效溴化锂吸收式制冷机热力计算

图 8-15（c）给出了单效溴化锂吸收式制冷机组的制冷循环，其中发生器、冷凝器、蒸发器、吸收器和溶液热交换器的热负荷可分别根据各自的热平衡求出。

1. 热力计算过程

（1）发生器

图 8-23 给出了发生器的热平衡图，在稳定工况下，进入发生器的热流量等于流出发生器的热流量，即：

$$Q_g + G_a h_7 = G h_3' + (G_a - G) h_4 \qquad (8-7)$$

式中 Q_g——热源的加热量，kJ/h；

G_a——进入发生器的稀溶液质量流量，kg/h；

G——离开发生器的冷剂蒸汽质量流量，kg/h；

h_7——进入发生器稀溶液的比焓，kJ/kg；

h_3'——离开发生器冷剂蒸汽的比焓，kJ/kg；

h_4——离开发生器浓溶液的比焓，kJ/kg。

式（8-7）两边同除以 G，有：

$$\frac{Q_g}{G} + \frac{G_a h_7}{G} = h_3' + \left(\frac{G_a}{G} - 1\right) h_4 \qquad (8-8)$$

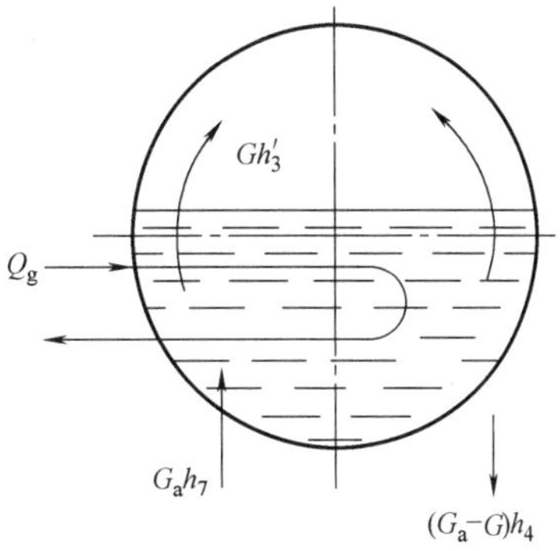

图 8-23 发生器的热平衡

令 $G_a/G = a$，$Q_g/G = q_g$，则上式可改写为：

$$q_g = h_3' + (a-1) h_4 - a h_7 \qquad (8-9)$$

式中 q_g——发生器的单位热负荷，kJ/kg，表示发生器中产生 1kg 冷剂蒸汽所需要的加热量；

　　　　a——溶液的循环倍率，其物理意义是发生器中产生 1kg 冷剂蒸汽所需的稀溶液质
　　　　量流量。溶液循环倍率 a 可由发生器中溴化锂的质量守恒确定，由图 8-23
　　　　可得：

$$G_a\xi_a=(G_a-G)\xi_r \tag{8-10}$$

式中　ξ_a——进入发生器稀溶液的质量分数；

　　　ξ_r——离开发生器浓溶液的质量分数。

　　式（8-10）两边同除以 G，有：

$$a=\frac{\xi_r}{\xi_r-\xi_a} \tag{8-11}$$

　　上式中浓溶液与稀溶液的质量分数差（$\xi_r-\xi_a$）称为发生器的放汽范围。

　　　　　　（2）冷凝器

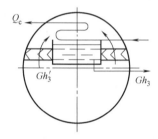

　　　　　　冷凝器的热平衡见图 8-24。在稳定工况下，冷凝器的热
　　　　负荷（冷却水带走的热流量）等于进入冷凝器冷剂蒸汽的热
　　　　流量与流出冷凝器冷剂水的热流量之差，即：

$$Q_c=Gh_3'-Gh_3 \tag{8-12}$$

　　　　式中　h_3——从冷凝器流出的冷剂水的比焓，kJ/kg；

　　　　　　　Q_c——冷凝器热负荷，kJ/h。

　　　　　　令 $Q_c/G=q_c$，q_c 被称为冷凝器的单位热负荷，表示在
图 8-24　冷凝器的热平衡　　冷凝器中凝结 1kg 冷剂蒸汽，冷却水需带走的热量。式（8-
12）可表示为：

$$q_c=h_3'-h_3 \tag{8-13}$$

　　（3）蒸发器

　　蒸发器的热平衡见图 8-25。在稳定工况下，蒸发器热负荷（进入蒸发器冷水放出的
热流量）等于从蒸发器流出的冷剂蒸汽热流量与进入蒸发
器冷剂水的热流量之差，即：

$$Q_e=Gh_1'-Gh_3 \tag{8-14}$$

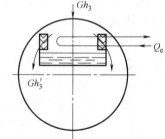

式中　h_1——从蒸发器流出的冷剂蒸汽比焓，kJ/kg；

　　　Q_e——蒸发器热负荷，kJ/h。

　　令 $Q_e/G=q_e$，q_e 被称为蒸发器的单位热负荷，表示
在蒸发器中蒸发 1kg 冷剂水，需吸收冷水的热流量。式
（8-14）可表示为：

$$q_e=h_1'-h_3 \tag{8-15}$$

图 8-25　蒸发器的热平衡

　　在溴化锂吸收式制冷机组设计中，通常机组制冷量 Q_e
为已知的基本参数。因此，冷剂蒸汽量 G 可以表示为：

$$G=\frac{Q_e}{q_e} \tag{8-16}$$

　　（4）吸收器

　　吸收器的热平衡见图 8-26。需要注意的是，即使对于用中间溶液喷淋的喷淋式吸收
器，在稳定工况下，浓溶液和稀溶液的混合过程、混合溶液的闪发及喷淋过程等均属于内

部过程，不影响设备的热平衡。由图 8-26 可见，在稳定工况下，吸收器的热平衡方程为：

$$Q_a + G_a h_2 = G h_1' + (G_a - G) h_8 \qquad (8\text{-}17)$$

式中　h_2——从吸收器流出稀溶液的比焓，kJ/kg；

　　　h_8——进入吸收器浓溶液的比焓，kJ/kg；

　　　Q_a——吸收器热负荷，kJ/h。

令 $Q_a/G = q_a$，则式（8-17）可表示为：

$$q_a = h_1' + (a-1) h_8 - a h_2 \qquad (8\text{-}18)$$

式中　q_a——吸收器的单位热负荷，kJ/kg，表示吸收

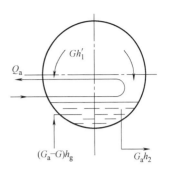

图 8-26　吸收器的热平衡

1kg 冷剂蒸汽时冷却水应带走的热量。

由于吸收器的浓溶液量（$G_a - G$）较小，为了满足喷淋方式的要求，吸收器中通常采用中间溶液喷淋的方式来强化吸收过程的进行。一般混入 $f_a G$ 的稀溶液，使之成为中间溶液，这样，虽然混合后的中间溶液的质量分数比浓溶液的质量分数降低了，但溶液喷淋量增加，有利于吸收过程的进行。f_a 称为吸收器的再循环倍率，它表示为了在吸收器中吸收 1kg/h 的冷剂蒸汽，必须与浓溶液混合的稀溶液量。由此可见，吸收器的喷淋溶液是由（$G_a - G$）的浓溶液和 $f_a D$ 的稀溶液混合而成的中间溶液。中间溶液的比焓 h_9（kJ/kg）及质量分数 ξ_9 可由下列平衡式求得（混合过程在 $h-\xi$ 图上的表示见图 8-15）[1]。

$$(G_a - G) h_8 + f_a G h_2 = [(G_a - G) + f_a G] h_9 \qquad (8\text{-}19)$$

$$(G_a - G) \xi_r + f_a G \xi_a = [(G_a - G) + f_a G] \xi_9 \qquad (8\text{-}20)$$

将上两式等号两边同除以 G，经整理后得：

$$h_9 = \frac{f_a h_2 + (a-1) h_8}{f_a + a - 1} \qquad (8\text{-}21)$$

$$\xi_9 = \frac{f_a \xi_a + (a-1) \xi_r}{f_a + a - 1} \qquad (8\text{-}22)$$

由式（8-21）和式（8-22）可见，喷淋溶液的焓值和质量分数与吸收器的再循环倍率 f_a 有关。f_a 的选取要根据吸收器的喷淋量、吸收器喷嘴的结构型式、吸收器泵功率消耗等因素来综合考虑。f_a 大，在一定范围内对吸收有利，但泵的功率消耗大，通常取 f_a 在 20 左右。若采用浓溶液直接喷淋，$f_a = 0$。

（5）溶液热交换器

溶液热交换器的热平衡见图 8-27。来自发生器流量为 $G_a - G$、比焓为 h_4 的浓溶液，与来自吸收器的流量为 G_a、比焓为 h_2 的稀溶液进行热交换。溶液热交换器的热负荷可以表示为：

$$Q_t = (G_a - G)(h_4 - h_8) = G_a (h_7 - h_2) \qquad (8\text{-}23)$$

式中　Q_t——溶液热交换器的热负荷，kJ/h。

令 $Q_t/G = q_t$，则式（8-23）可表示为：

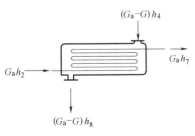

图 8-27　溶液热交换器的热平衡

$$q_t = (a-1)(h_4 - h_8) = a(h_7 - h_2) \qquad (8\text{-}24)$$

式中　q_t——溶液热交换器的单位热负荷，kJ/kg，表示产生 1kg 冷剂蒸汽时，溶液热交换器所回收的热量。

2. 热平衡、热力系数、热源单耗

（1）热平衡

在第 8.2.2 节中已经指出，如果忽略机组中泵消耗的功率所带入的热流量及机组与外界环境的热交换量，则机组的总体热平衡是：通过发生器及蒸发器加入机组的热流量 Q_g+Q_e，经冷凝器和吸收器带出机组的热流量为 Q_c+Q_a，对于每一稳定工况，两者应该相等，即：

$$Q_e+Q_g=Q_a+Q_c \tag{8-25}$$

或

$$q_e+q_g=q_a+q_c \tag{8-26}$$

上两式称为机组的热平衡式，设计计算时用热平衡式可考核各换热设备热负荷计算是否准确，如数值相差较大，说明计算有误或参数选择不当。运行时可用于检查所测得的热负荷是否可靠，如数值相差较大，说明测量仪表或测量方法有误。

一般设计时，计算相对误差满足以下要求：

$$\frac{|(q_e+q_g)-(q_a+q_c)|}{q_e+q_g}\leqslant 1\% \tag{8-27}$$

运行时，根据国家标准规定，测量的热负荷相对误差应满足下式要求：

$$\frac{|(Q_e+Q_g)-(Q_a+Q_c)|}{Q_e+Q_g}\leqslant 7.5\% \tag{8-28}$$

（2）热力系数

根据热力系数的定义，对于单效制冷机，蒸发器中制取的制冷量 Q_e 与发生器中热源加入的热量 Q_g 之比即为热力系数，即：

$$\xi=\frac{Q_e}{Q_g}=\frac{q_e}{q_g}=\frac{h_1'-h_3}{h_3'+(a-1)h_4-ah_7} \tag{8-29}$$

（3）热源单耗

对于蒸汽加热的溴化锂机组，称为蒸汽单耗；对于热水加热的溴化锂机组称为热水单耗，它表示制取单位冷量（1kW）所消耗的加热量，单位为 kg/kW·h。

$$d=\frac{Q_g}{Q_e} \tag{8-30}$$

热力系数和热源单耗是衡量和比较机组热经济性的主要指标。在给定的条件下，机组的热力系数越大，热源单耗越小，机组的热经济性越好。

吸收式制冷机的热源单耗是一个重要的技术经济指标，它与热力系数成反比关系。正如前文所分析的，热力系数与工作蒸气压力、冷水出口水温、冷却水进口水温等因素有关。因此，热源单耗也与这些因素有关。国外单效溴化锂吸收式制冷机在工作蒸气压力为 0.1MPa（表压）、冷却水进口水温为 32℃、冷水出口水温为 7℃时，热源单耗约为 2.37kg/kWh，即 1kW 制冷量的蒸气耗量为 2.37kg/h，此时热力系数为 0.69。我国机械工业部标准规定，热源单耗≤2.58kg/kWh，相当于热力系数为 0.63。实际上，有的国产机达不到这个指标，甚至超过 3kg/kWh，相当于热力系数为 0.54。

3. 制冷循环工作参数的确定

溴化锂吸收式机组热力计算的任务是根据用户对制冷量和冷水温度的要求，以及用户所能提供的冷却水温度、流量和加热介质条件，合理选择某些设计参数，进行制冷循环计算，进而确定各换热设备的热负荷、各种介质的流量及机组的热力系数等。设计中需给定的已知参数如表 8-3 所示。

机组设计已知参数确定　　　　　　　　　　表 8-3

序号	参数	确 定 原 则
1	制冷量（Q_e）	根据用户要求或根据企业的规格参数
2	冷水出口温度（t_{e2}）	一般为 7℃，可根据生产工艺或空调要求确定，但希望不低于 5℃
3	冷却水进口温度（t_{c1}）	一般为 32℃，亦可根据用户要求确定
4	加热热源参数	饱和蒸汽压力：0.03～1.15MPa（表压）；热水温度：高于 85℃

（1）冷却水出口温度

由于溴化锂吸收式制冷机的冷却负荷远比蒸气压缩式制冷机大得多，为了减少冷却水的消耗量，通常使冷却水串联通过吸收器和冷凝器。且为了增强吸收器的吸收能力，并考虑到吸收式制冷机可以允许有较高的冷凝压力，通常使冷却水先经过吸收器，再经过冷凝器，冷却水的总温升一般取 7.5～8℃。吸收器和冷凝器的热负荷指标为 1.3:1。因此，冷凝器与吸收器中冷却水温升的分配也是这个比例。如当总温升为 8℃时，可取吸收器中冷却水温升 Δt_a 为 4.5℃，冷凝器中温升 Δt_c 为 3.5℃。最后应当根据由吸收器和冷凝器负荷分别计算出的冷却水流量是否相等来判断假定是否合理。

根据吸收器和冷凝器的温升，即可求得吸收器的冷却水出口温度为：

$$t_{c2} = t_{c1} + \Delta t_a \tag{8-31}$$

冷凝器的冷却水出口温度为：

$$t_{c3} = t_{c2} + \Delta t_c \tag{8-32}$$

（2）冷凝温度 t_c 和冷凝压力 p_c

冷凝温度一般比冷却水出口温度高 2.5～5℃，即：

$$t_c = t_{c3} + (2.5 \sim 5) \tag{8-33}$$

冷凝压力 p_c 可根据 t_c 查饱和水蒸气压表求得。

（3）蒸发温度 t_e 和蒸发压力 p_e

蒸发温度 t_e 一般比冷水出口温度低 2～3℃。蒸发压力 p_e 可根据 t_e 查饱和水蒸气压表求得。

（4）吸收器压力 p_a

吸收器压力 p_a 一般低于蒸发压力 27～80Pa（0.2～0.6mmHg）。

（5）吸收器出口稀溶液温度 t_a

吸收器出口稀溶液温度 t_a 一般比吸收器冷却水出口温度 t_{c2} 高 2.5～4℃。

（6）吸收器出口稀溶液质量分数 ξ_a

吸收器出口稀溶液质量分数 ξ_a 可根据吸收器压力 p_a 和吸收器出口稀溶液温度 t_a 在 h－ξ 图中确定。通常的范围为 54%～60%。

（7）发生器压力 p_g

发生器压力 p_g 近似为冷凝压力。

（8）**发生器出口浓溶液质量分数 ξ_r**

发生器出口浓溶液质量分数 ξ_r 可以由发生器压力及溶液出口温度在 $h-\xi$ 图上确定，发生器出口浓溶液温度一般比加热热源温度低 5～10℃。另外，也可根据机组循环的放气范围（$\xi_r-\xi_a$）确定，从溴化锂吸收式制冷循环运行的经济性和可靠性考虑，机组循环的放气范围（$\xi_r-\xi_a$）在 4%～5% 的范围内。因此有：

$$\xi_r = \xi_a + (0.04 - 0.05) \tag{8-34}$$

增大放气范围，减小循环倍率，可以提高制冷剂的热力系数。但是，ξ_r 太大，容易产生结晶现象，故 ξ_r 不宜超过 65%。

（9）溶液热交换器浓溶液的出口温度 t_4

浓溶液的出口温度 t_4 关系到制冷机的运行费、设备费与运行的可靠性。t_4 越低，既可减少发生器消耗的热量，又可减少冷却水的耗量，提高了热力系数，对运行的经济性是有利的。但是，由于热交换器的热负荷增大，传热温差减小，设备费用就增大；另外，浓溶液温度太低有可能发生结晶现象，运行不可靠。因此，t_4 比吸收器稀溶液出口温度高10～15℃。

8.3.4 单效溴化锂吸收式制冷性能影响因素

热源、冷却水、冷水参数的变化都会影响到溴化锂吸收式制冷机制冷量、热源耗热量、热力系数等参数的变化。此外，制冷机内部条件的变化（如污垢、不凝性气体等）也会引起制冷机性能的改变。了解这些变化，对溴化锂吸收式制冷机的正确选择、维护管理、运行调节具有重要指导意义。

1. 工作蒸气压力（温度）变化的影响

当其他参数不变，工作蒸气压力（温度）升高时，则溶液温度 t_4 升高，因此发生的水蒸气量增多，浓溶液的浓度 ξ_r 增大。由于发生的冷剂水量增加，蒸发器的制冷量也就增大。同时，由于冷凝器负荷增大而冷却水流量不变，则会使冷凝压力有所上升。在 $h-\xi$ 图上，发生器浓溶液的状态点由 4→4′（见图 8-28）。由于制冷量增大，而冷水的进水温度和流量不变，则冷水的出口温度下降，蒸发压力（温度）将有所下降。在吸收器中，需要吸收的水蒸气量增多，而冷却水进水温度及流量不变，则吸收器出口稀溶液的最低温度将有所上升。因此，在 $h-\xi$ 图上，吸收器出口稀溶液的状态点由 2→2′（见图 8-28）。由此可见，稀溶液的浓度 ξ_a 也有所增大，但由于溶液吸收的冷剂水蒸气量是增多的，故 ξ_r 增加量小于 ξ_a 的增加量[2]。

另外，也可以从热力计算的公式来分析工作蒸气压力变化对机组性能的影响。制冷机的制冷量为：

$$Q_e = G q_e = \frac{G_a}{a} q_e \tag{8-35}$$

当工作蒸气压力升高时，则放气范围（$\xi_r-\xi_a$）增大。由式（8-11）可知，循环倍率 a 减小。q_e 因冷凝压力、蒸发压力的变化也有所变化，但变化的数值很小。因此，当稀溶液的循环量 G_a 不变时，由式（8-35）可见，制冷机的制冷量增加了。图 8-29 给出了当工作蒸气压力变化时，单效溴化锂吸收式制冷机制冷量的变化规律。

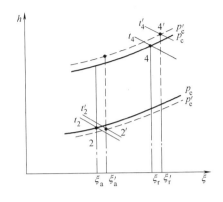

图 8-28 工作蒸气压力变化的影响

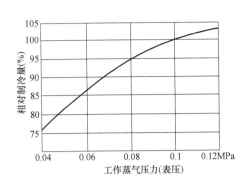

图 8-29 制冷量与工作蒸气压力的关系

由式（8-9）可知，发生器的单位热负荷 q_g 随着循环倍率 a 的减小而减小。因此，制冷机的热力系数随着工作蒸气压力的升高而增大。

必须指出，虽然工作蒸气压力的提高对溴化锂吸收式制冷机的性能提高有利，但太高的温度造成浓溶液浓度太大容易发生结晶现象。因此，对于单效吸收式制冷机，工作蒸气压力一般控制在 0.02~0.1MPa（表压）；热水温度一般控制在 90~150℃ 范围内。

2. 冷却水进口温度及冷却水量变化的影响[2]

当其他参数不变，而冷却水温度降低时，则吸收器中稀溶液的温度下降，稀溶液的浓度减小，即吸收的水蒸气量增多，这意味着蒸发器内制冷量增大，从而导致冻水出口温度下降和蒸发压力降低。在 $h-\xi$ 图上，吸收器出口的稀溶液状态由 2→2′，如图 8-30 所示。在冷凝器中，由于冷却水温度下降而使冷凝压力下降；在发生器中，发生的蒸气量增多，即负荷增大，当工作蒸气压力不变时，则发生器出口的浓溶液温度下降。在 $h-\xi$ 图上，发生器出口的浓溶液状态点由 4→4′（见图 8-30）。

因此，由于冷却水进口温度下降，导致放气范围（$\xi_r-\xi_a$）增大，循环倍率 a 减小，制冷机的制冷量增大，发生器单受热负荷减小和热力系数增大。图 8-31 给出了单效溴化锂吸收式制冷机制冷量与冷水却水进口温度的关系。

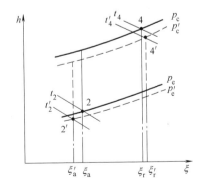

图 8-30 冷却水进口温度变化的影响

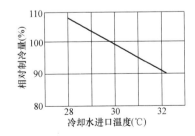

图 8-31 制冷量与冷却水进口温度的关系

还必须指出，冷却水温度不宜过低，否则会引起结晶现象发生。因此，冷却水温度一般不允许低于 20℃。

冷却水量增加的影响与冷却水进口温度下降的影响相似，即随着冷却水量的增加，制冷机的制冷量和热力系数都增大。

3. 冷水出口温度和冷水流量的影响[2]

当其他参数不变而冷水出口温度下降时，蒸发温度（压力）下降。纯水饱和压力下降，导致吸收器中溶液的吸收能力下降，即吸收的蒸气量减少，吸收器出口稀溶液的浓度增高，制冷机的制冷量减小。但另一方面，当吸收器负荷减少而冷却水条件不变时，则导致吸收器出口的稀溶液温度下降。因此，在 $h-\xi$ 图上，吸收器出口的稀溶液状态点由2→2′，如图 8-32 所示。在冷凝器中，由于冷却水条件不变，冷凝器负荷下降，则冷凝压力降低；在发生器中，由于发生器负荷减小，而工作蒸气压力不变时，则发生器出口的浓溶液温度上升，在 $h-\xi$ 图上，发生器出口的浓溶液状态点由4→4′，浓溶液的浓度也有所增加，但其增加量小于稀溶液的增加量，放气范围（$\xi_r-\xi_a$）将减少。因此，不难推断，由于冷水出口温度的下降，不仅使制冷机的制冷量减少，而且使热力系数下降。图 8-33 给出了单效溴化锂吸收式制冷机制冷量与冷水出口水温的关系。

当冷水出口温度保持不变而流量减少时，蒸发器的传热系数随着管内流速的下降而变小，导致制冷量减少。但是，如果外界冷负荷保持不变，即蒸发器进口的冷水温度升高，则蒸发器的传热温差增大，导致制冷量增加。以上两者综合的结果，几乎使制冷机的制冷量不随冷水流量的变化而变化。

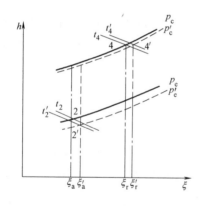

图 8-32　冷水出口温度变化的影响

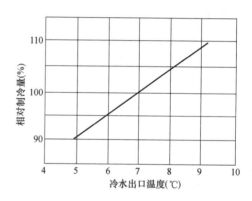

图 8-33　制冷量与冷水出口温度的关系

4. 污垢系数的影响

冷凝器、吸收器和蒸发器中水质对制冷机的性能影响很大。水质越差，上述设备的传热管壁上的污垢越厚，即污垢系数越大，热阻越大，则传热性能越差，导致机组制冷量下降。当冷水侧的污垢系数由 $0.086\,m^2 \cdot K/kW$ 增加到 $0.172\,m^2 \cdot K/kW$ 时，制冷量约减少 8%；而冷却水侧污垢系数在同样变化条件下，制冷量约减少 11%。表 8-4 示出了污垢系数对制冷量的影响。

污垢系数对制冷量的影响　　　　　　　　　表 8-4

制冷量（%）　污垢系数（$m^2 \cdot C/kW$）　水　侧	0	0.043	0.086	0.172	0.258	0.344
冷却水侧	108	104	100	92	85	79
冷水侧	106	103		94	—	

5. 稀溶液循环量的影响

当稀溶液的循环倍率保持不变而循环量增加时，因单位制冷量不变，由式（8-35）可知，机组制冷量几乎成正比增加。

6. 不凝性气体的影响

不凝性气体是指溴化锂吸收式机组工作时，既不被冷凝，也无法被溴化锂溶液所吸收的气体。外部泄入机组的空气（O_2、N_2 等）及内部因腐蚀而产生的氢气，均属于不凝性气体。由于溴化锂吸收式机组是在高真空下工作的，蒸发器、吸收器中的绝对工作压力仅几百帕，外部空气极易漏入，即使制造完好的机组，随着运转时间的不断增加，也难免保证机组的绝对气密性。同时，机组运行过程中，溶液总会腐蚀钢、铜等金属材料生成氢气。这类不凝性气体即使数量极微，对机组的性能也将产生极大的影响。制冷机中存在不凝性气体，即增加了溶液表面的分压力，相当于在溶液表面有一阻止溶液吸收水蒸气的阻力，从而导致吸收器中吸收能力下降。另外，不凝性气体在传热管表面形成热阻，影响传热，这些都导致制冷量减少。试验表明，当制冷机中充入 30g 氨气，质量浓度达到 4.5%时，制冷机的制冷量由 2256kW 下降到 1093kW，约下降了 50%。[1]

8.4　双效溴化锂吸收式制冷机

单效溴化锂吸收式制冷机的热源温度受到了浓溶液结晶的限制，即发生器中溶液加热后的温度不能超过 110℃左右。如果工作蒸气压力超过 0.15MPa（表压），则需要减压后才能使用，从而造成浪费。为充分利用高品位能源，在单效溴化锂吸收式冷水机组的基础上，开发了双效溴化锂吸收式冷水机组。双效溴化锂吸收式冷水机组与单效机组相比有着较高的热力系数（热力系数为 1.1～1.3），但需要较高品位的驱动热源，通常采用燃料直接燃烧、0.25～0.8MPa 的饱和蒸气或 150℃以上的高温热水为驱动热源。双效机组最重要的一点是确保安全，为此高压发生器中的压力被控制在大气压以下运转。

在双效溴化锂吸收式机组中，由于有两个发生器和两个溶液换热器，相对于单效机组，它的循环流程要复杂得多。根据稀溶液进入高、低压发生器的方式，目前常见的有两种基本循环流程，即串联流程和并联流程。稀溶液出吸收器后，先后进入高、低压发生器的被称为串联流程；稀溶液出吸收器后分成两路，分别进入高、低压发生器的被称为并联流程。

8.4.1　双效溴化锂吸收式制冷机工作原理

图 8-34 表示并联流程的蒸汽型双效溴化锂吸收式冷水机组的工作原理以及 $p-t$ 图上表示的双效制冷循环。

由图 8-34（a）可知，与单效溴化锂吸收式冷水机组相比，双效溴化锂吸收式机组多了一个高压发生器、一个高温溶液热交换器、一个凝水换热器。蒸汽型双效机组也由热源回路、溶液回路、冷剂回路、冷却水回路和冷水回路构成。热源回路有两个：一个是由驱动热源、高压发生器及凝水换热器等构成的驱动热源加热回路；另一个由高压发生器和低压发生器等构成的冷剂蒸汽加热回路。溶液回路由吸收器、高压发生器、低压发生器、高温溶液热交换器、低温溶液热交换器和凝水换热器等构成。冷剂回路、冷却水回路和冷水回路与单效机组相同。

在高压发生器中，稀溶液被驱动热源加热产生冷剂蒸汽。由于在高压发生器中发生压

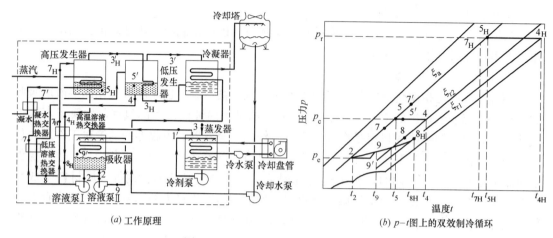

图 8-34　双效溴化锂吸收式冷水机组

力 p_r 较高，该蒸汽具有较高的饱和温度，又被通入低压发生器作为热源，加热低压发生器中的溶液，使之在冷凝压力 p_c 下产生冷剂蒸汽。此时，低压发生器则相当于高压发生器在 p_r 压力下的冷凝器。由此可见，驱动热源的能量在高压发生器和低压发生器中得到了两次利用。

在制冷剂回路中，高压发生器中产生的冷剂蒸汽，在低压发生器中加热溶液后，凝结成冷剂水，经节流减压后进入冷凝器，与低压发生器中产生的冷剂蒸汽一起被冷凝器管内的冷却水冷却凝结成冷剂水。冷凝器中的冷剂水节流后进入蒸发器，经冷剂泵输送，喷淋在蒸发器管簇上，吸取管内冷水的热量，在蒸发压力 p_e 下蒸发。蒸发器中产生的冷剂蒸汽流入吸收器，完成了双效制冷循环的制冷剂回路。

如图 8-34（a）所示，溶液回路按并联流程工作，自高压发生器和低压发生器流出的浓溶液分别进入高温溶液热交换器和低温溶液热交换器，在其中加热进入高压发生器和低压发生器的稀溶液，温度降低后与吸收器中的稀溶液混合成中间质量分数的溶液，经溶液泵输送，喷淋在吸收器管簇上，吸收来自蒸发器的冷剂蒸汽。从而维持蒸发器中较低的蒸发压力，使制冷过程得以连续进行。在管内冷却水的冷却下，中间质量分数的溶液吸收水蒸气后温度、质量分数降低为稀溶液。流出吸收器的稀溶液由溶液泵升压，按并联流程分成两路：一路经高温溶液热交换器运往高压发生器，另一路经低温溶液热交换器和凝水换热器送往低压发生器。这样，便完成了双效制冷循环的溶液回路。显然，设置凝水换热器可以充分利用高压加热蒸汽的高温凝水的显热，降低双效机组的汽耗。

图 8-34（b）为上述双效吸收式制冷循环在溴化锂溶液 $p-t$ 图上的表示。由图可见，与单效循环不同，双效循环在高压发生器压力 p_r、冷凝压力 p_c 和蒸发压力 p_e 三个压力下工作，$p_r：p_c：p_e$ 大致为 100：10：1。除稀溶液质量分数 ξ_a 外，高、低压发生器的浓溶液质量分数也不相同，分别为 ξ_{r1}、ξ_{r2}。图中工作循环由等质量分数线 ξ_{r1}、ξ_{r2}、ξ_a 与等压线 p_r、p_c、p_e 组成。

下面在溴化锂溶液的 $h-\xi$ 图上，对双效溴化锂吸收式冷水机组的两种循环流程分别介绍。

1. 并联流程

在并联流程中，根据稀溶液是在低温溶液热交换器之前，还是之后分成两路，以及凝水换热器的设置位置又可分成更多的循环流程。

图 8-35 给出了两种并联流程的双效制冷循环在 $h-\xi$ 图上的表示，其中图 8-35（a）表示的是稀溶液在低温溶液热交换器前分流的循环，其工作原理如图 8-34 所示。

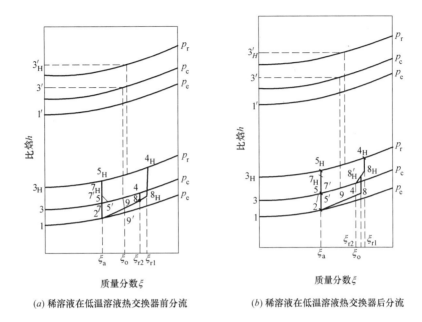

(a) 稀溶液在低温溶液热交换器前分流　(b) 稀溶液在低温溶液热交换器后分流

图 8-35　并联流程的双效溴化锂吸收式制冷循环

自吸收器流出的稀溶液，经溶液泵 I 输送，一部分经高温溶液热交换器进入高压发生器，另一部分经低温溶液热交换器和凝水换热器进入低压发生器。整个制冷循环由下列过程组成[1]：

2—7_H 线表示稀溶液在高温溶液热交换器中的加热过程。溶液温度由 t_2 升高到 t_{7H}，此过程质量分数不变。

7_H—5_H 线为稀溶液在高压发生器中的加热过程。此过程稀溶液首先被高压发生器加热升温，达到高压发生器压力 p_r 下的汽液相平衡状态。

5_H—4_H 线为高压发生器的发生过程。达到汽液相平衡的稀溶液在高压发生器中继续被加热，溶液沸腾，溶液的温度和质量分数升高，达到点 4_H 状态产生 $3'_H$ 状态的冷剂蒸汽。

4_H—8_H 线表示从高压发生器流出的浓溶液在高温溶液热交换器中的冷却过程。溶液温度降低到 t_{8H}，该过程质量分数不变。

2—7 线为稀溶液在低温溶液热交换器中的加热过程。溶液温度升高到 t_7，质量分数不变。

7—$7'$ 线为低温溶液热交换器出口的稀溶液在凝水换热器中的加热过程。溶液温度进一步升高到 t'_7，此时相对于冷凝压力 p_c，溶液处于过热状态。

$7'$—$5'$ 线为稀溶液在低压发生器中的闪发过程。处于 $7'$ 状态的稀溶液进入低压发生器后，闪发出一部分冷剂蒸汽，温度降低到 t'_5，质量分数略有升高。

$5'$—4 线为低压发生器中的发生过程。点 $5'$ 状态的稀溶液，被来自高压发生器的点 $3'_H$ 状态的冷剂蒸汽加热，发生出点 $3'$ 状态的冷剂蒸汽，溶液的温度、质量分数升高，达到点 4 状态。

4—8 线为低压发生器流出的浓溶液在低温溶液热交换器中的冷却过程。溶液温度降低到 t_8，质量分数不变。

2/8H—9 和 2/8—9 线为点 8H 和点 8 状态的浓溶液，与吸收器中点 2 状态的稀溶液的混合过程。过程终了的混合溶液达到状态点 9。若采用浓溶液直接喷淋，则无此过程。

9—9′线为混合溶液在吸收器中的闪发过程。相对于蒸发压力 p_e，点 9 状态的混合溶液处于过热状态，进入吸收器后，将有一部分冷剂闪发出来，溶液温度下降，质量分数略有增加，达到点 9′状态。

9′—2 线为混合溶液在吸收器中的冷却、吸收过程。点 9′状态的混合溶液在吸收器管内冷却水的冷却下，吸收来自蒸发器的冷剂蒸汽（状态点 1′）。溶液的温度、质量分数降低，成为点 2 状态的稀溶液。

3′H—3H 线为高压发生器的冷剂蒸汽在低压发生器管簇内的冷凝放热过程。过程终了成为与压力 p_r 相对应的点 3H 状态的冷剂水。

3′H—3 线为低压发生器管内冷剂水进入冷凝器的节流、冷却过程。过程终了成为点 3 状态的冷剂水。

3′—3 线为低压发生器的冷剂蒸汽在冷凝器中的冷凝过程。在冷凝器管内冷却水的冷却下，被凝结成点 3 状态的冷剂水。

3—1′线为冷凝器中的冷剂水进入蒸发器的节流、蒸发过程。点 3 状态的冷剂水节流进入蒸发器后，压力降低至 p_e，但焓值不变。蒸发时吸取蒸发器管束内冷水的热量而制冷，成为点 1′状态的冷剂蒸汽。

图 8-35（b）表示的是稀溶液在低温溶液热交换器后分流的双效制冷循环。工作原理如图 8-36 所示。由图可见，这一循环与上述稀溶液在低温溶液热交换器前分流的循环大致相同，不同的只是下列几个过程[1]：

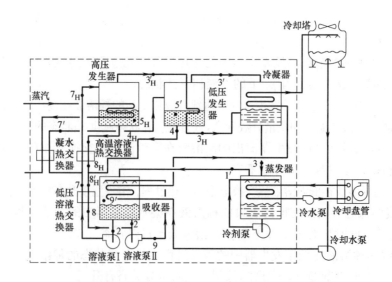

图 8-36   低温溶液热交换器后分流的双效制冷循环的工作原理

2—7 线表示从吸收器出来的稀溶液，经溶液泵输送，全部进入低温溶液热交换器中的加热过程。

7—7H线为稀溶液分流后，一部分稀溶液进入高温溶液热交换器中的加热过程。

7—7'线为稀溶液分流后，另一部分稀溶液进入凝水换热器中的加热过程。

$8_H/4$—$8_H'$线为高温溶液热交换器出口点8_H状态的浓溶液与低压发生器出口点4状态的浓溶液混合成为点$8_H'$状态的浓溶液的混合过程。

8_H—8线为点8_H状态的浓溶液在低温溶液热交换器中的冷却过程。

2/8—9线为点8状态的浓溶液与吸收器中点2状态的稀溶液混合成为点9状态的混合过程。若采用浓溶液直接喷淋，则无此过程。

2. 串联流程

在串联流程的机组中，吸收器出来的稀溶液在溶液泵的输送下，以串联的方式先后进入高、低压发生器。根据稀溶液是先进高压发生器，还是先进低压发生器，串联流程也有两种不同形式。

（1）稀溶液先进高压发生器

图8-37表示的是稀溶液先进高压发生器的双效溴化锂吸收式冷水机组串联流程的工作原理。这种串联流程在双效溴化锂吸收式机组中应用最为广泛。在h-ξ图上的表示见图8-38。工作过程如下[1]：

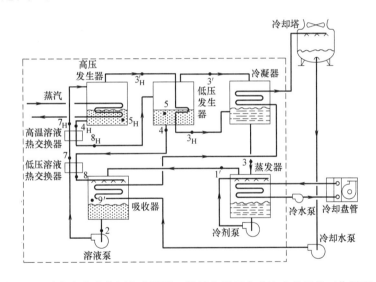

图8-37 稀溶液先进高压发生器的双效溴化锂吸收式冷水机组的工作原理

2—7—7H线为吸收器流出的点2状态的稀溶液，在溶液泵的输送下，先后进入低温溶液热交换器和高温溶液热交换器，受到低压发生器和高压发生器出来的浓溶液的加热。溶液的温度升高，质量分数不变。

7H—5H—4H线为高温溶液热交换器流出的稀溶液进入高压发生器，被管内工作蒸汽加热，温度升高，先达到高压发生器工作压力p_r下的汽液相平衡状态点5_H，然后沸腾，产生点$3_H'$状态的冷剂蒸汽。溶液的温度和质量分数相应升高，过程终了达到点4_H状态，其质量分数为ξ_0，通常被称为中间溶液。

4H—8H线为从高压发生器流出的中间溶液，经高温溶液热交换器把热量传给稀溶液，中间溶液温度下降而质量分数不变，达到点8_H状态。

8_H—5—4 线为点 8_H 状态的中间溶液进入低压发生器被来自高压发生器的点 $3'_H$ 状态的冷剂蒸汽加热，中间溶液先达到 p_k 压力下的汽液相平衡状态点 5，然后发生出点 $3'$ 状态的冷剂蒸汽。过程终了溶液达到点 4 状态。

4—8 线为低压发生器流出的浓溶液在低温溶液热交换器中的冷却过程。

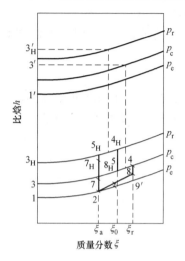

图 8-38 稀溶液先进高压发生器的双效溴化锂吸收式制冷循环

低温溶液热交换器出口的浓溶液进入吸收器的吸收过程以及制冷剂（水）的循环过程与并联流程相同。

（2）稀溶液先进低压发生器

图 8-39 表示稀溶液先进低压发生器，再进高压发生器的串联流程。区别于前一种普遍使用的串联流程，也将这种串联流程称为倒串联流程，图 8-40 为这种流程在 $h-\xi$ 图中的表示。工作过程如下[1]：

2—7 线为稀溶液在低温溶液热交换器中的加热过程。

7—5—4 线为稀溶液在低压发生器中的加热及发生过程。溶液出口点为点 4 状态的中间溶液，产生的冷剂蒸汽状态为点 $3'$。

4—7_H 线为中间溶液在高温溶液热交换器中的加热过程。

7_H—5_H—4_H 线为中间溶液在高压发生器中的加热和发生过程。溶液出口为点 4_H 状态的浓溶液，产生出的冷剂蒸汽状态为点 $3'_H$。

4_H—8_H 线为高压发生器流出的浓溶液在高温溶液热交换器中的冷却过程。

8_H—8 线为高温溶液热交换器流出的浓溶液在低温溶液热交换器中的冷却过程。

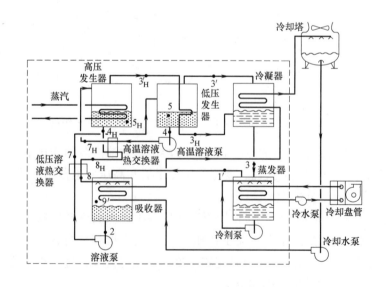

图 8-39 稀溶液先进低压发生器的双效溴化锂吸收式冷水机组的工作原理

该循环的其他过程与前述相同，不再重复。需要注意的是，为实现该循环，必须多设置一台高温溶液泵Ⅱ，以将低压发生器出口的高温溶液输送到高压发生器中。

8.4.2 双效溴化锂吸收式制冷机结构特点

双效机组的形式与结构是以单效机组为基础的。在单效机组上增加一个高压发生器与一个溶液热交换器即构成双效机组。高压发生器中，热源若是蒸汽或热水，则是蒸汽型或热水型双效溴化锂吸收式机组。以双筒单效机组为基础构成的双效机组为三筒型双效机组；以单筒单效机组为基础构成的双效机组为双筒型双效机组[1]。

图 8-41 所示为双效三筒型溴化锂吸收式冷水机组，图 8-42 为双效双筒型溴化锂吸收式冷水机组。

8.4.3 双效溴化锂吸收式制冷机热力计算

双效溴化锂吸收式冷水机组的热力计算与单效溴化锂吸收式冷水机组的热力计算基本相同，下面分别介绍并联流程与串联流程的热力计算。

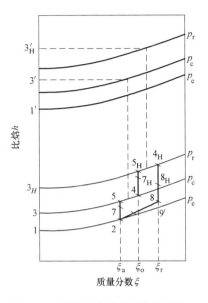

图 8-40 稀溶液先进低压发生器的双效溴化锂吸收式制冷循环

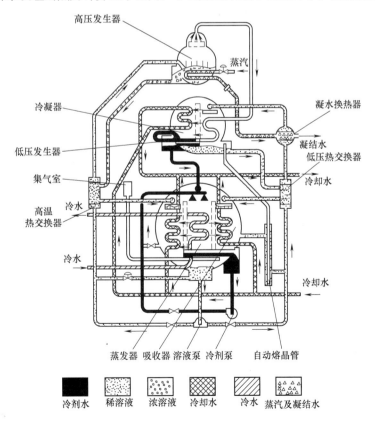

图 8-41 双效溴化锂吸收式冷水机组之一

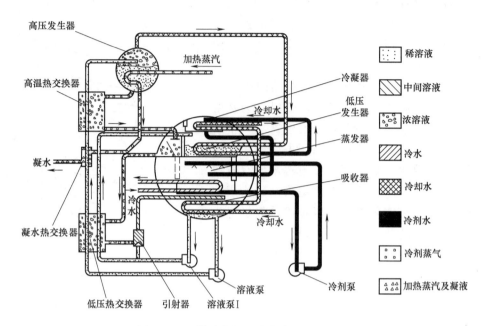

图 8-42　双效溴化锂吸收式冷水机组之二

1. 并联流程的热力计算

图 8-35（a）为稀溶液在热交换器前分流的理论制冷循环。由各种换热设备的热平衡式，可以得出相应的热负荷计算式。

（1）蒸发器

双效机组的蒸发器热负荷计算与单效机组完全相同。

单位热负荷：

$$q_e = h_1' - h_3 \tag{8-36}$$

总冷剂量：

$$G = Q_e / q_e \tag{8-37}$$

（2）高压发生器

高压发生器的热平衡见图 8-43，达到稳定工况后，由热平衡可列出：

$$Q_{g1} + G_{a1} h_{7_H} = G_1 h_{3_H}' + (G_{a1} - G_1) h_{4_H} \tag{8-38}$$

式中　Q_{g1}——驱动热源的加热量，kJ/h；

　　　G_{a1}——进入高压发生器的稀溶液的质量流量，kg/h；

　　　G_1——离开高压发生器的冷剂蒸汽量，kg/h；

　　　h_{7_H}——进入高压发生器的稀溶液的比焓，kJ/kg；

　　　h_{3_H}'——离开高压发生器的冷剂蒸汽的比焓，kJ/kg；

　$G_{a1} - G_1$——流出高压发生器的浓溶液的质量流量，kg/h；

　　　h_{4_H}——流出高压发生器的浓溶液的比焓，kJ/kg。

方程两边同除以 G_1，令 $G_{a1}/G_1 = a_1$，$Q_{g1}/G_1 = q_{g1}$，式（8-38）可改写为：

$$q_{g1} = (a_1 - 1) h_{4_H} - a_1 h_{7_H} + h_{3_H}' \tag{8-39}$$

式中　q_{g1}——高压发生器的单位热负荷，kJ/kg。

　　　a_1——高压发生器的循环倍率。

高压发生器的热负荷为：

$$Q_{g1}=q_{g1}G_1 \qquad (8\text{-}40)$$

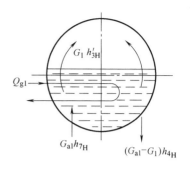

图 8-43　高压发生器的热平衡

与单效机组中的循环倍率 a 类似，高压发生器的循环倍率 a_1 可由溴化锂的质量守恒确定。

$$a=\frac{\xi_{r1}}{\xi_{r1}-\xi_a} \qquad (8\text{-}41)$$

式中　ξ_a——进入高压发生器稀溶液的质量分数；

　　　ξ_{r1}——离开高压发生器浓溶液的质量分数。

需要注意的是，由于缺乏高温区溴化锂溶液的 $h-\xi$ 图，故 h_{7_H} 和 h_{4_H} 无法从现有的 $h-\xi$ 图上直接查到。因此，温度为 120℃ 以上高温区溴化锂溶液的比焓值可按下述方法确定：先根据质量分数和压力，在溴化锂溶液的 $p-t$ 图上确定温度，然后由下式计算焓值[1]：

$$h_\xi^{x℃}=h_\xi^{70℃}+\int_{70℃}^{x℃}c_p\mathrm{d}t=h_\xi^{70℃}+c_{p,\xi}^{x℃}(x-70) \qquad (8\text{-}42)$$

式中　$h_\xi^{70℃}$——温度为 70℃ 时各种不同质量分数溴化锂溶液的比焓值，kJ/kg，国产溴化锂溶液的 $h-\xi$ 图是以 70℃ 为基准值的；

　　　c_p——溴化锂溶液定压比热，kJ/(kg·℃)；

　　　$c_{p,\xi}^{x℃}$——70℃ 到 $x℃$ 之间溴化锂溶液定压比热的平均值。

可以认为 G_1 与机组总冷剂量 G 之比近似于高压发生器中的放气范围与机组总放气范围之比，则式（8-38）中高压发生器产生的冷剂蒸气量 G_1 可按下式估算：

$$G_1=\frac{\xi_{r1}-\xi_a}{(\xi_{r1}-\xi_a)+(\xi_{r2}-\xi_a)}G \qquad (8\text{-}43)$$

式中　ξ_{r2}——离开高压发生器浓溶液的质量分数。

（3）低压发生器

低压发生器的热平衡情况与单效发生器类似（见图 8-23），但进入发生器的稀溶液是经过低温热交换器和凝水换热器加热后的溶液，其流量为 G_{a2}，质量分数为 ξ_a，比焓为 h_7'。加热热源是从高压发生器来的冷剂蒸汽量 G_1，比焓为 h_{3H}'，在管内凝结放热，加热稀溶液使之发生，加热量为 Q_{g2}。离开低压发生器的冷剂蒸气量为 G_2，比焓为 h_3'，流出低压发生器的浓溶液量为 $G_{a2}-G_2$，质量分数和比焓分别为 ξ_{r2} 和 h_4，由热平衡可得：

$$Q_{g2}+G_{a2}h_7'=G_2h_3'+(G_{a2}-G_2)h_4 \qquad (8\text{-}44)$$

令 $G_{a2}/G_2=a_2$，$Q_{g2}/G_2=q_{g2}$，式（8-44）可改写为：

$$q_{g2}=(a_2-1)h_4+h_3'-a_2h_7' \qquad (8\text{-}45)$$

式中　q_{g2}——低压发生器的单位热负荷，kJ/kg；

　　　a_2——低压发生器中的循环倍率。

低压发生器的热负荷可以表示为：

$$Q_{g2}=q_{g2}G_2 \qquad (8\text{-}46)$$

低压发生器中的循环倍率 a_2 可由溴化锂的质量守恒确定，即：

$$a_2=\frac{\xi_{r2}}{\xi_{r2}-\xi_a} \qquad (8\text{-}47)$$

低压发生器中产生的冷剂蒸气量 G_2 为：

$$G_2 = G - G_1 \tag{8-48}$$

由于低压发生器的驱动热源是高压发生器产生的冷剂蒸汽，因此从驱动热源侧计算发生器的热负荷为 $Q'_{g2} = G_1(h'_{3_H} - h_{3_H})$，式中 h_{3_H} 为与高压发生器压力相对应的冷剂水比焓，

$Q'_{g2} = 1.05 Q_{g2}$。否则应更新假定高压发生器与低压发生器的放气范围，调整各自的冷剂流量。

（4）吸收器

双效机组吸收器的热平衡与单效机组不同，如图 8-44 所示。进入吸收器的浓溶液包括两部分：一是从高温热交换器来的浓溶液，流量为 $G_{a1} - G_1$，比焓为 h_{8_H}，质量分数为 ξ_{r1}。另一部分是从低温热交换器来的浓溶液，流量为 $G_{a2} - G_2$，比焓为 h_8，质量分数为 ξ_{r2}。流出吸收器的稀溶液的比焓为 h_2，质量分数为 ξ_a，流量为 $G_{a1} + G_{a2}$。由热平衡可知：

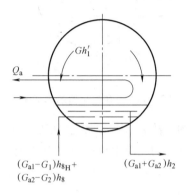

$(G_{a1}-G_1)h_{8_H}+$
$(G_{a2}-G_2)h_8$　　　$(G_{a1}+G_{a2})h_2$

图 8-44　双效溴化锂机组吸收器热平衡

$$Q_a + (G_{a1}+G_{a2})h_2 = Gh'_1 + (G_{a1}-G_1)h_{8_H} + (G_{a2}-G_2)h_8 \tag{8-49}$$

吸收器的热负荷为：

$$Q_a = Gh'_1 + G_1(a_1-1)h_{8_H} + G_2(a_2-1)h_8 - G_1 a_1 h_2 - G_2 a_2 h_2 \tag{8-50}$$

（5）冷凝器

双效溴化锂吸收式制冷机组冷凝器的热负荷由两部分组成：一是由高压发生器产生的冷剂蒸气加热低压发生器溶液后，冷却至冷凝压力下冷剂水所放出的热量 Q_{c1}；另一部分是由低压发生器产生的冷剂蒸气凝结成冷剂水所放出的热量 Q_{c2}，即：

$$Q_c = Q_{c1} + Q_{c2} \tag{8-51}$$

其中，Q_{c1} 和 Q_{c2} 可以分别表示为：

$$Q_{c1} = G_1(h'_{3_H} - h_3) - Q_{g2} \tag{8-52}$$

$$Q_{c2} = G_2(h'_3 - h_3) \tag{8-53}$$

因此，冷凝器的热负荷为：

$$Q_c = G_1(h'_{3_H} - h_3) + G_2(h'_3 - h_3) - Q_{g2} \tag{8-54}$$

（6）高温热交换器

高温热交换器的热负荷与单效机组溶液热交换器的热负荷相类似，可以分别用浓溶液侧和稀溶液侧表示为：

$$Q_{t1} = G_{a1}(h_{7_H} - h_2) \tag{8-55}$$

或者

$$Q_{t1} = (G_{a1} - G_1)(h_{4_H} - h_{8_H}) \tag{8-56}$$

（7）低温热交换器

与高温热交换器类似，低温热交换器热负荷可表示为：

$$Q_{t2} = G_{a2}(h_7 - h_2) \tag{8-57}$$

或者

$$Q_{t2} = (G_{a2} - G_2)(h_4 - h_8) \tag{8-58}$$

（8）凝水换热器

凝水换热器热负荷可以表示为：

$$Q_{t3} = G_{a2}(h_7' - h_7) \qquad (8\text{-}59)$$

式中 h_7'——稀溶液出凝水换热器的比焓，kJ/kg。

2. 串联流程的热负荷计算

串联流程各换热设备热负荷的计算与并联流程基本相同，这里以稀溶液先进入高压发生器，再进入低压发生器的串联流程为例，对与并联流程不同的高、低压发生器及吸收器的热负荷计算作简要说明，这种流程的 h-ξ 图见图 8-38。

（1）高压发生器

高压发生器单位热负荷为：

$$q_{g1} = (a_1 - 1)h_{4_H} - a_1 h_{7_H} + h_{3_H}'$$

式中 a_1——高压发生器的循环倍率，可以通过下式计算：

$$a_1 = \frac{G_a}{G_1} = \frac{\xi_o}{\xi_o - \xi_a} \qquad (8\text{-}60)$$

式中 G_a——高压发生器进口的稀溶液循环量，kg/h；

ξ_o——高压发生器出口的中间溶液的质量分数。

h_{4_H} 和 h_{7_H} 按式（8-42）计算。

高压发生器的热负荷为：

$$Q_{g1} = q_{g1}G_1$$

与式（8-43）类似，高压发生器中产生的冷剂量 G_1 可按下式估算：

$$G_1 \approx \frac{\xi_0 - \xi_a}{(\xi_0 - \xi_a) + (\xi_r - \xi_o)}G \qquad (8\text{-}61)$$

（2）低压发生器

低压发生器单位热负荷为：

$$q_{g2} = (a_2 - 1)h_4 - a_2 h_{8_H} + h_3' \qquad (8\text{-}62)$$

式中 a_2——低压发生器的循环倍率，可以表示为：

$$a_2 = \frac{\xi_r}{\xi_r - \xi_o} \qquad (8\text{-}63)$$

低压发生器的热负荷可由下式确定：

$$Q_{g2} = G_2 q_{g2}$$

（3）吸收器

吸收器的热平衡与单效机组相同，见式（8-17）和式（8-18）。

3. 热平衡、热力系数、热源单耗

（1）热平衡

当有凝水回热器时，双效机组的热平衡式为：

$$Q_{g1} + Q_o + Q_{t3} = Q_c + Q_a \qquad (8\text{-}64)$$

当无凝水回热器时，双效机组的热平衡式为：

$$Q_{g1} + Q_o = Q_c + Q_a \qquad (8\text{-}65)$$

设计计算时，热平衡的相对误差应控制在 1% 以下。

（2）热力系数

双效机组热力系数的定义是机组运行时获得的冷量与加入机组的热量之比。即

$$\xi = \frac{Q_o}{Q_{g1} + Q_{t3}} \tag{8-66}$$

（3）热源单耗

对于用蒸汽加热的双效溴化锂吸收式制冷机，根据蒸汽单耗的定义，有：

$$d = \frac{G_{g1}}{Q_o} \tag{8-67}$$

式中　G_{g1}——高压发生器所需的加热蒸汽量，kg/h。

4. 提高热力系数的途径

双效溴化锂吸收式制冷机的热力系数为：

$$\xi = \frac{Q_o}{Q_{g1} + Q_{t3}} = \frac{Q_o}{q_{g1} G_1 + Q_{t3}}$$

可见为了提高 ξ，必须尽量减小 q_{g1}、G_1 和 Q_{t3}。

（1）减小高压发生器的单位热负荷 q_{g1}

高压发生器的单位热负荷为：

$$q_{g1} = (a_1 - 1) h_{4_H} - a_1 h_{7_H} + h'_{3_H} = a_1 (h_{4_H} - h_{7_H}) + h'_{3_H} - h_{4_H}$$

减小 q_{g1} 的有效措施有：

1）减小高压发生器的溶液循环倍率 a_1

由于 $a_1 = \xi_{r1} / (\xi_{r1} - \xi_a)$，为了减小 a_1，必须尽可能增大高压发生器的放气范围（$\xi_{r1} - \xi_a$）。其中，最有效的措施是降低吸收器出口稀溶液的质量分数 ξ_a。

2）提高高温热交换器出口稀溶液的焓值

由式（8-55）可得：

$$h_{7_H} = \frac{Q_{t1}}{G_{a1}} + h_2 \tag{8-68}$$

为了提高 h_{7_H}，必须增大高温热交换器的热负荷 Q_{t1}。在其他条件不变的情况下，随着 Q_{t1} 的增大，高温热交换器的面积 A_{t1} 增大。然而，随着 Q_{t1}（或 A_{t1}）的增大，进入吸收器的浓溶液温度 t_{8_H} 降低。但如前所述，为了防止浓溶液的结晶，t_{8_H} 不宜过低[1]。

（2）减小高压发生器中产生的冷剂量 G_1

在制冷量一定的前提下，若要求高、低压发生器产生一定量的冷剂 G，即 $G = G_1 + G_2$，则应该设法尽可能增大 G_2，以减小高压发生器产生的冷剂量 G_1。

低压发生器产生的冷剂量 G_2 取决于 G_1 放出的热流量。通常情况下要求：

$$G_1 r_p = G_2 q_{g2} \tag{8-69}$$

式中　r_p——冷剂加热蒸汽的潜热，kJ/kg。

因此，为了增大 G_2，必须减小低压发生器的单位热负荷 q_{g2}。由于

$$q_{g2} = (a_2 - 1) h_4 - a_2 h'_7 + h'_3 = a_2 (h_4 - h'_7) - h_4 + h'_3$$

可见，与高压发生器相似，减小 q_{g2} 最好的办法是减小低压发生器的溶液循环倍率，即增大低压发生器的放气范围（$\xi_{r2} - \xi_a$）。此外，适当增加低温热交换器、凝水换热器的面积，以便提高进入低压发生器稀溶液的焓值 h'_7，也可减小低压发生器的单位热负荷 q_{g2}。

计算和分析结果表明，在一定条件下，尽可能增大高、低压发生器的放气范围，是提

高机组热力系数的有效选径。此外，适当增加高、低温热交换器等换热设备的传热面积，也是十分有益的[1]。

（3）减小凝水换热器的热负荷

为减小低压发电器的单位热负荷，则要求提高低压发生器进口稀溶液的焓值，如上所述，希望适当增加低温热交换器和凝水换热器的传热面积。但凝水换热器热负荷增大，由式（8-66）可知，反而使机组的热力系数下降，带来相互矛盾的影响。因此，凝水换热器的采用以及凝水的利用程度，应根据使用情况区别对待。若凝水要回用，则可少利用；若凝水不需要回用，可多加利用[1]。

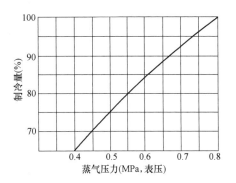

图 8-45　制冷量与工作蒸气压力的关系

8.4.4 双效溴化锂吸收式制冷机的性能

双效溴化锂吸收式制冷机的性能受工作蒸气、冷却水、冷水参数变化的影响，其影响的变化规律与单效溴化锂吸收式制冷机相似。图 8-45～图 8-47 分别表示了双效溴化锂吸收式制冷机制冷量与工作蒸气压力、冷却水进口温度、冷水出口温度的关系。从图中不难看到，制冷量随着工作蒸气压力的升高，或冷却水入口温度的降低，或冷水出口温度的升高而增大。

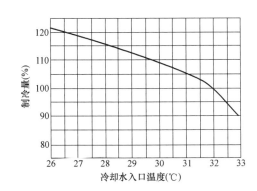

图 8-46　制冷量与冷却水进口温度的关系

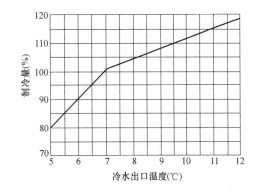

图 8-47　制冷量与冷水进口温度的关系

8.5　直燃型溴化锂吸收式冷热水机组

直燃型溴化锂吸收式冷热水机组以燃气或燃油为能源，其制冷原理与蒸汽型双效溴化锂吸收式冷水机组基本相同，只是高压发生器不用蒸汽加热，而是以燃料在其中直接燃烧产生的高温烟气为热源，因而直燃型溴化锂吸收式冷热水机组具有热源温度高、传热损失小等优点。另外，直燃型溴化锂吸收式冷热水机组既可用于夏季供冷，又可用于冬季供暖，必要时还可提供生活热水。

直燃型双效冷热水机组和蒸汽型双效冷水机组相同，溶液回路亦有串联流程与并联流程之分，通常由以下三种方式构成热水回路提供热水[1]：

（1）将冷却水回路切换成热水回路：吸收器、冷凝器和加热盘管构成热水回路。

（2）热水和冷水采用同一回路：蒸发器和加热盘管构成热水回路。

（3）专设热水回路：热水器和加热盘管构成专用的热水回路。

现以串联流程为例，介绍其工作原理和循环流程。

8.5.1　冷却水回路用作热水回路的直燃型冷热水机组

1. 工作原理

图 8-48 为冷却水回路切换成热水回路的机组工作原理图，在这种冷热水机组中，冷却盘管兼用作加热盘管，冷却水泵兼用作热水泵。可以通过切换阀门实现工况的变换，交替制取冷水和热水。机组以高温烟气作为高压发生器的热源。溶液在高压发生器、低压发生器和吸收器之间串联循环流动。制冷水时，其循环流程与图 8-37 是一致的。制热水时，吸收器和冷凝器与冷却塔分开，此时与加热盘管连接，即将冷却水回路切换成热水回路向供暖环境提供热量。同时，冷却水回路和冷水回路停止工作。从低压发生器流出的溶液，被来自冷凝器的冷剂水稀释后，喷淋在吸收器管簇上降温放热，管内的热水吸收溶液的显热升温，实现第一次加热。来自低压发生器的冷剂蒸汽在冷凝器管簇上冷凝放热，管内的热水吸收冷剂蒸汽的潜热而升温，实现第二次加热。二次升温后的热水送至加热盘管供供暖使用。机组的工况变换是通过机组外部冷却水回路和热水回路的切换来实现的。

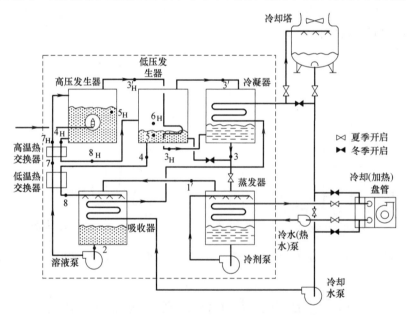

图 8-48　冷却水回路切换成热水回路的机组工作原理图

2. 循环流程

机组制冷水的循环流程即为溶液回路按串联流程工作的双效制冷循环，溶液的 h-ξ 图如图 8-38 所示。机组制热水的循环流程，在溶液 h—ξ 图上如图 8-49 所示[1]。各点在原理图中的位置见图 8-48。

（1）溶液回路

5_H—4_H 线为高压发生器中的发生过程。燃料燃烧产生的高温烟气直接加热高压发生器中的稀溶液，使其浓缩成质量分数为 ξ_r 的浓溶液。同时，所产生的冷剂蒸汽（其状态点

为 $3'_H$）被送入低压发生器。

4_H—8_H 线为高温溶液热交换器中浓溶液的降温过程。来自高压发生器的浓溶液在其中降温放热。

8_H—6_H 线为浓溶液进入低压发生器时的闪发过程。来自高温溶液热交换器的浓溶液在这里降压闪发，其温度下降，质量分数略有增加。闪发时产生的冷剂蒸汽被送入冷凝器。

$3/6_H$—5 线为溶液的稀释过程。进入低压发生器的浓溶液与来自冷凝器的冷剂水混合，被稀释成质量分数为 ξ_a 的稀溶液。

5—4 线为低压发生器中溶液的发生过程。来自高压发生器的冷剂蒸汽在管内冷凝并加热管外的稀溶液，冷凝后的冷剂水直接流回低压发生器，使发生器中质量分数恒定。同时，产生的冷剂蒸汽（其状态点为 $3'$）被送往冷凝器。

4—8 线为低温溶液热交换器中溶液的降温过程。来自低压发生器的稀溶液降温放热后进入吸收器。

8—2 线为吸收器中的显热加热过程。来自低温溶液热交换器的稀溶液降温放热使管内的热水温度升高。

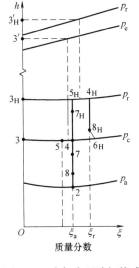

图 8-49　冷却水回路切换成热水回路的机组在 h–ξ 图上的制热循环

2—7_H 线为吸收器向高压发生器的供液过程，其中 2—7 线为溶液在低温溶液热交换器中的加热升温过程，7—7_H 线为溶液在高温溶液热交换器中的加热升温过程。

7_H—5_H 线为高压发生器中溶液的预热过程。来自高温溶液热交换器的稀溶液被高温烟气加热，从点 7_H 的过冷态到点 5_H 的平衡态，溶液从点 5_H 开始沸腾，发生冷剂蒸汽。

（2）冷剂回路

$3'_H$—3_H 线为在低压发生器中冷剂蒸汽的冷凝过程。来自高压发生器的冷剂蒸汽在这里冷凝放热。

3_H—3 线为冷剂水进入冷凝器时的闪发过程。来自低压发生器的冷剂水压力降低闪发，其温度下降。闪发时产生状态点为 $3'$ 的冷剂蒸汽。

$3'$—3 线为冷凝器中冷凝蒸汽的冷凝过程。来自低压发生器的冷剂蒸汽以及冷剂水闪发所产生的冷剂蒸汽在这里冷凝放热。

由于冷凝器中的冷剂水直接流至低压发生器中，若扣除阻力损失外，低压发生器中溶液的质量分数基本恒定，即低压发生器中的发生过程是在等质量分数下进行的。点 5 与点 4 基本相近。

8.5.2　热水和冷水共用同一回路的直燃型冷热水机组

1. 工作原理

图 8-50 为热水和冷水采用同一回路的机组工作原理图。在机组中，冷却盘管兼用作加热盘管，冷水泵兼用作热水泵。制冷水时，其工作原理与上述机组相同。制热水时，冷水回路即为热水回路，向供暖环境提供热量。同时，冷却水回路和低压发生器则停止工作。机组的工况变换是通过高压发生器的冷剂蒸汽通向蒸发器的阀门切换，以及蒸发器的液囊与吸收器相连通来实现的[1]。

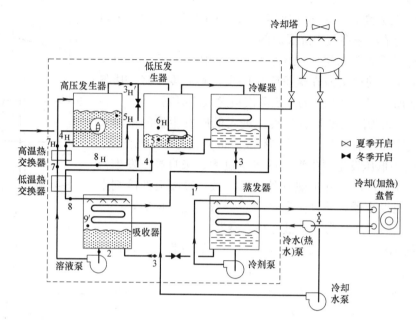

图 8-50　热水和冷水采用同一回路的机组工作原理图

2. 循环流程

机组制冷水时的循环流程，即为溶液回路按串联流程工作的双效制冷循环。机组制取热水的循环流程，在溶液 $h-\xi$ 图上如图 8-51 所示。

（1）溶液回路

5_H—4_H 线为高压发生器中的发生过程。燃料燃烧产生高温烟气直接加热其中的溶液，使其浓缩成质量分数为 ξ_r 的浓溶液。同时，所产生的冷剂蒸汽（其状态点为 $3'_H$）被送往蒸发器。

4_H—8 线为溶液的降温过程。进入吸收器的浓溶液在管道和机组壳体中散热降温。

8—$9'$ 线为溶液在吸收器中的闪发过程溶液温度下降、质量分数略有增加，达到点 $9'$ 状态。

$3/9$—2 线为吸收器中溶液的稀释过程。进入吸收器的浓溶液与来自蒸发器的冷剂水混合，稀释成质量分数为 ξ_a 的溶液。

2—7_H 线为吸收器向高压发生器的供液过程。稀溶液经过低温热交换器和高温热交换器流入高压发生器。同时，溶液通过热交换器的管道和壳体散热。

7_H—5_H 线为高压发生器中溶液的预热过程。进入高压发生器的稀溶液从过冷状态（点 7）被加热到平衡态（点 5_H），溶液从点 5_H 开始沸腾，发生冷剂蒸汽。

值得注意的是，此时蒸发器实质上是高压发生器的冷凝器，若扣除管路阻力损失，二者的压力基本相同，即 $p_r = p_e$。

（2）冷剂回路

$3'_H$—3 线为蒸发器中的潜热加热过程。来自高压发生器的冷剂蒸汽在这里冷凝放热，其温度降低使流过管内的热水温度升高。

8.5.3　专设热水回路的直燃型冷热水机组

这种机组可以同时制取冷水和热水，也可以通过工况的变换交替制取冷水和热水。

1. 工作原理

（1）同时制取冷水和热水的直燃型冷热水机组

图 8-52 为同时制取冷水和热水的机组工作原理图。高压发生器流出的冷剂蒸汽分成两路：一路用于制冷水，其工作原理与上述机组相同；另一路用于制热水，在热水器管簇上冷凝放热，管内的热水被加热而升温。冷凝后的冷剂水依靠位差自动返回高压发生器，保持高压发生器中恒定的质量分数[1]。

（2）交替制取冷水和热水的直燃型冷热水机组

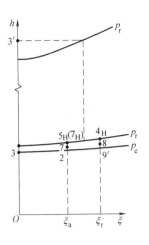

图 8-51　热水和冷水采用同一回路的机组在 $h-\xi$ 图上的制热循环

图 8-53 为交替制取冷水和热水的机组工作原理图，制冷水时，其工作原理与上述机组相同。制热水时，高压发生器和热水回路投入工作，机组的其他部分则停止工作。热水器内冷凝后的冷剂水依靠位差自动返回高压发生器，保持高压发生器中恒定的质量分数。工况的变换是通过机组制冷部分的开启和停用实现的。

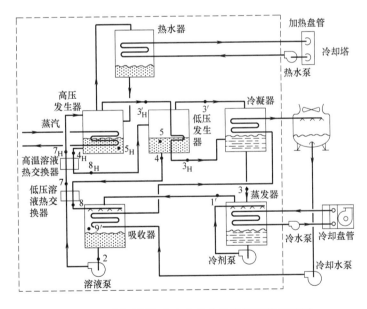

图 8-52　同时制取冷水和热水的机组工作原理图

2. 循环流程

专设热水回路交替制取冷水和热水的机组，制冷水的循环流程即为按串联流程工作的双效制冷循环[1]。机组制热水的循环流程在溶液 $h-\xi$ 图上如图 8-54 所示。

（1）溶液回路

5_H—4_H 线为高压发生器中的发生过程。燃料燃烧产生的烟气直接加热其中的溶液，使其浓缩成质量分数为 ξ_r 的浓溶液。同时，所产生的冷剂蒸汽（其状态点为 $3_H'$）被送往

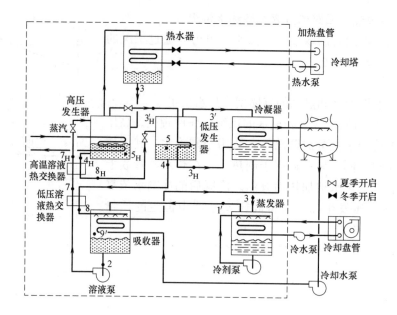

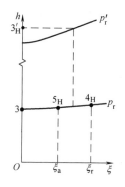

图 8-54 专设热水回路交替地制取冷水和热水的机组在 $h—\xi$ 图上的制热循环

图 8-53 交替制取冷水和热水的机组工作原理图

热水器。

$3/4_H$—5_H 线为溶液的稀释过程。来自热水器的冷剂水与高压发生器中的浓溶液混合，稀释成质量分数为 ξ_a 的稀溶液。

由于热水器中冷凝的冷剂水直接流至高压发生器中，若扣除阻力损失，高压发生器中溶液的质量分数基本恒定，该质量分数约为稀溶液和浓溶液质量分数的平均值，点 5_H 与点 4_H 基本相近。

（2）冷剂回路

$3'_H$—3 线为热水器中的潜热加热过程。来自高压发生器的冷剂蒸汽在这里冷凝放热，使流过管内的热水温度升高。同时，冷凝的冷剂水流回高压发生器。

8.6 溴化锂吸收式制冷机组的自动控制

自动控制系统已具溴化锂机组的重要组成部分。溴化锂吸收式机组的自动控制系统主要有四个部分：安全保护系统、能量调节系统、程序控制系统和计算机控制系统。安全保护系统完成机组监视与保护的任务；能量调节系统使机组的制冷量与外界冷负荷相匹配，完成机组调节的任务；程序控制系统完成机组正常与非正常起动和停止任务；计算机控制系统是机组检测、控制和协调工作的指挥中心[3]。

8.6.1 安全保护系统

安全保护系统是实现溴化锂机组安全可靠运行的必要保障，它的主要功能是在系统出现异常工作状态时，能够及时预报、警告，并能视情形恶化的程度，采取相应的保护措施，防止事故发生。此外，还可进行安全性监视等。下面以蒸汽双效溴化锂吸收式冷水机组为例介绍机组安全保护系统的相关内容。双效溴化锂冷水机组主要包括高压发生器、低压发生器、吸收器、蒸发器、冷凝器和屏蔽泵等。安全保护系统深入各个部件中，根据各部件自身的特点采取一系列保护措施。

1. 蒸发器

由于冷水机组使用水作为载冷剂，因此蒸发器就要充分考虑水的结冰给机组带来的危害。机组处于正常工况运行时，载冷剂所带走的冷量与机组的制冷量相匹配，一旦载冷剂所带走的冷量小于机组的制冷量，冷水的温度就会逐渐降低。当降低到水的冰点，就会产生冻结现象而导致蒸发器管子破裂。严重时会使蒸发器中的管子大量破损，造成重大事故。导致这种现象发生的主要有两个原因：其一是由于外界冷负荷远远小于机组的制冷量，机组热源来不及调节而导致冷水温度下降；其二是由于设备故障而导致冷水温度的下降，如冷水泵突然发生故障或冷水系统中管道阀门未打开，以及管道中杂质过多堵塞过滤装置，使冷水的流量降至额定值的 50% 以下等[3]。

针对上述两种情况所采用的保护措施包括以下两个方面：

（1）在冷水管道上安装温度传感器，当冷剂水或冷水温度低于设定值时，发出报警信号，同时工作热源被切断，机组转入稀释运行。当水温回升高于设定值后，机组重新投入正常运行。一般冷水报警温度设定值为 3～4℃。

（2）在冷水管道上安装流量控制器，当冷水流量低于额定流量的 50% 时，流量控制器动作，报警信号启动，机组停止制冷运行。待冷水系统故障排除后，流量恢复到额定流量的 65% 以上时，机组才可以重新启动。

2. 高压发生器

高压发生器是机组溶液循环中温度、压力的最高部位。这里突出的安全保护是溴化锂溶液的防结晶和恒液位等。在高压发生器中，温度越高，溴化锂的含量也越高，因此要合理控制溶液温度。限制高压发生器中溶液的最高温度，是保证溴化锂的含量低于结晶范围的前提。

防止结晶在高压发生器浓溶液出口管道上安装温度控制器，进行高压发生器溶液超温保护。当高压发生器溶液温度高于设定值时，报警信号启动，同时关闭加热源，机组进入稀释运行。待机组故障排除后，才能重新启动运行。高压发生器浓溶液出口设定温度通常为 160～170℃。

此外，通过液位控制器控制高压发生器的液位。当高压发生器的液位超过规定的高液位时，溶液泵关闭；当高压发生器的液位低于规定的低液位时，溶液泵重新启动。在工作液位的范围内，也可通过变频装置控制溶液泵的流量，起到稳定液位的调节作用。

高压发生器还会产生压力超高现象。保护的方法是：检测高压发生器中的压力，当压力超过 95kPa 时，报警信号启动，同时关闭热源，机组转入稀释运行状态。待故障排除，压力降到 90kPa 时，机组重新启动运行。

3. 低压发生器

当稀溶液温度过低，会在低温溶液热交换器浓溶液出口处产生结晶，为此，在低压发生器液囊中装有自助熔晶管，并在熔晶管上装有温度继电器。当熔晶管高温时，表示机组中出现了结晶现象，温度继电器动作、报警，同时切断电源转入稀释运行。

4. 吸收器和冷凝器

吸收器中的安全保护系统也是紧紧围绕着溶液的防结晶问题的。吸收器中冷却水的温度及流量就直接决定了吸收器中吸收热被带走情况，也就直接决定了吸收器的吸收效果。下列两个原因容易形成溶液的结晶现象：其一是冷却水流量减小或发生断流，会使稀溶液中溴化锂的含量升高而易发生结晶故障；其二是冷却水温度过低，会导致溶液热交换器稀溶液侧温度过低，从而引起热交换器浓溶液侧结晶。除结晶外，吸收器中如果冷却水温度过低，会导致溴化锂的含量下降，使蒸发器冷剂水液位下降从而影响冷剂泵的正常工作。采取的安全保护措施如下：

（1）在冷却水管道安装流量控制器，当冷却水的流量小到一定值时，启动报警信号，同时切断热源，机组进入稀释运行（部分负荷运转时，允许冷却水流量减小）。另外，也可在冷却水管道上安装压差控制器，通过冷却水泵进出口之间的压差控制压差控制器开关动作，达到水流量安全保护的目的。

（2）在冷却水管道上安装温度控制器。控制冷却水的进机组的温度。

5. 屏蔽泵

屏蔽泵是整个系统得以循环的动力，对机组的正常运行起着关键作用。屏蔽泵主要包括两种安全保护形式：

（1）吸空保护。保护方法之一是设置液位控制器，直接对蒸发器液囊液位进行控制，泵在低液位时停机，高液位时启动。保护方法之二是间接对液位进行控制：

1）利用时间继电器控制时间（溶液启动后至蒸发器液囊结液，是冷剂泵正常运转所需的时间）；

2）利用温度继电器控制发生器出口浓溶液的温度，该温度值也间接反映了蒸发器液囊液位的高低。

（2）屏蔽泵电动机的过流保护。是在电路中安装热继电器或熔断器等保护装置，当屏蔽泵因故障过载时，保护装置能够及时切断电源以待检修。

6. 机组

机组的安全保护主要涉及机组内的真空保护。为检测真空泄漏情况并能够及时采取补救措施，在自动抽气装置集气筒上设置真空检测仪表，可随时监控机组内的真空度，一旦发现泄漏，可立即报警或启动真空泵。

8.6.2　能量调节系统

能量调节系统的目的是使机组的制冷量时刻与外界所需要的冷负荷相匹配。

1. 制冷量调节

蒸汽型、热水型溴化锂吸收式冷水机组的制冷量调节是通过调节热源的供热量来实现的。其自动控制原理如图 8-55 所示。调节阀安装在发生器蒸汽或热水进口管道上，通过调节蒸汽或热水的流量，保证冷水的出水温度稳定在设定值上。在满负荷条件下，调节阀全开。当负载减小、冷水温度开始下降时，调节阀将调节蒸汽或热水流量以适应负载的变化；当负载减少到零时，蒸汽或热水调节阀可处于全闭状态。随着发生器热负荷变化，发生器中溶液的液位也会随之变化，特别是双效机组更为明显。因此，发生器中要有液位保护和液位控制,以保持稳定的液位。这种调节方法通常要和溶液循环量的调节配合,共同完成制冷量的调节,以保证稀溶液循环量随着发生器热负荷变化而变化,保证机组在低负荷时仍然具有较高的热力系数。

2. 溶液循环量调节

溶液循环量调节主要有两种方法:一是通过安装在高压发生器中的电极式液位计,对溶液循环量进行控制,可通过溶液调节阀或变频器控制液泵转速来实施,使低液位时溶液循环量增加,高液位时溶液循环量减小或溶液泵停止,同时在中间液位(即正常液位)时,由安装于高压发生器中的压力传感器发送高压发生器中的压力变化信号,或温度传感器发送高压发生器中浓溶液出口的温度变化信号,通过比例调节,改变进入高压发生器的溶液量;二是通过安装在蒸发器冷水管道上的温度传感器发出信号,调节进入发生器的溶液循环量,使机组的输出负荷发生改变,保持冷水温度在设定的范围内,如图 8-56 所示[3]。

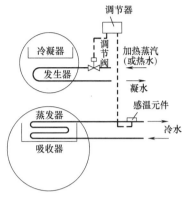

图 8-55 蒸汽型、热水型机组的制冷量调节自动控制原理图

溶液循环量调节具有很好的经济性,但因调节阀安装在溶液管道上对机组的气密性有一定的影响。送往发生器的稀溶液循环量有下列四种控制方法:

(1)二通阀控制:一般与加热蒸汽量控制组合使用,这种方法放气范围基本保持不变。随着负荷的降低,单位传热面积增大,蒸发温度上升而冷凝温度下降,因而热力系数升高,蒸汽单耗减小。但溶液循环量不能过分减少,若过分减少则会出现高温侧的结晶与腐蚀。

(2)三通阀控制:无需控制发生器出口的溶液温度,也不必与加热蒸汽量控制组合使用,同样具有热力系数高、蒸汽单耗低等优点,但控制阀结构较复杂,目前很少采用。

(3)经济阀控制:一般与加热蒸汽量控制组合使用,负荷大于 50% 时采用蒸汽压力调节阀;低于 50% 时打开经济阀,经济阀是

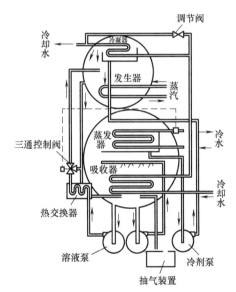

图 8-56 控制溶液循环量进行能量调节

开、闭两位式,这种结构较为简单。

(4)变频器控制:改变溶液泵的转速来控制输送到高压发生器的液体流量,是目前常用的一种控制方式。这种控制方式的优点是流量调节比较有效,可以节约溶液泵所使用的电能,且溶液泵使用寿命长。其缺点是当变频器频率调小到一定程度时,会使溶液泵出口压力小于高压发生器压力,影响机组的正常运行以及影响以溶液泵排出溶液为动力的自动抽气装置的正常工作,因而频率调节的幅度受到一定的影响。

8.6.3　启停控制流程

溴化锂吸收式冷水机组的程序运行系统包括程序启动系统和程序停机系统，而程序停机系统又包括程序正常停机系统和程序故障停机系统。这些系统保证了溴化锂机组能够安全可靠、稳定经济地运行。下面以蒸汽型溴化锂吸收式冷水机组为例，分别介绍启动流程、正常停机流程和故障停机流程。

1. 启动流程

程序启动系统流程图如图 8-57 所示，具体步骤如下[2]：

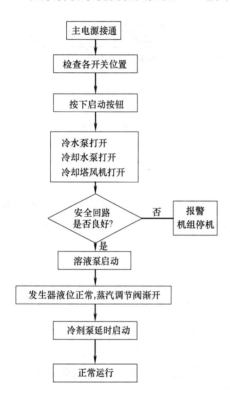

图 8-57　蒸汽型溴化锂吸收式冷水机组程序启动系统流程图

（1）推合主电源开关，接通机组及系统电源。

（2）检查各开关位置，将各开关置于相应的位置，如控制方式"自动/手动"、启动方式"直控/遥控"等，随后打开蒸汽供给阀。

（3）发指令启动机组，运转指示灯亮。该指令可由现场操作人员按键发出，也可由集中控制系统通过遥控方式操作。

（4）启动冷水泵及冷却水泵，安装在冷水管道与冷却水管道上的流量控制器动作。若流量在正常范围内，机组转入下一步启动程序。同时，安装在冷却水进口管道上的温度控制器动作，当冷水温度低于低温设定温度时发出指令，调节冷却水流量，以防机组结晶。当冷却水温度高于设定温度时，启动冷却塔风机，进行冷却降温。

（5）设置的安全保护装置投入工作，对机组及系统的状态进行检测，确保机组安全进入启动状态。如果发生故障，机组停止启动，处于自锁状态。

（6）启动溶液泵，使发生器液位处于正常位置。

（7）以溶液泵的开动时间为依据，延迟若干分钟，待发生器液位处于正常位置，按规定程度慢慢开启蒸汽调节阀。

（8）启动冷剂泵。冷剂泵的启动控制常用下列几种方式：一是以溶液泵的开动时间为依据，延迟若干分钟后启动；二是以发生器出口浓溶液温度为依据，到达一定值后启动；三是由蒸发器上安装的液位控制器发出信号，当液位达到一定高度后自动启动冷剂泵。冷剂泵启动后，机组进入制冷状态。

需要指出的是，溴化锂机组的启动过程有一定的时间性，要经过若干时间才能达到满负荷状态。

2. 正常停机流程

溴化锂机组的程序正常停机，是指机组及系统按顺序由正常工作状态转为停止状态的过程，其程序正常停机系统流程图如图 8-58[3]所示，具体步骤如下：

（1）操作人员按下停机按钮或控制器检测到外界所需要的热负荷太小，热源随即被切断，运转指示灯灭，停机指示灯亮。

（2）机组转入稀释运行，由控制器根据温度、时间或溴化锂含量控制稀释过程，溶液泵、冷剂泵继续运转一段时间，使机内溶液充分混合。

（3）稀释时间（或温度）达到设定要求后，溶液泵和冷剂泵停止运转。

（4）冷水泵、冷却水泵和冷却塔风机关闭。

（5）闭合总电源开关，机组和系统处于静止状态。

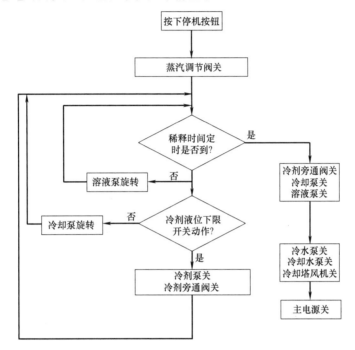

图 8-58   蒸汽型溴化锂吸收式冷水机组程序正常停机系统流程图

3. 故障停机流程

机组出现重故障时将导致故障停机。故障停机有两种程序：一种是机组不作稀释运行而直接停机，同时发出报警信号，有关的故障指示灯亮；另一种是机组稀释运行后再停机，同时故障报警，有关的故障指示灯亮。

故障发生后，不作稀释运行直接停机的故障包括：冷水断水或冷水量不足、屏蔽泵故障、冷剂水低温等。故障发生后，进行稀释运行的故障包括：蒸汽压力过高、高压发生器液位异常、高压发生器温度过高等。程序故障停机系统流程图如图 8-59 所示[3]。

8.6.4   计算机自动控制

溴化锂机组通常采用计算机系统进行检测、控制与管理，使产品的自动化水平提高到一个新的高度。

良好的溴化锂机组控制系统，能够做到"一键"开机、"一键"关机、能量自动控制、液位自动调节、轻故障自动处理、重故障报警、稀释停机等。同时，溴化锂机组计算机控制系统可以与空调计算机系统联网构成二级控制系统，还可进一步与中央控制系统计算机联网，由中央控制系统进行集中管理。

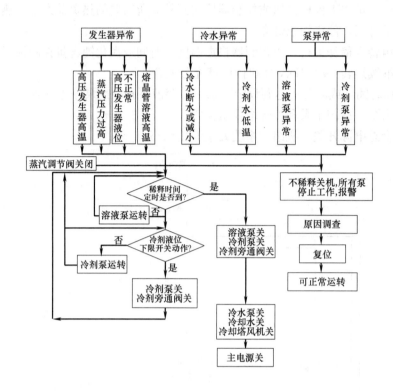

图 8-59 蒸汽型溴化锂吸收式冷水机组程序故障停机系统流程图

根据机组的要求，计算机控制包括对机组的检测与控制。

1. 对机组的检测

为实现机组状态监视、参数控制、故障诊断及安全保护等功能，计算机控制系统对机组各部件中的主要参数进行检测与显示。主要检测参数为温度、压力、流量、液位、质量分数等[3]，见表 8-5。

计算机控制系统的主要检测参数 表 8-5

热水型（单效型）	蒸汽型
冷水进口温度	冷水进口温度
冷水出口温度	冷水出口温度
溶液喷淋温度	溶液喷淋温度
冷剂水冷凝温度	冷剂水冷凝温度
熔晶管温度	熔晶管温度
冷却水出口温度	冷却水出口温度
冷却水进口温度	冷却水进口温度
冷剂水蒸发温度	冷剂水蒸发温度
发生器溶液出口温度	高压发生器溶液出口温度
	低压发生器溶液出口温度
热水进口温度	加热蒸汽压力

续表

热水型(单效型)	蒸汽型
热水出口温度	蒸汽凝水温度
—	高压发生器压力
自动抽气装置压力	自动抽气装置压力
冷水流量	冷水流量
冷剂泵电流	冷剂泵电流
—	变频器频率
溶液泵电流	溶液泵电流

通过检测，机组可实现对故障的判断，溴化锂吸收式机组的主要故障检测内容如表 8-6 所示。

溴化锂吸收式机组的主要故障检测内容 表 8-6

热水型(单效型)	蒸汽型
冷水断水	冷水断水
冷水低温	冷水低温
溶液泵过流	溶液泵过流
—	变频器故障
熔晶管高温	熔晶管高温
冷却水断水	冷却水断水
冷却水低温	冷却水低温
	高发溶液高温
发生器溶液高温	高压发生器高压
冷剂泵过流	冷剂泵过流
热水温度高温	蒸汽压力高压
冷剂水低温	冷剂水低温

2. 对机组的控制

计算机控制系统包括单元控制系统和集中控制系统。单元控制系统可实现单机组的控制和安全保护。集中控制系统可实现多台溴化锂机组的集中监控[3]。

单元控制系统所实现的功能如下：

（1）实现机组的能量调节，系统可采用模糊控制或 PID 控制，根据冷热水的温度和机组参数设定值，连续控制蒸汽的阀门开度，使冷水的出水温度能够稳定在很高的控制精度上，提高了机组的运转效率，更适合于高精度的温度控制场所。

（2）控制系统能随时监视机组浓溶液中的溴化锂含量。根据冷却水的进口温度，控制热源的供应量，使机组在适当的溴化锂含量下运行，既防止了机组的结晶，又提高了机组的运转效率。

（3）控制系统采用变频器控制溶液泵。使机组在最佳溶液循环量下运行，提高了机组的运转效率，缩短了启动时间，减少了能源消耗。

（4）控制系统可随时监视机组运转溴化锂含量。计算出最佳的稀释运行时间，使机组在停机后能够处于最佳的溴化锂含量状态，既防止了结晶，又加快了再次开机的速度，达到经济稀释运行的目的。

（5）控制系统按规定程序执行机组的正常开、停机任务和机组的非正常停机（故障停机）任务。

（6）控制系统执行安全保护功能，主要内容如表 8-7 所示。

溴化锂吸收式机组的主要执行安全保护功能　　　　　　　　　　表 8-7

热水型(单效型)	蒸汽型
冷水低温	冷水低温
冷水流量过低或断水	冷水流量过低或断水
冷剂水低温	冷剂水低温
发生器溶液高温	高压发生器溶液高温
—	高压发生器高压
热水温度高温	蒸汽压力保护
冷却水低温	冷却水低温
冷却水流量过低或薪水	冷却水流量过低或断水
溶液泵过流	溶液泵(变频器)过流
冷剂泵过流	冷剂泵过流

集中控制系统能够根据外界所需要的热负荷合理地调配多台机组，并能联动控制外部水泵与风机，使机组更经济、可靠地运行。

计算机与各机组之间通过图 8-60 所示的方式构成集中控制系统，通过监控软件的实施，实现上述控制功能。

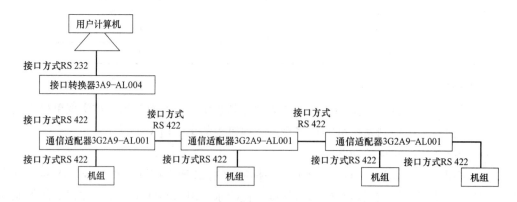

图 8-60　计算机集中控制系统示意图

本 章 习 题

8.1　简述吸收式制冷的工作原理。从多个方面比较吸收式制冷和压缩式制冷的相同和不同之处。

8.2　试比较热力系数与制冷系数。热力系数通常都小于制冷系数是否说明吸收式不如压缩式？

8.3　何谓溴化锂在水中的溶解度？为什么溴化锂水溶液的浓度一般不大于 65%？

8.4　溴化锂水溶液有哪些主要特性? 溴化锂水溶液的饱和温度与压力、浓度有什么关系? 与纯水的关系一样吗?

8.5　已知溴化锂吸收式制冷机的冷凝温度为 44℃, 蒸发温度为 6℃, 吸收器出口稀溶液的温度为 42℃, 发生器出口浓溶液的温度为 95℃。请将该吸收式制冷循环表示在 $p-t$ 图及 $h-\xi$ 上。

8.6　溴化锂吸收式制冷机中溶液热交换器起什么作用? 不设行不行?

8.7　蒸汽型单效溴化锂吸收式冷水机组有哪些主要的换热部件?

8.8　溴化锂吸收式冷水机组中防止溶液腐蚀的根本措施是什么?

8.9　直燃型吸收式冷水机组与蒸汽型相比有哪些优缺点?

8.10　溴化锂吸收式制冷机有哪几种结构形式? 各有什么优缺点?

8.11　试述双筒结构溴化锂吸收式制冷机的结构特点。

8.12　吸收器和蒸发器中为什么采用淋激式换热器?

8.13　试述溴化锂吸收式制冷机中不凝性气体的来源和危害性, 采取什么措施排除?

8.14　溴化锂吸收式制冷机在什么地方容易产生结晶? 为什么? 如何防止或缓解?

8.15　溴化锂吸收式制冷机如何防腐?

8.16　试述工作蒸气压力对制冷机性能的影响。

8.17　试述冷却水温度和流量对制冷机性能的影响。

8.18　试述冷水温度和流量对制冷机性能的影响。

8.19　试述污垢系数对吸收式制冷机性能的影响。

8.20　试述稀溶液循环量对吸收式制冷机性能的影响。

8.21　试述不凝性气体对吸收式制冷机性能的影响。

8.22　试述溴化锂吸收式制冷机的调节方法。

8.23　试述双效吸收式制冷机的特点。

8.24　双效溴化锂吸收式制冷机组与单效溴化锂吸收式制冷机组相比增加了哪些设备?

8.25　溴化锂冷水机组有哪些保护措施?

8.26　双效溴化锂吸收式制冷机的溶液循环有哪两种形式? 其区别是什么?

8.27　试在 $h-\xi$ 图上表示出稀溶液先进高压发生器串联流程双效溴化锂吸收式制冷机的溶液循环和冷剂水循环。

8.28　试述蒸气压力、冷水出口水温、冷却水进口水温、冷却水量、冷水量对双效溴化锂吸收式制冷机性能的影响。

8.29　直燃式溴化锂吸收式冷热水机组与双效吸收式制冷机有何异同?

8.30　直燃型溴化锂吸收式冷水机组有哪几种机型?

8.31　试述直燃型溴化锂吸收式冷水机组的夏季制冷流程和冬季供暖流程。

8.32　溴化锂吸收式制冷机耗电量很小, 它是节能设备吗? 为什么?

8.33　试述溴化锂吸收式制冷机的应用场合。

8.34　已知吸收器压力为 1.1kPa, 溶液泵进口温度为 42℃。求溶液泵进口处的浓度和比焓。

8.35　已知发生器压力为 11kPa, 出口溶液温度为 94℃。求该溶液的浓度和比焓。

8.36　已知氨-水吸收式制冷机的制冷量为 500kW, 冷水温度为 −10℃, 冷却水温度为 20℃, 如图 8-61 所示, 高温热源是温度为 135℃的饱和水蒸气。计算制冷机的循环倍率, 热平衡方程和 COP。

8.37　已知氨-水吸收式制冷机的制冷量为 400kW, 冷水温度为 −10℃, 冷却水温度为 20℃, 高温热源是温度为 135℃的饱和水蒸气, 现系统多了一个热交换器, 如图 8-62 所示。计算制冷机的循环倍率, 热平衡方程和 COP。

8.38　已知溴化锂吸收式制冷机的制冷量为 200kW, 冷水供/回水温度为 7℃/13℃, 冷却水温度为 25℃, 制冷系统如图 8-63 所示, 高温热源是 85℃的饱和水蒸气。计算制冷机的循环倍率, 热平衡方程和 COP。

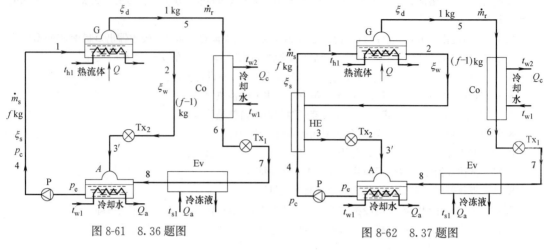

图 8-61　8.36 题图　　　　　　　　　图 8-62　8.37 题图

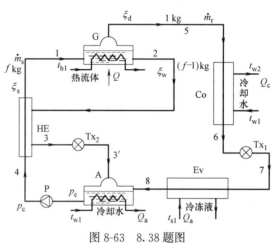

图 8-63　8.38 题图

本章参考文献

［1］　戴永庆. 溴化锂吸收式制冷技术及应用. 北京：机械工业出版社，1996.

［2］　陆亚俊，马最良，姚杨. 空调工程中的制冷技术. 哈尔滨：哈尔滨工程大学出版社，1997

［3］　陈芝久，吴静怡. 制冷装置自动化. 北京：机械工业出版社，2010.

第9章 建筑冷源工程

建筑冷源工程的设计、经济性分析、控制调节及性能测试是将制冷原理、方法和技术用于工程实际的关键环节，是学生理论学习与工程实践密切结合的基本要求。本章首先介绍了载冷剂种类及输送系统形式，其次介绍了建筑冷源系统的设计方法和经济性分析方法，介绍了建筑冷源系统监测控制系统设计方法，最后介绍了制冷机组与制冷系统性能测试原理、测试方法及实践教学案例。

9.1 载冷剂种类与制冷量输送

载冷剂是指间接制冷系统中用来传递冷量的中间介质。在间接制冷系统中制冷剂可以在较小的制冷系统内循环，冷量通过载冷剂传递给被冷却对象。如果被冷却介质离制冷系统较远，或者出于其他考虑，不便采用制冷剂直接冷却的方式，那么就可以利用载冷剂，将制冷剂的冷量传递给载冷剂，再由载冷剂传递给被冷却介质。

9.1.1 载冷剂种类

1. 载冷剂要求

通常情况下，优良的载冷剂应满足下列条件[1]：

（1）比热大。载冷剂的比热大，传递一定制冷量所需的载冷剂循环量就小，管路的管径和泵的尺寸都小，节省泵的耗功率。

（2）导热系数高。载冷剂的导热系数高，换热设备的传热性能好，可减少传热面积。

（3）密度和黏度低。载冷剂的密度和黏度低，在管路中流动的阻力小，可以降低压缩机的耗功率或缩小管道的尺寸。

（4）沸点高，凝固点低，而且都应远离工作温度。载冷剂是依靠显热来运载热量的，所以要求载冷剂在工作温度下处于液态，不发生相变。要求载冷剂的凝固温度至少比制冷剂的蒸发温度低 4～8℃，沸点比制冷系统所能达到的最高温度高。

（5）腐蚀性小，对金属无腐蚀作用。

（6）载冷剂蒸气与空气的混合物不燃烧、无爆炸危险。液态和气态的都无毒，对人体无刺激作用。如果在特殊情况下必须使用可燃、易挥发的载冷剂时，其闪点须高于 65℃。

（7）无活性。不会使其他物质变色和变质。

（8）来源充沛，易于购买，价格低廉。

2. 常用的载冷剂

载冷剂的种类很多，常用的载冷剂有空气、水、有机溶液（乙二醇水溶液、丙三醇、甲醇、乙醇、二氯甲烷、三氯乙烯等）、盐水溶液等。下面介绍几种常见的载冷剂[2]。

（1）空气。空气作为载冷剂在冷库及空调中多有采用。空气作为载冷剂的优点包括以下几个方面：

1) 空气无毒，对人体无刺激性。

2) 黏度小，流动阻力小。

3) 对金属的腐蚀性小，管路设备寿命长。

4) 不易燃烧，无爆炸危险。

5) 化学稳定性好，不分解，无活性，不会使其他物质变色。

6) 到处都有，易于获得，廉价，不需要复杂的设备。

空气作为载冷剂的缺点有：

1) 空气比热容小，所需传热面积大，只有直接冷却时才使用空气。

2) 相对密度小，所占空间大。

（2）水。水是一种理想的载冷剂，在制冷行业中普遍使用。但水作为载冷剂只能用于载冷温度在 0℃ 以上的场合，常用于空调制冷系统及 5℃ 以上的生产工艺冷却系统，通常称为冷水。

水作为载冷剂的优点有：

1) 比热容大，传热效果好，循环水量少。

2) 密度小，黏度小，流动阻力小。

3) 化学稳定性好，不燃烧，不爆炸。

4) 对机组和管道的腐蚀性小，系统安全性好。

5) 无毒，对人、食品和环境都是无害，所以不论是在空调系统中，还是在工业制冷系统中，水不仅可以作为载冷剂，也可以直接喷入空气中进行调湿和洗涤空气。

水载冷剂的缺点是水的凝固点高，限制了它的应用范围，并且在作为接近 0℃ 的载冷剂使用时，应注意蒸发器等换热设备的防冻措施。

（3）乙二醇水溶液。乙二醇（$CH_2OH \cdot CH_2OH$）水溶液是一种无色、无味、无电解性、无燃烧性、低挥发性及低腐蚀性的液体，是空调蓄冷系统常用的载冷剂。乙二醇的相对分子质量为 52.069，溶液潜热为 187kJ/kg。乙二醇水溶液在蓄冷系统的工作温度时呈液体状态，不冻结成固体，其凝固点比制冷剂蒸发温度低，沸点高于系统的最高温度。与纯水相比，乙二醇水溶液密度大、黏度较高，比热容和热导率较小，其热物理性质如表 9-1 所示。

乙二醇水溶液的热物理性质　　　　　　　　　　　　　　表 9-1

质量浓度 ξ(%)	起始凝固温度 t_f(℃)	密度 ρ (15℃) (kg/m³)	温度 t (℃)	比热容 c [kJ/(kg·K)]	动力黏度 $\mu \times 10^3$ (Pa·s)	运动黏度 $\nu \times 10^6$ (m²·s)	运动黏度 $\nu \times 10^4$ (m²/h)	热导率 λ[W/(m·K)]	导温系数 $a \times 10^4$/(m²/h)	普朗特数 Pr
4.6	−2	1005	50	4.14	0.59	0.586	21.1	0.62	5.33	3.96
			20	4.14	1.08	1.07	38.5	0.58	5	7.7
			10	4.12	1.37	1.365	49	0.57	4.95	9.9
			0	4.1	1.96	1.95	70	0.56	4.85	14.4
8.4	−4	1010	50	4.1	0.96	0.68	24.5	0.59	5.15	4.75
			20	4.06	1.18	1.17	42	0.57	5	8.4
			10	4.06	1.57	1.55	55.7	0.56	4.9	11.4
			0	4.06	2.26	2.23	80	0.55	4.8	16.7
12.2	−5	1015	50	4.06	0.69	0.677	24.3	0.58	5.08	4.8
			20	4.02	1.37	1.35	48.5	0.55	4.8	10.1
			10	4	1.86	1.84	66	0.54	4.8	13.8
			0	3.98	2.55	2.51	90	0.53	4.77	18.9

质量浓度 $\xi(\%)$	起始凝固温度 $t_f(℃)$	密度 ρ (15℃) (kg/m³)	温度 t (℃)	比热容 c [kJ/(kg·K)]	动力黏度 $\mu \times 10^3$ (Pa·s)	运动黏度		热导率 λ[W/(m·K)]	导温系数 $a \times 10^4$/(m²/h)	普朗特数 Pr
						$\nu \times 10^6$ (m²·s)	$\nu \times 10^4$ (m²·h)			
16	−7	1020	50	4.02	0.78	0.77	27.7	0.56	4.9	5.65
			20	3.94	1.47	1.45	52	0.53	4.8	10.8
			10	3.91	2.06	2.02	72.5	0.52	4.72	15.4
			0	3.89	2.84	2.79	100	0.51	4.63	21.6
			−5	3.89	3.43	3.37	121	0.5	4.55	26.6
19.8	−10	1025	50	3.98	0.78	0.76	27.3	0.55	4.8	5.7
			20	3.89	1.67	1.63	58.7	0.52	4.7	12.5
			10	3.87	2.26	2.2	79	0.51	4.65	17
			0	3.85	3.14	3.06	110	0.5	4.55	24.2
			−5	3.85	3.82	3.73	134	0.49	4.49	30
23.6	−13	1030	50	3.94	0.88	0.858	30.8	0.52	4.66	6.6
			20	3.85	1.77	1.72	62	0.5	4.53	13.7
			10	3.81	2.55	2.48	89	0.49	4.53	19.6
			0	3.77	3.53	3.44	124	0.49	4.53	24.2
			−10	3.77	5.1	4.95	178	0.49	4.53	39.4
27.4	−15	1035	50	3.85	0.88	0.855	30.8	0.51	4.62	6.7
			20	3.77	1.96	1.9	68.5	0.49	4.5	15.2
			10	3.73	3.92	3.8	137	0.48	4.45	31
			0	3.68	5.69	5.5	198	0.48	4.5	44
			−15	3.66	7.06	6.83	246	0.47	4.47	55
31.2	−17	1040	50	3.81	0.98	0.94	33.9	0.5	4.55	7,5
			20	3.73	2.16	2.07	74.5	0.48	4.45	16.8
			0	3.64	4.41	4.25	153	0.47	4.45	34.5
			−10	3.64	6.67	6.45	232	0.47	4.45	52
			−15	3.62	8.24	7.9	285	0.46	4.4	65
35	−21	1045	50	3.73	1.08	1.03	37	0.48	44	8.4
			20	3.64	2.45	2.35	84.8	0.47	4.4	19.2
			0	3.56	4.9	4.7	169	0.47	4.5	37.7
			−10	3.56	7.65	7.35	265	0.45	4.4	60
			−15	3.54	9.32	8.9	320	0.45	4.4	73
			−20	3.52	11.77	11.3	407	0.45	4.45	92

乙二醇水溶液用作载冷剂时具有以下特点：

1) 冻结温度合适：改变配比浓度可以得到不同冻结温度的乙二醇溶液，一般采用质量分数为 25% 的乙二醇溶液作为冰蓄冷系统的载冷剂。

2）腐蚀性低：纯乙二醇对金属的腐蚀性比水低，但混合成低浓度水溶液后，由于水中空气的氧化作用，使溶液呈弱酸性而略有腐蚀性，必须添加适量的抑制剂以保持其碱性或中性。

3）热物性适中：以质量分数为 25％ 的乙二醇溶液为例，在 $-5℃$ 时其密度约为 $1042kg/m^3$，比水略重，但相对于其他盐类载冷剂较轻；比热容为 $3.78kJ/(kg \cdot ℃)$；黏度约为冷水的 4 倍；热导率为 $0.5W/(m \cdot ℃)$，略低于冷水。

4）化学稳定性好：乙二醇易溶于水，浓度均匀，挥发性和蒸发率低，应用于冰蓄冷系统时每年仅需作少量补充（约 7％），主要用于补充泄漏损失。

5）价格平稳：乙二醇在石油化工业中大量应用，价格平稳、容易购得、运输方便，且都已加入各种防金属腐蚀、防泡沫形成等添加剂。

6）安全可靠：乙二醇是一种无色液体，着火点高，约为 116℃，具有轻微毒性，对人体无接触伤害。

（4）丙三醇水溶液。丙三醇（$CH_2OHCHOHCH_2OH$）无色、无味、无电解性、无毒、对金属不腐蚀，化学性质稳定，可与食品直接接触而不引起腐蚀，并有抑制微生物生长的作用，所以常被用于啤酒、制乳工业以及某些接触式食品冷冻装置中。

（5）乙醇水溶液。乙醇（C_2H_5OH）是具有芳香味的无色易燃液体，凝固点 $-114℃$，可用作 $-100℃$ 以上的低温载冷剂。乙醇可以任意比例溶于水，易挥发，易燃。通常可使用纯乙醇或乙醇水溶液作载冷剂。

（6）盐水溶液。盐水溶液一般是用氯化钠（食盐 NaCl）、氯化钙（$CaCl_2$）或氯化镁（$MgCl_2$）溶解于水配制而成。这类载冷剂适用于中、低温制冷系统，也是最普遍采用的载冷剂。盐水的性质和含盐量有关。但应指出，盐水的凝固点取决于盐水的浓度。图 9-1 表示了盐水凝固点与浓度的关系。图中 aBE 线称为析冰线。t_E 称该盐水的共晶点温度，ξ_E 称为共晶浓度，E 点称共晶点[1]。

GE 线称为析盐线。由图可见，盐水的凝固点取决于盐水的浓度。浓度增加，则凝固点下降，当浓度增大至共晶浓度 ξ_E 时，凝固点下降到最低点，即共晶点温度（t_E），若浓度再增大，则凝固点反而升高。同时可以看出，曲线将图分为四个区，即溶液区、冰—盐水溶液区、盐—盐水溶液区、固态区[1]。

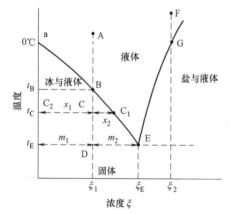

图 9-1　盐水的凝固点与盐水浓度的关系

盐水作载冷剂时应注意三个问题：

1）要合理地选择盐水的浓度。盐水浓度增高将使盐水的密度加大，会使输送盐水的泵的功率消耗增大；而盐水的比热却减小，输送一定制冷量所需的盐水流量将增多，同样增加泵的功率消耗。因此，不应选择过高的盐水浓度，而应根据使盐水的凝固点低于载冷剂系统中可能出现的最低温度的原则来选择盐水浓度。目前，一般的做法是，选择盐水的浓度使凝固点比制冷装置的蒸发温度低 5～8℃。

2）注意盐水溶液对设备、管道的腐蚀问题。对金属的腐蚀随盐水中含氧量的减少而变慢。为此，最好采用闭式盐水系统，以减少与空气接触。另外，为了减轻腐蚀作用，可在盐水溶液中加入一定量的缓蚀剂。$1m^3$ 氯化钙水溶液中应加 1.6kg 重铬酸钠（$Na_2Cr_2O_7$）和 0.45kg 氢氧化钠（NaOH）；$1m^3$ 氯化钠水溶液中应加 3.2kg 重铬酸钠和 0.89kg 氢氧化钠。加入缓蚀剂后，必须使盐水略呈碱性（pH＝7～8.5）。

3）盐水浓度。盐水载冷剂在使用过程中，会因吸收空气中的水分而使其浓度降低。尤其是在开式盐水系统中。为了防止盐水的浓度降低，引起凝固点温度升高，故必须定期用比重计测定盐水的比重。若浓度降低时，应补充盐量，以保持在适当的浓度。

3. 载冷剂的选择方法

工程中使用的载冷剂有空气、水、盐水溶液和有机溶液等，具体选择办法是：

（1）蒸发温度在 5℃以上的载冷剂系统，可采用水作载冷剂。

（2）蒸发温度在－50～5℃的范围内，可采用氯化钠盐水溶液（－16～5℃）或氯化钙盐水溶液（－50～5℃）作载冷剂。盐水溶液的最大缺点是对金属材料有腐蚀作用，当泄漏时会对食品有一定的影响，所以在不便维修或不便更换设备及管道的场合、某些特定食品加工工艺中，可采用乙二醇水溶液等作为载冷剂。另外也可用三氯乙烯、二氯甲烷等物质来代替氯化钙盐水溶液。

（3）当载冷剂系统的工作温度范围较广，既需要在低温下工作，又需要在高温下工作时，应选择能同时满足高、低温要求的物质作载冷剂。这时载冷剂应具备凝固点低、沸点高的特性。例在具有±50℃温度要求的环境试验室和需冷却到－50℃也需加热到 60～70℃的生物药品、疫苗等生产的冷冻干燥装置中，可选用三氯乙烯等作载冷剂。

（4）当蒸发温度低于－50℃时，可采用凝固点更低的有机化合物作载冷剂，例如三氯乙烯、二氯甲烷、三氯氟甲烷、乙醇、丙酮等。这些物质的沸点也较低，一般需采用封闭式系统，以防溶液泵气蚀、载冷剂汽化以及冷量损失。

9.1.2 制冷量输送系统形式

制冷量向用户输送的方式有两种：直接供冷和间接供冷。直接供冷的特点是把制冷系统的蒸发器直接置于被冷却场所，以对空间进行冷却，或直接用于冷却所需冷却的介质（如空气）。例如，冷库的制冷系统把蒸发器（冷却排管或冷风机）直接置于冷库内，对库房进行冷却。间接供冷的特点是首先冷却载冷剂，再用载冷剂冷却所需冷却的空间或介质。直接供冷与间接供冷相比，前者的主要优点是：没有中间的载冷剂冷却设备及系统，投资省，机房面积小，冷量损失少；在同样的被冷却物温度下，有较高的蒸发温度，制冷系数较高；冷却速度快，易于实现自动化。其缺点是：如果制冷系统有制冷剂泄漏，则直接会对用户带来不利的影响。对于大中型系统，制冷剂管路较长，还可能有液柱对蒸发温度的影响，这样都会使制冷系统运行的经济性下降；另外，制冷剂的充注量多，泄漏的可能性大；蓄冷能力小[1]。

间接供冷的载冷剂系统可分为开式系统和闭式系统两种。图 9-2 是开式系统的原理图，其中图 9-2（a）是采用水箱式蒸发器的系统图，图 9-2（b）是采用卧式壳管式蒸发器的系统图。开式系统的共同特点是系统中有水箱，有较大的容量，因此温度比较稳定，蓄冷能力大，也不易冻结。但有较大的水面与空气相接触，对系统的腐蚀性较强；当设备高差很大时，循环水泵还需要消耗较多的提升载冷剂高度所需的能量。

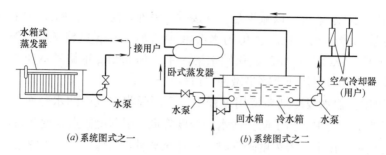

(a) 系统图式之一　　　　　　　　(b) 系统图式之二

图 9-2　开式载冷剂系统

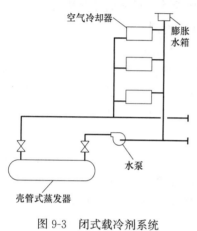

图 9-3　闭式载冷剂系统

图 9-3 是闭式载冷剂系统。这种系统的载冷剂基本上不与空气接触，对管路设备的腐蚀较小；水容量比开式系统的小；系统中水泵只需克服系统的流动阻力，因此，闭式系统的特点与开式系统相反。系统中设有膨胀水箱，其作用是在载冷剂温度升高时容纳载冷剂膨胀增加的体积和载冷剂温度降低时补充载冷剂体积缩小的量。系统中载冷剂的膨胀量 V（m³）可用下式计算

$$V = M_w(V_2 - V_1) \tag{9-1}$$

式中　V_1、V_2——分别是载冷剂膨胀（温度升高）前后的比容，m³/kg；

M_w——系统中的水容量，kg。

膨胀水箱的有效容积应大于系统中载冷剂的膨胀量。

9.2　建筑冷源系统设计

9.2.1　常用冷源设备及选择计算

1. 建筑冷源设备

（1）活塞式冷水机组。活塞式冷水机组属于容积式制冷压缩式机组，是民用建筑空调制冷中采用时间最长、使用最多的一种机组。它价格低廉、制造简单、运行可靠、使用灵活方便，在民用建筑空调中占有重要地位。活塞式冷水机组采用的冷媒通常是R22，冷却形式有水冷式和风冷式两种类型，制冷压缩机的数量最多可达 8 台，制冷系统回路有单制冷回路和双制冷回路两种形式。双制冷回路冷水机组具有两组相互独立的制冷回路，当一组保护停机或发生故障时，另一组仍能继续运行，特别适合要求机组可靠运行的场所。

活塞式冷水机组的能量调节有改变压缩机工作气缸数量和改变工作压缩机数量两种方式。两种方式组合使用，可以增加能量调节范围，使冷水机组对空调负荷变化的适应性更好。

（2）螺杆式冷水机组。螺杆式压缩机是一种回转容积式压缩机，冷媒通常采用 R22和 R134a，适用于大、中型的空调制冷系统。螺杆式冷水机组的主要优点是结构简单、体

积小、重量轻，通过对滑阀的控制，可以在 15%～100% 的范围内对制冷量进行无级调节，且它在低负荷时的能效比较高，这对于高层民用建筑的空调负荷有较好的适应性。另外，它在运行上比较平稳，易损件少，单级压缩比大，管理方便。在单机容量方面，螺杆式冷水机组也较小，为了增大制冷容量，最常用的方法是采用多台压缩机联合运行（也叫多机头机组），使机组总制冷量成倍地增加。

（3）离心式冷水机组。离心式冷水机组是目前大、中型高层民用建筑空调系统中使用最广泛的一种机组，常见机组所采用的冷媒是 R22 和 R134a。离心式冷水机组具有制冷量大、质量轻、制冷系数较高、运行平稳、容量调节方便、噪声较低、维修及运行管理都较为方便等优点；其缺点是小冷量时的能效比明显下降，负荷太低（小于 20% 左右）时可能发生喘振现象，机组的运行工况将恶化。

（4）磁悬浮冷水机组。磁悬浮冷水机组采用了创新的磁悬浮轴承技术。该技术由澳大利亚 Multistack 公司研制成功，在 2003 年的美国 Chicago ASHRAE/AHR 展览上获得了 Energy Innovation 奖。磁悬浮轴承是一种利用磁场，使转子悬浮起来，从而在旋转时不会产生机械接触，不会产生机械摩擦，不再需要机械轴承以及机械轴承所必需的润滑系统。在制冷压缩机中使用磁悬浮轴承，所有因为润滑油而带来的烦恼就不再存在了。磁悬浮离心式压缩机采用直流驱动，其转速可以在 15000～48000r/min 之间调节，使压缩机的制冷量最低可以工作在 20% 的负荷。无摩擦和离心压缩方式使压缩机获得了高达 $COP=5.6$ 的满负荷效率，而变频控制技术则使压缩机获得了 $IPLV=0.41kW/ton$ 极其优异的部分负荷效率。与传统的离心式冷水机组相比，具有以下优点：

1）在部分负荷工况下，其运行效率高 48%。

2）无需润滑油，维护费用比含油压缩机低 50%。

3）超轻的机身设计。一个 120RT 的压缩机仅重 295 磅，相当于一些传统机器重量的 1/5。

4）超静的运营过程。运行时的声音小于 70dB。

5）启动电流小。变频控制也使压缩机只要 6A 的微弱电流就可以启动起来，而传统的相同制冷量的其他压缩机，至少需要 500～600A 的启动电流。

（5）涡旋式冷水机组。涡旋式制冷压缩机是一种新机型，包括风冷和水冷。优点为：

1）不需要设置吸、排气阀片，密封性好，具有较高的容积效率，一般可达 90% 以上，即使在低负荷时也可达 80%，而一般往复式压缩式的容积效率只有 60%～70%。

2）体积小、质量轻。与活塞式相比，体积可缩小 40%，质量减轻 15%。

3）结构简单，易损部件少，运行平稳，噪声低。

4）易于变频调节，目前数码涡旋技术也很成熟，具有较高的 EER 值。

5）操作简单，安装、维护方便，使用寿命长。

涡旋式冷水机组的缺点是制造加工精度要求非常高，并且单机制冷量有限，冷量不高。

（6）溴化锂吸收式冷水机组。溴化锂吸收式冷水机组适用于大型中央空调工程。溴化锂吸收式冷水机组的优点为[3]：

1）溴化锂吸收式制冷本身与压缩机制冷相比是不节能的，双效型机组比电动压缩式冷水机组多消耗约 40%～70% 的煤，单效型机组比电动压缩机冷水机组约多消耗 180%～

210%的煤，但它以热能为动力，能源利用范围广，可利用低位热能（余热、废热排热）。

2）以水为制冷剂，安全、运行平稳、噪声低，满足环保要求。

3）制冷量调节范围广。机组可在 20%～100% 的范围内进行冷量的无级调节，并且随着负荷的变化调节溶液循环量，有着优良的调节特性。

4）对外界条件变化的适应性强，对安装基础的要求低，无需特殊的机座，可安装在室内、室外，甚至地下室、屋顶上。

5）安装简便，制造简单，操作、维护保养方便。

溴化锂机组的缺点为：

1）气密性要求较高。即使是微量的空气渗漏都会影响机器的性能。为此，制冷机要求有严格的密封，这给机器的制造和使用增加了许多困难。

2）与压缩式冷水机组相比，溴化锂吸收式机组节电不节能，有冷量衰减的问题。一般情况下，机组运行 3 年以上，冷量衰减可达 20%。

3）机房占地面积较大，设备质量也较大。

4）排热量大，需要的冷却水量也大，相应的冷却水系统和冷却塔容量大。对冷却水的水质要求也比较高，在水质差的地方，使用时应进行专门的水质处理，否则将影响机组性能的正常发挥。

（7）直燃型溴化锂吸收式冷热水机组。直燃型溴化锂吸收式冷热水机组是以燃油、燃气为热源，水为制冷剂，溴化锂溶液为吸收剂，在真空状态下交替或者同时制取空气调节和工艺用冷、热水的设备。直燃型溴化锂吸收式冷热水机组具有以下优点[3]：

1）自备热源，无需另建锅炉房或依赖城市热网，节省热源购置费用。

2）一机多用。可夏季供冷，冬季供热，兼顾提供生活热水。

3）可采用燃油或燃气，其燃烧热效率高，且对大气环境污染较小。

4）主机负压运转，无爆炸隐患，机房可设在建筑物内的任何位置。

5）制冷主机与燃烧设备一体化，可根据负荷变化实现燃烧耗量的调节，提高了能量利用率。

6）可平衡城市煤气与电力的季节耗量，有利于城市季节能源的合理使用，可起到消减用电峰值、增加利用低谷用气量的作用。

7）结构紧凑、体积小，热源稳定，制冷机出力容易保证，易实现自动化控制。

（8）空气源热泵机组。空气源热泵机组也叫风冷热泵机组。在冬季制热运行时，利用室外空气热源，以室外空气侧换热器作为蒸发器吸取室外空气中的热量，然后将吸取的室外热量传输到水侧换热，水侧换热器作为冷凝器，制备热水。夏季制冷运行时，以空气侧换热器作为冷凝器向外排热，以水侧换热器作为蒸发器制备冷水。通过四通换向阀的切换作用，改变制冷剂在环路中的流通方向来实现冬季和夏季运行工况转换。

空气源热泵目前较适用于室外温度在 -10℃ 以上的地区和面积在 1 万～1.5 万 m² 以下规模的建筑。对于夏季冷负荷小而冬季热负荷较大的地区或对于夏季冷负荷很大而冬季热负荷很小的地区不宜单独采用热泵。

空气源热泵机组的优点是：①使用方便，不需要冷却水系统；②不需要燃料输送管道和输送费用；③安装在室外，不占机房面积，节省土建费用；④结构紧凑，整体性好，安装方便，施工周期短，运行管理简单。其缺点是：

1）机组的价格比水冷型机组和相同容量的制热设备贵，它的合理选用取决于技术经济比较和工程具体条件；

2）存在除霜问题，在冬季当室外温度处于−5～5℃范围内时，蒸发盘管常会结霜，不得不频繁融霜，这会降低其供暖能力；

3）大容量机组的噪声比较大，对周围居民造成影响。

（9）水源热泵机组。水源热泵机组是利用表面浅层水源，如地下水、河流和湖泊中吸收的太阳能和地热能而形成的低温低位热能资源。水源热泵机组的主要优点为：

1）水源热泵机组的效率要比空气源热泵机组高，可降低电耗，节省能源，环保效益显著；

2）一机多用，可以供热、供冷和供生活热水，应用范围广。

（10）燃气驱动热泵。燃气驱动热泵是一种稳定的天然气消耗设备。夏季是用气低谷、用电高峰，城市电力、燃气需求峰谷之间具有良好的互补性，因此燃气驱动热泵不仅能够削减电力高峰负荷，减少电力投资，还能对燃气起到填谷的作用，同时提高了燃气管网的利用率[3]。

燃气热泵使用清洁的燃气，燃烧充分，可大大减少 CO_2 的排放，环保性能好，比燃煤减少 40％的 CO_2 排放量，比燃油减少 20％的 CO_2 排放量。

（11）可变冷媒流量（VRV）系统。变冷媒流量空调系统，主要由主机（室外机）、管道（冷媒管线）、末端装置（室内机）以及控制部分组成。室内机是系统的末端装置部分，它是一个带蒸发器和循环风机的机组，与常见的分体空调室内机的原理完全相同。室外机主要由风冷冷凝器、压缩机和其他制冷附件组成，通过变频控制器控制压缩机转速，使系统内的冷媒流量进行自动控制，以满足室内冷、热负荷的要求。由于该系统最早问世的是大金公司的 VRV 系统，因此，一般称为 VRV 系统，如图 9-4 所示。

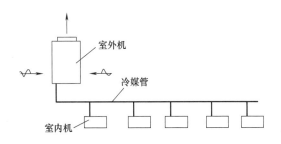

图 9-4 VRV 系统示意图

VRV 系统具有节能、舒适效果好，换热效率高的特点。该系统依据室内负荷，在不同转速下连续运行，减少了因压缩机频繁启停而造成的能量损失；采用压缩机低频启动，降低了启动电流，电气设备将大大节能，同时避免了对其他用电设备和电网的冲击，具有能调节容量的特性，改善了室内舒适性。空调系统具有设计安装方便、布置灵活多变、占建筑空间小、使用方便、可靠性高、运行费用低、不需机房、无水系统等优点。

（12）蓄冷装置。用于空调的蓄冷装置按储能方式可分为显热蓄冷和潜热蓄冷两大类；按蓄冷介质可分为水蓄冷、冰蓄冷、共晶盐蓄冷和气体水合物蓄冷四种方式。

以冰蓄冷装置为例进行说明。冰蓄冷装置是在不需冷量或需冷量少的时间（如夜间），利用制冷设备将蓄冷介质中热量移出，进行蓄冷，然后将此冷量用在空调用冷或工艺用冷高峰期，特点是转移制冷设备的运行时间。如果实行峰谷电价，这样，既达到电力移峰填谷的目的，也节省空调系统运行费用。

冰蓄冷的优点：蓄冷密度大，蓄冷温度几乎恒定，体积只有水蓄冷的几十分之一，便于储存；对蓄冷槽的要求较低，占用的空间小，容易做成标准化、系列化的标准设备。

（13）冷热电联产。冷热电联产（CCHP）是一种建立在能量梯级利用概念基础上，把制冷、供热和发电等设备构成一体化的联产能源转换系统，目的是为了提高能源利用率，减少需求侧能耗，减少碳、氮和硫氧化合物等有害气体的排放。典型的冷热电联产系统一般包括：动力系统和发电机（供电），余热回收装置（供热），制冷系统（供冷）等。冷热电联产中制冷机以吸收式为宜。

冷热电联产机组具有如下优点：①可以节省能源，减少 CO_2 的排放；②可以提高热电厂的设备利用率，相应提高热电厂的经济效益；③可以产生节电、增电效益，缓解夏季电力供需矛盾。

冷热电联包括分布式冷热电联产、区域冷热电联产（DCHP）和建筑冷热电联产（BCHP）。建筑冷热电联产是为建筑物提供冷、热、电的分布式能源系统。在建筑冷热电联产系统中，发电装置向建筑供电，发电装置所产生的废热则由余热锅炉、吸收式冷温水机、转轮除湿装置等回收利用，转换成为蒸汽、热水、冷水等，为建筑供冷、供暖和供生活热水等。与采用电动制冷、利用热源进行供热的冷热分供相比，供热装置的冬、夏共用提高了它的全年利用时间，降低了供热成本；又因分担了单独建设热源以利用热能制冷在热源建设上的投入资金，也能降低供冷成本。

图 9-5 所示为燃气轮机驱动的冷热电联产系统，燃气轮机中燃气燃烧后的高温烟气首先用于发电，发电后的烟气作为溴化锂机组的热源，提供用户的冷/热量，通过补燃可扩大溴化锂机组的供冷/热的能力[3]。

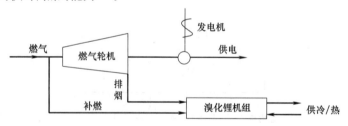

图 9-5　燃气轮机驱动的冷热电联产系统

2. 建筑冷源设备的选择计算

冷源设备的选择计算主要是根据工艺的要求和系统总耗冷量来确定的，冷源设备选择的恰当与否将会影响到整个冷源装置的运行特性、经济性能指标以及运行管理工作。冷源设备的选择计算一般按下列步骤进行。

（1）确定制冷系统总制冷量

冷水机组的设备总容量按下式计算：

$$Q_e = A_1 A_2 A_3 A_4 Q_{AC} \qquad (9-2)$$

式中　Q_e——制冷系统的总制冷量，kW；

Q_{AC}——用户实际所需要的制冷量，kW；

A_1——同时使用系数，为附加系数，建筑物的同时使用系数与建筑物使用性质、功能、规模、等级及经营管理等多种因素有关，一般在 $0.6\sim1.0$ 范围内；

A_2——冷损失系数，一般对于间接供冷系统，当空调工况制冷量小于 174kW 时，$A_2=0.15\sim0.20$；当空调工况制冷量为 $174\sim1744$kW 时，$A_2=0.10\sim0.15$；当空调工况制冷量大于 1744kW 时，$A_2=0.05\sim0.07$；对于直接供冷系统，$A_2=0.05\sim0.07$；

A_3——事故备用量修正系数，当只有 $2\sim3$ 台冷水机组时，需考虑在高峰负荷期间有一台机组因故障停运后，还可维持 75％ 左右的负荷。即两台机组时，A_3 取 1.4，三台机组时，A_3 取 1.12，四台机组以上时，A_3 取 1.0；

A_4——考虑设备传热及出力效率降低的系数。有的厂家样本上已提供。

（2）确定系统的设计工况

制冷系统的设计工况包括蒸发温度和冷凝温度。

1）冷凝温度 t_c

冷凝温度即制冷剂在冷凝器中凝结时的温度，其值与冷却介质的性质及冷凝器的形式有关[4]。

采用水冷式冷凝器时，冷凝温度可按下式计算：

$$t_c=\frac{t_{s1}+t_{s2}}{2}+(5\sim7)℃ \tag{9-3}$$

式中 t_c——冷凝温度，℃；

t_{s1}——冷却水进冷凝器的温度，℃；

t_{s2}——冷却水出冷凝器的温度，℃。

冷却水进冷凝器的温度，应根据冷却水的使用情况来确定。对于使用冷却塔的循环水系统，冷却水进水温度可按式下式计算：

$$t_{s1}=t_s+\Delta t_s \tag{9-4}$$

式中 t_s——当地夏季室外平均每年不保证50h的湿球温度，℃；

Δt_s——安全值，对自然通风冷却塔或冷却水喷水池，$\Delta t_s=5\sim7$℃；对机械通风冷却塔，$\Delta t_s=3\sim4$℃。

至于直流式冷却水系统的冷却水进水温度则由水源温度来确定。

冷却水出冷凝器的温度，与冷却水进冷凝器的温度以及冷凝器的形式有关，一般不超过35℃。可按下式确定：

立式壳管式冷凝器：$t_{s2}=t_{s1}+(2\sim4)$℃

卧式或组合式冷凝器：$t_{s2}=t_{s1}+(4\sim8)$℃

淋激式冷凝器：$t_{s2}=t_{s1}+(2\sim3)$℃

一般来说，当冷却水进水温度较低时，冷却水温差取上限值；进水温度较高时，取下限值。

采用风冷式冷凝器或蒸发式冷凝器，冷凝温度可用下式计算：

$$t_c=t_s+(5\sim10)℃ \tag{9-5}$$

2）蒸发温度 t_e

蒸发温度即制冷剂在蒸发器中沸腾时的温度，其值与所采用的冷媒种类及蒸发器的形式有关。

以淡水或盐水为冷媒，采用螺旋管或直立管水箱式蒸发器时，蒸发温度一般比冷媒出口温度低 4~6℃，即：

$$t_e = t_{e2} - (4 \sim 6)℃ \tag{9-6}$$

式中　t_e——制冷剂的蒸发温度，℃；

　　　t_{e2}——冷媒出蒸发器的温度，℃，根据用户实际要求确定。

当采用卧式壳管式蒸发器时，蒸发温度一般比冷媒出口温度低 2~4℃，即：

$$t_e = t_{e2} - (2 \sim 4)℃ \tag{9-7}$$

以空气为冷媒，采用直接蒸发式空气冷却器时，蒸发温度一般比送风温度低 8~12℃，即：

$$t_e = t_2' - (8 \sim 12)℃ \tag{9-8}$$

式中　t_2'——空气冷却器出口空气的干球温度，℃，即送风温度。

冷藏库用冷排管，其蒸发温度一般比库温低 5~10℃，即：

$$t_e = t - (5 \sim 10)℃ \tag{9-9}$$

式中　t——冷库温度，℃，库温越低，温差越小。

(3) 确定冷水机组类型

选择冷水机组时，应根据建筑物的用途、各类冷水机组的特性，结合当时水源、热源和电源等情况，从初投资和运行费用进行综合经济技术比较来确定。

1) 选择电力驱动的冷水机组时，当单机制冷量 $Q_e < 528$kW 时，宜选用活塞式或涡旋式冷水机组；当 $Q_e = 528 \sim 1163$kW 时，宜选用螺杆式或离心式冷水机组；当 $Q_e > 1163$kW 时，宜选用离心式冷水机组。

2) 对有合适热源，特别是有余热或废热的场所或电力缺乏的场所，宜选用吸收式冷水机组。

(4) 确定冷水机组台数

一个建筑冷站内选用的冷水机组台数多与少，各有利弊。从调节灵活、有利于节能等角度考虑，台数多些为好；从设备投资、占地面积及维修管理等方面考虑，台数不宜过多。冷水机组一般以选用 2~4 台为宜，中小型规模宜选用 2 台，较大型可选用 3 台，特大型可选用 4 台，冷水机组一般不设备用。另外，一个冷站内选用的机组型号应尽可能一致，以方便维修。

(5) 确定设计工况机组制冷量

名义工况下单台机组的制冷量可以通过下式计算：

$$Q_{e,b} = \frac{Q_e}{m} \tag{9-10}$$

式中　m——机组台数；

　　　$Q_{e,b}$——每台机组在名义工况下的制冷量，kW。

设计工况下，机组的制冷量可以根据机组的特性曲线图确定。每一种型号的制冷压缩机组都有其一定的特性曲线图。因此，可以根据设计工况，在特性曲线图上查得该工况的制冷量。利用压缩机的特性曲线图，不但能求出不同工况下的制冷量，还能确定不同工况下的轴功率。

9.2.2 空调冷水系统设计

1. 空调冷水系统形式

空调冷水系统形式繁多，通常有开式和闭式系统；定水量和变水量系统；两管制、三管制和四管制系统；同程和异程式系统。

（1）开式系统和闭式系统

从冷水是否与空气接触上分，冷水系统有开式系统和闭式系统，如图 9-6 所示。开式系统的水与大气相通，而闭式系统的水与大气不相通或仅在膨胀水箱处局部与大气有接触。凡采用淋水室处理空气或回水直接进入水箱，再经冷却处理后经泵送到系统中的水系统均属于开式系统。开式系统中的水质易脏，管路和设备易被腐蚀，且为了克服系统静水压头，水泵的能耗大，因此空调冷水系统很少采用开式系统，开式系统适用于利用蓄冷水池节能的空调水系统中[1]。

与开式系统相比，闭式系统水泵能耗小，系统中的管路和设备不易产生污垢和腐蚀，闭式系统最高点通常设置膨胀水箱，以便定压和补充或容纳水温度变化膨胀的水量。

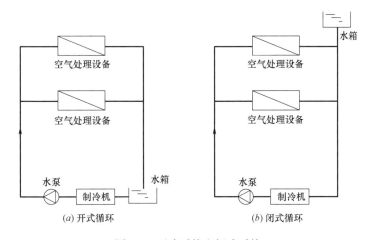

图 9-6　开式系统和闭式系统

（2）定水量系统和变水量系统

从调节特性上分，冷水系统有定水量系统和变水量系统。

在定水量系统中，系统的循环水量保持不变，系统通过改变供回水温差来满足负荷的要求。空调机或风机盘管采用三通阀进行调节，见图 9-7。当负荷减小时，一部分水流量与负荷成比例地流经空调机或风机盘管，另一部分从三通阀旁通，以保证供冷量与负荷相适应。采用三通阀定水量调节时，由于水泵仍按设计流量运行，当系统处于低负荷状态下运行的时间较长时，水泵的能耗较大。

在变水量系统中，系统的供回水温差不变，通过改变水流量来满足负荷的措施。空调机采用二通调节阀进行调节。当负荷减小时，调节阀关小，通过空调机的水流量按比例减小，从而使房间参数保持在设计

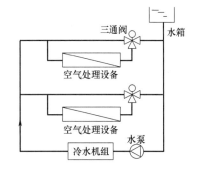

图 9-7　定水量系统

417

值范围。风机盘管常用二通阀进行停开两位控制。当负荷减小时，变水量系统中水泵的耗能也相应减少，但采用变水量系统会产生一些新问题，如：

1）当流经冷水机组的蒸发器流量减小时，导致蒸发器的传热系数变小，蒸发温度下降，制冷系数降低甚至会使冷水机组不能安全运行；同时，变水量系统还会造成冷水机组运行不稳定。

2）由于冷水系统必须按空调负荷的要求来改变冷水流量，这样随着流量的减少会引起冷水系统水力工况不稳定。

为了解决上述问题，目前工程上常采用下述两种方案：

方案1：冷源侧定水量，负荷侧变水量的单级泵方案（见图9-8）。

该方案在冷源侧和负荷侧之间的供回水管路上设旁通管，管上装有电动调节阀。当用户负荷减小，供回水管压差超过设定值时，通过压差控制器使旁通管上的调节阀开大，使一部分水量不流经负荷侧而直接旁通回到冷水机组，从而保证在用户负荷减小时冷水机组的水流量不减少。反之，当负荷侧水量增加时，供回水管压差减小，压差控制器使电动调节阀关小，旁通的水量减小、冷水机组与冷水泵一一对应，它们同时停开。这种系统优点是系统简单，主要缺点是随着空调负荷的减少，循环水泵功率不能按比例减少。

方案2：冷源侧定水量，负荷侧变水量的双级泵方案（见图9-9）。

这种系统把冷水系统分成冷水制备和冷水输送两部分。冷源侧与冷水机组相对应的水泵称为一次泵（或称初级泵），并与供回水干管的旁通管组成定水量一次环路，即为冷水制备系统。负荷侧水泵称为二次泵（或称次级泵），负荷侧末端设备、管路系统和旁通管构成二次环路，即冷水输送系统。各二次环路互相并联，并独立于一次环路，二次环路的划分取决于空调的分区要求。冷水输送系统根据负荷的需要，通过改变水泵的台数或转速来调节二次环路水量[1]。

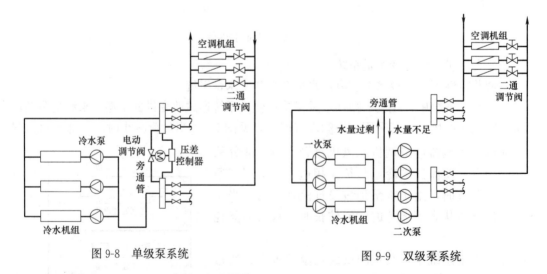

图 9-8　单级泵系统　　　　　　　　图 9-9　双级泵系统

（3）两管制、三管制、四管制系统

如图 9-10 所示，两管制系统有一根供水管，一根回水管，供冷和供热采用同一管网系统，随季节的变化而进行转换。两管制系统简单，施工方便；但是不能用于同时需要供

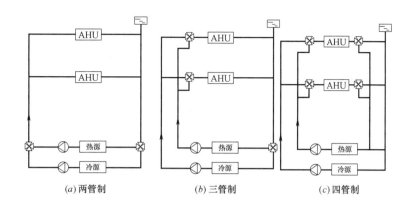

(a) 两管制　　　　　　(b) 三管制　　　　　　(c) 四管制

图 9-10　两管制、三管制、四管制系统

冷和供热的场所。

三管制系统有两根供水管（一根供冷水、一根供热水）和一根回水管。三管制系统能够同时满足供冷和供热的要求，但是比两管制复杂，投资也比较高，且存在冷、热回水的混合损失。

四管制系统的冷水和热水完全单独设置供水管和回水管，可以满足高质量空调环境的要求。四管制系统的各末端设备可随时自由选择供热或供冷的运行模式，相互没有干扰，所服务的空调区域均能独立控制温度等参数；由于冷水和热水在管路和末端设备中完全分离，不像三管制系统那样存在冷热抵消的问题，有助于系统的稳定运行和节省能源。但四管制系统由于管路较多，系统设计变得较为复杂，管道占用空间较大，投资较大，运行管理相对复杂。

（4）同程式与异程式系统

如图 9-11 所示，水流通过各末端设备时的路程都相同（或基本相等）的系统称为同程式系统。同程式系统各末端环路的水流阻力较为接近，有利于水力平衡，因此系统的水力稳定性好，流量分配均匀。但这种系统管路布置较为复杂，管路长，初投资相对较大。一般来说，当末端设备支环路的阻力较小，而负荷侧干管环路较长，且阻力所占的比例较大时，应采用同程式系统。

异程式系统中，水流经每个末端设备的路程是不相同的。采用这种系统的主要优点是管路配置简单，管路长度短，初投资低，由于各环路的管路总长度不相等，故各环路的阻力不平衡，从而导致了流量分配不均匀的可能性。在支管上安装流量调节装置，增大并联支管的阻力，可使流量分配不均的程度得以改善[4]。

2. 空调冷水系统的划分与分区

空调水系统的划分，通常有两种分区方式，即按水系统管道和设备承压能力分区和按空调负荷特性分区，但空调水系统的分区还应与空调风系统的划分结合起来考虑[3]。

（1）按承压能力分区

1）系统的承压

水系统的最高压力点，一般位于水泵出口处的"A"点，如图 9-12 所示。

419

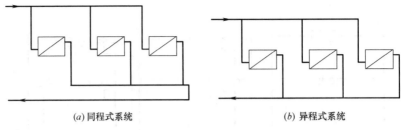

(a) 同程式系统　　　　　　　　(b) 异程式系统

图 9-11　同程式与异程式系统

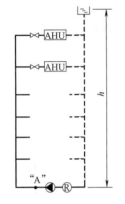

图 9-12　水系统的静水压力

通常，系统运行有 3 种状态：

系统停止运行时：系统的最高压力 p_A（Pa）等于系统的静水压力，即：

$$p_A = \rho g h \qquad (9\text{-}11)$$

系统开始运行的瞬间：水泵刚启动的瞬间，由于动压尚未形成，出口压力 p_A（Pa）等于该点静水压力与水泵全压 p（Pa）之和，即：

$$p_A = \rho g h + p \qquad (9\text{-}12)$$

系统正常运行时：出口压力等于该点静水压力与水泵静压之和，即：

$$p_A = \rho g h + p - p_d \qquad (9\text{-}13)$$

$$p_d = \frac{\rho V^2}{2} \qquad (9\text{-}14)$$

式中　ρ——水的密度，kg/m³；

　　　g——重力加速度，m/s²；

　　　h——水箱液面至叶轮中心的垂直距离，m；

　　　p_d——水泵出口处的动压，Pa；

　　　V——水泵出口处的流速，m/s。

在高层建筑中，空调冷水大都采用闭式系统，水系统的竖向分区范围取决于管道和设备的承压能力，目前，国产冷水机组的蒸发器和冷凝器水侧的工作压力一般为 1.0MPa。低压管道的公称压力小于或等于 2.5MPa，中压管道的公称压力为 4.0～6.4MPa；低压阀门的公称压力为 1.6MP，中压阀门的公称压力为 2.5～6.4MPa。

2）竖向分区的原则

① 建筑物高度（包括地下室）小于或等于 100m 时，水系统的静压不大于 1.0MPa，水系统可不分区。

② 建筑物高度大于 100m 时，水系统的静压大于 1.0MPa，水系统应进行竖向分区。高区宜采用加强型或特加强型冷水机组，低区采用普通型冷水机组。

③ 对超高层建筑物，冷水机组可集中设置不分区，低区由冷水机组直接供冷，高区由板式换热后的二次冷水供冷。冷水换热温差宜取 1～1.5℃；热水换热温差宜取 2～3℃。高区的冷热源设备，如板式换热器、循环水泵可布置在中间技术层或顶层[3]。

3) 冷水机组的布置方式

① 冷水机组布置在地下室。在竖向上分两个区，低区采用普通型冷水机组供冷水，高区采用加强型冷水机组供冷水，如图 9-13 所示。

② 冷水机组布置在塔楼中部的技术层或避难层。在竖向上分为两个区，分别向高区和低区供冷水。高区由于水静压大，为减小冷水机组蒸发器的承压，冷水机组应设置在循环水泵的吸收口侧，而低区的冷水机组设置在循环水泵的压出口侧，如图 9-14 所示。

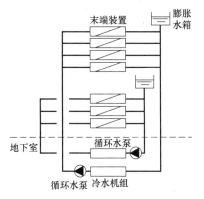

图 9-13 冷水机组布置在地下室   图 9-14 冷水机组布置在塔楼中部的技术层

③ 冷水机组与板式换热器联合供冷。这种方式冷水机组布置在地下室，板式换热器布置在中间技术层。低区由冷水机组直接供冷水，高区由板式换热器换热后的二次冷水供冷，如图 9-15 所示。

④ 冷水机组分设在中间技术层和地下室。竖向分两个区，分段承受水的静压，如图 9-16 所示。

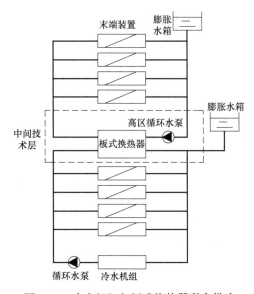 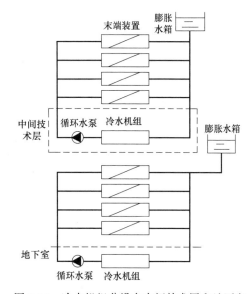

图 9-15 冷水机组与板式换热器联合供冷   图 9-16 冷水机组分设在中间技术层和地下室

（2）按空调负荷特性分区

按空调负荷特性分区应考虑使用特性和固有特性。

1）按空调负荷的使用特性分区

现代综合建筑的规模越来越大，使用功能越来越复杂。公共服务区，如餐厅、会展中心、商店、健身房、娱乐场所等所占面积的比例越来越大，各区使用功能、使用时间有很大的差异。公共服务区的空调大都具有间歇运行的特点，如酒店中的客房与公共服务区、办公室建筑中的办公室与公共服务区等，使用功能和使用时间上就有很大的差异。因此，水系统分区时，应考虑建筑物各区在使用功能和使用时间上的差异，将使用功能和使用时间相同或相近的划分在一个区。这样，各系统独立运行，便于运行管理，空调房间不用时，系统停止运行，可节省运行费用[3]。

2）按空调负荷的固有特性分区

空调负荷的固有特性是指空调房间的朝向和内外区。例如，由于太阳辐射不同，在过渡季节里，可能会出现南向的房间需要供冷，而北向的房间又可能需要供热的情况。而东西向的房间由于出现最大负荷值的时间不同，在同一时刻也会有不同的要求。同样，建筑物内外区的负荷特性也不同，建筑物内区的负荷与室外气温的关系不大，可能需要全年供冷，而建筑物外区的负荷随室外气温的变化而变化，有时可能需要供冷，有时可能需要供热。因此，空调水系统分区时，应充分考虑建筑的朝向和内外区的固有特性[3]。

3. 空调冷水系统设计

（1）冷水泵的设置

目前，空调工程中的冷水供/回水温度一般为 7℃/12℃，温差为 5℃，热水供/回水温度为 60℃/50℃，温差为 10℃，冬季供、回水温差约为夏季供、回水温差的两倍。因此，只有在夏季负荷与冬季负荷之比为 0.5 时，夏季的冷水量与冬季的热水量才会相等，此时冬、夏季才可以共用一组循环水泵。

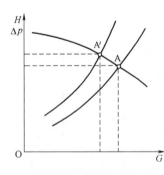

图 9-17　水泵工作点
H—水泵扬程；G—水泵流量

在两管制系统中，当冬季热水流量远小于夏季冷水流量时，若冬、夏季共用一组循环水泵时，冬季可投入部分循环水泵运行，且为保证用户系统的流量，需关小水泵出口阀门，因此管路特性曲线上移，工作点由 A 点移到 A′点，水泵扬程增加，如图 9-17 所示。如果保持水泵扬程不变，则需减小温差、增大流量运行。在这种情况下，无论水泵采用何种运行方式，都会造成冬季运行电能的浪费，这时，应分别设置冷、热水泵。

对于分区两管制和四管制水系统，冷、热水均为独立系统，冷、热水泵分别设置。

1）一次冷水泵的设置

冷水泵（一次泵）的台数及流量，应与制冷机组的台数及要求的流量相对应，即"一机一泵"的运行方式，一般不设备用泵。

2）二次冷水泵的设置

二次冷水泵应根据冷水系统大小、各并联环路压力损失的差异程度、使用条件和调节要求等，通过技术经济比较确定。二次泵一般不设备用泵，但不宜少于两台，二次泵宜设置变频调速装置。

（2）冷水机组与冷水泵之间的连接方式

1）单元制连接

如图 9-18（a）所示，单元制连接是冷水机组与冷水循环泵一一对应连接。其特点是各台冷水机组相互独立，水力稳定性好；系统控制与运行管理方便；

2）母管制连接

如图 9-18（b）所示，这种连接方式是将多台冷水机组与多台冷水泵通过母管进行连接[3]。其特点是在机组或水泵检修时，交叉组合互为备用。这种连接方式要求冷水机组进、出口的电动阀与对应运行的冷水机组和冷水泵联锁。

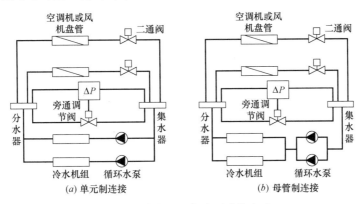

图 9-18 冷水机组与水泵连接方式

3）冷水机组与冷水泵的位置

对于建筑高度不高的多层建筑，冷水机组可以设置在水泵的出口处，见图 9-18 所示。这种方式的优点是冷水机组和水泵运行稳定。但对于高层建筑空调水系统，由于静水压大，为减小冷水机组蒸发器的承压，应将冷水机组设在冷水泵的吸入口侧，见图 9-14 所示。

（3）冷水泵选型

1）一次泵系统

循环水泵的流量为所对应的冷水机组的设计冷水流量。循环水泵的扬程应为冷水机组蒸发器阻力、管路系统沿程阻力和局部阻力、末端设备表冷器（或冷却盘管）的阻力之和。

2）二次泵系统

一次泵的流量应为对应的冷水机组的设计冷水流量；二次泵的流量应为按所在空调区域的最大负荷计算出的流量。一次泵的扬程应为冷水机组蒸发器的阻力、一次管路系统的阻力之和。二次泵的扬程应为二次管路系统阻力、末端设备表冷器（或冷却盘管）的阻力之和。

上述计算流量和扬程，在选择水泵时，必须考虑 10% 的安全余量。流量小时选单吸离心水泵，流量大时选双吸离心水泵。为了降低噪声，一般应选择转速为 1450r/min 的离心水泵。对于高层建筑空调水系统，应注明水泵的承压要求[3]。

4. 空调冷水系统的定压

为了保证空调系统停止和运行状态下，水系统中不会发生倒空和汽化，空调冷水系统应有定压补水系统。常用的定压方式有高位膨胀水箱定压、气压罐定压和变频补给水泵定压三种。

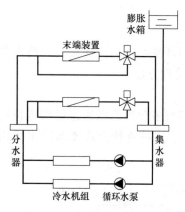

图 9-19　高位膨胀水箱定压

（1）高位膨胀水箱定压

高位膨胀水箱通常设在水系统的最高处，且比水系统的最高点至少应高出 0.5m（一般取 1.0～1.5m）。在空调工程中，常将膨胀水箱的膨胀管接到循环水泵的吸入口，这样有利于注水时排气，如图 9-19 所示。

（2）气压罐定压

当建筑物顶部无法设高位膨胀水箱时，可采用气压罐定压，这种定压方式对水质净化要求高。气压罐定压装置由补给水泵、气压罐、软水箱、各种阀门和控制仪表等组成。气压罐定压装置不仅能解决空调水系统水的膨胀问题，还有自动补水、自动排气、自动泄水和自动过压保护等功能，如图 9-20 所示。

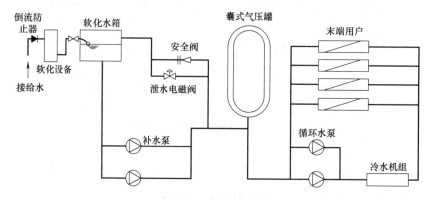

图 9-20　气压罐定压

（3）变频补给水泵定压

变频补给水泵定压方式如图 9-21 所示。补给水泵定压点设在循环水泵吸入口前的回水管上。补给水泵的启停由定压点压力控制，补水点压力波动范围一般为 30～50Pa。定压点的安全阀的开启压力宜为接点处的工作压力加上 50kPa 的余量。

5. 补给水系统设计

空调系统在运行过程中时常有渗漏水发生，为保证系统的正常运行，需及时向系统补水。

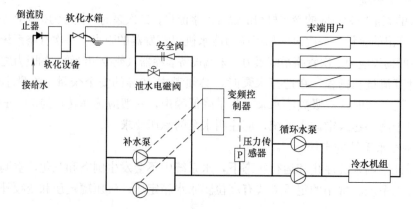

图 9-21　变频补给水泵定压

（1）补水点的选择

空调水系统的补水点，宜设置在冷水泵的吸入端，当补水压力低于补水点压力时应设置补给水泵。补给水泵的作用：一是补水（补充系统的渗漏水）；二是定压（保持系统补水点的压力在给定范围内波动）。这时补水点也是定压点。在高位膨胀水箱定压、气压罐定压的空调水系统中，补给水泵的作用只是补水。这时补水点和定压点可不在同一位置。

（2）补水量的确定

空调水系统正常补水率不宜大于系统容量的1%。补给水泵的流量等于系统正常补水量与事故补水量之和，一般取正常补水量的4倍。

（3）补给水泵的扬程

补给水泵的扬程可用下式计算：

$$H_b = k(H_{bs} + \Delta H_x + \Delta H_c - h) \tag{9-15}$$

式中　H_b——补水泵的扬程，mH_2O；

$\quad\quad H_{bs}$——补水泵的压力值，mH_2O；

$\quad\quad \Delta H_x$——水泵吸水管的压力损失，mH_2O；

$\quad\quad \Delta H_c$——水泵出水管的压力损失，mH_2O；

$\quad\quad h$——补给水箱最低水位比补水点高出的距离，mH_2O；

$\quad\quad k$——安全系数，取$1.05 \sim 1.15$。

补给水泵应选择水泵特性曲线（$H\text{-}G$）为陡降型的水泵，这样在压力调节阀开启度变化时，补水量变化灵敏。在闭式系统中，补给水泵宜选两台，可不设备用水泵，系统正常时一台运行，系统发生事故时，两台运行。在开式系统中，补给水泵宜设三台或三台以上，其中一台备用。

9.2.3　空调冷却水系统设计

冷却水用于制冷系统中的水冷式冷凝器、压缩机的冷却水套、过冷却器等处。常用的冷却水的水源有：地面水（河水，湖水等）、地下水（深井水或浅井水）、海水、自来水等。冷却水温较低时，有利于降低冷凝压力，从而减少压缩机的电能消耗和增加制冷量。为了保证制冷系统的冷凝压力不超过制冷压缩机的允许工作条件，冷却水的供水温度一般不高于32℃。

1. 空调冷却水系统形式

冷却水系统形式一般可分为直流式、混合式和循环式冷却水系统三种。

（1）直流式冷却水系统

直流式冷却水系统是最简单的冷却水系统，冷却水经设备使用后直接排掉，不再重复使用。由于冷却水使用后的温升不大，一般在3~8℃，因此这种系统的耗水量很大，适宜用在有充足水源的地方，如江河附近、湖畔、海滨、水库旁。直流式冷却水系统一般不宜采用自来水作为水源。

（2）混合式冷却水系统

混合式冷却水系统如图9-22所示。经冷凝器使用后的冷却水部分排掉，部分与供水混合后循环使用。这种系统用于冷却水温度较低的场合，如使用井水。

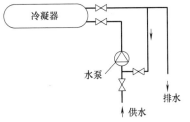

图9-22　混合式冷却水系统

采用这种系统后，可提高冷凝器的出水温度，增大冷却水的温升，从而减少冷却水的耗量，但又不减小冷凝器中冷却水的流量（或流速），以不使冷凝器传热系数下降。

（3）循环式冷却水系统

循环式冷却水系统是冷却水经冷凝器等设备后吸热而升温，经冷却塔或喷水池冷却降温后，再送回冷凝器循环使用。这样，只需补充少量的新鲜水，可节约水资源。

1）喷水池冷却水系统

将经冷凝器升温后的冷却水，在水池上部喷入大气中，以增大水与空气的接触面积，

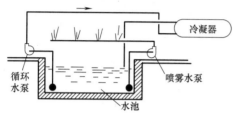

图 9-23　利用喷水池的冷却水系统

利用水蒸发吸热原理，使少量的水蒸发，大部分的水得到冷却，如图 9-23 所示。该系统的特点是结构简单，但占地面积大。一般地，$1m^2$ 水池面积可冷却的水量约 $0.3\sim1.2m^3/h$，宜用于气候比较干燥地区的小型空调系统中[3]。

2）自然通风冷却塔冷却水系统

将经冷凝器升温后的冷却水喷入冷却塔，靠自然通风方式，空气和水在冷却塔内流动换热。使冷却水得到冷却，然后再送回冷凝器循环使用。该系统冷却效果差，适合于小型空调系统。

3）机械通风冷却塔冷却水系统

将经冷凝器升温后的冷却水喷入冷却塔，在风机的作用下，空气与冷却水进行强对流换热，使冷却水得到冷却，然后送回冷凝器循环使用。其特点是强迫对流换热，冷却效果好。冷却塔的极限出水温度比当地空气的湿球温度高 $3.5\sim5℃$。该系统是目前空调系统中应用最广的冷却水系统[3]。

2. 空调冷却水系统设计

（1）冷却水泵与冷水机组的连接方式

1）单元制连接

如图 9-24 所示，冷却水泵与冷水机组一一对应连接。

2）母管制连接

如图 9-25 所示，将多台冷水机组与多台冷却水泵通过母管进行连接。这种连接方式的特点与冷水机组与冷水泵母管连接方式的特点相同。

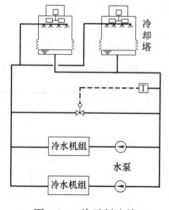

图 9-24　单元制连接

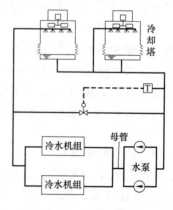

图 9-25　母管制连接

（2）冷却塔的连接方式

1）多台冷却塔并联时，为防止并联管路的水量分配不均匀，以致水池发生溢水现象，各进水管上应设阀门，以便调节进水量。用与进水管直径相同的均压管（平衡管）将各冷却塔的盛水盘（底池）相连。为使各冷却塔的出水量均衡，出水干管应采用比进水管大两号的集水管，并用45°弯管与冷却塔的各出水管连接，如图9-26所示[3]。

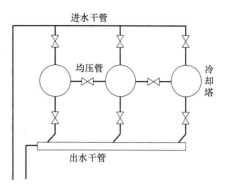

图 9-26　多台冷却塔并联运行管路连接

2）下水箱式冷却水系统。如图9-27所示，当冷却水量较大时，为便于补水，在制冷机房内应设置冷却水箱。该系统特点是冷却水泵从下水箱吸水，冷却水泵需克服水箱最低水位至冷却塔布水器的高差，水泵电耗大。

3）上水箱式冷却水系统。为减少冷却水泵的扬程，可将冷却水箱设在屋面上，如图9-28所示，其特点是利用水箱至水泵进口的位能，水泵扬程减少，节省运行电耗。

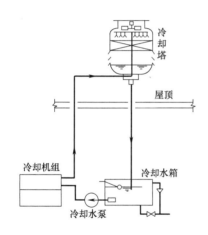

图 9-27　下水箱式冷却水系统

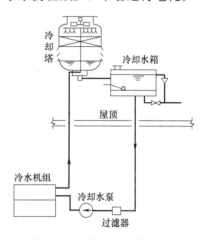

图 9-28　上水箱式冷却水系统

（3）冷却水泵的选择

1）冷却水泵的流量

冷却水泵以一机一泵方式配置，它的流量应按冷水机组要求的冷却水量，再考虑5%～15%的余量计算，即：

$$G_b = kG \tag{9-16}$$

式中　G_b——冷却水泵的流量，kg/h；

　　　G——机组冷却水量，kg/h；

　　　k——安全系数，取 1.05～1.15。

2）冷却水泵的扬程

冷却水泵所需扬程可按下式计算：

$$H_p = k(H_y + H_j + H_c + H_s + H_0) \tag{9-17}$$

式中　H_y、H_j——冷却水管路系统总的沿程阻力和局部阻力，mH_2O；

　　　H_c——冷凝器阻力，mH_2O；

H_s——冷却塔中水的提升高度（从冷却塔积水盘到喷嘴的高差），mH_2O；

H_0——冷却塔喷嘴喷雾压力，mH_2O，约等于 $5mH_2O$。

k——安全系数，取 $1.05\sim1.15$。

冷水泵的选型、承压等要求同空调冷水泵。

（4）冷却塔的选择

1）冷却水量

冷却水量按下式确定：

$$G=\frac{kk_0Q_0}{3600c_p(t_{w1}-t_{w2})} \tag{9-18}$$

式中　Q_0——制冷机制冷量，kW；

$\quad k_0$——制冷机制冷时耗功的热量系数；对于压缩式制冷剂，取 $1.2\sim1.3$；对于溴化锂吸收式制冷机，取 $1.8\sim2.2$；

$\quad c_p$——水的比热容，$kJ/(kg\cdot C)$，取 4.19；

t_{w1}、t_{w2}——冷却塔的进出水温度，℃；压缩式制冷机取 $4\sim5$℃，溴化锂吸收式制冷机取 $6\sim9$℃（采用 $\Delta t\geq6$℃时，最好选用中温塔）；当地气候比较干燥，湿球温度较低时，可采用较大的进出水温差；

$\quad k$——安全系数，取 $1.1\sim1.2$。

2）冷却塔的选型

在实际工程中，应根据当地空气湿球温度、冷却度、冷幅高（或进水温度）及处理水量，按厂家产品样本提供的冷却塔热工性能曲线或冷却塔进水量表进行冷却塔选型。

从冷却塔流出的冷却水温度 t_{w2} 与进塔空气的湿球温度 t_s 之差，称为冷幅高，一般取 $4\sim6$℃。冷却水进、出水温差 $\Delta t=t_{w1}-t_{w2}$，称为冷却度，t_{w1} 为溶入冷却塔的冷却水温度。机械通风冷却塔按冷却度，又可分为标准型（$\Delta t=5$℃左右）、中温型（$\Delta t=10$℃左右）和高温型（$\Delta t=20$℃左右）。

冷却塔的冷却效果主要取决于空气的湿球温度，冷却塔是按既定空气湿球温度（一般为28℃）设计的，产品技术资料提供的是既定空气湿球温度下的数据。如果工程设计条件与产品技术要求不符，应对产品的技术数据进行修正[3]。

冷却塔选型时应注意如下问题：

① 噪声要求。周围环境对噪声要求严格时，应选低噪声冷却塔。

② 美观要求。对美观要求较高时，宜选方形塔，并要求塔体颜色与主体建筑协调。

③ 通风条件。要有良好的通风条件，合理组织冷却塔的气流。

④ 飘水问题。为了节水和防止对环境的影响，应严格控制冷却塔飘水率，宜选用飘水率为 $0.005\%\sim0.01\%$ 的优质冷却塔。

⑤ 防冻问题。寒冷地区冬季应考虑防冻。

（5）冷却水系统的补水量

冷却设备（如冷却塔）在运行过程中，由于受到大气温度等因素的影响而产生蒸发损失，风的作用形成飘水（风吹）损失，冷却池基础的渗漏损失和排污损失。为保证系统的安全运行，需要向系统进行补水，补水点通常在冷却塔盛水盘外。一般情况下，采用电动制冷机组时，冷却水系统的补水量取冷却水量的$1\%\sim2\%$；采用溴化锂吸收式制冷机组时，冷却水系统的补水量取冷却水量的2%～2.5%。

9.2.4 空调水系统管路水力计算

空调水系统管路的水力计算是在已知水流量或推荐流速下确定水管管径、沿程阻力和局部阻力等参数。

1. 管道材料选择及管径的确定

（1）管材的选择

在空调水系统中，常见的管材有无缝钢管、焊接钢管和镀锌钢管等。冷、热水系统一般采用焊接钢管和无缝钢管。当公称直径 $DN<50mm$ 时，采用普通焊接钢管；$50mm\leqslant DN<250mm$ 时，采用无缝钢管；$DN\geqslant250mm$ 时，采用螺旋焊接钢管。对于高压系统应采用无缝钢管[3]。

（2）管径的确定

水管管径按下式确定：

$$d=\sqrt{\frac{4G}{\pi\rho v}}\qquad(9\text{-}19)$$

式中　d——水管管径，m；

　　　G——管内水流量，kg/s；

　　　ρ——水的密度，kg/m³；

　　　v——水管内水的流速，m/s。不同管段的管内流速按表9-2选取；不同系统管内流速按表9-3选用。

不同管段的管内流速（m/s）　　　　　　　　　　表9-2

管段	水泵吸水管	水泵出水管	一般供水管	室内供水立管	集管(分水器、集水器)
流速	1.2～2.1	2.4～3.6	1.5～3.0	0.9～3.0	1.2～4.5

不同系统管内流速（m/s）　　　　　　　　　　表9-3

管径(mm)	<32	32～70	70～100	125～250	250～400	>400
冷水	0.5～0.8	0.6～0.9	0.8～1.2	1.0～1.5	1.4～2.0	1.8～2.5
冷却水			1.0～1.2	1.2～1.6	1.4～2.0	1.8～2.5

2. 管路阻力计算

空调水系统的流动阻力一般由管道阻力、附件阻力和设备阻力组成。管道阻力又分为沿程阻力和局部阻力。附件阻力属于局部阻力。

（1）沿程阻力

沿程阻力的基本计算公式：

$$\Delta P_{\mathrm{m}}=\lambda\frac{l}{d}\frac{\rho v^2}{2}=R_{\mathrm{m}}l\qquad(9\text{-}20)$$

式中　ΔP_{m}——沿程阻力损失，Pa；

　　　R_{m}——比摩阻，单位长度沿程阻力损失，Pa/m；

　　　λ——摩擦阻力系数；

　　　d——管道内径，m；

　　　l——管道长度，m；

v——流体在管道内的流速，m/s；

ρ——流体的密度，kg/m³。

式中摩擦阻力系数 λ 是管流雷诺数 Re 和管道相对粗糙度的函数，在不同的流态下有不同的具体数学关系。工程上根据计算式编制出了相应的计算图表。比摩阻 R_m 可以查阅《实用供热空调设计手册》获得，也可由图 9-29 根据水流量和流速确定。

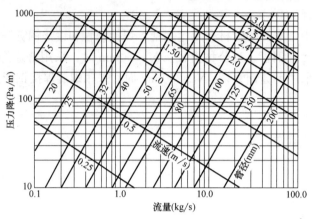

图 9-29 水管比摩阻的确定

（2）局部阻力

局部阻力损失计算公式为：

$$\Delta P_j = \zeta \frac{\rho v^2}{2} \qquad (9\text{-}21)$$

式中 ΔP_j——局部阻力损失，Pa；

ζ——局部阻力系数。

局部阻力系数 ζ 由实验方法确定，在设计手册或参考资料中给出了各种阀门和管道配件的局部阻力系数，可根据需要查取。表 9-4 给出了部分阀门及管件的局部阻力系数，表 9-5 给出了三通的局部阻力系数。水流经各设备的阻力可以由产品样本或相关设计手册中查取。工程中为简化计算，水系统的管径和单位长度阻力损失可直接由表 9-6 进行概算[1]。

阀门及管件的局部阻力系数 ζ　　　　　　　表 9-4

序号	名称		局部阻力系数 ζ					
1	截止阀	普通型	4.3~6.1					
		斜柄型	2.5					
		直通型	0.6					
2	止回阀	升降式	7.5					
		旋启式	DN	150	200		250	300
			ζ	6.5	5.5		4.5	3.5
3	蝶阀		0.1~3.5					
4	闸阀	DN	15	20~50	80	100	150	200~250	300~450
		ζ	1.5	0.5	0.4	0.2	0.1	0.08	0.07
5	旋塞阀		0.05					

序号	名称		局部阻力系数 ζ						
6	变径管	缩小	0.10						
		扩大	0.30						
7	普通弯头	90°	0.30						
		45°	0.15						
8	焊接弯头	管径	DN	80	100	150	200	250	300
		90°	ζ	0.51	0.63	0.72	0.72	0.87	0.78
		45°	ζ	0.26	0.32	0.36	0.36	0.44	0.39
9	弯管(煨弯)90° (R-曲率半径; d-管径)	$\dfrac{d}{R}$	0.5	1.0	1.5	2.0	3.0	4.0	5.0
		ζ	1.2	0.8	0.6	0.48	0.36	0.30	0.29
10	水箱接管	进水口	1.0						
		出水口	0.5						
11	滤水网	管径	DN	40	50	80	100	150	200	250	300
		有底阀	ζ	12	10	8.5	7	6	5.2	4.4	3.7
		无底阀	2~3						
12	水泵入口		1.0						

三通的局部阻力系数 ζ　　　　表 9-5

图示	流向	局部阻力系数 ζ	图示	流向	局部阻力系数 ζ
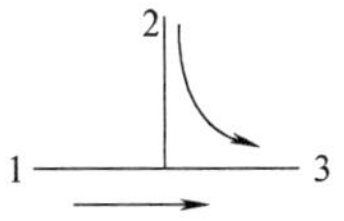	2→3	1.5	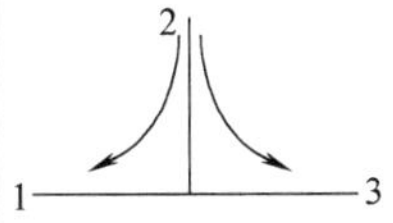	2→$\frac{1}{3}$	1.5
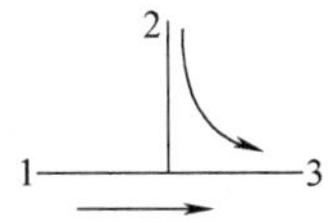	1→3	0.1	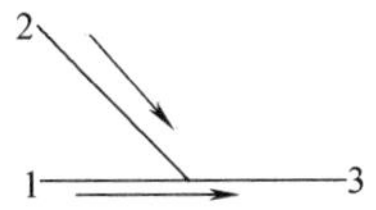	2→3	0.5
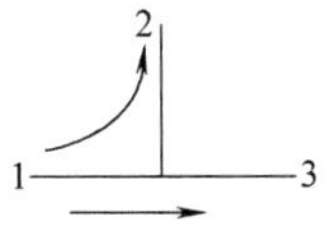	1→2	1.5	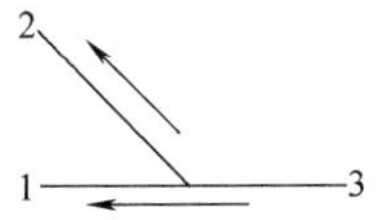	3→2	1.0
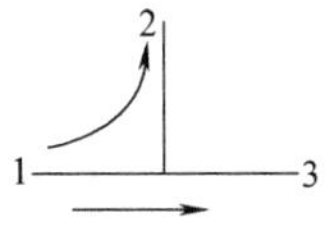	1→3	0.1	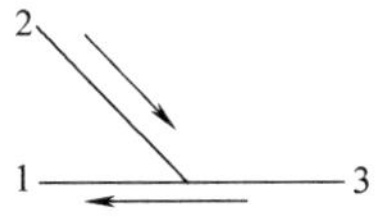	2→1	3.0
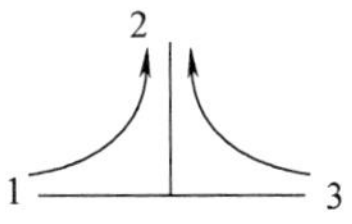	$\frac{1}{3}$→2	3.0	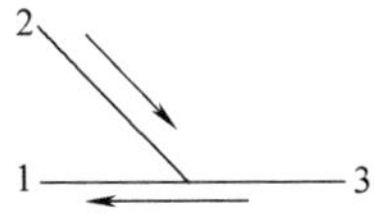	3→1	0.1

水系统的管径和单位长度阻力损失 表 9-6

钢管管径(mm)	闭式水系统		开式水系统	
	流量(m³/h)	mH₂O/100m	流量(m³/h)	mH₂O/100m
15	0~0.5	0~4	—	—
20	0.5~1	2~4	—	—
25	1~2	1.7~4	0~1.3	0~4
32	2~4	1.2~4	1.3~2	1.2~4
40	4~6	2~4	2~4	1.5~4
50	6~11	1.3~4	4~8	1.5~4
65	11~18	2~4	8~14	1.2~4
80	18~32	1.5~4	14~22	1.8~4
100	32~65	1.25~4	22~45	1.0~4
125	65~115	1.5~4	45~82	1.3~4
150	115~185	1.25~4	82~130	1.6~4
200	185~380	1~4	130~200	1.0~2.3
250	380~560	1.25~2.75	200~340	0.8~2
300	560~820	1.25~2.25	340~470	0.8~1.6
350	820~950	1.25~2	470~610	1.0~1.5
400	950~1250	1~1.75	610~750	0.8~1.2
450	1250~1590	0.9~1.5	750~1000	0.6~1.2
500	1590~2000	0.8~1.25	1000~1230	0.7~1.0

（3）设备阻力

空调水流过各种空调设备产生的阻力损失，称为设备阻力。设备阻力可查生产厂家提供的产品样本或技术资料，当缺乏资料时，可参考表 9-7。

设备阻力损失 表 9-7

设备名称		阻力(kPa)	备 注
离心式冷冻机	蒸发器	30~80	按不同产品而定
	冷凝器	50~80	按不同产品而定
吸收式冷冻机	蒸发器	40~100	按不同产品而定
	冷凝器	50~140	按不同产品而定
冷热水盘管		20~50	水流速度为 0.8~1.0m/s
冷却塔		20~80	不同喷雾压力
热交换器		20~50	—
风机盘管机组		10~20	风机盘管容量越大阻力越大
自动控制阀		30~50	最大 30kPa 左右

（4）系统总阻力[3]

$$\Delta P = \Delta P_m + \Delta P_j + \Delta P_s \qquad (9-22)$$

式中　ΔP——管路总阻力，Pa；

　　ΔP_{m}——沿程阻力损失，Pa；

　　ΔP_{j}——局部阻力损失，Pa；

　　ΔP_{s}——设备阻力，Pa。

（5）环路的水力平衡

在进行空调水系统的水力计算时，应对各环路进行水力平衡，其并联环路压力损失的不平衡率应小于 15%。当并联环路压力损失的不平衡率大于 15% 时，应进行管径调整；若调整后仍不符合要求，应设置调节装置。

（6）水力计算方法和步骤

1）绘制空调水系统轴测图，并标注管段编号、长度和流量；

2）根据推荐流速，确定比摩阻 R 和管径 d；

3）计算各管段的实际流速；

4）计算最不利环路的管路阻力；

5）进行其他并联环路的阻力平衡计算，调整和确定支管管径，使其满足不平衡率的要求；

6）确定设备阻力；

7）计算水系统总阻力和总流量。

9.2.5　蓄冷空调系统设计

1. 蓄冷空调概述

（1）蓄冷空调技术原理

众所周知，建筑物的空调负荷在时间分布上是很不均匀的。如办公楼的空调系统一般在白天运行，而晚上停止运行。蓄冷空调技术，即是在电力负荷低的夜间用电低谷期，采用电制冷机制冷，利用蓄冷介质的显热或潜热将冷量储存起来。在空调负荷高的白天（用电高峰期），把储存的冷量释放出来，以满足建筑物空调的需要。常用蓄冷（热）介质的种类如图 9-30 所示。显热蓄冷是通过降低蓄冷介质的温度进行蓄冷。潜热蓄冷是利用蓄冷介质发生相变来蓄冷。蓄冷空调技术中多采用水蓄冷和冰蓄冷方式。

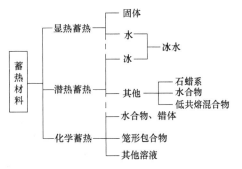

图 9-30　蓄热（冷）介质的种类

蓄冷空调技术主要适用于两类场合：一类是白天空调负荷大且晚上空调负荷小的场合，如办公楼、写字楼、商场等；另一类是空调周期性使用，空调负荷只集中在某一个时段的场合，如影剧院、体育馆等。由于蓄冷空调系统转移了制冷机组的用电时间，起到了转移电力高峰负荷的作用，蓄冷空调技术成为移峰填谷的一种重要手段。应用蓄冷空调技术是否经济取决于当地电力部门的峰谷电价政策，峰谷电价差值越大，蓄冷空调系统所节省的运行费用越多[4]。

（2）蓄冷系统的运行策略

蓄冷系统设计中，蓄冷装置容量大小是首先应予考虑的问题，通常蓄冷容量越大，初投资高，但运行电费低，即需对蓄冷装置和制冷机两者供冷的份额做出合理的设计安排，选择适当的运行策略。所谓运行策略是指蓄冷系统以设计循环周期（如设计日或周等）内建筑物的负荷特性及其冷量的需求为基础，按电费结构等条件对系统以蓄冷容量、释冷供冷或以释冷连同制冷机组共同供冷等作出最优的运行安排[5]。蓄冷系统运行策略一般可分为全负荷蓄冷策略和部分负荷蓄冷策略。

1) 全负荷蓄冷策略

全负荷蓄冷策略是将建筑物典型设计日（或周）白天用电高峰时段的冷负荷全部转移

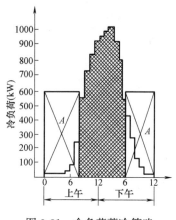

图 9-31　全负荷蓄冷策略

到用电低谷时段。在夜间非用电高峰期，启动制冷机进行蓄冷，当蓄冷量达到空调所需的全部冷量时，制冷机停机；在白天使用空调时，蓄冷系统将冷量释放到空调系统，使用空调期间制冷机不运行，而蓄冷设备承担空调系统所需的全部冷量。如图 9-31 所示。假定非用电高峰是从下午 6 时到第二天上午 7 时，此时段全部用来蓄冷，制冷机的平均制冷量仅为 590kW（图中面积 A 所示）。若采用常规空调系统，则制冷机组是按设计日需要的最大制冷量来选择的，则需要选择制冷能力为 1000kW 的制冷机组来满足空调使用期间该建筑物的空调要求[5]。在这种运行策略下，需要配置较大容量的制冷机和蓄冷设备，一般初投资较大。该运行策略仅适用于白天供冷时间较短的场所或峰谷电差价很大的地区，否则一般不宜采用。

2) 部分负荷运行策略

部分负荷蓄冷就是按建筑物典型设计日（或周）全天所需冷量部分由蓄冷装置供给，部分由制冷机供给。在夜间非用电高峰时，制冷设备运行储存部分冷量，如图 9-32 中面积 D 所示，白天使用空调期间一部分负荷由蓄冷设备承担（图 9-32 中面积 B 所示），另一部分则由制冷设备承担（图 9-32 中面积 E 所示），制冷机基本是全天 24h 运行。一般情况下，部分负荷蓄冷与全部负荷蓄冷相比，制冷机的利用率高，蓄冷设备容量小，此时制冷机的制冷能力仅为 400kW 是一种更经济有效的负荷管理模式。

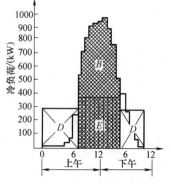

图 9-32　部分负荷蓄冷策略

(3) 蓄冷系统的控制策略

蓄冷空调系统在运行中要根据建筑物的负荷特性，合理分配制冷机组直接供冷量和蓄冷装置释冷量，在确保空调使用效果的前提下，尽可能获得最大的经济效益。原则上应充分发挥蓄冷装置在电力非高峰时段的蓄冷作用，并确保在高峰时段内满足负荷的需求，同时尽可能保证制冷机长时间处于满负荷、高效率的条件下运行。不同的控制策略，对系统蓄冰量、制冷机容量及系统控制方式等方面会产生较大的影响[5]。常用的控制策略有三种，即制冷机优先、蓄冷装置优先和优化控制。

1) 制冷机优先供冷控制策略

制冷机优先供冷控制策略是在空调负荷大于制冷机组容量时先运行制冷主机，不足部分由蓄冷装置补充，在空调负荷等于或低于制冷机组容量时仅运行制冷主机，尽量使制冷机满负荷运行。这种控制策略实施简便，运行可靠，但蓄冷装置的利用率较低，不能有效地削减峰值用电以达到节约运行费用的目的[5]。

2）蓄冷装置优先供冷控制策略

蓄冷装置优先供冷控制策略是尽量发挥蓄冷装置供冷能力。在空调负荷大于蓄冷容量时，先由蓄冷系统承担负荷，再运行制冷主机补充，因此蓄冷装置提供的冷量是恒定的，而制冷机在变负荷下运行。这种控制策略有利于节省电费，但其控制程序上比制冷机优先复杂。它需要在预测用户冷负荷的基础上，计算分配蓄冷装置的供冷量和制冷机的直接供冷量，以保证蓄冷装置的蓄冷量得到充分利用，又满足用户的逐时冷负荷需求。

3）优化控制策略

根据电价政策，借助于完善的参数检测和控制系统，在负荷分析、预测的基础上既最大限度发挥蓄冷装置的释冷供冷能力，又保证制冷机尽可能在满负荷下高效运行，使用户的运行费用最少，实现系统最佳的经济性。根据国内一些分析数据，采用优化控制与制冷机优先相比，可以节省运行电费25％以上[4]。

2. 水蓄冷技术

（1）水蓄冷技术的特点

水蓄冷是利用水的显热来蓄冷。制冷机尽量在用电低谷期间运行，制备 5～7℃ 的冷水，将冷量储存起来；在电力高峰期间空调负荷出现时，将冷水抽出来，提供给用户使用。水蓄冷系统是在常规空调系统的基础上，增加蓄冷槽及其辅助设备，是一种最为简单的蓄冷系统形式。图 9-33 所示是水蓄冷系统的代表性流程图。图中表示用户侧进水温度是 7℃，回水温度是 15℃。蓄冷时，蓄冷槽水的温度由 15℃ 降至 7℃；释冷时，保温槽内水的温度由 7℃ 升逐渐升至 15℃。这种情况下，在冷源侧需要设置旁通管，通过三通阀来调节冷水机组，以满足 7℃/12℃ 和 7℃/15℃ 的水温参数要求。

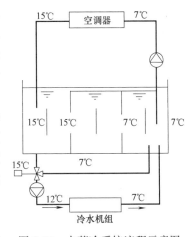

图 9-33　水蓄冷系统流程示意图

水蓄冷系统的优点包括以下几个方面[5]：

1）可以使用常规的制冷机组，设备的选择性和可用性范围广，运行时性能系数高，能耗低。

2）可以在不增加制冷机组容量的条件下达到增加供冷容量的目的，适用于常规空调系统的扩容和改造。

3）可以利用消防水池、原有的蓄水设施或建筑物地下基础梁空间等作为蓄冷水槽来降低初投资。

4）技术要求低，维修方便，无需特殊的技术培训。

5）可以实现蓄冷和蓄热双重用途。

水蓄冷系统的缺点：

1) 水蓄冷只利用显热，其蓄冷密度低，在同样蓄冷量条件下，需要大量的水。

2) 由于一般使用开启式蓄水槽，水和空气接触容易产生菌藻，管路也容易生锈，增加水处理费用。

3) 蓄冷槽内不同温度的水容易混合，影响了蓄冷效果，使蓄存冷水的可用冷量减少。

(2) 水蓄冷的形式

常用水蓄冷系统形式有分层式水蓄冷、隔膜式水蓄冷、空槽式水蓄冷和迷宫式水蓄冷。

1) 分层式水蓄冷系统

分层式水蓄冷系统是根据密度大的水自然聚集在蓄水槽的下部，形成高密度的水层来进行的。在分层蓄冷时，通过使 $4 \sim 6 ℃$ 的冷水聚集在冷槽的下部，$6 ℃$ 以上的温水自然地聚集在蓄冷槽的上部，来实现冷温水的自然分层。自然分层水蓄冷系统的原理见图 9-34。在蓄冷过程中，阀门 F_1 和 F_2 关闭，水泵 B 停开；F_3 和 F_4 打开，水泵 A 和冷水机组运行。从冷水机组来的冷水通过 F_3，由下部散流器缓慢流入蓄水槽，而温水从上部散流器缓慢流出，通过 F_4 和水泵 A 进入冷水机组的蒸发器制备冷水。在释冷过程中，阀门 F_3 和 F_4 关闭，水泵 A 和冷水机组停止运行；阀门 F_1 和 F_2 打开，水泵 B 运行。从空调用户回来的温水通过阀门 F_2 由上部散流器缓慢流入蓄水槽，而冷水由下部散流器缓慢流出，通过阀门 F_1 和水泵 B 送到用户，与空气进行热湿交换，温度升高，再进入蓄水槽。

在蓄冷槽的中部，上部温水和下部冷水之间会形成一个斜温层，在斜温层内部存在一个温度梯度，即随着高度的增加，水的温度是逐步升高的，从而减少可用蓄冷水的体积，使蓄冷量减少。蓄水槽在蓄水期间斜温层厚度的变化是衡量蓄水槽效果的主要指标，其厚度一般在 $0.3 \sim 1.0 m$ 之间。蓄水槽中采用的散流器应确保水流以较小的流速均匀流入和流出蓄水槽，防止水的流出和流入对蓄存冷水温度的影响，以减少水的扰动和对斜温层的破坏。

在大型自然分层蓄冷空调系统中，通常采用蓄冷槽组，即以垂直的间隔方式将一个大的蓄水槽分成多个相互串通的小槽，如图 9-35 所示。隔板和槽底的间距以及隔板与上部

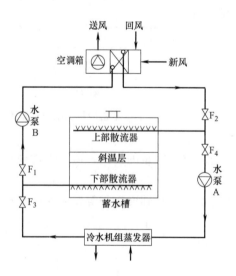

图 9-34　自然分层水蓄冷系统

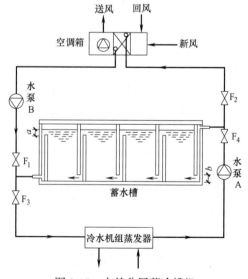

图 9-35　自然分层蓄冷槽组

水面的间距均起到散流器的作用，确保无论是蓄冷还是释冷，所有槽中都是温水在上、冷水在下，利用水的密度差来防止冷、温水的混合。

2）隔膜式水蓄冷系统

隔膜式水蓄冷系统是在蓄水槽中加一层隔膜，将蓄水槽中的温水和冷水隔开。隔膜可垂直放置也可水平放置，这样相应构成了垂直隔膜式水蓄冷空调系统和水平隔膜式水蓄冷空调系统，分别如图 9-36 和图 9-37 所示。

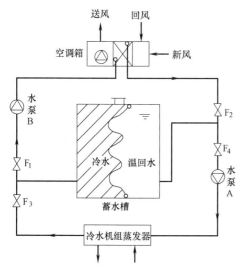

图 9-36　垂直隔膜式水蓄冷空调系统

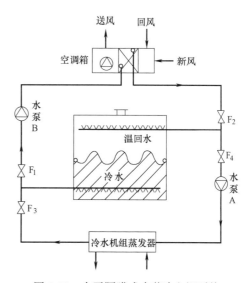

图 9-37　水平隔膜式水蓄冷空调系统

隔膜一般都是由橡胶制成一个可以左右或上下移动的刚性隔板。垂直隔膜由于水流的前后波动，易发生破裂等，因而其使用逐渐减少。水平隔膜以上下波动方式分隔温水和冷水，利用水温不同所产生的密度差，将温水储存在冷水的上面，即使发生了破裂等损坏也能靠自然分层来防止温、冷水的混合，减少蓄冷量的损失[5]。

3）空槽式水蓄冷系统

空槽式水蓄冷系统是在蓄冷和释冷转换时，总有一个蓄水槽是空的。如图 9-38 所示，该系统共有四个水槽，开始蓄冷时，槽 1 是空的，水泵 A 启动，阀门 F_1、F_4、F_6、F_{17} 关闭。温水从槽 2 中抽出，通过阀门 F_{18}、F_{14}、F_{15}、F_{16}、F_3 和冷水机组制冷，经水泵 A、阀门 F_5、F_9，进入槽 1。当槽 1 被冷水充满时，槽 2 中的温水正好被抽光。接着槽 3 和槽 4 的温水依次按相同方式制成冷水进入槽 2 和槽 3，直到槽 4 空槽为止，蓄冷结束。释冷开始时，槽 4 是空的，水泵 B 启动，阀门 F_2、F_{20}、F_8、F_5 关闭。从槽 3 抽出的冷

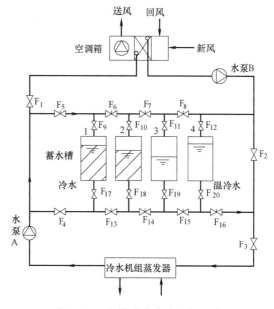

图 9-38　空槽式水蓄冷空调系统

水通过阀门 F_{19}、F_{14}、F_{13}、F_4、F_1 和空调用户，经水泵 B、阀门 F_{12} 进入槽 4。当槽 3 中的冷水被抽光时，槽 4 中正好充满温水。接着槽 2 和槽 1 中冷水流经用户升温后，分别进入槽 3 和槽 2，直至槽 1 空槽为止，释冷结束。

这种水蓄冷方式具有较高的蓄冷效率。但系统中管道布置复杂、阀门多，自控要求高，槽体的制造费用高，因而增加了初投资。

4）迷宫式水蓄冷系统

迷宫式蓄冷槽是指采用隔板将大蓄冷槽分隔成多个单元格，水流按照设计的路线依次流过每个单元格。图 9-39 所示为迷宫式蓄冷槽的水流路线，蓄冷时的水流方向与释冷时的水流方向刚好相反。单元格的连接方式有堰式和连通管式两种，图 9-39 中的断面图便是堰式连接的示意图，蓄冷时的水流方向为下进上出，释冷时的水流方向为上进下出。堰式结构简单，节省空间，适用于单元格数量多的场合，在工程中应用较多[4]。

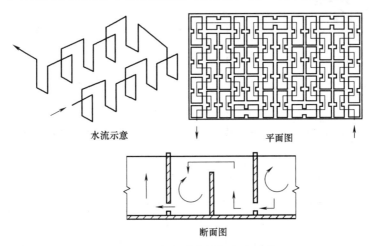

水流示意　　　　　　　　　　　平面图

断面图

图 9-39　迷宫式蓄冷槽的水流路线

迷宫式蓄冷槽虽然整体上冷、温水的混合能得到较好的控制，但在相邻两个单元格之间仍然存在局部的混合现象。另外，迷宫型蓄冷槽表面积与容积之比偏高，使冷损失增加，蓄冷效率下降。该蓄冷槽中水流速度的控制非常重要，若水流速度过高，会导致水流扰动，从而加剧冷、温水的混合；若水流速度过低，则会在单元格中形成死区，冷量不能充分利用，降低蓄冷系统的容量。

（3）水蓄冷槽的设计

1）蓄水槽容积的确定

蓄水槽的体积可由下式确定：

$$V = \frac{Q_s}{\Delta T \rho c_p \varepsilon \alpha_V} \tag{9-23}$$

式中　V——蓄水槽实际体积，m^3；

　　　　Q_s——蓄水槽的可用蓄冷量，kJ；

　　　　ρ——蓄冷水密度，kg/m^3；

　　　　c_p——水的定压比热容，$kJ/(kg \cdot \text{℃})$；

　　　　ΔT——释冷时回水温度与蓄冷时进水温度之间的温差，可取为 8～10℃；

ε——蓄水槽的完善度，考虑混合和斜温层等的影响，一般取为 $85\%\sim90\%$；

α_V——蓄冷槽的体积利用率，考虑散流器布置和蓄水槽内其他不可用空间等的影响，一般取为 95%。

2）蓄水槽结构设计

由于分层式水蓄冷系统应用最广泛，这里只介绍自然分层水蓄冷槽的结构设计方法。

① 水蓄冷槽的形状和安装

在同样的容积下，圆柱形蓄冷槽外表面积与容积之比小于长方体或立方体蓄冷槽，有利于减小冷损失，在实际中应用较多的便是圆柱体蓄冷槽。同时增加高径比，有利于温度分层，提高蓄冷效率，但投资将会提高。一般通过技术经济比较来确定蓄冷槽的高径比，钢筋混凝土槽的高径比宜取 $0.25\sim0.5$，一般在 $0.25\sim0.33$ 之间，其高度范围最小为7m，最大一般不高于 14m。地面以上的钢槽高径比采用 $0.5\sim1.2$，其高度宜在 $12\sim27$m 范围内。蓄冷槽的材料通常选用钢板焊接、预制混凝土、现浇混凝土，必须对蓄冷槽采取有效的保温和防水措施[4]。

蓄冷槽安装位置是蓄冷槽设计时要考虑的主要因素。若蓄冷槽体积较大，则可在地下或半地下布置蓄冷槽。对于新建项目，为降低投资，蓄冷槽应与建筑物在结构上可以组成一体，还应综合考虑水蓄冷槽兼作消防水池功能的用途。蓄冷槽应布置在冷水机组附近，靠近制冷机及冷水泵。循环冷水泵应布置在蓄冷槽水位以下的位置，以保证水泵的吸入压头。

② 散流器的设计

散流器的作用就是使水以重力流的方式平稳地导入槽内（或由槽内引出），减少水流进入蓄冷槽时对储存水的冲击，促使并维持斜温层的形成。由于蓄水槽进出口水的温差不大，密度差很小，形成的斜温层不太稳定，因此需要控制进出水流速度，以维持最大浮力，以免造成对斜温层的扰动破坏。这就需要确定恰当的弗洛德数、散流器进口高度以及散流器进口 Re 数。

弗洛德数表示作用在流体上的惯性力与浮力之比的准则数，该数反映了进口水流能否形成密度流的条件，其定义式为：

$$Fr = \frac{Q}{L\sqrt{gh^3(\rho_i - \rho_a)/\rho_a}} \tag{9-24}$$

式中　Fr——散流器进口的弗洛德数；

Q——通过散流器的最大流量，m^3/s；

L——散流器的有效长度，即散流器上所有开口的总长度，m；

g——重力加速度，m/s^2；

h——散流器最小进口高度，m；

ρ_i——进口水密度，kg/m^3；

ρ_a——周围水的密度，kg/m^3。

研究表明：当 $Fr \leqslant 1$ 时，进口水流的浮力大于惯性力，可以很好地形成密度流；当 $1 < Fr \leqslant 2$ 时，也能形成密度流；当 $Fr > 2$ 时，惯性力作用增大，会产生明显的水流混合现象。设计时通常取 $Fr = 1$。

若已知空调冷水循环流量和散流器的有效长度，通过计算 Fr 数后，就可以确定散流器所需的进口高度。对于下部散流器，进口高高度定为其孔眼与蓄冷槽底所需的垂直距离。对于上部稳流器，其进口高度应为其开孔与蓄冷槽液面所需的垂直距离。

散流器进口 Re 的定义式为：

$$Re=\frac{Q}{L\nu} \tag{9-25}$$

式中　Re——散流器进口雷诺数；

　　　ν——进水的运动黏度，m^2/s。

一般来说，进口 Re 值取在 240～800 时，能取得理想的分层效果。对于高度小或带倾斜侧壁的蓄冷槽，其 Re 值下限通常取 200；对高度大于 5m 的蓄冷槽，其 Re 值一般取为 400～850。[4]

3. 冰蓄冷技术

（1）基本概念

冰蓄冷系统利用水作为蓄冷介质，利用其相变潜热来贮存冷量，由于冰的溶解热（335kJ/kg）远高于水的比热容，采用冰蓄冷时蓄冰池的容积比蓄冷水池的容积小得多，通常冰蓄冷时单位蓄冷量所要求的容积仅为水蓄冷时的 17% 左右。

冰蓄冷空调系统分为间接冷媒式和直接蒸发式。所谓直接蒸发式，是指制冷系统的蒸发器直接用作制冰元件，来自膨胀阀的制冷剂进入蓄冰槽盘管内吸热蒸发，使盘管外的水结冰。这种系统制冷剂与冷水只发生一次热交换，制冷机的蒸发温度比间接方式有所提高，但长度较长的蒸发盘管浸泡在蓄冰槽内，容易发生制冷剂泄漏，而且蒸发盘管内的润滑油易于沉积。

间接冷媒式是指使用载冷剂在蒸发器中与制冷剂进行换热，冷却到 0℃ 以下后的载冷剂被送入蓄冰槽的盘管内，使盘管外的水结冰。这种方式不存在制冷剂泄漏、润滑油沉积问题，提高了运行的可靠性。通常载冷剂采用 25% 的乙二醇溶液。

在冰蓄冷空调系统中，蓄冰槽内的水不一定全部结成冰，通常用蓄冰率 IPF 来衡量蓄冰槽内冰所占的体积，其定义为蓄冰槽内冰所占的容积与蓄冰槽有效容积的比值，即

$$IPF=\frac{V_1}{V_2}\times100\% \tag{9-26}$$

式中　V_1——蓄冰槽内冰所占的容积，m^3；

　　　V_2——蓄冰槽的有效容积，m^3。

工程上一般用 IPF 来确定蓄冰槽的大小。目前各种蓄冰设备的 IPF 为 20%～70%。

（2）冰蓄冷系统技术类型

根据蓄冰技术的不同，冰蓄冷系统可分为静态蓄冰和动态蓄冰两类。静态蓄冰是指冰的制备、储存和融化在同一位置进行，蓄冰设备和制冰部件为一体结构，静态蓄冰方式主要有冰盘管式和封装式。动态蓄冰是指冰的制备和储存不在同一位置，制冰机和蓄冰槽是独立的，主要有冰片滑落式和冰晶式[4]。

1）冰盘管式蓄冷系统

根据融冰方式的不同，冰盘管式蓄冰可以分为内融冰方式和外融冰方式。

外融冰蓄冷系统可以采用间接冷媒式和直接蒸发式。图 9-40 为直接蒸发式外融冰蓄冷系统。蓄冰时，制冷剂在蒸发器盘管内流动。使管壁外表面结冰，冰层达到规定厚度时

结束蓄冰，通常蓄冰结束时槽内需保持 50% 以上的水。融冰时，从空调用户侧流回温度较高的回水进入蓄冰槽与冰直接接触，冰由外向内融化，产生温度较低的冷水由冷水泵提供给空调用户使用。外融冰蓄冷装置的蓄冰率较小，为 20%～50%，但融冰速度快，释冷温度低，可以在较短时间内制出大量的低温冷水，适合于短时间内冷量需求大、水温要求低的场合。

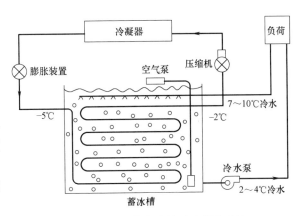

图 9-40　直接蒸发式外融冰蓄冷系统

对于外融冰蓄冷系统，随着盘管外表面冰层厚度增加，由于冰的热阻大，会导致传热效率下降，机器耗电量增加。同时为了保证槽内结冰密度均匀，常在槽内设置空气搅拌器，将压缩空气导入蓄冷槽的底部，产生大量气泡而搅动水流，促使管壁表面结冰厚度均匀。

内融冰蓄冷系统均采用间接冷媒式，如图 9-41 所示。蓄冷时，低温的载冷剂在盘管内循环。将盘管外的水逐渐冷却至结冰。融冰时，从空调用户端流回的温度较高的载冷剂在盘管内循环，将盘管外表面的冰层由内向外逐渐融化，使载冷剂冷温度降低，以满足空调用户的需要。内融冰蓄冷装置的蓄冰率较大，为 50%～70%。与外融冰方式相比，内融冰系统为闭式系统，盘管不易腐蚀，冷水泵扬程降低。因此，内融冰畜冷系统在空调工程中应用较多。

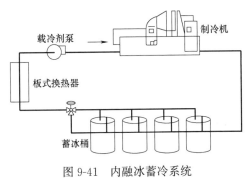

图 9-41　内融冰蓄冷系统

但由于内层冰融化后形成的水膜层产生较大的换热热阻，内融冰的融冰速度不如外融冰方式。常用的内融冰盘管材料有钢和塑料，盘管的结构形状有以下几种：

① 蛇形盘管蓄冰装置

图 9-42 为一个蛇形盘管蓄冰装置，多采用钢制盘管，加工成立置的蛇形状，组装在钢架上，外表面热镀锌处理。为了提高传热效率，相邻两组盘管的流向相反，使蓄冷和释冷时温度均匀。槽体一般采用双层镀锌钢板制成，内填聚苯乙烯保温层，也可采用玻璃钢或钢筋混凝土制成。这种装置单管回路较长，盘管中流动阻力较大、一般为 80～100Pa。

② 圆形盘管蓄冰装置

图 9-43 为一个圆形盘管蓄冰装置，这种装置将聚乙烯管加工成圆形盘管，用钢制构架将圆形盘管整体组装后放置在圆柱形蓄冰槽内。相邻两组盘管内载冷剂的流向相反，有利于改善和提高传热效率，并使槽内温度均匀。在蓄冷末期，蓄冰槽内的水基本上全部冻结成冰，故该装置又被称为完全冻结式蓄冷装置[4]。

③ U 形盘管蓄冰装置

图 9-44 为一种 U 形盘管蓄冰装置，这种装置盘管材料采用耐高温与低温的聚烯烃石

图 9-42　蛇形盘管蓄冷装置

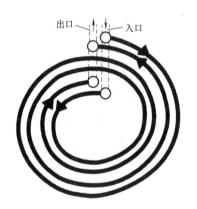
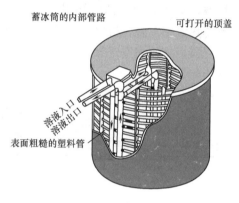

图 9-43　蛇形盘管蓄冷装置

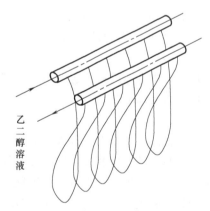

图 9-44　Fofco 换热盘管示意图

蜡脂，盘管分片组合成型，垂直放置于蓄冰槽内。蓄冰槽的槽体采用镀锌钢板或玻璃钢制成，内壁敷设带有防水膜的保温层。U 形盘管的管径很小，载冷剂需要过滤后进入盘管，否则会堵塞盘管。

2）封装式蓄冷系统

这种系统采用水或有机盐溶液作为蓄冷介质，蓄冷介质被封装在塑料密封件内，再把这些密封件堆放在密闭的金属贮罐内或开放的贮槽中组成蓄冰装置。蓄冰时，制冷机组提供的低温二次冷媒（乙二醇水溶液）进入蓄冷装置，使封装件内的蓄冷介质结冰；释冷时，仍以乙二醇水溶液作为载冷剂，将封装件内冷量取出，直接或间接（通过热交换装置）向用户供冷[5]。

封装式蓄冰装置按封装件形式的不同有所不同，目前主要有三种：

① 冰球

冰球是用高密度聚合烯烃材料制成，以法国 Cristo 公司为代表，冰球分为 S 型和 C 型，直径分别为 77mm 和 96mm，球壳厚度为 1.5mm，球内充注具有高相变潜热的蓄能水溶液，并预留 9% 的膨胀空间。S 型的冰球热交换表面积为 $1m^2/kWh$，每立方米有效冰球数目为 2550 个；C 型的冰球热交换表面积为 $0.8m^2/kWh$，每立方米有效冰球数目为 1320 个。我国相关企业开发生产的齿球式冰球和波纹式冰球在改善传热效果或适应体积胀缩方面等具有自身的特点。

② 冰板

冰板蓄冰元件采用高密度聚乙烯材料，制成中空扁平板，在板内充注去离子水，换热表面积为 $0.66m^2/kWh$。冰板有序地放置在圆形卧式密封罐内，约占贮罐体积的 80%。

③ 蕊心冰球

蕊心冰球外壳由 PE 塑料吹制而成，其外形设计有伸缩段，有利于其蓄冰、融冰过程中的膨胀和收缩。在冰球的中心放置金属蕊心以促进冰球的传热导，其金属配重作用也可避免冰球在开敞式蓄槽制冰时浮起[5]。

封装式的蓄冷容器分为密闭式蓄罐和开敞式蓄槽。密闭式蓄罐由钢板制成圆柱形，有卧式和立式两种。开敞式蓄槽通常为矩形，可采用钢板、玻璃钢加工或采用钢筋混凝土现场浇筑。蓄冷容器可布置在室内或室外，也可埋入地下，在施工过程中应妥善处理保温隔热以及防腐或防水问题。

3）冰片滑落式蓄冰系统

冰片滑落式蓄冰系统属于直接蒸发式，这种系统的制冰机为制冷设备，以保温的储槽为蓄冷设备，如图 9-45 所示。蓄冰时，通过冰水泵将水从储槽送至制冰机蒸发器上方喷淋在蒸发器表面，部分冷水会冻结在其表面上。当冰层达到相当的厚度时（一般为 3～6.5mm），采用制冷剂热气除霜原理使冰层融化脱落，滑入到储槽，蓄冰率为40%～50%；融冰时，抽取储槽的冷水供用户使用。如果需要在融冰的同时进行制冰，可以将从用户返回的温水喷淋在低温的蒸发器表面，反复进行结冰和脱冰过程。

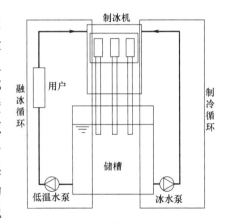

图 9-45　冰片滑落式蓄冰系统原理

该系统具有较高的释冷速率。通常情况下，即使蓄冰槽内 80%～90% 的冰被融化，仍能够保持释冷温度不高于 2℃。这主要是由于片状冰具有极大的表面积，热交换性很好。因此，适合于尖峰用冷的场合，当用于供水温度低、供回水温差大的空调系统时有利于节省投资。

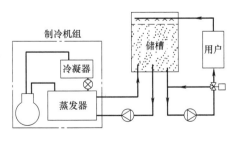

图 9-46　冰晶式蓄冷系统原理

4）冰晶式蓄冷系统

冰晶式蓄冷系统如图 9-46 所示。特殊设计的制冷机将流经蒸发器的低浓度乙二醇溶液冷却到冻结点温度以下产生直径约 $100\mu m$ 的细微冰晶。此类冰晶和乙二醇溶液一起形成泥浆状的冰泥。冰泥经泵输送至蓄冷槽储存。释冷时，冰泥被融冰泵送到换热器向用户提供冷量，升温后的载冷剂回流至蓄冷槽，将槽内的冰晶融化成水。

这种系统的蓄冷槽结构简单，只要有足够的强度、足够的空间和良好的保温即可。由于系统生成的冰晶细小面均匀，其总换热面积大，融冰释冷速度快，冰晶的生成是在制冷机的蒸发器内进行的，分布均匀，不易形成死角和冷桥[5]。

由于该系统随着制冰时间的延长，流动的混合溶液的含冰率越来越大，因此这类系统的制冷能力不能太大，不适用于大型系统。

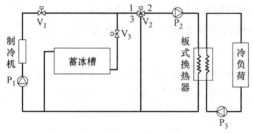

图 9-47　并联式蓄冰系统流程图

（3）冰蓄冷系统循环流程

根据制冷机与蓄冰槽的相对位置不同，冰蓄冷系统的循环流程有并联和串联两种形式。

1）并联式蓄冰系统

图 9-47 所示为并联式蓄冰系统流程图，该系统由双工况制冷机、蓄冰槽、板式换热器、乙二醇泵 P_1、乙二醇泵 P_2、冷水泵 P_3 及调节阀等组成。

该系统可以实现五种运行模式，各种运行模式的调节情况如表 9-8 所示，具体如下：

① 系统单独蓄冷。该运行模式为在用电低谷时段，制冷机组在制冰工况下运行、蓄冰槽蓄冷。此时，泵 P_2 和 P_3 关闭，阀门 V_2 关闭，V_1 和 V_3 打开，泵 P_1 输送乙二醇溶液流经制冷机和蓄冰槽，直至蓄冰结束。

② 制冷机供冷。该运行模式阀门 V_3 关闭，V_1 和 V_2 打开，泵全部打开，制冷机组在正常工况下运行，乙二醇溶液在制冷机和板式换热器之间构成环路。

③ 蓄冰槽融冰供冷。该运行模式为在供电高峰期，关闭制冷机，仅用蓄冰槽供冷。此时，阀门 V_1、泵 P_1 关闭，泵 P_2 和 P_3 运行，乙二醇溶液在蓄冰槽和板式换热器之间构成环路。融冰过程中，当空调负荷发生变化时，通过调节三通阀 V_2 来调节通过板式换热器的溶液流量，保证冷水供水温度不变。

④ 制冷机、蓄冰槽联合供冷。在空调负荷高峰期，需要实现蓄冰槽融冰和制冷机联合供冷。此模式所有阀门打开，所有泵运行。流经板式换热器的乙二醇溶液由两部分组成，一部分是经制冷机降温、流量恒定的乙二醇溶液；另一部分流经蓄冷槽降温、流量变化的乙二醇溶液。调节三通阀 V_2 同样可以调节通过板式换热器的溶液流量。

⑤ 蓄冷同时供冷。在空调负荷较低且处于用电平段时，系统可能要同时制冷和供冷。此模式所有阀门打开，所有泵运行。泵 P_1 使一部分乙二醇溶液流经三通阀 V_2 供给空调用户，另一部分乙二醇溶液流经蓄冰槽升温后与来自板式换热器的溶液混合，然后进入制冷机。

并联式流程各运行工况的调节情况　　　　　　　　　　　　　　　表 9-8

序号	运 行 模 式	P_1	P_2	P_3	V_1	V_2	V_3
1	单独蓄冷	开	关	关	开	关	开
2	制冷机供冷	开	开	开	开	1-2	关
3	蓄冰槽融冰供冷	关	开	开	关	调节	开
4	制冷机、蓄冰槽联合供冷	开	开	开	开	调节	开
5	蓄冷同时供冷	开	开	开	开	调节	开

2）串联式蓄冰系统

串联式蓄冰系统可以分为制冷机位于蓄冰槽上游和制冷机位于蓄冰槽下游两种方式。图9-48所示为制冷机位于上游时串联系统的流程。

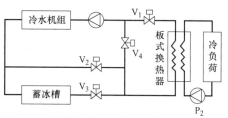

图 9-48　制冷机位于上游时串联系统的流程

该系统可以实现四种运行模式，各种运行模式的调节情况见表 9-9。

① 系统单独蓄冷。此时阀门 V_1 和 V_2 关闭，V_3 和 V_4 打开，乙二醇溶液在制冷机和蓄冰槽之间构成环路，直至蓄冰结束。

② 蓄冰槽融冰供冷。该运行模式所有阀门打开，停止运行的制冷机仍作为系统的通路，通过调节 V_2 和 V_3 的相对开度来控制进入板式换热器的溶液温度，以适应负荷的变化。

③ 制冷机供冷。此时阀门 V_3 和 V_4 关闭，V_1 和 V_2 打开。乙二醇溶液在制冷机和板式换热器之间构成环路，制冷机组在正常工况下运行。

④ 制冷机、蓄冰槽联合供冷。此时所有阀门打开，从板式换热器流回的乙二醇溶液先经过制冷机冷却后，再经过蓄冰槽释冷冷却，通过调节 V_2 和 V_3 的相对开度来控制进入板式换热器的溶液温度。

制冷机上游串联式流程各运行工况的调节情况　　　　　　　　表 9-9

序号	运行模式	P_1	P_2	V_1	V_2	V_3	V_4
1	单独蓄冷	开	关	关	关	开	开
2	蓄冰槽融冰供冷	开	开	开	调节	调节	关
3	制冷机供冷	开	开	开	开	关	关
4	制冷机、蓄冰槽联合供冷	开	开	开	调节	调节	关

串联系统运行于联合供冷工况时，载冷剂要经过制冷机和蓄冰槽两次冷却，可以获得比并联系统更大的温差，特别适合于冷水温差大的系统和低温送风系统。

（4）冰蓄冷系统设计

1）蓄冷空调系统的设计步骤[4]

各种蓄冷系统的设计基本上可以按照以下几个步骤进行：

① 可行性分析，在进行蓄冷空调工程设计之前，需要先进行技术和经济方面的可行性分析。要考虑的因素通常包括：建筑物的使用特点、电价、可以利用的空间、设备性能要求、使用单位意见、经济效益以及操作维护等问题。

② 计算设计日的逐时空调负荷及设计日内系统的总冷负荷。

③ 选择蓄冷装置的形式，目前在蓄冷空调工程中应用较多的有水蓄冷、内融冰和封装式系统。

④ 确定系统的蓄冷模式、运行策略及循环流程。蓄冷模式中有全部蓄冷模式和部分蓄冷模式；运行策略中有主机优先和蓄冷优先策略；系统循环流程有串联和并联；在串联流程中又有主机和蓄冷槽哪一个在上游的问题。

⑤ 确定制冷机和蓄冷装置的容量，计算蓄冷槽的容积。

⑥ 系统设备的设计及附属设备选择。主要指制冷机选型、蓄冷槽设计、泵及换热器

等附属设备的选择等。对于宾馆、饭店等夜间仍需要供冷的商业性建筑，往往需要配置基载冷水机组。

⑦ 经济效益分析，包括初投资和全年运行费用计算，求出与常规空调系统相比的投资回收期。

2）冰蓄冷设备容量确定

冰蓄冷系统的主机一般采用双工况制冷机。制冰工况时制冷机的 COP 降低。因此，在确定主机容量时必须考虑制冰工况下冷量降低带来的影响。

采用制冷机优先的运行策略时，夜间蓄冷量和设计日内制冷机直接供冷量之和应满足设计日内系统的总冷负荷，此时所需的制冷机及蓄冷槽容量最小，其制冷机容量按下式确定：

$$Q_r = \frac{Q}{h_C \times C_1 \times h_D} \tag{9-27}$$

式中　Q_r——制冷机在空调工况下的制冷量，kW；

Q——设计日内系统的总冷负荷，kWh；

h_C——蓄冷装置在电力谷段的充冷时间，h；

C_1——制冷机在制冰工况下的容量系数，一般为 0.65～0.7；

h_D——制冷机在设计日内空调工况运行的时间，h。

实际情况是空调负荷有可能小于制冷机的制冷量，若出现有 n 个小时的空调负荷小于计算出的制冷机容量，应该将这 n 个小时折算成满负荷运行时间，然后代入上式对 Q_r 进行修正。折算后的 h_D 应修正为：

$$h_D' = (h_D - n) + \sum_{i=1}^{n} \frac{Q_n'}{Q_r} \tag{9-28}$$

式中　Q_n'——n 个小时中的第 i 个小时的空调负荷，kW。

如果采用融冰优先运行策略，则要求高峰负荷时的释冷量与制冷机供冷量之和能够满足高峰负荷，一般采用恒定的逐时释冷速率，则有[4]：

$$Q_{max} = Q_r + \frac{Q_r \cdot h_C \cdot C_1}{h_S} \tag{9-29}$$

式中　h_S——系统在融冰供冷的时间，h；

Q_{max}——设计日内系统的高峰负荷，kW。

由上式可以得出融冰优先策略时的制冷机容量为：

$$Q_r = \frac{Q_{max} \cdot h_S}{h_C \cdot C_1 + h_S} \tag{9-30}$$

蓄冰槽的容积 V_C 可按下式计算：

$$V_C = \frac{Q_r \cdot h_C \cdot C_1 \cdot b}{q} \tag{9-31}$$

式中　b——容积膨胀系数，一般取 $b = 1.05～1.15$；

q——单位蓄冷槽容积的蓄冷量，取决于蓄冷装置的形式，kW·h/m³。

9.3　建筑冷源方案经济性分析

9.3.1　建筑冷源规划基本思路

1. 建筑冷源工程建设基本资料

在进行建筑冷源规划之间，必须对用户需求、能源条件、气象资料、水质资料、地质资料及用户发展规划等方面的情况进行调查研究，了解和收集有关原始资料以作为规划设计工作的重要依据。

（1）用户需求：包括用户需要的冷量及其变化情况，冷水的供水温度和回水温度要求，以及用户的使用场所和使用安装方面的需求。

（2）能源条件：包括能源政策、能源增容费、能源使用价格和建筑周边能够提供的常规能源资源情况和可利用的可再生能源资源条件。

（3）水源条件：建筑附近的地表水、地下水、市政污水的水量、水温及水质等情况。

（4）气象条件：当地的最大和最低气温、大气相对湿度，土壤冻结深度以及全年主导风向和当地大气压力等。

（5）地质资料：建筑所在地土壤等级、承压能力、地下水位和地震烈度等资料。

（6）发展规划：建筑业主近期和远期发展规划。

2. 建筑冷源工程规划基本思路

（1）资料收集：充分了解工程情况，做好调查及规划前期的准备工作。

（2）建筑冷热负荷计算：对建筑冷、热负荷进行计算，并对负荷特性进行研究与分析。

（3）冷源方案确定：根据建筑地理位置、周围环境及空调负荷的特点，结合建筑周边的能源结构情况，初步确定具有代表性的建筑冷源。在此基础上，通过技术经济分析，比较各方案初投资、运行能耗及污染排放量等技术经济指标，从而确定技术先进、经济合理的冷源方案。具体内容包括：

1）建筑冷源形式：分散建站还是集中建站，用何种能源，冷媒等用何种设备；

2）冷冻水系统形式：采用同程式系统还是异程式系统；变流量系统还是定流量系统；

3）冷却水系统形式：用直流式、混流式还是循环供水方式；

4）消防、安全、环保等方面的技术措施。

（4）冷源设备选择：在冷源方案的基础上，选择冷源设备，包括设备形式、型号、台数等，并确定冷水、冷却水、热媒等参数。

（5）辅助设备选择：根据选择的冷源、热源设备，选择其他辅助设备、管道及配件。

（6）冷冻站用房位置与面积确定：基于选定的设备情况，确定冷冻站用房的位置与面积大小，并进行设备及管道布置。

（7）水泵参数确定：根据机房内各种系统管道布置情况，进行管道的水力计算，确定各种系统管道的管径与流动阻力损失，选择各种水泵，确定水泵的相关参数。

（8）编制建筑冷源规划文件：基于上述内容，编制建筑冷源规划文件。

9.3.2　建筑冷源选择原则

1. 建筑冷源设备种类

建筑冷源设备种类见第9.2.1节。

2. 建筑冷源选择基本原则[6,7]

（1）建筑冷源应首先考虑采用天然冷源。无条件采用天然冷源时，可采用人工冷源。

（2）建筑冷源应根据建筑规模、用途、建设地点能源条件、结构、价格及国家节能减排和环保政策的相关规定，通过综合论证确定。

1）有可供利用的废热或工业余热的区域，当废热或工业余热的温度较高、技术经济论证合理时，冷源宜采用吸收式冷水机组。

2）在无余热或废热可用，但城市电网夏季供电充足的地区，空调系统的冷源宜采用电动压缩式机组。

3）具有多种能源地区的大型建筑，可采用复合式能源供冷；当有合适的蒸汽热源时，宜用汽轮机驱动离心式冷水机组，其排汽作为蒸汽型溴化锂吸收式冷水机组的热源，使离心式冷水机组与溴化锂吸收式冷水机组联合运行，提高能源的利用率。

4）对于电力紧张或电价高，但有燃气供应的情况，应考虑采用燃气直燃型溴化锂吸收式冷水机组。

5）天然气供应充足的地区，当建筑的电力负荷、热负荷和冷负荷能较好匹配，能充分发挥冷、热、电联产系统的能源综合利用效率且经济技术比较合理时，宜采用分布式燃气冷热电三联供系统。

6）全年进行空气调节，且各房间或区域负荷特性相差较大，需要长时间地向建筑同时供热和供冷，经技术经济比较合理时，宜采用水环热泵空调系统供冷、供热。

7）在执行分时电价、峰谷电价差较大的地区，经技术经济比较，采用低谷电能够明显起到对电网"削峰填谷"和节省运行费用时，宜采用蓄冷系统供冷。

8）夏季室外空气设计露点温度较低的地区，宜采用间接蒸发冷却冷水机组作为空调系统冷源。

9）夏热冬冷地区、干旱缺水地区的中、小型建筑可考虑采用风冷式或地下埋管式地源冷水机组供冷。

10）有天然地表水等资源可供利用，或者有可利用的浅层地下水且能保证100％回灌时，可采用地表水或地下水地源冷水机组供冷。

（3）下列情况宜采用分散设置的风冷、水冷式或蒸发冷却式空气调节机组：

1）空气调节面积较小，采用集中供冷系统不经济的建筑；

2）需设空气调节的房间布置过于分散的建筑；

3）设有集中供冷系统的建筑中，使用时间和要求不同的少数房间；

4）需增设空气调节，而机房和管道难以设置的原有建筑；

5）居住建筑。

（4）选择冷水机组时，不仅要考虑机组在额定工况或名义工况下的性能，还应考虑机组的综合部分负荷性能，以使冷水机组在工作周期内的能耗最低。具体要求如下[7]：

1）水冷定频机组及风冷或蒸发冷却机组的性能系数（COP）不应低于表 9-10 的规定；水冷变频离心式机组的性能系数（COP）不应低于表 9-10 中数值的 0.93 倍；水冷变频螺杆式机组的性能系数（COP）不应低于表 9-10 中数值的 0.95 倍。

名义制冷工况和规定同条件下冷水（热泵）机组制冷性能系数（*COP*） 表 9-10

类型		额定制冷量（kW）	性能系数（W/W）					
			严寒A、B区	严寒C区	温和地区	寒冷地区	夏热冬冷地区	夏热冬暖地区
水冷	活塞式/涡旋式	<528	4.10	4.10	4.10	4.10	4.20	4.40
	螺杆式	<528	4.60	4.70	4.70	4.70	4.80	4.90
		528~1163	5.00	5.00	5.00	5.10	5.20	5.30
		>1163	5.20	5.30	5.40	5.50	5.60	5.60
	离心式	<1163	5.00	5.00	5.10	5.20	5.30	5.40
		1163~2110	5.30	5.40	5.40	5.50	5.60	5.70
		>2110	5.70	5.70	5.70	5.80	5.90	5.90
风冷或蒸发冷却	活塞式/涡旋式	≤50	2.60	2.60	2.60	2.60	2.70	2.80
		>50	2.80	2.80	2.80	2.80	2.90	2.90
	螺杆式	≤50	2.70	2.70	2.70	2.80	2.90	2.90
		>50	2.90	2.90	2.90	3.00	3.00	3.00

2）水冷定频机组的综合部分负荷性能系数（*IPLV*）不应低于表 9-11 的规定；水冷变频离心式机组的综合部分负荷性能系数（*IPLV*）不应低于表 9-11 水冷离心式冷水机组限值的 1.30 倍；水冷变频螺杆式机组的综合部分负荷性能系数（*IPLV*）不应低于表 9-11 水冷螺杆式冷水机组限值的 1.15 倍。

冷水（热泵）机组综合部分负荷性能系数（*IPLV*） 表 9-11

类　型		额定制冷量（kW）	综合部分负荷性能系数 *IPLV*					
			严寒A、B区	严寒C区	温和地区	寒冷地区	夏热冬冷地区	夏热冬暖地区
水冷	活塞式/涡旋式	<528	4.90	4.90	4.90	4.90	5.05	5.25
	螺杆式	<528	5.35	5.45	5.45	5.45	5.55	5.65
		528~1163	5.75	5.75	5.75	5.85	5.90	6.00
		>1163	5.85	5.95	6.10	6.20	6.30	6.30
	离心式	<1163	5.15	5.15	5.25	5.35	5.45	5.55
		1163~2110	5.40	5.50	5.55	5.60	5.75	5.85
		>2110	5.95	5.95	5.95	6.10	6.20	6.20
风冷或蒸发冷却	活塞式/涡旋式	≤50	3.10	3.10	3.10	3.10	3.20	3.20
		>50	3.35	3.35	3.35	3.35	3.40	3.45
	螺杆式	≤50	2.90	2.90	2.90	3.00	3.10	3.10
		>50	3.10	3.10	3.10	3.20	3.20	3.20

3）空调系统电冷源综合制冷性能系数（*SCOP*）不应低于表 9-12 的数值。对多台冷水机组、冷却水泵和冷却塔组成的冷水系统，应将实际参与运行的所有设备的名义制冷量和耗电量功率综合统计计算，当机组类型不同时，其限值应按冷量加权的方式确定。

空调系统的电冷源综合制冷性能系数（SCOP）　　表 9-12

类型		额定制冷量（kW）	综合制冷性能系数 SCOP(W/W)					
			严寒 A、B 区	严寒 C 区	温和地区	寒冷地区	夏热冬冷地区	夏热冬暖地区
水冷	活塞式/涡旋式	＜528	3.30	3.30	3.30	3.30	3.40	3.60
	螺杆式	＜528	3.60	3.60	3.60	3.60	3.60	3.70
		528～1163	4.00	4.00	4.00	4.00	4.10	4.10
		＞1163	4.00	4.10	4.20	4.40	4.40	4.40
	离心式	＜1163	4.00	4.00	4.10	4.10	4.10	4.20
		1163～2110	4.10	4.20	4.20	4.40	4.40	4.50
		＞2110	4.50	4.50	4.50	4.50	4.60	4.60

4）名义制冷量大于 7.1kW、采用电驱动的单元式空气调节机组、风管送风和屋顶式空气调节机组时，其在名义制冷量和规定条件下的能效比（EER）不应低于表 9-13 的数值。

单元式空气调节机、风管送风和屋顶式空气调节机组能效比（EER）　　表 9-13

类　型		额定制冷量（kW）	能效比 EER(W/W)					
			严寒 A、B 区	严寒 C 区	温和地区	寒冷地区	夏热冬冷地区	夏热冬暖地区
风冷	不接风管	7.1～14.0	2.70	2.70	2.70	2.75	2.80	2.85
		＞14.0	2.65	2.65	2.65	2.70	2.75	2.75
	接风管	7.1～14.0	2.50	2.50	2.50	2.55	2.60	2.60
		＞14.0	2.45	2.45	2.45	2.50	2.55	2.55
水冷	不接风管	7.1～14.0	3.40	3.45	3.45	3.50	3.55	3.55
		＞14.0	3.25	3.30	3.30	3.35	3.40	3.45
	接风管	7.1～14.0	3.10	3.10	3.15	3.20	3.25	3.25
		＞14.0	3.00	3.00	3.05	3.10	3.15	3.20

5）采用多联式空调（热泵）机组时，其在名义制冷工况和规定条件下的制冷综合性能系数（IPLV）不应低于表 9-14 的数值。除具有热回收功能型或低温热泵型多联机系统外，多联机空调系统的制冷剂连接管等效长度满足对应制冷工况下满负荷时的能效比（EER）不低于 2.8。

多联式空调（热泵）机组制冷综合性能系数 IPLV　　表 9-14

名义制冷量(kW)	制冷综合性能系数 IPLV					
	严寒 A、B 区	严寒 C 区	温和地区	寒冷地区	夏热冬冷地区	夏热冬暖地区
＜28	3.80	3.85	3.85	3.90	4.00	4.00
28～84	3.75	3.80	3.80	3.85	3.95	3.95
＞84	3.65	3.70	3.70	3.75	3.80	3.80

6）采用直燃型溴化锂吸收式冷（温）水机组时，其在名义制冷工况下和规定工况下

的性能参数应符合表 9-15 的数值。

溴化锂吸收式机组性能参数 表 9-15

名 义 工 况		性 能 参 数	
冷(温)水进/出口温度(℃)	冷却水进/出口温度(℃)	性能系数(W/W)	
		制 冷	供 热
12/7(供冷)	30/35	≥1.20	—
—/60(供热)	—	—	≥0.90

9.3.3 建筑冷源技术经济性分析

1. 技术经济性分析方法

技术经济分析、论证、评价的方法很多，最常见的有决定型分析评价法、经济型分析评价法、不确定型分析评价法、比较型分析评价法、系统分析法、价值分析法、可行性分析法等[5]。而应用于建筑冷源选择时常用的方法是经济性分析评价法，也即常说的投资回收方法。它不考虑环境影响等社会效益，仅对冷源的技术、初投资和运行费用进行比较分析来确定各种方案的取舍。

根据是否要考虑时间因素，经济评价方法可分为静态分析方法和动态分析方法两类。

（1）静态分析方法

常见的静态分析法是静态投资回收期法。投资回收期限是指从项目建成后投入生产开始，经过运营获得利润，直到把此项目的全部投资偿还回来的这个期限。回收期越短，反映资金收回速度越快，方案越好。而对于建筑冷源来讲，其收益应该是两种对比方案的初投资和运行费用的比较，即以某一方案为基准，其他方案与其进行初投资和年运行费用比较。因此可用投资回收期的长短作为建筑冷源选择投资方案的依据。

静态回收期定义为：

$$N=\frac{\Delta B}{\Delta E} \tag{9-32}$$

式中　N——回收年限，年；

　　　ΔE——年运行费用对比节省额，万元；

　　　ΔB——对比增加的初投资额，万元。

随着市场经济的不断发展，作为资金投入的时间价值愈加得到重视，因此，必须考虑资金投入时的利息而引起的还本年限的增加，且应考虑复利因素，其等额年限可以表示为：

$$N=\frac{\lg\Delta E-\lg(\Delta E-\Delta B\times i)}{\lg(1+i)} \tag{9-33}$$

式中　N——回收年限，年；

　　　i——利息；

（2）动态分析方法

动态分析方法包括现值法和净现值法。

1）现值法

现值法（PW）是指将设备的年费用支出和残值，以基准收益率换算成设备投产初始时的现值与初投资费形成总现值代数和来分析比较的评价方法。总现值可以表示为：

$$PW = C_A + C_S \cdot USPW(i,n) - C_{DR} \cdot SPPW(i,n) \tag{9-34}$$

式中　PW——总现值，元；

$\quad\quad C_A$——初始投资费，元；

$\quad\quad C_S$——年费用支出，元；

$\quad\quad C_{DR}$——设备残值，元，一般取设备原值的 $3\% \sim 5\%$；

$\quad USPW$——等额系列现值系数；

$\quad SPPW$——现值系数。

等额系列现值系数和现值系数分别定义为：

$$USPW(i,n) = \frac{(1+i)^n - 1}{i(1+i)^n} \tag{9-35}$$

$$SPPW(i,n) = \frac{1}{(1+i)^n} \tag{9-36}$$

式中　i——综合利率；

$\quad\quad n$——年份数。

由于现值法只考虑投产设备（项目）的年费用支出，没有考虑设备投产后，在寿命周期内的收益与追加投资等问题。

2）净现值法

所谓净现值法就是在技术方案全寿命周期内，各年的收益与费用支出的代数和，按照一定的折现率，折算到基准年（第 0 年）的现值，与初始费构成净现值，用此来分析和比较投资收益的评价方法。净现值应该大于零，净现值越大方案越优。净现值（NPW）可以表示为：

$$NPW = -C_A + \sum_{k=1}^{n} (B_{S,k} - C_{S,k}) \cdot SPPW(i,k) \tag{9-37}$$

式中　$B_{S,k}$——第 k 年技术方案的收益，元。

2. 经济分析法在工程中的应用

在一个实际工程中，设计者需要根据工程所在地的气候条件、能源政策、用户要求等从众多的冷热源中选择出几种方案，但面对这几种方案，设计人员往往不能对其进行准确的评价，从而难以选择出最佳的方案。下面根据本章介绍的经济性分析法，并结合工程实际来进行冷热源的技术经济性分析。

（1）静态分析法

某浴池每天消耗热水 100t，目前其热源为燃油蒸汽锅炉。年运行费用为 96.00 万元。为了节省浴池能源消耗费用，对其进行改造，其方案为污水源热泵系统，总投资为 360 万元，其年运行费用为 9.43 万元。若不考虑投资额利息，改造方案的投资回收年限按式（9-32）计算，即：

$$N = \frac{\Delta B}{\Delta E} = \frac{360}{96 - 9.43} = 4.16$$

若考虑利息，假设年利率为 5%，则改造方案的等额回收年限按式（9-33）计算，即：

$$N=\frac{\lg\Delta E-\lg(\Delta E-\Delta B\times i)}{\lg(1+i)}=\frac{\lg(86.6)-\lg[86.6-360\times0.05]}{\lg(1+0.05)}=4.78$$

（2）动态分析法

某大厦占地面积 13461m²，建筑面积 44716m²，高 89.7m。距离一河道 200m。空调系统计算负荷供冷季节为 4638kW，供暖季节为 299kW。根据建筑冷热源选择基本原则确定了如下 3 种冷热源方案。

方案 1：离心式冷水机组＋城市热网。

方案 2：溴化锂机组＋城市热网

方案 3：水源热泵机组

运用动态分析法对上述 3 种方案进行经济评价。空调冷热源的产出即为满足大厦空调需要而提供的冷量和热量，在本节经济评价中视为产出相等。只考虑各方案的总现值。总现值费用最低的方案为优。

三种方案的初投资和年运行费见表 9-16。三种方案的经济寿命均为 20 年，设备经济寿命结束时，设备残值取设备原值的 5%，利率为 5%。利用式（9-34）计算得三种方案的总现值如表 9-17 所示。

三种方案冷热源的初投资及年运行费（单位：万元）　　　　表 9-16

空调系统方案	方案 1	方案 2	方案 3
空调设备费用	395.38	449.58	491.5
变配电设施费用	48	18	48
蒸汽增容费	100	132	—
安装工程费	163.01	179.87	161.85
合计初投资	706.39	779.45	701.35
电费	42.51	15.18	76.43
蒸汽费	33.81	74.97	—
水费	1.40	1.86	—
设备维护管理费	4.15	4.58	4.12
合计年运行费	81.87	96.58	80.54

总现值（单位：万元）　　　　表 9-17

空调系统方案	方案 1	方案 2	方案 3
初投资	706.39	779.45	701.35
年运行费	101.87	96.58	110.54
设备残值	35.32	38.97	35.07
等额系列现值系数	12.46	12.46	12.46
现值系数	0.38	0.38	0.38
方案总现值	1962.27	1968.03	2065.35

从表 9-17 可以看出，方案总现值大小顺序为：方案 3＞方案 2＞方案 1，从技术经济分析角度看，方案 1 为本工程最佳冷热源方案。

9.4 建筑冷源监测控制系统

随着现代建筑技术的发展，建筑供暖与空调等机电设备的规模不断扩大，建筑能源与运行效率的问题日益突出。在大部分商业建筑中，建筑冷源系统的年能耗约占建筑总能耗的 25%～50%。对建筑冷源系统进行良好的监测和控制不仅有助于提高建筑冷源系统运行的可靠性，还能降低其总能耗。因此，建筑冷源监测控制系统的设计在建筑设计中显得尤为重要。

9.4.1 建筑冷源监测控制需求

图 9-49 是典型的由水冷式冷水机组组成建筑冷源工艺流程及相关控制和保护设备，这一系统由 2 台冷水机组作为冷源，提供空调冷水，系统有 3 台冷却水循环泵和 2 台冷却塔，以及 3 台冷水循环泵。为了保证水系统定压，还有 1 台补水泵，向系统补水，维持水系统补水点的压力。

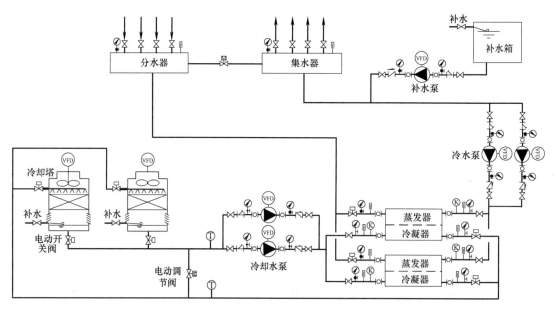

图 9-49 典型建筑冷源工艺流程

1. 系统安全监控需求

（1）冷水机组蒸发器、冷凝器流量安全监控：对于水冷式冷水机组，其运行的必要条件是蒸发器、冷凝器的水侧必须保证足够的流速。流速太低，就会恶化换热，导致换热温差过大，使蒸发压力降低，冷凝压力升高，制冷效率下降。流速太低时，由于换热不良，蒸发器水侧局部表面就会低于 0℃，这就有可能造成局部冻结、冰塞，从而造成制冷机事故。目前的绝大多数冷水机组自身配有完善的控制器，完成自身的安全保护和运行调节。只要保证水路畅通，给定要求的出水温度，设备就可以运行。根据要求的设定温度，自动调节制冷，使实际的出口温度接近于出口温度设定值，或者制冷量不足时，投入全部设备容量，最大可能地降低出口温度。控制器同时还配备各种保护功能，如制冷机的高压、低压、油压保护，润滑油油温的自动控制与保护等[8]。

（2）系统压力控制：除了冷水机组内部的控制调节和保护外，作为建筑冷源的安全保护，主要是保证冷水系统和冷却水系统充满水，并在定压点保持要求的压力，当压力不足时，及时补水加压。

2. 系统冷量调节需求

作为冷源，其基本要求就是向建筑物提供所要求的冷量。而建筑物需要的冷量是随着建筑使用状况和室外气候状况不断变化的，因此也要求冷源产生的冷量能够随之不断变化。如果冷源不能及时进行相应调节，则当需要的冷量小于冷源产生的冷量时，冷机的供水温度就会不断降低，从而减少冷源的产冷量，并同时增加用冷末端（空调机、风机盘管）耗冷量，最终实现冷源产冷量与末端耗冷量间的平衡。当需要的冷量大于冷源产冷量时，冷机的供水温度就会不断提高，从而增大冷源产冷量，并同时减少末端耗冷量，最后也平衡于二者冷量相等的状态。上述情况可能使水温远离希望的工作范围，同时也就不能使被控的建筑热环境维持在要求的范围内，对冷源进行自动控制调节，就是调节冷源的产冷量，使其在与末端需冷量平衡的同时，供水温度也维持在要求的范围内，从而保证被控建筑物的热环境状态。

9.4.2　水泵工况调节与联合运行

1. 水泵的工况调节

水泵运行时的流量和压头是由水泵的性能曲线和管网特性曲线共同决定的工况点参数。用户需求的流量变化可能经常发生，为了满足流量变化要求，必须调节工况点。工况调节就是用一定的方法改变水泵或管网的特性曲线，来改变工况点，满足用户对流量变化的要求[9]。

（1）调节管网系统特性

调节管网系统特性，改变管网特性曲线，从而改变与水泵性能曲线的交点——工况点。改变管网特性曲线最常用的方法是改变管网中的阀门开启程度，从而改变管网的阻力特性，使管网特性曲线变陡或变缓，从而移动水泵工况点，达到调节流量的目的。这种调节方法十分简单，应用最广。

图 9-50 为管网特性调节工况分析示意图。曲线 1、2 和 3 分别为管网初始状态的特性曲线和阻抗增减调节后的特性曲线；曲线 4 为水泵的性能曲线。关小管网中的阀门，阻抗增大，管网特性曲线 1 变陡为曲线 2，工况点由 A 移到 B，相应的流量由 Q_A 减至 Q_B；当开大管网中的阀门，阻抗减小，管网特性曲线 1 变缓为曲线 3，工况点由 A 移至 C 点，相应流量增为 Q_C。

由于阀门关小额外增加的压力损失为 $\Delta H = H_B - H_D$。因为如果不调节阀门，对于原来管网，流量为 Q_B 时需要的压头仅为 H_D。相应多消耗的功率为：

$$\Delta N = \frac{Q_B \Delta H}{\eta_B} \qquad (9\text{-}38)$$

可见，由于增加了阀门阻力，额外增加了压力损失。显然采用调节阀门来减小流量是不节能的。这种方法应限用于短暂性的减小流量调节。

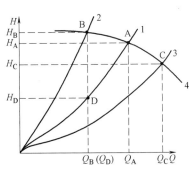

图 9-50　管网性能调节的工况分析

（2）调节水泵的性能

对于建筑冷源系统，水泵的调节方式通常采用变速调节。根据水泵的理论，转速改变必然改变水泵的性能曲线。由水泵的相似原理和相似定律可知，在雷诺自模区内，同一水泵在不同转速下的流体流动是相似的，即水泵在不同转速时的性能曲线是相似的。不同转速的相似工况之间，主要性能参数具有以下关系：

$$\frac{Q}{Q'}=\frac{n}{n'},\frac{H}{H'}=\left(\frac{n}{n'}\right)^2,\frac{P}{P'}=\left(\frac{n}{n'}\right)^3 \tag{9-39}$$

式中　Q——水泵的体积流量，m^3/s；

　　　H——水泵的扬程，mH_2O；

　　　P——水泵的功率，W。带"'"为转速调节后水泵的物理参数，不带"'"为全转速运行时水泵的物理参数。

由上式可知：

$$\left(\frac{Q}{Q'}\right)^3=\left(\frac{n}{n'}\right)^3=\frac{P}{P'} \text{ 或 } \left(\frac{Q}{Q'}\right)^2=\frac{H}{H'} \tag{9-40}$$

式（9-40）在工程中可用来判断水泵变转速运行时工况是否相似。式（9-40）又可以写成：

$$H=\left(\frac{H'}{Q'^2}\right)Q^2=kQ^2 \tag{9-41}$$

式中，k 为常数。将式（9-41）绘成曲线，是一条从原点出发的二次抛物线，在这条线上，任意两点之间满足式（9-40）相似工况的判别条件，称为水泵变转速运行的相似工况线。

变转速调节的工况分析如图 9-51 所示。图 9-51（a）为广义特性曲线管网，图中曲线 Ⅰ 为转速为 n 时水泵的性能曲线。曲线 Ⅱ 为管网特性曲线，$H=H_{st}+S_aQ^2$，图 9-51（b）为狭义特性曲线管网，$H=S_bQ^2$。Ⅰ 和 Ⅱ 的交点 A 就是转速为 n 时的工况点。转速减小为 n' 时，水泵的性能曲线 Ⅲ 与管网特性曲线交于 B 点。

对于图 9-51（a）中广义管网特性曲线的情况，由于 $\left(\frac{Q_A}{Q_B}\right)^2=\frac{H_A-H_{st}}{H_B-H_{st}}\neq\frac{H_A}{H_B}$，不满足式（9-41）相似工况条件，因此 A、B 两点不是相似工况点。过 B 点作相似工况曲线 Ⅳ，其中 $k=\frac{H_B}{Q_B^2}$，与转速为 n 的性能曲线 Ⅰ 交于 C 点，C 点与 B 点是相似工况点，满足式（9-41）。

图 9-51（b）中所示的狭义管网特性曲线的情况，管网特性曲线与变转速的相似工况曲线重合，$S_b=k$，A 点与 B 点是相似工况点，满足式（9-41）。

通过以上分析，可以得出有重要工程意义的结论：

1）具有狭义管网特性曲线的管网，当其管网特性（阻抗 S）不变时，水泵在不同转速运行时的工况点是相似工况点，流量比值与转速比值成正比，压力比值与转速比值的平方成正比，功率比值与转速比值的三次方成正比。若变转速的同时，S 值也发生变化，则不同转速的工况不是相似工况，上述关系不成立；对于具有广义特性曲线的管网，上述关系亦不成立[9]。

2）用降低转速来调小流量，节能效果显著；用增加转速来增大流量，能耗增加剧烈。

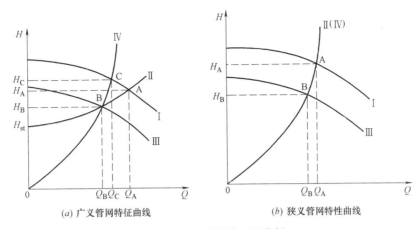

(a) 广义管网特征曲线　　　　　(b) 狭义管网特性曲线

图 9-51　变速调节工况分析

在理论上可以用增加转速的方法来提高流量,但是转速增加后,使叶轮圆周速度增大,因而可能增大振动和噪声,且可能发生机械强度和电机超载问题,所以一般不采用增速方法来调节工况。

改变水泵转速的方法可以通过改变电机转速来实现。用电机拖动的水泵,电动机的转速 n 与交流电的频率 f 和电动机的极对数 p 有如下关系:

$$n = 60f\frac{1-s}{p} \tag{9-42}$$

式中,s 为电动机运行的转差率。因此,改变电机的 p 或 s 以及频率 f 均可调节转速。其中,改变 s 调速方法效率低,属能耗型调速;变极调速虽然节能效率高,初投资小,但调速档数只有几档,调速范围有限,且是阶梯式跳跃的,一般只有两种转速,电机价格较高,应用范围受限制。而通过改变电机输入电流的频率来改变电机转速即变频调速的方法是目前最为常用的。它不仅调速范围宽、效率高,而且变频装置体积小,便于安装[9]。

2. 定速水泵与变速水泵联合运行

管网中往往设有多台相同型号的水泵并联运行,如果为了使用变频调速来实现节能,将所有的水泵换成变速水泵,投资过高。这时,可以采用几台定转速水泵与一台变频调速水泵并联运行。例如,共有三台型号相同的水泵并联,其中两台定速、一台变速,在流量变化小于一台水泵的流量时,用两台定速水泵与一台变速水泵联合运行;在流量变化多于一台水泵的流量,但总流量比一台水泵流量大时,采用一台定速水泵与一台变速水泵联合运行;总流量小于一台水泵的流量时,一台变速水泵单独运行。定速水泵与变速水泵并联运行,尽管几台水泵的设计性能一样,但其中有水泵变转速运行时,便成了不同性能水泵并联运行。此方法也可称之为水泵台数与变速的联合调节。

在运行过程中,由于控制方法不同,定、变速水泵的并联效果是不同的。下面以一个两台定速泵和一台变速泵联合运行的管网系统为例进行分析,图 9-52 为其管网系统示意图。

(1) 水泵出口压力控制[9]

图 9-52 的管网中,D 点的压力恒定,控制水泵出口压力不变,这种控制方式对于流

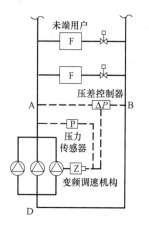

图 9-52　定、变速泵并联运行管网示意图

量变化过程中的运行工况如图 9-53 所示。图中，曲线 1、2、3 分别为水泵转速均为设计转速 n_m 时，一台泵、两台泵及三台泵联合运行的曲线；三台泵联合运行时，管网的特性曲线为 oa，工况点为 a 点，控制压力为 H_0。ob 和 oc 分别为两台泵联合运行和一台泵单独运行时的管网的特性曲线。曲线 d-1′ 为变速泵调至最小转速 n_0 时的性能曲线，p-c-2′、p-b-3′ 分别为变速泵调至最小转速 n_0 时与一台和两台定速泵的联合运行曲线。

当用户侧水流量需求减小时，水泵组出口压力将增加（管网特性曲线由 oa 向 ob 移动），压力控制器使变速水泵转速降低（联合运行性能曲线由 p-3 向 p-2 移动），以保证水泵组联合工作的扬程 H_0 保持不变，这时泵组的工作点将由 a 点向左平移，当到达 b 点时，变速泵的转速为 n_0，变速泵的扬程等于 H_0，性能曲线为 d-1′，但它的流量为零，已经完全没有发挥作用了。因此，此时应停止一台定速泵的运行，停泵后短时间内系统工作点将降至 b_1 点（$H_{b1} < H_0$）。之后由于压力控制器的作用将使变速泵很快重新恢复至设计转速 n_m，使系统工作点稳定在 b 点。当流量需求继续下降，按上述相同的控制方式，工作点由 b 点移到 c 点，这时再停止一台定速泵，工作点瞬间为 c_1 点，之后重新回到 c 点。从这一点开始，便是单台变速泵运行了。随流量要求

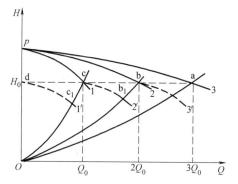

图 9-53　水泵出口压力控制方式工况分析

继续下降，工作点由 c 点向 d 点移动。到达 d 点后，表明系统完全不需要水量了，变速泵停止工作，整个系统也停止工作[9]。

在上述过程中，工况点变化如下：

a 点（两台定速泵＋变速泵运行，变速泵转速 n_m）→b 点（两台定速泵＋变速泵运行，变速泵转速 n_0，停泵点）→b_1 点（一台定速泵＋变速泵运行，变速泵转速 n_0）→b 点（一台定速泵＋变速泵运行，变速泵转速 n_m）→c 点（一台定速泵＋变速泵运行，变速泵转速 n_0，停泵点）→c_1 点（一台变速泵运行，变速泵转速 n_0）→c 点（一台变速泵运速泵转速 n_m）→d 点（变速泵转速 n_0，停泵点）。

（2）用户侧供回水压差控制[9]

运行调节时，控制 A、B 两点压差恒定。设控制压差为 ΔP，运行工况分析如图 9-54 所示。

图 9-54 中，曲线 1、2、3 分别为水泵转速为设计转速 n_m 时，一台泵、两台泵及三台泵联合运行的曲线；H_3-n_{03}、H_2-n_{02}、H_1-n_{01} 分别为变速水泵在转速 n_{03}、n_{02}、n_{01} 时的性能曲线。oa、ob 和 oc 分别为三台、两台泵联合运行和一台泵单独运行时的管网的特性曲线；o-h_3、o-h_2 和 o-h_1 分别为三台、两台联合运行及一台水泵运行时，水泵连接管路

部分（机器内部）的阻力特性曲线，即图 9-52 中 B-D-A 部分的管道阻力曲线。系统设计工况为 a 点，因此控制压差 $\Delta P = \overline{aa'}$。

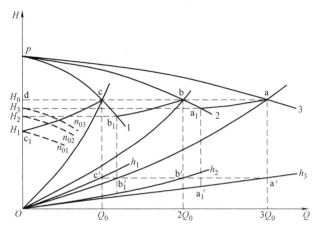

图 9-54 用户供回水压差控制方式工况分析

当用户侧流量减少时，变速泵调速运行，系统的工作点情况如下：

a 点（两台定速泵＋变速泵运行，变速泵转速 n_m）→a_1 点（两台定速泵＋变速泵运行，变速泵转速 n_{03}，停泵点）→b 点（一台定速泵＋变速泵运行，变速泵转速 n_m）→b_1 点（一台定速泵＋变速泵运行，变速泵转速 n_{02}，停泵点）→c 点（一台变速泵运行，变速泵转速 n_m）→c_1 点（一台变速泵运行，变速泵转速 n_{01}，停泵点）。

图 9-54 中，压差 $\Delta P = \overline{aa'} = \overline{a_1 a_1'} = \overline{bb'} = \overline{b_1 b_1'} = \overline{cc'} = \overline{oc_1}$。从图中可以看出，当水泵联合运行工况点从 a→$a_1$、b→$b_1$ 这两个过程中，参与运行的各台定速泵的工作流量将超过其设计流量 $Q_0 = \frac{1}{3} Q_a$。比较图 9-53 和图 9-54，如果设计状态点 a 相同，则：

$$H_0 > H_3 > H_2 > H_1$$
$$n_0 > n_{03} > n_{02} > n_{01}$$

如果忽略水泵效率的差异，在图 9-54 中 a→a_1、b→b_1、c→c_1，与图 9-53 中 a→b、b→c、c→d 的过程中，工作流量相同，用户侧供回水压差控制可以降低水泵出口压力，因此采用压差控制比压力控制更为节能。但是，如果 ΔP 远大于 ΔP_{BDA} 时，差异并不明显。

9.4.3 建筑冷源监控系统组成及通信网络

1. 建筑冷源监测控制系统形式

建筑冷源监控系统从 20 世纪 70 年代发展至今先后经历了四代变革，即：集中式控制系统、集散式控制系统、总线式控制系统以及网络集成式控制系统。

（1）集中式控制系统（Centralized Control System，CCS）

集中式控制系统其结构如图 9-55 所示，CCS 采用微处理器或者计算机作为中央控制器，通过 AD 模数转换模块直接采集末端的传感器信号，并通过 DA 数模转换模块对执行器进行控制，实现了控制器内部的数字化传输，克服了早期模拟信号精度较低的缺点。CCS 能实现多输入、多输出控制功能，在 20 世纪 70 年代占据了楼宇自控系统的主导地位，但是该系统要求处理器具有较高的性能，不利于系统扩展和维护。由于所有控制功能

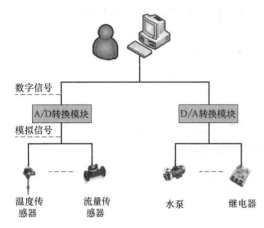

图 9-55　集中式控制系统结构图

依赖单一的计算机,当计算机出现故障时,将导致全系统崩溃,风险过于集中。

（2）集散式控制系统（Distributed Control System，DCS）

集散式控制系统也称其为分布式控制系统,其结构如图 9-56 所示,DCS 以"分散控制、集中管理"为主要特点。DCS 可将 CCS 分解为多个子系统,每个子系统采用控制器直接连接底层传感器和执行器。控制器放置在被控对象附近,既能独立运行,又能通过通信网络将数据发送到中央管理站,实现数据共享。DCS 采用分散控制的结构,有效地抑制了 CCS 集中管理带来的风险,同时系统规模更加灵活、整体功能更强。

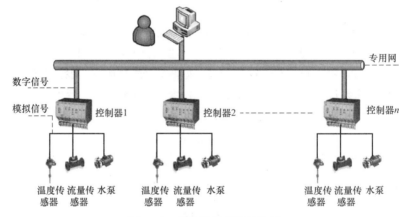

图 9-56　集散控制系统结构图

（3）总线式控制系统（Fieldbus Control System，FCS）

随着现场总线技术的发展及 I/O 设备智能化的提高,将控制逻辑由集散控制器层下放至 I/O 层,真正实现分散控制的目标,由此产生了总线式控制系统（FCS）。FCS 结构如图 9-57 所示,与 DCS 相比,FCS 突破了专用网络的限制,现场层传感器仪表和执行器均支持现场总线接口,实现了全数字化的通信过程,系统的可靠性得到进一步提高。目前流行的现场总线系统包括：BACnet 总线、Lon-Works 总线、Profibus 总线、Modbus 总线、CAN 总线等。但目前各现场总线之间仍互不兼容,通信协议

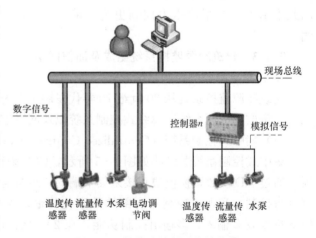

图 9-57　总线式控制系统结构图

没有统一，导致支持不同现场总线的产品不能互连，只能在同一种现场总线系统中实现。

2. 建筑冷源监测控制系统组成

目前集散式控制系统（DCS）与总线式控制系统（FCS）已成为建筑冷源控制系统的主流发展趋势。这里以 DCS 为例介绍建筑冷源监测控制系统的组成。典型集散式控制系统由现场层、控制层和管理层几部分组成，其系统结构示意图如图 9-58 所示。

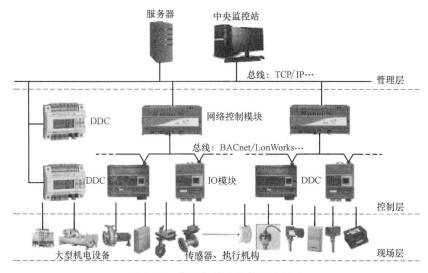

图 9-58　典型集散式控制系统组成

（1）管理层

管理层是系统监控调度管理中心，由服务器、工作站或相关外设等组成。管理层处于系统最高端，接受来自现场的实时数据，为用户提供实时运行操作界面，提供如下功能：

1）实时收集数据信息，建立实时、历史数据库，提供数据共享及历史数据查询功能；

2）显示设备运行状态及实时动态参数；

3）提供历史曲线及运行参数趋势图；

4）提供参数设置及远动控制操作界面；

5）能源管理策略优化；

6）根据要求，统一调度和协调各站点控制目标接收系统故障报警，并进行相关连锁控制；

7）根据用户要求，输出生产运行报表及管理统计报表采用多种安全权限级别；

8）支持多种标准通信协议，提供标准数据交换接口如 DDC、OPC 等，便于系统集成。

（2）控制层

控制层的主要设备是控制器，通过读取检测装置的输入信号，按照预定的控制策略，产生输出信号，控制相关设备，从而达到控制目的。目前控制器可大致分为可编程控制器（PLC）和直接数字控制器（DDC）。

1）可编程控制器（Programmable Logic Controller，PLC）

可编程控制器的产生最初是为了替代继电器控制系统实现大量的开关量的逻辑控制，满足灵活、快速柔性的制造业要求。1969 年，美国数字设备公司（DEC）研制出了世界上第一台可编程控制器。可编程程序控制器是一种用程序来改变控制功能的工业控制计算机，除了能完成各种各样的控制功能外，还具有与其他计算机通信联网的功能。

从结构形式上看，PLC 分为整体式、模块式和分散式三种。小型 PLC 采用整体式，CPU 板、I/O 板、显示面板、电源等集中配置在一个箱体中，组合成一个不可拆卸的整体；中大型 PLC 采用模块式或分散式结构。模块式 PLC 将不同部分设计成 CPU 模块、I/O 模块、电源模块，这些模块可以按照一定规则组合安装在底板或机架上。分散式更加灵活，CPU 模块、I/O 模块可以异地放置，通过现场总线连接[6]。

可编程控制器由继电器逻辑控制系统发展而来，在开关量处理、顺序控制方面具有很强的优势。随着计算机技术的发展，现代可编程控制器不仅能实现对数字量的逻辑控制，还具有数字运算、数据处理、运动控制、模拟量 PID 控制、通信联网等多种功能。

2）直接数字控制器（Direct Digital Contoller，DDC）

直接数字控制器的"控制器"系指完成被控设备特征参数与过程参数的测量，并达到控制目标的控制装置；"数字"的含义是该控制器利用数字电子计算机实现其功能要求；"直接"意味着该装置在被控设备的附近，无需再通过其他装置即可实现上述全部测控功能。DDC 是利用计算机技术开发的面向工业控制对象的专用控制器，在配置和功能上与常规计算机有较大区别，它采用标准总线结构，具有较强的模拟量及浮点运算能力。

直接数字控制器分为小型、中型、大型控制器，小型 DDC（I/O 点数一般不超过 16 点）采用整体式结构，CPU 与 I/O 组成一个整体。中型 DDC（I/O 容量在 20～40 点左右），采用整体或模块式结构，内存容量有所加大，数据运算能力比较高。大型 DDC 的 I/O 点数容量可达数百点，采用模块式结构，内存容量大，数据运算能力强，适合建筑冷源等控制逻辑比较复杂的控制对象。

PLC 和 DDC 的相关特点比较见表 9-18。

PLC 和 DDC 特点比较　　　　　　　　　　　　　　　　　　　　　表 9-18

名称	特　　点
PLC	主要针对工业顺序控制,有很强的开关量处理能力,浮点运算能力不突出,抗干扰能力强,软件编程多采用梯形图,硬件结构专用,随生产厂家而不同,易于构建集散式控制系统(DCS)和现场总线控制系统(FCS)
DDC	有较强的模拟量及浮点运算能力,软件编程采用组态软件,抗干扰能力较强,硬件方面采用标准化总线结构,兼容性强,易于构建集散式控制系统(DCS)和现场总线控制系统(FCS)

（3）现场层

现场层的主要设备包括传感器和执行器。

1）传感器

传感器为现场输入装置，包括温度传感器、压差传感器、多功能电表、流量计等。传感器所测得的物理量，经过变送器成为电信号送入计算机输入通道中。根据信号形式的不同，传感器有两种输入通道：

① 模拟量输入通道 AI（Analogy Input），此时变送器输出的可以是电流信号（例如 10mA），也可以是电压信号（如 0～2V，0～5V 或 0～10V）。如果变送器的输出为电压信号，则变送器至控制器之间的导线很容易受到环境电场和磁场的干扰。当变送器为电流输出时，长线输送抗干扰的能力较强。

② 开关量输入通道 DI（Digital Input），此时计算机只能判断 DI 通道上电平高/低两

种状态，直接将其转换为数字量 1 或 0，进而对其进行逻辑分析和计算。对于以开关状态作为输出的传感器（如水流开关、风速开关或压差开关）就可以直接连接到 DI 通道上。除了测量开关状态，DI 通道还可直接对脉冲信号进行测量。

2）执行器

执行器也叫现场输出装置，直接安装在设备或输送管道上，接受控制器的输出信号，实现对系统的调整、控制和启停等操作。控制器通过两类输出通道与该装置连接。

① 开关量输出通道 DO（Digital Output）。

② 模拟量输出通道 AO（Analogy Output）。输出的信号是 0~5V、0~10V 间的电压或 0~20mA、4~20mA 间的电流。

建筑冷源控制系统的执行器主要有水阀、交流接触器等设备。交流接触器是启停水泵及压缩机等设备的执行器，通过控制器的 DO 输出通道带动继电器，再由继电器的触头带动交流接触器线包，实现对设备的启/停控制。变频器及可控硅类执行器是直接对电量进行调整，改变供电频率以改变水泵的电机转速，一般都与控制器的模拟量输出口 AO 相连[6]。

阀门执行器按使用的能源种类可分为气动、电动、液动 3 种。其中，气动执行器具有结构简单、工作可靠、价格便宜、维护方便、防火防爆等优点。而电动执行器的优点是能源取用方便、输出速度快、便于远传，特别适合建筑冷源控制系统。液动执行器的推力最大，但目前使用不多。电动阀门由阀体和执行机构组成。

3. 通信网络

通信网络是以具有通信能力的控制器、传感器、中继器、路由器、网关为网络节点，通过传输介质，实现多点通信，完成运行参数、状态、故障信息、控制命令等数据连接和信息共享。如图 9-58 所示，该系统有三层网络，即连接管理层和控制层的网络、控制层内部网络以及连接控制器与传感器和执行器之间的网络。通信网络的拓扑结构、传感介质特性、通信协议等是影响系统性能的重要因素。

（1）通信网络拓扑结构

拓扑指设备连接构成网络的图形结构。各种网络拓扑大致有星形连接、链状连接、环形连接和总线连接等[8]。

1）星形连接

以一个设备为中心，其他所有的设备与之相连。如图 9-59 所示。在这样的拓扑上，任何两个设备之间传输数据都必须经过中心设备；一旦中心设备出现故障或从网络脱离，网络中的所有物理连接都被破坏。通常，在一个控制子网中，各个被控设备与 DDC 之间的连接就是典型的星形连接。

2）链状连接和环状连接

链状连接是所有设备依次连接成一个链状，如图 9-60 所示。用这样的连接拓扑，设备链上任何一个设备故障，这个网络就会断开，分割成两段。为了提高网络的可靠性，将链首尾相连，就构成了环状结构，如图 9-61 所示。环状结构中，只有一个设备坏掉整个网络还能保持连接。

3）总线型网络

总线通常指通信设备连接在同一条通信链路上，任何一个设备发布信息，其他设备都

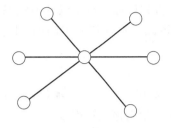
图 9-59　星形连接

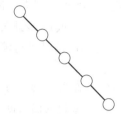
图 9-60　链状连接

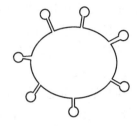
图 9-61　环状连接

可以侦听到,如图 9-62 所示。总线是一条连续的通信线,各个设备通过三通连接到总线上。然而,这种方式与链状拓扑和星形连接相比施工复杂,在实际施工中已渐渐摒弃,转而用星形连接和链状连接取代。例如,交换以太网时代,虽然以太网在技术上依然是总线技术,但连接拓扑方式已换成计算机设备都连接到区域交换机或路由器的星形连接方式。基于 RS485/CAN 等底层通信标准的通信网络,在施工时一般用上述手拉手的链状连接方式[8]。

以上介绍的是网络设备连接的几种基本物理结构形式。以这几种基本拓扑结构体为基础,实际的通信网络可以组合成各种拓扑结构,如图 9-63 所示的树状结构,以及如图 9-64 所示的网状结构。

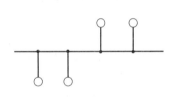
图 9-62　总线型网络

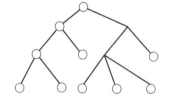
图 9-63　树状连接

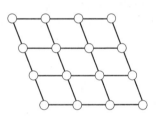
图 9-64　网状连接

（2）传输介质

通信网络中常见的传输介质有双绞线、同轴电缆、光导纤维线缆、无线通信,主要特性比较见表 9-19。

常见通信介质特性比较　　　　　　　　　　　　　　　　　　　表 9-19

介质名称	抗干扰性	传输距离	工程造价	常见应用场合
双绞线	较高	低速时可达 120m 以上;高速以太连接时,最远 100m	低	在暖通空调控制系统中广泛使用
同轴电缆	较高	<1800m	中	以太网、有线电视
光纤	高,几乎不受电磁干扰	6~8km	高	常用于网络主干部分
无线通信	较高	几十千米	高	常用于站点少,距离远的场所

（3）标准通信协议（PROTOCOL）

通信协议规定通信双方数据的格式、物理层及数据链路层特性。目前获得广泛应用的通信协议如 Lonworks 通信协议、BACNet 标准协议、HART、PROFIBUS、MODBUS、CAN、工业以太网、Device Net 等[10]。

由于历史的原因,在不同行业甚至同行业应用中出现多种通信标准广泛共存的局面。

为实现不同厂家设备之间的互连操作和数据交换，国际标准化组织 ISO/TC97 建立了"开放系统互连"分技术委员会，制定了开放系统互连参考模型 OSI（Open System Interconnection)[10]。

OSI 参考模型把开放系统的通信网络划分为 7 个层次，相应地称之为物理层、数据链路层、网络层、传输层、会话层、表示层和应用层，如图 9-65 所示。

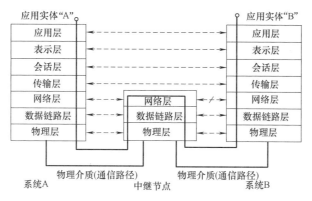

图 9-65 开放互连网络模型

其中 1～3 层功能称为低层功能（LF），即通信传送功能，4～7 层功能称为高层功能（HLF），即通信处理功能。

在通信网络中，为提高效率，通常采用简化型 OSI 通信模型，仅采用部分通信协议。如作为欧洲标准 EN50170 的 PROFIBUS，仅采用 OSI 模型的物理层和数据链路层；也有如 Lonworks 采用 OSI 全部 7 层通信协议，被誉为通用通信网络。

9.4.4 建筑冷源监控系统设计

建筑冷源监控系统主要功能可以分如下两个层次[6]：

（1）基本参数监测，设备的正常启停与保护；

（2）建筑冷源系统冷量调节与控制。

第一层次是使建筑冷源系统能够安全正常运行的基本保证，因此，从某种意义讲，对建筑冷源系统监控系统来说，是最重要的层次，必须可靠地实现。

第二层次则是对建筑冷源系统通过合理的调节控制，节省运行能耗，产生经济效益，也是监控系统自动调节或手动调节的主要区别所在。

1. 冷水机组的监测与控制

（1）冷水机组单元控制器

冷水机组设备本身通常都配有十分完善的监控系统，能实现对机组各部件的状态参数监测、故障报警、安全保护和制冷量自动调节。目前典型的压缩式冷水机组的监控内容包括以下几个方面：

1）控制功能。机组启/停，设定冷水出水温度。

2）运行状态。参数包括：冷水出水温度、冷水回水温度、蒸发器压力、冷凝器压力、冷却出水温度、冷却回水温度、蒸发器饱和温度、冷凝器饱和温度、排气温度、油温、油压、限流设定值、冷水流开关状态、冷却水流开关状态、电机电流百分比、运行时间、压缩机启动次数、压缩机电机状态、油路电磁阀状态、启动开关状态、引射电磁阀状态、导叶开度（离心式）、滑阀位置（螺杆式）、油分离器低油位状态、防止重复启动时间、操作模式（本地/遥控/维修）等。

3）基本的能量调节。冷水机组自身的制冷量调节，机组根据水温自动调节导叶的开度或滑阀位置，使机组制冷量与系统的负荷相适应。同时电机电流随之改变，降低机组能耗。

（2）冷水机组单元控制器与外界的通信

大多数冷水机组都留有与外界的通信接口，形式有三种：

1）干触点接口，只能接受外部的启停控制（1XDI，1XDO），向外输出报警信号（＋1XDI）等，功能相对简单；

2）通过标准的 RS 232/485 等通信接口与现场控制机连接，根据固定的通信协议实现完全通信；

3）冷水机组控制单元通过专用网卡（调制/解调器等）/网关等直接上网。

（3）监控系统对冷水机组的监测和控制

监控系统对这类自身已具有控制系统的设备的监测和控制做法有三种：

1）不与冷水机组单元控制器通信，而是采用干触点接口进行监控，实现功能简单，制冷机房还需有人常驻值班管理，只用于小型系统，实际使用越来越少。

2）冷水机组厂商推出中央控制器，能够与自己的主机控制单元通信，从而根据负荷相应地改变启停台数，实现群控。此时，辅助系统如冷却水泵、冷却塔风机、冷水泵等也一同由中央控制器统一控制。可以实现冷水机组、冷水泵、冷却水泵、冷却塔等设备的启停控制、故障检测报警、参数监视、能量调节与安全保护和多台主机的台数调节，以及冷冻机与辅助设备的程序开启控制。采用这种方式可提高控制系统的可靠性和简便性，但从优化的角度看由于冷源站的控制还与空调水系统有关，把空调水系统与冷源站分割开来控制难以很好地实现系统整体的理想的优化控制与调节。

3）设法使冷水机组的控制单元与监控系统管理层的中央监控站通信，这是最彻底的解决方法，也是最终的发展方向。需要配有相应的接口装置或上网设备，并且制造厂商公开其协议，就可以实现两种通信协议间的转换，进行相应的通信处理及数据变换，实现系统整体的优化控制与调节。

2. 冷却水系统的监测与控制

（1）冷却水系统监测控制需求

冷却水系统通过冷却塔和冷却水泵及管道系统向冷水机组冷凝器提供冷却水，其监控系统的作用是：

1）保证冷却塔风机、冷却水泵安全运行；

2）确保冷水机组冷凝器侧有足够的冷却水通过；

3）根据室外气候情况及冷负荷，调整冷却水运行工况，使冷却水温度在设定温度范围内。

（2）冷却水系统监测控制回路和控制策略

1）冷却塔控制回路

① 回路构成

被控变量：冷却塔出水温度；

传感器：温度传感器；

执行机构：变频器、电动开关阀和电动调节阀；

被控对象：变频器频率和电动调节阀开度。

② 回路功能

如图 9-66 和图 9-67 所示，通过测得冷却塔出水温度来调节冷却塔风机转速、控制电动开关阀启闭、调节电动调节阀开度，保证回风冷却塔出水温度尽可能低但高于冷却塔出水下限温度。

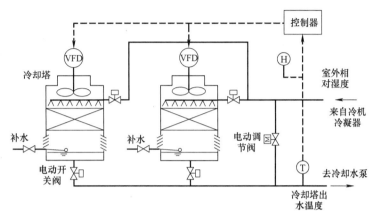

图 9-66　冷却塔出水温度控制原理图

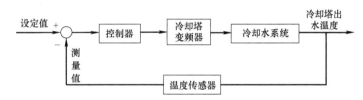

图 9-67　冷却塔出水温度控制方块图

③ 控制策略

给定进入冷机的冷却水的水温下限 t_{in0}。

测量室外湿球温度和冷却塔出水温度，并计算冷却塔效率；冷却塔效率定义为：

$$\eta = \frac{t_{out} - t_{in}}{t_{out} - t_s} \tag{9-43}$$

式中　t_{out}——从冷凝器流出的水温，℃；

　　　t_{in}——从冷却塔流出，进入冷凝器的水温，℃；

　　　t_s——室外湿球温度，℃。

如果冷却塔出水温度高于 t_{in0}，而效率低于冷却塔最大效率的 80%，则增加各台风机的转速；

如果冷却塔出水温度高于 t_{in0}，而效率已经达到最大效率的 80%，维持当前风机转速；

如果冷却塔出水温度开始低于 t_{in0}，风机转速没到最低转速，减小风机转速；如果风机转速已达到最低，逐台停止风机，并关闭该台冷却塔进出口的电动开关阀，直到水温回到 t_{in0}[8]；

如果冷却塔出水温度开始低于 t_{in0}，且全部风机都已停止，则开启冷却塔旁通电动调节阀，使进入冷机的水温为 t_{in0}。只要有一台冷却塔风机运行，冷却塔旁通就应该关闭。

2）冷却水泵控制回路

① 回路构成

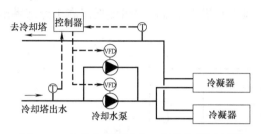

图 9-68　冷机冷凝器进出口温差控制原理图

被控变量：冷机冷凝器进出口温差；

传感器：温度传感器；

执行机构：变频器；

被控对象：变频器频率。

② 回路功能

如图 9-68 和图 9-69 所示，通过冷机冷凝器进出口冷却水温差调节冷却水泵转速，使冷机冷凝器冷却水温差达到 5℃。

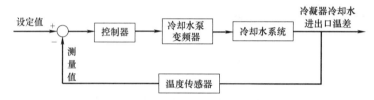

图 9-69　冷机冷凝器出口温差控制方块图

③ 控制策略

如果冷凝器冷却水进出口温差 $\Delta T < 5℃$，调高水泵转速；如果冷凝器冷却水进出口温度 $\Delta T > 5℃$，调低水泵转速。

（3）冷却水系统 I/O 点配置

图 9-70 为一冷却水系统的控制原理图，该系统有 2 台冷却塔、2 台冷水机组及 2 台冷却水循环泵（不设备用），系统配置和功能参见表 9-20。

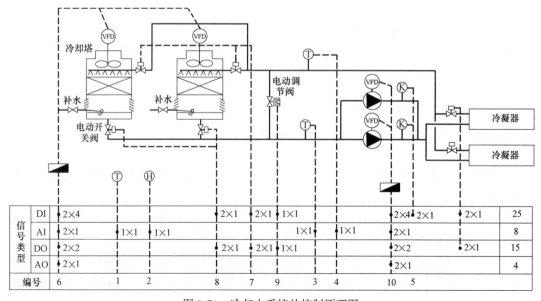

图 9-70　冷却水系统的控制原理图

冷却水自控系统的配置 表 9-20

编号	名 称	信号	功能及简要说明	
1	温度传感器	1×AI	测量室外干球温度	
2	湿度传感器	1×AI	测量室外相对湿度,可计算出湿球温度,是监测冷却塔运行的重要参数	
3	温度传感器	1×AI	测量冷却塔出口/冷凝器进口水温	
4	温度传感器	1×AI	测量冷凝器出口/冷却塔进口水温	
5	水流开关	1×DI	测量冷凝器进口水流,水流低于限制值给出报警,可以监测水泵的运行状态并作为冷水机组的保护	
6	冷却塔风机	4×DI 1×AI 2×DO 1×AO	监测风机手/自动状态、电气主回路状态、变频器状态和变频器故障状态; 变频器频率反馈; 控制电气主回路、变频器启停; 控制变频器频率	频率调节根据冷却水温度来确定
7	水阀执行器	1×DI 1×DO	测量阀位反馈; 控制阀门开闭	冷却塔进水管电动蝶阀,冷却塔启停连锁
8	水阀执行器	1×DI 1×DO	测量阀位反馈; 控制阀门开闭	冷却塔出水管电动蝶阀,冷却塔启停连锁
9	水阀执行器	1×AI 1×AO	测量阀位反馈; 控制阀门开度	过渡季和冬季运行时,调节混水量以保证进入冷凝器的水温不致过低
10	冷却水循环泵	4×DI 1×AI 2×DO 1×AO	监测水泵手/自动状态、电气主回路状态、变频器状态和变频器故障状态; 变频器频率反馈; 控制电气主回路、变频器启停; 控制变频器频率	启停和台数调节应根据冷水机组开启台数来确定, 频率调节根据冷却水供回水温差确定
11	水阀执行器	1×DI 1×DO	测量阀位反馈; 控制阀门开闭	冷凝器出水管一般采用电动蝶阀,与冷水机组启停连锁

3. 冷水系统监测和控制

（1）冷水系统监测控制需求

冷水系统监测和控制任务的核心是：

1）保证冷水机组蒸发器通过足够的水量以使蒸发器正常工作，防止冻坏；

2）向冷水用户提供足够的冷量以满足使用要求；

3）在满足使用要求的前提下尽可能减少循环水泵电耗。

（2）冷水系统监测控制回路和控制策略

1）回路构成

被控变量：冷机蒸发器进出口温差；

传感器：温度传感器；

执行机构：变频器；

被控对象：变频器频率。

2）回路功能

如图 9-71 和图 9-72 所示，通过冷机蒸发器进出口冷水温差调节冷水泵转速，使冷机蒸发器冷水温差维持在 5℃。

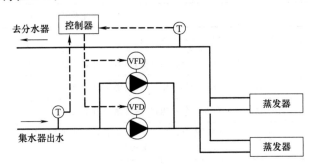

图 9-71　冷机蒸发器进出口温差控制原理图

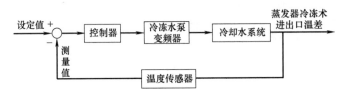

图 9-72　冷机蒸发器进出口温差控制方块图

3）控制策略

如果冷凝器冷水进出口温差 $\Delta T < 5℃$，调高水泵转速；如果冷凝器冷却水进出口温度 $\Delta T > 5℃$，调低水泵转速。

（3）冷水系统 I/O 点配置

图 9-73 为一冷水系统的控制原理图，该系统有 2 台冷水机组及 2 台冷水循环泵（不设备用），系统配置和功能参见表 9-21。

冷水自控系统的配置

表 9-21

编号	名　　称	信号	功能及简要说明	
1	温度传感器	1×AI	测量冷水供水温度	
2	温度传感器	1×AI	测量冷水回水温度	
3	压力传感器	1×AI	测量冷水供水压力	
4	压力传感器	1×AI	测量冷水回水压力	
5	水阀执行器	1×DI 1×DO	测量阀位反馈； 控制阀门开闭	蒸发器出水管采用电动蝶阀，与冷水机组启停连锁
6	冷水机组	2×DI 1×DO	冷水机组启停状态和故障状态； 控制冷水机组启停	
7	水阀执行器	1×DI 1×DO	测量阀位反馈； 控制阀门开闭	供回水旁通管电动调节阀应根据蒸发器进出口压差调节开度，压差大时关小，压差下降时开大，以维持蒸发器压差（流量）恒定
8	水流开关	1×DI	测量蒸发器进口水流	水流低于限制值给出报警，可以监视水泵的运行状态并作为冷水机组的保护

编号	名称	信号	功能及简要说明	
9	冷水泵	4×DI 1×AI 2×DO 1×AO	监测泵手/自动状态、电气主回路状态、变频器状态和变频器故障状态； 变频器频率反馈； 控制电气主回路、变频器启停； 控制变频器频率	频率调节根据冷水供回水温差来确定
10	补水泵	3×DI 1×DO	监测水泵手/自动状态、运行状态和故障状态； 控制水泵启停	起停应根据冷水供水压力来确定

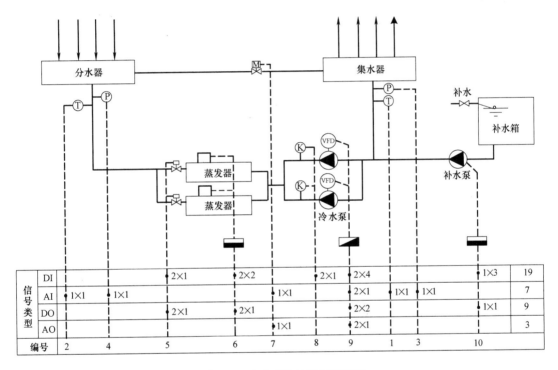

图 9-73 冷水系统的控制原理图

9.5 制冷机组与制冷系统性能测试

制冷机组与设备的性能是影响制冷系统性能与运行质量的关键因素，制冷系统性能对其服务建筑或工艺系统温、湿度的稳定性与能效水平。因保证制冷机组与设备性能的基础上，进一步保证工程中制冷系统的性能是十分必要的。这就要求制冷机和设备出厂前应进行出厂试验，制冷系统在制冷工程实施后进行性能测试。以在保证出厂产品质量的基础上，保证工程实际应用中制冷系统在全寿命过程中的运行质量。因此，研究、制定与改进制冷机和制冷系统的性能测试方法及其实施方法是制冷技术的重要课题。本节首先介绍制冷机组和制冷系统性能测试原理，其次结合实例介绍典型试验方法和试验装置。

9.5.1　测试原理

制冷机组与设备、制冷系统的性能均可通过其提供的有效制冷量 $\dot{Q}_e$ 与系统消耗的能量 $\dot{W}$ 之比来表征，三者性能测试原理的统一形式如下式所示：

$$\varepsilon = \frac{\dot{Q}_e}{\dot{W}} \tag{9-44}$$

式中　ε——制冷机组与设备（或制冷系统）的制冷性能系数；

　　　$\dot{Q}_e$——制冷机组与设备（或制冷系统）的瞬时有效制冷量，kW；

　　　$\dot{W}$——制冷机组与设备（或制冷系统）消耗的功率，kW。

在此基础上，进一步结合制冷压缩机、制冷机组与制冷系统的差异，可列写出各自制冷性能参数的测试原理方程。

1. 制冷压缩机性能测试原理

相应的压缩机的制冷性能系数 COP_c 测试原理方程如下：

$$COP_c = \frac{\dot{Q}_{e,c}}{\dot{W}_c} \tag{9-45}$$

式中　$\dot{Q}_{e,c}$——制冷压缩机在指定吸、排气状态条件下的制冷量，kW；

　　　$\dot{W}_c$——压缩机消耗的功率，kW。

2. 制冷机组性能测试原理

相应的制冷机组的制冷性能系数 COP_u 测试原理方程如下

$$COP_u = \frac{\dot{Q}_{e,u}}{\dot{W}_u} \tag{9-46}$$

式中　$\dot{Q}_{e,u}$——制冷机组在指定两热源工况（热源温度及两热源侧流体流动工况确定）条件下的制冷量，kW；

　　　$\dot{W}_u$——机组整体消耗的功率，kW。

3. 制冷系统性能测试原理

相应的制冷系统的制冷性能系数 COP_s 测试原理方程如下：

$$COP_s = \frac{\dot{Q}_{e,s}}{\dot{W}_s} \tag{9-47}$$

式中　$\dot{Q}_{e,s}$——制冷系统在实际多热源工况（通常工作在多个室内热源与一个室外热源）条件下的制冷量，kW；

　　　$\dot{W}_s$——制冷系统整体消耗的功率，kW。

通常，制冷压缩机的制冷性能系数在专业实验室完成；制冷机组的制冷性能系数即可在专业实验室或制冷工程中完成；制冷系统的性能系数在制冷工程中完成。

9.5.2　测试方法

本节主要介绍前述测试原理的实现方法，即满足一定测试准确度的有效制冷量与功耗的测试方法。

1. 制冷量的测试方法

（1）制冷压缩机

有效制冷量 $\dot{Q}_{e,c}$ 主要发生在可实现虚拟工况的虚拟蒸发器。可按制冷机制冷能力的大小选择一种或数种主要测量方法和一种辅助测量方法。试验过程中，主要测量装置与辅助测量装置所测得的制冷量偏差在能量平衡控制要求范围之内（例如，±4.0%），视为试验合格，且试验结果应以主要测量装置为准（辅助测量装置不能单独作为制冷量考核依据）。压缩机制冷量的主要测量方法有制冷剂蒸气流量计法、液体载冷剂循环法、具有第二制冷剂的电量热器法；辅助测量方法有：制冷剂蒸气冷却法和冷凝器热平衡法。其中：制冷剂蒸气流量计法又称气环法。其基本原理是通过设置在制冷系统吸气管或排气管上的节流装置，测出气态制冷剂的质量流量。根据制冷剂质量流量和制冷机规定的吸气状态下制冷剂比焓与节流前液体制冷剂比焓差来确定压缩机的制冷量。液体载冷剂循环法的基本原理是，通过测量载冷剂向蒸发器提供的热量来确定压缩机的制冷量。即通过测量载冷剂的质量流量和进、出蒸发器的温度，由此来计算载冷剂向蒸发器提供的热量。电量热器法是间接测量压缩机制冷量的一种装置。它的基本原理是利用电加热器发出的热量来抵消压缩机的制冷量，进而通过测量电加热器的加热量来获取制冷量。水冷冷凝器量热器法的基本原理是，以冷凝器为热平衡体确定制冷剂质量流量，而后确定制冷量。各种方法对应的试验系统原理图与操作方法，详见文献[1]介绍，在此不再赘述。

（2）制冷机组

有效制冷量 $\dot{Q}_{e,u}$ 主要发生在机组蒸发器处。根据机组形式不同，围绕其有效制冷量的准确获取发展出不同的方法。例如，对于房间空调器，通常采用房间热平衡法，运用房间量热计试验装置（又称热卡计试验台用热卡计试验台，是公认的标定房间空调器的标准装置，我国该类试验台的研究历程详见文献[11]第13章介绍）来获得主、辅两侧的换热量，用以标定房间空调器性能；对于立柜式空调机组和热泵式房间空调器（以及风机盘管、空气加热器与表面式冷却器）等空气处理设备，通常采用焓差法，运用焓差法试验装置，利用通过机组的风量与空气焓差的乘积来获得机组的制冷量；对于各类水冷冷水机组，其制冷量主要测试方法为制冷剂液体流量计法（在干燥过滤器后安装质量流量计获取机组制冷剂质量循环流量）、液体载冷剂循环法与电量热器法，同时根据能量守恒原理，辅以冷凝器热平衡法对结果进行校检。对于各类风冷冷水机组或水冷冷风机组，可结合房间热平衡法、焓差法与前述水—水型机组进行机组冷量的测试与校检。此外，工程中也常常涉及制冷机组性能的检测，此时，机组有效制冷量通常通过液体载冷剂循环法来获取，并辅以冷凝器热平衡法来校检。

（3）制冷系统

有效制冷量 $\dot{Q}_{e,s}$ 主要分布在各个实际用冷末端用户或工艺。根据系统末端形式不同，发展出不同的方法。例如，对于全空气末端，需要同时获取各个末端的循环风量与送回、风的温湿度参数，同时辅以空调机组表冷器处冷量校检；对于空气—水末端，需要借助液体载冷剂循环法来获取各个末端的有效制冷量，同时辅以末端换热器热平衡法对结果进行局部校检。对于空气—制冷剂末端（多联机），需要通过末端盘管循环风量及其进、出口空气的温湿度参数来确定，同时通过机组冷凝器热平衡法对测试结果进行校验。考虑到制冷系统制冷量的释放有一定的延时性，该制冷量的测量可采用一段时间的测试结果的平均值来代替瞬时值。

2. 功耗的测试方法

系统的电耗主要通过符合精度等级需要的电能表或功率计测试。对于制冷压缩机，$\dot{W}_c$ 为压缩机的输入功率；对于制冷机组，$\dot{W}_u$ 为整机的输入功率，包括：集成在机组内的压缩机、风机等耗电设备与部件的功耗；对于制冷系统，$\dot{W}_s$ 为整个制冷系统的输入功率，包括系统冷却侧、制冷机组、冷水侧各耗电设备与部件（例如，各类压缩机、循环水泵、风机，以及监测与控制部件等）的总功耗，受设备空间分布的影响，各设备功耗 $\dot{W}_{s,i}$ 可能需要通过多台电能表（或功率计）获取，因此，测试过程中需要注意各仪表时钟与精度等级的一致性，以保证获得的各设备的功率值具有可加性。关于应用电能表与功率表测试各类设备功率的具体方法，详见文献［12］第 10 章介绍。

9.5.3　测试数据处理

原则上，一旦通过前述方法获得制冷压缩机、制冷机组或制冷系统的有效制冷量 $\dot{Q}_{e,c}$、$\dot{Q}_{e,u}$ 或 $\dot{Q}_{e,s}$ 与功耗 $\dot{W}_c$、$\dot{W}_u$ 或 $\dot{W}_s$，即可根据前述测试原理中给出的各制冷性能系数模型［式（9-45）~式（9-47）］计算出各制冷性能系数。然而，由于实际测试使用的测试仪表与测试过程均不可避免地引入误差，导致各测试量均含有误差，因此，在通过试验原理方程计算测试结果的同时，还需要结合误差分析原理计算出测试结果的误差，进而给出符合实际的测试结果。下文简介三类问题对应的数据处理方法。

1. 制冷压缩机性能系数

利用式（9-45）获取该系数时，为估算随机误差，通常需要对制冷量 $\dot{Q}_{e,c}$ 与功率值 $\dot{W}_c$ 进行多次等精度测量，例如，利用电量热器法与功率计获取多次等精度数据 $\dot{Q}_{e,c}$ 与 $\dot{W}_{c,i}$（$i=1$，2，……m），进而可通过多次等精度测量结果的处理方法（参见文献［13］第 2 章第 4 节）计算出 $\dot{Q}_{e,c}$ 与 $\dot{W}_c$ 测试结果的随机误差 $\sigma_{e,c}$ 与 σ_c，进一步结合电量热器与功率计的检定结果确定各自测量结果源自仪器的未定系统误差 $e_{e,c}$ 与 e_c，即可通过误差合成过程（参见文献［13］第 3 章）计算出制冷压缩机制冷性能系数的误差。

2. 制冷机组性能系数

利用式（9-46）获取该系数时，为估算随机误差，通常需要对制冷量 $\dot{Q}_{e,u}$ 与功率值 $\dot{W}_u$ 进行多次等精度测量。若 $\dot{Q}_{e,u,i}$（$i=1$，2，……m）采用类似于电量热器法直接获取，对应数据处理方法同前所述；若采用间接测量方法获取 $Q_{e,u,i}$，例如，利用液体载冷剂循环法间接获取 $\dot{Q}_{e,u,i}$（制冷量等于液体载冷剂的定压比热容 C_p、质量流量 $\dot{m}$ 与进出蒸发器的温差 ΔT 的乘积，即 $\dot{Q}_{e,u,i} = C_{p,i} \dot{m}_i \Delta T_i$），则需要根据误差传递与误差合成方法，结合定性温度、质量流量与温差等测试数据与测试仪表的未定系统误差，首先估算出 $\dot{Q}_{e,u}$ 的随机误差 $\sigma_{e,u}$ 与未定系统误差 $e_{e,u}$。再结合功率测试结果 $\dot{W}_u$ 的随机误差与未定系统误差值，通过误差传递与误差合成方法，获取制冷机组性能系数的误差值。

3. 制冷系统性能系数

利用式（9-47）获取该系数时，其中的有效制冷量 $\dot{Q}_{e,s}$ 与功率值 $\dot{W}_s$ 均需通过多项数据求和获取，即有效制冷量为 M 个末端的有效制冷量之和（$\dot{Q}_{e,s} = \sum\limits_{i=1}^{M} \dot{Q}_{e,s,i}$），系统总功耗为所有 N 个耗电设备的功耗之和（$\dot{W}_s = \sum\limits_{j=1}^{N} \dot{W}_{s,j}$）。测试中，为保证各测试结果的可加性，需要保证各个测试数据的等时与等精度特性。对于等时性，一方面，要在测试前保证各个测试量对应的仪表使用同一时钟；另一方面，需要给各测试结果附加一个标识可加性的时间标签（该标签使制冷系统的有效制冷量与系统的总功耗形成一一对应关系，此处需要注意的是，由于冷量输配具有延时特性，因此，各项可加数据的时间标签上的时钟可能不同）。对于等精度性，由于各个末端或各用电设备的容量可能存在巨大差别，导致获得的原始数据难以保持一致的精度，而非等精度数据不具备可加性，因此，需要根据不等精度数据的处理方法或将这些数据转化为等精度数据后处理（处理方法参见文献［13］第2章第4节）。同时，为计算出各子项的随机误差与未定系统误差，同样需要采用多次等精度测量的方法来获取有效制冷量与功耗的各子项数据，这些数据的处理方法同2，在此不再赘述。

通过前述数据处理方法，即可结合试验原理与测试数据计算出测试结果及其误差值，用以分析制冷压缩机、制冷机组或制冷系统的质量与运行效果。

9.6 制冷机组与系统性能测试实践教学案例

为实现本书理论与实践相结合，实践教学环节不可或缺。本节通过编者教学团队实践教学案例，介绍如何运用实践学习，帮助学生掌握制冷循环原理发展的推演与描述，认知制冷压缩机、制冷机组与制冷系统的基本构成，了解制冷机组与系统集成工艺与相关工具，掌握制冷机组与系统制冷性能系数测试方案设计、实施、数据处理与分析方法。这些实践内容总体上分为两部分执行，一是循环原理推演与实际循环系统认知实践，二是制冷机组性能测试试验。

9.6.1 制冷循环原理与循环系统认知实践

1. 目标与基本要求

（1）掌握蒸气压缩式制冷循环原理，能够借助 T-s 图完成制冷循环发展历程的推演与叙述；

（2）掌握实际循环与理论循环的差异及其成因；

（3）掌握常用压缩机的基本结构，包括活塞式、滚动转子式、涡旋式、螺杆式与离心式；

（4）了解影响蒸气压缩式制冷系统制冷性能系数的主要因素。

2. 实践内容与流程

课前，结合上节所述实验条件，安排学生分成四个小组（每组2～3人），每组学员安放好小组配置的白板，同时检查白板笔与板擦是否可正常使用。随后，可按下述流程展开课程实践内容。

（1）制冷循环理论发展推演实践

各小组结合前期在工程热力学、制冷技术课堂教学环节获得制冷循环相关知识（本书第 3 章内容），在各自白板上结合 T-s 图推演制冷循环理论发展历程，要求绘制出制冷循环发展的主要节点，包括：逆卡诺循环、湿蒸气区的逆卡诺循环、饱和循环、回热循环、多级压缩与复叠循环等。在推演过程中，要求小组成员边推演、边叙述，并通过讨论形成一致的推演过程叙述方法。讲述过程中需要思考并解答如下问题：

首先，各主要节点对应循环的构成、循环过程及其成立的条件。

其次，主要节点的实现在其所处历史时期面临哪些困难，导致困难的原因是什么？

第三，从一个节点过渡到另一个节点的过程中，循环的主要变化是什么？这种演化解决了什么问题，又引入了什么新问题？

第四，制冷循环演化过程中，出现的几类主要循环在其所处历史时期所面临的问题，放到现在还是问题吗？

第五，制冷循环当前面临的主要问题是什么？发展方向是什么？

（2）制冷系统原理与实物展示系统对照

各小组结合课堂教学讲授制冷系统原理图（见图 9-74）与实验室展示的与之对应的实际制冷系统（见图 9-75），建立书本上通过几何描述出的制冷设备、部件与管线等物理模型与实际物体之间的映射。

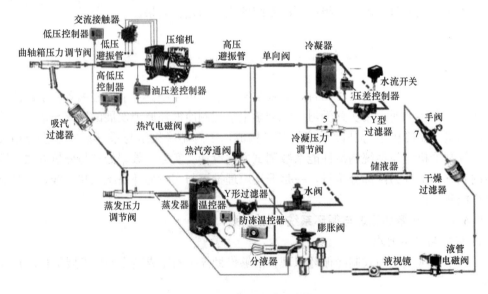

图 9-74　制冷机组循环系统原理图

在认清了实际制冷系统中的各个部分是什么的基础上，思考其功能是什么？并回答以下几个问题：

首先，各设备与部件的相对位置是否可以任意布置？若不能，则应遵循什么样的布置原则？

其次，核心设备（如压缩机、蒸发器与冷凝器、节流机构等）进、出口接管管径是否相同？若不同，为什么？你能否根据压缩机上接口是口径大小判断出哪个是吸气口？

第三，各设备与部件间连接管的管径如何确定？是否可以直接按照系统中部件的接口

图 9-75　制冷机组实物系统展示平台

管径来定管径大小？若不能，应该如何确定管径？

第四，设备间的管路是否可以任意布置，若不能，应遵循什么原则进行布置？

第五，设备间连接的管路会给系统带来什么影响？应如何避免或削弱其中的不良影响？

（3）制冷压缩机拆解与结构认知

各小组学员在教员演示与指导下，先后完成实验室配备的各五类压缩机的认识及其结构拆解，包括：活塞式、滚动转子式、涡旋式、螺杆式与离心式。

为保证本实践环节的时效性与效果，试验前需要结合课程讲授内容，配备可现场拆解的压缩机实物与工具。同时，为保证认知过程的完整，要求压缩机配件齐全且带油，各种小型压缩机可现场由整体到部件进行拆解与组装，大型压缩机可模块化整体拆解与装备配。编者所在实验室配备了 5 种常用的制冷压缩机：活塞式压缩机（4 套）、滚动转子式压缩机（4 套）、涡旋压缩机（4 套）、螺杆式压缩机与离心机，其中小型压缩机的螺栓已经提前拆卸与润滑，大型的压缩机已经提前拆解预制成便于整体活动的模块，参见图 9-76～图 9-80。

在拆解过程中，指导教师结合本书第 4 章所学压缩机相关理论知识，引导学生结合压缩机的结构拆解认知过程解答如下问题：

首先，回答各类压缩机的外观特征是什么？未拆解的压缩机整机上都有哪些接口？这

(a) 整机外观

(b) 拆解后部件

图 9-76　活塞式压缩机模块

些接口的功能是什么？

其次，制冷工质蒸气在压缩机内部的流程是什么？工质蒸气在压缩机内部流动过程中，先后与哪些部件有接触？这些部件对工质蒸气在压缩机内部流动阻力有何影响？

第三，工质蒸气在压缩机内部流动过程中温度是怎么变化的？它与各部件之间是否有热交换，若有，热量传递的方向是什么？

第四，结合拆解压缩机的具体结构，指明影响压缩机的容积效率的各因素与哪些结构

(a) 整机外观

(b) 拆解部件

图 9-77　滚动转子式压缩机模块

(a) 整机外观

(b) 拆解部件

图 9-78　涡旋式压缩机模块

(a) 整机

(b) 拆解部件

图 9-79　螺杆式压缩机模块

(a) 整机　　　　　　　　　　　　　　　(b) 拆解部件

图 9-80　离心式压缩机模块

相关？如何改进相关结构来提高容积效率？

　　第五，结合拆解压缩机的结构，指明由导线输入的电功率作用到工质蒸气压缩的路径与对应的部件，结合其作用路径与相关部件说明影响指示效率的因素与那些部件相关，以及具体发生在什么位置，并思考如何提高其指示效率。

　　第六，压缩机中需要润滑的部位都有哪些？压缩机中的润滑油是如何供给到各个润滑部位的？

　　第七，各种压缩机配备的电机是如何冷却的？为什么有的电机处在吸气侧，有的处在排气侧？这两种方式对机组制冷量与效率有何影响？

　　（4）换热器与换热元件的认知

　　观察各类换热器与换热元件，包括：空气与制冷剂、水与制冷剂、水与空气换热常用的翅片管式换热器、板式换热器与大型壳管式蒸发器与冷凝器使用的强化换热管（实验室配备换热器及其原件参见图 9-81）。

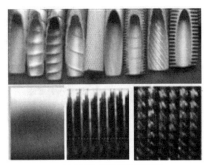

(a) 板式换热器　　　　　　(b) 翅片管换热器　　　　　　(c) 高效冷凝管与蒸发管

图 9-81　换热器与换热元件

　　实践过程中，指导教师结合观察进程，引导学生结合所学专业基础课程（工程热力学、传热学与流体力学）知识，思考并解答如下问题：

　　首先，在室内温度为 26℃、室外温度为 36℃ 的两热源之间工作的逆卡诺循环制冷机，其理论循环效率是多少？我国一级能效的家用空调器能效是多少？若两者差距很大，请分析导致这种差距的主要原因是什么？

其次，不论是空气—水还是空气与制冷剂之间换热的翅片管式换热器，均是在空气一侧加肋片，而且还要加风机来增加空气流速，为什么？空气侧强制对流与自然对流换热的传热系数数值大概是多少？水在管内对流换热的准则关系式是什么？

第三，制冷工质在水平光管外膜状凝结换热准则与冷却水在管内的对流传热准则分别是什么？公称外径为 19mm（内径 16mm）的换热管广泛应用于商业化大中型制冷机的壳管式冷凝器中，若机组中使用该型号的光管，则工质侧冷凝传热系数与水侧对流传热系数的数值大致是多少？将换热管外表面加工处理成二维肋或三维肋结构会大幅提高管外凝结侧传热系数，但加肋后，对应凝结传热系数你能够计算出来吗？若不能，需要怎样解决这一问题？

第四，利用强化传热手段来提升两器换热的基本原则是什么？

第五，换热面结垢会给蒸发器或冷凝器带来什么影响？导致换热面结垢的主要原因是什么？换热器哪些部位最容易结垢？换热面结垢后如何处理？如何避免换热面结垢？

（5）小型制冷系统的制作与试运行

在前述工作的基础上，结合实验室条件，设计小型制冷系统，绘制出其原理图，并在学习制冷系统连接工艺对应工具使用方法的基础上，完成机组的制作、试压、检漏与补漏、抽真空与工质充注以及试运行，并观察其运行过程中系统中不同位置处的温度状态变化。该实践环节是书本理论通过实践操作转化到实践应用的环节，涉及制冷系统常用连接工艺与对应工具的认知与实操。实践中，从最基本的制冷系统常用的冷连接与热连接两种工艺涉及的各种工具的实操入手，熟悉图 9-82 所示的各种管材及其接口的处理工具及其实际操作方法；然后，进一步学习图 9-83 所示两子图所示连接管材与管材、管材与设备所需的热连接与冷连接工艺涉及的工具的使用方法。

(a) 割管器　　　　(b) 刮管器　　　　(c) 胀管器Ⅰ　　　(d) 液压胀管器Ⅱ　　　(e) 弯管器

图 9-82　制冷部件连接工艺使用管材处理工具

在初步掌握制冷工具与工艺的操作方法后，即可在指导教师的指导下开展小型制冷系统的组建。该项实践活动涉及一个小型制冷系统［原理图见图 9-84（a）］的现场制作、试压、检漏、抽真空、工质充注与试运行。

该实践过程的操作流程为：首先，参与实践人员准备好组建该小型实验系统的设备，包括：压缩机、小型蒸发器与冷凝器、干燥过滤器、毛细管等部件与冷连接所需管材与管件（注：受实验管理规定限制，实验室严禁非持证人员动火，因此实验室只能允许教师与学生开展作冷连接的实践操作）；其次，根据系统原理图与所学的冷连接工艺方法，完成

(a) 热连接工具与辅材　　　　　　　　(b) 冷连接工具与配件

图 9-83　制冷管材热连接与冷连接工具与辅材

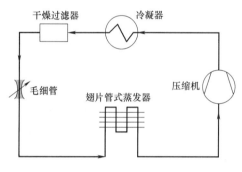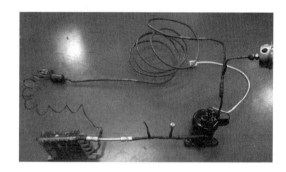

(a) 系统原理图　　　　　　　　　　(b) 实物图

图 9-84　小型制冷系统制作与试运行演示系统

小型制冷机组的组建，见图 9-84（b）；第三，运用图 9-85（a）所示的试压与检漏设备与材料（包括：氮气瓶、减压阀与双头表等设备与氮气及肥皂水等材料）对系统进行试压与检漏，若发现有泄露，则需要泄压后做补漏处理，然后再次进行试压与检漏，直至系统无泄漏为止；第四，利用图 9-85（b）所示抽真空设备（包括真空泵、双头表与双头表配备

(a) 试压与检漏　　　　　　　　(b) 抽真空与充注制冷剂

图 9-85　试压、检漏、抽真空与充注制冷剂

的三根接管）对系统进行抽真空，当系统真空度达到标准要求后，向系统内充注设定质量的制冷剂（制冷剂罐置于电子秤之上，通过电子秤观测工质的质量）；第五，压缩机上电，试运行，观测系统压力变化与两器侧温度的变化。

在前述工作的基础上，思考并解答如下问题：

首先，干燥过滤器安装位置及其功能是什么？安装干燥过滤器对系统性能是否有影响？如何判断干燥过滤器失效或故障？干燥过滤器如何更换？若系统规模较大，如何降低更换过滤器对系统的影响？

其次，传统的制冷系统的连接工艺有冷连接与热连接，这两种工艺各有什么优点？为什么实际应用中尽量要避免可拆卸接口的数量？

第三，不凝性气体混入制冷剂会对系统产生什么影响？抽真空操作能否排尽系统中的不凝性气体？若不能，如何减小不凝性气体的影响？

第四，制冷剂的充注量如何确定？制冷剂充注不足或过量会给制冷系统带来什么问题？制冷剂泄露对系统性能有何影响？如何避免制冷剂系统泄露？如何检测制冷剂泄露？

第五，实际工程应用中，一些厂家推广以铝管代替铜管做为连接管，请判断这种做法是否合理？并说明判定依据。

第六，人造工质泄露到大气中有何危害？常用工质的极限暴露阈值是多少？实验与实际应用中如何避免制冷剂泄露？

3. 实践过程记录

（1）实验时间、地点与参与成员；（2）本小组在白板上利用 T-s 图推演制冷循环发展的板书记录，拍照记录；（3）各种压缩机拆解工程涉及压缩机结构的图片记录；（4）本小组在白板上绘制实际循环压缩过程的板书式记录。

4. 实验报告要求

结合实验过程撰写实践报告，报告应包含如下内容：

（1）结合实验课程上基于 T-s 图推演制冷循环近 200 的发展历程的过程与书本上相关内容，以图文结合的方式描述制冷循环近两百年来的发展历程，并在此基础上，尝试指出制冷技术的发展方向。

（2）结合实验课上实际所见各类压缩机的结构与书本和课堂上的知识，以图文结合的方式描述影响制冷压缩机性能的主要因素，并在此基础上指出如何提升压缩机的性能（可选一种压缩机为例）。

（3）结合实验课上实际所见各类换热器，谈谈发展强化传热技术的必要性与强化传热的原则。

（4）结合整个实验内容与流程，撰写实验感受、感想与收获，同时对实验中不足之处提出建议。

9.6.2　制冷机组性能测试实践

1. 目标与基本要求

（1）掌握蒸气压缩式制冷机组性能系数的测试方法与测试方案设计计算方法；（2）掌握蒸气压缩式制冷机组测试实验系统的构成与各子系统循环；（3）掌握计算机监测与数据采集原理方框图，了解实验中该系统实施对应的各种仪器、仪表与各种传感器；（4）掌握运用数据处理与误差分析原理进行数据处理的流程与方法，掌握运用实验数据进行模型辨识的方法；（5）了解影响蒸气压缩式制冷系统制冷或制热性能系数的主要因素，了解通过敏感性分析确定主要影响因素的分析方法。

2. 实验系统

该项实验活动涉及一套水冷空调机组制冷性能系数 COP_u 的测试，对应实验原理方程同式（9-85），实验中同时采用制冷剂质量流量法与焓差法作为制冷量的获取方法，同时辅以冷凝器热平衡法获得冷凝器释热量，应用整个系统的能量平衡对实验结果进行正反平衡的检验，以加深学生对各种方法的认知与理解。相应的，编者所在实验室配备了 6 套可实现前述方法的小型风冷冷水机组性能测试实验系统，其系统统原理如图 9-86 所示。

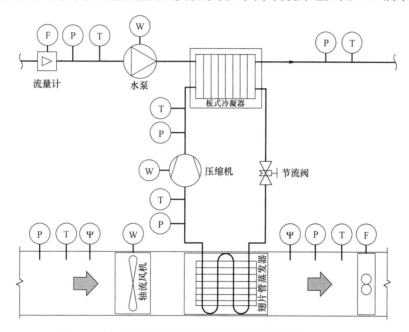

图 9-86 水冷空调机组性能测试试验系统原理图

图 9-86 所示测试系统由风、水、氟、电四类子系统构成，下文简介各子系统构成：

（1）水系统 低温冷水由水泵输送到板式冷凝器处，与冷凝器发生热交换，冷凝器管道内的高温制冷剂将经过板式冷凝器的冷水进行加热，并输送到水箱中。

（2）风系统 高温空气由轴流风机输送到翅片管蒸发器，与蒸发器发生热交换，将热量传递给经过蒸发器的制冷剂中。

（3）制冷剂系统 低温低压制冷剂液体在蒸发器内吸热蒸发变为制冷剂蒸气，低温低压的制冷剂蒸气经压缩机压缩后转变为高温高压的制冷剂蒸气，高温高压的制冷剂蒸气在板式冷凝器内放热凝结变为制冷剂液体，后经节流机构转变为低温低压的制冷剂液体，实现由蒸发器吸热到冷凝器放热的循环过程。

（4）电系统 对系统内的压缩机、水泵、风机配电，接线，为压缩机配空气开关，使接通电源，开启开关后，整个水冷机组系统可以顺利运行。

此外，为完成该系统性能测试，该系统的电系统中还需配备一套弱电监控与测试系统，即计算机监测与数据采集系统，以在控制工况下收集获取机组性能所需的各项参数。编者所在实验室的该系统由计算机、数据采集器、功率分析仪及风量、水量、制冷剂质量流量与系统中多点压力、温度与湿度传感器组成。

　　3. 实践内容与流程

　　（1）测试方案设计

　　该环节要求参与实践的同学分成 4 组（每组 3 人），各组自行讨论并在白板上完成制冷机组（或制冷系统，二选一）制冷性能系数 COP_u（或 COP_s）的测试方案设计，过程中指导教师在各组之间巡视，以便及时协助各组解决设计处于卡滞状态所面临的问题，保持整个流程可持续。该流程的工作程序如下：

　　首先，各组同学根据制冷机组制冷性能系数 COP_u 的实验原理方程，结合制冷量与压缩机功耗（注意，若是选择制冷系统制冷性能系数的测试，则需进一步考虑水泵与风机的功耗）的获取方法，列写出与直接测试量相对应的实验原理方程。

　　其次，根据实验原理方程与误差分析方法，列写出 COP_u 的误差传播方程与合成方程。

　　第三，结合实验中对 COP_u 实验误差的要求（例如，$\Delta COP_u / COP_u \leqslant \pm 5\%$）、误差分配原理进行测试方案设计，确定各项参数测量所需测量仪表的量程与精度等级，其中机组的相关信息需要查看实验系统中装配制冷机组各部件的铭牌参数。

　　第四，结合测试现场条件、仪器量程与精度等级进行仪器仪表的匹配，并结合误差理论校核确定各项仪表的实际量程与精度等级是否满足测试误差要求，若不满足，则需通过敏感性分析确定需要调整的仪器仪表参数，并对该参数对应的仪器仪表进行更换，直至测试方案满足要求。

　　在方案设计的小组讨论与板书定稿过程中，指导教师注意引导学生思考并解答如下问题：

　　首先，误差分配过程中，分配的是什么误差？误差分配能否按照实际要求的误差直接做分配？若不能，给出分析依据与可行做法。

　　其次，误差分配过程中，为什么要引入误差等量作用原则？

　　第三，实验原理方程是否唯一？若不唯一，实验原理选择是否对实验误差有影响？若有影响，则应该如何有优选实验原理方程？

　　第四，如何在影响实验中测试误差的众多因素中找出影响最大的一个？本实验中影响测试误差的主要因素是什么？

　　（2）实验系统的实施

　　结合选定仪器仪表的安装要求与实验测试所需各类边界条件、初始条件，依次完成实验系统的方案的设计、实施方案设计、施工安装，建立起实验系统，然后结合能量平衡检验（要求系统正反能量平衡偏差波动幅值在 5% 之内）进行系统的调试，直至系统负荷检验要求。本实验使用测试系统是通过这样的流程建立起来的，但受实践限制，该环节无法交给学员在现场完成，但要求学生了解这一流程，并通过实验系统原理图与实际实验系统内容的对照，了解该实验系统的各设备、部件、管线，明确各子循环中流体的流程与状态变化。认知过程中注意思考如下问题：

　　首先，实验室构建起来的实验系统及其工况条件保障与调节装置与此前第 1 条中确定的实验原理方程有何关联？若这种关联关系被破坏，会产生什么影响？如何避免这种关联关系被破坏？

其次，实验中需要基于热平衡检验来判定实验系统的可靠性，请分析本实验中可以建立几个热平衡方程？如果你来设计该检验，这几个热平衡方程之中，你会选取哪一个？为什么？

第三，系统实施过程中，若流量计前后直管段要求无法满足要求，将会对测试结果产生什么影响？如何消除这种影响？

第四，实验系统中温度传感器安装的注意事项有哪些？提出这些注意事项的依据是什么？

（3）数据收集与实验现象观测

首先，开启计算机，准备测试与数据采集系统。

其次，开启冷却水循环，开启风循环。

第三，开启压缩机。

第四，系统工况稳定 10min 后，操作计算机采样系统，获取 16～20 组制冷量与功率计算所需的各项参数，如风量、水量、制冷剂流量，蒸发器进出风的温湿度，制冷剂压力与温度，压缩机、水泵与风机的功率等。同时，观察压缩机与吸排气管路上的温度与压力变化，通过图片方式记录结露与结霜现象。并在实验记录本上记录实验室条件。

第五，改变冷却水流量或节流机构组合方式，重复第四步（选作内容）。

第六，测量完毕，先关闭制冷压缩机，过 5min 再关闭供水阀门。

为拓展学生对制冷系统中蒸发器与冷凝器涉及流动与换热现象的认知，实验室借助前沿科研成果，给学生创造了水平管束外膜状凝结与沸腾换热性能与现象的观测平台条件。其中制冷工质膜状凝结管束效应观测平台原理图与外观见图 9-87，该试验平台具备双 17 排深可观测冷凝管束；水平管束外沸腾换热实验台原理图与外观见图 9-88，该平台具备

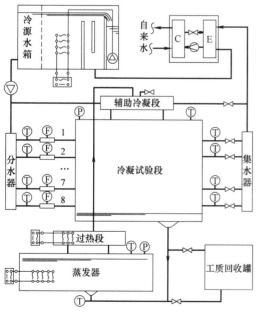

(a) 管束冷凝换热实验系统原理图

(b) 管束冷凝换热实验平台图片

图 9-87 水平管束外膜状凝结观测实验平台

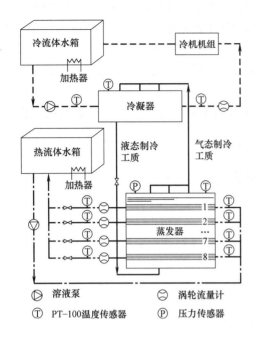

(a) 原理图 　　　　　　　　　　　　　　 (b) 装置图片

图 9-88　水平管束外沸腾换热性能试验观测平台

双 8 排深可观测蒸发管束；两套平台均采用自主提出的实验方法，实验设备与系统均为自主研发，获取凝结与沸腾管束效应参数的精度较国际常规试验方法提高近一个数量级，可以给学生提供很好的观测体验与前沿科技认知机会。

（4）实验数据处理与误差分析

完成数据收集后，各组同学在白板上完成实验数据处理、误差分析与数据回归分析方法进行推演，为后续数据处理做好准备。推演过程中注意思考如下问题：

首先，实验中使用的各项仪器仪表，其是否有法定的检定证书，且其检定证书是否在有效期内？若答案是否定的，应送检，以便通过检定证书获得该仪表的系统误差（或修正值），以及仪器的未定系统误差。除此之外，你还有其他保证实验仪表可靠性的方法吗？

其次，需要利用各传感器获取的多次等精度实验结果对实验数据进行筛选，剔除其中的粗大误差，实际应用中，通常需要用到两种或两种以上的判别方法进行粗大误差大判别与剔除，请分析其原因。

第三，剔除粗大误差后，通常还会用残差分析法来进一步判断数据中是否含有固定规律的系统误差，请结合误差理论分析，这种方法能否有效的辨别出系统误差？若能，所需的条件是什么？

第四，利用多次等精度测量数据的均值来削弱随机误差时，对于不同参数（如流量与温度），其结果的置信区间宽度（等同于均值附加的标准差的倍数 k 取值），是否需要保持一致？

第五，实验结果误差合成中，各类参数对应仪表引入未定系统误差对应的 k_i 值如何获取，若各仪表对应的 k_i 的数值不相等，则在最终实验结果的误差合成中如何处理？

第六，利用 COP_u 值与实际高低位热源温度 T 等工况参数进行系统模型辨识，除拟合偏差外，由 COP_u 与温度均含有误差而导致的模型中各参数的偏差如何考虑？

4. 实验记录

（1）环境温度 $t_a=$ ____℃，大气压力_____ kPa；实验时间：_____地点：_____。

（2）实验成员：_____。

（3）在白板上基于误差分配理论推演实验测试方案的板书记录，拍照记录。

（4）现场绘制计算机监测与数据采集系统原理方框图，及其与实验系统实物对照，通过手机记录相关图片。

（5）现场推演等精度数据处理流程，最小二乘数据回归原理与回归分析中误差分析的图解法板书内容，用手机拍照记录。

5. 实验报告要求

结合实验过程撰写实验报告，报告应包含如下内容：

（1）结合实验原理方程，完成 COP 测试方案设计，$\Delta COP/COP \leqslant \pm 5\%$，并校核实验室配置仪器仪表是否满足该测试方案要求。

（2）完成实验数据的处理分析，获得测试工况下机组 COP 结果与误差结果，并完成实验结果分析。

（3）确定影响系统制冷与制热性能的主要因素，通过敏感性分析获得各因素对机组 COP 影响的大小，并有针对性的提出改进机组性能的方案。

（4）结合整个实验内容与流程，撰写实验心得体会，以及对实验的建议。

本 章 习 题

9.1 什么叫载冷剂？希望具有哪些特性？

9.2 常用载冷剂有哪些？它们的适用范围是什么？

9.3 水作为载冷剂有什么优点？

9.4 "盐水的浓度越高，使用温度越低"，这种说法对吗？为什么？

9.5 有一制备盐水的制冷系统，蒸发温度为 $-20℃$，需要为水箱式蒸发器配制 $4.5m^3$ 的盐水，问：（1）用什么盐？（2）需多少千克盐？（3）添加多少缓蚀剂？

9.6 乙二醇水溶液作载冷剂有何优缺点？

9.7 简述空气调节机组的组成与特点。

9.8 简述热泵式窗式空调器的工作原理。

9.9 简述分体式空调机的工作原理。

9.10 简述冷冻除湿的原理，并在 $h\text{-}d$ 图上进行分析。

9.11 如何选择除湿机？冷冻除湿机主要有几种？

9.12 调温式冷冻除湿机有何功能？适用于什么场合？

9.13 间接冷却式冷冻除湿装置有何特点？

9.14 何谓开式冷水系统？何谓闭式冷水系统？各有何特点？

9.15 什么是定水量系统？什么是变水量系统？

9.16 采用变水量系统会出现什么问题？工程上是如何解决的？

9.17 何谓两管制、三管制、四管制系统？分别用在什么场合？

9.18 什么是空调蓄冷系统？

9.19 根据蓄冷介质的不同，蓄冷系统可分几种，各有什么特点？

9.20　何谓部分蓄冰系统？何谓全部蓄冰系统？分析各适用于什么场合？

9.21　蓄冰系统常用的形式有几种？各有什么特点？

9.22　简述冰蓄冷空调系统的运行模式。

9.23　简述蓄冷空调系统的特点。

9.24　蓄冷空调系统适用于什么场合？

9.25　建筑冷源监测控制系统应能满足什么功能需求？

9.26　试述管网调节特性和水泵的调节特性。

9.27　试述冷水系统循环泵变转速调节原理、实现途径和优点。

9.28　试述建筑冷源监测控制系统的构成和工作原理。

9.29　试述建筑冷源监控系统设计原理和方法。

本章参考文献

［1］　陆亚俊，马最良，姚杨．空调工程中的制冷技术（第 2 版）．哈尔滨：哈尔滨工程大学出版社，2001.

［2］　崔红，李国斌，张宁．空调用制冷技术．北京：北京理工大学出版社，2017.

［3］　张俊新．手把手教你暖通空调设计．北京：中国建筑工业出版社，2014.

［4］　丁云飞．冷热源工程．北京：化学工业出版社，2009.

［5］　刘泽华，彭梦珑，周湘江．空调冷热源工程．北京：机械工业出版社，2005.

［6］　陆耀庆．实用供热空调设计手册（第二版）．北京：中国建筑工业出版社，2008.

［7］　中国建筑科学研究院主编．公共建筑节能设计标准．GB 50189—2015．北京：中国建筑工业出版社，2015.

［8］　江亿，姜子炎．建筑设备自动化（第二版）．北京：中国建筑工业出版社，2017.

［9］　付祥钊，肖益民．流体输配管网（第三版）．北京：中国建筑工业出版社，2010.

［10］　王盛卫，徐正元．智能建筑与楼宇自动化．北京：中国建筑工业出版社，2010.

［11］　陆亚俊，马最良，庞志庆．制冷技术与应用．北京：中国建筑工业出版社，1992.

［12］　方修睦，姜永成，张建立．建筑环境测试技术（第 3 版）．北京：中国建筑工业出版社，2016.

［13］　费业泰主编．误差理论与数据处理（第 7 版）．北京：机械工业出版社，2015.

附录 常用制冷剂相关物性参数

附录 1 制冷剂的标准符号

编号	名称	分子式	分子量	标准沸点 (℃)	凝固温度 (℃)	临界温度 (℃)	临界压力 (kPa)
	卤代烃						
R12	二氟一氯甲烷	CCl_2F_2	120.93	−29.752	−157.05	111.97	4136.1
R22	二氟二氯甲烷	$CHClF_2$	86.468	−40.81	−157.42	96.15	4990
R23	三氟甲烷	CHF_3	70.014	−82.02	−155.13	26.14	4832
R32	二氟甲烷	CH_2F_2	52.024	−51.65	−136.81	78.11	5872
R123	三氟二氯乙烷	$CHCl_2CF_3$	152.93	27.82	−107.15	183.68	3661.8
R125	五氟乙烷	CHF_2CF_3	120.02	−48.09	−100.63	66.02	3617.7
R134a	四氟乙烷	CH_2FCF_3	102.03	−26.07	−103.3	101.06	4059.3
R143a	三氟乙烷	CH_3CF_3	84.04	−47.24	−111.81	72.71	3761
R152a	二氟乙烷	CHF_2CH_3	66.05	−24.02	−118.59	113.26	4516.8
	饱和碳氢化合物						
R50	甲烷	CH_4	16.04	−161.48	−182.46	−82.59	4599.2
R170	乙烷	C_2H_6	30.07	−88.6	−182.8	32.18	4871.8
R290	丙烷	C_3H_8	44.1	−42.09	−187.67	96.68	4247.1
R600	正丁烷	C_4H_{10}	58.12	−0.55	−138.28	151.98	3796
R600a	异丁烷	$CH(CH_3)_3$	58.12	−11.67	−159.59	134.67	3640
	环状有机化合物						
RC318	八氟环丁烷	C_4F_8	200.03	−5.98	−39.8	115.23	2777.5
	共沸混合制冷剂						
R507A	R125/143a(50/50)	—	98.86	−46.74	—	70.62	3705
R508A	R23/116(39/61)	—	100.1	−87.38	—	10.84	3668.2
R508B	R23/116(46/54)	—	95.39	−87.34	—	11.83	3789
	非共沸混合制冷剂						
R404A	R125/143a/134a (44/52/4)	—	97.6	−46.22	—	72.05	3728.9
R407C	R32/125/134a (23/25/52)	—	86.2	−43.63	—	86.03	4629.8
R410A	R32/125(50/50)	—	72.59	−51.44	—	71.36	4902.6
	无机化合物 无机化合物						
R717	氨	NH_3	17.03	−33.3	−77.7	132.25	11333
R718	水	H_2O	18.02	99.97	0.01	373.95	22064
R744	二氧化碳	CO_2	44.01	−78.4	−56.56	30.98	7377.3

附录 2　R22 的 lg$p$-h 图

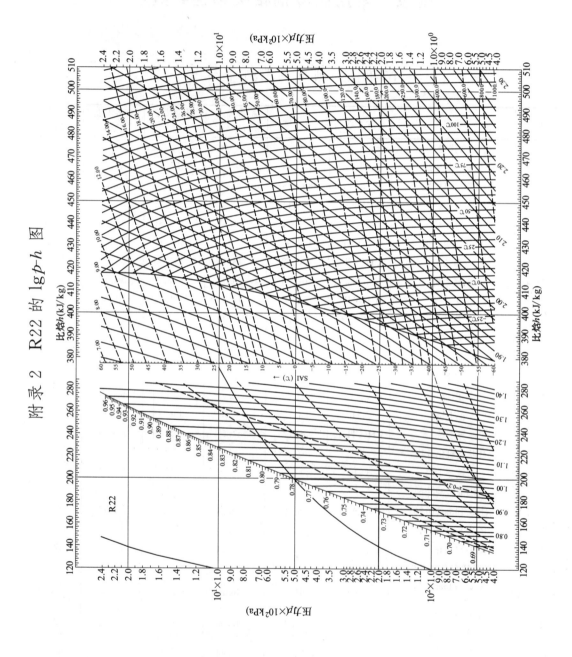

附录 3　R123 的 lg$p$-h 图

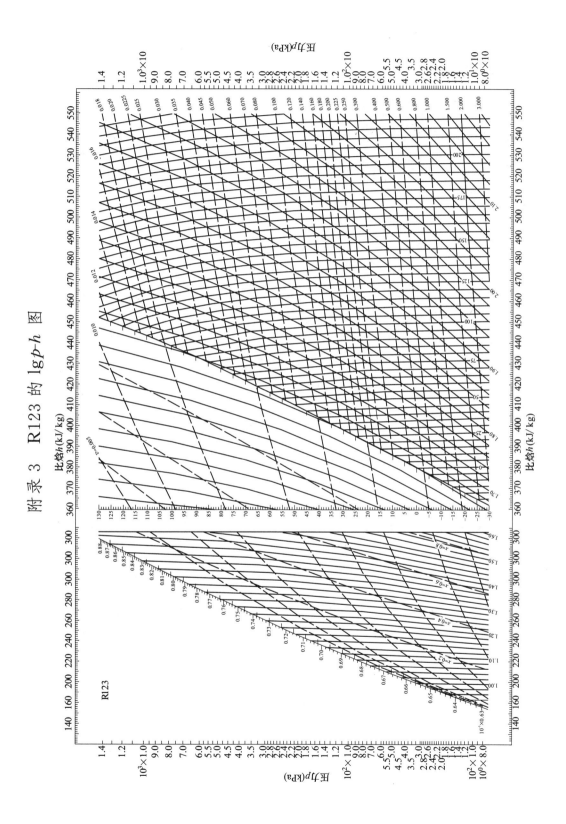

491

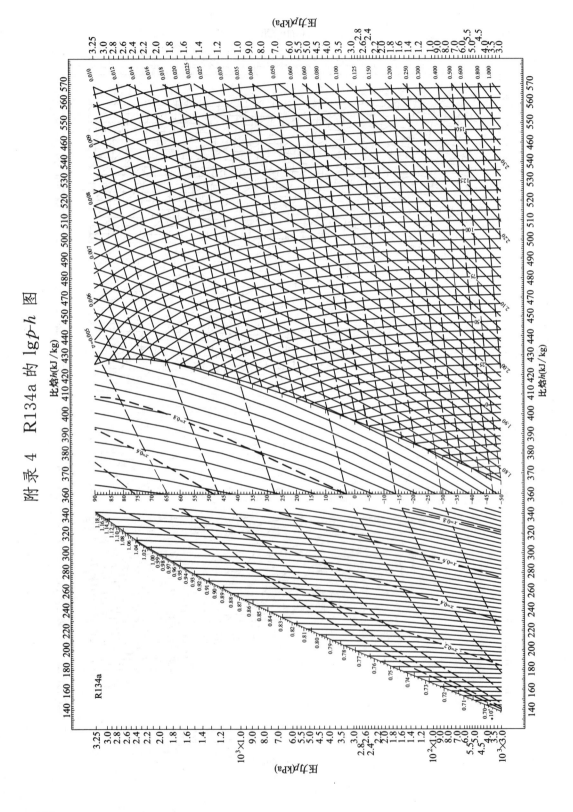

附录 4　R134a 的 lg$p$-h 图

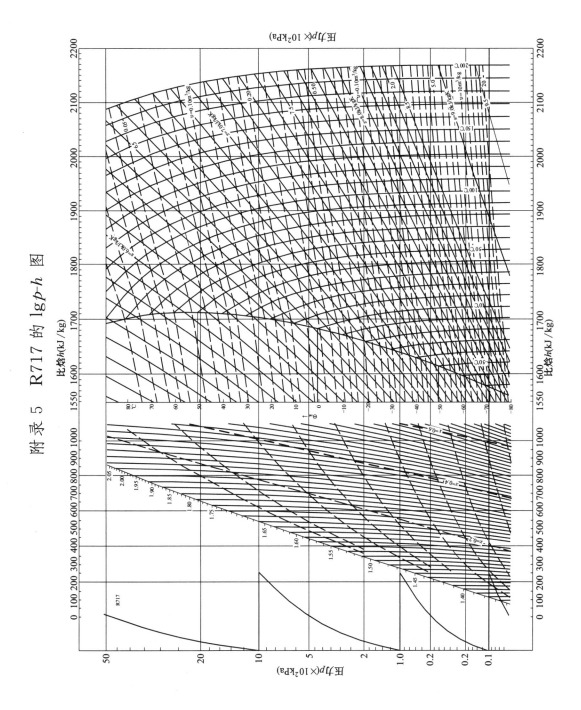

附录 5　R717 的 lgp-h 图

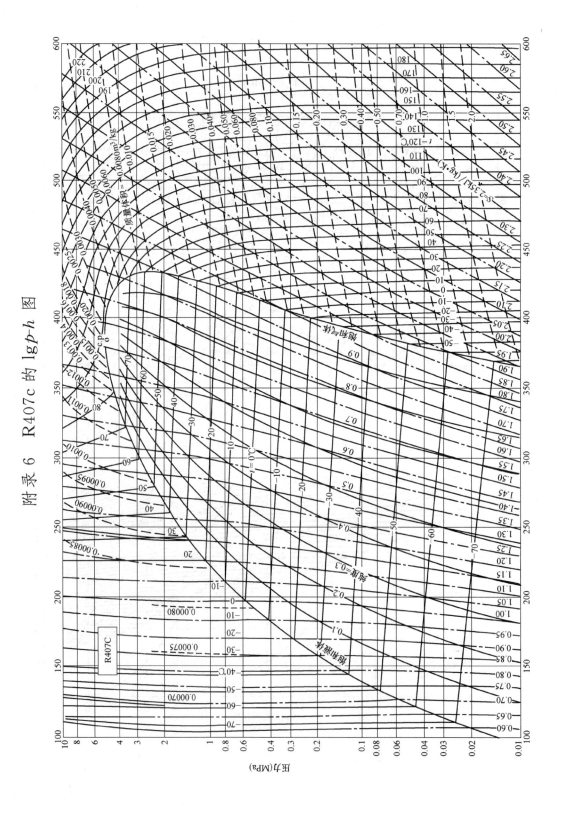

附录 6　R407c 的 lg$p$-h 图

附录 7　R410a 的 lg*p-h* 图

附录8　常用制冷剂的基本热力性质参数

制冷剂	分子量	标准沸点(℃)	凝固点(℃)	临界温度(℃)	临界压力(kPa)	临界比体积(L/kg)
R704	4.0026	−268.9	—	−267.9	228.8	14.43
R702	2.0159	−252.8	−259.2	−239.9	1315	33.21
R720	20.183	−246.1	−248.6	−228.7	3397	2.07
R728	28.013	−198.8	−210	−146.9	3396	3.179
R729	28.97	−194.3	—	−140.7	3772	3.048
R740	39.948	−185.9	−189.3	−122.3	4895	1.867
R732	31.9988	−182.9	−218.8	−118.4	5077	2.341
R50	16.04	−161.5	−182.2	−82.5	4638	6.181
R14	88.01	−127.9	−184.9	−45.7	3741	1.598
R1150	28.05	−103.7	−169	9.3	5114	4.37
R503	87.5	−88.7	—	19.5	4182	2.035
R170	30.07	−88.8	−183	32.2	4891	5.182
R23	70.02	−82.1	−155	25.6	4833	1.942
R13	104.47	−81.4	−181	28.8	3865	1.729
R744	44.01	−78.4	−56.6	31.1	7372	2.135
R13B1	148.93	−57.75	−168	67	3962	1.342
R504	79.2	−57.2	—	66.4	4758	2.023
R32	52.02	−51.2	−78.4	78.3	5808	2.326
R125	120.02	−48.45	−103	60.1	3592	1.751
R1270	42.09	−47.7	−185	91.8	4618	4.495
R143a	84.04	−47.6	−111.3	73.1	3776	2.305
R502	111.64	−45.4	—	82.2	4075	1.785
R290	44.1	−42.07	−187.7	96.8	4254	4.545
R22	86.48	−40.76	−160	96	4974	1.907
R115	154.48	−39.1	−106	79.9	3153	1.629
R717	17.03	−33.3	−77.9	133	11417	4.245
R500	99.31	−33.5	—	105.5	4423	2.016
R12	120.93	−29.8	−158	112	4113	1.792
R134a	102.03	−26.26	−96.6	101.1	4067	1.81
R152a	66.05	−25	−117	113.5	4492	2.741
R600a	58.13	−11.73	−160	135	3645	4.526
R124	136.5	−10.95	−199	122.25	3614	1.77
R764	64.07	−10	−75.5	157.5	7875	1.91

续表

制冷剂	分子量	标准沸点(℃)	凝固点(℃)	临界温度(℃)	临界压力(kPa)	临界比体积 (L/kg)
R142b	100.5	−9.8	−131	137.1	4120	2.297
R630	31.06	−6.7	−92.5	156.9	7455	—
RC318	200.04	−5.8	−41.4	115.3	2781	1.611
R600	58.13	−0.5	−138.5	152	3794	4.383
R114	170.94	3.8	−94	145.7	3259	1.717
R21	102.93	8.9	−135	178.5	5168	1.917
R160	64.52	12.4	−138.3	187.2	5267	3.028
R631	45.08	16.6	−80.6	183	5619	—
R11	137.38	23.82	−111	198	4406	1.804
R245ca	134.05	25.4	−73.4	178.5	3855	1.89
R123	152.91	27.9	−107	184	3676	1.818
R611	60.05	31.8	−99	214	5994	2.866
R610	74.12	34.6	−116.3	194	3603	3.79
R216	220.93	35.69	−125.4	180	2753	1.742
R113	187.39	47.57	−35	214.1	3437	1.736
R1130	96.95	47.8	−50	243.3	5478	—
R1120	131.39	87.2	−73	271.1	5016	—
R718	18.02	100	0	374.2	22103	3.128

附录9 R22饱和状态下的热力性质表

温度 (℃)	绝对压力 (kPa)	比容		焓		熵		汽化潜热 (kJ/kg)
		液体 (m³/kg)	蒸气 (m³/kg)	液体 (kJ/kg)	蒸气 (kJ/kg)	液体 [kJ/(kg·K)]	蒸气 [kJ/(kg·K)]	
−70	20.469	0.000671	0.94342	122.58	373.7	0.67471	1.9108	251.12
−69	21.815	0.000672	0.88908	123.64	374.19	0.67994	1.9072	250.55
−68	23.233	0.000673	0.83844	124.71	374.68	0.68515	1.9036	249.97
−67	24.725	0.000674	0.79121	125.78	375.17	0.69033	1.9001	249.39
−66	26.294	0.000676	0.74714	126.85	375.66	0.69549	1.8966	248.82
−65	27.944	0.000677	0.70599	127.91	376.15	0.70063	1.8932	248.24
−64	29.677	0.000678	0.66752	128.98	376.64	0.70575	1.8899	247.66
−63	31.497	0.000679	0.63155	130.05	377.13	0.71084	1.8866	247.08
−62	33.405	0.000681	0.59788	131.12	377.62	0.71592	1.8833	246.5
−61	35.407	0.000682	0.56635	132.19	378.11	0.72097	1.8801	245.91
−60	37.505	0.000683	0.5368	133.27	378.59	0.726	1.877	245.33
−59	39.702	0.000685	0.50909	134.34	379.08	0.73101	1.8739	244.74
−58	42.002	0.000686	0.48309	135.41	379.56	0.73601	1.8708	244.15
−57	44.408	0.000687	0.45867	136.48	380.05	0.74098	1.8678	243.56
−56	46.924	0.000688	0.43573	137.56	380.53	0.74593	1.8649	242.97
−55	49.553	0.000690	0.41416	138.63	381.02	0.75086	1.8619	242.38

续表

温度 (℃)	绝对压力 (kPa)	比容		焓		熵		汽化潜热 (kJ/kg)
		液体 (m³/kg)	蒸气 (m³/kg)	液体 (kJ/kg)	蒸气 (kJ/kg)	液体 [kJ/(kg·K)]	蒸气 [kJ/(kg·K)]	
−54	52.299	0.000691	0.39387	139.71	381.5	0.75578	1.8591	241.79
−53	55.167	0.000692	0.37478	140.79	381.98	0.76067	1.8562	241.19
−52	58.158	0.000694	0.35679	141.87	382.46	0.76555	1.8535	240.59
−51	61.278	0.000695	0.33983	142.95	382.94	0.77041	1.8507	239.99
−50	64.53	0.000697	0.32385	144.03	383.42	0.77525	1.848	239.39
−49	67.919	0.000698	0.30876	145.11	383.89	0.78007	1.8454	238.79
−48	71.448	0.000699	0.29453	146.19	384.37	0.78488	1.8428	238.18
−47	75.121	0.000701	0.28108	147.27	384.84	0.78967	1.8402	237.57
−46	78.943	0.000702	0.26837	148.36	385.32	0.79444	1.8376	236.96
−45	82.917	0.000704	0.25635	149.44	385.79	0.79919	1.8351	236.35
−44	87.049	0.000705	0.24498	150.53	386.26	0.80393	1.8327	235.73
−43	91.341	0.000706	0.23422	151.62	386.73	0.80866	1.8302	235.11
−42	95.8	0.000708	0.22402	152.7	387.2	0.81336	1.8278	234.49
−41	100.43	0.000709	0.21437	153.8	387.66	0.81806	1.8255	233.87
−40	105.23	0.000711	0.20521	154.89	388.13	0.82274	1.8231	233.24
−39	110.21	0.000712	0.19653	155.98	388.59	0.8274	1.8208	232.61
−38	115.38	0.000714	0.18829	157.07	389.06	0.83205	1.8186	231.98
−37	120.73	0.000715	0.18047	158.17	389.52	0.83668	1.8163	231.35
−36	126.28	0.000717	0.17304	159.27	389.97	0.8413	1.8141	230.71
−35	132.03	0.000718	0.16598	160.37	390.43	0.84591	1.812	230.07
−34	137.97	0.000720	0.15927	161.47	390.89	0.8505	1.8098	229.42
−33	144.13	0.000721	0.15289	162.57	391.34	0.85508	1.8077	228.77
−32	150.5	0.000723	0.14682	163.67	391.79	0.85964	1.8056	228.12
−31	157.08	0.000725	0.14103	164.78	392.24	0.86419	1.8036	227.47
−30	163.89	0.000726	0.13553	165.88	392.69	0.86873	1.8015	226.81
−29	170.92	0.000728	0.13028	166.99	393.14	0.87326	1.7995	226.15
−28	178.19	0.000729	0.12528	168.1	393.58	0.87777	1.7975	225.48
−27	185.69	0.000731	0.12052	169.21	394.03	0.88228	1.7956	224.81
−26	193.44	0.000733	0.11597	170.33	394.47	0.88677	1.7937	224.14
−25	201.43	0.000734	0.11163	171.44	394.9	0.89125	1.7918	223.46
−24	209.68	0.000736	0.10749	172.56	395.34	0.89571	1.7899	222.78
−23	218.19	0.000738	0.10353	173.68	395.77	0.90017	1.788	222.1
−22	226.96	0.000739	0.099749	174.8	396.21	0.90462	1.7862	221.41
−21	236	0.000741	0.096135	175.92	396.64	0.90905	1.7844	220.72
−20	245.31	0.000743	0.092681	177.04	397.06	0.91347	1.7826	220.02
−19	254.91	0.000744	0.089376	178.17	397.49	0.91789	1.7808	219.32
−18	264.79	0.000746	0.086214	179.3	397.91	0.92229	1.7791	218.61
−17	274.96	0.000748	0.083188	180.43	398.33	0.92668	1.7774	217.9
−16	285.43	0.000750	0.08029	181.56	398.75	0.93107	1.7757	217.19
−15	296.2	0.000751	0.077514	182.7	399.16	0.93544	1.774	216.47
−14	307.28	0.000753	0.074854	183.83	399.57	0.9398	1.7723	215.74
−13	318.67	0.000755	0.072305	184.97	399.98	0.94416	1.7706	215.01
−12	330.38	0.000757	0.06986	186.11	400.39	0.9485	1.769	214.28
−11	342.42	0.000759	0.067515	187.26	400.8	0.95284	1.7674	213.54
−10	354.79	0.000761	0.065266	188.4	401.2	0.95717	1.7658	212.79

续表

温度 (℃)	绝对压力 (kPa)	比容		焓		熵		汽化潜热 (kJ/kg)
		液体 (m³/kg)	蒸气 (m³/kg)	液体 (kJ/kg)	蒸气 (kJ/kg)	液体 [kJ/(kg·K)]	蒸气 [kJ/(kg·K)]	
−9	367.49	0.000763	0.063106	189.55	401.6	0.96149	1.7642	212.04
−8	380.54	0.000764	0.061033	190.7	401.99	0.9658	1.7627	211.29
−7	393.94	0.000766	0.059042	191.86	402.38	0.9701	1.7611	210.53
−6	407.69	0.000768	0.057129	193.01	402.77	0.97439	1.7596	209.76
−5	421.8	0.000770	0.055291	194.17	403.16	0.97868	1.7581	208.99
−4	436.28	0.000772	0.053524	195.33	403.55	0.98296	1.7566	208.21
−3	451.13	0.000774	0.051825	196.49	403.93	0.98723	1.7551	207.43
−2	466.36	0.000776	0.050191	197.66	404.3	0.99149	1.7536	206.64
−1	481.98	0.000778	0.048618	198.83	404.68	0.99575	1.7521	205.85
0	497.99	0.000780	0.047105	200	405.05	1	1.7507	205.05
1	514.39	0.000782	0.045647	201.17	405.42	1.0042	1.7492	204.24
2	531.2	0.000785	0.044244	202.35	405.78	1.0085	1.7478	203.43
3	548.42	0.000787	0.042893	203.53	406.14	1.0127	1.7464	202.61
4	566.05	0.000789	0.04159	204.71	406.5	1.0169	1.745	201.78
5	584.11	0.000791	0.040335	205.9	406.85	1.0212	1.7436	200.95
6	602.59	0.000793	0.039125	207.09	407.2	1.0254	1.7422	200.11
7	621.51	0.000795	0.037958	208.28	407.54	1.0296	1.7409	199.27
8	640.88	0.000798	0.036833	209.47	407.89	1.0338	1.7395	198.41
9	660.68	0.000800	0.035747	210.67	408.22	1.038	1.7381	197.56
10	680.95	0.000802	0.034699	211.87	408.56	1.0422	1.7368	196.69
11	701.67	0.000804	0.033687	213.07	408.89	1.0463	1.7355	195.81
12	722.86	0.000807	0.03271	214.28	409.21	1.0505	1.7341	194.93
13	744.53	0.000809	0.031767	215.49	409.53	1.0547	1.7328	194.04
14	766.68	0.000812	0.030855	216.7	409.85	1.0589	1.7315	193.15
15	789.31	0.000814	0.029974	217.92	410.16	1.063	1.7302	192.24
16	812.44	0.000816	0.029123	219.14	410.47	1.0672	1.7289	191.33
17	836.07	0.000819	0.0283	220.36	410.78	1.0714	1.7276	190.41
18	860.2	0.000821	0.027504	221.59	411.07	1.0755	1.7263	189.48
19	884.85	0.000824	0.026734	222.82	411.37	1.0797	1.725	188.55
20	910.02	0.000827	0.025989	224.06	411.66	1.0838	1.7238	187.6
21	935.72	0.000829	0.025269	225.3	411.94	1.088	1.7225	186.65
22	961.95	0.000832	0.024571	226.54	412.22	1.0921	1.7212	185.68
23	988.72	0.000834	0.023896	227.78	412.5	1.0962	1.7199	184.71
24	1016	0.000837	0.023241	229.04	412.77	1.1004	1.7187	183.73
25	1043.9	0.000840	0.022608	230.29	413.03	1.1045	1.7174	182.74
26	1072.4	0.000843	0.021994	231.55	413.29	1.1086	1.7162	181.74
27	1101.4	0.000845	0.021399	232.81	413.54	1.1128	1.7149	180.73
28	1130.9	0.000848	0.020823	234.08	413.79	1.1169	1.7136	179.71
29	1161.1	0.000851	0.020264	235.35	414.03	1.121	1.7124	178.68
30	1191.9	0.000854	0.019722	236.62	414.26	1.1252	1.7111	177.64
31	1223.2	0.000857	0.019196	237.9	414.49	1.1293	1.7099	176.59
32	1255.2	0.000860	0.018686	239.19	414.71	1.1334	1.7086	175.52
33	1287.8	0.000863	0.018191	240.48	414.93	1.1375	1.7074	174.45
34	1321	0.000866	0.017711	241.77	415.14	1.1417	1.7061	173.37
35	1354.8	0.000870	0.017245	243.07	415.34	1.1458	1.7048	172.27

续表

温度 (℃)	绝对压力 (kPa)	比容		焓		熵		汽化潜热 (kJ/kg)
		液体 (m³/kg)	蒸气 (m³/kg)	液体 (kJ/kg)	蒸气 (kJ/kg)	液体 [kJ/(kg·K)]	蒸气 [kJ/(kg·K)]	
36	1389.2	0.000873	0.016792	244.38	415.54	1.1499	1.7036	171.16
37	1424.3	0.000876	0.016353	245.69	415.72	1.1541	1.7023	170.04
38	1460.1	0.000879	0.015926	247	415.91	1.1582	1.701	168.91
39	1496.5	0.000883	0.015511	248.32	416.08	1.1623	1.6998	167.76
40	1533.6	0.000886	0.015107	249.65	416.25	1.1665	1.6985	166.6
41	1571.3	0.000890	0.014715	250.98	416.4	1.1706	1.6972	165.43
42	1609.8	0.000893	0.014334	252.32	416.55	1.1747	1.6959	164.24
43	1648.9	0.000897	0.013964	253.66	416.7	1.1789	1.6946	163.04
44	1688.7	0.000900	0.013603	255.01	416.83	1.183	1.6933	161.82
45	1729.2	0.000904	0.013253	256.36	416.95	1.1872	1.6919	160.59
46	1770.4	0.000908	0.012911	257.73	417.07	1.1913	1.6906	159.34
47	1812.4	0.000912	0.012579	259.1	417.18	1.1955	1.6893	158.08
48	1855.1	0.000916	0.012256	260.47	417.27	1.1997	1.6879	156.8
49	1898.5	0.000920	0.011941	261.85	417.36	1.2038	1.6866	155.5
50	1942.7	0.000924	0.011634	263.25	417.44	1.208	1.6852	154.19
51	1987.6	0.000928	0.011336	264.64	417.5	1.2122	1.6838	152.86
52	2033.3	0.000932	0.011045	266.05	417.56	1.2164	1.6824	151.51
53	2079.8	0.000937	0.010761	267.46	417.6	1.2206	1.681	150.14
54	2127	0.000941	0.010484	268.89	417.63	1.2248	1.6795	148.75
55	2175.1	0.000946	0.010215	270.32	417.65	1.2291	1.6781	147.33
56	2223.9	0.000951	0.009952	271.76	417.66	1.2333	1.6766	145.9
57	2273.6	0.000955	0.009695	273.21	417.65	1.2376	1.6751	144.45
58	2324	0.000960	0.009444	274.66	417.63	1.2418	1.6736	142.97
59	2375.3	0.000965	0.0092	276.13	417.6	1.2461	1.672	141.46
60	2427.5	0.000971	0.008961	277.61	417.55	1.2504	1.6705	139.94

附录 10　R123 饱和状态下的热力性质表

温度 (℃)	绝对压力 (kPa)	比容		焓		熵		汽化潜热 (kJ/kg)
		液体 (m³/kg)	蒸气 (m³/kg)	液体 (kJ/kg)	蒸气 (kJ/kg)	液体 [kJ/(kg·K)]	蒸气 [kJ/(kg·K)]	
−15	15.681	0.00064	0.88483	185.27	372.47	0.94457	1.6698	187.21
−14	16.519	0.000641	0.84282	186.24	373.07	0.94833	1.6693	186.83
−13	17.393	0.000642	0.80317	187.22	373.66	0.95209	1.6688	186.45
−12	18.305	0.000643	0.76572	188.19	374.26	0.95583	1.6683	186.07
−11	19.256	0.000644	0.73035	189.17	374.85	0.95957	1.6679	185.68
−10	20.247	0.000645	0.6969	190.15	375.45	0.96329	1.6675	185.3
−9	21.279	0.000646	0.66528	191.13	376.05	0.96701	1.6671	184.92
−8	22.354	0.000647	0.63536	192.11	376.64	0.97071	1.6667	184.53
−7	23.473	0.000648	0.60703	193.09	377.24	0.9744	1.6663	184.15
−6	24.636	0.000649	0.58021	194.08	377.84	0.97809	1.666	183.76

温度 (℃)	绝对压力 (kPa)	比容		焓		熵		汽化潜热 (kJ/kg)
		液体 (m³/kg)	蒸气 (m³/kg)	液体 (kJ/kg)	蒸气 (kJ/kg)	液体 [kJ/(kg·K)]	蒸气 [kJ/(kg·K)]	
−5	25.847	0.00065	0.5548	195.06	378.44	0.98177	1.6656	183.38
−4	27.105	0.000651	0.53071	196.05	379.04	0.98543	1.6653	182.99
−3	28.413	0.000652	0.50786	197.03	379.64	0.98909	1.665	182.6
−2	29.771	0.000653	0.48619	198.02	380.24	0.99273	1.6647	182.22
−1	31.181	0.000654	0.46562	199.01	380.84	0.99637	1.6645	181.83
0	32.645	0.000655	0.44609	200	381.44	1	1.6642	181.44
1	34.164	0.000656	0.42754	200.99	382.04	1.0036	1.664	181.05
2	35.74	0.000657	0.40991	201.98	382.64	1.0072	1.6638	180.65
3	37.373	0.000658	0.39314	202.98	383.24	1.0108	1.6636	180.26
4	39.067	0.000659	0.3772	203.97	383.84	1.0144	1.6634	179.87
5	40.821	0.000661	0.36203	204.97	384.44	1.018	1.6633	179.48
6	42.638	0.000662	0.34759	205.97	385.05	1.0216	1.6631	179.08
7	44.52	0.000663	0.33385	206.96	385.65	1.0251	1.663	178.68
8	46.467	0.000664	0.32075	207.96	386.25	1.0287	1.6628	178.29
9	48.483	0.000665	0.30827	208.96	386.85	1.0323	1.6627	177.89
10	50.567	0.000666	0.29637	209.97	387.46	1.0358	1.6626	177.49
11	52.723	0.000667	0.28503	210.97	388.06	1.0393	1.6626	177.09
12	54.951	0.000668	0.2742	211.97	388.66	1.0428	1.6625	176.69
13	57.254	0.000669	0.26387	212.98	389.27	1.0464	1.6624	176.29
14	59.633	0.00067	0.25401	213.99	389.87	1.0499	1.6624	175.89
15	62.09	0.000672	0.24459	214.99	390.48	1.0534	1.6624	175.48
16	64.627	0.000673	0.23559	216	391.08	1.0569	1.6623	175.08
17	67.246	0.000674	0.22699	217.01	391.68	1.0603	1.6623	174.67
18	69.948	0.000675	0.21877	218.02	392.29	1.0638	1.6623	174.26
19	72.735	0.000676	0.21091	219.04	392.89	1.0673	1.6624	173.85
20	75.61	0.000677	0.20338	220.05	393.49	1.0707	1.6624	173.44
21	78.573	0.000678	0.19618	221.07	394.1	1.0742	1.6624	173.03
22	81.628	0.00068	0.18929	222.08	394.7	1.0776	1.6625	172.62
23	84.776	0.000681	0.18269	223.1	395.31	1.0811	1.6625	172.21
24	88.018	0.000682	0.17637	224.12	395.91	1.0845	1.6626	171.79
25	91.358	0.000683	0.17031	225.14	396.51	1.0879	1.6627	171.37
26	94.796	0.000684	0.16451	226.16	397.12	1.0913	1.6628	170.96
27	98.335	0.000686	0.15894	227.18	397.72	1.0947	1.6629	170.54
28	101.98	0.000687	0.1536	228.21	398.32	1.0981	1.663	170.12
29	105.72	0.000688	0.14848	229.23	398.92	1.1015	1.6631	169.69
30	109.58	0.000689	0.14356	230.26	399.53	1.1049	1.6633	169.27
31	113.54	0.00069	0.13884	231.29	400.13	1.1083	1.6634	168.84
32	117.62	0.000692	0.13431	232.31	400.73	1.1116	1.6635	168.42
33	121.8	0.000693	0.12995	233.34	401.33	1.115	1.6637	167.99
34	126.11	0.000694	0.12577	234.38	401.93	1.1183	1.6639	167.56
35	130.53	0.000695	0.12175	235.41	402.54	1.1217	1.6641	167.13
36	135.07	0.000697	0.11789	236.44	403.14	1.125	1.6642	166.69
37	139.73	0.000698	0.11417	237.48	403.74	1.1284	1.6644	166.26
38	144.52	0.000699	0.1106	238.51	404.34	1.1317	1.6646	165.82
39	149.43	0.000701	0.10716	239.55	404.94	1.135	1.6648	165.38

温度 (℃)	绝对压力 (kPa)	比容		焓		熵		汽化潜热 (kJ/kg)
		液体 (m³/kg)	蒸气 (m³/kg)	液体 (kJ/kg)	蒸气 (kJ/kg)	液体 [kJ/(kg·K)]	蒸气 [kJ/(kg·K)]	
40	154.47	0.000702	0.10385	240.59	405.54	1.1383	1.6651	164.94
41	159.64	0.000703	0.10066	241.63	406.13	1.1416	1.6653	164.5
42	164.95	0.000705	0.097594	242.67	406.73	1.1449	1.6655	164.06
43	170.39	0.000706	0.094639	243.72	407.33	1.1482	1.6657	163.61
44	175.97	0.000707	0.091793	244.76	407.93	1.1515	1.666	163.17
45	181.69	0.000709	0.08905	245.81	408.53	1.1548	1.6662	162.72
46	187.55	0.00071	0.086406	246.86	409.12	1.1581	1.6665	162.27
47	193.55	0.000711	0.083857	247.9	409.72	1.1613	1.6668	161.81
48	199.71	0.000713	0.081399	248.95	410.31	1.1646	1.667	161.36
49	206.01	0.000714	0.079028	250.01	410.91	1.1679	1.6673	160.9
50	212.46	0.000715	0.07674	251.06	411.5	1.1711	1.6676	160.44
51	219.07	0.000717	0.074533	252.11	412.09	1.1743	1.6679	159.98
52	225.84	0.000718	0.072402	253.17	412.69	1.1776	1.6682	159.52
53	232.76	0.00072	0.070345	254.23	413.28	1.1808	1.6685	159.05
54	239.85	0.000721	0.068358	255.28	413.87	1.184	1.6688	158.58
55	247.09	0.000723	0.066439	256.34	414.46	1.1873	1.6691	158.11
56	254.51	0.000724	0.064584	257.41	415.05	1.1905	1.6694	157.64
57	262.09	0.000725	0.062793	258.47	415.64	1.1937	1.6697	157.17
58	269.85	0.000727	0.061061	259.53	416.23	1.1969	1.6701	156.69
59	277.78	0.000728	0.059386	260.6	416.81	1.2001	1.6704	156.21
60	285.89	0.00073	0.057767	261.67	417.4	1.2033	1.6707	155.73
61	294.17	0.000731	0.056201	262.74	417.98	1.2064	1.6711	155.25
62	302.64	0.000733	0.054686	263.81	418.57	1.2096	1.6714	154.76
63	311.29	0.000735	0.05322	264.88	419.15	1.2128	1.6717	154.27
64	320.13	0.000736	0.051802	265.95	419.73	1.216	1.6721	153.78
65	329.16	0.000738	0.050428	267.03	420.31	1.2191	1.6725	153.29
66	338.38	0.000739	0.049099	268.1	420.89	1.2223	1.6728	152.79
67	347.79	0.000741	0.047811	269.18	421.47	1.2255	1.6732	152.29
68	357.4	0.000742	0.046564	270.26	422.05	1.2286	1.6735	151.79
69	367.21	0.000744	0.045355	271.34	422.63	1.2317	1.6739	151.29
70	377.22	0.000746	0.044185	272.42	423.2	1.2349	1.6743	150.78
71	387.44	0.000747	0.04305	273.51	423.78	1.238	1.6747	150.27
72	397.87	0.000749	0.04195	274.6	424.35	1.2411	1.675	149.76
73	408.5	0.000751	0.040883	275.68	424.92	1.2443	1.6754	149.24
74	419.36	0.000752	0.039849	276.77	425.5	1.2474	1.6758	148.72
75	430.42	0.000754	0.038846	277.86	426.06	1.2505	1.6762	148.2
76	441.71	0.000756	0.037873	278.96	426.63	1.2536	1.6766	147.68
77	453.21	0.000757	0.036929	280.05	427.2	1.2567	1.677	147.15
78	464.94	0.000759	0.036013	281.15	427.77	1.2598	1.6774	146.62
79	476.9	0.000761	0.035124	282.25	428.33	1.2629	1.6777	146.08
80	489.09	0.000763	0.03426	283.35	428.89	1.266	1.6781	145.54
81	501.51	0.000764	0.033422	284.45	429.45	1.2691	1.6785	145
82	514.16	0.000766	0.032608	285.55	430.01	1.2722	1.6789	144.46
83	527.06	0.000768	0.031817	286.66	430.57	1.2753	1.6793	143.91
84	540.19	0.00077	0.031049	287.77	431.13	1.2783	1.6797	143.36

续表

温度 (℃)	绝对压力 (kPa)	比容		焓		熵		汽化潜热 (kJ/kg)
		液体 (m³/kg)	蒸气 (m³/kg)	液体 (kJ/kg)	蒸气 (kJ/kg)	液体 [kJ/(kg·K)]	蒸气 [kJ/(kg·K)]	
85	553.57	0.000772	0.030303	288.88	431.68	1.2814	1.6801	142.8
86	567.2	0.000774	0.029577	289.99	432.23	1.2845	1.6806	142.25
87	581.07	0.000776	0.028872	291.1	432.78	1.2876	1.681	141.68
88	595.2	0.000777	0.028187	292.22	433.33	1.2906	1.6814	141.12
89	609.59	0.000779	0.027521	293.33	433.88	1.2937	1.6818	140.55
90	624.23	0.000781	0.026873	294.45	434.43	1.2967	1.6822	139.97
91	639.13	0.000783	0.026242	295.58	434.97	1.2998	1.6826	139.4
92	654.3	0.000785	0.025629	296.7	435.51	1.3028	1.683	138.81
93	669.74	0.000787	0.025033	297.82	436.05	1.3059	1.6834	138.23
94	685.44	0.000789	0.024452	298.95	436.59	1.3089	1.6838	137.64
95	701.42	0.000791	0.023887	300.08	437.13	1.312	1.6842	137.04

附录11　R134a饱和状态下的热力性质表

温度 (℃)	绝对压力 (kPa)	比容		焓		熵		汽化潜热 (kJ/kg)
		液体 (m³/kg)	蒸气 (m³/kg)	液体 (kJ/kg)	蒸气 (kJ/kg)	液体 [kJ/(kg·K)]	蒸气 [kJ/(kg·K)]	
−60	15.906	0.000678	1.079	123.36	361.31	0.68462	1.801	237.95
−59	16.97	0.00068	1.0156	124.59	361.94	0.69035	1.7987	237.35
−58	18.091	0.000681	0.95654	125.81	362.58	0.69605	1.7965	236.76
−57	19.273	0.000682	0.90152	127.04	363.21	0.70174	1.7944	236.17
−56	20.518	0.000683	0.85022	128.27	363.84	0.70741	1.7922	235.57
−55	21.828	0.000685	0.80236	129.5	364.48	0.71305	1.7902	234.98
−54	23.206	0.000686	0.75768	130.73	365.11	0.71868	1.7882	234.38
−53	24.655	0.000687	0.71593	131.96	365.75	0.72429	1.7862	233.78
−52	26.176	0.000689	0.6769	133.2	366.38	0.72988	1.7843	233.18
−51	27.774	0.00069	0.64038	134.44	367.02	0.73546	1.7824	232.58
−50	29.451	0.000691	0.6062	135.67	367.65	0.74101	1.7806	231.98
−49	31.209	0.000693	0.57417	136.91	368.29	0.74655	1.7788	231.37
−48	33.051	0.000694	0.54415	138.15	368.92	0.75207	1.777	230.77
−47	34.982	0.000696	0.51599	139.4	369.56	0.75757	1.7753	230.16
−46	37.003	0.000697	0.48955	140.64	370.19	0.76305	1.7736	229.55
−45	39.117	0.000698	0.46473	141.89	370.83	0.76852	1.772	228.94
−44	41.329	0.0007	0.4414	143.14	371.46	0.77397	1.7704	228.33
−43	43.64	0.000701	0.41946	144.39	372.1	0.77941	1.7688	227.71
−42	46.055	0.000703	0.39881	145.64	372.73	0.78482	1.7673	227.1
−41	48.577	0.000704	0.37938	146.89	373.37	0.79023	1.7658	226.48
−40	51.209	0.000705	0.36108	148.14	374	0.79561	1.7643	225.86
−39	53.955	0.000707	0.34382	149.4	374.64	0.80098	1.7629	225.24
−38	56.817	0.000708	0.32755	150.66	375.27	0.80633	1.7615	224.61
−37	59.801	0.00071	0.3122	151.92	375.9	0.81167	1.7602	223.98

续表

温度 (℃)	绝对压力 (kPa)	比容		焓		熵		汽化潜热 (kJ/kg)
		液体 (m³/kg)	蒸气 (m³/kg)	液体 (kJ/kg)	蒸气 (kJ/kg)	液体 [kJ/(kg·K)]	蒸气 [kJ/(kg·K)]	
−36	62.908	0.000711	0.29771	153.18	376.54	0.817	1.7588	223.35
−35	66.144	0.000713	0.28402	154.44	377.17	0.8223	1.7575	222.72
−34	69.512	0.000714	0.27108	155.71	377.8	0.8276	1.7563	222.09
−33	73.015	0.000716	0.25885	156.98	378.43	0.83288	1.755	221.45
−32	76.658	0.000717	0.24727	158.25	379.06	0.83814	1.7538	220.81
−31	80.444	0.000719	0.23632	159.52	379.69	0.84339	1.7526	220.17
−30	84.378	0.00072	0.22594	160.79	380.32	0.84863	1.7515	219.53
−29	88.463	0.000722	0.21612	162.07	380.95	0.85385	1.7503	218.88
−28	92.703	0.000723	0.2068	163.34	381.57	0.85906	1.7492	218.23
−27	97.104	0.000725	0.19796	164.62	382.2	0.86425	1.7482	217.58
−26	101.67	0.000727	0.18958	165.9	382.82	0.86943	1.7471	216.92
−25	106.4	0.000728	0.18162	167.19	383.45	0.8746	1.7461	216.26
−24	111.3	0.00073	0.17407	168.47	384.07	0.87975	1.7451	215.6
−23	116.39	0.000731	0.16688	169.76	384.69	0.8849	1.7441	214.93
−22	121.65	0.000733	0.16006	171.05	385.32	0.89002	1.7432	214.27
−21	127.1	0.000735	0.15357	172.34	385.94	0.89514	1.7422	213.59
−20	132.73	0.000736	0.14739	173.64	386.55	0.90025	1.7413	212.92
−19	138.57	0.000738	0.14152	174.93	387.17	0.90534	1.7404	212.24
−18	144.6	0.00074	0.13592	176.23	387.79	0.91042	1.7396	211.56
−17	150.84	0.000741	0.13059	177.53	388.4	0.91549	1.7387	210.87
−16	157.28	0.000743	0.12551	178.83	389.02	0.92054	1.7379	210.18
−15	163.94	0.000745	0.12067	180.14	389.63	0.92559	1.7371	209.49
−14	170.82	0.000746	0.11605	181.44	390.24	0.93062	1.7363	208.79
−13	177.92	0.000748	0.11165	182.75	390.85	0.93564	1.7355	208.09
−12	185.24	0.00075	0.10744	184.07	391.46	0.94066	1.7348	207.39
−11	192.8	0.000752	0.10343	185.38	392.06	0.94566	1.7341	206.68
−10	200.6	0.000754	0.09959	186.7	392.66	0.95065	1.7334	205.97
−9	208.64	0.000755	0.095925	188.02	393.27	0.95563	1.7327	205.25
−8	216.93	0.000757	0.092422	189.34	393.87	0.9606	1.732	204.53
−7	225.48	0.000759	0.089072	190.66	394.47	0.96556	1.7313	203.81
−6	234.28	0.000761	0.085867	191.99	395.06	0.97051	1.7307	203.08
−5	243.34	0.000763	0.082801	193.32	395.66	0.97544	1.73	202.34
−4	252.68	0.000765	0.079866	194.65	396.25	0.98037	1.7294	201.6
−3	262.28	0.000767	0.077055	195.98	396.84	0.98529	1.7288	200.86
−2	272.17	0.000768	0.074362	197.32	397.43	0.99021	1.7282	200.11
−1	282.34	0.00077	0.071782	198.66	398.02	0.99511	1.7276	199.36
0	292.8	0.000772	0.069309	200	398.6	1	1.7271	198.6
1	303.56	0.000774	0.066937	201.34	399.19	1.0049	1.7265	197.84
2	314.62	0.000776	0.064663	202.69	399.77	1.0098	1.726	197.07
3	325.98	0.000778	0.06248	204.04	400.34	1.0146	1.7255	196.3
4	337.66	0.00078	0.060385	205.4	400.92	1.0195	1.725	195.52
5	349.66	0.000782	0.058374	206.75	401.49	1.0243	1.7245	194.74
6	361.98	0.000785	0.056443	208.11	402.06	1.0292	1.724	193.95
7	374.63	0.000787	0.054587	209.47	402.63	1.034	1.7235	193.16
8	387.61	0.000789	0.052804	210.84	403.2	1.0388	1.723	192.36

续表

温度 (℃)	绝对压力 (kPa)	比容		焓		熵		汽化潜热 (kJ/kg)
		液体 (m³/kg)	蒸气 (m³/kg)	液体 (kJ/kg)	蒸气 (kJ/kg)	液体 [kJ/(kg·K)]	蒸气 [kJ/(kg·K)]	
9	400.94	0.000791	0.05109	212.21	403.76	1.0437	1.7226	191.55
10	414.61	0.000793	0.049442	213.58	404.32	1.0485	1.7221	190.74
11	428.63	0.000795	0.047857	214.95	404.88	1.0533	1.7217	189.92
12	443.01	0.000797	0.046332	216.33	405.43	1.0581	1.7212	189.1
13	457.76	0.0008	0.044864	217.71	405.98	1.0629	1.7208	188.27
14	472.88	0.000802	0.043451	219.09	406.53	1.0677	1.7204	187.43
15	488.37	0.000804	0.04209	220.48	407.07	1.0724	1.72	186.59
16	504.25	0.000807	0.04078	221.87	407.61	1.0772	1.7196	185.74
17	520.52	0.000809	0.039517	223.26	408.15	1.082	1.7192	184.89
18	537.18	0.000811	0.038301	224.66	408.69	1.0867	1.7188	184.03
19	554.24	0.000814	0.037128	226.06	409.22	1.0915	1.7184	183.16
20	571.71	0.000816	0.035997	227.47	409.75	1.0962	1.718	182.28
21	589.59	0.000819	0.034906	228.88	410.27	1.101	1.7177	181.4
22	607.89	0.000821	0.033854	230.29	410.79	1.1057	1.7173	180.51
23	626.62	0.000824	0.032838	231.7	411.31	1.1105	1.7169	179.61
24	645.78	0.000826	0.031858	233.12	411.82	1.1152	1.7166	178.7
25	665.38	0.000829	0.030912	234.55	412.33	1.1199	1.7162	177.79
26	685.43	0.000831	0.029998	235.97	412.84	1.1246	1.7159	176.87
27	705.92	0.000834	0.029115	237.4	413.34	1.1294	1.7155	175.94
28	726.88	0.000837	0.028263	238.84	413.84	1.1341	1.7152	175
29	748.3	0.000839	0.027438	240.28	414.33	1.1388	1.7148	174.05
30	770.2	0.000842	0.026642	241.72	414.82	1.1435	1.7145	173.1
31	792.57	0.000845	0.025871	243.17	415.3	1.1482	1.7142	172.13
32	815.43	0.000848	0.025126	244.62	415.78	1.1529	1.7138	171.16
33	838.78	0.000851	0.024405	246.08	416.26	1.1576	1.7135	170.18
34	862.63	0.000854	0.023708	247.54	416.72	1.1623	1.7131	169.18
35	886.98	0.000857	0.023033	249.01	417.19	1.167	1.7128	168.18
36	911.85	0.00086	0.02238	250.48	417.65	1.1717	1.7124	167.17
37	937.24	0.000863	0.021747	251.95	418.1	1.1764	1.7121	166.15
38	963.15	0.000866	0.021135	253.43	418.55	1.1811	1.7118	165.12
39	989.6	0.000869	0.020541	254.92	418.99	1.1858	1.7114	164.07
40	1016.6	0.000872	0.019966	256.41	419.43	1.1905	1.7111	163.02
41	1044.1	0.000875	0.019409	257.91	419.86	1.1952	1.7107	161.95
42	1072.2	0.000879	0.018868	259.41	420.28	1.1999	1.7103	160.88
43	1100.9	0.000882	0.018345	260.91	420.7	1.2046	1.71	159.79
44	1130.1	0.000885	0.017837	262.43	421.11	1.2092	1.7096	158.69
45	1159.9	0.000889	0.017344	263.94	421.52	1.2139	1.7092	157.58
46	1190.3	0.000892	0.016866	265.47	421.92	1.2186	1.7089	156.45
47	1221.3	0.000896	0.016402	267	422.31	1.2233	1.7085	155.31
48	1252.9	0.0009	0.015951	268.53	422.69	1.228	1.7081	154.16
49	1285.1	0.000903	0.015514	270.07	423.07	1.2327	1.7077	152.99
50	1317.9	0.000907	0.015089	271.62	423.44	1.2375	1.7072	151.81
51	1351.3	0.000911	0.014677	273.18	423.8	1.2422	1.7068	150.62
52	1385.4	0.000915	0.014276	274.74	424.15	1.2469	1.7064	149.41
53	1420.1	0.000919	0.013887	276.31	424.49	1.2516	1.7059	148.18

续表

温度 (℃)	绝对压力 (kPa)	比容		焓		熵		汽化潜热 (kJ/kg)
		液体 (m³/kg)	蒸气 (m³/kg)	液体 (kJ/kg)	蒸气 (kJ/kg)	液体 [kJ/(kg·K)]	蒸气 [kJ/(kg·K)]	
54	1455.5	0.000923	0.013508	277.89	424.83	1.2563	1.7055	146.94
55	1491.5	0.000927	0.01314	279.47	425.15	1.2611	1.705	145.68
56	1528.2	0.000932	0.012782	281.06	425.47	1.2658	1.7045	144.41
57	1565.6	0.000936	0.012434	282.66	425.77	1.2705	1.704	143.12
58	1603.6	0.000941	0.012095	284.27	426.07	1.2753	1.7035	141.8
59	1642.3	0.000945	0.011765	285.88	426.36	1.2801	1.703	140.47
60	1681.8	0.00095	0.011444	287.5	426.63	1.2848	1.7024	139.12

附录 12　R717 饱和状态下的热力性质表

温度 (℃)	绝对压力 (kPa)	比容		焓		熵		汽化潜热 (kJ/kg)
		液体 (m³/kg)	蒸气 (m³/kg)	液体 (kJ/kg)	蒸气 (kJ/kg)	液体 [kJ/(kg·K)]	蒸气 [kJ/(kg·K)]	
−60	21.893	0.0014013	4.7057	75.093	1516.9	0.36754	7.1318	1441.8
−59	23.371	0.0014035	4.4269	79.4	1518.7	0.38769	7.1085	1439.3
−58	24.932	0.0014058	4.1672	83.714	1520.4	0.40778	7.0856	1436.7
−57	26.579	0.001408	3.9254	88.033	1522.2	0.42779	7.0629	1434.2
−56	28.315	0.0014103	3.6999	92.357	1524	0.44774	7.0405	1431.6
−55	30.145	0.0014126	3.4895	96.688	1525.7	0.46763	7.0183	1429
−54	32.072	0.0014149	3.2932	101.02	1527.5	0.48745	6.9964	1426.4
−53	34.101	0.0014173	3.1097	105.37	1529.2	0.5072	6.9747	1423.8
−52	36.235	0.0014196	2.9383	109.71	1530.9	0.5269	6.9533	1421.2
−51	38.479	0.001422	2.7779	114.07	1532.6	0.54652	6.9321	1418.6
−50	40.836	0.0014243	2.6277	118.43	1534.3	0.56609	6.9112	1415.9
−49	43.312	0.0014267	2.4872	122.79	1536	0.58559	6.8905	1413.2
−48	45.911	0.0014291	2.3554	127.16	1537.7	0.60503	6.87	1410.6
−47	48.637	0.0014315	2.2318	131.54	1539.4	0.6244	6.8498	1407.9
−46	51.495	0.001434	2.1159	135.92	1541.1	0.64371	6.8298	1405.2
−45	54.489	0.0014364	2.0071	140.31	1542.7	0.66297	6.81	1402.4
−44	57.626	0.0014389	1.9048	144.7	1544.4	0.68216	6.7904	1399.7
−43	60.909	0.0014414	1.8088	149.1	1546	0.70129	6.771	1396.9
−42	64.345	0.0014439	1.7184	153.5	1547.7	0.72036	6.7518	1394.2
−41	67.937	0.0014464	1.6333	157.91	1549.3	0.73937	6.7329	1391.4
−40	71.692	0.001449	1.5533	162.32	1550.9	0.75832	6.7141	1388.6
−39	75.615	0.0014515	1.4779	166.74	1552.5	0.77721	6.6955	1385.8
−38	79.711	0.0014541	1.4068	171.17	1554.1	0.79604	6.6772	1382.9
−37	83.986	0.0014567	1.3397	175.6	1555.7	0.81482	6.659	1380.1
−36	88.447	0.0014593	1.2765	180.03	1557.3	0.83353	6.641	1377.2
−35	93.098	0.0014619	1.2168	184.48	1558.8	0.85219	6.6232	1374.4
−34	97.946	0.0014645	1.1604	188.92	1560.4	0.87079	6.6055	1371.5

温度 （℃）	绝对压力 （kPa）	比容		焓		熵		汽化潜热 （kJ/kg）
		液体 （m³/kg）	蒸气 （m³/kg）	液体 （kJ/kg）	蒸气 （kJ/kg）	液体 ［kJ/（kg·K）］	蒸气 ［kJ/（kg·K）］	
−33	103	0.0014672	1.1071	193.37	1561.9	0.88933	6.588	1368.5
−32	108.26	0.0014699	1.0567	197.83	1563.4	0.90782	6.5708	1365.6
−31	113.73	0.0014726	1.0091	202.29	1565	0.92625	6.5536	1362.7
−30	119.43	0.0014753	0.96396	206.76	1566.5	0.94462	6.5367	1359.7
−29	125.35	0.001478	0.92126	211.23	1568	0.96294	6.5199	1356.7
−28	131.51	0.0014808	0.88082	215.71	1569.4	0.9812	6.5033	1353.7
−27	137.92	0.0014835	0.84249	220.19	1570.9	0.99941	6.4868	1350.7
−26	144.57	0.0014863	0.80614	224.68	1572.4	1.0176	6.4705	1347.7
−25	151.47	0.0014891	0.77167	229.17	1573.8	1.0357	6.4543	1344.6
−24	158.64	0.001492	0.73896	233.66	1575.2	1.0537	6.4383	1341.6
−23	166.08	0.0014948	0.7079	238.17	1576.7	1.0717	6.4224	1338.5
−22	173.79	0.0014977	0.6784	242.67	1578.1	1.0896	6.4067	1335.4
−21	181.79	0.0015005	0.65037	247.19	1579.5	1.1075	6.3911	1332.3
−20	190.08	0.0015035	0.62373	251.71	1580.8	1.1253	6.3757	1329.1
−19	198.67	0.0015064	0.59839	256.23	1582.2	1.1431	6.3604	1326
−18	207.56	0.0015093	0.57428	260.76	1583.5	1.1609	6.3452	1322.8
−17	216.77	0.0015123	0.55134	265.29	1584.9	1.1785	6.3302	1319.6
−16	226.3	0.0015153	0.52949	269.83	1586.2	1.1962	6.3153	1316.4
−15	236.17	0.0015183	0.50868	274.37	1587.5	1.2137	6.3005	1313.2
−14	246.37	0.0015213	0.48885	278.92	1588.8	1.2313	6.2859	1309.9
−13	256.91	0.0015243	0.46994	283.47	1590.1	1.2487	6.2713	1306.6
−12	267.82	0.0015274	0.45192	288.03	1591.4	1.2662	6.2569	1303.3
−11	279.08	0.0015305	0.43472	292.6	1592.6	1.2835	6.2426	1300
−10	290.71	0.0015336	0.4183	297.16	1593.9	1.3009	6.2285	1296.7
−9	302.73	0.0015367	0.40263	301.74	1595.1	1.3181	6.2144	1293.3
−8	315.13	0.0015399	0.38767	306.32	1596.3	1.3354	6.2004	1290
−7	327.93	0.0015431	0.37337	310.9	1597.5	1.3526	6.1866	1286.6
−6	341.14	0.0015463	0.3597	315.49	1598.7	1.3697	6.1729	1283.2
−5	354.76	0.0015495	0.34664	320.09	1599.8	1.3868	6.1592	1279.7
−4	368.8	0.0015528	0.33414	324.69	1601	1.4038	6.1457	1276.3
−3	383.27	0.001556	0.32218	329.3	1602.1	1.4209	6.1323	1272.8
−2	398.19	0.0015593	0.31074	333.91	1603.2	1.4378	6.119	1269.3
−1	413.56	0.0015626	0.29979	338.53	1604.3	1.4547	6.1058	1265.8
0	429.38	0.001566	0.2893	343.15	1605.4	1.4716	6.0926	1262.2
1	445.68	0.0015694	0.27925	347.78	1606.5	1.4884	6.0796	1258.7
2	462.46	0.0015728	0.26962	352.42	1607.5	1.5052	6.0667	1255.1
3	479.72	0.0015762	0.26038	357.06	1608.5	1.5219	6.0538	1251.5
4	497.48	0.0015796	0.25153	361.71	1609.6	1.5386	6.041	1247.8
5	515.75	0.0015831	0.24304	366.36	1610.5	1.5553	6.0284	1244.2

续表

温度 (℃)	绝对压力 (kPa)	比容		焓		熵		汽化潜热 (kJ/kg)
		液体 (m³/kg)	蒸气 (m³/kg)	液体 (kJ/kg)	蒸气 (kJ/kg)	液体 [kJ/(kg·K)]	蒸气 [kJ/(kg·K)]	
6	534.53	0.0015866	0.23489	371.02	1611.5	1.5719	6.0158	1240.5
7	553.85	0.0015902	0.22707	375.69	1612.5	1.5885	6.0033	1236.8
8	573.7	0.0015937	0.21956	380.36	1613.4	1.605	5.9908	1233.1
9	594.09	0.0015973	0.21235	385.04	1614.4	1.6215	5.9785	1229.3
10	615.05	0.0016009	0.20543	389.72	1615.3	1.638	5.9662	1225.5
11	636.57	0.0016046	0.19877	394.41	1616.2	1.6544	5.954	1221.7
12	658.66	0.0016082	0.19237	399.11	1617	1.6708	5.9419	1217.9
13	681.35	0.001612	0.18622	403.81	1617.9	1.6871	5.9299	1214.1
14	704.63	0.0016157	0.18031	408.52	1618.7	1.7034	5.9179	1210.2
15	728.52	0.0016195	0.17461	413.24	1619.5	1.7197	5.906	1206.3
16	753.03	0.0016233	0.16914	417.97	1620.3	1.7359	5.8941	1202.4
17	778.17	0.0016271	0.16387	422.7	1621.1	1.7521	5.8824	1198.4
18	803.95	0.001631	0.15879	427.44	1621.9	1.7682	5.8707	1194.4
19	830.38	0.0016349	0.15391	432.18	1622.6	1.7844	5.859	1190.4
20	857.48	0.0016388	0.1492	436.94	1623.3	1.8005	5.8475	1186.4
21	885.24	0.0016428	0.14466	441.7	1624	1.8165	5.8359	1182.3
22	913.69	0.0016468	0.14029	446.47	1624.7	1.8326	5.8245	1178.2
23	942.83	0.0016508	0.13608	451.24	1625.3	1.8485	5.8131	1174.1
24	972.68	0.0016549	0.13201	456.03	1626	1.8645	5.8017	1169.9
25	1003.2	0.001659	0.12809	460.82	1626.6	1.8804	5.7904	1165.8
26	1034.5	0.0016632	0.12431	465.62	1627.2	1.8963	5.7792	1161.6
27	1066.6	0.0016674	0.12066	470.43	1627.7	1.9122	5.768	1157.3
28	1099.3	0.0016716	0.11714	475.25	1628.3	1.9281	5.7569	1153
29	1132.9	0.0016759	0.11374	480.08	1628.8	1.9439	5.7458	1148.7
30	1167.2	0.0016802	0.11046	484.91	1629.3	1.9597	5.7347	1144.4
31	1202.3	0.0016846	0.10729	489.76	1629.8	1.9754	5.7237	1140
32	1238.2	0.001689	0.10422	494.61	1630.3	1.9911	5.7128	1135.7
33	1274.9	0.0016934	0.10126	499.47	1630.7	2.0069	5.7019	1131.2
34	1312.4	0.0016979	0.098399	504.34	1631.1	2.0225	5.691	1126.8
35	1350.8	0.0017024	0.095632	509.23	1631.5	2.0382	5.6801	1122.3
36	1390	0.001707	0.092957	514.12	1631.9	2.0538	5.6693	1117.7
37	1430	0.0017116	0.09037	519.02	1632.2	2.0694	5.6586	1113.2
38	1470.9	0.0017163	0.087867	523.93	1632.5	2.085	5.6479	1108.6
39	1512.7	0.001721	0.085445	528.86	1632.8	2.1006	5.6372	1103.9
40	1555.4	0.0017258	0.083101	533.79	1633.1	2.1161	5.6265	1099.3
41	1599	0.0017306	0.080832	538.74	1633.3	2.1317	5.6159	1094.6
42	1643.5	0.0017355	0.078635	543.69	1633.5	2.1472	5.6053	1089.8
43	1689	0.0017405	0.076507	548.66	1633.7	2.1627	5.5947	1085
44	1735.3	0.0017454	0.074446	553.64	1633.9	2.1781	5.5841	1080.2
45	1782.7	0.0017505	0.07245	558.63	1634	2.1936	5.5736	1075.4
46	1831	0.0017556	0.070515	563.63	1634.1	2.209	5.5631	1070.5

温度 (℃)	绝对压力 (kPa)	比容		焓		熵		汽化潜热 (kJ/kg)
		液体 (m³/kg)	蒸气 (m³/kg)	液体 (kJ/kg)	蒸气 (kJ/kg)	液体 [kJ/(kg·K)]	蒸气 [kJ/(kg·K)]	
47	1880.2	0.0017608	0.06864	568.65	1634.2	2.2244	5.5526	1065.5
48	1930.5	0.001766	0.066822	573.68	1634.2	2.2398	5.5422	1060.5
49	1981.8	0.0017713	0.06506	578.72	1634.2	2.2552	5.5317	1055.5
50	2034	0.0017766	0.06335	583.77	1634.2	2.2706	5.5213	1050.5
51	2087.3	0.001782	0.061692	588.84	1634.2	2.286	5.5109	1045.3
52	2141.7	0.0017875	0.060084	593.92	1634.1	2.3013	5.5005	1040.2
53	2197.1	0.0017931	0.058523	599.02	1634	2.3167	5.4901	1035
54	2253.6	0.0017987	0.057008	604.13	1633.9	2.332	5.4797	1029.8
55	2311.1	0.0018044	0.055537	609.26	1633.7	2.3473	5.4693	1024.5
56	2369.8	0.0018102	0.05411	614.4	1633.5	2.3627	5.4589	1019.1
57	2429.5	0.001816	0.052723	619.56	1633.3	2.378	5.4486	1013.7
58	2490.4	0.0018219	0.051377	624.73	1633	2.3933	5.4382	1008.3
59	2552.4	0.001828	0.050068	629.92	1632.7	2.4086	5.4278	1002.8
60	2615.6	0.001834	0.048797	635.12	1632.4	2.4239	5.4174	997.3

附录 13　R22 过热状态下的热力性质表

温度 t (℃)	比容 v (m³/kg)	比焓 h (kJ/kg)	比熵 s [kJ/(kg·K)]	温度 t (℃)	比容 v (m³/kg)	比焓 h (kJ/kg)	比熵 s [kJ/(kg·K)]
p=82.706kPa				−20	0.22558	400.77	1.8751
−45	0.25699	386.28	1.8371	−15	0.23047	403.86	1.8872
−40	0.26325	389.24	1.8499	−10	0.23534	406.98	1.8991
−35	0.26948	392.21	1.8625	−5	0.24019	410.12	1.9109
−30	0.27567	395.21	1.8750	0	0.24502	413.28	1.9226
−25	0.28184	398.23	1.8873	5	0.24984	416.47	1.9342
−20	0.28799	401.27	1.8994	10	0.25464	419.68	1.9456
−15	0.39411	404.34	1.9114	20	0.26420	426.17	1.9682
−10	0.30021	407.43	1.9233	30	0.27372	432.76	1.9903
−5	0.30629	410.55	1.9350	40	0.28319	439.45	2.0120
0	0.31235	413.69	1.9466	50	0.29263	446.24	2.0333
10	0.32443	420.05	1.9695	60	0.30204	453.13	2.0543
20	0.33645	426.51	1.9919	70	0.31142	460.12	2.0750
30	0.34842	433.07	2.0139	80	0.32079	467.21	2.0953
40	0.36036	439.74	2.0355	90	0.33013	474.40	2.1154
50	0.37226	446.51	2.0568	100	0.33945	481.68	2.1352
60	0.38413	453.38	2.0777	p=131.68kPa			
70	0.39598	460.35	2.0984	−35	0.16640	390.90	1.8138
80	0.40780	467.42	2.1187	−30	0.17045	393.97	1.8266
90	0.41961	474.59	2.1387	−25	0.17447	397.05	1.8391
100	0.43140	481.86	2.1584	−20	17846	400.16	1.8515
p=104.95kPa				−15	0.18243	403.28	1.8637
−40	0.20575	388.61	1.8251	−10	0.18637	406.43	1.8758
−35	0.21075	391.62	1.8378	−5	0.19030	409.59	1.8877
−30	0.21572	394.65	1.8504	0	0.19421	412.78	1.8995
−25	0.22066	397.70	1.8628	5	0.19809	415.99	1.9111

温度 t (℃)	比容 v (m³/kg)	比焓 h (kJ/kg)	比熵 s [kJ/(kg·K)]	温度 t (℃)	比容 v (m³/kg)	比焓 h (kJ/kg)	比熵 s [kJ/(kg·K)]
10	0.20197	419.22	1.9227	5	0.12800	414.74	1.8672
15	0.20583	422.48	1.9341	10	0.13062	418.03	1.8790
20	0.20968	425.76	1.9453	15	0.13323	421.34	1.8906
25	0.21351	429.06	1.9565	20	0.13582	424.67	1.9020
30	0.21733	432.38	1.9676	30	0.14097	431.39	1.9246
35	0.22115	435.73	1.9785	40	0.14608	438.20	1.9466
40	0.22495	439.11	1.9894	50	0.15115	445.09	1.9683
50	0.23253	445.92	2.0108	60	0.15618	452.07	1.9896
60	0.24008	452.84	2.0319	70	0.16119	459.14	2.0105
70	0.24761	459.85	2.0526	80	0.16618	466.29	2.0310
80	0.25511	466.96	2.0730	90	0.17115	473.54	2.0513
90	0.26259	474.16	2.0931	100	0.17610	480.89	2.0712
100	0.27006	481.46	2.1130	$p=244.83\text{kPa}$			
$p=163.48\text{kPa}$				−20	0.092843	397.47	1.7842
−30	0.13584	393.14	1.8033	−15	0.095147	400.74	1.7970
−25	0.13916	396.27	1.8160	−10	0.097426	404.02	1.8095
−20	0.14245	399.42	1.8286	−5	0.099681	407.31	1.8219
−15	0.14571	402.58	1.8410	0	0.10191	410.61	1.8341
−10	0.14896	405.76	1.8532	5	0.10413	413.93	1.8462
−5	0.15217	408.96	1.8652	10	0.10633	417.26	1.8580
0	0.15537	412.18	1.8771	15	0.10851	420.61	1.8697
5	0.15856	415.42	1.8889	20	0.11068	423.97	1.8813
10	0.16172	418.68	1.9005	25	0.11283	427.36	1.8928
15	0.16488	421.96	1.9120	30	0.11497	430.76	1.9041
20	0.16802	425.26	1.9233	40	0.11923	437.62	1.9263
30	0.17426	431.93	1.9457	50	0.12344	444.55	1.9481
40	0.18046	438.69	1.9676	60	0.12763	451.57	1.9695
50	0.18662	445.54	1.9892	70	0.13178	458.68	1.9906
60	0.19275	452.49	2.0103	80	0.13592	465.87	2.0112
70	0.19886	459.52	2.0311	90	0.14003	473.15	2.0315
80	0.20494	466.65	2.0516	100	0.14412	480.52	2.0515
90	0.21101	473.88	2.0718	$p=295.70\text{kPa}$			
100	0.21705	481.20	2.0917	−15	0.077625	399.55	1.7754
$p=200.98\text{kPa}$				−10	0.079576	402.89	1.7883
−25	0.11186	395.33	1.7934	−5	0.081502	406.24	1.8009
−20	0.11461	398.53	1.8062	0	0.083406	409.60	1.8133
−15	0.11733	401.74	1.8188	5	0.085290	412.97	1.8255
−10	0.12003	404.97	1.8311	10	0.087155	416.35	1.8375
−5	0.12271	408.21	1.8433	15	0.089004	419.75	1.8494
0	0.12536	411.46	1.8554	20	0.090838	423.15	1.8611

温度 t (℃)	比容 υ (m³/kg)	比焓 h (kJ/kg)	比熵 s [kJ/(kg·K)]	温度 t (℃)	比容 υ (m³/kg)	比焓 h (kJ/kg)	比熵 s [kJ/(kg·K)]
25	0.092659	426.57	1.8727	70	0.075286	456.82	1.9345
30	0.094467	430.01	1.8841	80	0.077781	461.15	1.9555
40	0.098049	436.93	1.9066	90	0.080253	471.55	1.9762
50	0.10159	443.93	1.9286	100	0.082707	479.03	1.9965
60	0.10510	451.00	1.9501		*p*=497.59kPa		
70	0.10859	458.15	1.9713	0	0.047135	405.36	1.7518
80	0.11205	465.38	1.9921	5	0.048390	408.97	1.7649
90	0.11548	472.69	2.0125	10	0.049621	412.57	1.7777
100	0.11890	480.09	2.0326	15	0.050833	416.16	1.7903
	p=354.30kPa			20	0.052026	419.75	1.8026
−10	0.065340	401.56	1.7671	25	0.053203	423.34	1.8148
−5	0.067008	404.99	1.7800	30	0.054365	426.94	1.8267
0	0.068652	408.41	1.7927	35	0.055514	430.53	1.8385
5	0.070275	411.85	1.8052	40	0.056651	434.14	1.8501
10	0.071878	415.29	1.8174	45	0.057777	437.75	1.8616
15	0.073464	418.73	1.8295	50	0.058893	441.38	1.8729
20	0.075035	422.19	1.8414	60	0.061098	448.66	1.8951
25	0.076590	425.66	1.8531	70	0.063272	455.99	1.9167
30	0.078133	429.14	1.8647	80	0.065420	463.39	1.9380
35	0.079664	432.63	1.8761	90	0.067545	470.85	1.9588
40	0.081184	436.14	1.8874	100	0.069652	478.37	1.9793
50	0.084195	443.20	1.9096		*p*=583.78kPa		
60	0.087172	450.33	1.9313	5	0.040356	407.15	1.7446
70	0.090120	457.53	1.9526	10	0.041458	410.85	1.7579
80	0.093043	464.81	1.9735	15	0.042538	414.54	1.7708
90	0.095945	472.16	1.9941	20	0.043598	418.22	1.7834
100	0.098829	479.60	2.0143	25	0.044640	421.90	1.7959
	p=421.35kPa			30	0.045666	425.56	1.8081
−5	0.055339	403.50	1.7593	35	0.046679	429.23	1.8201
0	0.056779	407.01	1.7723	40	0.047678	432.90	1.8319
5	0.058196	410.52	1.7850	45	0.048666	436.57	1.8435
10	0.059592	414.03	1.7975	50	0.049643	440.25	1.8550
15	0.060969	417.55	1.8098	60	0.051569	447.63	1.8775
20	0.062330	421.06	1.8219	70	0.053463	455.05	1.8994
25	0.063675	424.59	1.8338	80	0.055329	462.52	1.9209
30	0.065006	428.12	1.8456	90	0.057172	470.04	1.9419
35	0.066325	431.66	1.8572	100	0.058996	477.63	1.9625
40	0.067633	435.21	1.8686		*p*=680.70kPa		
50	0.070217	442.35	1.8910	10	0.034714	408.84	1.7378
60	0.072767	449.55	1.9130	15	0.035691	412.65	1.7511

温度 t (℃)	比容 υ (m³/kg)	比焓 h (kJ/kg)	比熵 s [kJ/(kg·K)]	温度 t (℃)	比容 υ (m³/kg)	比焓 h (kJ/kg)	比熵 s [kJ/(kg·K)]
20	0.036645	416.44	1.7642	25	0.026790	415.98	1.7384
25	0.037580	420.22	1.7769	30	0.027554	419.99	1.7517
30	0.038498	423.98	1.7894	35	0.028299	423.97	1.7647
35	0.039400	427.73	1.8017	40	0.029026	427.92	1.7774
40	0.040288	431.47	1.8138	45	0.029739	431.85	1.7899
45	0.041164	435.21	1.8265	50	0.30438	435.77	1.8021
50	0.042029	438.96	1.8373	55	0.031125	439.67	1.8141
55	0.042883	442.70	1.8488	60	0.031801	443.56	1.8259
60	0.043728	446.45	1.8601	65	0.032468	447.45	1.8374
70	0.045393	453.97	1.8824	70	0.033126	451.34	1.8489
80	0.047029	461.53	1.9041	80	0.034418	459.11	1.8712
90	0.048642	469.13	1.9253	90	0.035683	466.91	1.8929
100	0.050233	476.78	1.9461	100	0.036927	474.73	1.9142
p=789.15kPa				110	0.038151	482.58	1.9350
15	0.029987	410.43	1.7311	120	0.039358	490.48	1.9553
20	0.030861	414.36	1.7446	130	0.040552	498.44	1.9753
25	0.031711	418.26	1.7578	140	0.041733	506.44	1.9949
30	0.032543	422.14	1.7707	150	0.042904	514.51	2.0142
35	0.033357	425.99	1.7833	160	0.044065	522.64	2.0332
40	0.034156	429.83	1.7957	170	0.045218	530.83	2.0519
45	0.034941	433.65	1.8078	180	0.046364	539.09	2.0703
50	0.035714	437.47	1.8197	190	0.047504	547.41	2.0885
55	0.036476	441.29	1.8314	200	0.048637	555.81	2.1064
60	0.037228	445.10	1.8429	p=1043.9kPa			
70	0.038706	452.74	1.8655	25	0.022624	413.29	1.7183
80	0.040153	460.40	1.8875	30	0.023339	417.49	1.7322
90	0.041576	468.08	1.9090	35	0.024031	421.63	1.7458
100	0.042977	475.81	1.9300	40	0.024703	425.72	1.7590
110	0.044359	483.59	1.9506	45	0.025358	429.78	1.7718
120	0.045726	491.42	1.9707	50	0.025997	433.81	1.7844
130	0.047080	499.31	1.9905	55	0.026624	437.82	1.7967
140	0.048421	507.27	2.0100	60	0.027239	441.80	1.8087
150	0.049752	515.28	2.0292	65	0.027843	445.78	1.8206
160	0.051074	523.37	2.0481	70	0.028437	449.75	1.8322
170	0.052388	531.52	2.0667	80	0.029601	457.66	1.8550
180	0.053695	539.74	2.0850	90	0.030737	465.57	1.8771
190	0.054995	548.03	2.1031	100	0.031849	473.50	1.8986
200	0.056290	556.40	2.1210	110	0.032941	481.44	1.9196
p=909.93kPa				120	0.034016	489.43	1.9402
20	0.026003	411.92	1.7246	130	0.035076	497.45	1.9603

温度 t (℃)	比容 υ (m³/kg)	比焓 h (kJ/kg)	比熵 s [kJ/(kg·K)]	温度 t (℃)	比容 υ (m³/kg)	比焓 h (kJ/kg)	比熵 s [kJ/(kg·K)]
140	0.036124	505.52	1.9801	80	0.022068	454.15	1.8226
150	0.037161	513.64	1.9995	90	0.023008	462.37	1.8455
160	0.038188	521.82	2.0186	100	0.023920	470.56	1.8678
170	0.039206	530.06	2.0374	110	0.024809	478.73	1.8894
180	0.040218	538.36	2.0559	120	0.025680	486.91	1.9105
190	0.41222	546.72	2.0742	130	0.026535	495.11	1.9311
200	0.042221	555.15	2.0922	140	0.027376	503.34	1.9512
$p=1191.91$kPa				150	0.028205	511.60	1.9710
30	0.019742	414.53	1.7120	160	0.029023	519.90	1.9904
35	0.020396	418.88	1.7262	170	0.029833	528.25	2.0094
40	0.021027	423.16	1.7400	180	0.030635	536.65	2.0282
45	0.021638	427.38	1.7534	190	0.031430	545.11	2.0466
50	0.022232	431.55	1.7664	200	0.032219	553.61	2.0648
55	0.022810	435.69	1.7791	$p=1533.5$kPa			
60	0.023375	439.79	1.7915	40	0.015135	416.56	1.6994
65	0.023929	443.87	1.8037	45	0.015698	421.28	1.7144
70	0.024472	447.93	1.8156	50	0.016236	425.87	1.7287
75	0.025006	451.98	1.8273	55	0.016751	430.38	1.7425
80	0.025531	456.01	1.8388	60	0.017249	434.81	1.7560
90	0.026559	464.07	1.8613	65	0.017731	439.17	1.7690
100	0.027562	472.11	1.8831	70	0.018200	443.49	1.7817
110	0.028544	480.17	1.9044	75	0.018657	447.77	1.7940
120	0.029508	488.24	1.9252	80	0.019104	452.02	1.8062
130	0.030456	496.35	1.9456	85	0.019541	456.24	1.8180
140	0.031392	504.49	1.9655	90	0.019970	460.45	1.8297
150	0.032316	512.68	1.9851	100	0.020807	468.80	1.8524
160	0.033230	520.91	2.0044	110	0.021620	477.13	1.8744
170	0.034135	529.20	2.0233	120	0.022412	485.43	1.8958
180	0.035033	537.55	2.0419	130	0.023188	493.74	1.9167
190	0.035924	545.96	2.0603	140	0.023949	502.06	1.9370
200	0.036809	554.42	2.0783	150	0.024697	510.40	1.9570
$p=1354.8$kPa				160	0.025435	518.78	1.9766
35	0.017269	415.63	1.7058	170	0.026164	527.20	1.9958
40	0.017873	420.15	1.7203	180	0.026885	535.66	2.0146
45	0.018453	424.58	1.7344	190	0.027598	544.16	2.0332
50	0.019012	428.93	1.7479	200	0.028305	552.72	2.0515
55	0.019554	433.23	1.7611	$p=1729.0$kPa			
60	0.020081	437.48	1.7740	45	0.013284	417.31	1.6931
65	0.020594	441.68	1.7865	50	0.013814	422.24	1.7084
70	0.021095	445.86	1.7988	55	0.014315	427.03	1.7231
75	0.021586	450.01	1.8108	60	0.014795	431.70	1.7373

温度 t (℃)	比容 υ (m³/kg)	比焓 h (kJ/kg)	比熵 s [kJ/(kg·K)]	温度 t (℃)	比容 υ (m³/kg)	比焓 h (kJ/kg)	比熵 s [kJ/(kg·K)]
65	0.015255	436.27	1.7509	60	0.010735	423.61	1.6961
70	0.015699	440.77	1.7641	65	0.011184	428.85	1.7117
75	0.016130	445.21	1.7769	70	0.011607	433.91	1.7266
80	0.016549	449.60	1.7895	75	0.012009	438.83	1.7408
85	0.016958	453.95	1.8017	80	0.012394	443.63	1.7545
90	0.017357	458.27	1.8137	85	0.012764	448.34	1.7677
100	0.018132	466.83	1.8369	90	0.013122	452.98	1.7806
110	0.018880	475.32	1.8594	95	0.013469	457.55	1.7931
120	0.019607	483.77	1.8811	100	0.013807	462.08	1.8053
130	0.020316	492.20	1.9023	110	0.014459	471.02	1.8290
140	0.021009	500.63	1.9230	120	0.015086	479.84	1.8517
150	0.021689	509.07	1.9432	130	0.015690	488.59	1.8737
160	0.022359	517.54	1.9629	140	0.016278	497.29	1.8950
170	0.023018	526.03	1.9823	150	0.016851	505.97	1.9157
180	0.023669	534.56	2.0013	160	0.017411	514.64	1.9360
190	0.024313	543.12	2.0200	170	0.017961	523.31	1.9558
200	0.024950	551.74	2.0384	180	0.018501	532.00	1.9752
p=1942.3kPa				190	0.019034	540.72	1.9942
50	0.011669	417.84	1.6864	200	0.019559	549.46	2.0129
55	0.012172	423.03	1.7024	*p*=2426.6kPa			
60	0.012645	428.03	1.7175	60	0.0090006	418.09	1.6721
65	0.013093	432.88	1.7319	65	0.0094699	423.95	1.6895
70	0.013522	437.62	1.7458	70	0.0099008	429.48	1.7058
75	0.013934	442.26	1.7593	75	0.010303	434.78	1.7211
80	0.014332	446.83	1.7723	80	0.010682	439.89	1.7357
85	0.014719	451.34	1.7850	85	0.011044	444.87	1.7497
90	0.015094	455.80	1.7974	90	0.011.390	449.74	1.7632
95	0.015461	460.22	1.8094	95	0.011724	454.51	1.7762
100	0.015819	464.60	1.8213	100	0.012046	459.21	1.7889
110	0.016514	473.29	1.8443	105	0.012359	463.85	1.8013
120	0.017186	481.92	1.8665	110	0.012664	468.44	1.8133
130	0.017838	490.49	1.8880	120	0.013253	477.51	1.8367
140	0.018474	499.05	1.9090	130	0.013819	486.46	1.8592
150	0.019097	507.60	1.9294	140	0.014365	495.33	1.8809
160	0.019707	516.16	1.9494	150	0.014896	504.15	1.9020
170	0.020307	524.74	1.9690	160	0.015413	512.95	1.9226
180	0.020899	533.34	1.9882	170	0.015919	521.74	1.9426
190	0.021483	541.98	2.0070	180	0.016416	530.53	1.9622
200	0.022060	550.65	2.0256	190	0.016904	539.33	1.9814
p=2174.4kPa				200	0.017385	548.15	2.0003
55	0.010252	418.12	1.6795				

附录 14　R123 过热状态下的热力性质表

温度 t (℃)	比容 υ (m³/kg)	比焓 h (kJ/kg)	比熵 s [kJ/(kg·K)]	温度 t (℃)	比容 υ (m³/kg)	比焓 h (kJ/kg)	比熵 s [kJ/(kg·K)]
				60	0.68991	420.878	1.80646
	p=15.960kPa			70	0.71103	428.061	1.82770
−15	0.87185	370.944	1.66363	80	0.73214	435.351	1.84864
−10	0.88912	374.059	1.67558	90	0.75324	442.744	1.86928
−5	0.90638	377.208	1.68744	100	0.77432	450.238	1.88964
0	0.92363	380.391	1.69920		p=32.830kPa		
5	0.94088	383.607	1.71086	0	0.44543	380.074	1.65925
10	0.95811	386.855	1.72244	5	0.45393	383.298	1.67095
15	0.97534	390.135	1.73392	10	0.46242	386.554	1.68255
20	0.99256	393.447	1.74532	15	0.47090	389.842	1.69406
25	1.0098	396.790	1.75662	20	0.47937	393.161	1.70548
30	1.0270	400.164	1.76785	25	0.48783	396.510	1.71681
40	1.0614	407.001	1.79003	30	0.49629	399.890	1.72805
50	1.0958	413.954	1.81189	35	0.50474	403.300	1.73921
60	1.1301	421.021	1.83343	40	0.51319	406.740	1.75028
70	1.1644	428.198	1.85465	45	0.52163	410.208	1.76126
80	1.1988	435.482	1.87557	50	0.53006	413.705	1.77217
90	1.2331	442.870	1.89620	60	0.54691	420.782	1.79374
100	1.2674	450.360	1.91655	70	0.56375	427.969	1.81499
	p=20.505kPa			80	0.58057	435.262	1.83594
−10	0.69041	373.970	1.66175	90	0.59737	442.659	1.85660
−5	0.70390	377.121	1.67361	100	0.61416	450.157	1.87696
0	0.71738	380.306	1.68538		p=40.957kPa		
5	0.73085	383.524	1.69705	5	0.36250	383.147	1.65857
10	0.74431	386.774	1.70863	10	0.36934	386.407	1.67019
15	0.75776	390.057	1.72012	15	0.37618	389.699	1.68171
20	0.77121	393.370	1.73153	20	0.38301	393.021	1.69314
25	0.78465	396.715	1.74284	25	0.38983	396.374	1.70449
30	0.79808	400.091	1.75407	30	0.39665	399.758	1.71574
35	0.81151	403.496	1.76521	35	0.40346	403.171	1.72691
40	0.82493	406.931	1.77626	40	0.41026	406.613	1.73799
50	0.85175	413.887	1.79813	45	0.41706	410.084	1.74898
60	0.87856	420.957	1.81968	50	0.42385	413.584	1.75990
70	0.90535	428.137	1.84091	60	0.43742	420.666	1.78148
80	0.93212	435.423	1.86184	70	0.45097	427.858	1.80275
90	0.95887	442.814	1.88247	80	0.46450	435.156	1.82371
100	0.98561	450.305	1.90283	90	0.47802	442.557	1.84438
	p=26.072kPa			100	0.49152	450.059	1.86476
−5	0.55204	377.014	1.66030		p=50.652kPa		
0	0.56269	380.202	1.67207	10	0.29738	386.231	1.65824
5	0.57333	383.422	1.68376	15	0.30295	389.527	1.66978
10	0.58396	386.675	1.69535	20	0.30851	392.854	1.68123
15	0.59459	389.960	1.70685	25	0.31407	396.211	1.69258
20	0.60520	393.276	1.71826	30	0.31961	399.598	1.70385
25	0.61581	396.623	1.72958	35	0.32515	403.015	1.71503
30	0.62641	400.000	1.74081	40	0.33069	406.461	1.72612
35	0.63701	403.408	1.75196	45	0.33622	409.935	1.73713
40	0.64760	406.845	1.76302	50	0.34174	413.438	1.74805
55	0.66876	413.805	1.78490				

续表

温度 t (℃)	比容 υ (m³/kg)	比焓 h (kJ/kg)	比熵 s [kJ/(kg·K)]	温度 t (℃)	比容 υ (m³/kg)	比焓 h (kJ/kg)	比熵 s [kJ/(kg·K)]
55	0.34726	416.969	1.75889	120	0.27935	464.966	1.87067
60	0.35277	420.527	1.76966	130	0.28674	472.771	1.89028
70	0.36378	427.725	1.79094	140	0.29411	480.668	1.90963
80	0.37477	435.029	1.81192	150	0.30148	488.654	1.92873
90	0.38575	442.435	1.83260	160	0.30884	496.730	1.94759
100	0.39671	449.942	1.85299	170	0.31619	504.892	1.96622
p=62.123kPa				180	0.32353	513.142	1.98463
15	0.24581	389.322	1.65822	190	0.33087	521.476	2.00282
20	0.25038	392.654	1.66969	200	0.33820	529.896	2.02080
25	0.25495	396.016	1.68106	*p*=91.306kPa			
30	0.25951	399.408	1.69234	25	0.17149	395.513	1.65902
35	0.26406	402.829	1.70353	30	0.17465	398.918	1.67035
40	0.26860	406.280	1.71464	35	0.17781	402.351	1.68158
45	0.27314	409.759	1.72566	40	0.18096	405.813	1.69273
50	0.27767	413.266	1.73660	45	0.18411	409.303	1.70378
55	0.28220	416.800	1.74745	50	0.18724	412.821	1.71475
60	0.28672	420.362	1.75823	55	0.19038	416.366	1.72564
70	0.29575	427.567	1.77953	60	0.19350	419.938	1.73644
80	0.30477	434.877	1.80053	65	0.19662	423.536	1.74716
90	0.31376	442.290	1.82123	70	0.19974	427.161	1.75780
100	0.32275	449.802	1.84164	80	0.20596	434.489	1.77885
110	0.33172	457.412	1.86176	90	0.21216	441.917	1.79959
120	0.34067	465.118	1.88161	100	0.21835	449.445	1.82004
130	0.34962	472.917	1.90120	110	0.22453	457.069	1.84020
140	0.35856	480.809	1.92054	120	0.23069	464.788	1.86009
150	0.36748	488.790	1.93963	130	0.23684	472.600	1.87971
160	0.37640	496.860	1.95848	140	0.24298	480.503	1.89908
170	0.38531	505.018	1.97710	150	0.24911	488.496	1.91819
180	0.39421	513.263	1.99549	160	0.25523	496.577	1.93707
190	0.40311	521.594	2.01368	170	0.26135	504.745	1.95571
200	0.41200	530.010	2.03166	180	0.26745	512.999	1.97413
p=75.595kPa				190	0.27355	521.339	1.99233
20	0.20463	392.417	1.65849	200	0.27964	529.764	2.01033
25	0.20842	395.785	1.66988	*p*=109.50kPa			
30	0.21220	399.183	1.68119	30	0.14462	398.607	1.65979
35	0.21597	402.610	1.69240	35	0.14729	402.048	1.67105
40	0.21974	406.065	1.70352	40	0.14994	405.518	1.68222
45	0.22350	409.549	1.71456	45	0.15260	409.015	1.69330
50	0.22725	413.061	1.72551	50	0.15524	412.540	1.70429
55	0.23100	416.601	1.73638	55	0.15788	416.091	1.71520
60	0.23475	420.167	1.74717	60	0.16051	419.670	1.72602
65	0.23849	423.760	1.75787	65	0.16314	423.274	1.73676
70	0.24222	427.380	1.76850	70	0.16577	426.905	1.74742
80	0.24968	434.698	1.78952	75	0.16839	430.562	1.75800
90	0.25712	442.118	1.81024	80	0.17100	434.244	1.76850
100	0.26454	449.638	1.83066	90	0.17622	441.683	1.78927
110	0.27195	457.254	1.85080	100	0.18142	449.220	1.80975

温度 t (℃)	比容 υ (m³/kg)	比焓 h (kJ/kg)	比熵 s [kJ/(kg·K)]	温度 t (℃)	比容 υ (m³/kg)	比焓 h (kJ/kg)	比熵 s [kJ/(kg·K)]
110	0.18660	456.854	1.82993	120	0.13498	464.066	1.83024
120	0.19178	464.581	1.84984	130	0.13871	471.906	1.84993
130	0.19694	472.401	1.86948	140	0.14242	479.836	1.86936
140	0.20209	480.312	1.88887	150	0.14612	487.853	1.88853
150	0.20723	488.312	1.90800	160	0.14981	495.958	1.90746
160	0.21237	496.399	1.92689	170	0.15349	504.148	1.92616
170	0.21749	504.574	1.94554	180	0.15716	512.424	1.94462
180	0.22261	512.834	1.96398	190	0.16083	520.784	1.96287
190	0.22772	521.180	1.98219	200	0.16449	529.228	1.98091
200	0.23282	529.610	2.00020				
	$p=130.45\text{kPa}$				$p=181.68\text{kPa}$		
				45	0.089725	407.838	1.66331
35	0.12268	401.695	1.66078	50	0.091394	411.393	1.67439
40	0.12494	405.173	1.67198	55	0.093057	414.974	1.68539
45	0.12720	408.679	1.68308	60	0.094712	418.580	1.69629
50	0.12945	412.212	1.69410	65	0.096362	422.211	1.70711
55	0.13169	415.772	1.70503	70	0.098006	425.867	1.71785
60	0.13393	419.358	1.71588	75	0.099645	429.548	1.72850
65	0.13616	422.970	1.72664	80	0.10128	433.253	1.73906
70	0.13839	426.608	1.73732	85	0.10291	436.983	1.74955
75	0.14061	430.271	1.74792	90	0.10453	440.737	1.75996
80	0.14283	433.960	1.75844	100	0.10777	448.315	1.78054
90	0.14725	441.411	1.77924	110	0.11099	451.986	1.80083
100	0.15166	448.960	1.79975	120	0.11420	463.749	1.82083
110	0.15605	456.604	1.81996	130	0.11739	471.602	1.84055
120	0.16043	464.342	1.83990	140	0.12058	479.544	1.86001
130	0.16479	472.171	1.85956	150	0.12375	487.573	1.87922
140	0.16915	480.090	1.87897	160	0.12691	495.688	1.89817
150	0.17349	488.098	1.89812	170	0.13007	503.889	1.91689
160	0.17783	496.194	1.91703	180	0.13322	512.174	1.93537
170	0.18216	504.376	1.93570	190	0.13635	520.542	1.95364
180	0.18648	512.643	1.95415	200	0.13949	528.995	1.97170
190	0.19079	520.995	1.97238		$p=212.54\text{kPa}$		
200	0.19510	529.432	1.99040	50	0.077307	410.887	1.66481
	$p=154.42\text{kPa}$			55	0.078756	414.481	1.67584
40	0.10465	404.773	1.66196	60	0.080199	418.100	1.68679
45	0.10658	408.289	1.67310	65	0.081635	421.744	1.69765
50	0.10851	411.832	1.68415	70	0.083065	425.412	1.70841
55	0.11043	415.402	1.69511	75	0.084489	429.104	1.71909
60	0.11235	418.997	1.70598	80	0.085908	432.820	1.72969
65	0.11426	422.618	1.71677	85	0.087323	436.560	1.74021
70	0.11617	426.264	1.72747	90	0.088732	440.323	1.75064
75	0.11807	429.935	1.73809	95	0.090137	444.110	1.76100
80	0.11996	433.631	1.74863	100	0.091538	447.920	1.77128
85	0.12185	437.352	1.75910	110	0.094328	455.609	1.79161
90	0.12374	441.097	1.76948	120	0.097104	463.388	1.81165
100	0.12750	448.660	1.79002	130	0.099867	471.256	1.83142
110	0.13125	456.316	1.81027	140	0.10262	479.212	1.85091

温度 t (℃)	比容 v (m³/kg)	比焓 h (kJ/kg)	比熵 s [kJ/(kg·K)]	温度 t (℃)	比容 v (m³/kg)	比焓 h (kJ/kg)	比熵 s [kJ/(kg·K)]
150	0.10536	487.254	1.87014	200	0.087764	528.093	1.94555
160	0.10809	495.381	1.88913	\multicolumn{4}{l}{$p=329.65\text{kPa}$}			
170	0.11081	503.593	1.90787	65	0.050751	419.890	1.67001
180	0.11352	511.889	1.92638	70	0.051740	423.610	1.68093
190	0.11623	520.268	1.94467	75	0.052723	427.351	1.69175
200	0.11893	528.730	1.96274	80	0.053699	431.113	1.70248
\multicolumn{4}{c}{$p=247.28\text{kPa}$}				85	0.054669	434.897	1.71312
55	0.066910	413.914	1.66644	90	0.055633	438.703	1.72368
60	0.068178	417.549	1.67743	95	0.056592	442.530	1.73414
65	0.069438	421.207	1.68833	100	0.057546	446.378	1.74453
70	0.070692	424.890	1.69914	105	0.058496	450.248	1.75483
75	0.071941	428.595	1.70986	110	0.059441	454.139	1.76505
80	0.073183	432.324	1.72049	120	0.061319	461.984	1.78526
85	0.074421	436.076	1.73104	130	0.063182	469.913	1.80518
90	0.075653	439.852	1.74151	140	0.065033	477.926	1.82481
95	0.076881	443.650	1.75190	150	0.066871	486.021	1.84417
100	0.078104	447.470	1.76221	160	0.068698	494.197	1.86327
110	0.080539	455.179	1.78259	170	0.070516	502.456	1.88212
120	0.082958	462.977	1.80268	180	0.072324	510.795	1.90072
130	0.085364	470.862	1.82249	190	0.074124	519.215	1.91910
140	0.087758	478.834	1.84202	200	0.075917	527.715	1.93726
150	0.090141	486.891	1.86129	\multicolumn{4}{l}{$p=377.91\text{kPa}$}			
160	0.092514	495.033	1.88031	70	0.044450	422.830	1.67192
170	0.094877	503.258	1.89908	75	0.045333	426.594	1.68281
180	0.097232	511.567	1.91762	80	0.046209	430.379	1.69360
190	0.099580	519.958	1.93594	85	0.047079	434.184	1.70430
200	0.10192	528.431	1.95404	90	0.047942	438.009	1.71491
\multicolumn{4}{c}{$p=286.21\text{kPa}$}				95	0.048800	441.855	1.72542
60	0.058158	416.917	1.66818	100	0.049652	445.721	1.73586
65	0.059274	420.593	1.67913	105	0.050499	449.607	1.74620
70	0.060383	424.292	1.68999	110	0.051342	453.514	1.75647
75	0.061486	428.014	1.70076	115	0.052180	457.442	1.76665
80	0.062583	431.758	1.71144	120	0.053015	461.390	1.77676
85	0.063674	435.525	1.72203	130	0.054671	469.346	1.79674
90	0.064760	439.314	1.73253	140	0.056314	477.384	1.81643
95	0.065841	443.125	1.74296	150	0.057945	485.502	1.83585
100	0.066917	446.959	1.75330	160	0.059564	493.701	1.85500
105	0.067989	450.814	1.76356	170	0.061173	501.979	1.87389
110	0.069057	454.691	1.77375	180	0.062773	510.338	1.89254
120	0.071181	462.511	1.79390	190	0.064364	518.775	1.91096
130	0.073291	470.417	1.81375	200	0.065947	527.292	1.92915
140	0.075388	478.407	1.83333	\multicolumn{4}{l}{$p=431.31\text{kPa}$}			
150	0.077474	486.482	1.85264	75	0.039064	425.730	1.67388
160	0.079550	494.640	1.87170	80	0.039858	429.542	1.68475
170	0.081616	502.880	1.89050	85	0.040644	433.372	1.69551
180	0.083673	511.203	1.90908	90	0.041424	437.221	1.70619
190	0.085722	519.608	1.92742	95	0.042197	441.089	1.71677

温度 t (℃)	比容 υ (m³/kg)	比焓 h (kJ/kg)	比熵 s [kJ/(kg·K)]	温度 t (℃)	比容 υ (m³/kg)	比焓 h (kJ/kg)	比熵 s [kJ/(kg·K)]
100	0.047964	444.977	1.72725	105	0.033018	447.141	1.72065
105	0.043726	448.883	1.73165	110	0.033643	451.117	1.73110
110	0.044483	452.809	1.74797	115	0.034263	455.110	1.74145
115	0.045236	456.755	1.75820	120	0.034878	459.120	1.75172
120	0.045983	460.720	1.76835	125	0.035488	463.147	1.76189
130	0.047467	468.709	1.78842	130	0.036093	467.191	1.77199
140	0.048936	476.776	1.80818	140	0.037291	475.334	1.79194
150	0.050391	484.922	1.82766	150	0.038474	483.548	1.81158
160	0.051835	493.145	1.84687	160	0.039644	491.834	1.83094
170	0.053268	501.447	1.86582	170	0.040802	500.193	1.85002
180	0.054692	509.827	1.88452	180	0.041950	508.627	1.86883
190	0.056106	518.285	1.90298	190	0.043088	517.134	1.88740
200	0.057513	526.821	1.92121	200	0.044217	525.717	1.90574
210	0.058912	535.436	1.93923	210	0.045338	534.374	1.92385
220	0.060305	544.129	1.95704	220	0.046452	543.108	1.94174
230	0.061691	552.901	1.97465	230	0.047560	551.919	1.95942
240	0.063071	561.754	1.99207	240	0.048661	560.807	1.97692
250	0.064446	570.687	2.00931	250	0.049757	569.775	1.99422
		$p=490.19\text{kPa}$				$p=625.75\text{kPa}$	
80	0.034439	428.587	1.67587	90	0.026993	434.146	1.67987
85	0.035157	432.448	1.68672	95	0.027591	438.116	1.69073
90	0.035867	436.326	1.69748	100	0.028181	442.098	1.70147
95	0.036570	440.222	1.70813	105	0.028764	446.094	1.71211
100	0.037267	444.135	1.71869	110	0.029340	450.103	1.72264
105	0.037958	448.065	1.72915	115	0.029910	454.127	1.73308
110	0.038643	452.014	1.73952	120	0.030473	458.167	1.74342
115	0.039323	455.981	1.74981	125	0.031032	462.221	1.75367
120	0.039999	459.967	1.76001	130	0.031586	466.292	1.76383
125	0.040670	463.971	1.77013	135	0.032135	470.379	1.77390
130	0.041336	467.994	1.78017	140	0.032679	474.482	1.78389
140	0.042659	476.095	1.80003	150	0.033757	482.739	1.80364
150	0.043967	484.272	1.81958	160	0.034820	491.064	1.82309
160	0.045762	492.525	1.83886	170	0.035871	499.460	1.84225
170	0.046547	500.854	1.85787	180	0.036910	507.926	1.86114
180	0.047821	509.258	1.87662	190	0.037939	516.464	1.87977
190	0.049086	517.740	1.89513	200	0.038960	525.074	1.89817
200	0.050343	526.297	1.91341	210	0.039972	533.758	1.91633
210	0.051592	534.932	1.93147	220	0.040976	542.516	1.93427
220	0.052834	543.644	1.94932	230	0.041974	551.350	1.95201
230	0.054069	552.435	1.96697	240	0.042965	560.260	1.96954
240	0.055299	561.304	1.98442	250	0.043950	569.247	1.98688
250	0.056523	570.253	2.00169			$p=703.13\text{kPa}$	
		$p=554.89\text{kPa}$		95	0.023985	436.835	1.68184
				100	0.024537	440.865	1.69272
85	0.030450	431.394	1.67787	105	0.025080	444.905	1.70347
90	0.031103	435.308	1.68872	110	0.25616	448.956	1.71411
95	0.031748	439.237	1.69947	115	0.026144	453.018	1.72465
100	0.032386	443.181	1.71011				

续表

温度 t (℃)	比容 υ (m³/kg)	比焓 h (kJ/kg)	比熵 s [kJ/(kg·K)]	温度 t (℃)	比容 υ (m³/kg)	比焓 h (kJ/kg)	比熵 s [kJ/(kg·K)]
120	0.026665	457.093	1.73508	180	0.032564	507.150	1.85351
125	0.027181	461.181	1.74541	190	0.033500	515.722	1.87222
130	0.027691	465.283	1.75565	200	0.034427	524.365	1.89068
135	0.028196	469.399	1.76579	210	0.035345	533.079	1.90891
140	0.028697	473.530	1.77585	220	0.036256	541.865	1.92691
150	0.029685	481.837	1.79572	230	0.037159	550.724	1.94469
160	0.030657	490.209	1.81528	240	0.038056	559.658	1.96227
170	0.031616	498.646	1.83453	250	0.038947	568.668	1.97966

附录15　R134a 过热状态下的热力性质表

温度 t (℃)	比容 υ (m³/kg)	比焓 h (kJ/kg)	比熵 s [kJ/(kg·K)]	温度 t (℃)	比容 υ (m³/kg)	比焓 h (kJ/kg)	比熵 s [kJ/(kg·K)]
p＝84.739kPa				60	0.25071	455.826	1.99518
−30	0.22408	379.123	1.74633	70	0.25865	465.218	2.02295
−25	0.22952	383.084	1.76246	80	0.26654	474.769	2.05039
−20	0.23490	387.078	1.77839	90	0.27441	484.480	2.07750
−15	0.24023	391.105	1.79415	100	0.28225	494.350	2.10431
−10	0.24552	395.167	1.80973	p＝132.99kPa			
−5	0.25077	399.266	1.82516	−20	0.14641	385.290	1.73625
0	0.25598	403.402	1.84044	−15	0.15003	389.440	1.75248
5	0.26116	407.576	1.85558	−10	0.15359	393.614	1.76850
10	0.26631	411.788	1.87060	−5	0.15711	397.813	1.78431
15	0.27143	416.041	1.88548	0	0.16059	402.042	1.79993
20	0.27653	420.333	1.90025	5	0.16404	406.300	1.81538
30	0.28666	429.038	1.92945	10	0.16745	410.591	1.83067
40	0.29673	437.907	1.95823	15	0.17084	414.914	1.84580
50	0.30673	446.940	1.98662	20	0.17420	419.272	1.86079
60	0.31668	456.138	2.01466	25	0.17754	423.665	1.87565
70	0.32659	465.501	2.04234	30	0.18086	428.093	1.89038
80	0.33647	475.028	2.06971	40	0.18744	437.061	1.91949
90	0.34632	484.718	2.09676	50	0.19397	446.179	1.94815
100	0.35614	494.568	2.12352	60	0.20043	455.450	1.97640
p＝106.71kPa				70	0.20686	464.877	2.00428
−25	0.18030	382.220	1.74100	80	0.21325	474.458	2.03180
−20	0.18471	386.273	1.75717	90	0.21961	484.195	2.05899
−15	0.18906	390.355	1.77314	100	0.22595	494.088	2.08586
−10	0.19337	964.466	1.78891	p＝164.13kPa			
−5	0.19763	398.610	1.80451	−15	0.11991	388.329	1.73203
0	0.20186	402.787	1.81995	−10	0.12291	392.580	1.74833
5	0.20605	406.999	1.83523	−5	0.12586	396.850	1.76441
10	0.21022	411.247	1.85036	0	0.12877	401.142	1.78027
15	0.21435	415.531	1.86536	5	0.13165	405.458	1.79593
20	0.21846	419.852	1.88023	10	0.13449	409.802	1.81140
30	0.22662	428.610	1.90960	15	0.13730	414.173	1.82670
40	0.23471	437.523	1.93853	20	0.14009	418.575	1.84185
50	0.24274	446.595	1.96704	25	0.14285	423.008	1.85684

续表

温度 t (℃)	比容 υ (m³/kg)	比焓 h (kJ/kg)	比熵 s [kJ/(kg·K)]	温度 t (℃)	比容 υ (m³/kg)	比焓 h (kJ/kg)	比熵 s [kJ/(kg·K)]
30	0.14559	427.474	1.87170	15	0.74250	410.983	1.77107
40	0.15101	436.508	1.90102	20	0.075969	415.586	1.78691
50	0.15638	445.683	1.92986	25	0.077660	420.202	1.80252
60	0.16169	455.002	1.95826	30	0.079327	424.834	1.81793
70	0.16695	464.470	1.98626	35	0.080973	429.487	1.83315
80	0.17217	474.088	2.01388	40	0.082598	434.161	1.84820
90	0.17738	483.856	2.04116	45	0.084206	438.859	1.86308
100	0.18256	493.776	2.06810	50	0.085799	443.583	1.87781
p=200.73kPa				60	0.088942	453.113	1.90686
−10	0.098985	391.333	1.72827	70	0.092037	462.760	1.93539
−5	0.10150	395.690	1.74468	80	0.095094	472.533	1.96346
0	0.10397	400.061	1.76083	90	0.098117	482.435	1.99111
5	0.10640	404.449	1.77674	100	0.10111	492.471	2.01837
10	0.10880	408.857	1.79245	p=349.63kPa			
15	0.11117	413.328	1.80796	5	0.058019	400.085	1.71940
20	0.11351	417.743	1.82329	10	0.059596	404.979	1.73619
25	0.11582	422.226	1.83745	15	0.061135	409.501	1.75266
30	0.11811	426.737	1.85346	20	0.062640	414.203	1.76884
35	0.12039	431.279	1.86832	25	0.064116	418.909	1.78475
40	0.12264	435.851	1.88304	30	0.065565	423.623	1.80043
50	0.12710	455.093	1.91208	35	0.066991	428.349	1.81590
60	0.13151	454.471	1.94067	40	0.068397	433.090	1.83116
70	0.13588	463.989	1.96881	45	0.069784	437.850	1.84624
80	0.14020	473.649	1.99656	50	0.071155	442.629	1.86114
90	0.14450	483.455	2.02394	60	0.073853	452.258	1.89049
100	0.14877	793.407	2.05098	70	0.076501	461.990	1.91927
p=243.41kPa				80	0.079110	471.834	1.94754
−5	0.082303	349.296	1.72495	90	0.081684	481.798	1.97537
0	0.084434	398.766	1.74146	100	0.084231	491.887	2.00277
5	0.086524	403.243	1.75770	p=414.55kPa			
10	0.088577	407.731	1.77369	10	0.049138	402.900	1.71709
15	0.090597	412.234	1.78946	15	0.050514	407.744	1.73405
20	0.092588	416.755	1.80502	20	0.051852	412.570	1.75066
25	0.094554	421.298	1.82038	25	0.053158	417.387	1.76695
30	0.096497	425.864	1.83557	30	0.054436	422.201	1.78296
35	0.098419	430.456	1.85059	35	0.055689	427.016	1.79872
40	0.10032	435.074	1.86546	40	0.056920	431.839	1.81424
50	0.10408	444.398	1.89477	45	0.058131	436.672	1.82955
60	0.10778	453.845	1.92356	50	0.059324	441.519	1.84467
70	0.11144	463.422	1.95188	55	0.060502	446.383	1.85961
80	0.11506	473.134	1.97978	60	0.061666	451.266	1.87437
90	0.11864	482.984	2.00728	70	0.063956	461.097	1.90345
100	0.12220	492.975	2.03442	80	0.066204	471.025	1.93197
p=292.82kPa				90	0.068417	481.062	1.95999
0	0.068891	397.216	1.72200	100	0.070601	491.214	1.98757
5	0.070716	401.803	1.73865	p=488.29kPa			
10	0.072500	406.391	1.75499	15	0.041830	405.654	1.71504

温度 t (℃)	比容 υ (m³/kg)	比焓 h (kJ/kg)	比熵 s [kJ/(kg·K)]	温度 t (℃)	比容 υ (m³/kg)	比焓 h (kJ/kg)	比熵 s [kJ/(kg·K)]
20	0.043041	410.638	1.73219	200	0.065999	598.791	2.21692
25	0.044215	415.593	1.74895	p=665.26kPa			
30	0.045358	420.530	1.76537	25	0.030723	410.952	1.71155
35	0.046473	425.456	1.78149	30	0.031685	416.244	1.72915
40	0.047565	430.378	1.79733	35	0.032611	421.480	1.74628
45	0.048635	435.300	1.81293	40	0.033508	426.676	1.76301
50	0.049687	440.229	1.82830	45	0.034378	431.843	1.77938
55	0.050722	445.166	1.84346	50	0.035226	436.990	1.79543
60	0.051742	450.116	1.85843	55	0.036055	422.124	1.81119
70	0.053743	460.065	1.88785	60	0.036865	447.253	1.82670
80	0.055700	470.094	1.91666	65	0.037661	452.380	1.84198
90	0.057621	480.215	1.94492	70	0.038443	457.510	1.85704
100	0.059512	490.440	1.97270	80	0.039971	467.797	1.88659
110	0.061377	500.775	2.00003	90	0.041459	478.136	1.91546
120	0.063222	511.226	9.02695	100	0.042914	488.546	1.94374
130	0.065049	521.796	2.05350	110	0.044343	499.039	1.97149
140	0.066861	532.489	2.07970	120	0.045749	509.627	1.99877
150	0.068659	543.305	2.10557	130	0.047136	520.317	2.02562
160	0.070446	554.245	2.13112	140	0.048507	531.114	2.05207
170	0.072224	565.310	2.15638	150	0.049864	542.022	2.07816
180	0.073993	576.498	2.18134	160	0.051210	5530043	2.10390
190	0.075754	587.809	2.20603	170	0.052545	564.180	2.12932
200	0.077509	599.241	2.23045	180	0.053871	575.432	2.15543
p=571.60kPa				190	0.055190	586.800	2.17924
20	0.035775	408.341	1.71321	200	0.056502	598.284	2.20377
25	0.036849	413.473	1.73057	p=770.06kPa			
30	0.037888	418.565	1.74751	30	0.026483	413.478	1.71001
35	0.038896	423.628	1.76407	35	0.027351	418.941	1.72788
40	0.039878	428.672	1.78031	40	0.028183	424.332	1.74524
45	0.040836	433.704	1.79625	45	0.028986	429.668	1.76215
50	0.041774	438.730	1.81192	50	0.029764	434.965	1.77867
55	0.042695	443.757	1.82736	55	0.030520	440.232	1.79484
60	0.043599	448.787	1.84257	60	0.031256	445.479	1.81071
65	0.044489	453.826	1.85759	65	0.031976	450.713	1.82630
70	0.045366	458.877	1.87241	70	0.032680	455.939	1.84165
80	0.047086	469.024	1.90156	75	0.033372	461.164	1.85676
90	0.048769	479.245	1.93010	80	0.034052	466.392	1.87167
100	0.050420	489.555	1.95811	90	0.035380	476.870	1.90093
110	0.052046	499.963	1.98563	100	0.036675	487.397	1.92952
120	0.053650	510.478	2.01272	110	0.037941	497.990	1.95754
130	0.055235	521.104	2.03941	120	0.039183	508.664	1.98504
140	0.056805	531.844	2.06573	130	0.040406	519.427	2.01207
150	0.058362	542.703	2.09170	140	0.041612	530.289	2.03868
160	0.059907	553.681	2.11734	150	0.042805	541.253	2.06491
170	0.061442	564.780	2.14267	160	0.043985	552.324	2.09076
180	0.062968	575.998	2.16770	170	0.045154	563.504	2.11628
190	0.064487	578.335	2.19245	180	0.046315	574.796	2.14148

续表

温度 t (℃)	比容 υ (m³/kg)	比焓 h (kJ/kg)	比熵 s [kJ/(kg·K)]	温度 t (℃)	比容 υ (m³/kg)	比焓 h (kJ/kg)	比熵 s [kJ/(kg·K)]
190	0.047468	586.199	2.16637	200	0.036476	596.361	2.16625
200	0.048614	597.713	2.19096	*p*=1159kPa			
p=886.82kPa				45	0.017256	420.416	1.70567
35	0.022901	415.907	1.70856	50	0.017928	426.492	1.72462
40	0.023691	421.555	1.72674	55	0.018562	432.421	1.74283
45	0.024445	427.112	1.74434	60	0.019166	438.240	1.76043
50	0.025170	432.598	1.76145	65	0.019744	443.972	1.77751
55	0.025870	438.031	1.77814	70	0.020301	449.639	1.79414
60	0.026548	443.425	1.79445	75	0.020840	455.255	1.81039
65	0.027207	448.789	1.81043	80	0.021362	460.832	1.82630
70	0.027850	454.132	1.82612	85	0.021871	466.381	1.84190
75	0.028478	459.462	1.84154	90	0.022368	471.909	1.85723
80	0.029094	464.785	1.85672	100	0.023330	482.930	1.88716
90	0.030292	475.427	1.88644	110	0.024258	493.936	1.91627
100	0.031453	486.092	1.91541	120	0.025159	504.960	1.94467
110	0.032585	496.802	1.94373	130	0.026037	516.022	1.97246
120	0.033692	507.574	1.97148	140	0.026895	527.141	1.99970
130	0.034779	518.424	1.99873	150	0.027739	538.329	2.02646
140	0.035848	529.359	2.05553	160	0.028568	549.596	2.05277
150	0.036903	540.387	2.05190	170	0.029387	560.949	2.07869
160	0.037945	551.515	2.07789	180	0.030195	572.393	2.10422
170	0.038976	562.746	2.10353	190	0.030995	583.931	2.12941
180	0.039999	574.081	2.12882	200	0.031788	595.567	2.15426
190	0.041013	585.524	2.15380	*p*=1317.6kPa			
200	0.042020	579.074	2.17847	50	0.015021	422.456	1.70411
p=1016.kPa				55	0.015649	428.784	1.72354
40	0.019857	418.226	1.70713	60	0.016237	434.928	1.74212
45	0.020583	424.077	1.72567	65	0.016794	440.933	1.76001
50	0.021272	429.812	1.74355	70	0.017325	446.831	1.77733
55	0.021931	435.458	1.76089	75	0.017835	452.647	1.79416
60	0.022565	441.036	1.77776	80	0.018326	458.399	1.81056
65	0.023177	446.563	1.79423	85	0.018802	464.102	1.82660
70	0.023771	452.049	1.81034	90	0.019264	469.767	1.84230
75	0.024349	457.507	1.82613	95	0.019714	475.404	1.85772
80	0.024913	462.945	1.84163	100	0.020153	481.021	1.87287
85	0.025464	468.368	1.85688	110	0.021005	492.218	1.90249
90	0.026004	473.784	1.87190	120	0.021828	503.399	1.93129
100	0.027056	484.611	1.90131	130	0.022626	514.595	1.95943
110	0.028077	495.457	1.92999	140	0.023404	525.828	1.98694
120	0.029071	506.345	1.95805	150	0.024166	537.114	2.01393
130	0.030044	517.293	1.98555	160	0.024914	548.466	2.04044
140	0.030999	528.313	2.01255	170	0.025650	559.893	2.06652
150	0.031938	539.416	2.03910	180	0.026375	571.402	2.09221
160	0.032865	550.609	2.06524	190	0.027092	582.999	2.11752
170	0.033781	561.897	2.09101	200	0.027802	594.686	2.14249
180	0.034687	573.283	2.11641	*p*=1491.2kPa			
190	0.035585	584.771	2.14149	55	0.013088	424.319	1.70236

温度 t (℃)	比容 υ (m³/kg)	比焓 h (kJ/kg)	比熵 s [kJ/(kg·K)]	温度 t (℃)	比容 υ (m³/kg)	比焓 h (kJ/kg)	比熵 s [kJ/(kg·K)]
60	0.013681	430.934	1.72237	105	0.013384	479.562	1.84408
65	0.014231	437.316	1.74138	110	0.013730	485.556	1.85982
70	0.014749	443.525	1.75961	120	0.014392	497.418	1.89039
75	0.015240	449.603	1.77719	130	0.015022	509.173	1.91991
80	0.015710	455.578	1.79423	140	0.015628	520.874	1.94858
85	0.016160	461.475	1.81082	150	0.016214	532.556	1.97652
90	0.016596	467.310	1.82699	160	0.016783	544.247	2.00383
95	0.017017	473.097	1.84282	170	0.017339	555.967	2.03058
100	0.017427	478.847	1.85834	180	0.017883	567.732	2.05683
110	0.018218	490.272	1.88855	190	0.018417	597.554	2.08264
120	0.018975	501.641	1.91784	200	0.018943	591.440	2.10803
130	0.019707	512.993	1.94636		$p=2116.2$kPa		
140	0.020417	524.358	1.97420	70	0.0086373	428.410	1.69479
150	0.021110	535.757	2.00147	75	0.0091747	436.253	1.71748
160	0.021789	547.207	2.02821	80	0.0096523	443.578	1.73837
170	0.022455	588.718	2.05448	85	0.010088	450.553	1.75798
180	0.023110	570.302	2.08033	90	0.010493	457.277	1.77663
190	0.023756	581.964	2.10579	95	0.010873	463.814	1.79451
200	0.024395	593.710	2.13088	100	0.011234	470.208	1.81176
	$p=1681.3$kPa			105	0.011579	476.490	1.82848
60	0.011406	425.967	1.70032	110	0.011910	482.684	1.84475
65	0.011973	432.918	1.72103	115	0.012229	488.808	1.86064
70	0.012493	439.569	1.74055	120	0.012539	494.878	1.87617
75	0.012978	446.004	1.75917	130	0.013132	506.897	1.90636
80	0.013435	452.276	1.77706	140	0.013699	518.811	1.93556
85	0.013870	458.424	1.79435	150	0.014243	530.672	1.96392
90	0.014286	464.474	1.81112	160	0.014770	542.513	1.99158
95	0.014687	470.449	1.82746	170	0.015282	554.363	2.01862
100	0.015074	476.364	1.84342	180	0.015783	566.238	2.04513
105	0.015449	482.233	1.85905	190	0.016272	578.156	2.07114
110	0.015814	488.066	1.87437	200	0.016753	590.127	2.09671
120	0.016519	499.658	1.90424		$p=2363.4$kPa		
130	0.017195	511.195	1.93322	75	0.0074840	429.041	1.69086
140	0.017849	522.714	1.96144	80	0.0080211	437.516	1.71504
150	0.018484	534.244	1.98901	85	0.0084867	445.277	1.73686
160	0.019103	545.805	2.01602	90	0.0089052	452.583	1.75712
170	0.019709	557.414	2.04251	95	0.0092900	459.574	1.77624
180	0.020305	569.083	2.06855	100	0.0096491	466.335	1.79448
190	0.020891	580.819	2.09417	105	0.0099878	472.921	1.81201
200	0.021469	592.631	2.11940	110	0.010310	479.374	1.82897
	$p=1889.3$kPa			115	0.010618	485.720	1.84542
65	0.0099346	427.353	1.69785	120	0.010915	491.874	1.86146
70	0.010482	434.704	1.71943	130	0.011479	504.324	1.89245
75	0.010978	441.665	1.73958	140	0.012013	516.496	1.92228
80	0.011436	448.353	1.75865	150	0.012524	528.567	1.95115
85	0.011865	454.839	1.77689	160	0.013015	540.584	1.97922
90	0.012270	461.173	1.79445	170	0.013490	552.581	2.00660
95	0.012657	467.388	1.81145	180	0.013952	564.584	2.03338
100	0.013027	473.512	1.82797	190	0.014404	576.613	2.05964
				200	0.014846	588.681	2.05842

附录16　R717 过热状态下的热力性质表

温度 t (℃)	比容 υ (m³/kg)	比焓 h (kJ/kg)	比熵 s [kJ/(kg·K)]	温度 t (℃)	比容 υ (m³/kg)	比焓 h (kJ/kg)	比熵 s [kJ/(kg·K)]
$p=71.59\text{kPa}$				−25	0.9858	1353.96	3.665
−40	1.555	1327.65	3.799	−20	1.008	1364.86	3.709
−35	1.591	1338.31	3.844	−15	1.030	1375.73	3.751
−30	1.627	1348.93	3.888	−10	1.052	1386.53	3.793
−25	1.633	1359.54	3.932	−5	1.074	1397.41	3.833
−20	1.699	1370.13	3.974	0	1.096	1408.24	3.873
−15	1.735	1380.71	4.015	5	1.117	1419.06	3.913
−10	1.770	1391.29	4.056	10	1.139	1429.88	3.951
−5	1.806	1401.87	4.096	15	1.160	1440.71	3.989
0	1.841	1412.46	4.135	20	1.182	1451.55	4.026
5	1.876	1423.07	4.173	30	1.224	1473.27	4.099
10	1.912	1433.69	4.211	40	1.267	1495.08	4.170
20	1.982	1454.99	4.285	50	1.309	1516.98	4.239
30	2.052	1476.39	4.357	60	1.351	1538.98	4.306
40	2.121	1497.90	4.426	70	1.393	1561.11	4.372
50	2.191	1519.54	4.494	80	1.435	1583.37	4.435
60	2.260	1541.32	4.561	90	1.477	1605.77	4.498
70	2.330	1563.24	4.626	100	1.518	1628.30	4.559
80	2.399	1585.32	4.689	$p=151.45\text{kPa}$			
90	2.468	1607.54	4.751	−25	0.7705	1350.15	3.537
100	2.537	1629.93	4.812	−20	0.7884	1361.26	3.582
$p=93.0\text{kPa}$				−15	0.8061	1372.34	3.625
−35	1.217	1335.52	3.708	−10	0.8238	1383.37	3.667
−30	1.245	1346.30	3.752	−5	0.8413	1394.38	3.709
−25	1.274	1357.05	3.796	0	0.8587	1405.36	3.749
−20	1.302	1367.78	3.839	5	0.8760	1416.33	3.789
−15	1.329	1378.49	3.881	10	0.8932	1427.30	3.828
−10	1.357	1389.19	3.922	15	0.9104	1438.26	3.866
−5	1.384	1399.88	3.962	20	0.9275	1449.22	3.904
0	1.412	1410.58	4.002	30	0.9615	1471.17	3.978
5	1.440	1421.28	4.040	40	0.9953	1493.17	4.049
10	1.467	1431.99	4.079	50	1.029	1515.24	4.199
20	1.521	1453.45	4.153	60	1.062	1537.41	4.186
30	1.576	1474.99	4.226	70	1.096	1559.68	4.252
40	1.630	1496.64	4.296	80	1.129	1582.06	4.316
50	1.684	1518.39	4.364	90	1.162	1604.57	4.379
60	1.737	1540.28	4.431	100	1.195	1627.21	4.441
70	1.791	1562.29	4.496	$p=190.15\text{kPa}$			
80	1.844	1584.44	4.560	−20	0.6221	1356.86	3.457
90	1.898	1606.75	4.622	−15	0.6366	1368.18	3.502
100	1.951	1629.20	4.683	−10	0.6510	1379.45	3.545
$p=119.36\text{kPa}$				−5	0.6652	1390.67	3.587
−30	0.9635	1343.02	3.620	0	0.6794	1401.86	3.628

温度 t (℃)	比容 υ (m³/kg)	比焓 h (kJ/kg)	比熵 s [kJ/(kg·K)]	温度 t (℃)	比容 υ (m³/kg)	比焓 h (kJ/kg)	比熵 s [kJ/(kg·K)]
5	0.6934	1413.02	3.669	50	0.5292	1507.62	3.782
10	0.7074	1424.15	3.709	60	0.5472	1530.49	3.851
15	0.7213	1435.28	3.748	70	0.5650	1553.38	3.919
20	0.7352	1446.39	3.786	80	0.5827	1576.32	3.985
25	0.7489	1457.50	3.823	90	0.6004	1599.33	4.049
30	0.7626	1468.61	3.860	100	0.6179	1622.42	4.112
40	0.7898	1490.86	3.932	p=355.31kPa			
50	0.8169	1513.14	4.002	−5	0.3446	1374.30	3.235
60	0.8438	1535.50	4.071	0	0.3529	1386.42	3.280
70	0.8705	1557.94	4.137	5	0.3610	1398.44	3.324
80	0.8971	1580.48	4.202	10	0.3691	1410.38	3.366
90	0.9236	1603.12	4.265	15	0.3771	1422.24	3.408
100	0.9501	1625.88	4.327	20	0.3850	1434.04	3.448
p=236.36kPa				25	0.3928	1445.79	3.488
−15	0.5068	1363.14	3.381	30	0.4006	1457.50	3.527
−10	0.5187	1374.70	3.425	35	0.4083	1469.18	3.565
−5	0.5305	1386.19	3.468	40	0.4160	1480.82	3.603
0	0.5422	1397.62	3.510	50	0.4311	1504.06	3.676
5	0.5537	1409.01	3.552	60	0.4461	1527.26	3.746
10	0.5652	1420.36	3.592	70	0.4609	1550.45	3.815
15	0.5766	1431.68	3.632	80	0.4756	1573.66	3.882
20	0.5879	1442.98	3.671	90	0.4902	1596.90	3.947
25	0.5992	1454.26	3.709	100	0.5047	1620.20	4.010
30	0.6104	1465.54	3.746	p=430.17kPa			
40	0.6326	1488.08	3.820	0	0.2873	1379.14	3.167
50	0.6546	1510.62	3.890	5	0.2943	1391.59	3.211
60	0.6765	1533.21	3.959	10	0.3021	1403.92	3.255
70	0.6982	1555.86	4.026	15	0.3080	1416.15	3.298
80	0.7199	1578.58	4.092	20	0.3148	1428.29	3.340
90	0.7414	1601.39	4.155	25	0.3214	1440.35	3.381
100	0.7628	1624.30	4.217	30	0.3280	1452.34	3.421
p=291.06kPa				35	0.3345	1464.29	3.460
−10	0.4163	1368.96	3.307	40	0.3410	1476.17	3.498
−5	0.4262	1380.78	3.351	45	0.3474	1488.05	3.536
0	0.4359	1392.52	3.394	50	0.3538	1499.88	3.572
5	0.4456	1404.20	3.437	60	0.3664	1523.48	3.644
10	0.4551	1415.81	3.478	70	0.3788	1547.02	3.714
15	0.4646	1427.37	3.519	80	0.3912	1570.54	3.782
20	0.4740	1438.90	3.558	90	0.4034	1594.06	3.847
25	0.4834	1450.39	3.597	100	0.4155	1617.61	3.911
30	0.4926	1461.86	3.635	p=516.79kPa			
35	0.5018	1473.32	3.673	5	0.2411	1383.45	3.099
40	0.5110	1484.76	3.710	10	0.2471	1396.28	3.145

续表

温度 t (℃)	比容 υ (m³/kg)	比焓 h (kJ/kg)	比熵 s [kJ/(kg·K)]	温度 t (℃)	比容 υ (m³/kg)	比焓 h (kJ/kg)	比熵 s [kJ/(kg·K)]
15	0.2530	1408.95	3.189	100	0.2414	1607.08	3.631
20	0.2588	1421.50	3.232	110	0.2488	1631.60	3.696
25	0.2646	1433.94	3.275	120	0.2561	1656.08	3.759
30	0.2702	1446.28	3.316	130	0.2634	1680.55	3.821
35	0.2758	1458.55	3.356	140	0.2705	1705.03	3.881
40	0.2813	1470.75	3.395	150	0.2776	1729.52	3.939
45	0.2868	1482.89	3.434	160	0.2847	1754.06	3.996
50	0.2922	1494.98	3.471	170	0.2918	1778.64	4.053
60	0.3030	1519.05	3.545	180	0.2987	1803.28	4.108
70	0.3135	1543.01	3.616	190	0.3057	1827.97	4.162
80	0.3240	1566.90	3.684	200	0.3126	1852.74	4.214
90	0.3343	1590.74	3.751		p=859.22kPa		
100	0.3445	1614.59	3.816	20	0.1477	1393.08	2.909
	p=616.35kPa			25	0.1517	1407.25	2.957
10	0.2036	1387.23	3.034	30	0.1555	1421.18	3.003
15	0.2088	1400.46	3.080	35	0.1593	1434.89	3.048
20	0.2139	1413.51	3.126	40	0.1630	1448.41	3.092
25	0.2189	1426.41	3.169	45	0.1667	1461.77	3.134
30	0.2238	1439.18	3.212	50	0.1703	1474.99	3.175
35	0.2287	1451.84	3.253	55	0.1738	1488.09	3.215
40	0.2334	1464.40	3.293	60	0.1773	1501.08	3.255
45	0.2382	1476.88	3.333	65	0.1808	1513.98	3.293
50	0.2428	1489.28	3.372	70	0.1842	1526.79	3.331
55	0.2475	1501.62	3.410	80	0.1909	1552.22	3.404
60	0.2521	1513.91	3.447	90	0.1974	1577.43	3.474
70	0.2611	1538.36	3.519	100	0.2039	1602.28	3.542
80	0.2700	1562.68	3.589	110	0.2103	1627.41	3.608
90	0.2788	1586.91	3.656	120	0.2166	1652.26	3.672
100	0.2875	1611.10	3.722	130	0.2228	1677.06	3.734
				140	0.2290	1701.84	3.795
	p=730.07kPa			150	0.2351	1726.61	3.854
15	0.1730	1390.44	2.971	160	0.2412	1751.39	3.912
20	0.1775	1404.12	3.018	170	0.2472	1776.19	3.969
25	0.1819	1417.59	3.064	180	0.2533	1801.03	4.024
30	0.1862	1430.88	3.108	190	0.2592	1825.91	4.079
35	0.1905	1444.01	3.151	200	0.2151	1850.85	4.132
40	0.1947	1457.00	3.192		p=1005.1kPa		
45	0.1988	1469.88	3.233	25	0.1268	1395.12	2.348
50	0.2029	1482.66	3.273	30	0.1303	1409.84	2.897
55	0.2069	1495.34	3.312	35	0.1337	1424.26	2.945
60	0.2109	1507.95	3.350	40	0.1370	1438.43	2.990
70	0.2187	1532.98	3.424	45	0.1403	1452.38	3.034
80	0.2264	1557.81	3.496	50	0.1435	1466.14	3.077
90	0.2340	1582.49	3.564				

温度 t (℃)	比容 υ (m³/kg)	比焓 h (kJ/kg)	比熵 s [kJ/(kg·K)]	温度 t (℃)	比容 υ (m³/kg)	比焓 h (kJ/kg)	比熵 s [kJ/(kg·K)]
55	0.1466	1479.73	3.119	190	0.1894	1820.94	3.920
60	0.1497	1493.17	3.160	200	0.1938	1846.28	3.974
65	0.1528	1506.49	3.199	\multicolumn{4}{c}{p=1352.5kPa}
70	0.1558	1519.70	3.238	35	0.09464	1397.38	2.731
80	0.1617	1545.82	3.313	40	0.09744	1413.35	2.782
90	0.1674	1571.64	3.385	45	0.1002	1428.90	2.831
100	0.1731	1597.23	3.445	50	0.1028	1444.11	2.879
110	0.1787	1622.64	3.522	55	0.1054	1459.01	2.925
120	0.1841	1647.91	3.587	60	0.1079	1473.66	2.969
130	0.1896	1637.10	3.650	65	0.1103	1488.07	3.012
140	0.1949	1698.21	3.712	70	0.1128	1502.28	3.054
150	0.2002	1723.29	3.772	75	0.1151	1516.32	3.094
160	0.2054	1748.35	3.830	80	0.1174	1530.20	3.134
170	0.2106	1773.41	3.888	90	0.1220	1557.56	3.210
180	0.2158	1798.48	3.944	100	0.1264	1584.50	3.283
190	0.2210	1823.57	3.998	110	0.1308	1611.09	3.354
200	0.2260	1848.70	4.052	120	0.1350	1637.42	3.422
\multicolumn{4}{c}{p=1169.0kPa}	130	0.1392	1663.54	3.487
30	0.1093	1396.56	2.789	140	0.1433	1689.49	3.551
35	0.1124	1411.88	2.839	150	0.1474	1715.38	3.612
40	0.1155	1426.84	2.887	160	0.1504	1741.06	3.673
45	0.1184	1441.51	2.934	170	0.1553	1766.74	3.731
50	0.1213	1455.92	2.979	180	0.1593	1792.36	3.788
55	0.1241	1470.10	3.022	190	0.1632	1817.97	3.844
60	0.1269	1484.09	3.064	200	0.1670	1843.56	3.889
65	0.1296	1497.90	3.106	\multicolumn{4}{c}{p=1552.7kPa}
70	0.1323	1511.57	3.146	40	0.08227	1397.55	2.673
75	0.1349	1525.10	3.185	45	0.08480	1414.24	2.726
80	0.1375	1538.52	3.223	50	0.08725	1430.44	2.777
90	0.1426	1565.05	3.297	55	0.08962	1446.23	2.825
100	0.1476	1591.26	3.369	60	0.09192	1461.67	2.872
110	0.1525	1617.22	3.437	65	0.09417	1476.80	2.917
120	0.1573	1642.98	3.504	70	0.09637	1491.67	2.961
130	0.1621	1668.60	3.568	75	0.09852	1506.30	3.003
140	0.1667	1694.11	3.630	80	0.1006	1520.74	3.044
150	0.1714	1719.54	3.691	85	0.1027	1534.99	3.084
160	0.1759	1744.92	3.751	90	0.1047	1549.08	3.123
170	0.1804	1770.27	3.808	100	0.1087	1576.85	3.199
180	0.1849	1795.60	3.865	110	0.1126	1604.18	3.271

续表

温度 t (℃)	比容 v (m³/kg)	比焓 h (kJ/kg)	比熵 s [kJ/(kg·K)]	温度 t (℃)	比容 v (m³/kg)	比焓 h (kJ/kg)	比熵 s [kJ/(kg·K)]
120	0.1164	1631.15	3.340	75	0.0726	1481.87	2.817
130	0.1201	1657.84	3.408	80	0.0744	1497.74	2.862
140	0.1237	1684.30	3.472	85	0.0761	1513.30	2.906
150	0.1273	1710.50	3.535	90	0.0778	1528.59	2.948
160	0.1308	1736.73	3.596	95	0.0795	1543.65	2.990
170	0.1343	1762.78	3.656	100	0.0811	1558.50	3.030
180	0.1378	1788.74	3.714	110	0.0843	1587.55	3.107
190	0.1412	1814.65	3.770	120	0.0874	1616.21	3.180
200	0.1446	1840.52	3.286	130	0.0903	1644.29	3.251
中 $p=1787.4\text{kPa}$				140	0.0933	1671.98	3.319
45	0.07177	1397.08	2.617	150	0.0961	1699.36	3.384
50	0.07407	1414.55	2.671	160	0.0989	1726.49	3.448
55	0.07629	1431.45	2.723	170	0.1017	1753.42	3.509
60	0.07844	1447.87	2.773	180	0.1044	1780.18	3.569
65	0.08051	1463.88	2.820	190	0.1071	1806.81	3.627
70	0.08254	1479.54	2.866	200	0.1098	1833.34	3.684
75	0.08451	1494.89	2.911	$p=2309.8\text{kPa}$			
80	0.08643	1509.98	2.954	55	0.0551	1394.06	2.505
85	0.08832	1524.83	2.996	60	0.0571	1413.34	2.563
90	0.09107	1539.47	3.036	65	0.0589	1431.83	2.618
100	0.09377	1568.22	3.114	70	0.0607	1449.67	2.671
110	0.09726	1596.40	3.189	75	0.0624	1466.96	2.721
120	0.1007	1624.11	3.260	80	0.0641	1483.79	2.769
130	0.1040	1651.44	3.329	85	0.0657	1500.20	2.815
140	0.1072	1678.48	3.395	90	0.0673	1516.27	2.860
150	0.1104	1705.28	3.459	95	0.0688	1532.04	2.903
160	0.1136	1731.89	3.521	100	0.0703	1547.53	2.944
170	0.1166	1758.35	3.582	110	0.0732	1577.82	3.025
180	0.1197	1784.69	3.641	120	0.0760	1607.36	3.101
190	0.1227	1810.94	3.698	130	0.0787	1636.29	3.173
200	0.1257	1837.12	3.754	140	0.0813	1664.73	3.243
$p=2033.8\text{kPa}$				150	0.0840	1692.77	3.310
50	0.0628	1395.92	2.561	160	0.0865	1720.49	3.375
55	0.0649	1414.25	2.617	170	0.0890	1747.94	3.438
60	0.0669	1431.92	2.670	180	0.0914	1775.17	3.498
65	0.0689	1449.02	2.721	190	0.0931	1802.23	3.557
70	0.0708	1465.65	2.770	200	0.0962	1829.15	3.615